이 책을 펴고 있는 그대를 환영합니다.

밑줄을 긋고
형광펜을 칠하고
메모를 하고
틀리고 맞고를 반복할 그대

쿵. 쿵. 쿵
알아가는 즐거움으로
심장이 벅차게 뛰기를

이 책을 펴고 있는 그대를 응원합니다.

BETTER CONTENT BETTER LIFE

통합과학2 662제

WRITERS

강태욱 고대사대부고 교사
권주리 광남고 교사
신일정 영동고 교사
오현선 서울고 교사
김연귀 혜원여고 교사
이진우 (전)노원고 교사

COPYRIGHT

인쇄일 2025년 8월 1일(1판3쇄)
발행일 2024년 11월 15일

펴낸이 신광수
펴낸곳 ㈜미래엔
등록번호 제16-67호

중고등개발본부장 하남규
개발책임 오진경
개발 박윤경, 제정화, 문지혜, 강지수, 박수아

디자인실장 손현지
디자인책임 김병석
디자인 바이차이

CS본부장 장명진

ISBN 979-11-7311-139-6

기 출 분 석 문 제 집
1등급 만들기
통합과학2
662제
Mirae N 에듀

구성과 특징

핵심 개념 정리

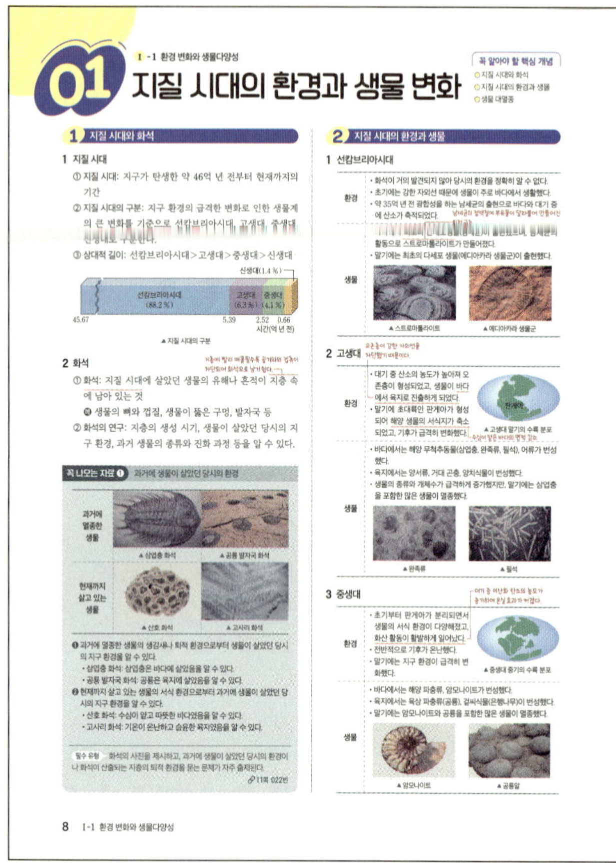

시험에 자주 나오는 핵심 개념 파악하기

학교 시험에 자주 나오는 개념과 자료를 일목 요연하게 정리하여 핵심 개념을 빠르게 파악할 수 있도록 구성하였습니다.

꼭 나오는 자료 시험에 자주 나오는 자료만 엄선하여 분석하였습니다.

꼭 나오는 탐구 시험에 자주 나오는 탐구만 엄선하여 분석하였습니다.

개념 확인 문제 중요한 개념을 완벽히 이해했는지 문제를 풀어 바로 확인할 수 있습니다.

1등급 만들기 3단계 문제 코스

1등급 만들기 내신 완성 3단계 문제를 풀면 1등급이 이루어집니다.

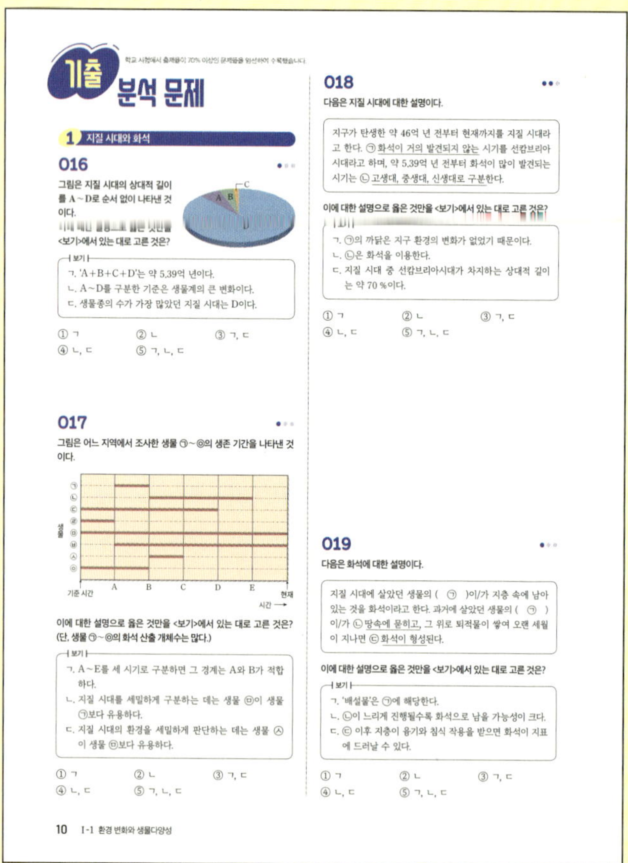

STEP 1 기출 문제로 실전 감각 키우기

기출 분석 문제

기출 문제를 유형별로 분석한 후 출제율이 70 % 이상인 문제를 선별하여 수록하였습니다. 문제를 풀며 실전 감각을 키울 수 있습니다.

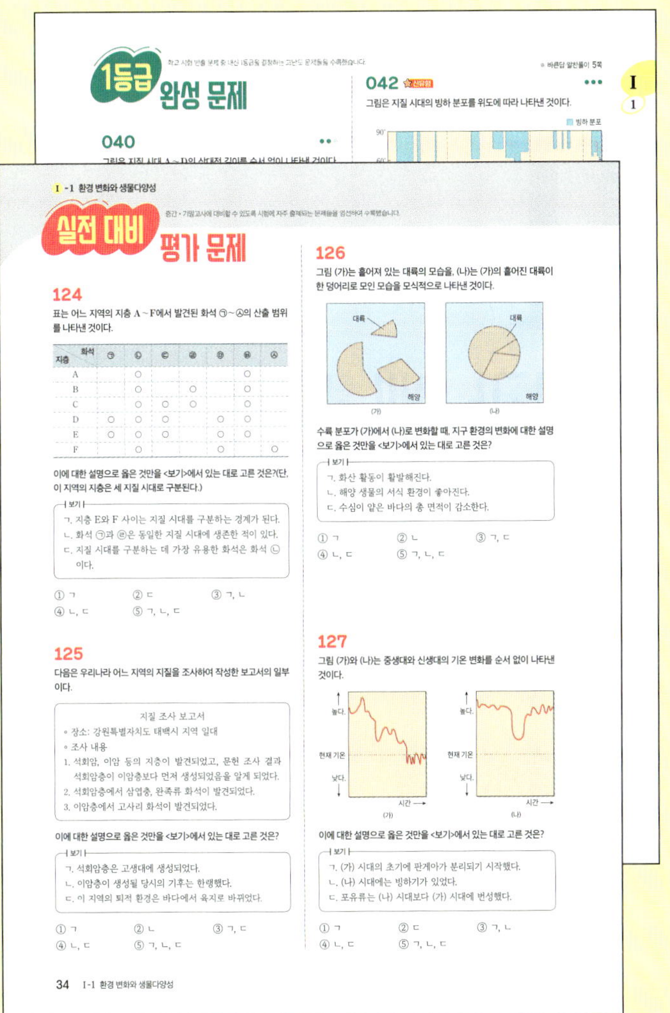

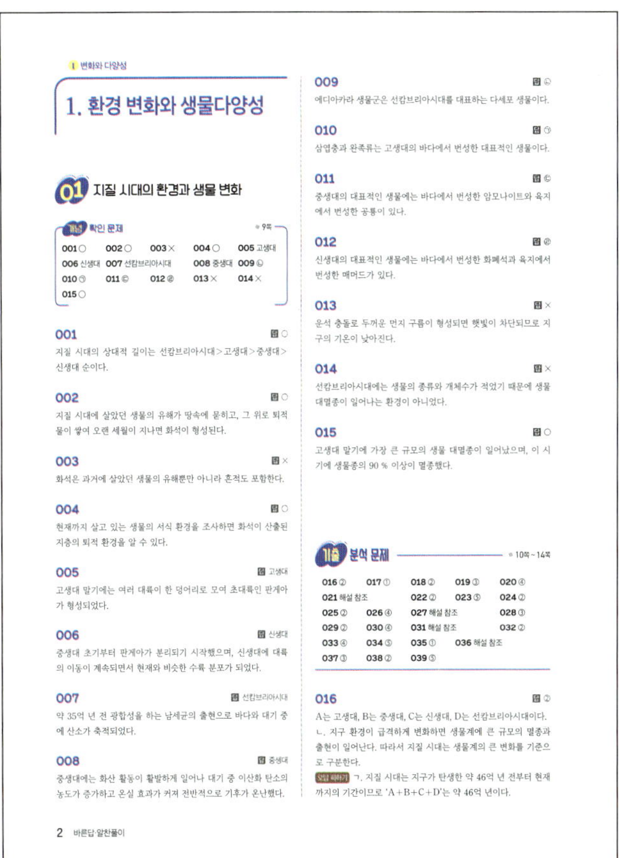

바른답·알찬풀이

STEP 2 1등급 문제로 실력 향상시키기

 1등급 완성 문제

응용력을 요구하거나 통합적으로 출제된 어렵고 낯선 문제들을 선별하여 수록하였습니다. 특히 1등급을 결정짓는 서술형 문제를 집중 학습할 수 있습니다.

STEP 3 마무리 문제로 최종 점검하기

실전 대비 평가 문제

단원별로 시험에 출제될 가능성이 높은 문제를 수록하여 실제 학교 시험에 대비할 수 있습니다. 또한 수능 맛보기 문제를 통해 수능 감각을 익힐 수 있도록 구성하였습니다.

알찬풀이로 핵심 다시 파악하기

문제별 자세한 풀이와 오답 피하기를 통해 문제 풀이 과정을 쉽게 이해할 수 있습니다.

자료 분석 하기 필수 유형 자료의 분석과 첨삭 설명을 제시하였습니다.
개념 더하기 시험에 자주 나오는 핵심 개념을 다시 한번 정리하였습니다.
서술형 해결 전략 서술형 문제를 해결할 수 있는 단계적 전략을 제시하였습니다.

Contents
차례

I 변화와 다양성

II 환경과 에너지

1등급 만들기 통합과학1에서 배우는 내용

I 과학의 기초

01 과학의 기본량
02 측정 표준과 현대 문명

II 물질과 규칙성

1 원소의 생성과 규칙성

03 우주 초기에 생성된 원소
04 별의 진화와 원소의 생성
05 원소의 주기성과 결합
06 이온 결합과 공유 결합

2 자연의 구성 물질

07 지각과 생명체의 구성 물질
08 물질의 전기적 성질

III 시스템과 상호작용

1 지구시스템

09 지구시스템의 구성과 상호작용
10 지권의 변화와 판 구조론

2 역학 시스템

11 중력과 물체의 운동
12 충돌과 안전

3 생명 시스템

13 생명 시스템에서의 화학 반응
14 세포 내 정보의 흐름

교과서 단원 찾기 Search

5종 통합과학2 교과서의 단원 찾기를 제공합니다.

1등급 만들기에서 교과서 단원 찾는 방법

❶ 내가 가지고 있는 교과서의 출판사명과 공부할 범위를 확인한다.

❷ 1등급 만들기에서 해당 쪽수를 찾아 공부한다.

I

변화와 다양성

학습하기 전 꼭 알아야 할 핵심 개념이 무엇인지 확인하고, 어려운 개념은 ☑ 표시해 놓고 반복 학습하세요.

1. 환경 변화와 생물다양성

01 지질 시대의 환경과 생물 변화

- ☐ 지질 시대와 화석
- ☐ 지질 시대의 환경과 생물
- ☐ 생물 대멸종

02 생물의 진화

- ☐ 변이
- ☐ 자연선택
- ☐ 진화

03 생물다양성과 보전

- ☐ 생물다양성
- ☐ 생물다양성보전

2. 화학 변화

04 산화와 환원

- ☐ 산소의 이동에 의한 산화·환원
- ☐ 전자의 이동에 의한 산화·환원
- ☐ 우리 주변의 산화·환원 반응

05 산과 염기

- ☐ 산성과 염기성
- ☐ 산과 염기의 이온화
- ☐ 중화 반응
- ☐ 중화 반응에서의 온도 변화

06 물질 변화에서 에너지의 출입

- ☐ 흡열 반응
- ☐ 발열 반응
- ☐ 흡열 반응과 발열 반응의 이용 사례

01 지질 시대의 환경과 생물 변화

1 지질 시대와 화석

1 지질 시대

① 지질 시대: 지구가 탄생한 약 46억 년 전부터 현재까지의 기간
② 지질 시대의 구분: 지구 환경의 급격한 변화로 인한 생물계의 큰 변화를 기준으로 선캄브리아시대, 고생대, 중생대, 신생대로 구분한다.
③ 상대적 길이: 선캄브리아시대 > 고생대 > 중생대 > 신생대

신생대(1.4 %)

선캄브리아시대 (88.2 %)	고생대 (6.3 %)	중생대 (4.1 %)

45.67 　　　　　　　　　　　5.39　　2.52　0.66
시간(억 년 전)

▲ 지질 시대의 구분

2 화석

지층에 빨리 매몰될수록 공기와의 접촉이 차단되어 화석으로 남기 쉽다.

① 화석: 지질 시대에 살았던 생물의 유해나 흔적이 지층 속에 남아 있는 것
　예 생물의 뼈와 껍질, 생물이 뚫은 구멍, 발자국 등
② 화석의 연구: 지층의 생성 시기, 생물이 살았던 당시의 지구 환경, 과거 생물의 종류와 진화 과정 등을 알 수 있다.

꼭 나오는 자료 ❶ 과거에 생물이 살았던 당시의 환경

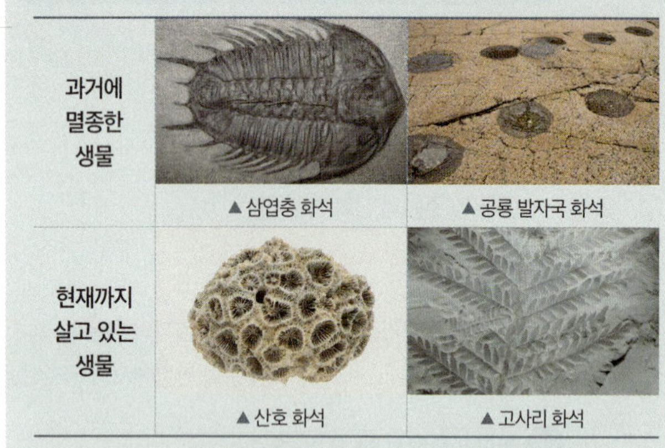

과거에 멸종한 생물

▲ 삼엽충 화석　　　▲ 공룡 발자국 화석

현재까지 살고 있는 생물

▲ 산호 화석　　　▲ 고사리 화석

❶ 과거에 멸종한 생물의 생김새나 퇴적 환경으로부터 생물이 살았던 당시의 지구 환경을 알 수 있다.
　• 삼엽충 화석: 삼엽충은 바다에 살았음을 알 수 있다.
　• 공룡 발자국 화석: 공룡은 육지에 살았음을 알 수 있다.
❷ 현재까지 살고 있는 생물의 서식 환경으로부터 과거에 생물이 살았던 당시의 지구 환경을 알 수 있다.
　• 산호 화석: 수심이 얕고 따뜻한 바다였음을 알 수 있다.
　• 고사리 화석: 기온이 온난하고 습윤한 육지였음을 알 수 있다.

필수 유형 화석의 사진을 제시하고, 과거에 생물이 살았던 당시의 환경이나 화석이 산출되는 지층의 퇴적 환경을 묻는 문제가 자주 출제된다.
🔗11쪽 022번

2 지질 시대의 환경과 생물

1 선캄브리아시대

환경	• 화석이 거의 발견되지 않아 당시의 환경을 정확히 알 수 없다. • 초기에는 강한 자외선 때문에 생물이 주로 바다에서 생활했다. • 약 35억 년 전 광합성을 하는 남세균의 출현으로 바다와 대기 중에 산소가 축적되었다.
생물	• 바다에서 최초의 단세포생물(남세균)이 출현했으며, 남세균의 활동으로 스트로마톨라이트가 만들어졌다. • 말기에는 최초의 다세포 생물(에디아카라 생물군)이 출현했다.

남세균의 점액질에 부유물이 달라붙어 만들어진 퇴적 구조

▲ 스트로마톨라이트

▲ 에디아카라 생물군

2 고생대

오존층이 강한 자외선을 차단했기 때문이다.

환경	• 대기 중 산소의 농도가 높아져 오존층이 형성되었고, 생물이 바다에서 육지로 진출하게 되었다. • 말기에 초대륙인 판게아가 형성되어 해양 생물의 서식지가 축소되었고, 기후가 급격히 변화했다.
생물	• 바다에서는 해양 무척추동물(삼엽충, 완족류, 필석), 어류가 번성했다. • 육지에서는 양서류, 거대 곤충, 양치식물이 번성했다. • 생물의 종류와 개체수가 급격하게 증가했지만, 말기에는 삼엽충을 포함한 많은 생물이 멸종했다.

판게아

▲ 고생대 말기의 수륙 분포

수심이 얕은 바다의 면적 감소

▲ 완족류

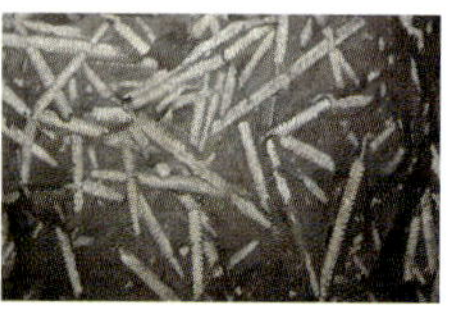

▲ 필석

3 중생대

대기 중 이산화 탄소의 농도가 증가하여 온실 효과가 커졌다.

환경	• 초기부터 판게아가 분리되면서 생물의 서식 환경이 다양해졌고, 화산 활동이 활발하게 일어났다. • 전반적으로 기후가 온난했다. • 말기에는 지구 환경이 급격히 변화했다.
생물	• 바다에서는 해양 파충류, 암모나이트가 번성했다. • 육지에서는 육상 파충류(공룡), 겉씨식물(은행나무)이 번성했다. • 말기에는 암모나이트와 공룡을 포함한 많은 생물이 멸종했다.

▲ 중생대 중기의 수륙 분포

▲ 암모나이트

▲ 공룡알

4 신생대

대서양이 넓어지고, 히말라야산맥이 형성되었다.

환경	• 대륙의 이동이 계속되면서 현재와 비슷한 수륙 분포가 되었다. • 초기부터 중기까지는 대체로 기후가 온난했지만, 말기에는 빙하기와 간빙기가 반복되었다.

▲ 신생대의 수륙 분포

생물	• 바다에서는 화폐석이 번성했다. • 육지에서는 포유류(매머드), 속씨식물(단풍나무)이 번성했다. • 말기에는 인류의 조상이 출현했다.

▲ 화폐석

▲ 매머드

3 생물 대멸종

1 대멸종

① 대멸종: 짧은 기간 동안 많은 생물이 멸종하는 사건
② 대멸종의 원인: 급격한 지구 환경의 변화

운석 (소행성) 충돌설	• 대규모 해일이 발생했다. • 두꺼운 먼지 구름이 형성되어 햇빛을 차단하여 식물의 광합성량이 감소하고, 기온이 낮아졌다.
대규모 화산 폭발설	• 다량의 화산재 방출로 햇빛이 차단되어 식물의 광합성량이 감소하고, 기온이 낮아졌다. • 다량의 화산 가스 방출로 산성비가 내려 토양이 산성화되었다.
수륙 분포 변화설	• 판게아 형성으로 해양 생물의 서식지가 축소되었다. • 해양과 대륙의 분포가 변하여 기후가 변화했다.

꼭 나오는 자료 ❷ 생물 대멸종

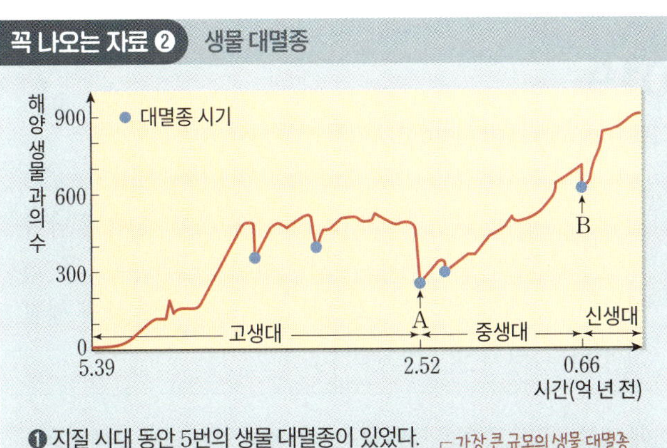

❶ 지질 시대 동안 5번의 생물 대멸종이 있었다. ┌ 가장 큰 규모의 생물 대멸종
❷ A 시기: 고생대 말기의 대멸종으로, 생물종의 90 % 이상이 멸종했다.
❸ B 시기: 중생대 말기의 대멸종으로, 50 % 이상의 해양 생물, 육상 동물과 공룡이 멸종했다.

필수 유형 5번의 생물 대멸종 중 규모가 가장 컸던 시기와 공룡이 멸종했던 시기를 묻는 문제가 자주 출제된다. 🔗14쪽 038번

2 대멸종 이후 생물계의 변화
┌ 오늘날의 생물다양성 형성
급격한 지구 환경의 변화에 적응한 생물은 다양한 종으로 진화하여 번성했다.

| 001~004 | 지질 시대와 화석에 대한 설명으로 옳은 것은 ○표, 옳지 않은 것은 ✕표 하시오.

001 고생대는 지질 시대 중 두 번째로 긴 기간에 해당한다. ( )

002 지질 시대에 살았던 생물의 유해가 지층에서 발견된 것을 화석이라고 한다. ( )

003 생물이 뚫은 구멍이나 발자국 등 생물의 흔적은 화석에 해당하지 않는다. ( )

004 현재 고사리의 서식 환경을 조사하면 고사리 화석이 산출된 지층의 퇴적 환경을 알 수 있다. ( )

| 005~008 | 다음은 지질 시대의 환경에 대한 설명이다. 각 설명에 해당하는 지질 시대를 쓰시오.

005 말기에 판게아가 형성되면서 지구 환경에 급격한 변화가 일어났다. ( )

006 대서양이 점차 넓어지고, 히말라야산맥이 형성되면서 수륙 분포가 현재와 비슷해졌다. ( )

007 남세균의 출현으로 바다와 대기 중에 산소의 농도가 점차 증가하기 시작했다. ( )

008 대기 중 이산화 탄소의 농도가 증가하여 온실 효과가 커짐으로써 전반적으로 기후가 온난했다. ( )

| 009~012 | 지질 시대와 번성했던 생물을 옳게 연결하시오.

009 선캄브리아시대 • • ㉠ 삼엽충, 완족류

010 고생대 • • ㉡ 에디아카라 생물군

011 중생대 • • ㉢ 암모나이트, 공룡

012 신생대 • • ㉣ 화폐석, 매머드

| 013~015 | 생물 대멸종에 대한 설명으로 옳은 것은 ○표, 옳지 않은 것은 ✕표 하시오.

013 운석 충돌로 생긴 두꺼운 먼지 구름이 강한 온실 효과를 일으켜 지구의 기온이 상승했다. ( )

014 선캄브리아시대에는 여러 차례의 생물 대멸종이 있었으나 지각 변동으로 그 흔적이 지워졌다. ( )

015 생물 대멸종 시기 중 고생대 말기에 일어난 생물 대멸종의 규모가 가장 컸다. ( )

학교 시험에서 출제율이 70% 이상인 문제들을 엄선하여 수록했습니다.

분석 문제

1 지질 시대와 화석

016

그림은 지질 시대의 상대적 길이를 A∼D로 순서 없이 나타낸 것이다.
이에 대한 설명으로 옳은 것만을 <보기>에서 있는 대로 고른 것은?

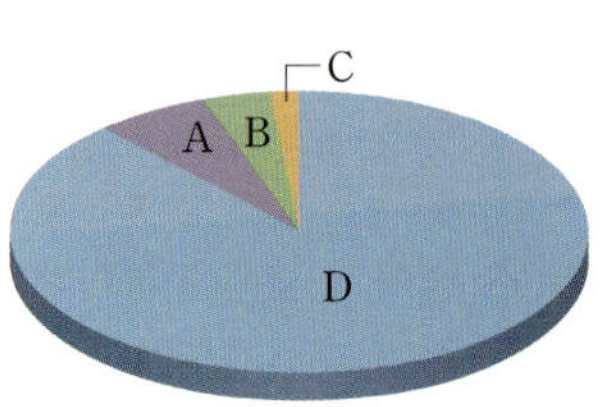

┤ 보기 ├
ㄱ. 'A+B+C+D'는 약 5.39억 년이다.
ㄴ. A∼D를 구분한 기준은 생물계의 큰 변화이다.
ㄷ. 생물종의 수가 가장 많았던 지질 시대는 D이다.

① ㄱ 　　② ㄴ 　　③ ㄱ, ㄷ
④ ㄴ, ㄷ 　　⑤ ㄱ, ㄴ, ㄷ

017

그림은 어느 지역에서 조사한 생물 ㉠∼◎의 생존 기간을 나타낸 것이다.

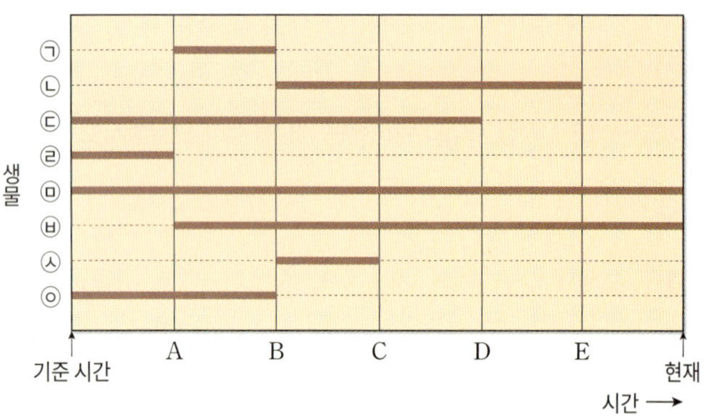

이에 대한 설명으로 옳은 것만을 <보기>에서 있는 대로 고른 것은?
(단, 생물 ㉠∼◎의 화석 산출 개체수는 많다.)

┤ 보기 ├
ㄱ. A∼E를 세 시기로 구분하면 그 경계는 A와 B가 적합하다.
ㄴ. 지질 시대를 세밀하게 구분하는 데는 생물 ㉤이 생물 ㉠보다 유용하다.
ㄷ. 지질 시대의 환경을 세밀하게 판단하는 데는 생물 ㉦이 생물 ㉤보다 유용하다.

① ㄱ 　　② ㄴ 　　③ ㄱ, ㄷ
④ ㄴ, ㄷ 　　⑤ ㄱ, ㄴ, ㄷ

018

다음은 지질 시대에 대한 설명이다.

지구가 탄생한 약 46억 년 전부터 현재까지를 지질 시대라고 한다. ㉠화석이 거의 발견되지 않는 시기를 선캄브리아 시대라고 하며, 약 5.39억 년 전부터 화석이 많이 발견되는 시기는 ㉡고생대, 중생대, 신생대로 구분한다.

이에 대한 설명으로 옳은 것만을 <보기>에서 있는 대로 고른 것은?

┤ 보기 ├
ㄱ. ㉠의 까닭은 지구 환경의 변화가 없었기 때문이다.
ㄴ. ㉡은 화석을 이용한다.
ㄷ. 지질 시대 중 선캄브리아시대가 차지하는 상대적 길이는 약 70 %이다.

① ㄱ 　　② ㄴ 　　③ ㄱ, ㄷ
④ ㄴ, ㄷ 　　⑤ ㄱ, ㄴ, ㄷ

019

다음은 화석에 대한 설명이다.

지질 시대에 살았던 생물의 (㉠)이/가 지층 속에 남아 있는 것을 화석이라고 한다. 과거에 살았던 생물의 (㉠)이/가 ㉡땅속에 묻히고, 그 위로 퇴적물이 쌓여 오랜 세월이 지나면 ㉢화석이 형성된다.

이에 대한 설명으로 옳은 것만을 <보기>에서 있는 대로 고른 것은?

┤ 보기 ├
ㄱ. '배설물'은 ㉠에 해당한다.
ㄴ. ㉡이 느리게 진행될수록 화석으로 남을 가능성이 크다.
ㄷ. ㉢ 이후 지층이 융기와 침식 작용을 받으면 화석이 지표에 드러날 수 있다.

① ㄱ 　　② ㄴ 　　③ ㄱ, ㄷ
④ ㄴ, ㄷ 　　⑤ ㄱ, ㄴ, ㄷ

020

화석의 연구로 알 수 있는 사실을 <보기>에서 있는 대로 고른 것은?

| 보기 |
ㄱ. 지층의 생성 시기　　　　ㄴ. 지층의 퇴적 환경
ㄷ. 생물의 진화 과정　　　　ㄹ. 지층의 지질 구조

① ㄱ, ㄴ　　　　② ㄱ, ㄷ　　　　③ ㄴ, ㄹ
④ ㄱ, ㄴ, ㄷ　　　⑤ ㄴ, ㄷ, ㄹ

021 서술형

그림은 우리나라 강원특별자치도 태백시의 어느 지층에서 산출된 화석을 나타낸 것이다.
육지와 바다 중 이 지층이 퇴적될 당시의 환경을 쓰고, 그렇게 판단한 까닭을 설명하시오.

022 필수 유형　⊘ 8쪽 꼭 나오는 자료 ❶

그림 (가)와 (나)는 서로 다른 지층에서 산출된 화석을 나타낸 것이다.

(가) 산호　　　　　　　　(나) 고사리

이에 대한 설명으로 옳은 것만을 <보기>에서 있는 대로 고른 것은?

| 보기 |
ㄱ. (가)가 산출된 지층은 수온이 낮은 바다에서 퇴적되었다.
ㄴ. (나)가 산출된 지층은 건조한 육지에서 퇴적되었다.
ㄷ. (가)와 (나)는 현재 생물의 서식 환경으로 과거의 환경을 추론할 수 있다.

① ㄱ　　　　② ㄷ　　　　③ ㄱ, ㄴ
④ ㄴ, ㄷ　　　⑤ ㄱ, ㄴ, ㄷ

023

그림은 어느 지역의 지층 A~C에서 산출된 화석 ●, ■, ▲, ✕를 나타낸 것이다.

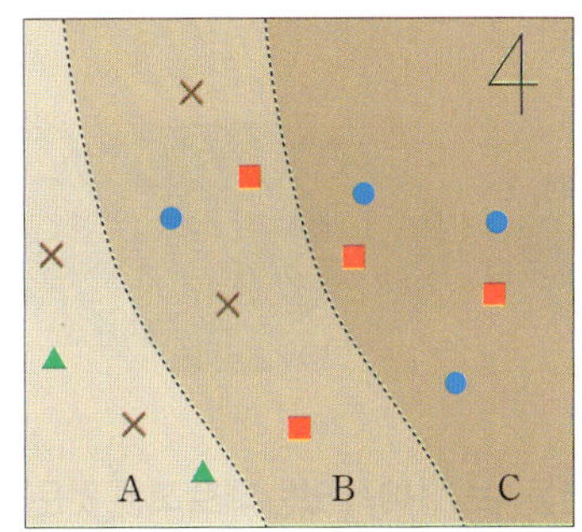
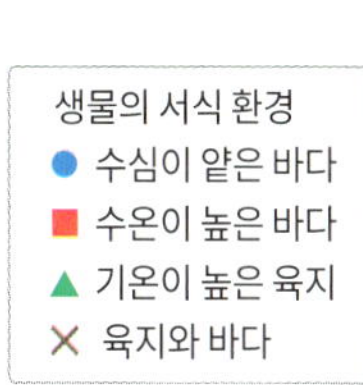

이에 대한 설명으로 옳은 것만을 <보기>에서 있는 대로 고른 것은? (단, 지층은 A→B→C 순으로 생성되었다.)

| 보기 |
ㄱ. 이 지역의 퇴적 환경은 육지에서 바다로 바뀌었다.
ㄴ. 지층 B는 수온이 높고 수심이 얕은 바다에서 퇴적되었다.
ㄷ. 지층 B의 퇴적 환경은 지층 A의 퇴적 환경보다 지층 C의 퇴적 환경에 가깝다.

① ㄱ　　　　② ㄷ　　　　③ ㄱ, ㄴ
④ ㄴ, ㄷ　　　⑤ ㄱ, ㄴ, ㄷ

024

그림은 어느 지역의 지질 단면에서 지층 A~C를, 표는 이 지역의 지층을 이루는 암석과 산출 화석을 나타낸 것이다.

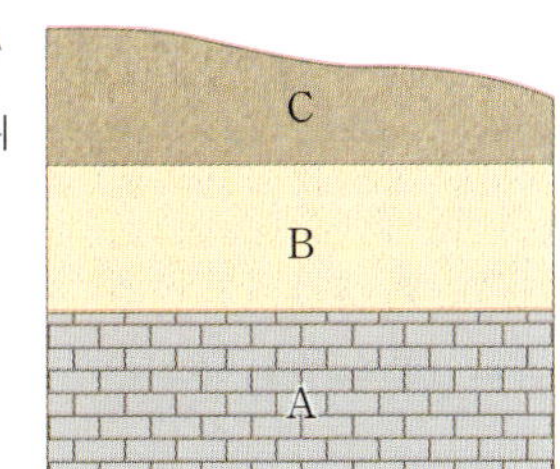

암석	산출 화석
이암	화폐석
석회암	삼엽충
사암	공룡 뼈

이에 대한 설명으로 옳은 것만을 <보기>에서 있는 대로 고른 것은? (단, 지층 A~C는 위에 놓일수록 나중에 생성되었다.)

| 보기 |
ㄱ. 지층 A는 사암층이다.
ㄴ. 지층 B에서는 공룡 뼈 화석이 산출된다.
ㄷ. 이 지역의 퇴적 환경은 육지 → 바다 → 육지 순으로 바뀌었다.

① ㄱ　　　　② ㄴ　　　　③ ㄱ, ㄷ
④ ㄴ, ㄷ　　　⑤ ㄱ, ㄴ, ㄷ

2 지질 시대의 환경과 생물

025

그림 (가)와 (나)는 고생대 말기와 중생대 중기의 수륙 분포를 순서 없이 나타낸 것이다.

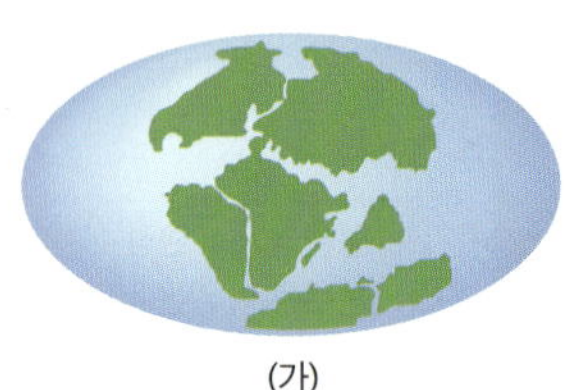
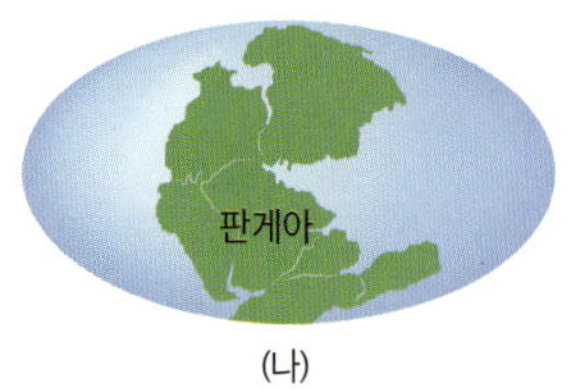

(가)　　　　　　　　(나)

이에 대한 설명으로 옳은 것만을 <보기>에서 있는 대로 고른 것은?

| 보기 |

ㄱ. 수륙 분포는 (가)에서 (나)로 변했다.
ㄴ. (나)는 고생대 말기의 수륙 분포이다.
ㄷ. 판게아가 형성되면서 생물종이 급격하게 증가했다.

① ㄱ　　　　　② ㄴ　　　　　③ ㄱ, ㄷ
④ ㄴ, ㄷ　　　　⑤ ㄱ, ㄴ, ㄷ

026

표는 고생대 시작 이후 세 시기의 수륙 분포 특징을, 그림은 (가)~(다) 중 한 시기의 수륙 분포를 나타낸 것이다.

시기	특징
(가)	초대륙이 형성되었다.
(나)	히말라야산맥이 형성되었다.
(다)	판게아가 분리되기 시작했다.

이에 대한 설명으로 옳은 것만을 <보기>에서 있는 대로 고른 것은?

| 보기 |

ㄱ. (가)는 대서양이 형성되기 시작한 시기이다.
ㄴ. 그림의 수륙 분포 시기는 (나)에 해당한다.
ㄷ. 수륙 분포의 변화 시기는 (가) → (다) → (나) 순이다.

① ㄱ　　　　　② ㄷ　　　　　③ ㄱ, ㄴ
④ ㄴ, ㄷ　　　　⑤ ㄱ, ㄴ, ㄷ

027 서술형

고생대 중기에 흩어져 있던 대륙들이 고생대 말기에는 하나로 모여 초대륙을 형성했다. 고생대 말기에 해양 생물의 서식 환경은 어떻게 변했는지 설명하시오.

028

다음은 어느 지질 시대의 환경에 대한 설명이다.

최초의 생물이 ㉠ 바다에서 출현한 이후 광합성을 하는 (㉡)의 등장으로 바다와 대기 중에 산소가 많아졌다. 이후 다양한 생물이 출현할 수 있는 환경이 만들어졌고, 선캄브리아시대 말기에는 ㉢ 다세포 생물이 출현했다.

이에 대한 설명으로 옳은 것만을 <보기>에서 있는 대로 고른 것은?

| 보기 |

ㄱ. ㉠의 까닭은 강한 자외선이 지표에 도달했기 때문이다.
ㄴ. '남세균'은 ㉡에 해당한다.
ㄷ. 스트로마톨라이트는 ㉢이 화석으로 남은 것이다.

① ㄱ　　　　　② ㄷ　　　　　③ ㄱ, ㄴ
④ ㄴ, ㄷ　　　　⑤ ㄱ, ㄴ, ㄷ

029

그림은 지구 환경이 (가)에서 (나)로 변한 모습을 나타낸 것이다. A는 대기 성분 X의 농도가 높은 층이다.

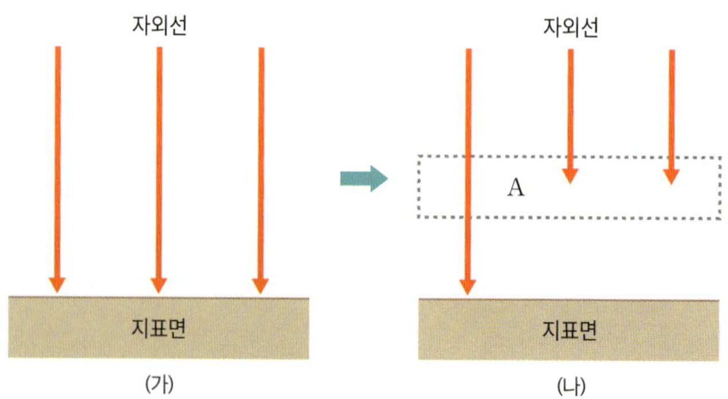

이에 대한 설명으로 옳은 것만을 <보기>에서 있는 대로 고른 것은?

| 보기 |

ㄱ. X는 주로 지구 내부에서 화산 활동으로 방출되었다.
ㄴ. 양치식물은 (가)와 (나) 시기 사이에 출현했다.
ㄷ. (가) → (나)의 변화를 일으킨 최초의 생물은 스트로마톨라이트로 남아 있다.

① ㄱ　　　　　② ㄷ　　　　　③ ㄱ, ㄴ
④ ㄴ, ㄷ　　　　⑤ ㄱ, ㄴ, ㄷ

030

그림은 지질 시대의 지구 평균 기온 변화를 나타낸 것이다.

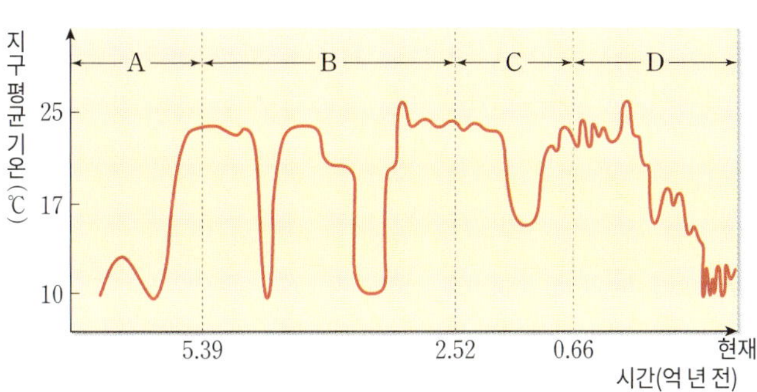

A∼D 시기의 기후에 대한 설명으로 옳은 것만을 <보기>에서 있는 대로 고른 것은?

| 보기 |

ㄱ. 화석을 이용한 기후 변화 연구는 A 시기가 B 시기보다 유용하다.
ㄴ. C 시기에는 빙하기가 없었다.
ㄷ. D 시기의 말기에는 빙하기와 간빙기가 반복되었다.

① ㄱ ② ㄷ ③ ㄱ, ㄴ
④ ㄴ, ㄷ ⑤ ㄱ, ㄴ, ㄷ

031 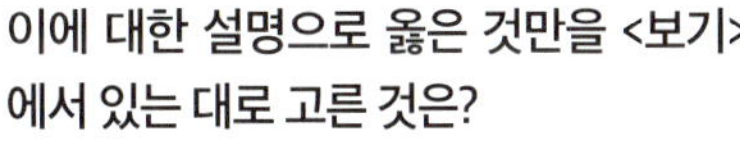 

중생대에는 전반적으로 기후가 온난하여 빙하기가 없었다. 중생대의 기후가 온난한 까닭을 (가)~(다)의 말을 순서대로 모두 포함하여 설명하시오.

(가) 화산 활동 (나) 이산화 탄소 (다) 온실 효과

032

그림은 어느 지질 시대의 수륙 분포를 나타낸 것이다.
이에 대한 설명으로 옳은 것만을 <보기>에서 있는 대로 고른 것은?

| 보기 |

ㄱ. 고생대 말기의 수륙 분포이다.
ㄴ. 판게아가 분리되면서 기후 변화를 일으켰다.
ㄷ. 이 시기에는 적도 부근까지 빙하가 분포했다.

① ㄱ ② ㄴ ③ ㄱ, ㄷ
④ ㄴ, ㄷ ⑤ ㄱ, ㄴ, ㄷ

033

그림 (가)와 (나)는 서로 다른 시기의 지층에서 산출된 화석을 나타낸 것이다.

(가) (나)

이에 대한 설명으로 옳은 것만을 <보기>에서 있는 대로 고른 것은?

| 보기 |

ㄱ. (가)가 산출된 지층에서는 화폐석 화석이 산출될 수 있다.
ㄴ. (가)와 (나)가 산출된 지층은 바다에서 퇴적되었다.
ㄷ. (가)가 산출된 지층은 (나)가 산출된 지층보다 먼저 생성되었다.

① ㄱ ② ㄴ ③ ㄱ, ㄷ
④ ㄴ, ㄷ ⑤ ㄱ, ㄴ, ㄷ

034

그림 (가)와 (나)는 어느 지질 시대의 화석을 나타낸 것이다.

(가) 스트로마톨라이트 (나) 에디아카라 생물군

이에 대한 설명으로 옳은 것만을 <보기>에서 있는 대로 고른 것은?

| 보기 |

ㄱ. (가)와 (나)는 선캄브리아시대의 화석이다.
ㄴ. (가)는 광합성을 하는 생물이 만든 구조이다.
ㄷ. (나)가 산출된 지층에서는 다세포 생물의 화석이 발견된다.

① ㄱ ② ㄷ ③ ㄱ, ㄴ
④ ㄴ, ㄷ ⑤ ㄱ, ㄴ, ㄷ

● 바른답·알찬풀이 2쪽

035 ●●●

다음은 지질 시대 동안 식물이 번성한 시기를 (가)~(다)의 순서로 나타낸 것이다. (가)~(다)는 '대' 단위의 지질 시대이다.

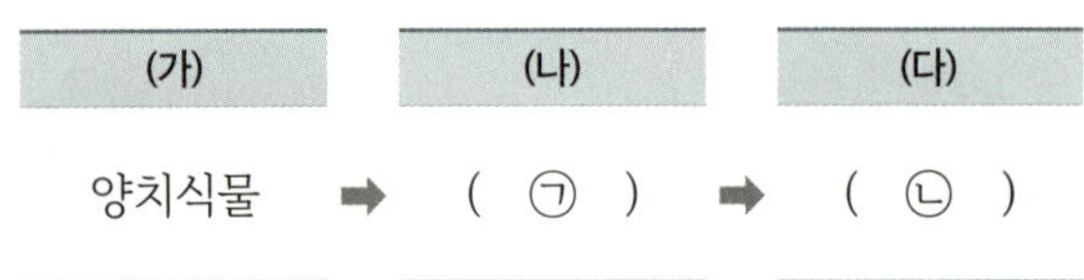

| (가) | (나) | (다) |

양치식물 ➡ (㉠) ➡ (㉡)

이에 대한 설명으로 옳은 것만을 <보기>에서 있는 대로 고른 것은?

| 보기 |
ㄱ. '겉씨식물'은 ㉠, '속씨식물'은 ㉡에 해당한다.
ㄴ. 양치식물은 (가) 시기의 초기에만 번성했다.
ㄷ. 지질 시대의 상대적 길이는 (나) 시기가 (다) 시기보다 짧다.

① ㄱ　　　　② ㄴ　　　　③ ㄱ, ㄷ
④ ㄴ, ㄷ　　　⑤ ㄱ, ㄴ, ㄷ

036 서술형 ●●●

우리나라 중생대 지층에서는 공룡 뼈, 공룡 발자국, 공룡알 등 다양한 형태의 공룡 화석이 발견되지만, 암모나이트 화석은 발견되지 않는다. 우리나라 중생대 지층이 퇴적될 당시의 환경을 쓰고, 그렇게 판단한 까닭을 설명하시오.

037 ●●●

그림은 어느 지역의 지질 단면에서 지층 A~C와 산출 화석을 나타낸 것이다.

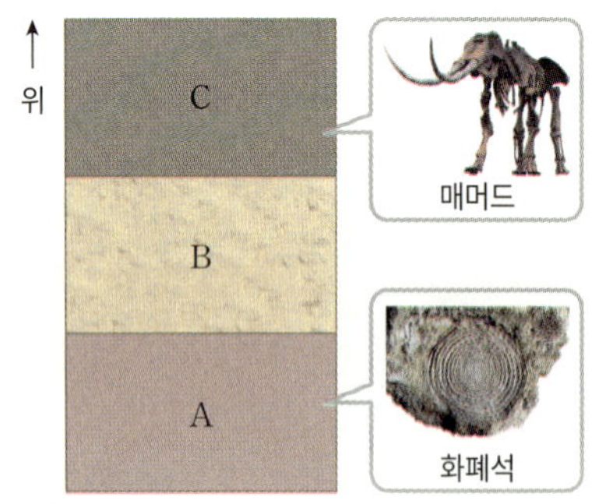

이에 대한 설명으로 옳은 것만을 <보기>에서 있는 대로 고른 것은? (단, 지층 A~C는 위에 놓일수록 나중에 생성되었다.)

| 보기 |
ㄱ. 지층 A~C는 신생대에 생성되었다.
ㄴ. 지층 B에서는 필석 화석이 산출될 수 있다.
ㄷ. 이 지역의 퇴적 환경은 바다에서 육지로 바뀌었다.

① ㄱ　　　　② ㄴ　　　　③ ㄱ, ㄷ
④ ㄴ, ㄷ　　　⑤ ㄱ, ㄴ, ㄷ

3 생물 대멸종

038 필수 유형 *9쪽 꼭 나오는 자료 ❷ ●●●

그림은 고생대 시작 이후 해양 생물 과의 수 변화와 생물 대멸종이 일어난 시기 A~E를 나타낸 것이다.

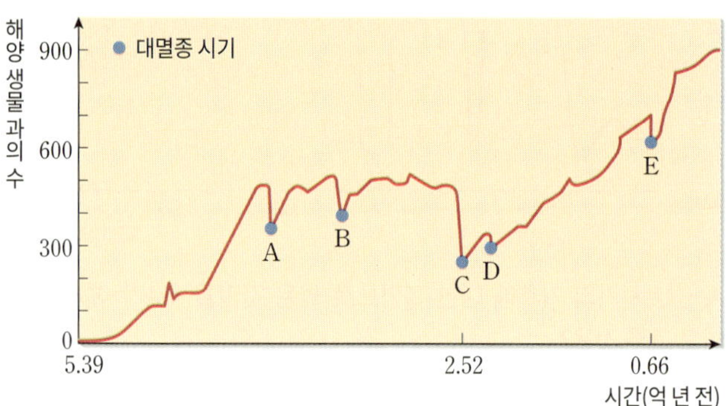

이에 대한 설명으로 옳은 것만을 <보기>에서 있는 대로 고른 것은?

| 보기 |
ㄱ. 고생대에는 총 4번의 생물 대멸종이 일어났다.
ㄴ. 가장 큰 규모의 생물 대멸종 시기는 C 시기이다.
ㄷ. E 시기의 생물 대멸종은 판게아가 형성되면서 일어났다.

① ㄱ　　　　② ㄴ　　　　③ ㄱ, ㄷ
④ ㄴ, ㄷ　　　⑤ ㄱ, ㄴ, ㄷ

039 ●●●

표는 생물 대멸종의 원인을 설명하는 대표적인 가설 (가)~(다)의 특징을 나타낸 것이다.

가설	특징
(가)	대기에 ㉠두꺼운 먼지 구름이 형성되어 햇빛을 차단한다.
(나)	다량의 화산재와 ㉡유독한 화산 가스가 대기 중으로 방출된다.
(다)	여러 대륙이 합쳐져 하나의 ㉢초대륙이 형성된다.

이에 대한 설명으로 옳은 것만을 <보기>에서 있는 대로 고른 것은?

| 보기 |
ㄱ. ㉠에 의해 식물의 광합성량이 감소한다.
ㄴ. ㉡에 의해 산성비가 내려 토양이 산성화된다.
ㄷ. ㉢에 의해 수심이 얕은 바다에서는 생물의 서식 환경이 열악해진다.

① ㄱ　　　　② ㄷ　　　　③ ㄱ, ㄴ
④ ㄴ, ㄷ　　　⑤ ㄱ, ㄴ, ㄷ

1등급 완성 문제

040

●●○

그림은 지질 시대 A∼D의 상대적 길이를 순서 없이 나타낸 것이다.
A∼D는 각각 선캄브리아시대, 고생대, 중생대, 신생대 중 하나이다.

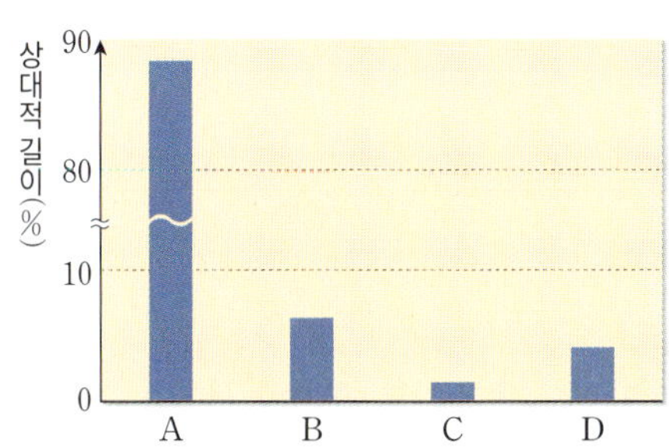

이에 대한 설명으로 옳은 것만을 <보기>에서 있는 대로 고른 것은?

보기

ㄱ. 암모나이트가 멸종한 시기는 D의 말기이다.
ㄴ. 지질 시대의 시간 순서는 A → B → C → D 순이다.
ㄷ. 생물의 광합성이 최초로 시작된 지질 시대는 B이다.

① ㄱ　　　　② ㄴ　　　　③ ㄱ, ㄷ
④ ㄴ, ㄷ　　　⑤ ㄱ, ㄴ, ㄷ

041

●●○

그림 (가)와 (나)는 서로 다른 지층에서 산출된 화석을 나타낸 것이다.

(가)　　　　　　　　　　(나)

이에 대한 설명으로 옳은 것만을 <보기>에서 있는 대로 고른 것은?

보기

ㄱ. (가)가 번성한 시기에 겉씨식물이 번성했다.
ㄴ. (나)는 온난 습윤한 육지 환경에서 번성했다.
ㄷ. 지질 시대를 구분하는 데는 (가)가 (나)보다 유용하다.

① ㄱ　　　　② ㄷ　　　　③ ㄱ, ㄴ
④ ㄴ, ㄷ　　　⑤ ㄱ, ㄴ, ㄷ

042　★신유형

●●●

그림은 지질 시대의 빙하 분포를 위도에 따라 나타낸 것이다.

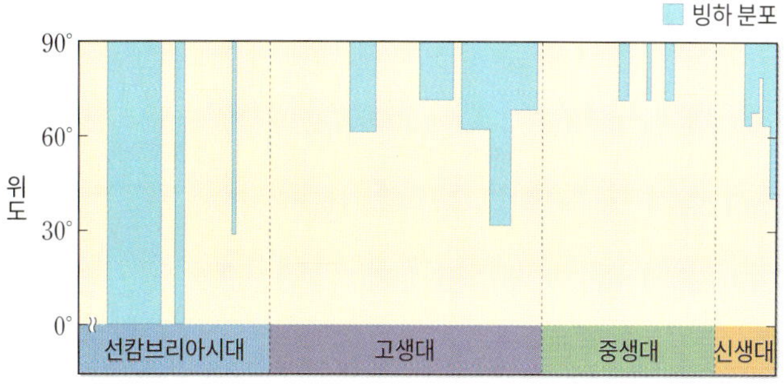

이에 대한 설명으로 옳은 것만을 <보기>에서 있는 대로 고른 것은?

보기

ㄱ. 공룡은 빙하기가 시작되면서 멸종했다.
ㄴ. 선캄브리아시대에는 여러 차례 빙하기가 있었다.
ㄷ. 신생대의 평균 해수면 높이는 말기보다 초기에 높았다.

① ㄱ　　　　② ㄴ　　　　③ ㄱ, ㄷ
④ ㄴ, ㄷ　　　⑤ ㄱ, ㄴ, ㄷ

043

●●○

그림 (가)∼(다)는 고생대 말기, 중생대 중기, 신생대의 수륙 분포를
순서 없이 나타낸 것이다.

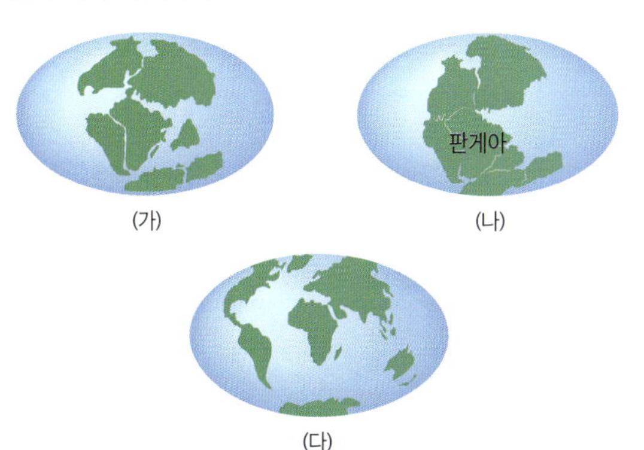

이에 대한 설명으로 옳은 것만을 <보기>에서 있는 대로 고른 것은?

보기

ㄱ. 시간 순서는 (다) → (나) → (가) 순이다.
ㄴ. (나) 시기에 바다에서는 삼엽충이 멸종했다.
ㄷ. 히말라야산맥은 (가)와 (다) 시기 사이에 형성되기 시
　　작했다.

① ㄱ　　　　② ㄷ　　　　③ ㄱ, ㄴ
④ ㄴ, ㄷ　　　⑤ ㄱ, ㄴ, ㄷ

044

그림은 지질 시대의 대기 중 산소 농도의 변화를 나타낸 것이다.

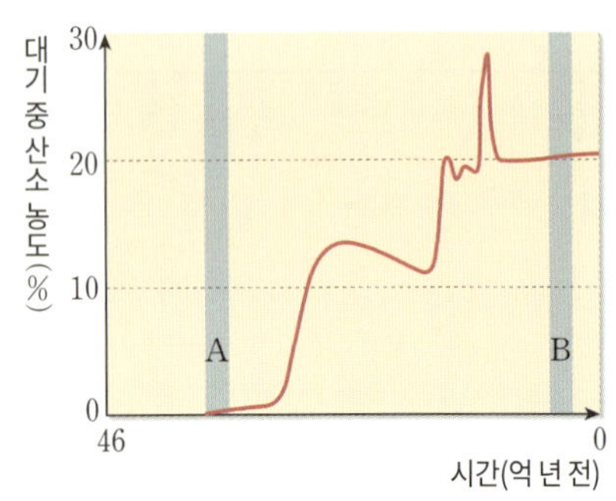

A, B 시기에 대한 설명으로 옳은 것만을 <보기>에서 있는 대로 고른 것은?

| 보기 |
ㄱ. 남세균은 A 시기 이후에 출현했다.
ㄴ. 지표에 도달하는 자외선의 양은 A 시기가 B 시기보다 많다.
ㄷ. A와 B 시기에 대기 중 산소 농도의 차이가 나타나는 까닭은 화산 가스의 분출량이 달랐기 때문이다.

① ㄱ　　　　② ㄴ　　　　③ ㄱ, ㄷ
④ ㄴ, ㄷ　　　⑤ ㄱ, ㄴ, ㄷ

045

그림은 어느 지질 시대 초기와 말기의 지구 환경 복원도를 나타낸 것이다.

이에 대한 설명으로 옳은 것만을 <보기>에서 있는 대로 고른 것은?

| 보기 |
ㄱ. 초기에 최초의 다세포 생물이 출현했다.
ㄴ. 말기에 양서류와 거대 곤충이 번성했다.
ㄷ. 말기에 암모나이트를 포함한 생물 대멸종이 일어났다.

① ㄱ　　　　② ㄴ　　　　③ ㄱ, ㄷ
④ ㄴ, ㄷ　　　⑤ ㄱ, ㄴ, ㄷ

046

그림 (가)는 서로 다른 지질 시대의 화석 ㉠, ㉡을, (나)는 화석 ㉠, ㉡이 멸종한 시기를 순서 없이 A, B로 나타낸 것이다.

이에 대한 설명으로 옳은 것만을 <보기>에서 있는 대로 고른 것은?

| 보기 |
ㄱ. 화석 ㉠의 멸종 시기는 B 시기이다.
ㄴ. 생물종의 멸종 규모는 A 시기가 B 시기보다 크다.
ㄷ. A와 B 시기 사이에 육지에서는 겉씨식물이 번성했다.

① ㄱ　　　　② ㄷ　　　　③ ㄱ, ㄴ
④ ㄴ, ㄷ　　　⑤ ㄱ, ㄴ, ㄷ

047

그림은 어느 지역의 지질 단면에서 지층 A~C와 산출 화석을 나타낸 것이다.

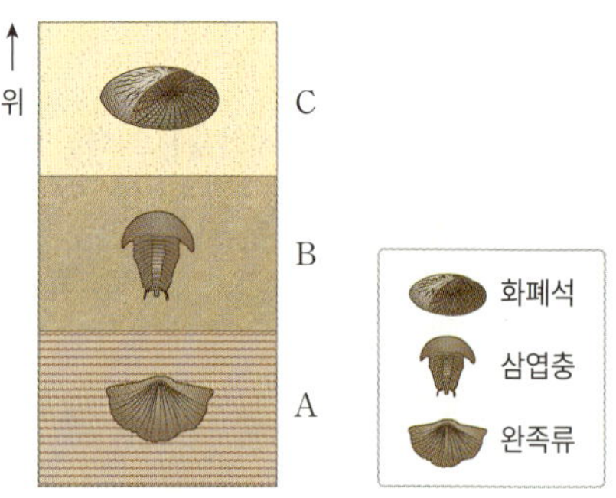

이에 대한 설명으로 옳은 것만을 <보기>에서 있는 대로 고른 것은? (단, 지층 A~C는 위에 놓일수록 나중에 생성되었다.)

| 보기 |
ㄱ. 지층 C가 퇴적될 당시에는 포유류가 번성했다.
ㄴ. 이 지역에서는 신생대의 지층이 발견되지 않는다.
ㄷ. 이 지역의 퇴적 환경은 바다에서 육지로 바뀌었다.

① ㄱ　　　　② ㄴ　　　　③ ㄱ, ㄷ
④ ㄴ, ㄷ　　　⑤ ㄱ, ㄴ, ㄷ

048

그림은 고생대 시작 이후 해양 생물 과의 수 변화를 나타낸 것이다.

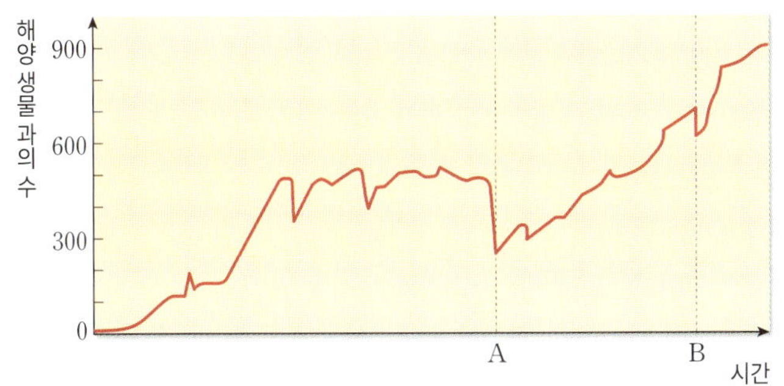

이에 대한 설명으로 옳은 것만을 <보기>에서 있는 대로 고른 것은?

| 보기 |

ㄱ. 생물 멸종의 규모는 A 시기가 B 시기보다 크다.
ㄴ. 판게아가 형성된 시기에 생물의 대멸종이 일어났다.
ㄷ. B 시기의 생물 멸종에서 생존한 생물은 다양한 종으로
   번성할 기회를 얻게 된다.

① ㄱ   ② ㄷ   ③ ㄱ, ㄴ
④ ㄴ, ㄷ   ⑤ ㄱ, ㄴ, ㄷ

049 평가원 기출 변형

그림은 고생대 시작 이후 생물 과의 멸종 비율과 생물 대멸종이 일어
난 시기 A~C를 나타낸 것이다.

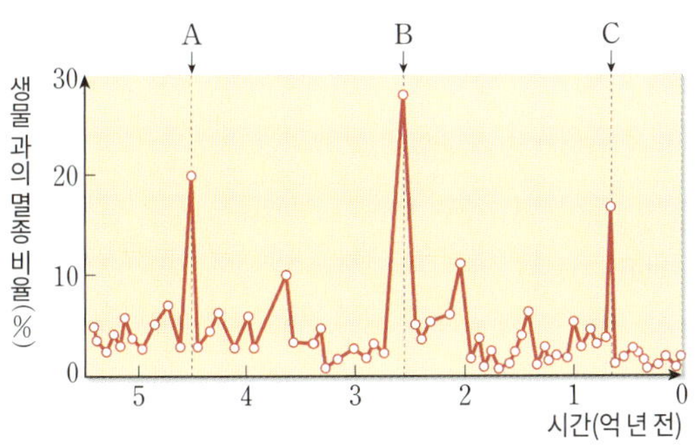

이에 대한 설명으로 옳은 것만을 <보기>에서 있는 대로 고른 것은?

| 보기 |

ㄱ. A와 B 시기 사이에 최초의 양서류가 출현했다.
ㄴ. B와 C 시기 사이에 판게아가 형성되기 시작했다.
ㄷ. 생물 대멸종의 규모가 가장 컸던 시기는 B 시기이다.

① ㄱ   ② ㄴ   ③ ㄱ, ㄷ
④ ㄴ, ㄷ   ⑤ ㄱ, ㄴ, ㄷ

서술형 문제

050

그림은 어느 지질 시대의 가상의 수륙 분포와 이 시기에 번성한 생물
A~D의 분포 영역을 나타낸 것이다.

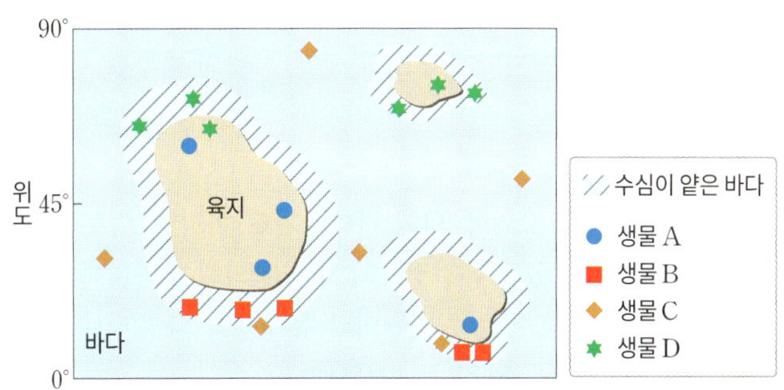

생물 A~D 중 지구 환경을 추론하는 데 가치가 가장 높은 생물을 쓰
고, 그렇게 판단한 까닭을 설명하시오.

051

다음은 생물의 출현에 대한 설명이다.

㉠ 지구상에 생명체가 최초로 출현한 곳은 바다였으며, 이
로부터 오랜 시간이 지난 후 ㉡ 고생대 중기에 들어 육지에
생물이 처음 출현했다.

㉠과 ㉡의 출현 장소가 다른 까닭을 지구 환경의 변화와 관련지어 설
명하시오.

052

그림은 어느 지질 시대 말기의 수륙 분포를 나타낸 것이다.

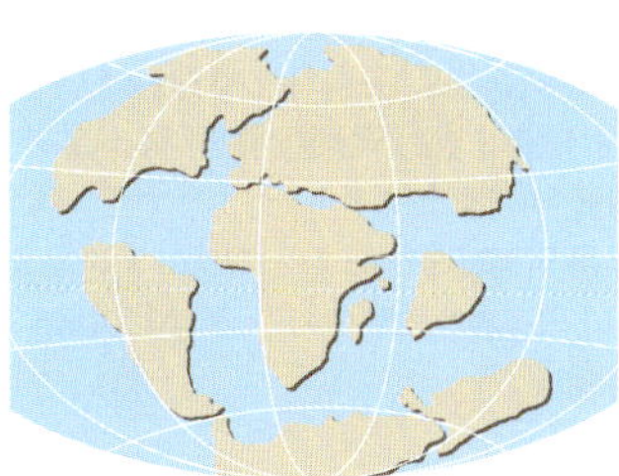

이 지질 시대의 육지와 바다에서 번성한 생물을 1종씩 쓰고, 기후의
특징을 설명하시오.

02 생물의 진화

1 변이의 발생과 자연선택

1 변이 같은 생물종의 개체 간에 나타나는 형질의 차이이다.
⑩ 무당벌레의 딱지날개 무늬와 색깔, 사람의 피부색

2 변이의 발생

① 변이는 환경 요인에 의해 나타나기도 하지만 주로 개체마다 가지고 있는 유전정보의 차이에 의해 나타난다.

② 유전정보의 차이는 돌연변이와 유성생식 과정에서 생식세포의 다양한 조합으로 발생한다.

환경 요인	환경 요인에 의해 발생하는 변이는 자손에게 유전되지 않는다. ⑩ 어린 홍학은 몸 색깔이 회색을 띠지만, 자라나면서 먹이의 종류와 양에 따라 몸에 제각기 다른 특징을 가지는 붉은 무늬가 나타난다.
돌연 변이	유전자의 염기서열이 변하여 유전정보가 달라지는 현상으로, 돌연변이가 일어나 만들어진 돌연변이 유전자에 의해 변이가 발생하며, 이 유전자는 자손에게 전달될 수 있다. ⑩ 푸른색 깃털을 가진 공작 집단에서 흰색 깃털 돌연변이를 가진 공작이 우연히 태어났다.
유성 생식	유성생식 과정에서 암수 생식세포의 다양한 조합에 의해 자손이 가진 유전정보가 부모와 달라져 변이가 발생한다. ⑩ 밝은색 깃털을 가진 비둘기와 어두운색 깃털을 가진 비둘기 사이에서 밝고 어두운 얼룩을 가진 비둘기가 태어났다.

3 자연선택 다양한 변이가 있는 생물집단의 개체들 중 생존과 번식에 유리한 형질을 가진 개체가 그렇지 않은 개체보다 더 잘 살아남아 자손을 더 많이 남기는 과정

변이가 없는 생물집단에서는 자연선택이 일어날 수 없다.

꼭 나오는 자료 ❶ 변이와 자연선택

그림은 산불로 인해 토양이 검게 변환 환경에서 시간이 지남에 따라 딱정벌레 집단의 몸 색깔에 따른 개체수 비율이 변화하는 과정을 나타낸 것이다.

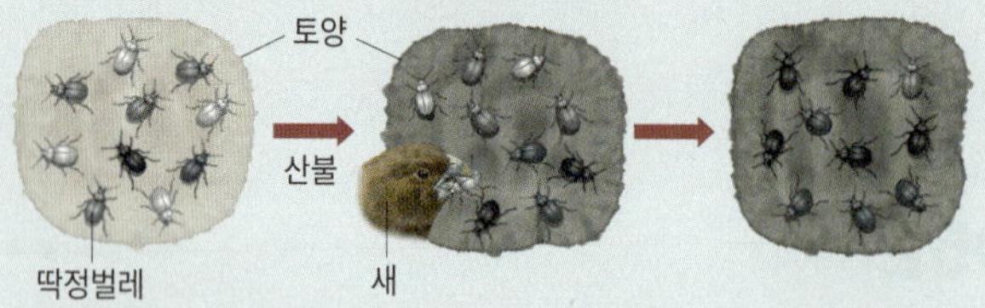

❶ 산불이 나기 전 딱정벌레 집단에는 몸 색깔에 다양한 변이가 있었다.

❷ 산불로 인해 토양이 검게 변한 환경에서 몸 색깔이 밝은 딱정벌레가 몸 색깔이 어두운 딱정벌레보다 포식자인 새의 눈에 더 잘 띄어 더 많이 잡아먹혔다. ➡ 몸 색깔이 밝은 딱정벌레보다 몸 색깔이 어두운 딱정벌레가 생존과 번식에 유리했다.

❸ 몸 색깔이 어두운 딱정벌레가 더 잘 살아남아 자손을 더 많이 남기는 자연선택이 일어나 딱정벌레 집단에서 몸 색깔이 어두운 딱정벌레의 개체수 비율이 증가했다.

필수 유형 다양한 변이가 있는 생물집단에서 자연선택이 일어나는 과정을 묻는 문제가 자주 출제된다. ⊘21쪽 068번

---

① 포식과 피식 관계에 따라 자연선택이 일어나는 과정

다양한 변이가 있는 생물집단에서 포식자의 눈에 더 잘 띄는 개체가 높은 비율로 잡아먹힌다.

↓

시간이 지남에 따라 포식자의 눈에 덜 띄는 개체가 더 잘 살아남는다.

↓

살아남은 개체의 형질이 자손에게 전달되어 그 형질을 가진 개체수 비율이 증가한다.

② 환경 변화에 따른 자연선택: 자연선택은 생물집단이 변화하는 환경에 적응하도록 해 주며, 환경에 따라 생존에 유리한 형질이 달라 자연선택의 결과가 달라지기도 한다.

항생제 내성 세균	항생제에 지속적으로 노출되는 환경에서 항생제 내성이 있는 세균이 자연선택된 결과 세균 집단에서 항생제 내성이 있는 세균의 비율이 증가하므로 세균 집단은 항생제가 있는 환경에 적응한다.
낫모양적혈구 빈혈증	낫모양적혈구를 가진 사람은 일반적으로 정상 적혈구를 가진 사람에 비해 생존에 불리하지만, 낫모양적혈구 유전자를 가진 사람은 말라리아에 저항성이 있어 말라리아가 자주 발생하는 지역에서는 낫모양적혈구 유전자를 가진 사람의 비율이 다른 지역에 비해 높게 나타난다.

2 진화와 다양한 생물의 출현

1 진화 생물집단이 오랜 세월 동안 여러 세대를 거치면서 생물의 특성이 변화하여 원래의 종과는 다른 새로운 종이 생겨나는 과정

2 다윈의 자연선택설 다윈은 생물집단이 여러 세대 동안 자연선택을 거듭하면서 진화가 일어난다고 설명했다.

① 자연선택설에 따른 생물의 진화 과정

과잉 생산과 변이	생물집단은 주어진 환경에서 살아남을 수 있는 것보다 많은 수의 자손을 낳는다. 이때 과잉 생산된 개체들 사이에 다양한 변이가 나타난다.

↓

생존경쟁	개체들 사이에서 먹이, 서식지, 배우자 등을 차지하기 위해 생존경쟁이 일어난다.

↓

자연선택	생존과 번식에 유리한 형질을 가져 주어진 환경에 잘 적응한 개체가 그렇지 않은 개체보다 더 잘 살아남아 자손을 남겨 자신의 유전자를 자손에게 물려준다.

↓

생물의 진화	자연선택이 오랜 세월 동안 반복되어 그 환경에 적합한 형질을 가진 개체가 생물집단의 대부분을 차지하게 된다. 그 결과 생물종의 형질이 조상과는 다르게 변화하여 새로운 종으로 분화할 수 있다.

② 자연선택설에 따른 기린의 진화

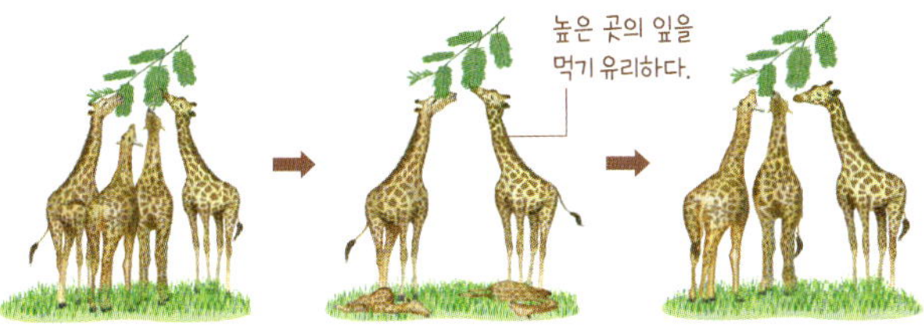

목 길이가 다양한 기린이
살고 있었다.

목이 긴 기린이 생존경쟁
에서 더 잘 살아남아 자손
을 남겼다.

자연선택이 반복되어 목
이 긴 기린이 번성하게 되
었다.

▲ 자연선택설로 설명한 기린의 진화 과정

③ 자연선택설에 따른 핀치의 진화: 부리 모양에 다양한 변이가
있는 핀치 조상 집단이 서로 다른 먹이 환경에 적응하여
진화한 결과 갈라파고스 제도에는 부리의 모양이 서로
다른 여러 종의 핀치가 살고 있다.

꼭 나오는 자료 ❷ 핀치 집단의 진화

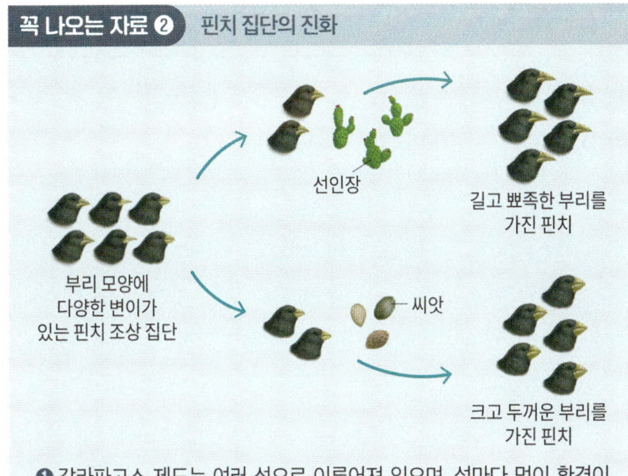

❶ 갈라파고스 제도는 여러 섬으로 이루어져 있으며, 섬마다 먹이 환경이
다르다.
❷ 갈라파고스 제도의 여러 섬에서 부리 모양에 변이가 있는 핀치 조상 집
단의 개체들이 먹이를 차지하기 위해 경쟁했다.
❸ 각 섬의 먹이 환경에 적합한 부리를 가진 핀치가 생존과 번식에 유리하
여 자연선택되었다.

선인장이 잘 자라는 환경	길고 뾰족한 부리를 가진 핀치가 생존과 번식 에 유리하여 자연선택되었다.
크고 단단한 씨앗이 잘 자라는 환경	크고 두꺼운 부리를 가진 핀치가 생존과 번식 에 유리하여 자연선택되었다.

❹ 오랜 세월 동안 각 섬의 먹이 환경에 적합한 형질을 가진 개체가 자연선
택되는 과정을 거치면서 서로 다른 먹이 환경에 적응하여 부리 모양이
서로 다른 여러 종의 핀치로 진화했다.

필수 유형 다양한 변이가 있는 생물집단에서 자연선택이 일어나는 사례
로 핀치 집단의 진화를 묻는 문제가 자주 출제된다. 🔗 23쪽 075번

3 진화와 생물다양성

① 변화하는 지구의 환경 조건에 따라 다양한 변이가 있는
생물집단에서 서로 다른 변이가 자연선택되었다.
② 자연선택이 오랜 시간 반복되면서 생물이 지구 환경에
적응한 결과 지구에 매우 다양한 생물이 존재하게 되어
오늘날의 생물다양성이 나타나게 되었다.

개념 확인 문제

| 053~054 | 다음 ( ) 안에 들어갈 알맞은 말을 쓰시오.

053 ( )은/는 같은 생물종의 개체 간에 나타나는 형
질의 차이이다.

054 생존과 번식에 유리한 형질을 가진 개체가 그렇지 않
은 개체보다 더 잘 살아남아 자손을 더 많이 남기는
과정을 ( )(이)라고 한다.

| 055~059 | 변이와 진화에 대한 설명으로 옳은 것은 ○표, 옳
지 않은 것은 ✕표 하시오.

055 변이는 주로 개체마다 가지고 있는 유전정보의 차이
에 의해 나타난다. ( )

056 돌연변이가 일어나 만들어진 돌연변이 유전자에 의해
변이가 발생할 수 있다. ( )

057 다양한 변이가 있는 생물집단에서 포식자의 눈에 더
잘 띄는 개체가 더 잘 살아남는다. ( )

058 생물집단이 오랜 세월 동안 여러 세대를 거치면서 생
물의 특성이 변화하여 원래의 종과는 다른 새로운 종
이 생겨나는 과정을 진화라고 한다. ( )

059 다윈은 생물집단이 여러 세대 동안 자연선택을 거듭
하면서 진화가 일어난다는 자연선택설을 제시했다.
( )

060 다음은 자연선택설에 따른 생물의 진화 과정을 순서
없이 나타낸 것이다.

> (가) 생존경쟁 (나) 자연선택
> (다) 생물의 진화 (라) 과잉 생산과 변이

(가)~(라)를 순서대로 나열하시오.

061 다음은 갈라파고스 제도에서 일어난 핀치 집단의 진
화에 대한 설명이다. ( ) 안에 들어갈 알맞은 말
을 고르시오.

> 부리 모양에 변이가 ㉠ (있는, 없는) 핀치 조상
> 집단이 오랜 세월 동안 각 섬의 먹이 환경에 적합
> 한 형질을 가진 개체가 ㉡ (돌연변이, 자연선택)
> 되는 과정을 거치면서 부리 모양이 서로 다른 여
> 러 종의 핀치로 진화했다.

기출 분석 문제

1 변이의 발생과 자연선택

062

● ● ●

변이에 대한 설명으로 옳은 것만을 <보기>에서 있는 대로 고른 것은?

| 보기 |

ㄱ. 변이는 같은 생물종의 개체 간에 나타나는 형질의 차이이다.
ㄴ. 돌연변이와 유성생식은 모두 변이가 발생하는 원인에 해당한다.
ㄷ. 변이는 개체마다 가지고 있는 유전정보가 동일하기 때문에 나타난다.

① ㄱ
② ㄷ
③ ㄱ, ㄴ
④ ㄴ, ㄷ
⑤ ㄱ, ㄴ, ㄷ

063

● ● ●

변이의 예로 옳은 것만을 <보기>에서 있는 대로 고른 것은?

| 보기 |

ㄱ. 토끼의 털 색깔과 무늬가 개체마다 다르다.
ㄴ. 나비와 나방은 날개 무늬와 색깔이 서로 다르다.
ㄷ. 무당벌레의 딱지날개 무늬와 색깔이 개체마다 다르다.

① ㄱ
② ㄴ
③ ㄱ, ㄷ
④ ㄴ, ㄷ
⑤ ㄱ, ㄴ, ㄷ

064 ✍서술형

● ● ●

그림은 붉은색 딱정벌레 집단에서 초록색 딱정벌레가 갑자기 나타나 변이가 발생한 모습을 나타낸 것이다.

딱정벌레 집단에서 변이가 발생한 까닭을 설명하시오.

065

● ● ●

표는 변이가 발생하는 원인 (가)와 (나)의 예를 나타낸 것이다. (가)와 (나)는 돌연변이와 유성생식을 순서 없이 나타낸 것이다.

원인	예
(가)	푸른색 깃털 유전자만 가지고 있던 공작 집단에서 ㉠흰색 깃털 유전자를 가진 흰색 깃털 공작이 우연히 태어났다.
(나)	밝은색 깃털을 가진 비둘기와 어두운색 깃털을 가진 비둘기 사이에서 밝고 어두운 얼룩을 가진 비둘기가 태어났다.

이에 대한 설명으로 옳은 것만을 <보기>에서 있는 대로 고른 것은?

| 보기 |

ㄱ. (가)는 유성생식이다.
ㄴ. ㉠은 자손에게 전달될 수 있다.
ㄷ. (나)에서는 생식세포의 다양한 조합에 의해 변이가 발생한다.

① ㄱ
② ㄴ
③ ㄷ
④ ㄱ, ㄴ
⑤ ㄴ, ㄷ

066

● ● ●

다음은 어떤 달맞이꽃 집단에 대한 자료이다.

달맞이꽃 집단에서 갑자기 ㉠키와 꽃이 큰 달맞이꽃이 나타났다.

▲ 달맞이꽃

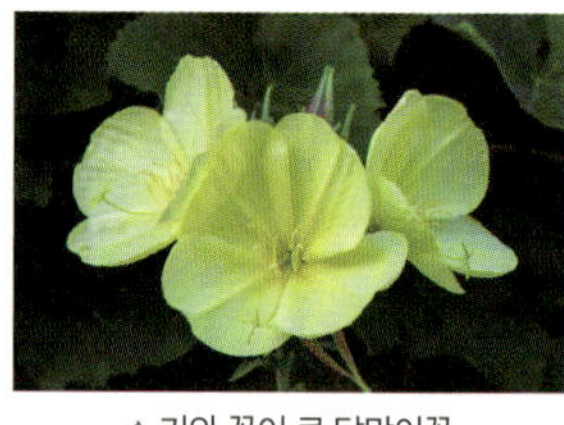

▲ 키와 꽃이 큰 달맞이꽃

이에 대한 설명으로 옳은 것만을 <보기>에서 있는 대로 고른 것은?

| 보기 |

ㄱ. ㉠이 나타난 것은 돌연변이에 의한 것이다.
ㄴ. 달맞이꽃 집단에서 DNA의 염기서열 변화가 일어났다.
ㄷ. ㉠의 출현으로 달맞이꽃 집단의 변이가 증가했다.

① ㄱ
② ㄷ
③ ㄱ, ㄴ
④ ㄴ, ㄷ
⑤ ㄱ, ㄴ, ㄷ

067

다음은 변이가 발생하는 원인 (가)의 예에 대한 자료이다.

이에 대한 설명으로 옳은 것만을 <보기>에서 있는 대로 고른 것은?

| 보기 |
ㄱ. '유성생식'은 (가)에 해당한다.
ㄴ. 얼룩무늬 강아지는 돌연변이 털색 유전자를 가지고 있다.
ㄷ. (가)에 의해 같은 생물종의 개체 사이에서 변이가 다양하게 나타날 수 있다.

① ㄱ   ② ㄴ   ③ ㄷ
④ ㄱ, ㄴ   ⑤ ㄱ, ㄷ

068 필수 유형 🔗 18쪽 꼭 나오는 자료 ❶

그림은 산불로 인해 토양이 검게 변한 환경에서 시간이 지남에 따라 딱정벌레 집단의 몸 색깔에 따른 개체수 비율이 변화하는 과정을 나타낸 것이다.

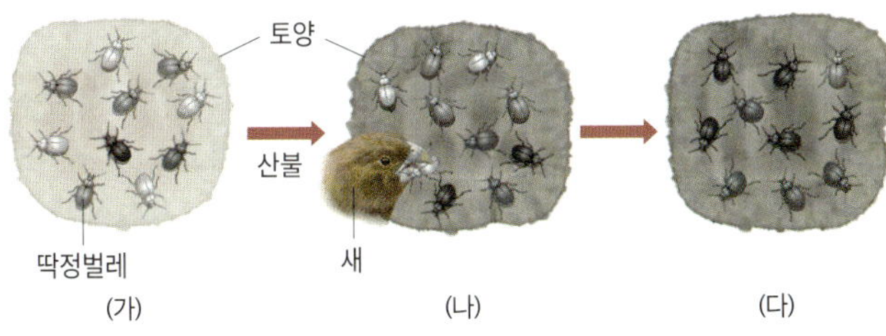

이에 대한 설명으로 옳은 것만을 <보기>에서 있는 대로 고른 것은?

| 보기 |
ㄱ. (가)의 딱정벌레 집단은 몸 색깔에 변이가 있다.
ㄴ. (나)에서 몸 색깔이 밝은 딱정벌레가 몸 색깔이 어두운 딱정벌레보다 생존과 번식에 유리하다.
ㄷ. (나) → (다) 과정에서 자연선택이 일어났다.

① ㄱ   ② ㄷ   ③ ㄱ, ㄷ
④ ㄴ, ㄷ   ⑤ ㄱ, ㄴ, ㄷ

069

그림은 어떤 세균 집단에서 일어난 변이의 발생과 자연선택을 나타낸 것이다. 세균 A와 B는 항생제 내성이 있는 세균과 항생제 내성이 없는 세균을 순서 없이 나타낸 것이다.

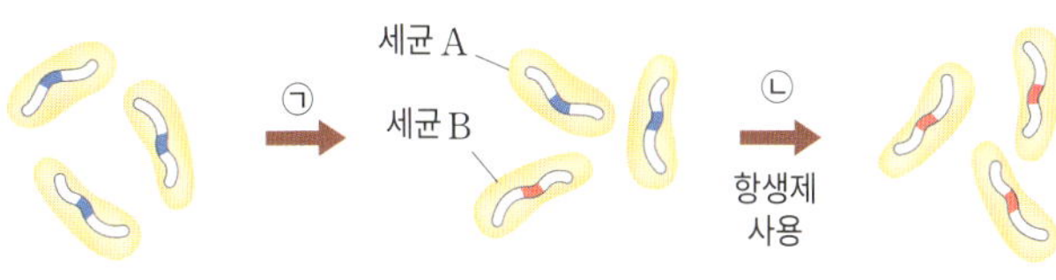

이에 대한 설명으로 옳은 것만을 <보기>에서 있는 대로 고른 것은?

| 보기 |
ㄱ. B는 항생제 내성이 있는 세균이다.
ㄴ. 자연선택은 ㉠ 과정에서 변이를 증가시킨 원인이다.
ㄷ. 이 세균 집단은 항생제를 사용하는 환경 변화에 적응하지 못했다.

① ㄱ   ② ㄷ   ③ ㄱ, ㄴ
④ ㄴ, ㄷ   ⑤ ㄱ, ㄴ, ㄷ

070

다음은 낫모양적혈구빈혈증에 대한 자료이다.

> ㉠낫모양적혈구를 가진 사람은 일반적으로 ㉡정상 적혈구를 가진 사람에 비해 생존 가능성이 낮지만, 낫모양적혈구를 가진 사람은 말라리아에 저항성이 있다.

이에 대한 설명으로 옳은 것만을 <보기>에서 있는 대로 고른 것은?

| 보기 |
ㄱ. 말라리아의 발생 여부와 관계없이 ㉡은 ㉠보다 항상 생존에 유리하다.
ㄴ. 말라리아가 자주 발생하는 지역에서 말라리아가 퇴치되면 자연선택의 결과가 달라질 수 있다.
ㄷ. 말라리아가 자주 발생하는 지역에서는 말라리아가 자주 발생하지 않는 지역에 비해 ㉠의 비율이 높게 나타난다.

① ㄱ   ② ㄴ   ③ ㄱ, ㄷ
④ ㄴ, ㄷ   ⑤ ㄱ, ㄴ, ㄷ

071

다음은 자연선택 과정에 대한 모의실험이다.

> (가) 노란색 도화지 위에 빨간색, 초록색, 파란색, 노란색 초콜릿을 각각 10개씩 골고루 섞어서 늘어놓는다.
> (나) 모둠원 3명이 각자 눈을 감았다가 뜨자마자 제일 먼저 눈에 띄는 초콜릿을 5개씩 손으로 집어낸다.
> (다) (나)에서 남아 있는 초콜릿과 같은 색의 초콜릿을 그 수만큼 추가한다.
> (라) 과정 (나)와 (다)를 5회 반복한다.

이에 대한 설명으로 옳은 것만을 <보기>에서 있는 대로 고른 것은?

> **| 보기 |**
> ㄱ. (가)에서 여러 종류의 초콜릿 색깔은 변이를 의미한다.
> ㄴ. (나)와 (다)에서 자연선택이 일어난다.
> ㄷ. (라)의 결과 빨간색 초콜릿이 노란색 초콜릿보다 개수가 많아질 것이다.

① ㄱ   ② ㄷ   ③ ㄱ, ㄴ
④ ㄴ, ㄷ   ⑤ ㄱ, ㄴ, ㄷ

---

② 진화와 다양한 생물의 출현

072

자연선택과 진화에 대한 설명으로 옳지 <u>않은</u> 것은?

① 주어진 환경에 잘 적응한 개체가 자연선택된다.
② 자연선택된 개체의 형질은 자손에게 전달될 수 있다.
③ 생물집단이 여러 세대 동안 자연선택을 거듭하면 진화가 일어날 수 있다.
④ 진화는 생물의 특성이 변화하여 원래의 종과는 다른 새로운 종이 생겨나는 과정이다.
⑤ 변이가 적은 집단에서는 변이가 많은 집단에서보다 자연선택에 의한 진화가 잘 일어난다.

073

그림은 자연선택에 의한 기린의 진화 과정을 나타낸 것이다.

이에 대한 설명으로 옳은 것만을 <보기>에서 있는 대로 고른 것은?

> **| 보기 |**
> ㄱ. (가)에서 기린 집단은 목 길이에 변이가 있다.
> ㄴ. (나)에서 높은 곳에 있는 나뭇잎을 두고 생존경쟁이 일어났다.
> ㄷ. (다)에서 기린이 목이 긴 형질을 가지게 된 것은 돌연변이가 일어났기 때문이다.

① ㄱ   ② ㄷ   ③ ㄱ, ㄴ
④ ㄴ, ㄷ   ⑤ ㄱ, ㄴ, ㄷ

074

다음은 다윈이 자연선택설로 설명한 생물의 진화 과정을 순서 없이 나타낸 것이다.

> (가) 자연선택이 오랜 세월 동안 반복되어 생물종의 형질이 조상과는 다르게 변화하여 새로운 종으로 분화한다.
> (나) 주어진 환경에 잘 적응한 개체가 그렇지 않은 개체보다 더 잘 살아남아 자손을 더 많이 남긴다.
> (다) 과잉 생산된 개체들 사이에 다양한 변이가 나타난다.
> (라) 개체들 사이에서 ㉠ 생존경쟁이 일어난다.

이에 대한 설명으로 옳은 것만을 <보기>에서 있는 대로 고른 것은?

> **| 보기 |**
> ㄱ. (나)는 자연선택이다.
> ㄴ. ㉠은 먹이, 서식지, 배우자 등을 차지하기 위해 일어난다.
> ㄷ. 생물의 진화는 (가) → (나) → (다) → (라) 순으로 일어난다.

① ㄱ   ② ㄷ   ③ ㄱ, ㄴ
④ ㄴ, ㄷ   ⑤ ㄱ, ㄴ, ㄷ

075 필수 유형 *⌀* 19쪽 꼭 나오는 자료 **❷** ● ● ●

그림은 갈라파고스 제도에 사는 핀치 집단의 진화 과정을 나타낸 것이다. (나)와 (다)는 길고 뾰족한 부리를 가진 핀치와 크고 두꺼운 부리를 가진 핀치를 순서 없이 나타낸 것이다.

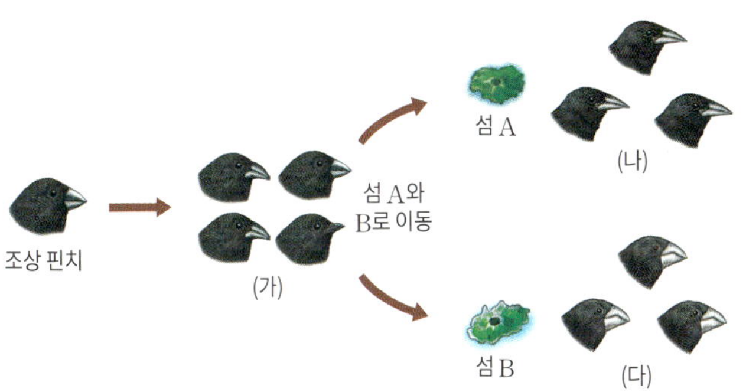

이에 대한 설명으로 옳은 것만을 <보기>에서 있는 대로 고른 것은?

| 보기 |

ㄱ. A와 B는 먹이 환경이 다르다.
ㄴ. (가)의 핀치 집단은 부리 모양에 변이가 없다.
ㄷ. (가)의 핀치 집단에서 (나)와 (다)의 핀치 집단으로 진화하는 과정에서 동일한 형질이 자연선택되었다.

① ㄱ　　　　② ㄷ　　　　③ ㄱ, ㄴ
④ ㄴ, ㄷ　　　⑤ ㄱ, ㄴ, ㄷ

077 ● ● ●

다음은 갈라파고스 제도에 살고 있는 서로 다른 종의 핀치 (가)~(라)의 특징을 나타낸 것이다. (가)~(라)는 한 종의 조상 핀치로부터 진화했다.

(가)	(나)
 짧고 단단한 부리를 가졌으며, 주로 곤충이 많은 환경에 산다.	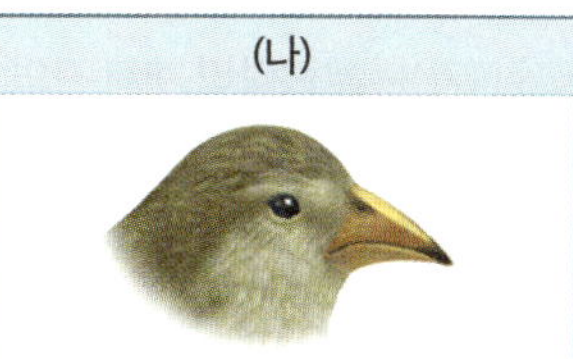 뾰족하고 가느다란 부리를 가졌으며, 주로 나무 구멍 속 곤충이 많은 환경에 산다.
(다)	(라)
 길고 뾰족한 부리를 가졌으며, 주로 선인장이 잘 자라는 환경에 산다.	 크고 두꺼운 부리를 가졌으며, 주로 크고 단단한 씨앗이 잘 자라는 환경에 산다.

이에 대한 설명으로 옳은 것만을 <보기>에서 있는 대로 고른 것은?

| 보기 |

ㄱ. (가)~(라)의 조상 핀치는 부리 모양에 변이가 있었다.
ㄴ. 핀치의 부리 모양이 다양하게 변화하는 데 가장 큰 영향을 미친 요인은 온도이다.
ㄷ. 갈라파고스 제도에 여러 종의 핀치가 살고 있는 것은 조상 핀치가 서로 다른 환경에 적응하여 진화했기 때문이다.

① ㄱ　　　　② ㄴ　　　　③ ㄱ, ㄷ
④ ㄴ, ㄷ　　　⑤ ㄱ, ㄴ, ㄷ

076 서술형 ● ● ●

그림은 한 종의 조상 핀치가 A와 B 과정에서 자연선택되어 서로 다른 종의 핀치로 진화한 모습을 나타낸 것이다.

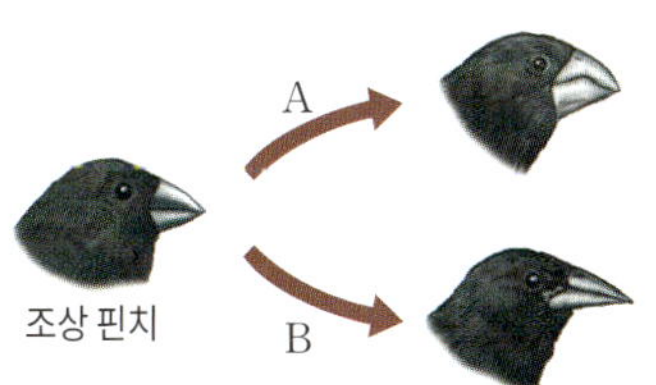

A와 B 과정에서 일어난 자연선택의 차이점을 설명하시오.(단, 부리 모양 이외의 형질은 고려하지 않는다.)

078 서술형 ● ● ●

다음은 생물의 진화와 관련된 사례이다.

> 미국 애리조나주에 있는 그랜드캐니언은 콜로라도강이 흐르면서 남쪽과 북쪽으로 나뉜 거대한 협곡이다. 이 협곡의 남쪽과 북쪽에는 각각 흰꼬리영양다람쥐와 해리스영양다람쥐가 살고 있는데, 이들은 한 종의 조상 다람쥐에서 두 종으로 나뉜 것으로 밝혀졌다.

그랜드캐니언에서 한 종의 조상 다람쥐가 두 종의 다람쥐로 진화한 까닭을 설명하시오.

1등급 완성 문제

079

그림 (가)는 호랑나비 개체 간의 날개 무늬 차이를, (나)는 무당벌레 개체 간의 딱지날개 무늬 차이를 나타낸 것이다.

(가)

(나)

이에 대한 설명으로 옳은 것만을 <보기>에서 있는 대로 고른 것은?

| 보기 |

ㄱ. (가)는 개체가 가진 유전정보의 차이로 나타난다.
ㄴ. (가)와 (나)는 모두 자연선택에 의한 진화의 원동력으로 작용한다.
ㄷ. (가)와 (나)의 형질은 모두 자손에게 전달되지 않는다.

① ㄱ   ② ㄴ   ③ ㄱ, ㄴ
④ ㄱ, ㄷ   ⑤ ㄴ, ㄷ

080

표는 변이가 발생하는 원인 (가)와 (나)의 예를 나타낸 것이다. (가)와 (나)는 돌연변이와 유성생식을 순서 없이 나타낸 것이다.

원인	예
(가)	ABO식 혈액형이 B형인 아버지와 A형인 어머니 사이에서 O형인 자손이 태어났다.
(나)	갈색 털을 가진 개체들만 있는 사자 집단에서 흰색 털을 가진 사자가 태어났다.

이에 대한 설명으로 옳은 것만을 <보기>에서 있는 대로 고른 것은?

| 보기 |

ㄱ. (가)에 의해 부모에게 없는 새로운 유전자가 나타났다.
ㄴ. (가)에 의해 자손은 부모와 다른 염색체 조합을 가진다.
ㄷ. (나)는 털색 유전자의 염기서열이 변하여 나타나는 현상이다.

① ㄱ   ② ㄴ   ③ ㄱ, ㄴ
④ ㄱ, ㄷ   ⑤ ㄴ, ㄷ

081   교육청 기출 변형

그림은 어떤 딱정벌레 집단의 진화 과정을 나타낸 것이다. 어두운색 딱정벌레는 나무껍질과 몸 색깔이 비슷하여 밝은색 딱정벌레에 비해 포식자인 새의 눈에 잘 띄지 않는다.

이에 대한 설명으로 옳은 것만을 <보기>에서 있는 대로 고른 것은?

| 보기 |

ㄱ. (가)에서 딱정벌레 집단은 몸 색깔에 변이가 있다.
ㄴ. (가)에서 어두운색 딱정벌레가 밝은색 딱정벌레보다 생존과 번식에 유리하다.
ㄷ. 딱정벌레 집단의 진화 과정에서 자연선택이 일어나 몸 색깔에 따른 개체수 비율이 변했다.

① ㄱ   ② ㄴ   ③ ㄱ, ㄷ
④ ㄴ, ㄷ   ⑤ ㄱ, ㄴ, ㄷ

082   교육청 기출 변형

그림은 어떤 세균 집단의 진화 과정을 나타낸 것이다. ㉠과 ㉡은 항생제 A에 내성이 없는 세균과 항생제 A에 내성이 있는 세균을 순서 없이 나타낸 것이다.

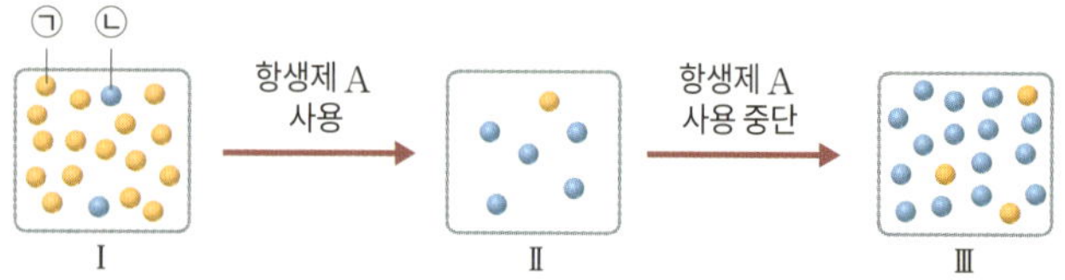

이에 대한 설명으로 옳은 것만을 <보기>에서 있는 대로 고른 것은? (단, 외부와의 개체 출입은 없다.)

| 보기 |

ㄱ. ㉡은 항생제 A에 내성이 있는 세균이다.
ㄴ. Ⅰ → Ⅱ 과정에서 돌연변이가 일어났다.
ㄷ. Ⅱ → Ⅲ 과정에서 ㉠과 ㉡의 개체수는 모두 증가했다.

① ㄱ   ② ㄴ   ③ ㄷ
④ ㄱ, ㄷ   ⑤ ㄱ, ㄴ, ㄷ

083

다음은 환경에 따른 나방의 개체수 변화를 알아보기 위한 실험이다.

(가) 흰색 나방과 검은색 나방이 모두 살지 않는 숲 A와 B에 흰색 나방과 검은색 나방을 같은 개체수로 놓아준다. 숲 A와 B에는 모두 나방의 포식자가 살고 있으며, 숲 A의 나무줄기는 밝은색, 숲 B의 나무줄기는 어두운색을 띤다.

(나) 일정 시간이 지난 후 살아 있는 나방을 포획하여 개체수의 비율을 구한 결과는 다음과 같다. ㉠과 ㉡은 흰색 나방과 검은색 나방을 순서 없이 나타낸 것이다.

숲	A	B
㉠ : ㉡	2 : 1	1 : 2

이에 대한 설명으로 옳은 것만을 <보기>에서 있는 대로 고른 것은?

| 보기 |

ㄱ. ㉠은 검은색 나방이다.
ㄴ. 숲 A에서는 검은색 나방이 흰색 나방보다 포식자의 눈에 더 잘 띈다.
ㄷ. 숲 B에서 ㉡의 개체수 비율이 증가한 것은 ㉡이 자연선택된 결과이다.

① ㄱ   ② ㄴ   ③ ㄱ, ㄷ
④ ㄴ, ㄷ   ⑤ ㄱ, ㄴ, ㄷ

084

표는 항생제 내성 세균의 출현과 진화 과정에 대한 자료이고, 그림은 세균을 구성하는 물질 X의 기본 단위체 중 하나를 나타낸 것이다.

항생제 내성이 없는 세균 집단에서 ㉠일부 세균이 항생제 내성을 가지게 되었다. 이후 항생제를 사용하자 ㉡항생제 내성이 있는 세균의 비율이 증가했다.

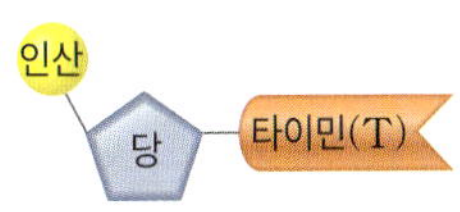

이에 대한 설명으로 옳은 것만을 <보기>에서 있는 대로 고른 것은?

| 보기 |

ㄱ. 'DNA'는 X에 해당한다.
ㄴ. ㉠에서 일부 세균이 항생제 내성을 가지게 된 것은 X에 변화가 일어났기 때문이다.
ㄷ. ㉡은 항생제 내성이 있는 세균이 생존에 유리하기 때문에 나타난 결과이다.

① ㄱ   ② ㄴ   ③ ㄱ, ㄷ
④ ㄴ, ㄷ   ⑤ ㄱ, ㄴ, ㄷ

| 085~086 | 그림은 세균을 여러 세대에 걸쳐 배양하는 실험을 나타낸 것이다. 배지 Ⅰ과 Ⅱ 중 하나에만 항생제 X를 처리하면서 배양했다. 물음에 답하시오.

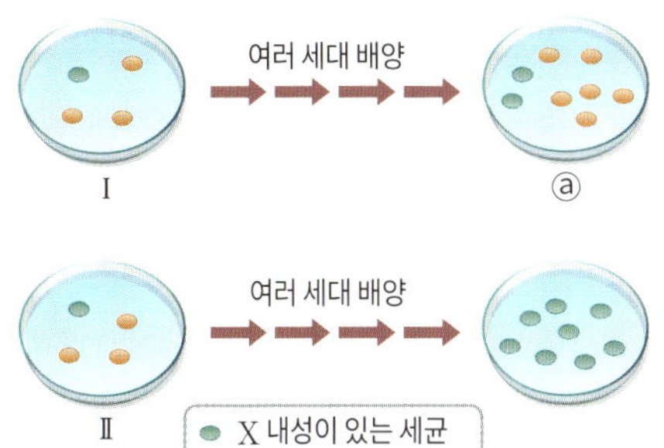

085

Ⅰ과 Ⅱ 중 X를 처리하면서 배양한 배지는 어느 것인지 쓰고, 그렇게 판단한 까닭을 설명하시오.

086

ⓐ에 X를 처리하면서 여러 세대에 걸쳐 배양하면 세균의 비율은 어떻게 변하는지 그렇게 판단한 까닭과 함께 설명하시오.

087 ★신유형

다음은 사사패모에 대한 자료이다.

• 사사패모는 고산 지대에 사는 식물로, 개체마다 다른 색깔을 띠는 변이가 나타난다.
• 사람이 접근하기 어려워 채집이 어려운 곳에서는 초록색 사사패모의 개체수 비율이 높지만, ㉠사람이 접근하기 쉬워 채집이 활발한 곳에서는 주변의 돌과 비슷한 색깔을 띠는 갈색 사사패모의 개체수 비율이 높았다.

㉠에서 갈색 사사패모의 개체수 비율이 높은 까닭을 설명하시오.

03 생물다양성과 보전

1 생물다양성

1 생물다양성 지구에 서식하는 생물의 다양한 정도로, 생물 종이 다양한 정도뿐만 아니라 한 생물집단의 개체들이 가지는 유전자가 다양한 정도, 생물이 살고 있는 환경이 다양한 정도를 모두 포함한다.

2 생물다양성의 요소

꼭 나오는 자료 ❶ 생물다양성의 3가지 요소

❶ 유전적 다양성: 같은 종의 토끼에서 개체마다 유전자가 달라 다양한 변이가 나타난다.
❷ 종다양성: 숲에는 다양한 종류의 동물, 버섯, 다양한 종류의 식물 등이 살고 있다.
❸ 생태계다양성: 우리나라에는 강, 산, 숲, 초원 등 다양한 종류의 생태계가 있다.

필수 유형 생물다양성의 3가지 요소의 개념과 그 예를 묻는 문제가 자주 출제된다.   ⟂28쪽 097번

① 유전적 다양성
- 한 생물종의 개체 사이에서 나타나는 유전자의 차이가 다양한 정도를 뜻한다.
- 한 형질을 결정하는 유전자가 다양할수록 변이가 다양하며, 유전적 다양성이 높다.
⑩ 헬리코니우스나비는 특정 유전자의 차이에 따라 개체의 날개 무늬가 다양하게 나타난다.

② 종다양성
- 한 생태계에 살고 있는 생물종이 다양한 정도를 뜻한다.
- 생태계에 살고 있는 생물종의 수가 많을수록, 각 생물종이 고르게 분포할수록 종다양성이 높다.
⑩ 산호초에는 말미잘, 새우, 게 등 다양한 생물이 살고 있다.

③ 생태계다양성
- 지구 전체 또는 특정 지역에 생물이 살 수 있는 생태계가 다양한 정도를 뜻한다.
- 생태계다양성은 생태계의 종류뿐만 아니라 생태계구성 요소 간의 상호작용의 다양한 정도도 포함한다.
⑩ 지구에는 숲, 초원, 사막, 갯벌, 호수, 강, 바다, 열대우림 등 다양한 종류의 생태계가 있다.

꼭 나오는 자료 ❷ 종다양성의 비교

❶ (가)와 (나)에 살고 있는 식물은 각각 4종류이며, 총개체수는 15로 같다.
❷ (가)에서가 (나)에서보다 각 식물 종이 고르게 분포한다. ➡ 종다양성은 (가)에서가 (나)에서보다 높다.

필수 유형 생태계의 종다양성을 비교하는 문제가 자주 출제된다.
⟂29쪽 101번

2 생물다양성의 가치

1 유전적 다양성의 중요성 유전적 다양성이 높은 생물집단은 변이가 다양하므로 환경이 급격히 변해도 변화한 환경에 적응하여 살아남는 개체가 존재할 가능성이 높다. ➡ 유전적 다양성이 높은 생물종은 환경 변화에 대한 적응력이 높아 멸종할 가능성이 낮다.

2 종다양성의 중요성 종다양성이 높은 생태계일수록 한 생물종이 사라져도 다른 생물종이 그 역할을 대체할 수 있어 생태계가 안정적으로 유지될 수 있다. 종다양성이 낮은 생태계는 한 생물종이 사라지면 다른 생물종도 사라질 수 있다.

3 생태계다양성의 중요성 한 생태계는 그 환경에 적응해 진화한 생물들로 구성되어 있으므로 각각의 생태계에서 살아가는 생물종은 서로 다르다. ➡ 생태계다양성이 높을수록 종다양성과 유전적 다양성도 높게 나타난다.
갯벌, 열대우림은 상대적으로 종다양성이 높은 생태계이다.

4 생물자원 인간은 생물에서 얻는 생물자원을 이용하며, 생물다양성이 높을수록 인간이 이용할 수 있는 생물자원의 종류가 많아진다.

식량	쌀, 콩, 돼지 등의 생물은 식량으로 이용된다.
의복 재료	목화나 누에 등은 의복 재료로 이용된다.
휴식처	잘 보전된 생태계는 여가 활동과 관광 산업에 이용된다.
의약품	디기탈리스로 심장병 치료제를 만들고, 조팝나무와 버드나무로 해열 진통제를 만든다.
에너지	옥수수나 사탕수수를 이용하여 바이오에탄올을 만든다.
산업용 재료	효모는 여러 가지 식품 산업에 활용된다.

5 생물다양성과 생태계 안정성　모든 생물은 저마다 고유한 기능을 수행하면서 서로 밀접한 관계를 맺고 살아가므로 다양한 생물은 생태계를 안정적으로 유지하는 데 중요하다.
예 박쥐와 꿀벌은 꽃가루를 옮겨 식물의 번식을 도와준다.

3 생물다양성의 감소 원인과 보전 방안

1 생물다양성의 감소 원인　생물다양성이 감소하는 원인은 대부분 인간의 활동과 관련이 깊다.

서식지 파괴	도시 개발, 초원이나 삼림의 개간, 습지의 매립 등으로 생물의 서식지가 파괴되어 생물의 생존이 어려워진다.
서식지 단편화	• 철도나 도로 등의 개발로 대규모의 서식지가 소규모로 나누어지는 것으로, 생물의 서식지가 감소하고 생물의 이동이 제한된다. • 서식지 가장자리의 면적이 넓어지고 중앙의 면적이 좁아지면서 중앙에 살던 생물의 개체수가 줄어들 수 있다.
불법 포획과 남획	특정 생물을 불법으로 포획하거나 과도하게 사냥하면 개체수가 급격하게 감소하여 멸종될 가능성이 높아진다.
외래생물 (외래종)의 도입	외래생물은 원래의 서식지를 벗어나 다른 지역으로 유입된 생물로, 천적이 없는 경우 대량으로 번식하여 고유종의 생존을 위협한다. **예** 가시박, 뉴트리아, 큰입배스
환경오염과 기후 변화	환경오염과 지구 온난화를 비롯한 기후 변화로 생물의 생존 능력이 감소할 수 있다.

2 생물다양성보전을 위한 노력　생물다양성보전은 지속가능한 삶을 위한 인류의 미래와 관계되어 있으므로 국가와 개인이 함께 노력해야 한다.
① 국제적 노력: 다양한 국제 협약을 맺는다.

생물다양성 협약	생물다양성을 보전하고 지속가능한 이용을 위한 국제 협약
람사르 협약	물새 서식처로서 국제적으로 중요한 습지를 보호하는 국제 협약

② 국가적 노력
• 「생물다양성법」 등 생물다양성을 보전하기 위한 법을 제정하고 관리한다.
• 생물다양성이 높은 지역을 국립 공원으로 지정하여 관리한다.
• 멸종 위기에 처한 종을 복원하고 관리한다.
• 단편화된 서식지를 연결하는 생태통로를 설치하여 동물이 안전하게 이동할 수 있도록 한다.
• 야생 생물의 불법 포획이나 남획을 금지한다.
• 외래생물을 도입하기에 앞서 외래생물이 생태계에 미칠 영향을 철저히 검증한다.
• 환경오염 방지 대책 및 기후 변화 해결 방안을 지속적으로 마련하여 시행한다.
③ 개인적 노력: 자원 재활용, 대중교통 이용, 친환경 제품 사용 등의 환경 보전 활동을 일상생활에서 실천한다.

개념 확인 문제

| 088~090 | 그림은 생물다양성의 3가지 요소 (가)~(다)의 예를 나타낸 것이다. 각 설명에 해당하는 요소의 기호를 쓰시오.

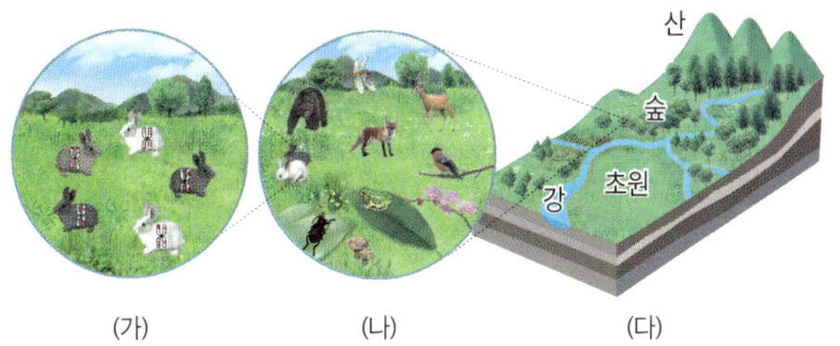

088 한 생태계에 살고 있는 생물종이 다양한 정도를 뜻한다.

089 특정 지역에 생물이 살 수 있는 생태계가 다양한 정도를 뜻한다.

090 한 생물종의 개체들 사이에서 나타나는 유전자의 차이가 다양한 정도를 뜻한다.

| 091~094 | 생물다양성의 가치에 대한 설명으로 옳은 것은 ○표, 옳지 않은 것은 ×표 하시오.

091 유전적 다양성이 높은 생물종은 환경에 대한 적응력이 낮아 멸종할 가능성이 높다. （　　　）

092 종다양성이 높은 생태계에서는 한 생물종이 사라져도 그 역할을 대체할 수 있는 다른 생물종이 있을 가능성이 높다. （　　　）

093 생물다양성이 높을수록 인간이 이용할 수 있는 생물 자원의 종류가 많아진다. （　　　）

094 생물은 서로 밀접한 관계를 맺고 살아가므로 다양한 생물은 생태계를 안정적으로 유지하는 데 중요하다. （　　　）

095 다음은 생물다양성의 감소 원인과 보전을 위한 노력에 대한 설명이다. （　　　） 안에 들어갈 알맞은 말을 쓰시오.

> 철도나 도로 개발로 대규모의 서식지가 소규모로 나누어지는 （　⑤　）이/가 일어난 곳에 서식지를 연결하는 （　⑥　）을/를 설치하면 동물이 안전하게 이동할 수 있다.

기출 분석 문제

1 생물다양성

096

그림은 생물다양성의 3가지 요소를 나타낸 것이다.

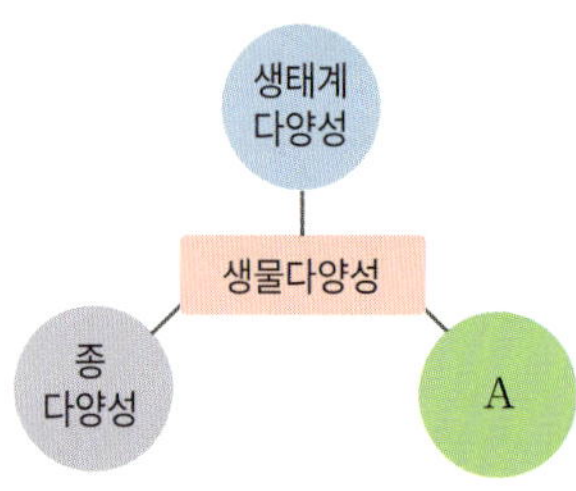

이에 대한 설명으로 옳은 것만을 <보기>에서 있는 대로 고른 것은?

| 보기 |
ㄱ. A는 유전적 다양성이다.
ㄴ. 강, 숲, 초원, 호수 등 다양한 종류의 생태계가 형성되어
　있는 지역은 생태계다양성이 높다.
ㄷ. 헬리코니우스나비의 날개 무늬가 개체마다 다른 것은
　종다양성의 예에 해당한다.

① ㄴ　　　　　　② ㄷ　　　　　　③ ㄱ, ㄴ
④ ㄱ, ㄷ　　　　⑤ ㄱ, ㄴ, ㄷ

097 　필수 유형　⊘ 26쪽 꼭 나오는 자료 ❶

그림은 생물다양성의 3가지 요소 (가)～(다)의 예를 나타낸 것이다.

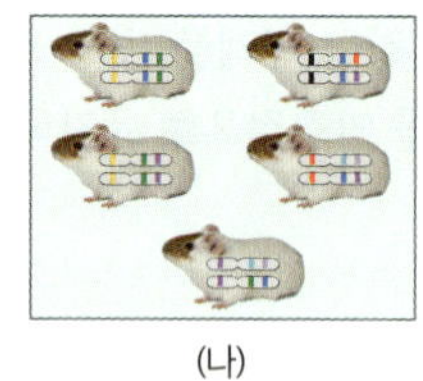

(가)　　　　　　(나)　　　　　　(다)

이에 대한 설명으로 옳은 것만을 <보기>에서 있는 대로 고른 것은?

| 보기 |
ㄱ. 같은 종의 바지락에서 껍데기 무늬가 다양하게 나타나
　는 것은 (가)의 예에 해당한다.
ㄴ. (나)는 개체마다 가지고 있는 유전자가 달라 나타난다.
ㄷ. (다)는 생물과 환경 간의 상호작용의 다양함을 포함한다.

① ㄱ　　　　　　② ㄴ　　　　　　③ ㄷ
④ ㄴ, ㄷ　　　　⑤ ㄱ, ㄴ, ㄷ

098

표는 생물다양성의 3가지 요소 (가)～(다)의 예를 나타낸 것이다.

요소	예
(가)	바다에는 말미잘, 불가사리, 미역 등 다양한 종류의 생물이 살고 있다.
(나)	기린 집단의 개체마다 털 무늬와 색깔이 다양하다.
(다)	우리나라에는 강, 숲, 갯벌, 바다, 호수 등 다양한 종류의 생태계가 있다.

이에 대한 설명으로 옳은 것만을 <보기>에서 있는 대로 고른 것은?

| 보기 |
ㄱ. 각 생물종이 고르게 분포할수록 (가)가 높다.
ㄴ. 변이가 다양한 생물종일수록 (나)가 높다.
ㄷ. (다)는 (가)에 영향을 미친다.

① ㄱ　　　　　　② ㄷ　　　　　　③ ㄱ, ㄴ
④ ㄴ, ㄷ　　　　⑤ ㄱ, ㄴ, ㄷ

099

그림은 어떤 별불가사리 집단의 개체 사이에서 나타나는 무늬와 색깔의 차이를 나타낸 것이다.

위 그림과 가장 관련이 깊은 생물다양성의 요소에 대한 설명으로 옳은 것만을 <보기>에서 있는 대로 고른 것은?

| 보기 |
ㄱ. 변이가 다양할수록 높게 나타난다.
ㄴ. 개체가 가진 유전자의 차이에 의해 나타난다.
ㄷ. 일정한 지역에 살고 있는 생물종의 다양함을 뜻한다.

① ㄱ　　　　　　② ㄷ　　　　　　③ ㄱ, ㄴ
④ ㄴ, ㄷ　　　　⑤ ㄱ, ㄴ, ㄷ

100

생태계다양성에 대한 설명으로 옳은 것만을 <보기>에서 있는 대로 고른 것은?

┤ 보기 ├
ㄱ. 같은 생물종의 개체 간에 나타나는 형질의 다양함이다.
ㄴ. 특정 지역에 생물이 살 수 있는 생태계가 다양한 정도를 뜻한다.
ㄷ. 지구에 숲, 사막, 초원, 열대우림 등 다양한 종류의 생태계가 있는 것은 생태계다양성의 예이다.

① ㄱ   ② ㄷ   ③ ㄱ, ㄴ
④ ㄴ, ㄷ   ⑤ ㄱ, ㄴ, ㄷ

101 필수 유형 🔗 26쪽 꼭 나오는 자료 ❷

그림은 면적이 동일한 생태계 (가)와 (나)에 살고 있는 식물 종 A ∼ D를 나타낸 것이다.

이에 대한 설명으로 옳은 것만을 <보기>에서 있는 대로 고른 것은? (단, A ∼ D 이외의 종은 고려하지 않는다.)

┤ 보기 ├
ㄱ. 종다양성은 (가)에서가 (나)에서보다 높다.
ㄴ. (가)와 (나)에 살고 있는 식물의 종류는 같다.
ㄷ. (가)와 (나)에 각각 종 C가 5그루씩 추가되면 (가)와 (나)에서 종다양성은 같아진다.

① ㄱ   ② ㄷ   ③ ㄱ, ㄴ
④ ㄴ, ㄷ   ⑤ ㄱ, ㄴ, ㄷ

102 서술형

그림은 면적이 동일한 생태계 (가)와 (나)에 살고 있는 생물종 A ∼ D의 개체수 비율을 나타낸 것이다.

(가)와 (나) 중 종다양성이 높은 생태계를 쓰고, 그렇게 판단한 까닭을 설명하시오.(단, (가)와 (나)에 살고 있는 A ∼ D의 총개체수는 같고, A ∼ D 이외의 종은 고려하지 않는다.)

2 생물다양성의 가치

| 103~104 | 다음은 생물다양성의 가치에 대한 자료이다. ㉠과 ㉡은 각각 생물다양성의 요소 중 서로 다른 하나이다. 물음에 답하시오.

• 생태계에 살고 있는 생물종의 수가 많을수록, 각 생물종이 고르게 분포할수록 (㉠)이/가 높다.
• (㉡)이/가 높은 생물집단은 변화한 환경에 적응하는 데 적합한 유전자를 가진 개체가 있을 수 있기 때문에 멸종할 가능성이 낮다.

103

㉠과 ㉡을 옳게 짝 지은 것은?

	㉠	㉡
①	종다양성	생태계다양성
②	종다양성	유전적 다양성
③	생태계다양성	유전적 다양성
④	생태계다양성	종다양성
⑤	유전적 다양성	종다양성

104

이에 대한 설명으로 옳은 것만을 <보기>에서 있는 대로 고른 것은?

┤ 보기 ├
ㄱ. 생태계다양성이 높을수록 ㉠이 높게 나타난다.
ㄴ. ㉡이 높은 생물집단은 변이가 다양하다.
ㄷ. ㉠이 높은 생태계일수록 한 생물종이 사라져도 그 역할을 대체할 수 있는 다른 생물종이 있을 가능성이 높다.

① ㄱ   ② ㄷ   ③ ㄱ, ㄴ
④ ㄴ, ㄷ   ⑤ ㄱ, ㄴ, ㄷ

105

생물다양성의 가치에 대한 설명으로 옳지 <u>않은</u> 것은?

① 생태계다양성이 높을수록 종다양성도 높게 나타난다.

② 종다양성이 높을수록 생태계가 안정적으로 유지될 수 있다.

③ 유전적 다양성이 낮을수록 변화한 환경에서 살아남는 개체가 존재할 가능성이 높다.

④ 생물다양성이 높은 생태계에서는 한 생물종이 사라져도 다른 생물종이 그 역할을 대체할 수 있다.

⑤ 생물은 서로 밀접한 관계를 맺고 살아가므로 다양한 생물은 생태계를 안정적으로 유지하는 데 중요하다.

106

그림은 어떤 지역에 존재하는 생태계 (가)와 (나)를 나타낸 것이다.

(가) 논

(나) 갯벌

이에 대한 설명으로 옳은 것만을 <보기>에서 있는 대로 고른 것은?

| 보기 |

ㄱ. 종다양성은 (가)에서가 (나)에서보다 낮다.

ㄴ. (가)와 (나)에 살고 있는 생물의 종류는 같다.

ㄷ. (나)를 매립하여 (가)와 같은 논으로 만들면 이 지역의 생물다양성이 높아진다.

① ㄱ ② ㄷ ③ ㄱ, ㄴ

④ ㄴ, ㄷ ⑤ ㄱ, ㄴ, ㄷ

107

생물다양성과 생물자원에 대한 설명으로 옳은 것은?

① 목화와 누에는 주로 의약품의 원료로 이용된다.

② 나무는 건축 재료 이외의 용도로 이용되지 않는다.

③ 사탕수수를 이용하여 에너지원인 바이오에탄올을 만든다.

④ 생물다양성이 높을수록 인간이 이용할 수 있는 생물자원의 종류가 적어진다.

⑤ 인간에게 휴식 공간을 제공하는 잘 보전된 숲은 생물자원에 해당하지 않는다.

108

다음은 생물자원의 이용에 대한 자료이다.

(가) 어떤 지역에서는 바다에 살고 있는 ㉠고래상어를 직접 볼 수 있는 관광 상품이 개발되었다.

(나) 버드나무에서 추출한 물질을 이용하여 해열 진통제를 만든다.

이에 대한 설명으로 옳은 것만을 <보기>에서 있는 대로 고른 것은?

| 보기 |

ㄱ. (가)는 생물이 관광 산업으로 활용된 사례이다.

ㄴ. (나)는 생물이 의약품의 재료로 활용된 사례이다.

ㄷ. ㉠의 남획은 생물다양성을 증가시킨다.

① ㄱ ② ㄴ ③ ㄱ, ㄴ

④ ㄱ, ㄷ ⑤ ㄴ, ㄷ

3 생물다양성의 감소 원인과 보전 방안

109

생물다양성의 감소 원인에 대한 설명으로 옳지 <u>않은</u> 것은?

① 습지를 매립한다.
② 특정 생물종을 남획한다.
③ 기후 변화로 생물의 생존 능력이 감소한다.
④ 생태계에 천적이 없는 외래생물을 도입한다.
⑤ 인간의 활동은 생물다양성의 감소 원인에 해당하지 않는다.

110 ✎ 서술형

그림은 도시 개발을 위해 삼림을 개간하는 모습을 나타낸 것이다.

이로 인해 나타날 수 있는 문제점을 생물의 서식지 및 생물다양성과 관련지어 설명하시오.

111

생물다양성의 감소 원인에 해당하지 <u>않는</u> 것은?

① 환경오염　　　　　② 불법 포획
③ 철도 개발　　　　　④ 서식지단편화
⑤ 생물다양성협약 체결

112

생물다양성보전을 위한 노력으로 옳지 <u>않은</u> 것은?

① 람사르 협약을 맺는다.
② 멸종 위기에 처한 종을 복원하고 관리한다.
③ 생물다양성을 높이기 위해 외래생물을 도입한다.
④ 생물다양성과 관련된 법률을 제정하고 관리한다.
⑤ 생물다양성이 높은 지역을 국립 공원으로 지정하여 관리한다.

113 ✎ 서술형

우리가 일상생활에서 실천할 수 있는 생물다양성보전 방안을 2가지 설명하시오.

114

그림은 어느 지역의 도로 위에 설치된 구조물을 나타낸 것이다.

이에 대한 설명으로 옳은 것만을 <보기>에서 있는 대로 고른 것은?

| 보기 |
ㄱ. 생물다양성을 감소시키는 원인에 해당한다.
ㄴ. 단편화된 서식지를 연결해 주는 역할을 한다.
ㄷ. 동물이 도로를 건너지 않고 안전하게 이동하도록 설치한 것이다.

① ㄱ　　　　② ㄷ　　　　③ ㄱ, ㄴ
④ ㄴ, ㄷ　　　⑤ ㄱ, ㄴ, ㄷ

1등급 완성 문제

115 교육청 기출 변형 ●●●

그림 (가)와 (나)는 종다양성과 유전적 다양성을 순서 없이 나타낸 것이다.

(가)   (나)

이에 대한 설명으로 옳은 것만을 <보기>에서 있는 대로 고른 것은?

| 보기 |

ㄱ. (가)는 종다양성이다.
ㄴ. (가)가 높은 종일수록 환경이 급격히 변해도 멸종할 가능성이 낮다.
ㄷ. 같은 종의 무당벌레에서 딱지날개 무늬가 다양하게 나타나는 것은 (나)의 예이다.

① ㄱ   ② ㄴ   ③ ㄱ, ㄷ
④ ㄴ, ㄷ   ⑤ ㄱ, ㄴ, ㄷ

116 ●●●

그림 (가)는 생물다양성의 3가지 요소 Ⅰ～Ⅲ을, (나)는 생물종 A의 개체수에 따른 유전자 변이의 수를 나타낸 것이다.

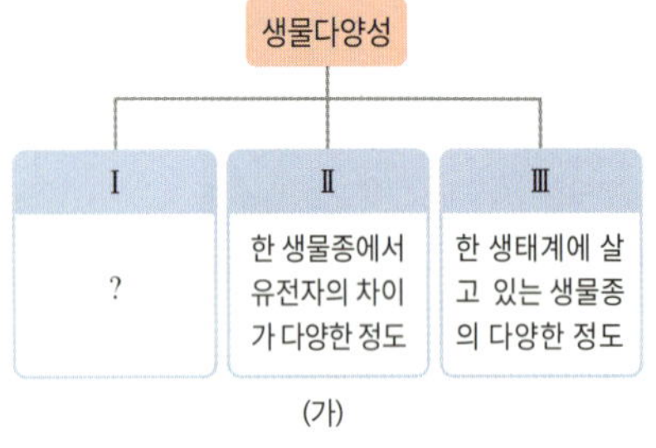

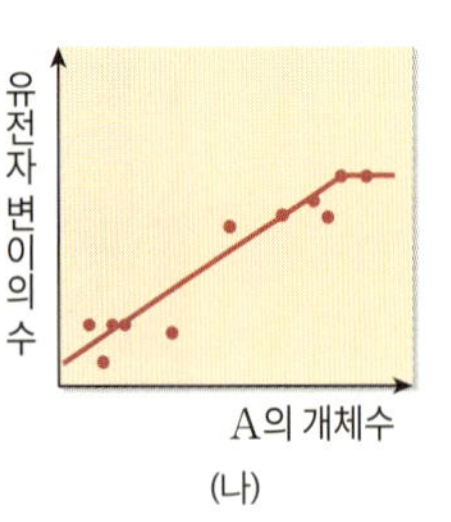

(가)   (나)

이에 대한 설명으로 옳은 것만을 <보기>에서 있는 대로 고른 것은?

| 보기 |

ㄱ. Ⅰ이 높을수록 Ⅲ이 높다.
ㄴ. A의 개체수가 적을수록 Ⅱ가 높다.
ㄷ. 생태계에 살고 있는 생물종의 수가 많을수록, 각 생물종이 고르게 분포할수록 Ⅲ이 높다.

① ㄱ   ② ㄴ   ③ ㄱ, ㄷ
④ ㄴ, ㄷ   ⑤ ㄱ, ㄴ, ㄷ

117 ⭐신유형 ●●●

다음은 어떤 지역에 살고 있는 종 ㉠과 ㉡에 대한 자료이다.

- ㉠은 호랑나비과에 속하는 나비이며, ⓐ 개체마다 날개 무늬가 다양하게 나타난다. 어른벌레 암컷은 식물 ㉡의 잎에만 알을 낳으며, 알에서 부화한 애벌레는 ㉡의 잎만 먹고 자란다.
- ㉡의 열매와 뿌리의 껍질은 오래전부터 가래를 줄여 주고, 혈압을 낮춰 주는 약재로 사용되고 있다.

이에 대한 설명으로 옳은 것만을 <보기>에서 있는 대로 고른 것은?

| 보기 |

ㄱ. ⓐ는 유전적 다양성에 해당한다.
ㄴ. ㉡은 생물자원으로 이용된다.
ㄷ. ㉡의 개체수가 감소하면 ㉠의 개체수는 증가한다.

① ㄱ   ② ㄷ   ③ ㄱ, ㄴ
④ ㄴ, ㄷ   ⑤ ㄱ, ㄴ, ㄷ

118 수능기출 변형 ●●●

그림 (가)는 어떤 숲에 사는 새 5종 ㉠～㉤이 서식하는 높이 범위를, (나)는 숲을 이루는 나무 높이의 다양성에 따른 새의 종다양성을 나타낸 것이다. 나무 높이의 다양성은 숲을 이루는 나무의 높이가 다양할수록, 각 높이의 나무가 차지하는 비율이 균등할수록 높아진다.

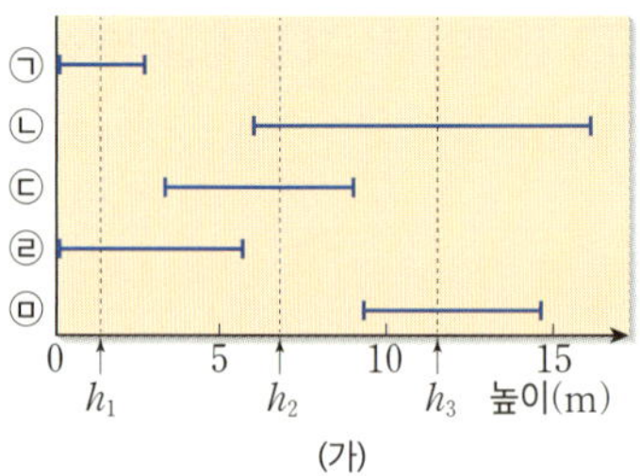

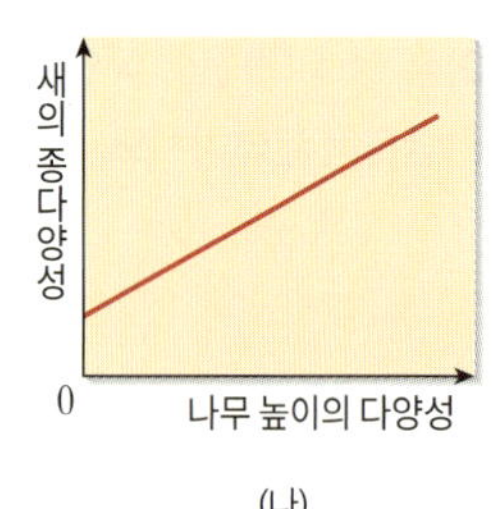

(가)   (나)

이에 대한 설명으로 옳은 것만을 <보기>에서 있는 대로 고른 것은?

| 보기 |

ㄱ. 높이가 h_1인 나무에는 ㉠과 ㉣이 서식한다.
ㄴ. 나무 높이의 다양성이 높을수록 생물다양성이 높다.
ㄷ. 새의 종다양성은 높이가 h_3인 나무만 있는 숲에서가 높이가 h_1, h_2, h_3인 나무가 고르게 분포하는 숲에서보다 높다.

① ㄱ   ② ㄴ   ③ ㄷ
④ ㄱ, ㄴ   ⑤ ㄴ, ㄷ

119

다음은 바나나에 대한 자료이다.

㉠ 씨가 있는 야생 바나나와 달리 우리가 먹는 바나나는 상업적으로 대량 재배되는 단일 품종의 ㉡ 씨가 없는 바나나이다. 이 바나나는 씨가 없어 ⓐ 뿌리를 잘라 번식시키므로 유전적 다양성이 낮다.

▲ 씨가 있는 야생 바나나　　　▲ 씨가 없는 바나나

이에 대한 설명으로 옳은 것만을 <보기>에서 있는 대로 고른 것은?

| 보기 |
ㄱ. ㉠은 ㉡보다 변이가 다양하다.
ㄴ. ㉠을 ⓐ와 같은 방식으로 번식시키면 유전적 다양성이 낮아진다.
ㄷ. 전염병과 같은 급격한 환경 변화가 발생했을 때 ㉠은 ㉡보다 멸종할 가능성이 낮다.

① ㄱ　　　　② ㄷ　　　　③ ㄱ, ㄴ
④ ㄴ, ㄷ　　　⑤ ㄱ, ㄴ, ㄷ

120

그림은 어떤 생태계에서 도로 건설로 인해 대규모의 서식지가 소규모로 나누어진 모습을 나타낸 것이다.

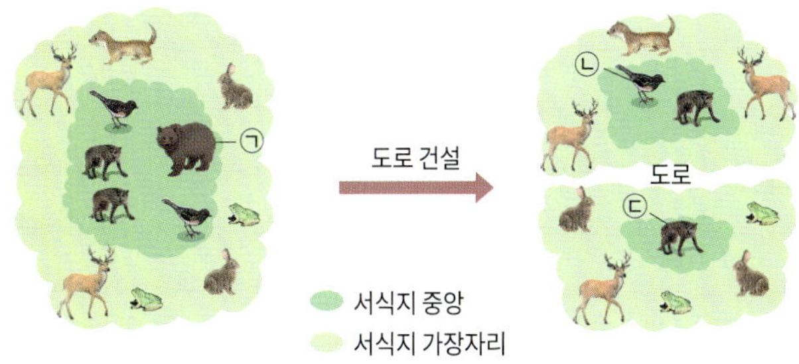

이에 대한 설명으로 옳은 것만을 <보기>에서 있는 대로 고른 것은?

| 보기 |
ㄱ. 도로가 건설된 후 종 ㉠은 사라졌다.
ㄴ. 도로가 건설된 후 종 ㉡과 ㉢의 개체수는 증가했다.
ㄷ. 도로 건설은 서식지단편화를 일으켜 생물다양성을 감소시킬 수 있다.

① ㄱ　　　　② ㄴ　　　　③ ㄱ, ㄷ
④ ㄴ, ㄷ　　　⑤ ㄱ, ㄴ, ㄷ

| 121~122 | 그림은 생물다양성의 3가지 요소 (가)~(다)의 예를 나타낸 것이다. 물음에 답하시오.

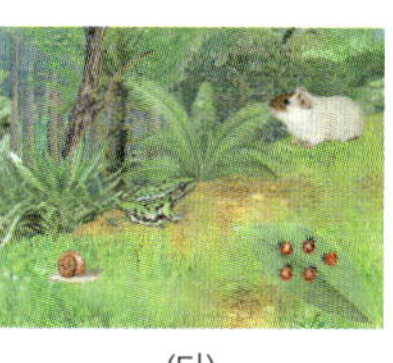

(가)　　　　　　(나)　　　　　　(다)

121

(가)~(다)가 무엇인지 각각 쓰고, (나)가 낮을 경우 나타날 수 있는 문제점을 설명하시오.

122

(다)가 높게 나타나는 조건을 2가지 설명하시오.

123

다음은 생물다양성의 감소 원인 (가)에 대한 자료이다.

- (가)는 원래의 서식지를 벗어나 다른 지역으로 유입된 생물로, 천적이 없는 경우 대량으로 번식하여 고유종의 번식을 위협한다.
- 가시박, 뉴트리아, 큰입배스 등이 있다.

(가)가 무엇인지 쓰고, 생물다양성보전을 위한 노력을 (가)와 관련지어 설명하시오.

실전 대비 평가 문제

중간·기말고사에 대비할 수 있도록 시험에 자주 출제되는 문제들을 엄선하여 수록했습니다.

124

표는 어느 지역의 지층 A~F에서 발견된 화석 ㉠~㉖의 산출 범위를 나타낸 것이다.

지층 \ 화석	㉠	㉡	㉢	㉣	㉤	㉥	㉖
A		○					○
B				○			○
C		○	○	○			○
D	○	○				○	○
E	○	○	○			○	○
F		○			○		○

이에 대한 설명으로 옳은 것만을 <보기>에서 있는 대로 고른 것은?(단, 이 지역의 지층은 세 지질 시대로 구분된다.)

| 보기 |
ㄱ. 지층 E와 F 사이는 지질 시대를 구분하는 경계가 된다.
ㄴ. 화석 ㉠과 ㉣은 동일한 지질 시대에 생존한 적이 있다.
ㄷ. 지질 시대를 구분하는 데 가장 유용한 화석은 화석 ㉡이다.

① ㄱ   ② ㄷ   ③ ㄱ, ㄴ
④ ㄴ, ㄷ   ⑤ ㄱ, ㄴ, ㄷ

125

다음은 우리나라 어느 지역의 지질을 조사하여 작성한 보고서의 일부이다.

지질 조사 보고서
◦ 장소: 강원특별자치도 태백시 지역 일대
◦ 조사 내용
1. 석회암, 이암 등의 지층이 발견되었고, 문헌 조사 결과 석회암층이 이암층보다 먼저 생성되었음을 알게 되었다.
2. 석회암층에서 삼엽충, 완족류 화석이 발견되었다.
3. 이암층에서 고사리 화석이 발견되었다.

이에 대한 설명으로 옳은 것만을 <보기>에서 있는 대로 고른 것은?

| 보기 |
ㄱ. 석회암층은 고생대에 생성되었다.
ㄴ. 이암층이 생성될 당시의 기후는 한랭했다.
ㄷ. 이 지역의 퇴적 환경은 바다에서 육지로 바뀌었다.

① ㄱ   ② ㄴ   ③ ㄱ, ㄷ
④ ㄴ, ㄷ   ⑤ ㄱ, ㄴ, ㄷ

126

그림 (가)는 흩어져 있는 대륙의 모습을, (나)는 (가)의 흩어진 대륙이 한 덩어리로 모인 모습을 모식적으로 나타낸 것이다.

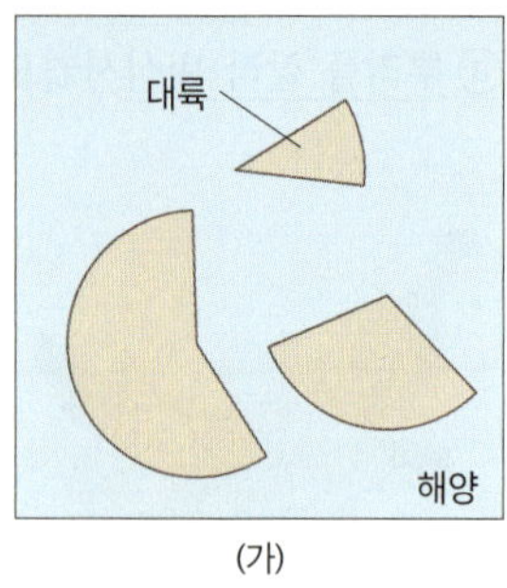

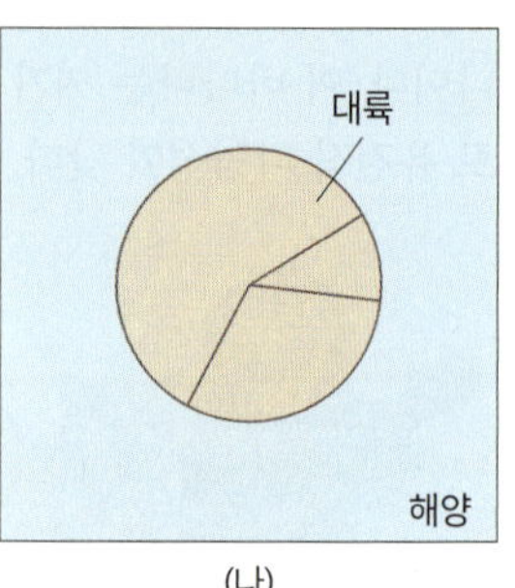

수륙 분포가 (가)에서 (나)로 변화할 때, 지구 환경의 변화에 대한 설명으로 옳은 것만을 <보기>에서 있는 대로 고른 것은?

| 보기 |
ㄱ. 화산 활동이 활발해진다.
ㄴ. 해양 생물의 서식 환경이 좋아진다.
ㄷ. 수심이 얕은 바다의 총 면적이 감소한다.

① ㄱ   ② ㄴ   ③ ㄱ, ㄷ
④ ㄴ, ㄷ   ⑤ ㄱ, ㄴ, ㄷ

127

그림 (가)와 (나)는 중생대와 신생대의 기온 변화를 순서 없이 나타낸 것이다.

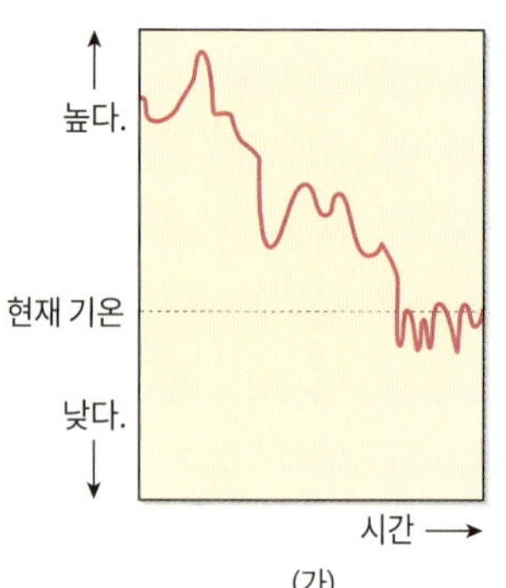

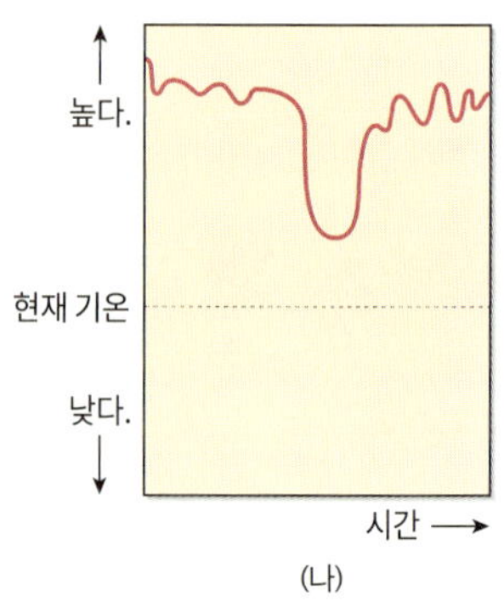

이에 대한 설명으로 옳은 것만을 <보기>에서 있는 대로 고른 것은?

| 보기 |
ㄱ. (가) 시대의 초기에 판게아가 분리되기 시작했다.
ㄴ. (나) 시대에는 빙하기가 있었다.
ㄷ. 포유류는 (나) 시대보다 (가) 시대에 번성했다.

① ㄱ   ② ㄷ   ③ ㄱ, ㄴ
④ ㄴ, ㄷ   ⑤ ㄱ, ㄴ, ㄷ

128

그림은 지질 시대 동안 삼엽충과 생물 ㉠~㉢의 생존 기간과 번성 정도를 나타낸 것이다. 생물 ㉠과 ㉡은 각각 양서류와 포유류 중 하나이고, 생물 ㉢은 식물이다.

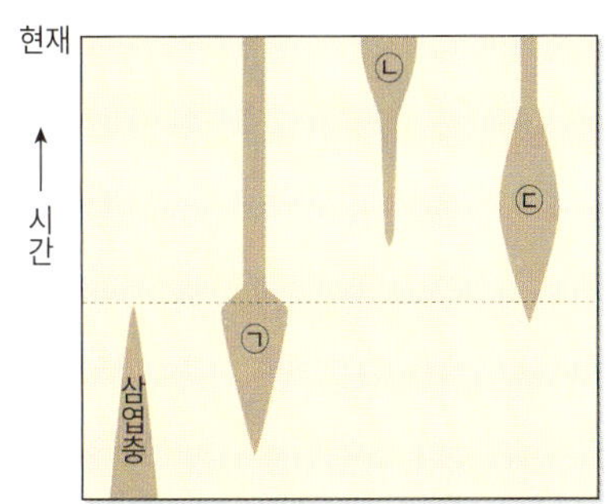

이에 대한 설명으로 옳은 것만을 <보기>에서 있는 대로 고른 것은?

| 보기 |

ㄱ. 생물 ㉠은 양서류이다.
ㄴ. 생물 ㉡이 번성한 시기에 필석이 번성했다.
ㄷ. 생물 ㉢은 암모나이트의 생존 기간을 포함한다.

① ㄱ 　　② ㄴ 　　③ ㄱ, ㄷ
④ ㄴ, ㄷ 　　⑤ ㄱ, ㄴ, ㄷ

129

그림 (가)와 (나)는 서로 다른 지질 시대의 지구 환경 복원도를 나타낸 것이다.

(가)　　　　　　(나)

이에 대한 설명으로 옳은 것만을 <보기>에서 있는 대로 고른 것은?

| 보기 |

ㄱ. 지질 시대의 시간 순서는 (가) → (나) 순이다.
ㄴ. 대서양의 면적은 (나) 시대보다 (가) 시대에 넓었다.
ㄷ. 육상 식물 종의 수는 (나) 시대보다 (가) 시대에 많았다.

① ㄱ 　　② ㄴ 　　③ ㄷ
④ ㄴ, ㄷ 　　⑤ ㄱ, ㄴ, ㄷ

130

그림 (가)와 (나)는 서로 다른 지역의 지질 단면에서 지층 A~D, 지층 E~G와 산출 화석을 나타낸 것이다.

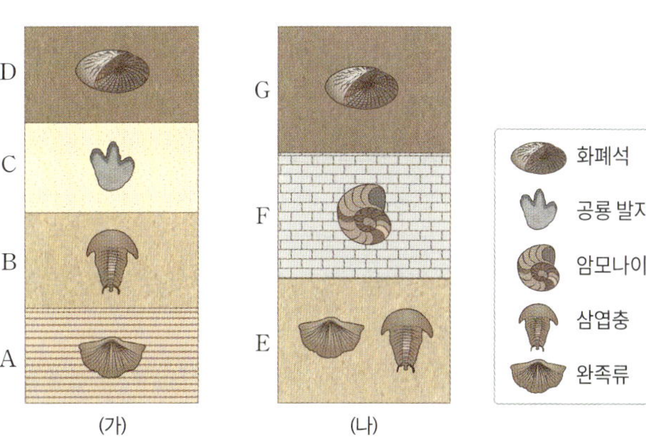

이에 대한 설명으로 옳은 것만을 <보기>에서 있는 대로 고른 것은? (단, (가), (나) 지역의 지층이 퇴적될 당시의 지질 시대는 고생대, 중생대, 신생대로 구분한다.)

| 보기 |

ㄱ. (가) 지역에서 2개의 지층은 고생대에 퇴적된 것이다.
ㄴ. (가) 지역의 지층 C와 (나) 지역의 지층 F는 동일한 지질 시대에 퇴적된 것이다.
ㄷ. (가)와 (나) 지역은 강과 호수 환경에서 퇴적된 지층으로 대부분 이루어져 있다.

① ㄱ 　　② ㄷ 　　③ ㄱ, ㄴ
④ ㄴ, ㄷ 　　⑤ ㄱ, ㄴ, ㄷ

131

그림은 삼엽충과 완족류의 출현 이후 과의 수 변화를 나타낸 것이다. A와 B는 각각 삼엽충과 완족류 중 하나이다.

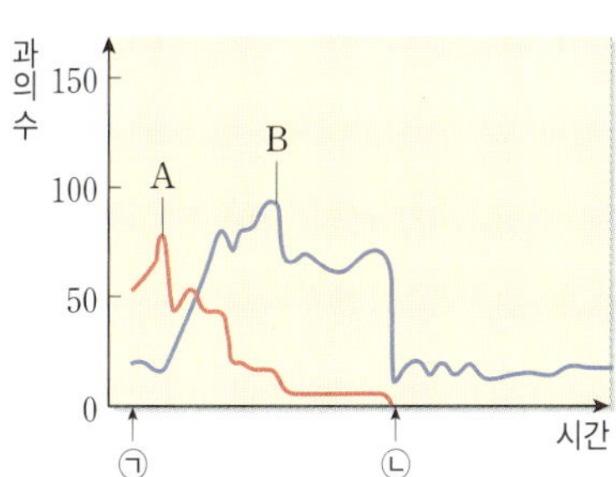

이에 대한 설명으로 옳은 것만을 <보기>에서 있는 대로 고른 것은?

| 보기 |

ㄱ. A는 완족류이다.
ㄴ. ㉠ 시기에 생물 대멸종이 있었다.
ㄷ. 육상 파충류는 ㉡ 시기 이후에 번성했다.

① ㄱ 　　② ㄷ 　　③ ㄱ, ㄴ
④ ㄴ, ㄷ 　　⑤ ㄱ, ㄴ, ㄷ

132

다음은 변이가 발생하는 원인 (가)와 (나)에 대한 자료이다.

> (가) 염기서열이 변하여 새롭게 만들어진 유전자에 의해 새로운 형질이 나타난다.
> (나) 부모의 유전자가 자손에게 전달되는 과정에서 암수 생식세포의 다양한 조합에 의해 자손에서 부모와 다른 형질이 나타난다.

이에 대한 설명으로 옳은 것만을 <보기>에서 있는 대로 고른 것은?

| 보기 |
ㄱ. (가)에서 새롭게 만들어진 유전자는 자손에게 전달될 수 있다.
ㄴ. (나)로 인해 유전적 다양성이 감소한다.
ㄷ. (가)와 (나)에 의해 발생한 변이는 진화를 일으키는 요인으로 작용한다.

① ㄱ   ② ㄴ   ③ ㄱ, ㄷ
④ ㄴ, ㄷ   ⑤ ㄱ, ㄴ, ㄷ

133

다음은 어떤 식물집단에서 일어난 현상을 나타낸 것이다. A와 a는 꽃 색깔을 결정하는 유전자이다.

> 이 식물집단에는 꽃 색깔을 결정하는 유전자로 A만 가진 붉은색 꽃 개체(AA)만 있었다.

⬇ (가)

> 꽃 색깔을 결정하는 유전자로 A와 a를 가진 분홍색 꽃 개체(Aa)가 갑자기 나타났다.

⬇ (나)

> 두 분홍색 꽃 개체(Aa) 사이에서 ㉠ 붉은색 꽃 개체(AA)와 흰색 꽃 개체(aa)가 나타났다.

이에 대한 설명으로 옳은 것만을 <보기>에서 있는 대로 고른 것은?

| 보기 |
ㄱ. (가) 과정에서 돌연변이가 일어났다.
ㄴ. (가)와 (나) 과정을 거치면서 이 식물집단의 변이가 감소했다.
ㄷ. 자손인 ㉠의 꽃 색깔이 부모과 다른 까닭은 유성생식 과정에서 다양한 유전자 조합이 일어났기 때문이다.

① ㄱ   ② ㄴ   ③ ㄱ, ㄷ
④ ㄴ, ㄷ   ⑤ ㄱ, ㄴ, ㄷ

134

그림은 몸 색깔이 다양한 어떤 생물집단에서 자연선택이 일어나는 과정을 나타낸 것이다.

(가) 다양한 몸 색깔을 가진 개체들이 살고 있었다.   (나) 포식자의 눈에 더 잘 띄는 개체가 주로 잡아먹혔다.   (다) 더 잘 살아남은 개체가 자손을 남겼다.

이에 대한 설명으로 옳은 것만을 <보기>에서 있는 대로 고른 것은?

| 보기 |
ㄱ. (가)의 생물집단은 몸 색깔에 변이가 있다.
ㄴ. (나)에서 포식자의 눈에 더 잘 띄는 개체는 환경에 적응하기에 유리한 형질을 가지고 있다.
ㄷ. (다)가 반복되면 포식자의 눈에 덜 띄는 개체의 비율이 감소한다.

① ㄱ   ② ㄷ   ③ ㄱ, ㄴ
④ ㄴ, ㄷ   ⑤ ㄱ, ㄴ, ㄷ

135

그림은 어떤 생물집단에서 일어나는 자연선택 과정의 일부를 모식적으로 나타낸 것이다. **A**와 **B**는 서로 다른 형질을 가지고 있다.

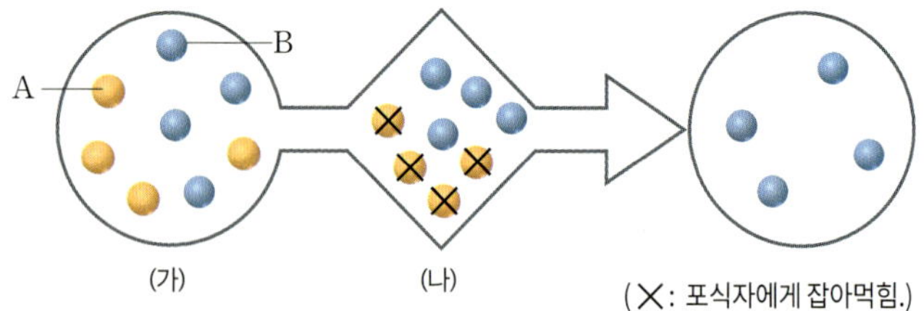

이에 대한 설명으로 옳은 것만을 <보기>에서 있는 대로 고른 것은?

| 보기 |
ㄱ. (가)에는 변이가 있다.
ㄴ. (나)에서 자연선택이 일어났다.
ㄷ. A와 B 중 생존에 유리한 형질을 가지고 있는 개체는 B이다.

① ㄱ   ② ㄴ   ③ ㄱ, ㄷ
④ ㄴ, ㄷ   ⑤ ㄱ, ㄴ, ㄷ

136

그림은 어떤 세균 집단에서 항생제 사용에 따른 세균 A와 B의 비율 변화를 나타낸 것이다. A와 B는 항생제 내성이 없는 세균과 항생제 내성이 있는 세균을 순서 없이 나타낸 것이다.

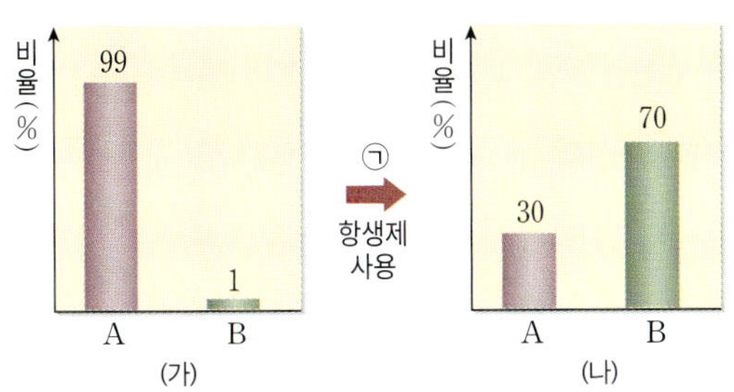

이에 대한 설명으로 옳은 것만을 <보기>에서 있는 대로 고른 것은?

| 보기 |
ㄱ. ㉠에서 자연선택이 일어났다.
ㄴ. (가)의 세균 집단은 항생제 내성에 변이가 있다.
ㄷ. 항생제 내성 유전자의 비율은 (가)일 때가 (나)일 때보다 높다.

① ㄱ　　　　② ㄷ　　　　③ ㄱ, ㄴ
④ ㄴ, ㄷ　　　⑤ ㄱ, ㄴ, ㄷ

137

표는 사람 ㉠~㉢의 적혈구 모양에 따른 특징을 나타낸 것이다.

구분	㉠	㉡	㉢
적혈구 모양	정상	정상이거나 낫 모양	낫 모양
말라리아 저항성 여부	없음.	있음.	있음.
빈혈 여부	없음.	약하게 있음.	심하게 있음.

이에 대한 설명으로 옳은 것만을 <보기>에서 있는 대로 고른 것은? (단, 제시된 특징 이외는 고려하지 않는다.)

| 보기 |
ㄱ. 환경에 따라 생존에 유리한 형질이 달라질 수 있다.
ㄴ. 말라리아가 자주 발생하는 지역에서는 ㉠이 ㉡보다 생존과 번식에 유리하다.
ㄷ. 말라리아가 거의 발생하지 않는 지역에서는 ㉢과 같은 형질을 가진 사람이 자연선택된다.

① ㄱ　　　　② ㄴ　　　　③ ㄷ
④ ㄱ, ㄷ　　　⑤ ㄱ, ㄴ, ㄷ

138

자연선택과 생물의 진화에 대한 설명으로 옳은 것만을 <보기>에서 있는 대로 고른 것은?

| 보기 |
ㄱ. 자연선택은 변이가 없는 생물집단에서 일어난다.
ㄴ. 자연선택이 일어난 생물집단에서는 더 이상 진화가 일어나지 않는다.
ㄷ. 자연선택이 오랜 세월에 걸쳐 반복되면 새로운 생물종이 출현할 수 있다.

① ㄱ　　　　② ㄷ　　　　③ ㄱ, ㄴ
④ ㄴ, ㄷ　　　⑤ ㄱ, ㄴ, ㄷ

139

그림은 핀치 집단 ㉠이 남아메리카 대륙에서 갈라파고스 제도로 이주한 후 서로 다른 먹이 환경에서 자연선택되어 진화한 모습을 나타낸 것이다.

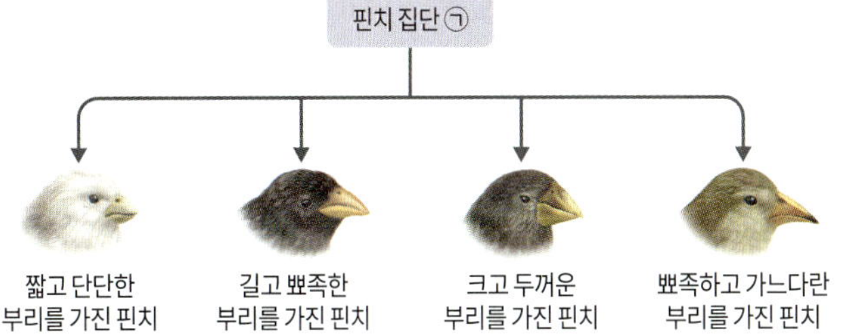

이에 대한 설명으로 옳은 것만을 <보기>에서 있는 대로 고른 것은?

| 보기 |
ㄱ. ㉠은 부리 모양에 변이가 있었다.
ㄴ. 먹이 환경에 따라 서로 다른 형질이 자연선택되었다.
ㄷ. ㉠의 개체 중 생존경쟁에서 살아남은 개체가 자신의 유전자를 자손에게 전달했다.

① ㄱ　　　　② ㄴ　　　　③ ㄱ, ㄷ
④ ㄴ, ㄷ　　　⑤ ㄱ, ㄴ, ㄷ

140

생물다양성에 대한 설명으로 옳지 <u>않은</u> 것은?

① 종다양성에는 동물 종과 식물 종만 포함된다.
② 사막, 삼림, 습지, 초원 등 생태계가 다양할수록 생물다양성이 높다.
③ 생물다양성에는 한 생태계에 살고 있는 생물종의 다양한 정도가 포함된다.
④ 유전적 다양성이 높은 생물종은 전염병이 발생했을 때 멸종할 가능성이 낮다.
⑤ 종다양성이 낮은 생태계는 한 생물종이 사라지면 다른 생물종도 사라질 가능성이 높다.

141

다음은 생물다양성의 3가지 요소 (가)~(다)의 예를 나타낸 것이다.

> (가) 같은 종의 얼룩말 집단에서 개체마다 줄무늬가 다양하게 나타난다.
> (나) 최근 아마존 열대우림에서는 400여 종의 새로운 생물종이 발견되었다.
> (다) 우리나라에는 강, 산, 바다 등 다양한 생태계가 있다.

이에 대한 설명으로 옳은 것만을 <보기>에서 있는 대로 고른 것은?

> **보기**
> ㄱ. (가)는 한 형질을 결정하는 유전자가 다양할수록 높다.
> ㄴ. (나)는 생태계다양성이다.
> ㄷ. (다)가 높을수록 (나)가 높게 나타난다.

① ㄱ　　　　② ㄴ　　　　③ ㄱ, ㄷ
④ ㄴ, ㄷ　　　⑤ ㄱ, ㄴ, ㄷ

142

그림은 생물다양성의 3가지 요소를 나타낸 것이고, 표는 A의 예에 대한 자료이다.

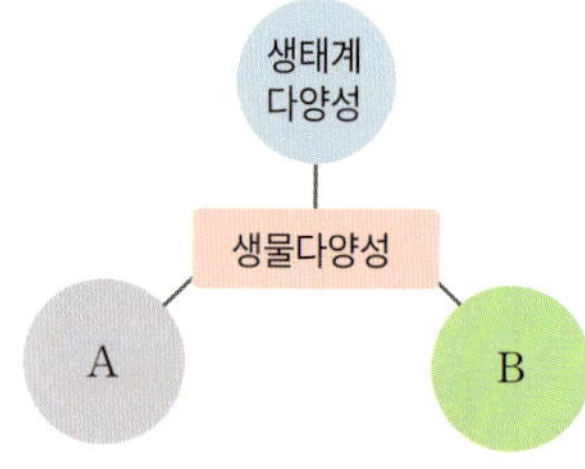

이에 대한 설명으로 옳은 것만을 <보기>에서 있는 대로 고른 것은?

> **보기**
> ㄱ. A가 높은 생물집단에는 환경이 급격히 변해도 변화한 환경에 적응하여 살아남는 개체가 존재할 가능성이 높다.
> ㄴ. B는 한 생태계에 살고 있는 생물종의 다양한 정도를 의미한다.
> ㄷ. B는 생태계에 살고 있는 각 생물종이 고르게 분포할수록 낮다.

① ㄱ　　　　② ㄷ　　　　③ ㄱ, ㄴ
④ ㄴ, ㄷ　　　⑤ ㄱ, ㄴ, ㄷ

143

다음은 면적이 동일한 생태계 (가)와 (나)에 대한 자료이다.

> • (가)에는 강아지풀, 여치, 들쥐, 뱀이 살고, (나)에는 강아지풀, 여치, 토끼, 들쥐, 뱀이 산다.
> • (가)에서 뱀은 들쥐만 먹고 살고, (나)에서 뱀은 토끼와 들쥐를 먹고 산다.

이에 대한 설명으로 옳은 것만을 <보기>에서 있는 대로 고른 것은? (단, 제시된 조건 이외는 고려하지 않는다.)

> **보기**
> ㄱ. (가)에서가 (나)에서보다 생물다양성이 높다.
> ㄴ. 들쥐가 사라졌을 때 뱀이 사라질 가능성은 (가)에서보다 (나)에서 높다.
> ㄷ. 생태계는 (가)에서보다 (나)에서 더 안정적으로 유지된다.

① ㄱ　　　　② ㄷ　　　　③ ㄱ, ㄴ
④ ㄴ, ㄷ　　　⑤ ㄱ, ㄴ, ㄷ

144

그림은 어떤 생태계에서 서식지단편화가 일어나기 전과 후에 이 생태계에 살고 있는 생물종 ㉠~㉤의 분포를 나타낸 것이다.

이에 대한 설명으로 옳은 것만을 <보기>에서 있는 대로 고른 것은? (단, ㉠~㉤ 이외의 종은 고려하지 않는다.)

| 보기 |
ㄱ. 서식지단편화가 일어나 생물의 이동이 제한되었다.
ㄴ. 서식지단편화가 일어나 가장자리 면적이 감소했다.
ㄷ. 종다양성은 서식지단편화가 일어나기 전보다 일어난 후에 더 높다.

① ㄱ   ② ㄴ   ③ ㄱ, ㄷ
④ ㄴ, ㄷ   ⑤ ㄱ, ㄴ, ㄷ

145

다음은 우리나라에 있는 어떤 습지에 대한 자료이다.

이 습지는 여러 층의 늪으로 구성되며, 원시적인 저층 늪에는 수생 식물, 수서 곤충, 어류 등 다른 층의 늪보다 더 다양한 생물종이 살고 있다.
이 습지에 ㉠ 제방을 설치하고 습지를 메워 개간해 논으로 활용하면서 습지 근방의 마을 규모가 점점 커졌다. 이로 인해 습지가 본래의 모습을 잃게 되자 습지를 보전하기 위해 ㉡ 천연기념물 제524호로 지정하여 관리하고 있다.

이에 대한 설명으로 옳은 것만을 <보기>에서 있는 대로 고른 것은?

| 보기 |
ㄱ. ㉠으로 인해 생물다양성이 감소할 수 있다.
ㄴ. 종다양성은 저층 늪에서가 다른 층의 늪에서보다 높다.
ㄷ. ㉡은 생물다양성보전을 위한 국가적 노력에 해당한다.

① ㄱ   ② ㄴ   ③ ㄱ, ㄷ
④ ㄴ, ㄷ   ⑤ ㄱ, ㄴ, ㄷ

146

생물다양성보전을 위한 노력에 대한 설명으로 옳은 것만을 <보기>에서 있는 대로 고른 것은?

| 보기 |
ㄱ. 야생 생물의 불법 포획이나 남획을 금지한다.
ㄴ. 도로를 건설하여 생물의 서식지를 여러 구역으로 나눈다.
ㄷ. 람사르 협약을 맺는 것은 생물다양성보전을 위한 국제적 노력이다.

① ㄱ   ② ㄴ   ③ ㄱ, ㄷ
④ ㄴ, ㄷ   ⑤ ㄱ, ㄴ, ㄷ

147

표는 생물다양성보전을 위한 노력을 (가)~(다)로 구분하여 나타낸 것이다. (가)~(다)는 개인적 노력, 국가적 노력, 국제적 노력을 순서 없이 나타낸 것이다.

구분	생물다양성보전을 위한 노력
(가)	에너지 절약, 쓰레기 분리배출
(나)	멸종 위기종 복원 사업, 국립 공원 지정 및 관리
(다)	생물다양성 협약 체결

이에 대한 설명으로 옳은 것만을 <보기>에서 있는 대로 고른 것은?

| 보기 |
ㄱ. (가)는 개인적 노력이다.
ㄴ. 야생 동물 보호 및 관리에 관한 법률을 제정하는 것은 (나)에 해당한다.
ㄷ. 식량 공급을 위해 갯벌을 매립해 농경지를 넓히는 사업은 (다)에 해당한다.

① ㄱ   ② ㄴ   ③ ㄷ
④ ㄱ, ㄴ   ⑤ ㄱ, ㄴ, ㄷ

| 148~149 | 그림 (가)는 어느 지층에서 산출된 화석을, (나)는 고생대, 중생대, 신생대의 상대적 길이를 순서 없이 A~C로 나타낸 것이다. 물음에 답하시오.

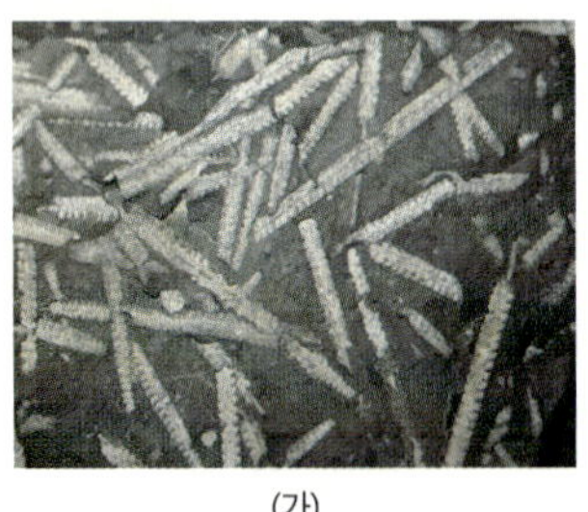
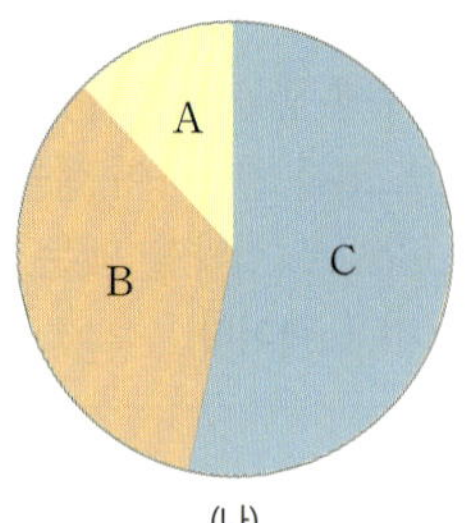

(가) (나)

148

(가)가 무엇인지 쓰고, (나)의 A~C 중 (가)가 산출된 지층은 언제 퇴적되었는지 설명하시오.

149

(가)의 생물과 같은 시기에 번성하고 멸종한 생물 1종을 쓰고, 생물이 살았던 당시의 서식 환경을 설명하시오.

150

그림은 중생대 말기에 일어난 생물 대멸종의 원인을 설명하는 가설을 나타낸 것이다.

가설이 무엇인지 쓰고, 이 가설로 인한 환경 변화 2가지를 설명하시오.

| 151~152 | 다음은 자연선택설에 따른 기린의 진화 과정을 순서 없이 나타낸 것이다. 물음에 답하시오.

> (가) 목이 긴 기린이 번성하게 되었다.
> (나) 목 길이가 다양한 기린이 살고 있었다.
> (다) 목이 긴 기린이 더 잘 살아남아 자손에게 목이 긴 형질을 물려주었다.
> (라) 낮은 곳에 있는 나뭇잎이 고갈되자 높은 곳에 있는 나뭇잎을 두고 생존경쟁이 일어났다.

151

(가)~(라)를 순서대로 나열하시오.

152

(다)와 같은 현상이 나타난 까닭을 생물의 진화 원리와 관련지어 설명하시오.

153

그림은 면적이 동일한 생태계 (가)~(다)에 살고 있는 식물 종 A~C를 나타낸 것이다.

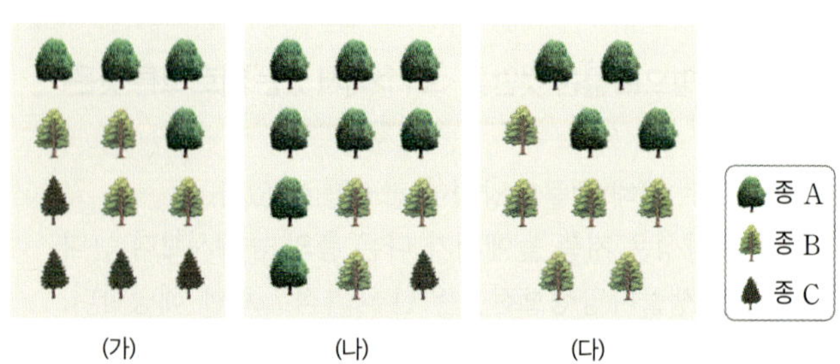

(가) (나) (다)

(가)~(다) 중 종다양성이 가장 높은 생태계를 쓰고, 그렇게 판단한 까닭을 설명하시오.(단, A~C 이외의 종은 고려하지 않는다.)

154

다음은 지질 시대의 주요 사건 시기를 알기 위한 탐구이다.

[탐구 과정]
(가) 시기별로 구분한 지질 시대 표를 준비한다.

시기 (억 년 전)	지질 시대	시기 (억 년 전)	지질 시대
46	지구의 탄생	2.52	중생대 시작
5.39	고생대 시작	0.66	신생대 시작

(나) 종이 띠에 92 cm의 직선을 그리고, 직선의 왼쪽 끝을 '지구의 탄생', 오른쪽 끝을 '현재'로 표시한다.

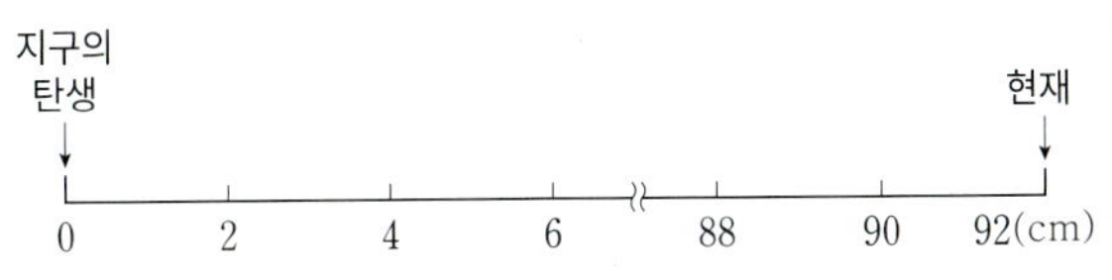

이에 대한 설명으로 옳은 것만을 <보기>에서 있는 대로 고른 것은?

| 보기 |
ㄱ. 1억 년은 2 cm에 해당한다.
ㄴ. 공룡이 번성한 기간은 직선에서 2 cm보다 길다.
ㄷ. 고생대가 시작한 시기는 직선에서 78 cm∼80 cm 구간에 해당한다.

① ㄱ   ② ㄷ   ③ ㄱ, ㄴ
④ ㄴ, ㄷ   ⑤ ㄱ, ㄴ, ㄷ

155

그림은 지질 시대 동안 생물 과의 수 변화를 나타낸 것이다. ㉠과 ㉡은 각각 육상 식물과 해양 무척추동물 중 하나이다.

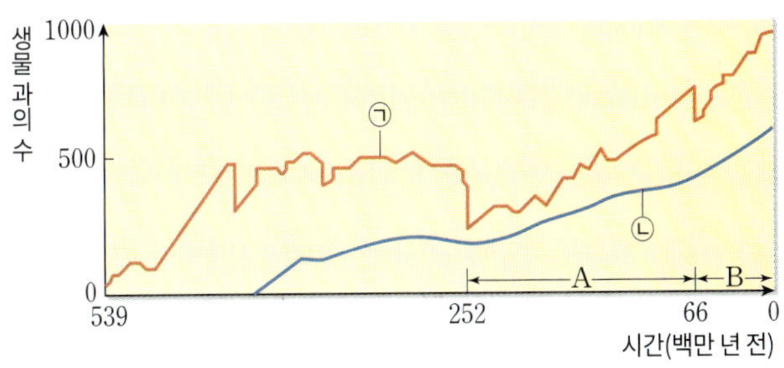

이에 대한 설명으로 옳은 것만을 <보기>에서 있는 대로 고른 것은?

| 보기 |
ㄱ. ㉠의 과의 수 감소가 가장 클 때 공룡이 멸종했다.
ㄴ. ㉡은 해양 무척추동물이다.
ㄷ. 속씨식물은 A 시기보다 B 시기에 번성했다.

① ㄱ   ② ㄷ   ③ ㄱ, ㄴ
④ ㄴ, ㄷ   ⑤ ㄱ, ㄴ, ㄷ

156

다음은 격리된 숲에 사는 나방 집단에 대한 자료이다.

• 표는 이 숲에서 시간에 따른 흰색 나방과 검은색 나방의 개체수 비율을 나타낸 것이다.

시점	개체수 비율(%)	
	흰색 나방	검은색 나방
t_1	100	0
t_2	85	15
t_3	95	5

• t_1∼t_2 구간과 t_2∼t_3 구간 중 한 구간에서만 돌연변이가 일어났다.
• 숲이 어두울수록 흰색 나방이 포식자에게 발견될 확률이 높다.

이에 대한 설명으로 옳은 것만을 <보기>에서 있는 대로 고른 것은?

| 보기 |
ㄱ. t_1∼t_2 구간에서 돌연변이가 일어났다.
ㄴ. t_2∼t_3 구간에서 숲이 어두워졌다.
ㄷ. t_1∼t_2 구간에서는 흰색 나방이 자연선택되었고, t_2∼t_3 구간에서는 검은색 나방이 자연선택되었다.

① ㄱ   ② ㄴ   ③ ㄷ   ④ ㄱ, ㄴ   ⑤ ㄴ, ㄷ

157

표 (가)는 생물다양성의 요소 A와 B의 예를, (나)는 면적이 동일한 섬 Ⅰ∼Ⅲ에 살고 있는 핀치 종 ㉠∼㉢의 개체수를 나타낸 것이다. A와 B는 각각 종다양성, 생태계다양성, 유전적 다양성 중 서로 다른 하나이며, ㉠∼㉢은 부리 모양이 서로 다르다.

요소	예
A	같은 종의 고양이에서 털색깔이 다양하게 나타난다.
B	한라산에는 노루, 구상나무, 왕벚나무, 진달래 등이 산다.

(가)

구분	Ⅰ	Ⅱ	Ⅲ
㉠	10	15	5
㉡	10	5	25
㉢	15	0	5

(나)

이에 대한 설명으로 옳은 것만을 <보기>에서 있는 대로 고른 것은?

| 보기 |
ㄱ. A가 높은 생물종일수록 변이가 다양하다.
ㄴ. B는 Ⅰ∼Ⅲ 중 Ⅰ에서 가장 높다.
ㄷ. ㉠∼㉢의 부리 모양에 대한 유전정보는 서로 같다.

① ㄱ   ② ㄴ   ③ ㄷ   ④ ㄱ, ㄴ   ⑤ ㄴ, ㄷ

04 산화와 환원

1 산소의 이동에 의한 산화·환원

1 산화 물질이 산소를 얻는 반응이다.

$$2Cu + O_2 \xrightarrow{\text{산화}} 2CuO$$
구리　산소　산화 구리(Ⅱ)

2 환원 물질이 산소를 잃는 반응이다.

$$CuO + CO \xrightarrow{\text{환원}} Cu + CO_2$$
산화 구리(Ⅱ) 일산화 탄소　구리　이산화 탄소

3 산화·환원 반응의 동시성 어떤 물질이 산소를 얻을 때, 다른 물질은 산소를 잃으므로 산화와 환원은 동시에 일어난다.

$$2CuO + C \xrightarrow[\text{환원}]{\text{산화}} 2Cu + CO_2$$

꼭 나오는 탐구 ❶ 산소의 이동에 의한 산화·환원 반응

탐구 ❶ 구리판의 변화 해석하기

[과정]
❶ 붉은색 구리판을 알코올램프의 겉불꽃에 넣어 가열한다. (산소가 풍부하다.)
❷ 가열한 구리판을 알코올램프의 속불꽃에 넣어 가열한다. (연료의 불완전 연소로 일산화 탄소가 많고 산소가 부족하다.)

[결과 및 정리]
• ❶에서 붉은색 구리는 산소를 얻어 산화되어 검은색 산화 구리(Ⅱ)가 된다.
$$2Cu + O_2 \longrightarrow 2CuO$$
• ❷에서 검은색 산화 구리(Ⅱ)는 산소를 잃어 환원되어 붉은색 구리가 되고, 속불꽃 속 일산화 탄소는 산소를 얻어 산화되어 이산화 탄소가 된다.
$$CuO + CO \longrightarrow Cu + CO_2$$

탐구 ❷ 산화 구리(Ⅱ)와 탄소의 반응

[과정]
검은색 산화 구리(Ⅱ), 탄소 가루를 넣은 시험관과 석회수가 들어 있는 비커를 고무관으로 연결한 다음 시험관을 가열하기 전과 후의 모습을 비교해 본다.

[결과 및 정리]
• 시험관에 붉은색 가루가 남는다.
➜ 검은색 산화 구리(Ⅱ)가 산소를 잃어 환원되어 붉은색 구리가 된다.
$$2CuO + C \longrightarrow 2Cu + CO_2$$
• 비커의 석회수가 뿌옇게 흐려진다. ➜ 탄소가 산소를 얻어 산화되어 생성된 이산화 탄소가 석회수와 반응하여 앙금을 생성한다.
이 반응은 산화·환원 반응이 아니다.

필수 유형 구리판을 알코올램프의 속불꽃과 겉불꽃에 넣고 가열할 때와 산화 구리(Ⅱ)와 탄소 가루를 혼합하여 가열할 때의 변화를 산화·환원 반응으로 묻는 문제가 자주 출제된다. *44쪽 172번, 45쪽 178번*

2 전자의 이동에 의한 산화·환원

1 산화 물질이 전자를 잃는 반응이다.

$$Zn \xrightarrow{\text{산화}} Zn^{2+} + 2e^-$$
전자를 잃음.

2 환원 물질이 전자를 얻는 반응이다.

$$Cu^{2+} + 2e^- \xrightarrow{\text{환원}} Cu$$
전자를 얻음.

3 산화·환원 반응의 동시성 어떤 물질이 전자를 얻을 때, 다른 물질은 전자를 잃으므로 산화와 환원은 동시에 일어난다.

$$Zn + Cu^{2+} \xrightarrow[\text{환원}]{\text{산화}} Zn^{2+} + Cu$$
전자를 잃음.
전자를 얻음.

꼭 나오는 탐구 ❷ 금속 이온이 용해된 수용액과 금속판의 반응

탐구 ❶ 구리와 질산 은 수용액의 반응

[과정]
구리 테이프로 붙인 페트리 접시에 질산 은 수용액을 넣고 변화를 관찰한다.

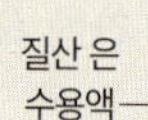

[결과 및 정리]
• 구리가 전자를 잃어 산화되어 구리 이온으로 되고, 은 이온이 전자를 얻어 환원되어 은으로 되어 구리판 표면에 석출된다.
$$2Ag^+ + Cu \longrightarrow 2Ag + Cu^{2+}$$
Ag^+ 2개가 Ag으로 석출될 때 Cu^{2+} 1개가 녹아 나오므로 용액 속 양이온 수는 감소한다.
• 용액 속에 구리 이온이 녹아 나오므로 용액의 색이 푸른색으로 변한다.

탐구 ❷ 아연판과 황산 구리(Ⅱ) 수용액의 반응

[과정]
황산 구리(Ⅱ) 수용액에 아연판을 넣고 변화를 관찰한다.

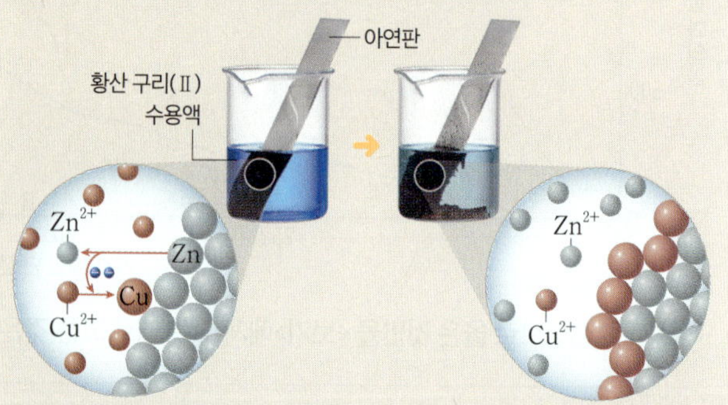

[결과 및 정리]
• 아연이 전자를 잃어 산화되어 아연 이온으로 되고, 구리 이온이 전자를 얻어 환원되어 구리로 되어 아연판 표면에 석출된다.
$$Zn + Cu^{2+} \longrightarrow Zn^{2+} + Cu$$
Cu^{2+} 1개가 Cu로 석출될 때 Zn^{2+} 1개가 녹아 나오므로 용액 속 양이온 수는 일정하다.
• 용액 속 구리 이온 수가 감소하므로 용액의 푸른색이 옅어진다.

필수 유형 금속 이온이 용해된 수용액과 금속의 반응을 산화·환원 반응으로 묻는 문제가 자주 출제된다. *46쪽 179번, 182번*

3 자연과 인류의 역사에 변화를 가져온 화학 반응

1 광합성 식물은 빛에너지를 흡수해 이산화 탄소와 물로부터 포도당과 산소를 생성하는 광합성을 한다.

① 반응식

$$6CO_2 + 6H_2O \longrightarrow C_6H_{12}O_6 + 6O_2$$

이산화 탄소 물 포도당 산소

산화 / 환원

세포호흡은 광합성의 역반응이다.
$$C_6H_{12}O_6 + 6O_2 \longrightarrow 6CO_2 + 6H_2O$$

② 자연과 인류의 역사에 미친 영향
- 광합성으로 생성된 포도당과 산소를 세포호흡에 이용한다. 이 과정에서 발생하는 에너지는 생명활동에 이용된다.

2 연소 뷰테인 가스와 같은 연료가 연소하면 이산화 탄소와 물을 생성하면서 열에너지를 방출한다.

① 반응식

$$2C_4H_{10} + 13O_2 \longrightarrow 8CO_2 + 10H_2O$$

뷰테인 산소 이산화 탄소 물

산화 / 환원

② 자연과 인류의 역사에 미친 영향
- 연소 반응 결과 방출되는 열에너지를 이용해 추위와 어둠에서 벗어났다.
- 화석 연료가 연소할 때 발생하는 열로 음식을 익혀 먹고, 집 안을 난방하면서 인류의 평균 수명이 연장되었다.
- 화석 연료의 사용으로 교통, 산업 등의 문명이 발전했다.

3 철의 제련 산화 철(Ⅲ)이 화석 연료의 연소로 생성된 일산화 탄소와 반응하면 철과 이산화 탄소를 생성한다.

① 반응식

$$Fe_2O_3 + 3CO \longrightarrow 2Fe + 3CO_2$$

산화 철(Ⅲ) 일산화 탄소 철 이산화 탄소

산화 / 환원

② 자연과 인류의 역사에 미친 영향
- 철의 제련으로 철기 시대를 열었다.
- 오늘날 산업, 건축 등 다양한 분야에서 철을 널리 이용한다.

4 우리 주변의 산화·환원 반응

사과의 갈변
껍질을 깎은 사과는 공기 중 산소와 반응하여 표면이 갈색으로 변한다.

금속의 부식
철을 비롯한 금속들은 공기 중의 산소, 수분(물)과 반응하여 붉은 녹을 생성한다.
$$\llcorner Fe_2O_3$$

수소 연료 전지
수소와 산소가 반응하여 물을 생성하는 과정에서 일어나는 전자의 이동으로 화학 에너지가 전기 에너지로 전환된다. 이 전기 에너지가 자동차의 동력원으로 이용된다.

수소 연료 전지에서 일어나는 반응의 화학 반응식
$$2H_2 + O_2 \longrightarrow 2H_2O$$

| 158~159 | 다음은 산화와 환원에 대한 설명이다. (   ) 안에 들어갈 알맞은 말을 고르시오.

158 물질이 산소를 얻는 반응을 (산화, 환원), 산소를 잃는 반응을 (산화, 환원)(이)라고 한다.

159 물질이 전자를 얻는 반응을 (산화, 환원), 전자를 잃는 반응을 (산화, 환원)(이)라고 한다.

| 160~163 | 다음은 몇 가지 산화·환원 반응식이다. (   ) 안에 산화 또는 환원 중 알맞은 말을 쓰시오.

160 산화 구리(Ⅱ)와 탄소의 반응

$$2CuO + C \longrightarrow 2Cu + CO_2$$
ⓐ(   ) ⓑ(   )

161 마그네슘과 산소의 반응

$$2Mg + O_2 \longrightarrow 2MgO$$
ⓐ(   ) ⓑ(   )

162 수소 연료 전지에서 일어나는 반응

$$2H_2 + O_2 \longrightarrow 2H_2O$$
ⓐ(   ) ⓑ(   )

163 철의 제련 반응

$$2Fe_2O_3 + 3C \longrightarrow 4Fe + 3CO_2$$
ⓐ(   ) ⓑ(   )

164 다음은 자연과 인류의 역사에 변화를 가져온 2가지 화학 반응이다. (   ) 안에 공통으로 들어가는 기체를 쓰시오.

- 광합성
이산화 탄소 + 물 $\xrightarrow{\text{빛에너지}}$ 포도당 + (   )
- 연소
화석 연료 + (   )
$\longrightarrow$ 이산화 탄소 + 물 + 에너지

| 165~168 | 산화·환원 반응에 대한 설명으로 옳은 것은 ○표, 옳지 <u>않은</u> 것은 ×표 하시오.

165 질산 은 수용액에 구리판을 넣을 때 구리는 전자를 잃고 환원된다.   (   )

166 광합성에서 이산화 탄소는 환원되어 포도당을 생성한다.   (   )

167 철은 공기 중에서 산화되어 붉은 녹을 생성한다.   (   )

168 수소 연료 전지에서 수소는 환원되어 물을 생성한다.   (   )

기출 분석 문제

1 산소의 이동에 의한 산화·환원

169

다음 (가)와 (나)는 우리 주변의 2가지 화학 반응에 대한 설명이다.

> (가) 화석 연료가 연소할 때 발생하는 열로 음식을 익혀 먹을 수 있었다.
> $$2C_4H_{10} + 13(\quad ㉠\quad) \longrightarrow 8CO_2 + 10H_2O$$
> (나) 수소 연료 전지에서는 수소와 ㉠을 공급하여 물을 생성하는 반응이 일어난다.
> $$2H_2 + (\quad ㉠\quad) \longrightarrow 2H_2O$$

이에 대한 설명으로 옳은 것만을 <보기>에서 있는 대로 고른 것은?

| 보기 |
ㄱ. ㉠은 산소(O_2)이다.
ㄴ. (가)는 뷰테인(C_4H_{10})이 산소(O_2)를 잃는 반응이다.
ㄷ. (가)와 (나)는 모두 산화·환원 반응이다.

① ㄱ ② ㄴ ③ ㄱ, ㄷ
④ ㄴ, ㄷ ⑤ ㄱ, ㄴ, ㄷ

170

다음 (가)와 (나)는 2가지 반응의 화학 반응식이다.

> (가) $N_2 + O_2 \longrightarrow 2NO$
> (나) $4Fe + 3O_2 \longrightarrow 2Fe_2O_3$

이에 대한 설명으로 옳은 것만을 <보기>에서 있는 대로 고른 것은?

| 보기 |
ㄱ. (가)에서 질소(N_2)는 산화된다.
ㄴ. (나)에서 철(Fe)은 환원된다.
ㄷ. (가)와 (나)에서 산소(O_2)는 환원된다.

① ㄱ ② ㄷ ③ ㄱ, ㄴ
④ ㄱ, ㄷ ⑤ ㄴ, ㄷ

171

반응 (가)~(라)에서 산화된 물질을 각각 쓰시오.

> (가) $2Hg + O_2 \longrightarrow 2HgO$
> (나) $C_3H_8 + 5O_2 \longrightarrow 3CO_2 + 4H_2O$
> (다) $2Mg + CO_2 \longrightarrow 2MgO + C$
> (라) $2CuO + C \longrightarrow 2Cu + CO_2$

172 필수 유형 🔗 42쪽 꼭 나오는 탐구

다음은 구리(Cu)와 관련된 실험이다.

> [실험 과정]
> (가) 붉은색 구리판을 겉불꽃에 넣어 가열한다.
> (나) (가)에서 가열한 구리판을 다시 속불꽃에 넣어 가열한다.

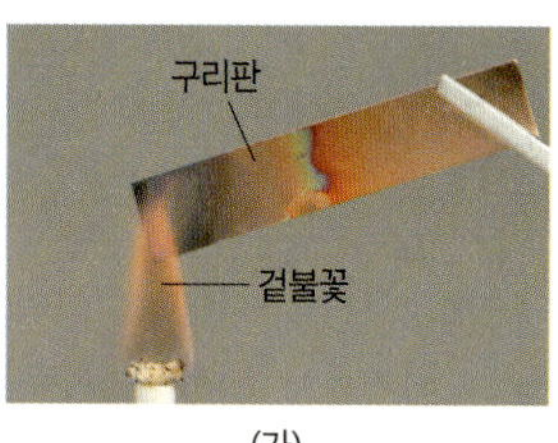

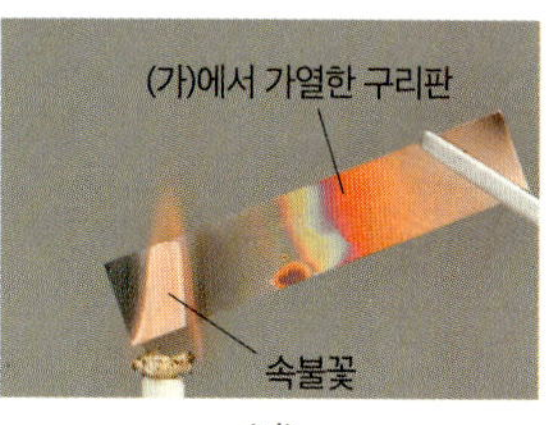

> [실험 결과]
> (가) 붉은색 구리가 검은색으로 된다.
> (나) 검게 변한 구리판이 다시 붉은색으로 된다.

(가), (나)에서 일어난 화학 반응의 반응식과 해당 반응에서 산화된 물질을 옳게 짝 지은 것은?

	과정	반응식	산화된 물질
①	(가)	$2Cu + O_2 \longrightarrow 2CuO$	O_2
②	(가)	$2Cu + O_2 \longrightarrow 2CuO$	CuO
③	(나)	$2CuO + O_2 \longrightarrow 2CuO_2$	CuO
④	(나)	$CuO + CO \longrightarrow Cu + CO_2$	CO
⑤	(나)	$CuO + CO \longrightarrow Cu + CO_2$	CuO

2 전자의 이동에 의한 산화·환원

173

산화·환원 반응에 대한 설명으로 옳은 것은?

① 전자를 얻는 것이 산화이다.
② 산소와 결합하는 반응이 환원이다.
③ 모든 화학 반응은 산화·환원 반응이다.
④ 산화와 환원은 동시에 일어나지 않는다.
⑤ 전자를 얻는 물질이 있으면 반드시 전자를 잃는 물질이 있다.

| 174~175 | 다음 (가)와 (나)는 2가지 반응의 화학 반응식이다.

(가) $4Al + 3O_2 \longrightarrow 2Al_2O_3$
(나) $2Na + Cl_2 \longrightarrow 2NaCl$

174

(가)와 (나)에서 전자를 잃는 물질을 각각 쓰시오.

175

(가)와 (나)에서 환원되는 물질을 각각 쓰시오.

176

그림과 같이 황산 구리(Ⅱ)($CuSO_4$) 수용액에 아연판(Zn)을 넣으면 아연판 표면에 붉은색 고체가 석출된다.

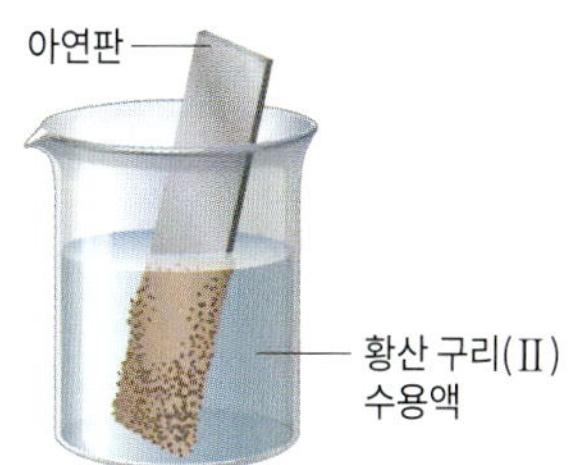

이에 대한 설명으로 옳은 것만을 <보기>에서 있는 대로 고른 것은?

| 보기 |
ㄱ. 산화·환원 반응이다.
ㄴ. 아연(Zn)이 산화된다.
ㄷ. 석출된 붉은색 고체는 구리(Cu)이다.

① ㄱ　　　　② ㄷ　　　　③ ㄱ, ㄴ
④ ㄴ, ㄷ　　　⑤ ㄱ, ㄴ, ㄷ

177

다음은 구리(Cu)와 관련된 반응 (가)와 (나)의 화학 반응식이다.

(가) $CuO + H_2 \longrightarrow Cu + H_2O$
(나) $2AgNO_3 + Cu \longrightarrow 2Ag + Cu(NO_3)_2$

이에 대한 설명으로 옳은 것만을 <보기>에서 있는 대로 고른 것은?

| 보기 |
ㄱ. (가)에서 산소는 산화 구리(Ⅱ)(CuO)에서 수소(H_2)로 이동한다.
ㄴ. (가)에서 수소(H_2)는 전자를 얻는다.
ㄷ. (나)에서 전자는 은 이온(Ag^+)에서 구리(Cu)로 이동한다.

① ㄱ　　　　② ㄷ　　　　③ ㄱ, ㄴ
④ ㄱ, ㄷ　　　⑤ ㄴ, ㄷ

178 필수 유형 ⊘ 42쪽 꼭 나오는 탐구

다음은 산화 구리(Ⅱ)(CuO)를 이용한 실험이다.

[실험 과정]
산화 구리(Ⅱ)(CuO), 탄소(C) 가루를 넣은 시험관을 가열하면서 (가) 시험관 속 물질의 변화와 (나) 비커의 석회수에서 일어나는 변화를 관찰한다.

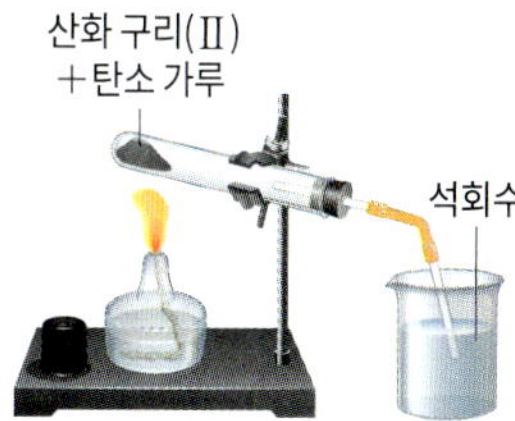

[실험 결과]
(가) 시험관 속 검은색 산화 구리(Ⅱ)(CuO)가 붉게 변한다.
(나) 석회수가 ⟨　　⟨⟩　　⟩

이에 대한 설명으로 옳은 것만을 <보기>에서 있는 대로 고른 것은?

| 보기 |
ㄱ. (가)에서 탄소(C)는 산화된다.
ㄴ. (가)에서 산화 구리(Ⅱ)(CuO)의 구리 이온(Cu^{2+})은 전자를 얻는다.
ㄷ. '뿌옇게 흐려졌다.'는 ⟨⟩에 해당한다.

① ㄱ　　　　② ㄷ　　　　③ ㄱ, ㄴ
④ ㄴ, ㄷ　　　⑤ ㄱ, ㄴ, ㄷ

179 필수 유형 · 42쪽 꼭 나오는 탐구 ●●●

그림은 질산 은($AgNO_3$) 수용액에 구리(Cu) 선을 넣고 반응시켰을 때 반응 전후의 모습을 나타낸 것이다.

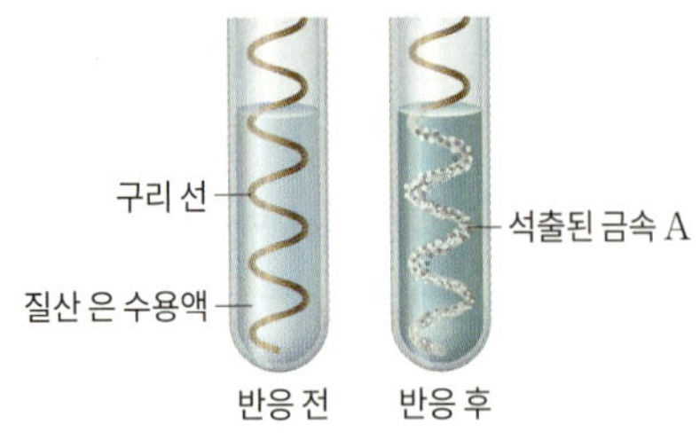

이에 대한 설명으로 옳은 것만을 <보기>에서 있는 대로 고른 것은?

보기
ㄱ. A는 은(Ag)이다.
ㄴ. 전자는 은 이온(Ag^+)에서 구리(Cu)로 이동한다.
ㄷ. 반응이 진행될수록 수용액의 색이 푸른색으로 변하는 것은 구리(Cu)가 산화되기 때문이다.

① ㄱ   ② ㄴ   ③ ㄱ, ㄴ
④ ㄱ, ㄷ   ⑤ ㄴ, ㄷ

180 ●●●

그림은 드라이아이스(CO_2)로 만든 상자 속에 불이 붙은 마그네슘(Mg) 가루를 넣고 공기를 차단한 후 연소시켰을 때 흰색 가루와 검은색 가루가 생성된 모습을 나타낸 것이다.

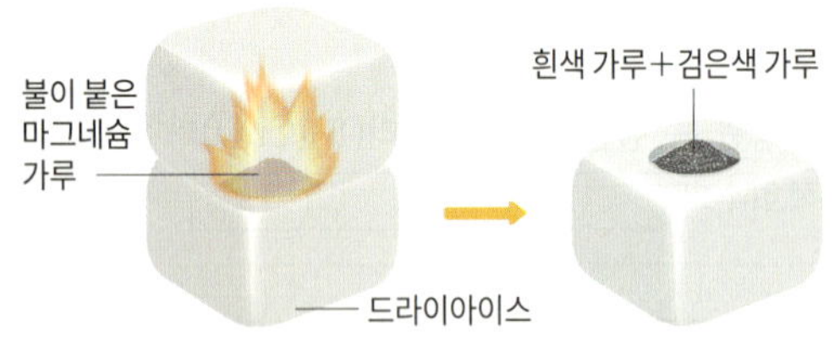

이에 대한 설명으로 옳은 것만을 <보기>에서 있는 대로 고른 것은?

보기
ㄱ. 마그네슘(Mg)은 전자를 잃는다.
ㄴ. 이산화 탄소(CO_2)는 환원된다.
ㄷ. 흰색 가루는 마그네슘(Mg)이 산화되어 생성된 것이다.

① ㄱ   ② ㄷ   ③ ㄱ, ㄴ
④ ㄴ, ㄷ   ⑤ ㄱ, ㄴ, ㄷ

181 ●●●

다음은 철의 제련이 일어나는 용광로와 제련 과정에서 일어나는 몇 가지 반응의 화학 반응식이다.

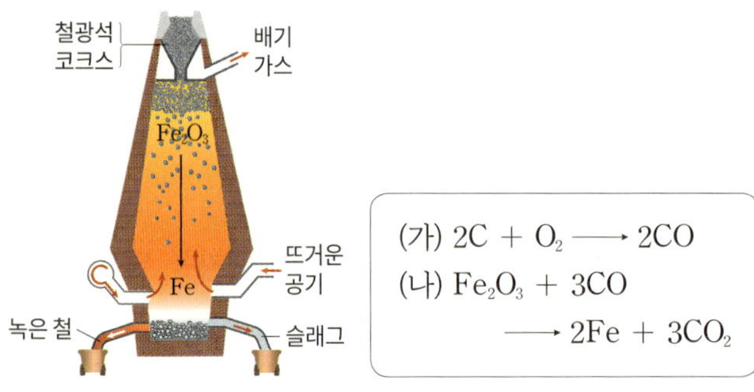

이에 대한 설명으로 옳은 것만을 <보기>에서 있는 대로 고른 것은?

보기
ㄱ. (가)에서 코크스(C)는 환원된다.
ㄴ. (나)에서 산화 철(Ⅲ)(Fe_2O_3)의 철 이온(Fe^{3+})은 전자를 얻는다.
ㄷ. 철의 제련은 산화 철(Ⅲ)(Fe_2O_3)을 철(Fe)로 환원시키는 공정이다.

① ㄱ   ② ㄴ   ③ ㄱ, ㄷ
④ ㄴ, ㄷ   ⑤ ㄱ, ㄴ, ㄷ

182 필수 유형 · 42쪽 꼭 나오는 탐구 ●●●

그림은 황산 구리(Ⅱ)($CuSO_4$) 수용액에 마그네슘판(Mg)을 넣었을 때 반응 후 금속 입자의 모형을 나타낸 것이다.

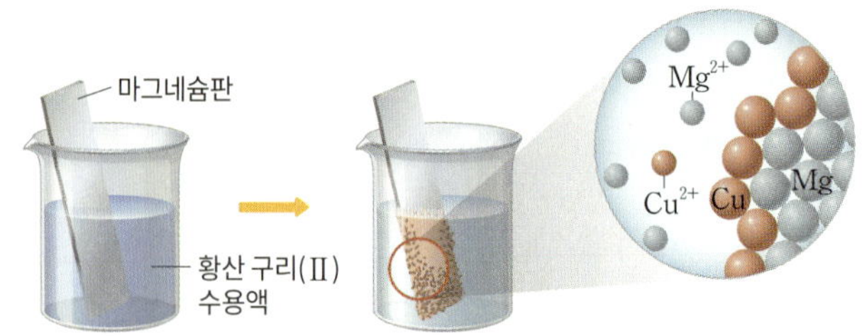

이에 대한 설명으로 옳은 것만을 <보기>에서 있는 대로 고른 것은?

보기
ㄱ. 마그네슘(Mg)은 산화된다.
ㄴ. 전자는 마그네슘(Mg)에서 구리 이온(Cu^{2+})으로 이동한다.
ㄷ. 용액의 푸른색이 옅어진다.

① ㄱ   ② ㄷ   ③ ㄱ, ㄴ
④ ㄴ, ㄷ   ⑤ ㄱ, ㄴ, ㄷ

183

그림은 마그네슘(Mg)과 관련된 반응 (가)와 (나)를 모식적으로 나타낸 것이다.

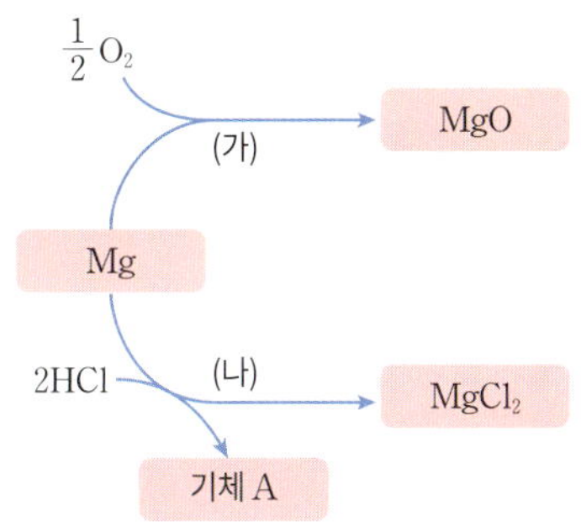

이에 대한 설명으로 옳지 <u>않은</u> 것은?

① (가)에서 Mg은 산화된다.
② 기체 A는 Cl_2이다.
③ (나)에서 Mg은 산화된다.
④ (나)에서 HCl의 H^+은 환원된다.
⑤ (가)와 (나)는 산화·환원 반응이다.

184

다음은 두 가지 산화·환원 반응식을 나타낸 것이다.

- $CuO + H_2 \longrightarrow Cu + H_2O$
- $Fe + 2Ag^+ \longrightarrow 2Ag + Fe^{2+}$

위 반응에서 산화되는 물질을 골라 옳게 짝 지은 것은?

① CuO, Fe ② CuO, Ag^+ ③ H_2, Fe
④ H_2, Ag^+ ⑤ H_2O, Ag^+

185

그림과 같이 묽은 염산(HCl)에 금속 A판을 넣었더니 A판의 표면에서 기체가 발생했다.

이에 대한 설명으로 옳은 것만을 <보기>에서 있는 대로 고른 것은? (단, A는 임의의 원소 기호이다.)

| 보기 |
ㄱ. 금속 A는 전자를 잃는다.
ㄴ. 묽은 염산(HCl)의 수소 이온(H^+)은 산화된다.
ㄷ. 금속 A판의 표면에서 발생하는 기체는 수소(H_2) 기체이다.

① ㄴ   ② ㄷ   ③ ㄱ, ㄷ
④ ㄴ, ㄷ   ⑤ ㄱ, ㄴ, ㄷ

186

그림과 같이 금속 이온 A^{2+}이 들어 있는 수용액에 금속 B판을 넣고 변화를 관찰했더니 금속 A가 B판 표면에 석출되었다. 이때 반응 후 용액 속 양이온 수는 증가했다.

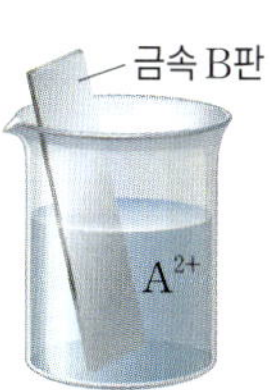

이에 대한 설명으로 옳은 것만을 <보기>에서 있는 대로 고른 것은? (단, A와 B는 임의의 원소 기호이며, 음이온은 반응에 참여하지 않는다.)

| 보기 |
ㄱ. 전자는 금속 B에서 A^{2+}으로 이동한다.
ㄴ. A^{2+} 1개와 B 원자 2개가 반응한다.
ㄷ. B 이온의 전하는 $+1$이다.

① ㄱ   ② ㄷ   ③ ㄱ, ㄴ
④ ㄴ, ㄷ   ⑤ ㄱ, ㄴ, ㄷ

● 바른답·알찬풀이 23쪽

3 자연과 인류의 역사에 변화를 가져온 화학 반응

187

산화·환원 반응의 예가 <u>아닌</u> 것은?

① 머리카락을 염색한다.

② 생선회에 레몬즙을 뿌린다.

③ 깎아 놓은 사과가 갈색으로 변한다.

④ 식물이 빛에너지를 이용하여 포도당을 생성한다.

⑤ 철 가루가 들어 있는 손난로를 흔들면 따뜻해진다.

189

다음은 여러 가지 반응 (가)~(다)에 대한 자료이다.

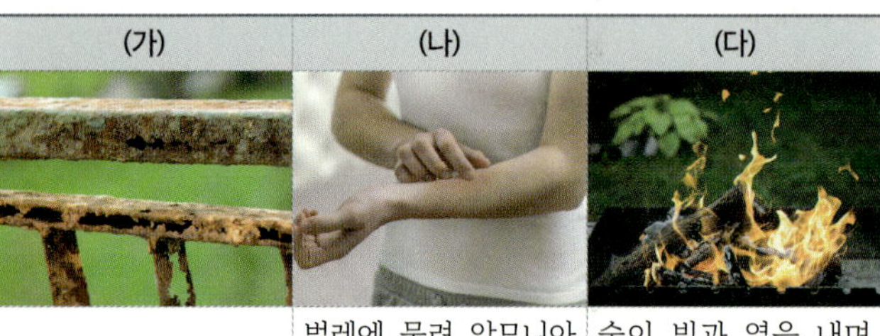

(가)	(나)	(다)
철이 녹슬었다.	벌레에 물려 암모니아수를 발랐다.	숯이 빛과 열을 내며 탄다.

반응 (가)~(다) 중 산화·환원 반응을 있는 대로 고른 것은?

① (가)　　　② (나)　　　③ (가), (다)

④ (나), (다)　　　⑤ (가), (나), (다)

188

다음은 자연과 인류의 역사에 변화를 가져온 화학 반응에 대한 설명이다.

> • ㉠뷰테인 가스와 같은 연료가 연소하면서 방출하는 열로 집 안을 난방한다.
> • 화석 연료의 연소를 이용해 ㉡산화 철(Ⅲ)에서 순수한 철을 얻어 여러 가지 도구를 만든다.
> • 식물은 엽록체에서 빛에너지를 이용해 ㉢광합성을 한다.

이에 대한 설명으로 옳은 것만을 <보기>에서 있는 대로 고른 것은?

> ┤보기├
> ㄱ. ㉠에서 뷰테인은 산화된다.
> ㄴ. ㉡에서 산화 철(Ⅲ)은 환원된다.
> ㄷ. ㉠~㉢은 모두 산소가 관여한다는 공통점이 있다.

① ㄱ　　　② ㄷ　　　③ ㄱ, ㄴ

④ ㄴ, ㄷ　　　⑤ ㄱ, ㄴ, ㄷ

190

다음은 수소 연료 전지 자동차의 수소 연료 전지 내에서 일어나는 반응의 화학 반응식이다.

$$2H_2 + O_2 \longrightarrow 2H_2O$$

이에 대한 설명으로 옳은 것만을 <보기>에서 있는 대로 고른 것은?

> ┤보기├
> ㄱ. 수소(H_2)는 산소를 얻어 산화된다.
> ㄴ. 산소(O_2)는 환원된다.
> ㄷ. 반응 과정에서 전자의 이동이 일어나 전지로 사용될 수 있다.

① ㄱ　　　② ㄷ　　　③ ㄱ, ㄴ

④ ㄴ, ㄷ　　　⑤ ㄱ, ㄴ, ㄷ

1등급 완성 문제

학교 시험 빈출 문제 중 내신 1등급을 결정하는 고난도 문제들을 수록했습니다.

191

다음 (가)~(다)는 3가지 반응의 화학 반응식이다.

> (가) $6(\ \ ㉠\ \ ) + 6H_2O \longrightarrow C_6H_{12}O_6 + 6O_2$
> (나) $2Mg + (\ \ ㉠\ \ ) \longrightarrow 2MgO + C$
> (다) $2C_4H_{10} + 13O_2 \longrightarrow 8(\ \ ㉠\ \ ) + 10H_2O$

이에 대한 설명으로 옳지 <u>않은</u> 것은?

① ㉠은 CO_2이다.
② (나)에서 Mg은 전자를 잃는다.
③ (다)에서 O_2는 산화된다.
④ (다)에서는 열이 발생한다.
⑤ (가)와 (나)에서 ㉠은 모두 환원된다.

192

다음은 산화·환원 반응에 대한 세 학생의 대화이다.

제시한 의견이 옳은 학생만을 있는 대로 고른 것은?

① A   ② C   ③ A, B
④ B, C   ⑤ A, B, C

193

다음은 산화 구리(Ⅱ)(CuO)와 관련된 실험이다.

> [실험 과정]
> (가) 검은색 산화 구리(Ⅱ)를 가열한다.
> (나) 가열한 산화 구리(Ⅱ)를 수소 기체가 들어 있는 시험관에 넣는다.
>
> 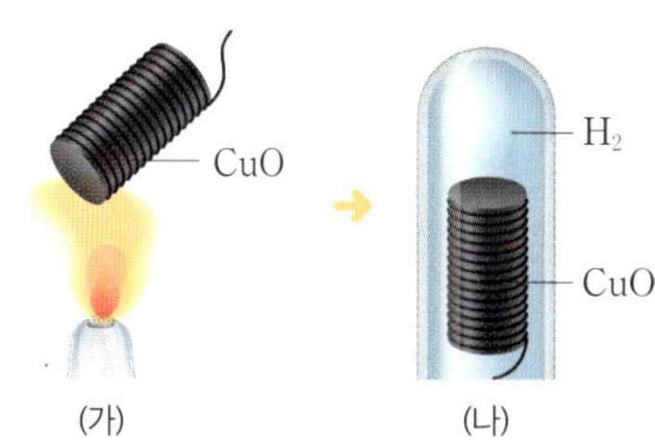
>
>
> [실험 결과]
> • 산화 구리(Ⅱ)가 붉은색으로 변하면서, 시험관 벽면에 물방울이 생겼다.

이에 대한 설명으로 옳은 것만을 <보기>에서 있는 대로 고른 것은?

| 보기 |

ㄱ. 산화 구리(Ⅱ)는 환원된다.
ㄴ. (나)에서 산화 구리(Ⅱ)의 질량은 증가한다.
ㄷ. 수소(H_2)가 산화되어 물(H_2O)이 생성된다.

① ㄱ   ② ㄴ   ③ ㄱ, ㄴ
④ ㄱ, ㄷ   ⑤ ㄴ, ㄷ

194

그림은 XNO_3 수용액에 금속 Y를 넣어 반응시켰을 때, 수용액 속에 들어 있는 금속 양이온만을 모형으로 나타낸 것이다.

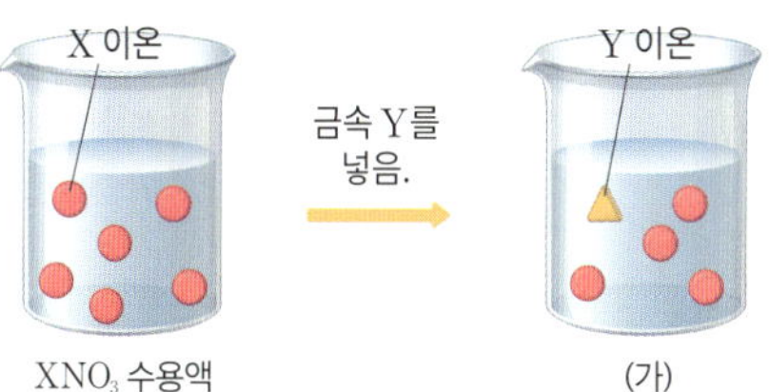

이에 대한 설명으로 옳은 것만을 <보기>에서 있는 대로 고른 것은? (단, X와 Y는 임의의 원소 기호이며, 음이온은 반응에 참여하지 않는다.)

| 보기 |

ㄱ. 전자는 X 이온에서 금속 Y로 이동한다.
ㄴ. ▲의 전하는 +2이다.
ㄷ. (가)에 금속 Y를 초기에 넣어 준 양의 2배를 추가로 더 넣으면 용액에 존재하는 양이온의 종류는 1가지이다.

① ㄱ   ② ㄴ   ③ ㄱ, ㄷ
④ ㄴ, ㄷ   ⑤ ㄱ, ㄴ, ㄷ

195

그림은 질산 은($AgNO_3$) 수용액에 구리판(Cu)을 넣었을 때 구리판 표면에 은이 석출된 모습을 나타낸 것이다.

이에 대한 설명으로 옳은 것만을 <보기>에서 있는 대로 고른 것은? (단, 원자 1개의 질량은 $Ag > Cu$이다.)

┤ 보기 ├

ㄱ. 반응 후 용액에는 Cu^{2+}이 들어 있다.
ㄴ. 반응이 진행되면 양이온 수는 증가한다.
ㄷ. 반응이 진행되면 구리판의 질량은 감소한다.

① ㄱ   ② ㄴ   ③ ㄱ, ㄴ
④ ㄱ, ㄷ   ⑤ ㄴ, ㄷ

196

그림은 금속 X의 이온이 들어 있는 수용액에 금속 Y를 넣었을 때 수용액에 존재하는 금속 양이온만을 모형으로 나타낸 것이다.

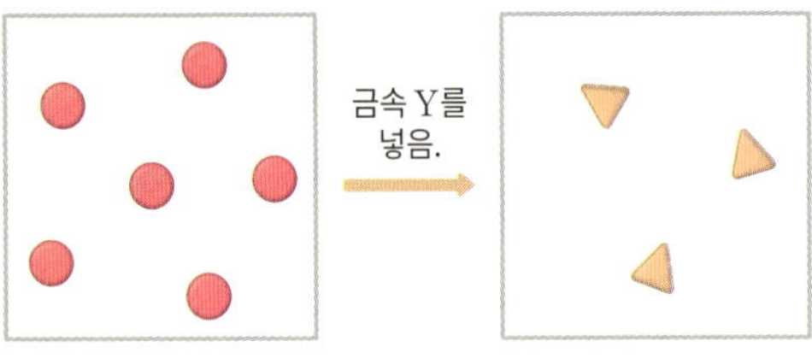

이에 대한 설명으로 옳은 것만을 <보기>에서 있는 대로 고른 것은? (단, X와 Y는 임의의 원소 기호이고, 음이온은 반응에 참여하지 않는다.)

┤ 보기 ├

ㄱ. 금속 X가 석출된다.
ㄴ. 반응하는 🔴 과 생성되는 🔺 의 개수비는 2 : 1이다.
ㄷ. 이온의 전하 크기는 🔴 : 🔺 =2 : 1이다.

① ㄱ   ② ㄷ   ③ ㄱ, ㄴ
④ ㄴ, ㄷ   ⑤ ㄱ, ㄴ, ㄷ

197

그림은 묽은 염산(HCl)에 마그네슘(Mg)을 넣었을 때 반응 전후 물질의 변화를 모형으로 나타낸 것이다.

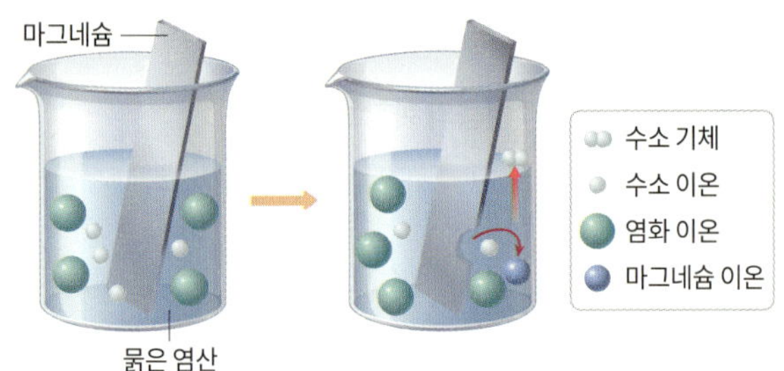

이에 대한 설명으로 옳은 것만을 <보기>에서 있는 대로 고른 것은?

┤ 보기 ├

ㄱ. 마그네슘(Mg)은 전자를 잃고 산화된다.
ㄴ. 수소 이온(H^+)이 환원되어 수소(H_2) 기체가 된다.
ㄷ. 수용액에 들어 있는 음이온 수는 일정하다.

① ㄱ   ② ㄷ   ③ ㄱ, ㄴ
④ ㄴ, ㄷ   ⑤ ㄱ, ㄴ, ㄷ

198

그림 (가)는 묽은 염산(HCl)에 금속 A, B판을 각각 넣었을 때 기체가 발생하는 모습을, (나)는 반응의 진행에 따른 수용액 속에 들어 있는 양이온 수의 변화를 나타낸 것이다. 금속 A, B의 이온은 각각 A^{a+}, B^{b+}이다.

이에 대한 설명으로 옳은 것만을 <보기>에서 있는 대로 고른 것은? (단, A와 B는 임의의 원소 기호이고, 음이온은 반응에 참여하지 않는다.)

┤ 보기 ├

ㄱ. (가)에서 묽은 염산(HCl)의 수소 이온(H^+)은 환원된다.
ㄴ. 금속 A판과 B판의 질량은 감소한다.
ㄷ. $a < b$이다.

① ㄱ   ② ㄴ   ③ ㄱ, ㄷ
④ ㄴ, ㄷ   ⑤ ㄱ, ㄴ, ㄷ

199

그림은 XNO_3 수용액에 금속 Y를 넣어 반응시킨 후, 충분한 양의 금속 Z를 넣어 반응시켰을 때 수용액 속에 들어 있는 금속 양이온만을 모형으로 나타낸 것이다.

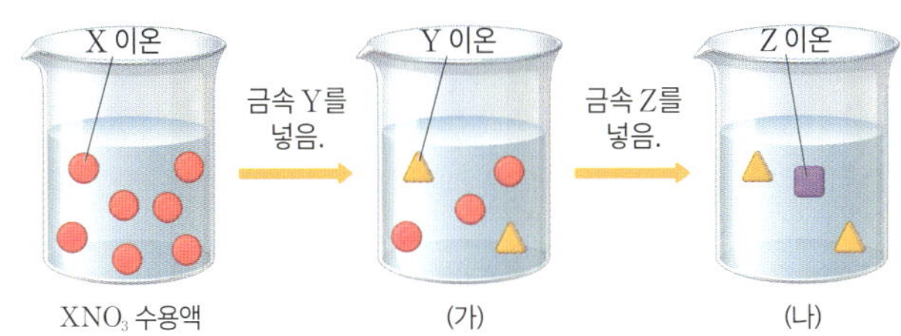

이에 대한 설명으로 옳은 것만을 <보기>에서 있는 대로 고른 것은? (단, X ~ Y는 임의의 원소 기호이고, 음이온은 반응에 참여하지 않는다.)

| 보기 |
- ㄱ. (가)에서 X 이온과 Y는 2 : 1의 개수비로 반응한다.
- ㄴ. (나)에서 전자는 Z에서 Y 이온으로 이동한다.
- ㄷ. ● 와 ■ 의 전하량 비는 1 : 3이다.

① ㄱ ② ㄴ ③ ㄱ, ㄷ
④ ㄴ, ㄷ ⑤ ㄱ, ㄴ, ㄷ

200

그림 (가)와 (나)는 생활 속에서 일어나는 화학 반응을 나타낸 것이다.

(가) 사과의 갈변　　　(나) 철의 부식

이에 대한 설명으로 옳은 것만을 <보기>에서 있는 대로 고른 것은?

| 보기 |
- ㄱ. 공기 중에 산소가 많기 때문에 (가)와 (나) 현상이 쉽게 일어난다.
- ㄴ. (가)와 (나)는 산화·환원 반응이다.
- ㄷ. (나)에서 철이 부식될 때, 철은 전자를 얻는다.

① ㄴ ② ㄷ ③ ㄱ, ㄴ
④ ㄱ, ㄷ ⑤ ㄱ, ㄴ, ㄷ

201

묽은 염산(HCl)에 마그네슘(Mg) 조각을 넣은 후 고무풍선을 씌웠더니 일정 시간이 지난 후 그림과 같이 고무풍선이 부풀어 올랐다.

위의 실험 과정에서 고무풍선에 들어 있는 물질을 쓰고, 산화된 물질과 환원된 물질을 전자의 이동으로 설명하시오.

202

그림은 XNO_3 수용액에 금속 Y를 넣어 반응시켰을 때, 용액에 들어 있는 양이온을 모형으로 나타낸 것이다.

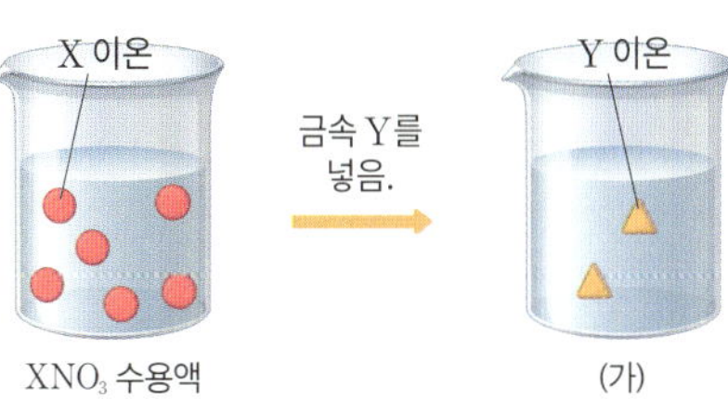

X 이온과 Y 이온의 전하량 비를 쓰고, 그렇게 답한 까닭을 설명하시오.(단, X와 Y는 임의의 원소 기호이고, 음이온은 반응에 참여하지 않는다.)

05 산과 염기

1 산과 염기

1 산 수용액에서 수소 이온(H^+)을 내놓는 물질이다.

① 산의 공통적인 성질(산성)

- 신맛이 난다.
- 푸른색 리트머스 종이의 색을 붉은색으로 변화시킨다.
- BTB 용액의 색을 노란색으로 변화시킨다.
- 수용액은 전류가 흐른다. _{전기 전도성이 있다는 것은 물에 녹으면 이온화된다는 것을 의미한다.}
- 탄산 칼슘($CaCO_3$)과 반응하면 이산화 탄소 기체가 발생한다. $CaCO_3 + 2HCl \longrightarrow CaCl_2 + H_2O + CO_2 \uparrow$
- 마그네슘 등의 금속과 반응하면 수소(H_2) 기체가 발생한다. $Mg + 2HCl \longrightarrow MgCl_2 + H_2 \uparrow$

② 여러 가지 산의 이온화

산	수소 이온		음이온
HCl 염산	→	H^+	+ Cl^- 염화 이온
CH_3COOH 아세트산	→	H^+	+ CH_3COO^- 아세트산 이온
H_2SO_4 황산	→	$2H^+$	+ SO_4^{2-} 황산 이온

③ 우리 주변의 산

- 위액(염산)
- 식초(아세트산)
- 탄산 음료(탄산)

2 염기 수용액에서 수산화 이온(OH^-)을 내놓는 물질이다.

① 염기의 공통적인 성질(염기성)

- 쓴맛이 난다.
- 붉은색 리트머스 종이의 색을 푸른색으로 변화시킨다.
- 페놀프탈레인 용액의 색을 붉은색으로, BTB 용액의 색을 파란색으로 변화시킨다.
- 수용액은 전류가 흐른다.
- 단백질을 녹이는 성질이 있어 만지면 미끈거린다.

② 여러 가지 염기의 이온화

염기	양이온		수산화 이온
$NaOH$ 수산화 나트륨	→	Na^+ 나트륨 이온	+ OH^-
NH_4OH 암모니아수	→	NH_4^+ 암모늄 이온	+ OH^-
$Ca(OH)_2$ 수산화 칼슘	→	Ca^{2+} 칼슘 이온	+ $2OH^-$

③ 우리 주변의 염기

- 배수구 세정제(수산화 나트륨)
- 건전지(수산화 칼륨)
- 제빵 소다(탄산수소 나트륨)

3 산성과 염기성이 나타나는 까닭

[과정]
❶ 질산 칼륨 수용액에 적신 푸른색 리트머스 종이 위에 염산을 적신 실을 올리고 전류를 흘려 준다.
❷ 질산 칼륨 수용액에 적신 붉은색 리트머스 종이 위에 수산화 나트륨 수용액을 적신 실을 올리고 전류를 흘려 준다.

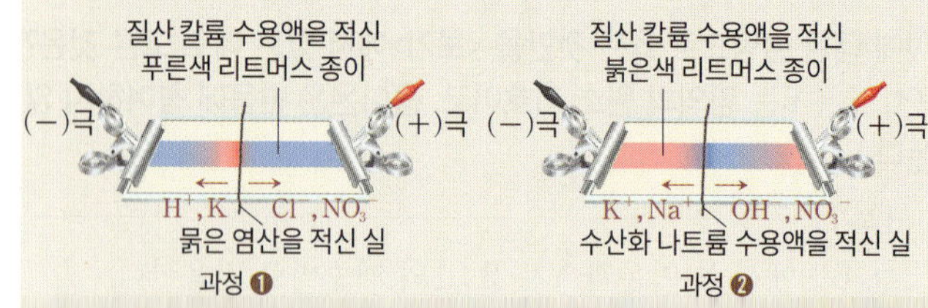

[결과 및 정리]
- ❶에서 리트머스 종이의 색이 실에서부터 (−)극 쪽으로 붉게 변한다. (아세트산, 황산 등으로 실험해도 같은 변화가 나타난다.)
  ➡ 산성이 나타나는 것은 H^+ 때문이라는 것을 알 수 있다. _{산에 공통적으로 들어 있는 양이온은 H^+이다.}
- ❷에서 리트머스 종이의 색이 실에서부터 (+)극 쪽으로 푸르게 변한다. (수산화 칼슘, 암모니아수 등으로 실험해도 같은 변화가 나타난다.)
  ➡ 염기성이 나타나는 것은 OH^- 때문이라는 것을 알 수 있다. _{염기에 공통적으로 들어 있는 음이온은 OH^-이다.}

필수 유형 산과 염기의 성질을 나타내는 이온을 확인하는 실험 문제가 자주 출제된다. 🔗 55쪽 222번

4 지시약 용액의 액성을 알아보기 위해 사용하는 물질이다. _{산성, 중성, 염기성 용액에서 색이 달라진다.}

구분	산성	중성	염기성
리트머스 종이	푸른색 → 붉은색	−	붉은색 → 푸른색
BTB 용액	노란색	초록색	파란색
페놀프탈레인 용액	무색	무색	붉은색
메틸 오렌지 용액	붉은색	주황색	노란색

2 중화 반응

1 중화 반응 산의 수소 이온(H^+)과 염기의 수산화 이온(OH^-)이 $1:1$로 반응해 물(H_2O)을 생성하는 반응이다.

$$H^+ + OH^- \longrightarrow H_2O$$

🔵 묽은 염산과 수산화 나트륨 수용액의 중화 반응

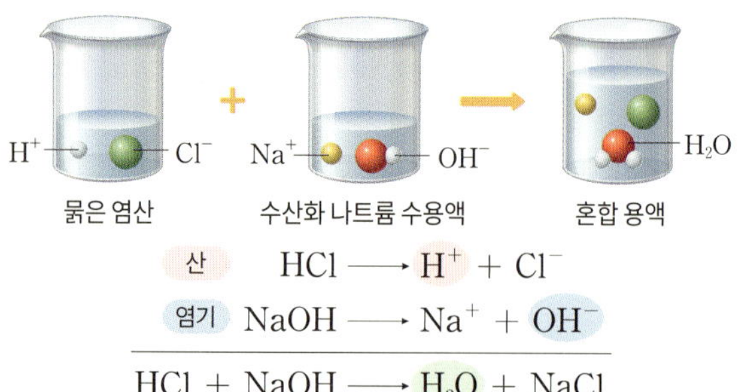

산 $HCl \longrightarrow H^+ + Cl^-$
염기 $NaOH \longrightarrow Na^+ + OH^-$
$HCl + NaOH \longrightarrow H_2O + NaCl$

2 산과 염기를 혼합할 때 용액 내 이온 수 변화

꼭 나오는 자료　묽은 염산에 수산화 나트륨 수용액을 넣을 때의 변화

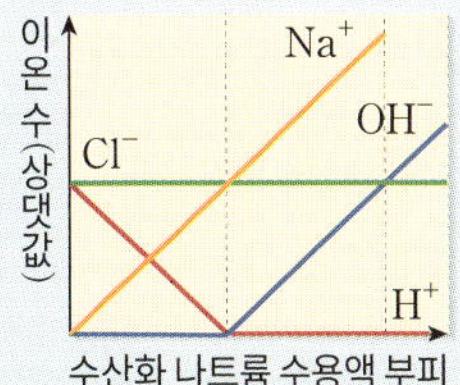

❶ 생성된 물의 양은 (가) < (나) = (다)이다.
❷ 용액 속 이온 수의 변화

- H⁺: OH⁻과 반응해 감소하다가 완전히 중화된 지점 이후에는 존재하지 않는다.
- Cl⁻: 반응에 참여하지 않으므로 처음 그대로 일정하다.
- Na⁺: 반응에 참여하지 않으므로 넣어 주는 대로 증가한다.
- OH⁻: H⁺과 반응해 처음에는 존재하지 않다가 완전히 중화된 지점 이후에 증가한다.

필수 유형　일정량의 산(염기)에 염기(산)를 조금씩 넣을 때 혼합 용액 속 이온 수의 변화를 묻는 문제가 자주 출제된다.　🔗 57쪽 230번

3 중화열

중화 반응이 일어날 때 발생하는 열로, 생성되는 물의 양이 많을수록 중화열이 많이 발생한다.

꼭 나오는 탐구 ❷　산과 염기를 혼합할 때 용액의 온도 변화 측정

[과정]
6홈판에 농도와 온도가 같은 염산과 수산화 나트륨 수용액을 다음 그래프의 A∼E와 같은 양으로 섞은 후 혼합 용액의 최고 온도를 측정한다.

[결과 및 정리]

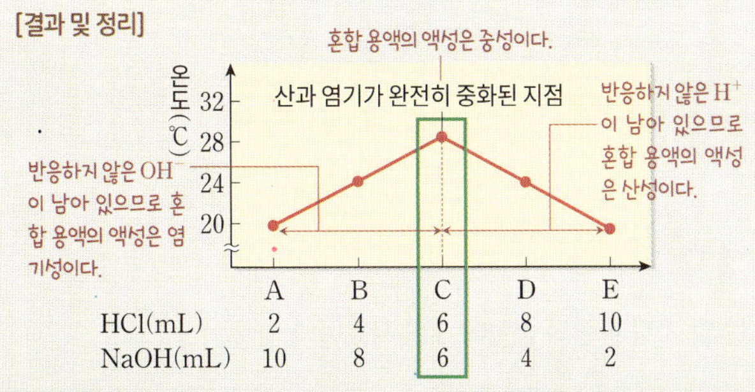

	A	B	C	D	E
HCl(mL)	2	4	6	8	10
NaOH(mL)	10	8	6	4	2

- 산과 염기를 혼합하면 중화 반응이 일어나 중화열이 발생하므로 혼합 용액의 온도가 높아진다.
- 중화 반응하는 H⁺과 OH⁻의 수가 많을수록 중화열이 많이 발생하므로 온도가 가장 높은 C에서 중화 반응이 가장 많이 일어나고 생성된 물 분자 수가 가장 많다. 농도와 온도가 같은 염산과 수산화 나트륨 수용액은 같은 부피비로 반응한다.

필수 유형　산과 염기의 양을 달리하여 섞은 혼합 용액의 온도와 액성을 비교하는 문제가 자주 출제된다.　🔗 57쪽 231번

4 생활 속 중화 반응

물질	원리
암모니아수	산성인 벌레의 독을 염기성인 암모니아수가 중화함.
제산제	위산의 과다 분비로 속이 쓰릴 때, 염기인 제산제가 중화함.
식초·레몬즙	염기성인 생선 비린내를 산성인 식초나 레몬즙으로 중화함.

개념 확인 문제

**I
2**

|203~204| 다음은 산과 염기에 대한 설명이다. (　　) 안에 들어갈 알맞은 말을 쓰시오.

203 산은 수용액에서 (　　　　)을/를 내놓는 물질이다.

204 염기는 수용액에서 (　　　　)을/를 내놓는 물질이다.

205 다음 산의 이온화 반응식의 (　　) 안에 들어갈 알맞은 이온을 쓰시오.
$$HCl \longrightarrow (\quad) + Cl^-$$

|206~209| 산과 염기에 대한 설명으로 옳은 것은 ○표, 옳지 않은 것은 ×표 하시오.

206 산과 염기 수용액은 모두 전기 전도성이 있다.
(　　　)

207 산 수용액의 종류가 다르더라도 공통적인 성질이 나타나는 까닭은 음이온이 같기 때문이다. (　　　)

208 식초와 탄산 음료에 페놀프탈레인 용액을 떨어뜨리면 모두 붉은색으로 변한다. (　　　)

209 아세트산과 수산화 나트륨 수용액에 마그네슘 조각을 넣으면 모두 수소(H_2) 기체가 발생한다. (　　　)

|210~212| 다음은 중화 반응에 대한 설명이다. (　　) 안에 들어갈 알맞은 말을 쓰시오.

210 산과 염기가 반응하여 (　　　)을/를 생성하는 반응이다.

211 반응하는 H⁺과 OH⁻의 개수비는 (　　　)이다.

212 산과 염기가 반응할 때 발생하는 열을 (　　　)(이)라고 한다.

|213~215| 그림과 같이 일정량의 수산화 나트륨 수용액에 염산을 넣어 용액 (가)와 (나)를 만들었다. (　　) 안에 들어갈 알맞은 말을 쓰시오.

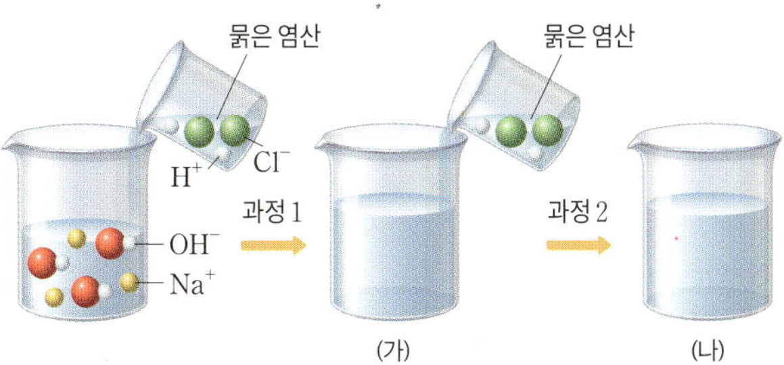

213 각 용액에 BTB 용액을 떨어뜨리면 (가)는 (　　　), (나)는 (　　　)이 나타난다.

214 용액의 혼합 과정에서 생성된 물의 양은 과정 1에서가 과정 2에서보다 (　　　).

215 용액의 혼합 과정에서 발생한 중화열은 과정 1에서가 과정 2에서보다 (　　　).

학교 시험에서 출제율이 70% 이상인 문제들을 엄선하여 수록했습니다.

1 산과 염기

216

다음은 우리 주변에서 볼 수 있는 몇 가지 물질의 성질에 대한 자료이다.

- 레몬즙과 (㉠)을/를 푸른색 리트머스 종이에 떨어뜨렸더니 리트머스 종이의 색이 붉은색으로 변했다.
- 치약과 (㉡)을/를 붉은색 리트머스 종이에 떨어뜨렸더니 리트머스 종이의 색이 푸른색으로 변했다.

㉠과 ㉡에 해당하는 물질을 옳게 짝 지은 것은?

	㉠	㉡
①	물	제산제
②	식초	비눗물
③	제산제	오렌지주스
④	탄산 음료	식초
⑤	오렌지주스	탄산 음료

217

다음은 몇 가지 산과 염기의 이온화 반응식이다.

- $HNO_3 \longrightarrow$ (㉠) + (㉡)
- $H_2SO_4 \longrightarrow 2($ ㉠ $) + SO_4^{2-}$
- $NaOH \longrightarrow Na^+ +$ (㉢)
- $Ca(OH)_2 \longrightarrow Ca^{2+} + 2($ ㉢ $)$

㉠~㉢에 해당하는 물질의 화학식을 옳게 짝 지은 것은?

	㉠	㉡	㉢
①	H^+	OH^-	H^+
②	H^+	NO_3^-	H^+
③	H^+	NO_3^-	OH^-
④	NO_3^-	H^+	OH^-
⑤	OH^-	H^+	OH^-

218

그림은 두 수용액 (가)와 (나)에 들어 있는 이온을 모형으로 나타낸 것이다. (가)와 (나)의 수용액은 모두 푸른색 리트머스 종이의 색을 붉은색으로 변화시킨다.

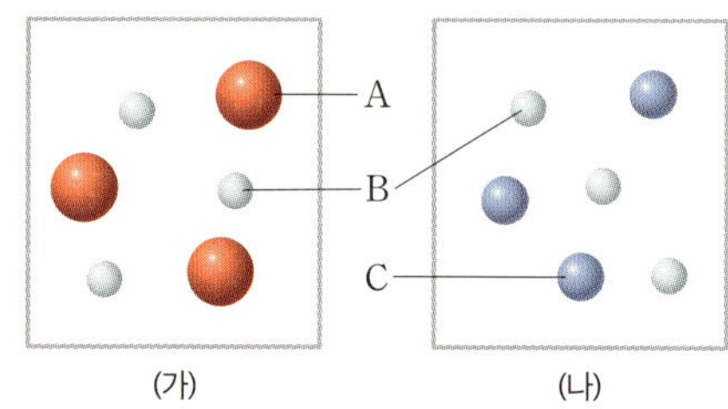

이에 대한 설명으로 옳은 것만을 <보기>에서 있는 대로 고른 것은?

| 보기 |

ㄱ. A는 양이온이다.
ㄴ. (가)와 (나)의 공통적인 성질은 B에 의해 나타난다.
ㄷ. 금속 마그네슘(Mg)을 넣으면 (가)에서만 수소(H_2) 기체가 발생한다.

① ㄴ   ② ㄷ   ③ ㄱ, ㄴ
④ ㄱ, ㄷ   ⑤ ㄴ, ㄷ

219

표는 몇 가지 물질의 성질에 대한 자료이다.

구분	식초	레몬즙	비눗물	제산제
메틸 오렌지 용액을 떨어뜨렸을 때 색	붉은색	㉠	노란색	노란색
전류의 흐름	전류가 흐름.			
아연과 반응	반응함.(기체 발생)		반응하지 않음.	

이에 대한 설명으로 옳은 것만을 <보기>에서 있는 대로 고른 것은?

| 보기 |

ㄱ. '붉은색'은 ㉠에 해당한다.
ㄴ. 산과 염기는 모두 물에 녹아 이온화한다.
ㄷ. 산은 아연과 반응하여 기체를 발생한다.

① ㄱ   ② ㄴ   ③ ㄱ, ㄷ
④ ㄴ, ㄷ   ⑤ ㄱ, ㄴ, ㄷ

220

그림 (가)와 (나)는 각각 묽은 염산(HCl)과 수산화 나트륨(NaOH) 수용액 속의 이온을 모형으로 나타낸 것이다.

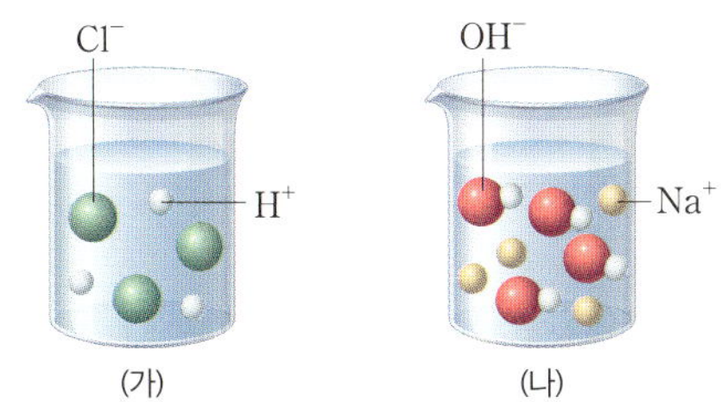

(가)와 (나)의 공통적 성질을 <보기>에서 있는 대로 고른 것은?

┤ 보기 ├
ㄱ. 전기 전도성이 있다.
ㄴ. 음이온과 양이온이 1 : 1의 개수비로 존재한다.
ㄷ. 금속 마그네슘(Mg)을 넣으면 수소(H_2) 기체가 발생한다.

① ㄱ　　　　② ㄷ　　　　③ ㄱ, ㄴ
④ ㄴ, ㄷ　　　　⑤ ㄱ, ㄴ, ㄷ

221

그림은 3가지 수용액을 2가지 기준에 따라 분류하는 과정을 나타낸 것이다. X와 Y는 HCl, CH_3COOH 수용액 중 하나이다.

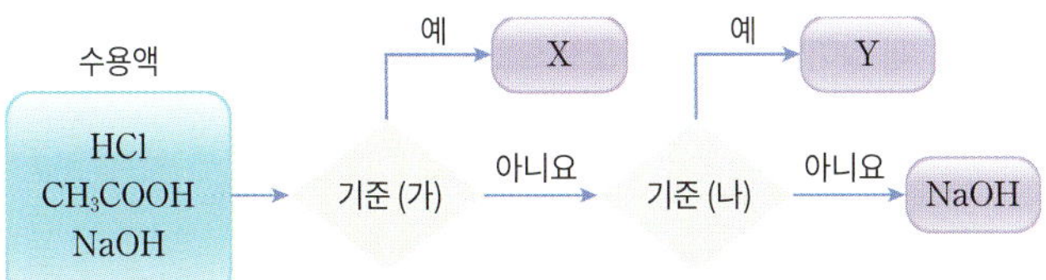

기준 (가), (나)에 해당하는 것을 <보기>에서 골라 옳게 짝 지은 것은?

┤ 보기 ├
ㄱ. 식초의 주성분인가?
ㄴ. 전기 전도성이 있는가?
ㄷ. 푸른색 리트머스 종이의 색을 붉게 변화시키는가?
ㄹ. 마그네슘과 반응하여 수소(H_2) 기체를 발생하는가?

	(가)	(나)
①	ㄱ	ㄴ
②	ㄱ	ㄷ, ㄹ
③	ㄴ, ㄷ	ㄹ
④	ㄷ	ㄱ, ㄹ
⑤	ㄷ	ㄴ, ㄹ

222　필수 유형　🔗 52쪽 꼭 나오는 탐구

그림과 같이 질산 칼륨(KNO_3) 수용액에 적신 푸른색 리트머스 종이 위에 묽은 염산(HCl)을 적신 실을 올려놓고 전류를 흘렸더니 리트머스 종이의 색이 실에서부터 A극 쪽으로 붉게 변했다.

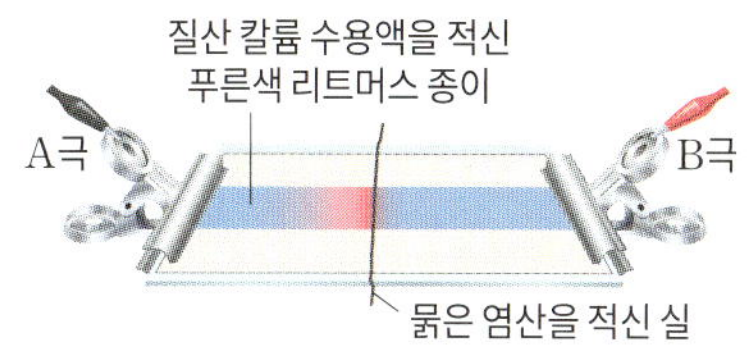

이에 대한 설명으로 옳은 것만을 <보기>에서 있는 대로 고른 것은?

┤ 보기 ├
ㄱ. A극은 (−)극이다.
ㄴ. 리트머스 종이가 붉게 변하는 것은 염화 이온(Cl^-) 때문이다.
ㄷ. 묽은 염산 대신 아세트산 수용액으로 실험해도 같은 결과를 관찰할 수 있다.

① ㄱ　　　　② ㄴ　　　　③ ㄱ, ㄷ
④ ㄴ, ㄷ　　　　⑤ ㄱ, ㄴ, ㄷ

223

표는 수용액 A~C에 몇 가지 지시약을 떨어뜨렸을 때의 색을 나타낸 것이다.

수용액 지시약	A	B	C
페놀프탈레인 용액	붉은색	무색	(나)
BTB 용액	(가)	초록색	노란색

이에 대한 설명으로 옳은 것만을 <보기>에서 있는 대로 고른 것은?

┤ 보기 ├
ㄱ. (가)는 파란색, (나)는 무색이다.
ㄴ. 수용액 A에는 수산화 이온(OH^-)이 들어 있다.
ㄷ. 수용액 A와 C는 전류가 흐른다.

① ㄱ　　　　② ㄷ　　　　③ ㄱ, ㄴ
④ ㄴ, ㄷ　　　　⑤ ㄱ, ㄴ, ㄷ

224

그림은 수용액 (가)~(다)에 들어 있는 이온을 모형으로 나타낸 것이다. (가)~(다)는 각각 HX 수용액, HY 수용액, ZOH 수용액 중 하나이다.

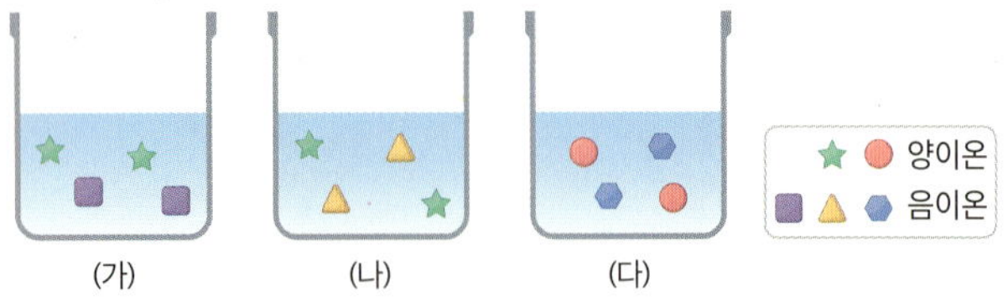

이에 대한 설명으로 옳은 것만을 <보기>에서 있는 대로 고른 것은?

| 보기 |

ㄱ. ★은 수소 이온(H^+)이다.
ㄴ. 수용액 (가)~(다)는 모두 전류가 흐른다.
ㄷ. BTB 용액을 떨어뜨렸을 때 노란색을 나타내는 것은 (다)이다.

① ㄱ   ② ㄷ   ③ ㄱ, ㄴ
④ ㄴ, ㄷ   ⑤ ㄱ, ㄴ, ㄷ

225

다음은 산과 염기를 확인하는 실험이다. A와 B는 각각 질산(HNO_3) 수용액 또는 수산화 칼륨(KOH) 수용액 중 하나이다.

[실험 과정]
(가) 질산 칼륨 수용액과 페놀프탈레인 용액을 적신 거름종이에 용액 A와 B를 각각 떨어뜨린다.
(나) 그림과 같이 전원을 연결한 후 전류를 흘려 준다.

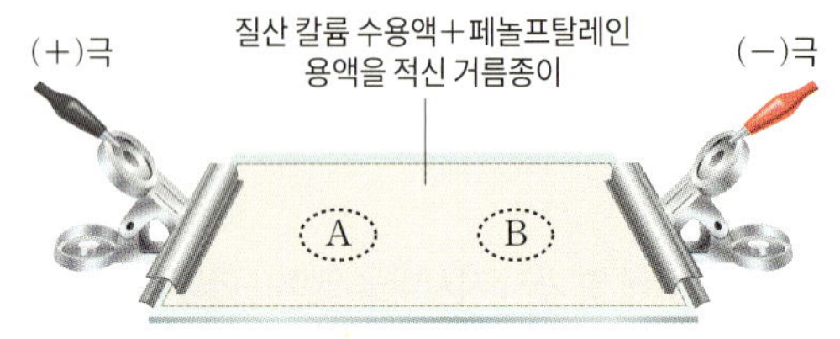

[실험 결과]
• (가) B를 떨어뜨린 부분만 붉은색으로 변한다.
• (나) 붉은색이 점점 (㉠)으로 이동한다.

이에 대한 설명으로 옳은 것만을 <보기>에서 있는 대로 고른 것은?

| 보기 |

ㄱ. 용액 A는 질산(HNO_3) 수용액이다.
ㄴ. 용액 A와 B의 음이온은 모두 거름종이의 가운데 쪽으로 이동한다.
ㄷ. ㉠은 '왼쪽'이다.

① ㄱ   ② ㄷ   ③ ㄱ, ㄴ
④ ㄱ, ㄷ   ⑤ ㄴ, ㄷ

226

다음은 묽은 염산(HCl)과 수산화 나트륨(NaOH) 수용액의 반응을 화학 반응식으로 나타낸 것이다.

$$HCl + NaOH \longrightarrow H_2O + NaCl$$

이에 대한 설명으로 옳은 것만을 <보기>에서 있는 대로 고른 것은?

| 보기 |

ㄱ. 중화 반응이다.
ㄴ. H^+과 OH^-은 1 : 1의 개수비로 반응한다.
ㄷ. 반응 과정에서 열이 발생한다.

① ㄴ   ② ㄷ   ③ ㄱ, ㄴ
④ ㄱ, ㄷ   ⑤ ㄱ, ㄴ, ㄷ

227

그림은 일정량의 묽은 염산에 일정량의 수산화 나트륨 수용액을 여러 번 넣을 때 일어나는 반응을 모형으로 나타낸 것이다.

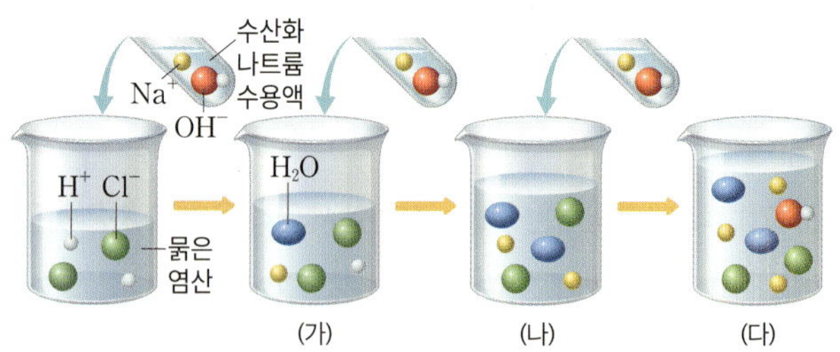

이에 대한 설명으로 옳은 것만을 <보기>에서 있는 대로 고른 것은? (단, 혼합 전 두 수용액의 온도는 같다.)

| 보기 |

ㄱ. BTB 용액을 떨어뜨리면 (가)~(다)는 모두 다른색이 나타난다.
ㄴ. (가)와 (다)를 혼합하면 중화 반응이 일어난다.
ㄷ. 용액의 온도는 (다)가 가장 높다.

① ㄱ   ② ㄷ   ③ ㄱ, ㄴ
④ ㄴ, ㄷ   ⑤ ㄱ, ㄴ, ㄷ

228

그림 (가)는 묽은 염산(HCl) 10 mL에 존재하는 양이온을, (나)는 (가)에 수산화 나트륨(NaOH) 수용액 10 mL를 넣었을 때 혼합 용액에 존재하는 양이온을 모형으로 나타낸 것이다.

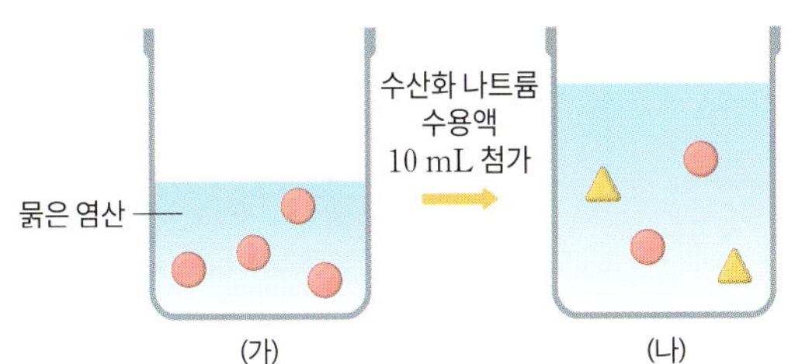

이에 대한 설명으로 옳은 것만을 <보기>에서 있는 대로 고른 것은?

| 보기 |
ㄱ. ▲는 나트륨 이온(Na^+)이다.
ㄴ. (나)에 수산화 나트륨(NaOH) 수용액 10 mL를 더 넣으면 용액은 중성이 된다.
ㄷ. (가)와 (나)에서 염화 이온(Cl^-)의 수는 같다.

① ㄱ　　　　② ㄷ　　　　③ ㄱ, ㄴ
④ ㄴ, ㄷ　　　⑤ ㄱ, ㄴ, ㄷ

229

그림 (가)와 (나)는 각각 묽은 염산(HCl)과 수산화 나트륨(NaOH) 수용액 10 mL에 들어 있는 이온을 모형으로 나타낸 것이고, 표는 두 용액의 부피를 달리하여 혼합한 실험 Ⅰ~Ⅳ에 대한 자료이다.

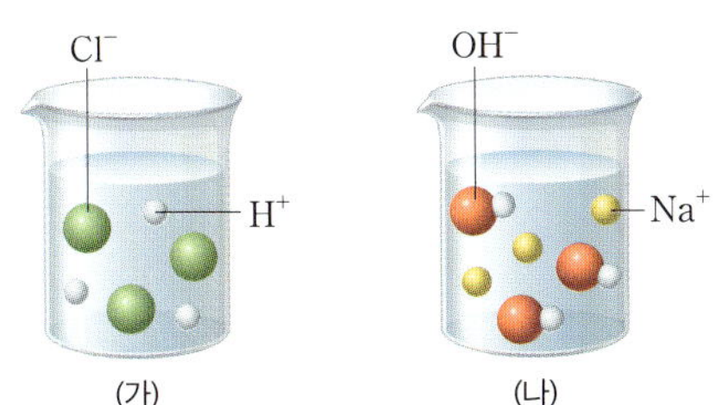

실험	Ⅰ	Ⅱ	Ⅲ	Ⅳ
HCl(mL)	5	10	15	20
NaOH(mL)	10	10	20	5

이에 대한 설명으로 옳은 것만을 <보기>에서 있는 대로 고른 것은? (단, 혼합 전 두 수용액의 온도는 같다.)

| 보기 |
ㄱ. 생성된 물의 양은 Ⅳ< Ⅰ< Ⅱ이다.
ㄴ. 발생한 중화열의 크기는 Ⅱ< Ⅲ이다.
ㄷ. 혼합 용액 속 총 이온 수는 Ⅰ< Ⅲ이다.

① ㄱ　　　　② ㄴ　　　　③ ㄱ, ㄷ
④ ㄴ, ㄷ　　　⑤ ㄱ, ㄴ, ㄷ

230 （필수 유형） ⬡ 53쪽 꼭 나오는 자료

그림은 수산화 나트륨(NaOH) 수용액 50 mL에 묽은 염산(HCl)을 조금씩 넣을 때, 넣어 준 묽은 염산의 부피에 따른 혼합 용액에 존재하는 이온 수의 변화를 나타낸 것이다.

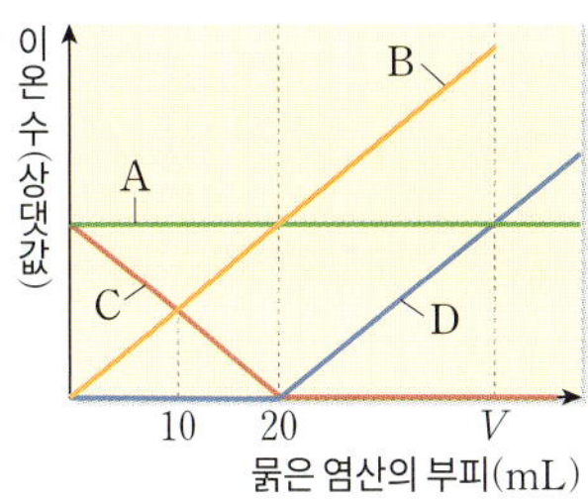

이에 대한 설명으로 옳은 것만을 <보기>에서 있는 대로 고른 것은?

| 보기 |
ㄱ. B와 C가 반응하여 물을 생성한다.
ㄴ. A는 Na^+이다.
ㄷ. $V=40$이다.

① ㄱ　　　　② ㄷ　　　　③ ㄱ, ㄴ
④ ㄴ, ㄷ　　　⑤ ㄱ, ㄴ, ㄷ

231 （필수 유형） ⬡ 53쪽 꼭 나오는 탐구

그림은 농도와 온도가 같은 묽은 염산(HCl)과 수산화 나트륨(NaOH) 수용액의 부피를 달리하여 혼합했을 때 혼합 용액 A~E의 최고 온도를 측정하여 나타낸 것이다.

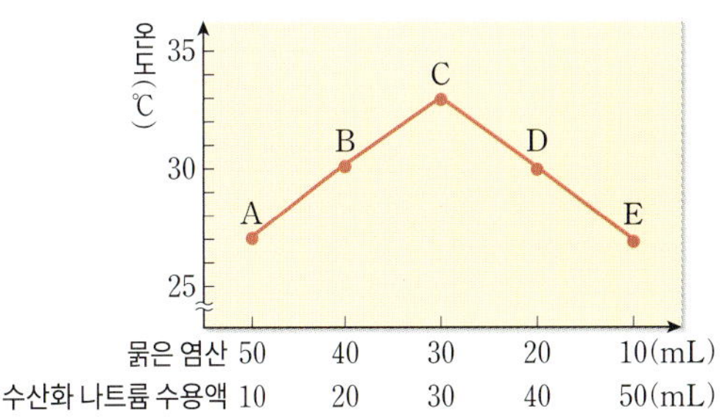

이에 대한 설명으로 옳은 것만을 <보기>에서 있는 대로 고른 것은?

| 보기 |
ㄱ. C에는 2종류의 이온이 들어 있다.
ㄴ. A와 B에 들어 있는 양이온은 1종류이다.
ㄷ. 생성된 물의 양은 E가 D보다 많다.

① ㄱ　　　　② ㄴ　　　　③ ㄱ, ㄴ
④ ㄱ, ㄷ　　　⑤ ㄴ, ㄷ

바른답·알찬풀이 28쪽

232

그림은 수산화 나트륨(NaOH) 수용액 10 mL에 묽은 염산(HCl)을 조금씩 넣을 때 생성된 물의 양을 나타낸 것이다.

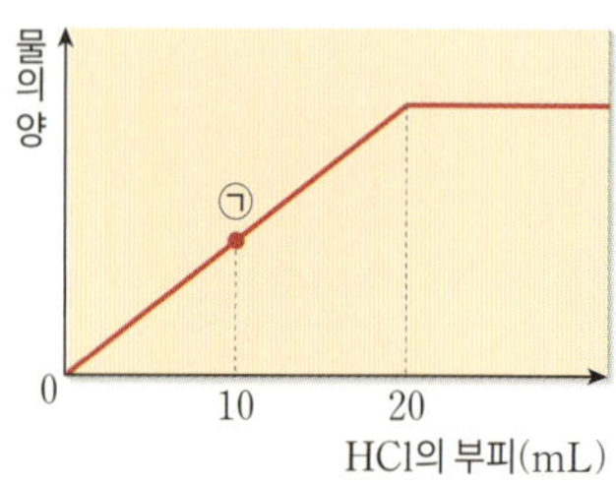

㉠에 들어 있는 이온의 종류와 비율을 옳게 나타낸 것은?

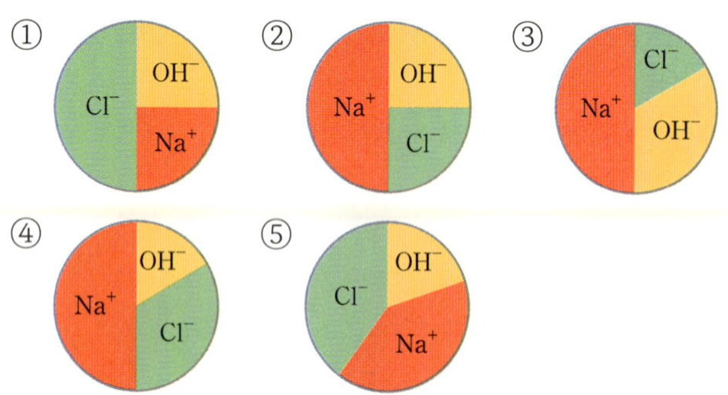

233

표는 온도와 농도가 같은 묽은 염산(HCl)과 수산화 나트륨(NaOH) 수용액의 부피를 달리하여 넣은 혼합 용액 A~E에 대한 자료이다.

용액	A	B	C	D	E
HCl의 부피(mL)	10	20	30	40	50
NaOH의 부피(mL)	50	40	30	20	10
혼합 용액의 온도(°C)	22	25	28	a	b

이에 대한 설명으로 옳은 것만을 <보기>에서 있는 대로 고른 것은? (단, 혼합 용액의 부피는 혼합 전 각 용액의 부피의 합과 같다.)

┤ 보기 ├
ㄱ. 생성된 물 분자 수의 비는 A : B=1 : 2이다.
ㄴ. $a-b$=3이다.
ㄷ. A와 E 용액을 섞은 용액에 들어 있는 총 이온 수는 C와 같다.

① ㄱ   ② ㄷ   ③ ㄱ, ㄴ
④ ㄴ, ㄷ   ⑤ ㄱ, ㄴ, ㄷ

234

그림은 일정량의 묽은 염산(HCl)에 수산화 나트륨(NaOH) 수용액을 조금씩 넣을 때 혼합 용액 A~C의 온도를 나타낸 것이다.

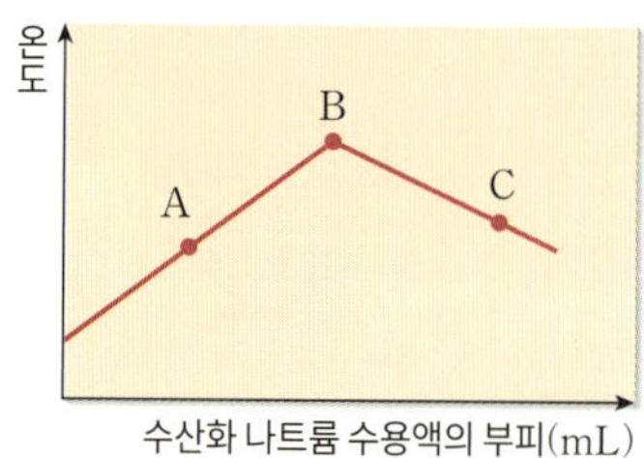

이에 대한 설명으로 옳은 것만을 <보기>에서 있는 대로 고른 것은? (단, 혼합 전 두 수용액의 온도는 같다.)

┤ 보기 ├
ㄱ. 생성된 물의 양은 B에서 가장 많다.
ㄴ. 용액에 들어 있는 양이온의 종류는 A가 B보다 많다.
ㄷ. 발생한 중화열의 크기는 B가 C보다 크다.

① ㄱ   ② ㄴ   ③ ㄱ, ㄷ
④ ㄴ, ㄷ   ⑤ ㄱ, ㄴ, ㄷ

235

다음 (가)~(라)는 우리 주변에서 볼 수 있는 화학 변화에 대한 설명이다.

(가) 신 김치에 소다를 넣는다.
(나) 벌레에 물렸을 때 암모니아수를 바른다.
(다) 깎아 둔 사과의 표면이 갈색으로 변한다.
(라) 위산이 과다하게 분비되어 속이 쓰리면 제산제를 먹는다.

(가)~(라) 중 중화 반응으로 설명할 수 있는 변화만을 있는 대로 고른 것은?

① (가), (나)   ② (나), (다)   ③ (다), (라)
④ (가), (나), (라)   ⑤ (나), (다), (라)

1등급 완성 문제

236 ●●

표는 수용액 (가)~(다)를 2가지 기준에 따라 판단한 자료이다. (가)~(다)는 각각 수용액 상태의 암모니아수(NH_4OH), 에탄올(C_2H_5OH), 아세트산(CH_3COOH) 중 하나이다.

수용액	(가)	(나)	(다)
전기 전도성이 있는가?	예.	㉠	예.
탄산 칼슘을 넣었을 때 기체가 발생하는가?	예.	아니요.	㉡

이에 대한 설명으로 옳은 것만을 <보기>에서 있는 대로 고른 것은?

| 보기 |
ㄱ. (가)는 아세트산(CH_3COOH)이다.
ㄴ. ㉠과 ㉡은 모두 '아니요.'이다.
ㄷ. (다)에 페놀프탈레인 용액을 떨어뜨리면 붉은색을 나타낸다.

① ㄱ   ② ㄷ   ③ ㄱ, ㄴ
④ ㄴ, ㄷ   ⑤ ㄱ, ㄴ, ㄷ

237 ●●

다음은 산과 염기를 확인하는 실험에 대한 자료이다. ㉠은 BTB 용액과 페놀프탈레인 용액 중 하나이고, ㉡은 묽은 염산(HCl) 또는 수산화 나트륨($NaOH$) 수용액 중 하나이다.

유리판 위에 질산 칼륨(KNO_3) 수용액과 지시약 (㉠)을 적신 거름종이를 올려놓은 후 (㉡)을 적신 실을 거름종이 가운데에 올려놓고 전류를 흘려 주었더니 거름종이가 실에서부터 A극 쪽으로 붉게 변했다.

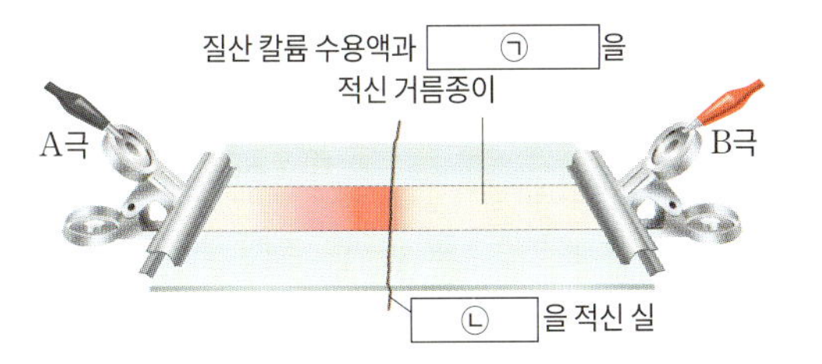

이에 대한 설명으로 옳은 것만을 <보기>에서 있는 대로 고른 것은?

| 보기 |
ㄱ. ㉠은 페놀프탈레인 용액이다.
ㄴ. ㉡은 수산화 나트륨($NaOH$) 수용액이다.
ㄷ. A극은 (−)극이다.

① ㄴ   ② ㄷ   ③ ㄱ, ㄴ
④ ㄱ, ㄷ   ⑤ ㄱ, ㄴ, ㄷ

238 ●●

그림은 X 수용액에 들어 있는 이온을 모형으로 나타낸 것이다. X 수용액에 지시약인 메틸 오렌지 용액을 떨어뜨리면 용액의 색이 붉은색을 나타낸다.

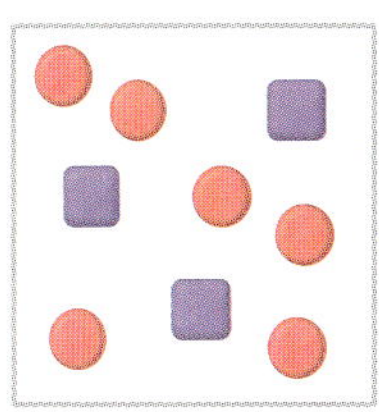

이에 대한 설명으로 옳은 것만을 <보기>에서 있는 대로 고른 것은?

| 보기 |
ㄱ. ● 는 양이온이다.
ㄴ. X 수용액에는 양이온과 음이온이 2 : 1의 개수비로 존재한다.
ㄷ. 금속 마그네슘(Mg)을 넣으면 ■의 수가 감소한다.

① ㄱ   ② ㄷ   ③ ㄱ, ㄴ
④ ㄴ, ㄷ   ⑤ ㄱ, ㄴ, ㄷ

239 ●●●

다음은 수용액 (가)~(라)에 대한 설명이다. (가)~(라)는 각각 HCl 수용액, NaOH 수용액, NaCl 수용액, C_2H_5OH 수용액 중 하나이다.

• (가)와 (다)에 들어 있는 양이온의 종류는 같다.
• (나)와 (다)가 반응하면 물(H_2O)이 생성된다.

(가)~(라)에 대한 설명으로 옳은 것은?

① (가)는 NaOH 수용액이다.
② (나)에 BTB 용액을 떨어뜨리면 파란색을 나타낸다.
③ (다)에 메틸 오렌지 용액을 떨어뜨리면 붉은색을 나타낸다.
④ (가)와 (나)에 들어 있는 음이온의 종류는 같다.
⑤ (가)와 (라)는 전기 전도성이 있다.

240

그림은 수용액 (가)~(다)에 들어 있는 이온을 모형으로 나타낸 것이다. (가)~(다)는 HA 수용액, H_2B 수용액, COH 수용액 중 하나이고, ●과 ▲은 같은 전하를 띤다.

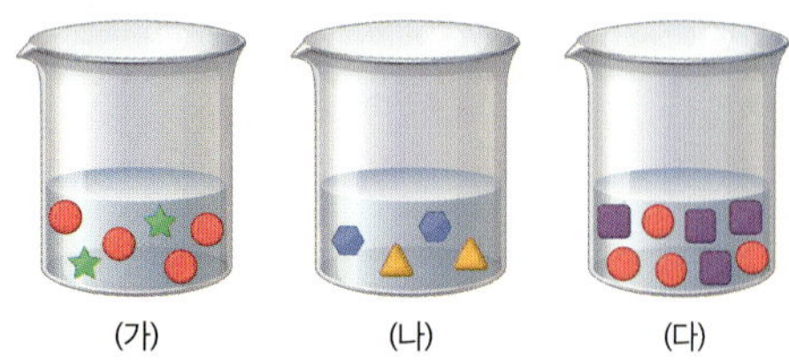

이에 대한 설명으로 옳은 것만을 <보기>에서 있는 대로 고른 것은?

| 보기 |
ㄱ. ●은 수소 이온(H^+)이다.
ㄴ. ■과 ★은 음이온으로, 전하의 크기의 비는 2 : 1이다.
ㄷ. (가)와 (나)를 혼합하면 ▲의 수가 감소한다.

① ㄱ   ② ㄴ   ③ ㄱ, ㄷ
④ ㄴ, ㄷ   ⑤ ㄱ, ㄴ, ㄷ

241 수능기출 변형

다음은 산과 염기의 중화 반응 실험이다.

[실험 과정]
(가) 비커 Ⅰ~Ⅲ에 묽은 염산(HCl)을 각각 10 mL씩 넣은 후 페놀프탈레인 용액 2~3방울을 떨어뜨린다.
(나) 그림과 같이 Ⅰ~Ⅲ에 수산화 나트륨(NaOH) 수용액을 각각 5, 10, 15 mL를 첨가하여 혼합 용액을 만든다.

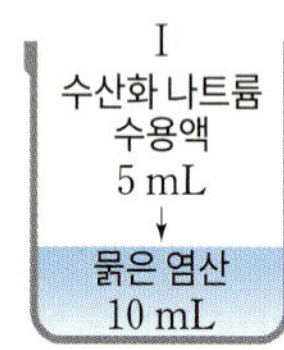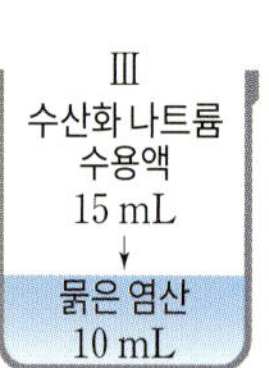

(다) Ⅰ~Ⅲ에 들어 있는 혼합 용액의 색을 관찰한다.

[실험 결과]
Ⅰ은 무색, Ⅱ는 붉은색, Ⅲ은 (㉠)을 나타냈다.

이에 대한 설명으로 옳은 것만을 <보기>에서 있는 대로 고른 것은?

| 보기 |
ㄱ. ㉠은 붉은색이다.
ㄴ. (나)에서 생성된 물의 양은 Ⅲ에서 가장 많다.
ㄷ. (나)에서 발생한 중화열의 크기는 Ⅰ < Ⅱ이다.

① ㄱ   ② ㄴ   ③ ㄱ, ㄷ
④ ㄴ, ㄷ   ⑤ ㄱ, ㄴ, ㄷ

242

그림은 (가) 10 mL에 (나)를 조금씩 넣을 때, 용액 내 이온 X의 수의 변화를 나타낸 것이다. (가)와 (나)는 각각 묽은 염산(HCl), 수산화 칼륨(KOH) 수용액 중 하나이며, X는 음이온이다.

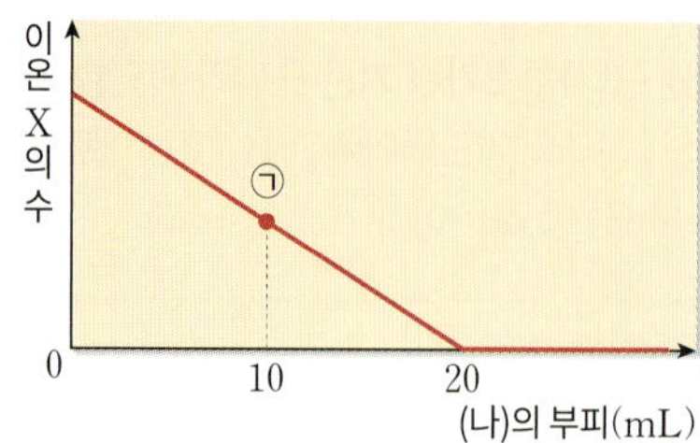

이에 대한 설명으로 옳은 것만을 <보기>에서 있는 대로 고른 것은?

| 보기 |
ㄱ. X는 Cl^-이다.
ㄴ. (가)는 수산화 칼륨(KOH) 수용액이다.
ㄷ. ㉠에서 혼합 용액 속에 가장 많은 이온은 칼륨 이온(K^+)이다.

① ㄱ   ② ㄴ   ③ ㄱ, ㄷ
④ ㄴ, ㄷ   ⑤ ㄱ, ㄴ, ㄷ

243

그림은 HA 수용액과 BOH 수용액의 부피를 달리하여 혼합했을 때, 생성된 물 분자 수를 상댓값으로 나타낸 것이다.

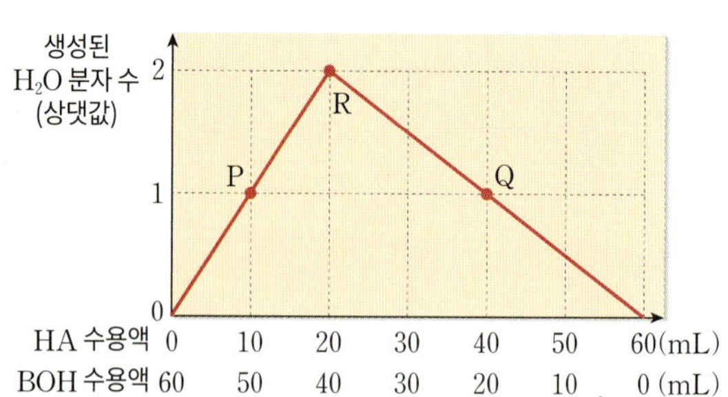

이에 대한 설명으로 옳은 것만을 <보기>에서 있는 대로 고른 것은?

| 보기 |
ㄱ. 같은 부피에 들어 있는 이온의 수는 HA가 BOH보다 많다.
ㄴ. 혼합 용액에 들어 있는 음이온의 수는 P와 Q가 같다.
ㄷ. P와 Q를 혼합할 때 생성되는 물의 양은 R에서 생성된 물의 양과 같다.

① ㄱ   ② ㄴ   ③ ㄷ
④ ㄱ, ㄷ   ⑤ ㄱ, ㄴ, ㄷ

244 ⭐신유형

그림은 묽은 염산(HCl)과 수산화 나트륨(NaOH) 수용액의 부피를 달리하여 혼합한 두 실험 Ⅰ, Ⅱ에서 혼합 용액의 최고 온도를 나타낸 것이다.

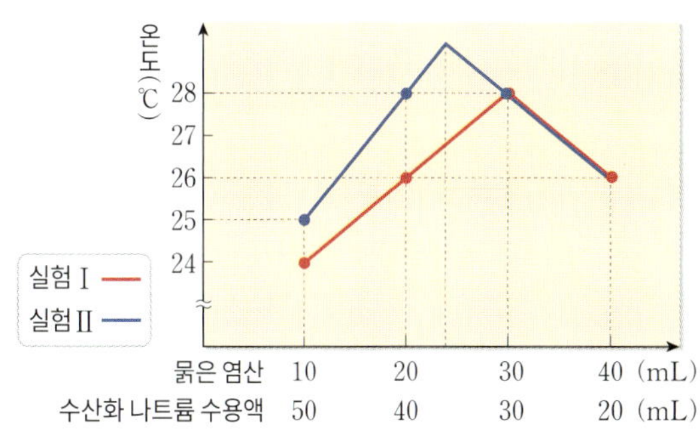

표는 실험 Ⅰ, Ⅱ에서 사용한 묽은 염산(HCl)과 수산화 나트륨(NaOH) 수용액의 단위 부피당 이온 수에 대한 자료이다.

구분		HCl 수용액	NaOH 수용액
단위 부피당 이온 수(상댓값)	실험 Ⅰ	x	y
	실험 Ⅱ	a	b

이에 대한 설명으로 옳은 것만을 <보기>에서 있는 대로 고른 것은? (단, 혼합 전 두 수용액의 온도는 같다.)

| 보기 |
ㄱ. $x=y$이다.   ㄴ. $a>b$이다.   ㄷ. $a>x$이다.

① ㄱ ② ㄷ ③ ㄱ, ㄴ
④ ㄴ, ㄷ ⑤ ㄱ, ㄴ, ㄷ

245

다음 (가)~(다)는 생활 속에서 산과 염기를 이용하는 예이다. ㉠~㉢은 각각 제산제, 묽은 암모니아수, 레몬즙 중 하나이다.

(가) 벌이나 벌레에 쏘였을 때 (㉠)을/를 바른다.
(나) 생선의 비린내를 제거하기 위해 (㉡)을/를 뿌린다.
(다) 위산 과다로 속이 쓰릴 때 (㉢)을/를 먹는다.

이에 대한 설명으로 옳은 것만을 <보기>에서 있는 대로 고른 것은?

| 보기 |
ㄱ. ㉠은 묽은 암모니아수이다.
ㄴ. ㉡에 BTB 용액을 떨어뜨리면 노란색을 나타낸다.
ㄷ. (가)~(다)에서 모두 중화 반응이 일어난다.

① ㄱ ② ㄷ ③ ㄱ, ㄴ
④ ㄴ, ㄷ ⑤ ㄱ, ㄴ, ㄷ

246

그림은 산 HA 수용액 10 mL와 수산화 나트륨(NaOH) 수용액 10 mL에 들어 있는 이온을 모형으로 나타낸 것이다.

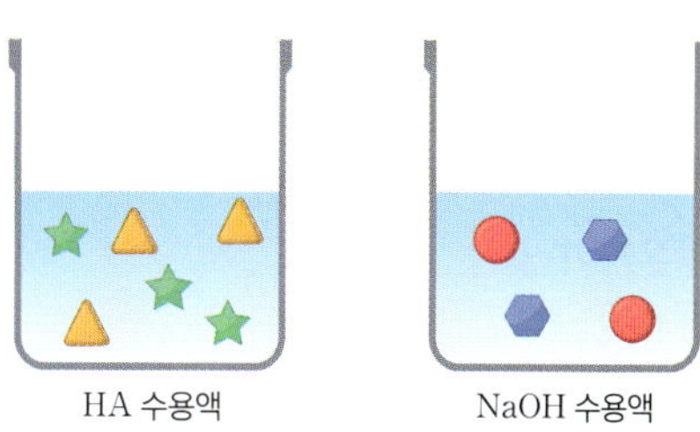

HA 수용액 20 mL를 완전 중화하기 위해 필요한 NaOH 수용액의 최소 부피를 구하고, 그 까닭을 설명하시오.

247

그림은 묽은 염산(HCl) 50 mL에 수산화 나트륨(NaOH) 수용액을 조금씩 넣을 때, 혼합 용액 속에 존재하는 이온 X, Y의 수 변화를 나타낸 것이다. X, Y가 각각 어떤 이온인지 쓰고, 그 까닭을 설명하시오.

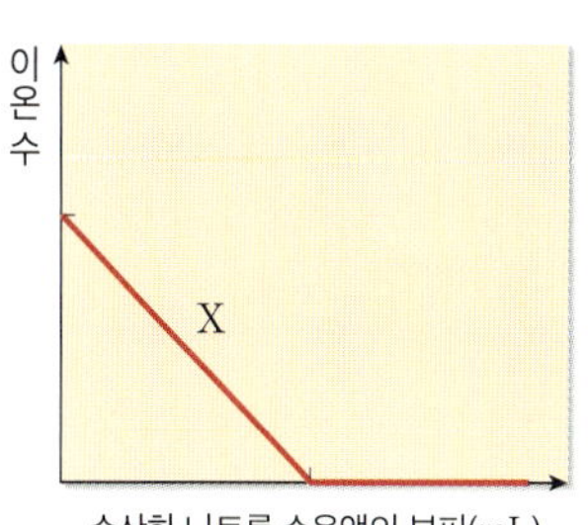

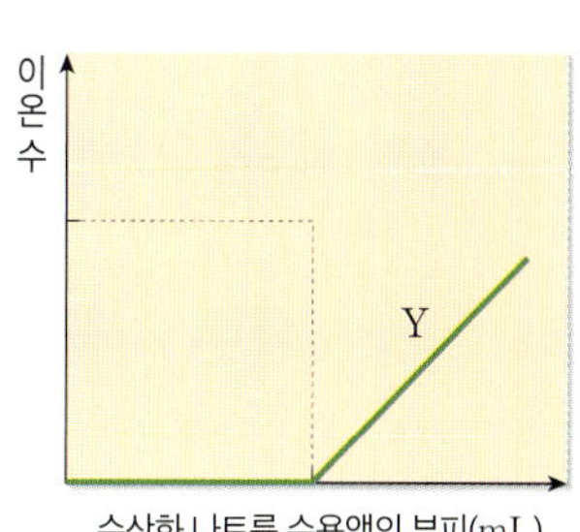

06 물질 변화에서 에너지의 출입

1 에너지의 흡수와 방출

1 흡열 반응

① 반응이 일어날 때 주변으로부터 에너지를 흡수하는 반응이다.
② 주변의 온도가 낮아진다.
③ 흡열 반응의 예

알코올의 증발	알코올이 들어 있는 손소독제를 손에 뿌리면 알코올이 증발하면서 에너지를 흡수한다.
탄산수소 나트륨의 열분해	빵 반죽을 구우면 반죽 속의 탄산수소 나트륨이 분해되면서 기체가 발생하여 빵이 부푼다.
질산 암모늄의 용해	냉찜질 팩에 들어 있는 질산 암모늄이 물에 용해될 때 에너지를 흡수한다.
염화 암모늄과 수산화 바륨의 반응	염화 암모늄과 수산화 바륨이 반응하면서 에너지를 흡수한다.
물질의 상태 변화	융해(고체 → 액체), 기화(액체 → 기체), 승화(고체 → 기체)의 상태 변화가 일어날 때는 에너지를 흡수한다.

2 발열 반응

① 반응이 일어날 때 주변으로 에너지를 방출하는 반응이다.
② 주변의 온도가 높아진다.
③ 발열 반응의 예

화석 연료의 연소	LNG, 뷰테인 가스 등 연료가 연소하면서 에너지를 방출한다.
철의 산화	철이 녹슬면서 에너지를 방출한다.
산과 염기의 중화 반응	산과 염기가 반응하면 에너지를 방출한다.
산화 칼슘과 물의 반응	산화 칼슘과 물이 반응하면 에너지를 방출한다.
물질의 상태 변화	응고(액체 → 고체), 액화(기체 → 액체), 승화(기체 → 고체)의 상태 변화가 일어날 때는 에너지를 방출한다.

2 에너지의 출입을 이용하는 생활 사례

꼭 나오는 탐구 · 염화 암모늄과 수산화 바륨의 반응에서 에너지의 출입

[과정]
❶ 물을 뿌린 나무판 위에 삼각 플라스크를 올린 다음 염화 암모늄과 수산화 바륨을 넣는다.
❷ 유리 막대로 두 물질을 충분히 섞은 후 삼각 플라스크를 들어 올린다.

[결과 및 정리]
- 나무판이 삼각 플라스크에 달라붙은 채로 들어 올려졌다.
➜ 두 물질이 반응하면서 주변으로부터 에너지를 흡수하므로 나무판 위의 물이 얼어 나무판이 삼각 플라스크에 달라붙는다.
물은 에너지를 방출하고 삼각 플라스크 속 반응 물질은 에너지를 흡수한다.

필수 유형 · 삼각 플라스크와 나무판에서 일어나는 에너지의 출입을 묻는 문제가 출제된다. ⏴64쪽 257번

1 흡열 반응의 이용

냉찜질 팩	냉찜질 팩에 힘을 가해 물주머니가 터지면 질산 암모늄이 물에 녹으면서 에너지를 흡수해 차가워진다.
냉장고와 에어컨	냉장고의 냉장실이나 에어컨 실내기에서 냉매가 기화하면서 에너지를 흡수해 시원해진다.
소화기	소화기 속에 들어 있는 탄산수소 나트륨이 에너지를 흡수해 분해될 때 주변의 온도가 낮아지고, 생성된 이산화 탄소가 산소를 차단해 불을 끈다.
아이스크림 포장	드라이아이스가 승화할 때 에너지를 흡수하여 주변의 온도가 낮아지므로 아이스크림을 녹지 않게 보관할 수 있다.

2 발열 반응의 이용

일회용 손난로	일회용 손난로를 흔들면 손난로 속 철 가루가 공기 중의 산소와 반응하면서 에너지를 방출해 따뜻해진다.
발열 도시락	산화 칼슘과 물이 반응할 때 방출하는 에너지로 음식을 데운다.
연료의 연소	연료가 연소할 때 발생하는 에너지를 이용해 난방, 취사, 교통수단의 동력원 등으로 이용한다.
과수원의 냉해 예방	과수원에서 과일나무에 물을 뿌리고 그 물이 얼면서 방출하는 에너지를 이용해 과일나무의 냉해를 예방한다.

└ 농작물이 낮은 기온 때문에 입는 피해이다.

3 자연에서 일어나는 에너지를 흡수하거나 방출하는 현상

세포호흡	생물은 세포호흡으로 방출한 에너지를 체온 유지나 운동 등 생명 활동을 하는 데 이용한다.
광합성	식물은 빛에너지를 흡수하여 광합성을 해 양분을 얻는다.
기상 현상	물이 에너지를 흡수해 수증기로 증발하고, 수증기가 에너지를 방출하고 응결해 구름이 되는 등 물은 에너지를 흡수하거나 방출하며 지구시스템을 순환한다.

개념 확인 문제

● 바른답·알찬풀이 33쪽

|248~249| 다음은 흡열 반응과 발열 반응에 대한 설명이다. ( ) 안에 들어갈 알맞은 말을 고르시오.

248 (발열, 흡열) 반응은 반응이 일어날 때 주변으로 에너지를 방출하는 반응이다.

249 (발열, 흡열) 반응이 일어나면 주변의 온도가 낮아진다.

|250~251| 에너지의 출입을 이용하는 사례에 대한 설명으로 옳은 것은 ○표, 옳지 않은 것은 ×표 하시오.

250 생물은 흡열 반응인 세포호흡을 통해 체온을 유지하기 위한 에너지를 얻는다. ( )

251 구름이 생성되는 과정은 발열 반응이다. ( )

기출 분석 문제

학교 시험에서 출제율이 70% 이상인 문제들을 엄선하여 수록했습니다.

1 에너지의 흡수와 방출

252

다음 (가)~(다)는 우리 주변에서 볼 수 있는 현상에 대한 자료이다.

(가) 식물의 광합성 (나) 철의 산화 (다) 화석 연료의 연소

이에 대한 설명으로 옳은 것만을 <보기>에서 있는 대로 고른 것은?

| 보기 |
ㄱ. (가)는 에너지를 흡수하는 반응이다.
ㄴ. (나)에서 철이 녹슬면서 에너지가 방출된다.
ㄷ. (다)에서 화석 연료의 연소 반응은 발열 반응이다.

① ㄱ ② ㄷ ③ ㄱ, ㄴ
④ ㄴ, ㄷ ⑤ ㄱ, ㄴ, ㄷ

253

물질의 상태 변화에서 발열 반응만을 <보기>에서 있는 대로 고른 것은?

| 보기 |
ㄱ. 응고 ㄴ. 융해 ㄷ. 액화
ㄹ. 기화 ㅁ. 승화(기체 → 고체)

① ㄱ, ㄷ ② ㄴ, ㄹ ③ ㄱ, ㄷ, ㅁ
④ ㄴ, ㄷ, ㅁ ⑤ ㄱ, ㄴ, ㄹ, ㅁ

254

다음은 에너지의 출입을 확인하기 위한 실험이다.

[실험 과정]
(가) 비커 A에 염화 암모늄과 수산화 바륨을 넣고 유리 막대로 섞어 준 후 반응 과정을 열화상 사진기로 촬영한다.
(나) 비커 B에 물을 넣고 염화 칼슘을 녹인 후 반응 과정을 열화상 사진기로 촬영한다.
(다) 비커 C에 묽은 염산과 수산화 나트륨 수용액을 넣은 후 반응 과정을 열화상 사진기로 촬영한다.

[실험 결과]

비커	A	B	C
반응 전 온도(℃)	20	20	20
촬영 결과 온도(℃)	16	25	x

이에 대한 설명으로 옳은 것만을 <보기>에서 있는 대로 고른 것은?

| 보기 |
ㄱ. A에서는 흡열 반응이 일어난다.
ㄴ. B에서 반응이 일어날 때 비커 주변의 온도가 낮아진다.
ㄷ. $x < 20$이다.

① ㄱ ② ㄷ ③ ㄱ, ㄴ
④ ㄱ, ㄷ ⑤ ㄴ, ㄷ

255

다음은 구름의 형성 과정에 대한 설명이다.

바닷물은 증발하여 수증기가 되어 *기권에 모인다. 기권에 모인 수증기는 응결하여 구름을 형성한다.

*기권: 지구를 둘러싼 대기가 존재하는 영역

이에 대한 설명으로 옳은 것만을 <보기>에서 있는 대로 고른 것은?

| 보기 |
ㄱ. 바닷물의 증발은 흡열 반응이다.
ㄴ. 수증기가 응결할 때 주변의 온도가 낮아진다.
ㄷ. 구름의 형성 과정에서 에너지의 흡수와 방출이 모두 일어난다.

① ㄱ ② ㄴ ③ ㄱ, ㄷ
④ ㄴ, ㄷ ⑤ ㄱ, ㄴ, ㄷ

2 에너지의 출입을 이용하는 생활 사례

256

다음은 물질의 상태 변화 과정에서 출입하는 열에너지를 이용하는 사례와 그때 일어나는 물질의 상태 변화에 대한 자료이다.

사례	아이스크림 포장	이글루 난방
물질의 상태 변화	고체 드라이아이스의 승화	물의 응고

이에 대한 설명으로 옳은 것만을 <보기>에서 있는 대로 고른 것은?

| 보기 |
ㄱ. 고체 드라이아이스가 승화할 때 주변으로부터 에너지를 흡수한다.
ㄴ. 물의 응고는 발열 반응이다.
ㄷ. 두 사례에서 모두 주변의 온도가 낮아진다.

① ㄱ 　　② ㄷ 　　③ ㄱ, ㄴ
④ ㄴ, ㄷ 　　⑤ ㄱ, ㄴ, ㄷ

257 　필수 유형　 🔗 62쪽 꼭 나오는 탐구

다음은 염화 암모늄과 수산화 바륨의 반응을 알아보는 실험이다.

[실험 과정]
(가) 나무판 위에 물을 뿌리고 그 위에 삼각 플라스크를 올린다.
(나) (가)의 삼각 플라스크 안에 염화 암모늄과 수산화 바륨을 넣고 유리 막대로 잘 섞어 준다.
(다) (나)의 과정을 충분히 진행한 후 삼각 플라스크를 들어 올린다.

[실험 결과]
• 삼각 플라스크 안의 고체 혼합물이 액체로 변한다.
• 나무판이 삼각 플라스크에 달라붙은 채로 들어 올려졌다.

이에 대한 설명으로 옳은 것만을 <보기>에서 있는 대로 고른 것은?

| 보기 |
ㄱ. 나무판 위에 뿌린 물은 응고된다.
ㄴ. 염화 암모늄과 수산화 바륨의 반응은 흡열 반응이다.
ㄷ. 에너지는 삼각 플라스크 속 반응물로부터 주변으로 이동하였다.

① ㄱ 　　② ㄷ 　　③ ㄱ, ㄴ
④ ㄴ, ㄷ 　　⑤ ㄱ, ㄴ, ㄷ

258 　서술형

다음 (가)와 (나)는 우리 주변에서 볼 수 있는 현상에 대한 설명이다.

(가) 에어컨의 냉매가 기화하여 에어컨에서 시원한 바람이 나온다.
(나) 여름에 수박을 시원하게 보관하기 위해 얼음물에 담가 놓으면 얼음이 녹는다.

(가)와 (나)의 각각 밑줄 친 반응이 일어날 때 에너지 출입의 공통점을 설명하시오.

259

다음은 화학 반응에서 출입하는 열에너지를 이용하는 생활 사례에 대한 세 학생의 대화이다.

제시한 의견이 옳은 학생만을 있는 대로 고른 것은?

① A 　　② C 　　③ A, B
④ B, C 　　⑤ A, B, C

260

다음은 냉장고의 냉장 원리에서 에너지 출입에 대한 설명이다.

냉장고에서 액체 냉매가 기화하면서 주변으로부터 에너지를 (㉠)해 냉장실이 시원해진다. 기체가 된 냉매는 냉장고 뒤쪽에서 주변으로 에너지를 방출하며 (㉡)하여 다시 액체가 된다.

㉠과 ㉡에 알맞은 말을 옳게 짝 지은 것은?

	㉠	㉡
①	흡수	액화
②	흡수	융해
③	흡수	승화
④	방출	액화
⑤	방출	승화

1등급 완성 문제

학교 시험 빈출 문제 중 내신 1등급을 결정하는 고난도 문제들을 수록했습니다.

261

다음 (가)와 (나)는 에탄올의 변화와 관련된 반응에 대한 설명이다.

> (가) 에탄올을 비커에 담아 두면 시간이 지날수록 양이 감소한다.
> (나) 알코올램프에 불을 붙이면 에탄올이 연소한다.

이에 대한 설명으로 옳은 것만을 <보기>에서 있는 대로 고른 것은?

| 보기 |
> ㄱ. (가)에서 비커의 온도는 올라간다.
> ㄴ. (나)에서 발열 반응이 일어난다.
> ㄷ. (가)와 (나) 과정에서 기체 상태의 에탄올이 생성된다.

① ㄱ   ② ㄴ   ③ ㄱ, ㄷ
④ ㄴ, ㄷ   ⑤ ㄱ, ㄴ, ㄷ

262

다음 (가)~(다)는 에너지의 출입을 이용하는 반응이다.

> (가) 질산 암모늄과 물의 반응
> (나) 철 가루와 산소의 반응
> (다) 산화 칼슘과 물의 반응

(가)~(다)를 이용하는 사례에 대한 설명으로 옳은 것만을 <보기>에서 있는 대로 고른 것은?

| 보기 |
> ㄱ. (가)는 온찜질 팩에 이용한다.
> ㄴ. (나)는 일회용 손난로에 이용한다.
> ㄷ. (다)는 음식물을 불 없이 데울 때 이용한다.

① ㄱ   ② ㄷ   ③ ㄱ, ㄴ
④ ㄴ, ㄷ   ⑤ ㄱ, ㄴ, ㄷ

263 ⭐신유형

다음은 학생 A가 수행한 탐구 활동이다.

> [가설]
> • 고체 용질이 물에 녹아 수용액이 되는 용해 반응은 흡열 반응이다.
>
> [탐구 과정]
> (가) 고체 용질이 물에 녹을 때의 에너지 출입을 이용한 사례들을 조사한다.
> (나) (가)에서 찾은 사례들 중 가설에 어긋나는 반응이 있는지 확인한다.
>
> [탐구 결과]
>
> | | 사례 | 물에 녹이는 용질 | 에너지 출입 |
> |---|---|---|---|
> | I | (㉠)이/가 물에 용해되는 반응을 이용하여 냉찜질 팩을 만든다. | ㉠ | 흡열 |
> | II | 이산화 탄소가 녹아 있는 탄산 음료는 온도를 낮출 때 청량감이 높아진다. | 이산화 탄소 | 발열 |
> | III | 겨울철 언 도로에 염화 칼슘을 뿌려 얼음을 녹인다. | 염화 칼슘 | 발열 |
>
> [결론]
> • (㉡)

이에 대한 설명으로 옳은 것만을 <보기>에서 있는 대로 고른 것은?

| 보기 |
> ㄱ. '질산 암모늄'은 ㉠에 해당한다.
> ㄴ. 사례 II는 이 탐구의 사례로 적절하지 않다.
> ㄷ. '가설은 옳다.'는 ㉡에 해당한다.

① ㄱ   ② ㄴ   ③ ㄷ
④ ㄱ, ㄴ   ⑤ ㄱ, ㄴ, ㄷ

📝 서술형 문제

264

다음은 상변화 물질에 대한 설명이다.

> 상변화 물질(PCM, Phase Change Materials)은 미국항공우주국(NASA)에서 연구한 물질로 우주의 급격한 온도 변화로 생기는 변화를 완화하기 위해 사용되는 물질이다. 이 물질은 주변의 온도에 따라 융해와 응고를 반복하면서 우주선과 우주복의 급격한 온도 변화를 막는다.

우주복 주위의 온도가 급격히 낮아질 때, 우주복에 포함된 상변화 물질(PCM)이 우주복의 온도 변화를 어떻게 완화하는지 설명하시오.

실전 대비 평가 문제

중간·기말고사에 대비할 수 있도록 시험에 자주 출제되는 문제들을 엄선하여 수록했습니다.

265

그림은 우리 주위에서 볼 수 있는 2가지 반응을 나타낸 것이다.

(가) 식물의 광합성

(나) 메테인(CH_4)의 연소

두 반응에 대한 설명으로 옳지 <u>않은</u> 것은?

① (가)의 반응식은 $6CO_2 + 6H_2O \longrightarrow C_6H_{12}O_6 + 6O_2$이다.
② (나)의 반응식은 $CH_4 + 2O_2 \longrightarrow CO_2 + 2H_2O$이다.
③ (가)는 발열 반응이다.
④ (나)에서 에너지가 방출된다.
⑤ (가)와 (나)는 모두 산화·환원 반응이다.

266

그림은 묽은 염산(HCl)에 마그네슘(Mg) 조각을 넣었을 때 기체 X가 발생하는 것을 나타낸 것이다.

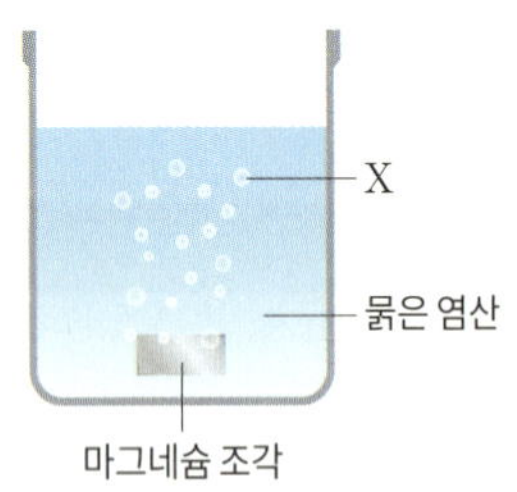

이에 대한 설명으로 옳은 것만을 <보기>에서 있는 대로 고른 것은?

| 보기 |

ㄱ. 기체 X는 이산화 탄소(CO_2)이다.
ㄴ. 마그네슘(Mg)은 산화된다.
ㄷ. 충분한 양의 마그네슘(Mg)을 넣어 반응시켰을 때, 반응 후 수용액은 산성을 나타낸다.

① ㄱ   ② ㄴ   ③ ㄱ, ㄴ
④ ㄱ, ㄷ   ⑤ ㄴ, ㄷ

267

다음 (가)~(다)는 금속과 관련된 3가지 반응이다.

> (가) 칼슘을 공기 중에 두었더니 산화 칼슘이 생성되었다.
> $$2Ca + O_2 \longrightarrow 2CaO$$
> (나) 나트륨을 공기 중에 두었더니 산화 나트륨이 생성되었다.
> $$4Na + O_2 \longrightarrow 2Na_2O$$
> (다) 철을 바깥에 오래 방치했더니 산화 철(Ⅲ)이 생성되었다.
> $$4Fe + 3O_2 \longrightarrow 2Fe_2O_3$$

(가)~(다) 반응의 공통점으로 옳은 것만을 <보기>에서 있는 대로 고른 것은?

| 보기 |

ㄱ. 산화·환원 반응이다.
ㄴ. 금속은 모두 산화된다.
ㄷ. 전자는 금속에서 산소(O_2)로 이동한다.

① ㄱ   ② ㄷ   ③ ㄱ, ㄴ
④ ㄴ, ㄷ   ⑤ ㄱ, ㄴ, ㄷ

268

그림은 푸른색 황산 구리(Ⅱ)($CuSO_4$) 수용액에 금속 A를 넣었을 때 일어나는 변화를 모형으로 나타낸 것이다.

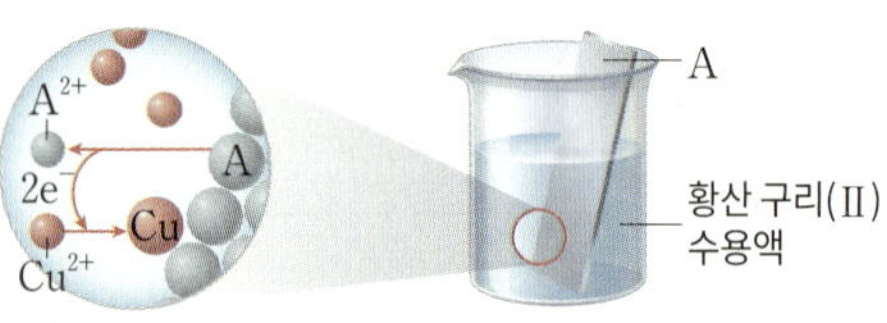

이에 대한 설명으로 옳은 것만을 <보기>에서 있는 대로 고른 것은?(단, A는 임의의 원소 기호이며, A의 이온은 수용액에서 무색이다.)

| 보기 |

ㄱ. 전자는 A에서 구리 이온(Cu^{2+})으로 이동한다.
ㄴ. 수용액의 색은 옅어진다.
ㄷ. 반응이 진행되면 수용액 속의 양이온 수는 증가한다.

① ㄱ   ② ㄷ   ③ ㄱ, ㄴ
④ ㄴ, ㄷ   ⑤ ㄱ, ㄴ, ㄷ

269

다음은 구리판(Cu)을 이용한 실험이다.

[실험 과정]
(가) 구리판(Cu)을 유리관에 넣은 다음 산소(O_2) 기체를 공급하면서 가열한다.
(나) 가열한 (가)의 구리판에 수소(H_2) 기체를 공급하면서 가열한다.

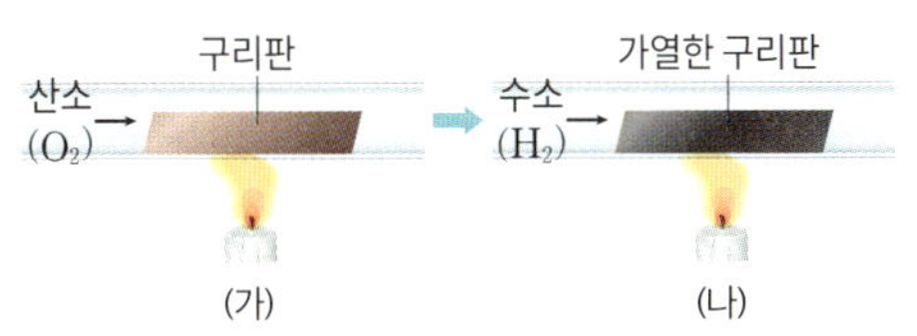

[실험 결과]
(가) 붉은색 구리판은 검게 변한다.
(나) 검게 변한 구리판이 다시 붉게 변했고, 유리관에 액체 물질이 생성된다.

이에 대한 설명으로 옳은 것만을 <보기>에서 있는 대로 고른 것은?

| 보기 |
ㄱ. (가)에서 산소(O_2)는 전자를 얻는다.
ㄴ. (나)에서 수소(H_2)는 산소를 얻는다.
ㄷ. (나)에서 수소(H_2) 기체 대신 일산화 탄소(CO) 기체를 공급하면서 가열해도 구리(Cu)를 얻을 수 있다.

① ㄱ　　　　② ㄷ　　　　③ ㄱ, ㄴ
④ ㄴ, ㄷ　　　⑤ ㄱ, ㄴ, ㄷ

270

그림은 질산 은($AgNO_3$) 수용액에 구리(Cu) 선을 넣은 모습을 나타낸 것이다. 이에 대한 설명으로 옳은 것만을 <보기>에서 있는 대로 고른 것은?

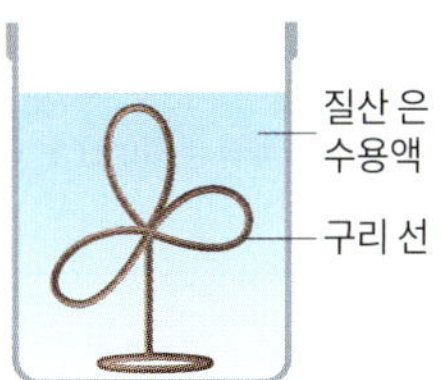

| 보기 |
ㄱ. 구리(Cu)는 산화된다.
ㄴ. 수용액이 점점 푸른색으로 변한다.
ㄷ. 은 이온(Ag^+)에서 구리(Cu)로 전자가 이동한다.

① ㄱ　　　　② ㄷ　　　　③ ㄱ, ㄴ
④ ㄴ, ㄷ　　　⑤ ㄱ, ㄴ, ㄷ

| 271~272 | 다음은 금속 X의 이온과 Y를 반응시키는 실험이다. 이때 과정 (나)와 (다)에서 넣어 준 금속 Y의 양은 같다.(단, X와 Y는 임의의 원소 기호이며, 음이온은 반응에 참여하지 않는다.)

[실험 과정]
(가) 금속 X 이온이 들어 있는 수용액을 준비한다.
(나) (가)에 금속 Y를 넣어 모두 반응시킨다.
(다) (나)에 금속 Y를 넣어 모두 반응시킨다.

[실험 결과]
• 각 과정에서 용액에 들어 있는 양이온 모형

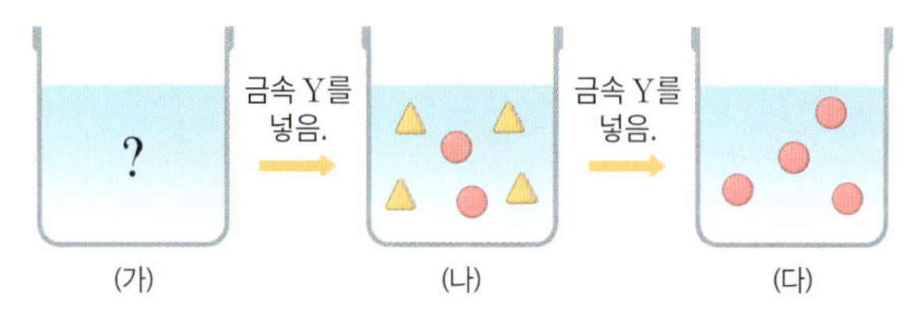

271

이에 대한 설명으로 옳은 것만을 <보기>에서 있는 대로 고른 것은?

| 보기 |
ㄱ. (나)에서 △은 환원된다.
ㄴ. △과 ●의 전하 크기 비는 1 : 2이다.
ㄷ. (다)에 금속 Y를 더 넣으면 ●의 수가 증가한다.

① ㄱ　　　　② ㄷ　　　　③ ㄱ, ㄴ
④ ㄴ, ㄷ　　　⑤ ㄱ, ㄴ, ㄷ

272

(가)의 용액에 들어 있는 양이온의 모형을 옳게 나타낸 것은?

① 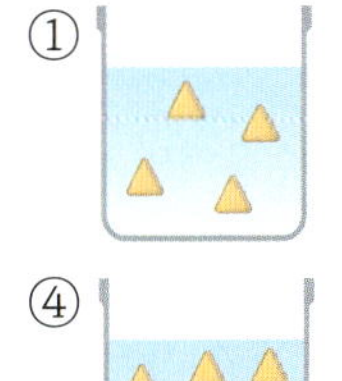　　② 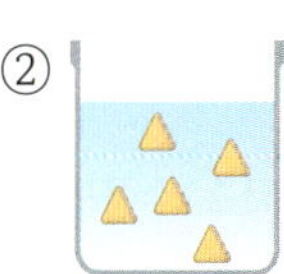　　③ 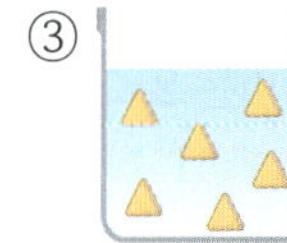

④ 　　⑤ 

273

다음은 산과 염기에 대한 세 학생의 대화이다.

제시한 의견이 옳은 학생만을 있는 대로 고른 것은?

① A   ② C   ③ A, B
④ B, C   ⑤ A, B, C

274

그림은 HA 수용액과 BOH 수용액을 혼합한 혼합 용액에 들어 있는 양이온만을 모형으로 나타낸 것이다. HA와 BOH는 단위 부피당 이온 수가 같고 ●과 ■은 각각 H^+ 또는 B^+ 중 하나이다.

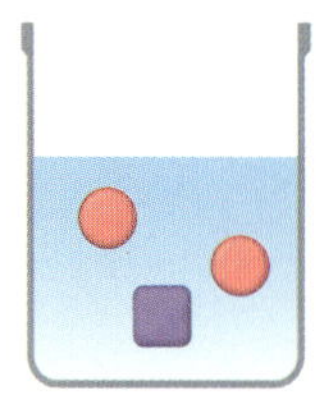

이에 대한 설명으로 옳은 것만을 <보기>에서 있는 대로 고른 것은?

| 보기 |
ㄱ. ●이 B^+이면 혼합 용액은 염기성이다.
ㄴ. ■이 H^+이면 혼합한 HA 수용액과 BOH 수용액의 부피비는 2 : 1이다.
ㄷ. ●이 H^+라면 혼합한 HA 수용액과 BOH 수용액의 부피비는 3 : 1이다.

① ㄱ   ② ㄷ   ③ ㄱ, ㄴ
④ ㄱ, ㄷ   ⑤ ㄴ, ㄷ

275

표는 묽은 염산(HCl)과 수산화 나트륨(NaOH) 수용액을 부피를 달리하여 혼합한 용액 (가)~(라)에 대한 자료이다.

혼합 용액	HCl(mL)	NaOH(mL)	이온의 종류
(가)	10	10	H^+, Na^+, Cl^-
(나)	10	20	Na^+, Cl^-
(다)	15	x	Na^+, Cl^-
(라)	20	x	㉠

이에 대한 설명으로 옳은 것만을 <보기>에서 있는 대로 고른 것은?

| 보기 |
ㄱ. $x=30$이다.
ㄴ. ㉠에는 OH^-이 포함된다.
ㄷ. (가)와 (라)를 혼합하면 물이 생성된다.

① ㄱ   ② ㄴ   ③ ㄷ
④ ㄱ, ㄷ   ⑤ ㄱ, ㄴ, ㄷ

276

표는 A 수용액과 B 수용액의 부피를 달리하여 혼합한 용액 (가)~(라)에 대한 자료이다. A와 B는 각각 묽은 염산(HCl)과 수산화 나트륨(NaOH) 수용액 중 하나이다.

수용액	(가)	(나)	(다)	(라)
A 수용액의 부피(mL)	5	10	10	20
B 수용액의 부피(mL)	5	5	30	60
액성	㉠	산성	중성	㉡

이에 대한 설명으로 옳은 것만을 <보기>에서 있는 대로 고른 것은?

| 보기 |
ㄱ. A는 묽은 염산이다.
ㄴ. ㉠은 산성이다.
ㄷ. (나)와 (라)를 혼합하면 중화 반응이 일어난다.

① ㄱ   ② ㄷ   ③ ㄱ, ㄴ
④ ㄴ, ㄷ   ⑤ ㄱ, ㄴ, ㄷ

277

그림은 묽은 염산(HCl)에 A와 B를 순서대로 넣었을 때 용액 속 양이 온만을 모형으로 나타낸 것이다. A와 B는 각각 수산화 나트륨(NaOH) 수용액, 수산화 칼슘($Ca(OH)_2$) 수용액 중 하나이다.

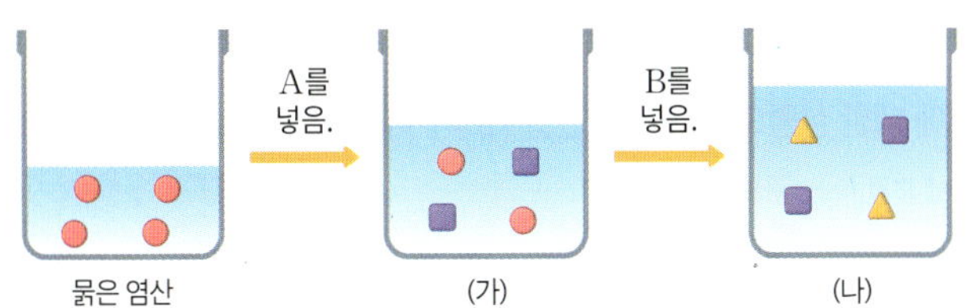

이에 대한 설명으로 옳은 것만을 <보기>에서 있는 대로 고른 것은?

| 보기 |
ㄱ. A는 수산화 나트륨(NaOH) 수용액이다.
ㄴ. ▲는 Ca^{2+}이다.
ㄷ. (나)에 페놀프탈레인 용액을 떨어뜨리면 붉은색을 나타 낸다.

① ㄴ ② ㄷ ③ ㄱ, ㄴ
④ ㄱ, ㄷ ⑤ ㄱ, ㄴ, ㄷ

279

표는 묽은 염산(HCl)과 수산화 나트륨(NaOH) 수용액의 부피를 달리하여 혼합한 용액 (가), (나)에 대한 자료이다.

용액	혼합 전 용액의 부피(mL)		혼합 용액의 이온 수 비 $Cl^- : Na^+$
	HCl	NaOH	
(가)	10	10	$2:3$
(나)	20	10	$a:b$

$a:b$의 값과 (가)와 (나)에서 생성된 물의 양의 비($x:y$)를 옳게 짝 지 은 것은?

	$a:b$	$x:y$
①	$1:2$	$1:2$
②	$2:3$	$1:2$
③	$2:3$	$2:3$
④	$4:3$	$2:1$
⑤	$4:3$	$2:3$

278

그림은 일정량의 수산화 나트륨(NaOH) 수용액에 묽은 염산(HCl)을 조금씩 넣을 때, 넣어 준 묽은 염산의 부피에 따른 혼합 용액에 존재하 는 두 이온 X, Y의 수 변화를 각각 나타낸 것이다.

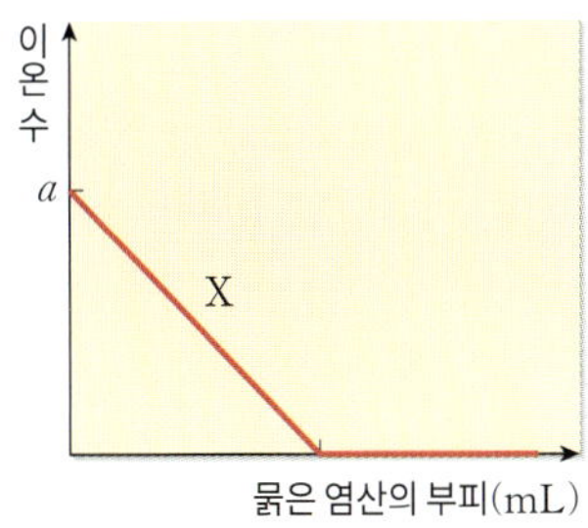

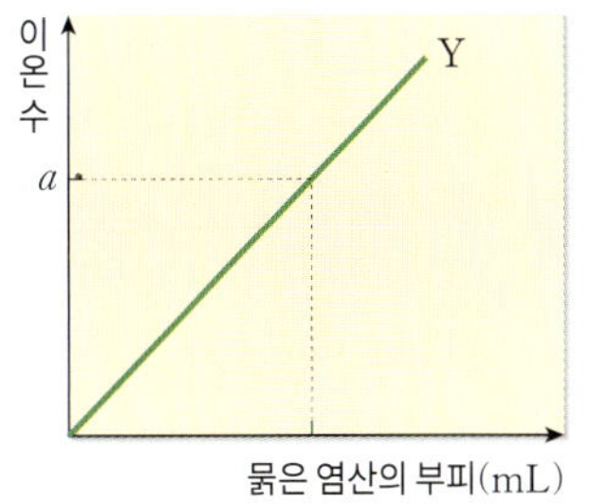

이에 대한 설명으로 옳은 것만을 <보기>에서 있는 대로 고른 것은?

| 보기 |
ㄱ. X는 수소 이온(H^+)이다.
ㄴ. Y는 음이온이다.
ㄷ. Y의 수가 a일 때, 혼합 용액은 중성이 된다.

① ㄱ ② ㄴ ③ ㄱ, ㄷ
④ ㄴ, ㄷ ⑤ ㄱ, ㄴ, ㄷ

280

그림은 수산화 나트륨(NaOH) 수용액 10 mL에 묽은 염산(HCl)을 조 금씩 넣을 때 혼합 용액에 들어 있는 총 이온 수를 나타낸 것이다.

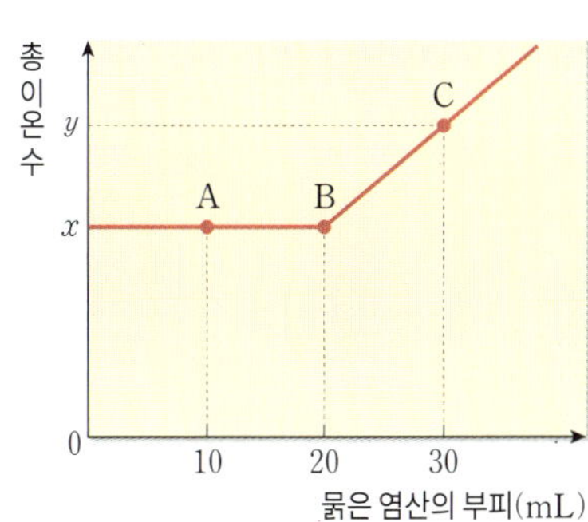

이에 대한 설명으로 옳은 것만을 <보기>에서 있는 대로 고른 것은?

| 보기 |
ㄱ. 용액 속 이온의 종류는 A가 B보다 많다.
ㄴ. B와 C에서 Cl^- 수의 비는 B : C=2 : 3이다.
ㄷ. $y=2x$이다.

① ㄱ ② ㄷ ③ ㄱ, ㄴ
④ ㄴ, ㄷ ⑤ ㄱ, ㄴ, ㄷ

281

그림은 농도와 온도가 같은 묽은 염산(HCl)과 수산화 나트륨(NaOH) 수용액의 부피를 달리하여 혼합했을 때, 혼합 용액 A∼D의 최고 온도를 나타낸 것이다.

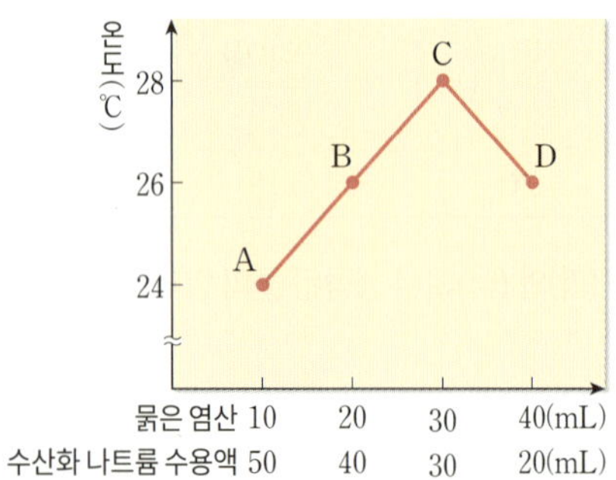

이에 대한 설명으로 옳은 것만을 <보기>에서 있는 대로 고른 것은?

| 보기 |
ㄱ. 생성된 물의 양은 B : C=2 : 3이다.
ㄴ. 혼합 용액에 들어 있는 총 이온 수는 A : C=1 : 3이다.
ㄷ. D에 가장 많이 들어 있는 이온은 Cl^-이다.

① ㄱ ② ㄴ ③ ㄱ, ㄷ
④ ㄴ, ㄷ ⑤ ㄱ, ㄴ, ㄷ

282

표는 묽은 염산(HCl)과 수산화 칼륨(KOH) 수용액의 부피를 달리하여 혼합한 용액 (가)∼(라)에 대한 자료이다.

혼합 용액	혼합 전 용액의 부피(mL)		생성된 물 분자 수 (상댓값)	액성
	HCl	KOH		
(가)	5	10	1	염기성
(나)	10	5	2	㉠
(다)	15	5	2	산성
(라)	20	30	㉡	㉢

이에 대한 설명으로 옳은 것만을 <보기>에서 있는 대로 고른 것은?

| 보기 |
ㄱ. '중성'은 ㉠에 해당한다.
ㄴ. '4'는 ㉡에 해당한다.
ㄷ. '염기성'은 ㉢에 해당한다.

① ㄱ ② ㄷ ③ ㄱ, ㄴ
④ ㄴ, ㄷ ⑤ ㄱ, ㄴ, ㄷ

283

다음은 지구시스템에서 물의 순환의 일부를 나타낸 것이다. (가)∼(다)는 물이 순환하는 각 과정에서 나타나는 상태 변화이다.

바닷물 →(가)→ 수증기 →(나)→ 구름 →(다)→ 눈

이에 대한 설명으로 옳은 것만을 <보기>에서 있는 대로 고른 것은?

| 보기 |
ㄱ. (가)는 흡열 반응이다.
ㄴ. (나)에서 에너지가 방출된다.
ㄷ. (다)는 응고이다.

① ㄱ ② ㄷ ③ ㄱ, ㄴ
④ ㄴ, ㄷ ⑤ ㄱ, ㄴ, ㄷ

284

다음은 기능성 섬유 (가)와 (나)에 대한 자료이다.

- (가)는 레이온과 아크릴 소재를 활용한 기능성 섬유이다. 우리 몸에서 배출된 땀은 증발해 수증기가 되는데 이 수증기가 (가)에 흡착되면 액체 상태로 변하여 에너지를 (㉠)하는 것이다.
- 상변화 물질(PCM, Phase Change Materials)을 넣은 섬유인 ㉡ (나)로 만든 셔츠를 입은 마네킹에 일정한 열을 가하고 마네킹의 온도를 측정했더니 일반 셔츠를 입은 마네킹에 비해 온도가 3∼4 ℃ 가량 낮게 나타났다.

이에 대한 설명으로 옳은 것만을 <보기>에서 있는 대로 고른 것은?

| 보기 |
ㄱ. '방출'은 ㉠에 해당한다.
ㄴ. ㉡에서 (나)의 상변화 물질(PCM)로부터 마네킹으로 열이 이동한다.
ㄷ. (가)와 (나) 모두 소재가 열을 흡수하는 반응을 이용한다.

① ㄱ ② ㄴ ③ ㄱ, ㄷ
④ ㄴ, ㄷ ⑤ ㄱ, ㄴ, ㄷ

285

그림은 4가지 상태 변화를 몇 가지 기준에 따라 분류한 것이다.

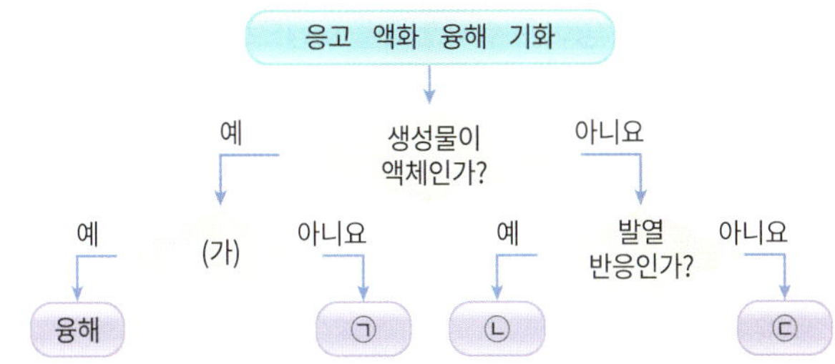

이에 대한 설명으로 옳은 것만을 <보기>에서 있는 대로 고른 것은?

| 보기 |
ㄱ. '흡열 반응인가?'는 (가)에 해당한다.
ㄴ. ㉠은 '액화'이다.
ㄷ. ㉡과 ㉢의 반응물은 액체로 같다.

① ㄱ   ② ㄴ   ③ ㄷ
④ ㄱ, ㄴ   ⑤ ㄱ, ㄴ, ㄷ

286

다음은 실생활에서 일어나는 3가지 현상이다.

㉠ 철 가루와 산소가 반응하여 손난로가 뜨거워진다.   ㉡ 가스가 연소하여 국이 끓는다.   ㉢ 산화 칼슘이 물에 녹으면서 음식물을 뜨겁게 한다.

㉠~㉢에서 일어나는 반응의 공통점으로 옳은 것만을 <보기>에서 있는 대로 고른 것은?

| 보기 |
ㄱ. 발열 반응이다.
ㄴ. 산화·환원 반응이다.
ㄷ. 반응물의 에너지보다 생성물의 에너지가 더 크다.

① ㄱ   ② ㄴ   ③ ㄱ, ㄷ
④ ㄴ, ㄷ   ⑤ ㄱ, ㄴ, ㄷ

287

다음은 산화 칼슘과 물의 반응 실험이다.

[자료]
• 용액에 에너지가 공급될 때, 용액의 온도 변화는 반응하는 산화 칼슘의 양에 비례하고, 용액의 전체 질량에 반비례한다.

[실험 과정]
(가) 물 300 g을 준비하여 처음 온도(t_1)를 측정한다.
(나) w g의 산화 칼슘이 든 비커에 (가)의 물을 모두 넣고 반응시킬 때 온도 변화를 측정하여 가장 높은 온도(t_h)를 기록한다.
(다) 산화 칼슘의 질량을 각각 $3w$ g, $5w$ g으로 하여 과정 (가), (나)를 반복한다.

[실험 결과]
• $t_1 = 25\ ℃$
• 산화 칼슘 질량에 따른 가장 높은 온도와 처음 온도의 차

물의 질량(g)	300	300	300
산화 칼슘의 질량(g)	w	$3w$	$5w$
$t_h - t_1$(상댓값)	3	8	x

$\dfrac{x}{w}$ 는?

① $\dfrac{3}{10}$ ② $\dfrac{3}{5}$ ③ $\dfrac{3}{4}$
④ $\dfrac{6}{5}$ ⑤ $\dfrac{13}{10}$

288

다음 (가)~(다)는 화학 변화와 에너지 출입을 이용한 사례에 대한 설명이다.

(가) 에어컨이 실내 온도를 낮춘다.
(나) 탄산수소 나트륨을 소화기에 이용한다.
(다) 과수원에서 냉해 예방을 위해 과일나무에 물을 뿌린다.

이에 대한 설명으로 옳은 것만을 <보기>에서 있는 대로 고른 것은?

| 보기 |
ㄱ. 흡열 반응을 이용한 사례는 2가지이다.
ㄴ. (가)와 (다)에서 일어나는 물질의 상태 변화는 같다.
ㄷ. (나)에서 탄산수소 나트륨이 분해될 때 주변의 온도가 낮아진다.

① ㄱ   ② ㄴ   ③ ㄱ, ㄷ
④ ㄴ, ㄷ   ⑤ ㄱ, ㄴ, ㄷ

289

그림은 황산 구리(Ⅱ)($CuSO_4$) 수용액에 금속 M을 넣었을 때 수용액 속 양이온 수의 변화를 나타낸 것이다.

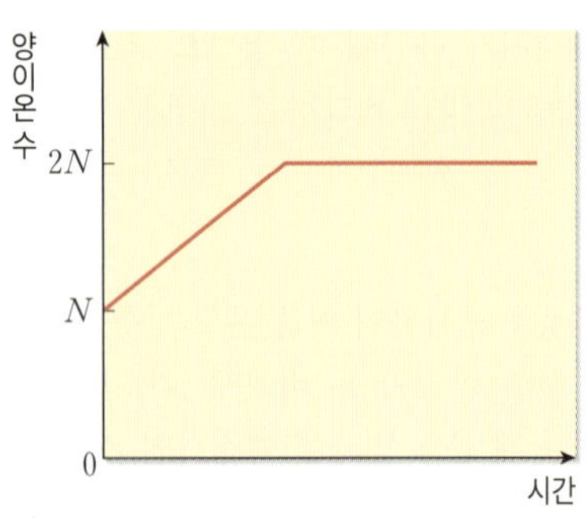

금속 M 이온의 전하 크기를 쓰고, 그렇게 답한 까닭을 설명하시오. (단, M은 임의의 원소 기호이다.)

290

다음 3가지 물질은 공통적인 성질을 가지는 물질이다.

$$HCl \qquad CH_3COOH \qquad H_2SO_4$$

이 물질들이 공통적인 성질을 나타내는 까닭을 확인하기 위해 다음과 같은 실험을 설계했다.

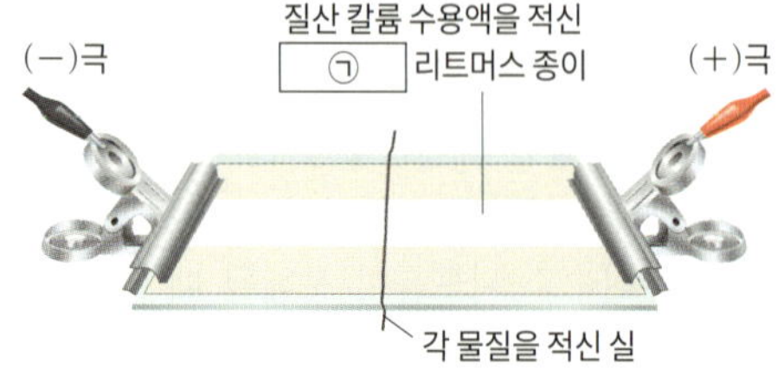

올바른 실험의 결과를 얻기 위해 필요한 리트머스 종이의 색 ㉠을 쓰고, 각 물질을 적신 실을 올려놓고 전류를 흘려 줄 때의 결과를 예측하여 설명하시오.

291

그림은 산성인 A 수용액 10 mL에 염기성인 B 수용액 10 mL를 넣었을 때 혼합 용액 속 양이온 수의 변화를 모형으로 나타낸 것이다.

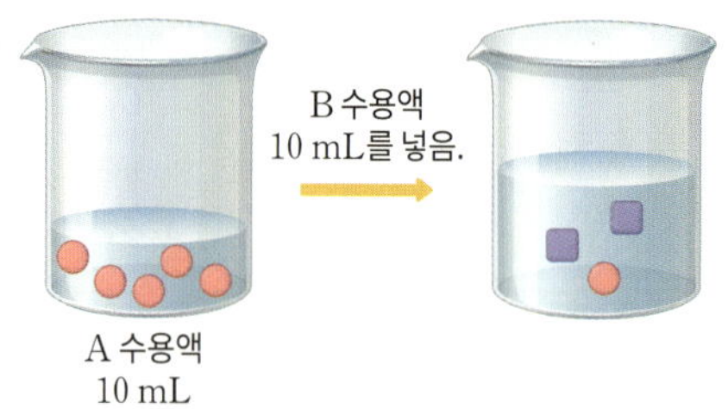

A 수용액 30 mL를 모두 중화하는 데 필요한 B 수용액의 부피를 구하고, 그렇게 답한 까닭을 설명하시오.

292

다음은 반응 (가)~(다)에 대한 설명이다.

> (가) 철 가루와 산소의 반응
> (나) 염산과 수산화 나트륨 수용액의 반응
> (다) 산화 칼슘과 물의 반응

㉠과 ㉡에 들어갈 알맞은 말을 쓰시오.

> (가)~(다)는 (㉠) 반응으로 반응이 일어나면 주변의 온도가 (㉡)진다.

293

그림은 냄비에 물을 끓이는 모습을 나타낸 것이다.

위에서 일어나는 반응 중 에너지가 출입하는 반응 3가지를 반응물과 생성물 및 에너지의 출입을 포함하여 설명하시오.

294

그림은 질산 은($AgNO_3$) 수용액에 금속 X를 넣고 반응시켰을 때 반응 전과 후 수용액에 존재하는 이온을 모형으로 나타낸 것이다. ●, ■, ▲는 각각 X의 이온(X^{n+}), 은 이온(Ag^+), 질산 이온(NO_3^-) 중 하나이다.

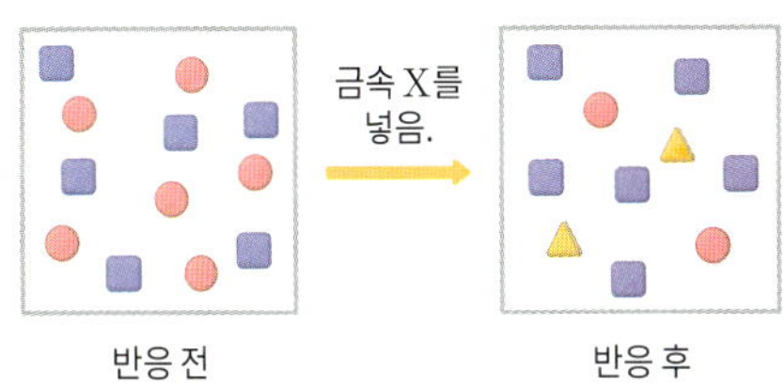

이에 대한 설명으로 옳은 것만을 <보기>에서 있는 대로 고른 것은? (단, X는 임의의 원소 기호이다.)

| 보기 |

ㄱ. ■은 NO_3^-이다.
ㄴ. 은 이온(Ag^+)은 전자를 얻고 환원된다.
ㄷ. $n=2$이다.

① ㄱ 　② ㄴ 　③ ㄱ, ㄷ
④ ㄴ, ㄷ 　⑤ ㄱ, ㄴ, ㄷ

295

그림 (가)~(다)는 HA 수용액 20 mL에 BOH 수용액을 10 mL씩 2번 넣었을 때, 수용액 속의 이온을 모형으로 나타낸 것이다.

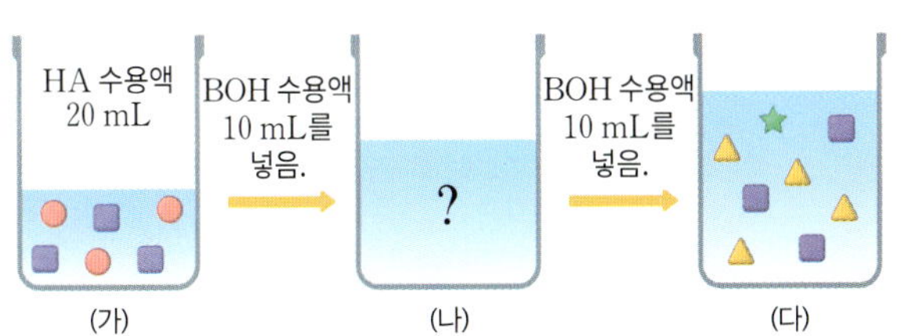

이에 대한 설명으로 옳은 것만을 <보기>에서 있는 대로 고른 것은?

| 보기 |

ㄱ. ■와 ★은 음이온이다.
ㄴ. (나)와 (다)를 혼합한 용액에 페놀프탈레인 용액을 떨어뜨리면 용액의 색이 붉은색으로 변한다.
ㄷ. HA와 BOH를 3 : 4의 부피비로 혼합한 용액의 액성은 중성이다.

① ㄱ 　② ㄴ 　③ ㄱ, ㄴ
④ ㄱ, ㄷ 　⑤ ㄴ, ㄷ

296

표는 묽은 염산(HCl)과 수산화 나트륨($NaOH$) 수용액의 부피를 달리하여 혼합한 용액 (가)~(다)에 대한 자료이다.

혼합 용액	혼합 전 용액의 부피(mL)		BTB 용액을 넣었을 때 용액의 색	H^+ 또는 OH^-의 수 (상댓값)
	HCl	NaOH		
(가)	60	30	노란색	1
(나)	30	20	파란색	1
(다)	30	10	㉠	2

이에 대한 설명으로 옳은 것만을 <보기>에서 있는 대로 고른 것은?

| 보기 |

ㄱ. ㉠은 '노란색'이다.
ㄴ. 용액 속에 들어 있는 양이온 수는 (가)가 (나)의 2배이다.
ㄷ. 반응으로 생성된 물의 양은 (나)가 (다)의 2배이다.

① ㄱ 　② ㄴ 　③ ㄱ, ㄷ
④ ㄴ, ㄷ 　⑤ ㄱ, ㄴ, ㄷ

297

다음 (가)와 (나)는 2가지 반응에 대한 설명이다.

(가) 묽은 염산이 담긴 비커에 수산화 나트륨 수용액을 넣어 반응시켰더니 비커가 따뜻해졌다.
(나) 물을 뿌린 나무판 위에 비커를 올리고 고체 상태의 염화 암모늄과 수산화 바륨을 비커 안에 넣고 반응시켰더니, 비커 안의 고체 혼합물이 용액으로 변하고 나무판이 비커에 달라붙어 들어 올려졌다.

이에 대한 설명으로 옳은 것만을 <보기>에서 있는 대로 고른 것은?

| 보기 |

ㄱ. (가)에서 일어나는 반응은 중화 반응이다.
ㄴ. (나)에서 나무판 위의 물의 상태가 변할 때 에너지를 흡수한다.
ㄷ. (가)와 (나)에서 모두 에너지의 출입이 일어난다.

① ㄱ 　② ㄴ 　③ ㄷ
④ ㄱ, ㄷ 　⑤ ㄱ, ㄴ, ㄷ

5초의 법칙

'5, 4, 3, 2, 1' 카운트다운이 끝나면 로켓은 땅을 박차고 하늘로 솟구칩니다. 동기 부여 전문가 멜 로빈슨은 우연히 로켓 발사 장면을 TV를 통해 지켜보다가 자신의 일상에서 5초를 카운트하는 용기를 발휘했습니다. 5초의 법칙이란 '5, 4, 3, 2, 1'을 카운트하며, 마음이 바뀌는 틈을 주지 않고 바로 행동하는 것입니다. 예를 들어, '조금만 더 자자.'라는 유혹에 시달리는 아침에 '5, 4, 3, 2, 1'을 카운트한 후 로켓처럼 바로 잠자리에서 박차고 일어나는 것입니다. 5초의 법칙을 적용한 이후부터 멜 로빈슨은 알코올 중독증을 치료하고, 단절된 경력을 극복하여 CNN에서 방송 진행자로, 작가로 긍정적인 삶을 이어가고 있습니다.

5초의 법칙을 효과적으로 실행하는 방법입니다.

1. 무엇이든 하고자 하는 목표를 떠올린다.

2. 구체적인 목표를 세운다.

3. 계획을 실행해야 하는 순간이 온다.

4. 딱 5초 카운트다운을 한다.

5. 실행한다.

Ⅱ 환경과 에너지

학습하기 전 꼭 알아야 할 핵심 개념이 무엇인지 확인하고, 어려운 개념은 ☑ 표시해 놓고 반복 학습하세요.

1. 생태계와 환경

07 생물과 환경

- ☐ 생태계
- ☐ 생물요소
- ☐ 비생물요소
- ☐ 생물과 환경의 상호 관계

08 생태계평형

- ☐ 먹이 관계
- ☐ 생태피라미드
- ☐ 생태계평형

09 지구 환경의 변화

- ☐ 온실 효과와 지구 온난화
- ☐ 지구 열수지
- ☐ 사막화와 엘니뇨
- ☐ 지구 환경 변화의 대처 방안

2. 에너지

10 에너지

- ☐ 태양 에너지
- ☐ 핵융합
- ☐ 질량 결손
- ☐ 태양 에너지의 전환

11 발전과 전자기 유도

- ☐ 전자기 유도
- ☐ 발전
- ☐ 화력 발전
- ☐ 핵발전

12 에너지 효율과 신재생 에너지

- ☐ 에너지 전환과 보존
- ☐ 에너지 효율
- ☐ 열효율
- ☐ 신재생 에너지

07 생물과 환경

1 생태계구성요소

1 개체, 개체군, 군집, 생태계의 관계

개체	독립적으로 생명활동을 할 수 있는 하나의 생명체
개체군	일정한 지역에 사는 같은 종의 개체들로 이루어진 무리
군집	일정한 지역에 사는 개체군들로 이루어진 무리
생태계	군집을 구성하는 생물이 다른 생물 및 주변 환경과 영향을 주고받으며 살아가는 체계

2 생태계구성요소
생태계는 생물요소와 비생물요소로 구성된다.

생물요소	생태계에서 살아가는 모든 생물
비생물요소	물, 빛, 공기, 온도, 토양 등 생물이 살아가는 데 영향을 미치는 환경

꼭 나오는 자료 생태계구성요소

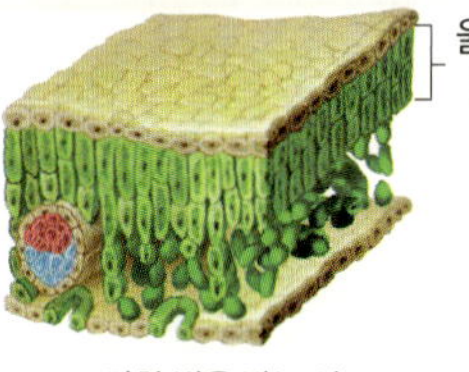

❶ 생물요소는 생산자, 소비자, 분해자로 구분한다.

생산자	광합성으로 생명활동에 필요한 양분을 스스로 만든다. 예 식물, 식물 플랑크톤
소비자	스스로 양분을 만들지 못하고 다른 생물을 먹이로 하여 양분을 얻는다. 예 동물, 동물 플랑크톤
분해자	다른 생물의 사체나 배설물을 분해하여 양분을 얻는다. 예 버섯, 세균, 곰팡이

❷ 비생물요소는 생물이 살아가는 터전을 제공하며 생태계를 유지하는 데 중요한 역할을 한다.
❸ 생태계구성요소 사이에는 다양한 상호작용이 일어난다.

> **필수 유형** 생태계구성요소에 대해 묻는 문제가 자주 출제된다.
> 🔗 78쪽 308번

2 생물과 환경의 상호 관계

1 비생물요소가 생물요소에 미치는 영향
비생물요소는 생물의 생활 방식, 번식 방법, 서식 장소 등에 영향을 미치며, 이 과정에서 생물은 비생물요소인 환경에 적응한다.

① 빛
- 빛의 세기가 강한 곳에 사는 식물의 잎은 두껍고, 빛의 세기가 약한 곳에 사는 식물의 잎은 얇고 넓다.
- 하나의 식물에서도 강한 빛을 받는 잎은 광합성이 활발하게 일어나는 울타리조직이 발달되어 있기 때문에 약한 빛을 받는 잎보다 두껍다.

- 식물은 종류마다 생존에 유리한 빛의 세기가 다르기 때문에 어떤 식물은 빛의 세기가 강한 곳에서 잘 자라고 어떤 식물은 빛의 세기가 약한 곳에서 잘 자란다.
- 닭, 꾀꼬리, 종달새는 일조 시간이 길어지는 시기에 번식하고, 사슴, 송어, 노루는 일조 시간이 짧아지는 시기에 번식한다. 일조 시간은 햇빛이 실제로 지표면에 내리쬐는 시간이다.
- 상추는 일조 시간이 길어지는 시기에 꽃이 피고, 국화는 일조 시간이 짧아지는 시기에 꽃이 핀다.

② 온도
- 체온을 일정하게 유지하는 동물 중 추운 지방에 사는 동물은 깃털이나 털이 발달되어 있고, 피하 지방층이 두꺼워 몸에서 열이 방출되는 것을 막는다.
- 포유류는 서식지의 기온이 낮을수록 몸집은 커지고 몸의 말단부는 작아져 체온을 유지하기에 유리하다.
  예 사막여우는 북극여우에 비해 몸집이 작고, 몸의 말단부가 크다. 몸의 열을 잘 방출할 수 있다.

- 외부 온도에 따라 체온이 변하는 동물은 햇빛이나 그늘을 찾거나, 겨울이 되면 체온이 낮아져 물질대사 속도가 느려지므로 겨울잠을 자는 등의 방법으로 체온을 조절한다.
  예 뱀, 개구리 등은 겨울이 되면 땅속에서 겨울잠을 잔다.

- 일부 식물은 기온이 낮아지면 단풍이 들거나 잎을 떨어뜨린다.
- 기온이 매우 낮은 곳에 사는 털송이풀과 한라솔이풀은 잎이나 줄기, 꽃에 털이 나 있어 체온이 낮아지는 것을 막는다.

③ 물
- 곤충은 몸 표면이 키틴질로 되어 있고, 뱀과 도마뱀은 몸 표면이 비늘로 덮여 있어 수분의 손실을 막는다.
- 새의 알은 단단한 껍데기로 싸여 있어 수분을 보존할 수 있다.
- 건조한 곳에 사는 선인장은 뿌리가 발달해 있고, 줄기에 많은 양의 물을 저장하며, 잎이 가시로 변해 수분의 증발을 막는다.
- 연꽃과 같이 물에서 사는 수생식물의 줄기와 뿌리에는 공기가 통하는 통기조직이 발달되어 있다.

통기조직을 통해 산소와 이산화 탄소를 교환하며, 물 위에 잘 뜰 수 있다.

④ 토양
- 염분이 높은 땅에 사는 함초와 같은 식물은 고농도의 염분을 저장하는 조직이 발달해 수분을 잘 흡수한다.

토양보다 세포 안의 염분 농도를 높게 유지하여 삼투로 물을 흡수한다.

- 토양의 깊이에 따라 공기의 함량이 다르며, 이에 따라 분포하는 세균의 종류가 달라진다.

⑤ 공기: 산소가 희박한 고산 지대에 사는 사람은 평지에 사는 사람보다 혈액 속 적혈구의 수가 많아 산소를 효율적으로 운반한다.

2 생물요소가 비생물요소에 미치는 영향
- 식물의 증산작용으로 숲은 다른 곳보다 시원하다.
- 숲이 울창해지면 지표면에 도달하는 빛의 세기가 약해진다.
- 생물의 호흡과 식물의 광합성은 공기 조성에 영향을 미친다.
- 비버가 강의 물길을 막는 댐을 만들면 강의 흐름이 느려지고 댐 주변이 습지 환경으로 바뀐다.
- 토양 속 미생물은 죽은 생물이나 배설물을 분해하여 생태계에서 물질을 순환시키는 역할을 한다.
- 지렁이의 배설물에는 양분이 많아 토양을 비옥하게 해 준다.
- 지렁이, 두더지, 땅강아지, 개미 등의 생물은 땅속에서 생활하면서 작은 굴을 파는데, 이는 토양에 공기가 잘 통하게 해 준다.
- 소의 트림에 포함된 온실 기체가 지구의 기온을 높인다.
- 고래의 배설물은 해양의 물질순환에 도움을 준다.
- 흰개미는 흙에 타액과 배설물을 섞어서 집을 만드는데, 이 과정에서 토양의 성질이 변해 흰개미 집 주변에는 식물이 잘 자란다.

3 생물요소가 생물요소에 미치는 영향
- 초식동물은 식물의 잎이나 열매 등을 먹고 산다.
- 식물은 초식동물의 배설물을 통해 씨앗을 퍼뜨린다.

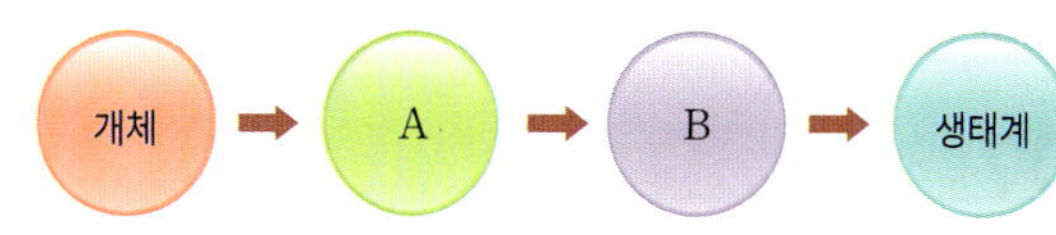

개념 확인 문제

298 그림은 생태계의 구조를 나타낸 것이다. A와 B가 무엇인지 각각 쓰시오.

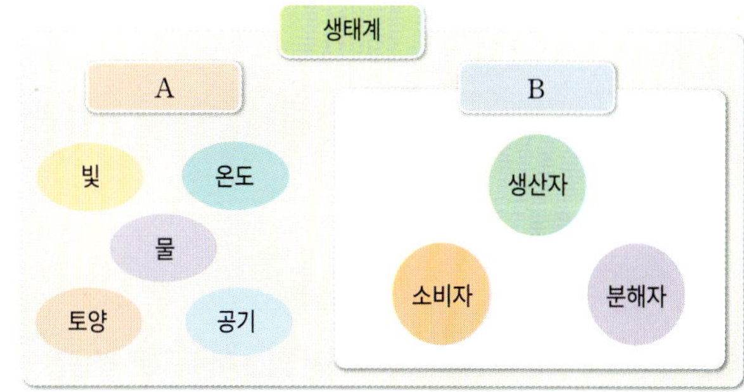

| 299~302 | 그림은 생태계구성요소를 나타낸 것이다. (   ) 안에 들어갈 알맞은 말을 쓰시오.

299 A는 (   )(으)로, 생물이 살아가는 데 영향을 미치는 환경이다.

300 B는 (   )(으)로, 생태계에서 살아가는 모든 생물이다.

301 다른 생물의 사체나 배설물을 분해하여 양분을 얻는 생물을 (   )(이)라고 한다.

302 광합성으로 생명활동에 필요한 양분을 스스로 만드는 생물을 (   )(이)라고 한다.

| 303~306 | 생물과 환경의 상호 관계에 대한 설명으로 옳은 것은 ○표, 옳지 **않은** 것은 ×표 하시오.

303 사막여우가 북극여우에 비해 몸집이 작고 귀가 큰 것과 가장 관련이 깊은 비생물요소는 빛이다. (   )

304 건조한 곳에 사는 선인장이 가시로 변한 잎을 가지는 것은 비생물요소가 생물요소에 영향을 미친 사례이다.
(   )

305 비버가 댐을 만들어 댐 주변이 습지 환경으로 바뀌는 것은 생물요소가 비생물요소에 영향을 미친 사례이다.
(   )

306 국화가 일조 시간이 짧아지는 시기에 꽃이 피는 것은 온도가 생물요소에 영향을 미친 사례이다. (   )

기출 분석 문제

1 생태계구성요소

307

그림은 어떤 생태계의 구조를 나타낸 것이다. (가)~(다)는 개체, 군집, 개체군을 순서 없이 나타낸 것이다.

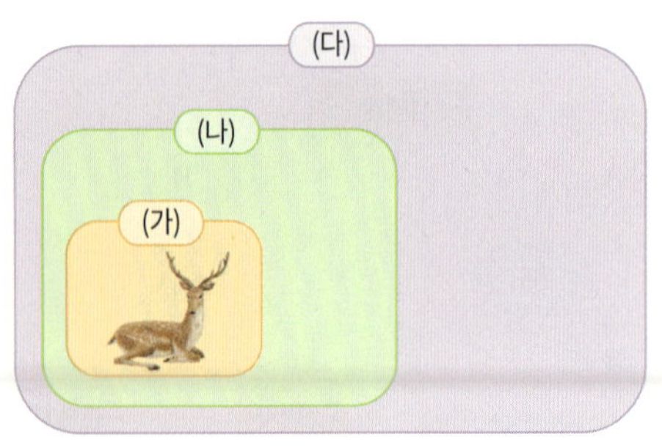

이에 대한 설명으로 옳은 것만을 <보기>에서 있는 대로 고른 것은?

| 보기 |

ㄱ. (가)는 개체이다.
ㄴ. 일정한 지역에 사는 여러 개체군이 모여 (나)를 이룬다.
ㄷ. (다)는 동일한 종으로 구성된다.

① ㄱ   ② ㄴ   ③ ㄷ
④ ㄱ, ㄷ   ⑤ ㄱ, ㄴ, ㄷ

308 필수 유형 ⬮ 76쪽 꼭 나오는 자료

그림은 생태계구성요소를 나타낸 것이다. (가)와 (나)는 생물요소와 비생물요소를 순서 없이 나타낸 것이다.

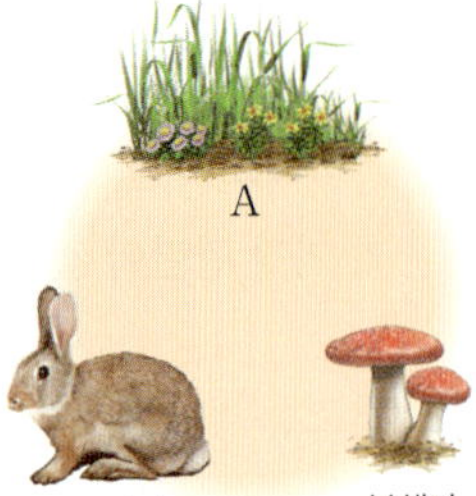

이에 대한 설명으로 옳은 것만을 <보기>에서 있는 대로 고른 것은?

| 보기 |

ㄱ. (가)는 비생물요소이다.
ㄴ. '공기'는 (나)에 해당한다.
ㄷ. '소나무'는 A에 해당한다.

① ㄱ   ② ㄴ   ③ ㄷ
④ ㄱ, ㄷ   ⑤ ㄱ, ㄴ, ㄷ

309

생태계구성요소에 대한 설명으로 옳지 <u>않은</u> 것은?

① 물, 빛, 온도는 모두 비생물요소에 포함된다.
② 생태계는 생물요소와 비생물요소로 구성된다.
③ 생태계구성요소 사이에는 다양한 상호작용이 일어난다.
④ 생물요소는 모두 다른 생물을 먹이로 하여 양분을 얻는다.
⑤ 생태계에서 살아가는 생물은 생산자, 소비자, 분해자로 구분할 수 있다.

| 310~311 | 표는 생물요소 (가)~(다)의 특징을 나타낸 것이다. (가)~(다)는 분해자, 생산자, 소비자를 순서 없이 나타낸 것이다. 물음에 답하시오.

생물요소	특징
(가)	다른 생물을 먹이로 하여 양분을 얻는다.
(나)	?
(다)	(가)와 (나)의 사체나 배설물을 분해하여 양분을 얻는다.

310 서술형

(나)가 무엇인지 쓰고, (나)의 특징을 양분과 관련지어 설명하시오.

311

다음은 어떤 생태계를 구성하는 생물요소를 ㉠~㉢으로 구분하여 나타낸 것이다.

㉠	㉡	㉢
참나무, 강아지풀	나비, 다람쥐	세균, 곰팡이

(가)~(다) 중 ㉠~㉢에 해당하는 생물요소를 옳게 짝 지은 것은?

	㉠	㉡	㉢
①	(가)	(나)	(다)
②	(가)	(다)	(나)
③	(나)	(가)	(다)
④	(나)	(다)	(가)
⑤	(다)	(가)	(나)

312

그림은 어떤 연못 생태계를 나타낸 것이다.

이에 대한 설명으로 옳은 것만을 <보기>에서 있는 대로 고른 것은?

┤ 보기 ├
ㄱ. 버섯은 분해자이다.
ㄴ. '물의 온도'는 비생물요소에 해당한다.
ㄷ. 오리와 개구리는 같은 개체군에 속한다.

① ㄱ   ② ㄷ   ③ ㄱ, ㄴ
④ ㄴ, ㄷ   ⑤ ㄱ, ㄴ, ㄷ

314

생물요소가 비생물요소에 영향을 미친 사례로 옳은 것은?

① 지렁이는 토양을 비옥하게 만든다.
② 기온이 낮아지면 단풍나무의 잎이 붉게 변한다.
③ 선인장에는 물을 저장하는 조직이 발달해 있다.
④ 꾀꼬리는 일조 시간이 길어지는 시기에 번식한다.
⑤ 기온이 낮은 곳에서 사는 한라솜이풀은 잎과 줄기에 털이 나 있다.

---

2. 생물과 환경의 상호 관계

313

그림은 생태계구성요소 사이의 상호 관계를 나타낸 것이다.

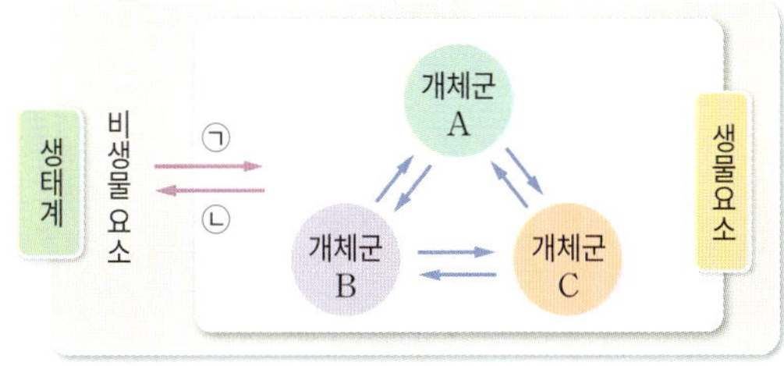

이에 대한 설명으로 옳은 것만을 <보기>에서 있는 대로 고른 것은?

┤ 보기 ├
ㄱ. 개체군 A, B, C가 모여 군집을 이룬다.
ㄴ. 산소가 희박한 고산 지대에 사는 사람의 적혈구 수가 평지에 사는 사람보다 많은 것은 ㉠에 해당한다.
ㄷ. 두더지가 땅속에 굴을 파 토양에 공기가 잘 통하게 해 주는 것은 ㉡에 해당한다.

① ㄱ   ② ㄴ   ③ ㄷ
④ ㄱ, ㄷ   ⑤ ㄱ, ㄴ, ㄷ

315

그림은 어떤 식물에서 서로 다른 위치에 있으면서 두께가 서로 다른 잎 (가)와 (나)의 단면 구조를 나타낸 것이다.

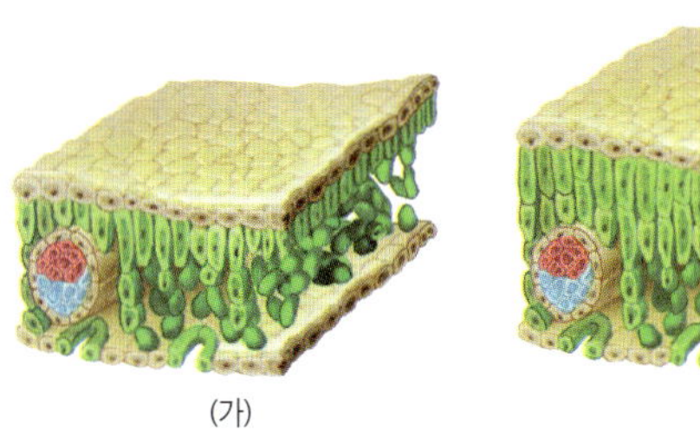

이에 대한 설명으로 옳은 것만을 <보기>에서 있는 대로 고른 것은?

┤ 보기 ├
ㄱ. 광합성은 (가)에서가 (나)에서보다 활발하게 일어난다.
ㄴ. 이 식물에서 (나)는 (가)보다 강한 빛을 받는 위치에 있다.
ㄷ. (가)와 (나)의 두께 차이와 가장 관련이 깊은 비생물요소는 빛이다.

① ㄱ   ② ㄴ   ③ ㄱ, ㄷ
④ ㄴ, ㄷ   ⑤ ㄱ, ㄴ, ㄷ

316

그림은 기후가 서로 다른 지역에 사는 두 종의 여우 (가)와 (나)를 나타낸 것이다.

(가)   (나)

이에 대한 설명으로 옳은 것만을 <보기>에서 있는 대로 고른 것은?

| 보기 |
ㄱ. (가)는 (나)보다 몸의 말단부가 크다.
ㄴ. (가)는 (나)보다 기온이 높은 지역에 산다.
ㄷ. (가)와 (나)의 몸 크기 차이에 영향을 미친 비생물요소는 온도이다.

① ㄱ   ② ㄴ   ③ ㄷ
④ ㄱ, ㄷ   ⑤ ㄱ, ㄴ, ㄷ

317 서술형

다음은 생물과 환경의 상호 관계에 대한 사례이다.

(가) 수생식물의 줄기와 뿌리에는 통기조직이 발달해 있다.
(나) 건조한 사막에 사는 도마뱀의 몸 표면은 비늘로 덮여 있다.

(가), (나)와 모두 관련이 깊은 비생물요소를 쓰고, 그렇게 판단한 까닭을 설명하시오.

318

다음은 생물과 환경의 상호 관계에 대한 사례이다.

(가) 식물의 광합성으로 공기의 성분이 변한다.
(나) ㉠ 식물은 종류마다 생존에 유리한 빛의 세기가 다르다.

이에 대한 설명으로 옳은 것만을 <보기>에서 있는 대로 고른 것은?

| 보기 |
ㄱ. ㉠은 생산자이다.
ㄴ. (가)는 비생물요소가 생물요소에 영향을 미친 사례이다.
ㄷ. (나)는 생물요소가 비생물요소에 영향을 미친 사례이다.

① ㄱ   ② ㄴ   ③ ㄱ, ㄷ
④ ㄴ, ㄷ   ⑤ ㄱ, ㄴ, ㄷ

319

다음은 생물과 환경의 상호 관계에 대한 사례이다.

(가) 소는 대기 중으로 메테인을 방출한다.
(나) 사람은 비료를 뿌려 땅을 비옥하게 한다.
(다) 남극에 사는 펭귄은 피하 지방층이 발달해 있다.

이에 대한 설명으로 옳은 것만을 <보기>에서 있는 대로 고른 것은?

| 보기 |
ㄱ. (가)는 공기가 생물에 영향을 미친 사례이다.
ㄴ. (나)는 생물요소가 비생물요소에 영향을 미친 사례이다.
ㄷ. (다)는 펭귄이 추운 지역에 적응한 결과이다.

① ㄱ   ② ㄷ   ③ ㄱ, ㄴ
④ ㄴ, ㄷ   ⑤ ㄱ, ㄴ, ㄷ

320

그림은 생태계구성요소 사이의 상호 관계를 나타낸 것이다.

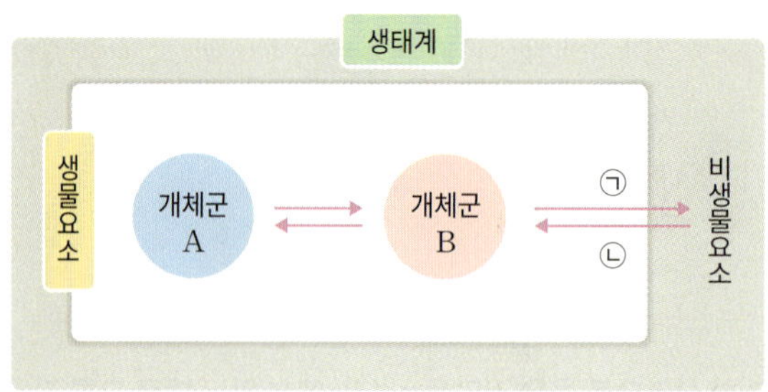

이에 대한 설명으로 옳은 것만을 <보기>에서 있는 대로 고른 것은?

| 보기 |
ㄱ. 개체군 A와 B는 서로 다른 종의 개체들로 이루어져 있다.
ㄴ. 국화가 일조 시간이 짧아지는 시기에 꽃이 피는 것은 ㉠의 예이다.
ㄷ. 개구리가 겨울잠을 자는 것은 ㉡의 예이다.

① ㄱ   ② ㄴ   ③ ㄷ
④ ㄱ, ㄷ   ⑤ ㄱ, ㄴ, ㄷ

321

다음은 습지에 사는 식물 (가)에 대한 자료이다.

> (가)는 그림과 같이 물 밖으로 나와 있는 뿌리를 통해 산소를 흡수할 수 있어 산소가 부족한 습지에서도 잘 살 수 있다.
>
> 

이에 대한 설명으로 옳은 것만을 <보기>에서 있는 대로 고른 것은?

| 보기 |
> ㄱ. (가)는 양분을 스스로 만든다.
> ㄴ. 물과 산소는 모두 비생물요소에 포함된다.
> ㄷ. (가)의 뿌리가 물 밖으로 나와 있는 것은 비생물요소가 생물요소에 영향을 미친 사례이다.

① ㄱ   ② ㄴ   ③ ㄷ
④ ㄱ, ㄷ   ⑤ ㄱ, ㄴ, ㄷ

322

다음은 생물과 환경의 상호 관계에 대한 사례이다.

> (가) ㉠ 새의 알은 단단한 껍데기로 싸여 있다.
> (나) ㉡ 은행나무는 대기 중의 산소 농도를 증가시킨다.
> (다) 염분이 높은 땅에 사는 ㉢ 함초는 고농도의 염분을 저장하는 조직이 발달해 있다.

이에 대한 설명으로 옳은 것만을 <보기>에서 있는 대로 고른 것은?

| 보기 |
> ㄱ. ㉠~㉢은 모두 소비자이다.
> ㄴ. (가)~(다) 중 공기와 관련이 가장 깊은 것은 (나)이다.
> ㄷ. (가)와 (다)는 모두 비생물요소가 생물요소에 영향을 미친 사례이다.

① ㄱ   ② ㄴ   ③ ㄱ, ㄷ
④ ㄴ, ㄷ   ⑤ ㄱ, ㄴ, ㄷ

323

그림은 사막에 사는 토끼 (가)와 북극에 사는 토끼 (나)의 생김새를 나타낸 것이다.

(가)   (나)

이에 대한 설명으로 옳은 것만을 <보기>에서 있는 대로 고른 것은?

| 보기 |
> ㄱ. 일반적으로 (나)는 (가)보다 몸집이 크다.
> ㄴ. (가)와 (나)의 생김새 차이에 영향을 미친 비생물요소는 물이다.
> ㄷ. 체내의 열을 방출하기 유리한 구조의 말단부를 갖는 토끼는 (가)이다.

① ㄱ   ② ㄴ   ③ ㄱ, ㄷ
④ ㄴ, ㄷ   ⑤ ㄱ, ㄴ, ㄷ

324

그림은 생태계구성요소 사이의 상호 관계 중 일부를 나타낸 것이다.

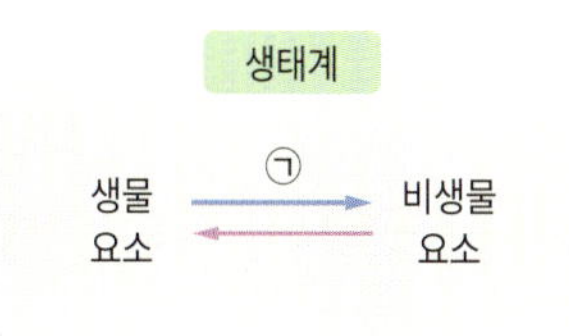

㉠의 예에 해당하는 것으로 옳은 것만을 <보기>에서 있는 대로 고른 것은?

| 보기 |
> ㄱ. 뱀은 토끼를 잡아먹는다.
> ㄴ. 일조 시간은 식물의 개화에 영향을 미친다.
> ㄷ. 동물의 호흡으로 대기 중의 이산화 탄소 농도가 증가한다.

① ㄱ   ② ㄷ   ③ ㄱ, ㄴ
④ ㄴ, ㄷ   ⑤ ㄱ, ㄴ, ㄷ

학교 시험 빈출 문제 중 내신 1등급을 결정하는 고난도 문제들을 수록했습니다.

325

다음은 연꽃에 대한 자료이다.

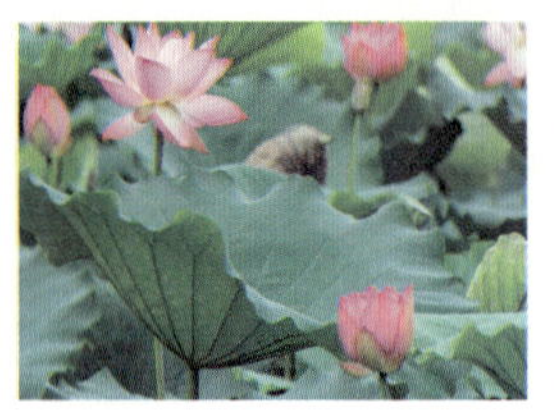

연꽃은 물에서 사는 수생식물로, 줄기와 뿌리에 공기가 통하는 통기조직이 발달되어 있어 잎으로 들어온 공기가 뿌리까지 잘 전달되며, 물 위에 잘 뜰 수 있다.

연꽃의 생김새에 영향을 미친 비생물요소와 가장 관련이 깊은 것은?

① 곤충은 몸 표면이 키틴질로 되어 있다.
② 토양의 깊이에 따라 분포하는 세균의 종류가 다르다.
③ 외부 온도에 따라 체온이 변하는 일부 동물은 겨울이 되면 겨울잠을 잔다.
④ 포유류는 서식지의 기온이 낮을수록 몸집이 커지고 몸 말단부가 작아진다.
⑤ 빛의 세기가 강한 곳에 사는 식물의 잎은 두껍고, 빛의 세기가 약한 곳에 사는 식물의 잎은 얇고 넓다.

326

그림은 생태계구성요소 A~C의 공통점과 차이점을, 표는 특징 ⊙과 ⓒ을 순서 없이 나타낸 것이다. A~C는 분해자, 생산자, 소비자를 순서 없이 나타낸 것이다.

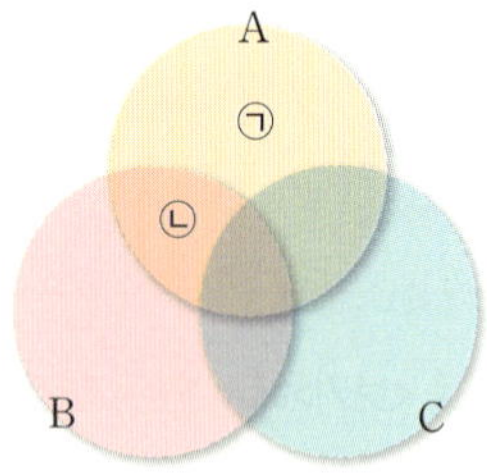

특징(⊙, ⓒ)
• 양분을 스스로 만들지 못한다.
• 생물의 사체나 배설물을 분해한다.

이에 대한 설명으로 옳은 것만을 <보기>에서 있는 대로 고른 것은?

| 보기 |
ㄱ. 메뚜기는 A에 해당한다.
ㄴ. '양분을 스스로 만들지 못한다.'는 ⓒ이다.
ㄷ. C는 광합성을 한다.

① ㄱ　　　　② ㄷ　　　　③ ㄱ, ㄴ
④ ㄴ, ㄷ　　　⑤ ㄱ, ㄴ, ㄷ

327

그림 (가)는 생태계구성요소 사이의 상호 관계를, (나)는 평균 해수면 온도에 따라 서식하는 해양 달팽이의 종 수를 나타낸 것이다.

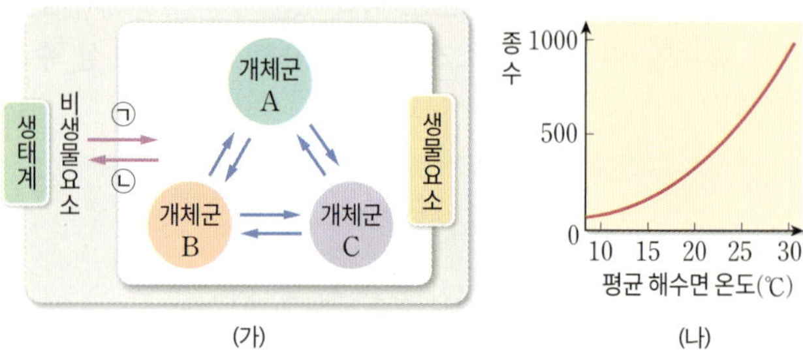

이에 대한 설명으로 옳은 것만을 <보기>에서 있는 대로 고른 것은?

| 보기 |
ㄱ. 개체군 A~C는 같은 생태계에 살며 군집을 이룬다.
ㄴ. 식물이 초식동물의 배설물을 통해 씨앗을 퍼뜨리는 것은 ⊙의 예에 해당한다.
ㄷ. (나)는 ⓒ의 예에 해당한다.

① ㄱ　　　　② ㄴ　　　　③ ㄱ, ㄷ
④ ㄴ, ㄷ　　　⑤ ㄱ, ㄴ, ㄷ

328 수능기출 변형

그림은 생태계구성요소 사이의 상호 관계를 나타낸 것이다.

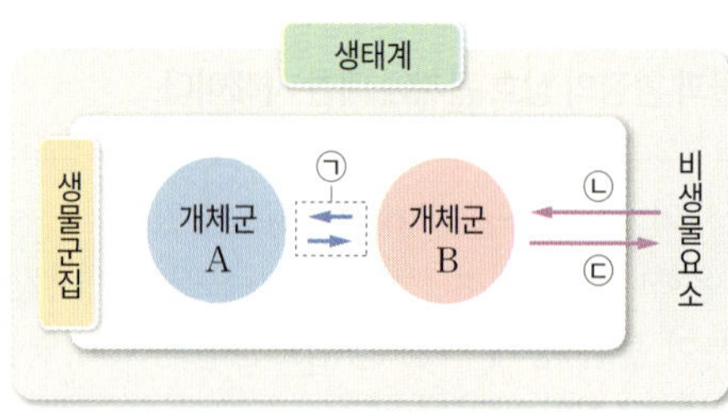

이에 대한 설명으로 옳은 것만을 <보기>에서 있는 대로 고른 것은?

| 보기 |
ㄱ. 세균은 생물군집에 속한다.
ㄴ. 같은 종의 개미가 개체마다 일을 분담하여 협력하는 것은 ⊙의 예에 해당한다.
ㄷ. 식물의 낙엽이 쌓이면 토양이 비옥해지는 것은 ⓒ의 예에 해당한다.

① ㄱ　　　　② ㄴ　　　　③ ㄱ, ㄷ
④ ㄴ, ㄷ　　　⑤ ㄱ, ㄴ, ㄷ

329

다음은 생물과 환경의 상호 관계에 대한 사례이다.

> (가) 식물 종 A가 그늘을 만들면 토양의 수분 증발량이 감소해 토양 속 염분 농도가 낮아진다.
> (나) 동물 종 B가 강의 물길을 막는 댐을 만들면 강의 흐름이 느려지고 댐 주변이 습지 환경으로 바뀐다.

이에 대한 설명으로 옳은 것만을 <보기>에서 있는 대로 고른 것은?

⎸보기⎸
> ㄱ. A와 B는 같은 개체군에 속한다.
> ㄴ. B는 다른 생물을 먹이로 하여 양분을 얻는다.
> ㄷ. (가)와 (나)는 모두 생물요소가 비생물요소에 영향을 미친 사례에 해당한다.

① ㄱ　　　　② ㄴ　　　　③ ㄱ, ㄷ
④ ㄴ, ㄷ　　　⑤ ㄱ, ㄴ, ㄷ

330 ★신유형

그림은 생태계구성요소 (가)와 (나)를, 표는 ㉠~㉢의 예를 나타낸 것이다. (가)와 (나)는 생물요소와 비생물요소를 순서 없이 나타낸 것이고, ㉠~㉢은 분해자, 생산자, 소비자를 순서 없이 나타낸 것이다.

요소	예
㉠	동물 플랑크톤
㉡	버섯
㉢	ⓐ

이에 대한 설명으로 옳은 것만을 <보기>에서 있는 대로 고른 것은?

⎸보기⎸
> ㄱ. 옥수수는 ⓐ에 해당한다.
> ㄴ. ㉡은 빛에너지를 이용해 양분을 합성한다.
> ㄷ. 바다의 깊이에 따라 도달하는 빛의 파장과 양이 달라 서식하는 해조류의 종류가 달라지는 것은 (나)가 (가)에 영향을 미친 사례에 해당한다.

① ㄱ　　　　② ㄷ　　　　③ ㄱ, ㄴ
④ ㄴ, ㄷ　　　⑤ ㄱ, ㄴ, ㄷ

331

그림은 어떤 생태계의 구조를 나타낸 것이다. (가)와 (나)는 군집과 개체군을 순서 없이 나타낸 것이다.

(가)와 (나)가 무엇인지 각각 쓰고, 그렇게 판단한 까닭을 이 생태계의 생물요소와 관련지어 설명하시오.

332

그림은 사막에 사는 선인장을 나타낸 것이다.

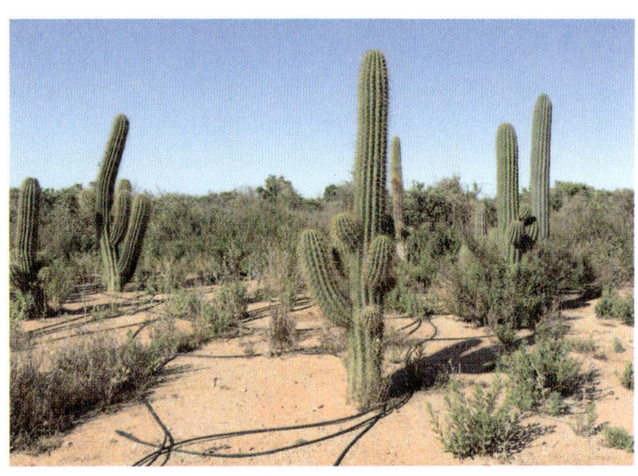

선인장이 건조한 사막 환경에 적응하여 가지게 된 특징을 1가지만 설명하시오.

08 생태계평형

1 먹이 관계와 생태피라미드

1 먹이 관계 생태계를 이루는 생물 사이에 먹고 먹히면서 에너지가 이동하는 관계

먹이사슬	생산자부터 최종 소비자까지 먹고 먹히는 관계를 사슬 모양으로 나타낸 것
먹이그물	여러 개의 먹이사슬이 그물처럼 복잡하게 형성되어 있는 것

2 생태계에서 에너지의 이동

① 생태계에서 생산자의 광합성에 의해 태양의 빛에너지가 화학 에너지로 전환되어 양분에 저장된다.

② 생산자의 광합성 결과 생성된 양분의 대부분은 생산자의 세포호흡으로 생명을 유지하는 데 사용되고, 나머지는 성장에 사용되거나 낙엽으로 떨어져 소모되고, 소비자의 먹이로 사용된다.

③ 양분 속 에너지는 먹이 관계를 따라 하위 영양단계에서 상위 영양단계로 전달된다. └ 영양단계는 개체군이 먹이사슬에서 차지하고 있는 위치이다.

④ 사체나 배설물에 포함된 양분의 형태로 분해자에게 에너지가 전달된다.

⑤ 각 영양단계의 생물이 가진 에너지 중 일부는 세포호흡을 통해 생명활동에 사용되거나 열에너지로 방출된다. → 상위 영양단계로 갈수록 전달되는 에너지양은 점점 줄어든다.

3 생태피라미드 각 영양단계의 에너지양, 개체수, 생물량(생체량)을 하위 영양단계에서 상위 영양단계로 순서대로 쌓아 올린 것으로, 안정된 생태계에서는 일반적으로 상위 영양단계로 갈수록 그 양이 줄어들어 피라미드 형태를 이룬다. └ 생물량은 일정한 지역에 서식하는 생물의 총중량이다.

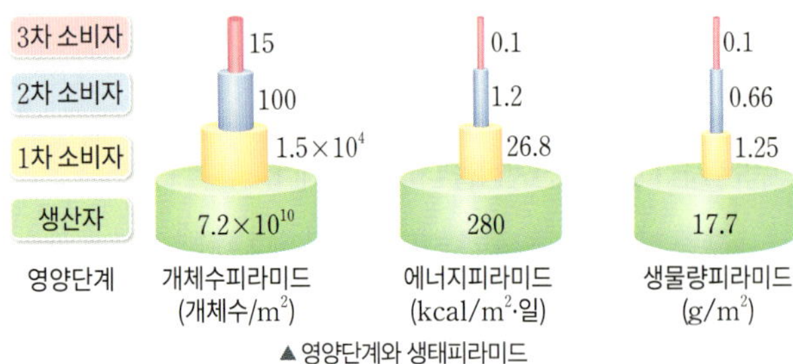

▲ 영양단계와 생태피라미드

2 생태계평형의 유지

1 생태계평형 생태계를 구성하는 생물의 종류, 개체수, 에너지의 이동 등이 균형을 이루면서 안정적으로 유지되는 상태

2 먹이 관계와 생태계평형 └ 종다양성이 높을수록 복잡한 먹이그물이 형성되므로 생태계평형이 잘 유지된다.

① 생태계평형은 주로 생물들 사이의 먹이 관계에 의해 유지되는데, 먹이 관계가 복잡할수록 생태계평형이 잘 유지된다. └ 특정 생물종이 사라져도 대체할 수 있는 생물종이 있다.

② 군집을 구성하는 개체군 사이의 먹이 관계는 각 개체군의 개체수에 서로 영향을 미친다.

📌 포식과 피식 관계에 있는 두 개체군의 개체수 변동

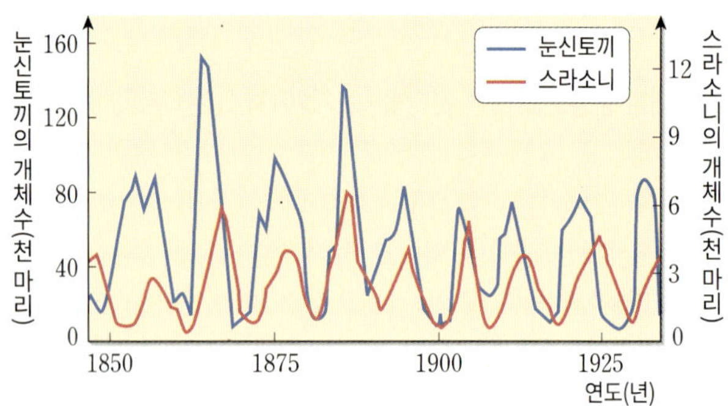

▲ 포식자인 스라소니와 피식자인 눈신토끼의 개체수 변동

눈신토끼의 개체수가 증가하면 눈신토끼를 잡아먹는 스라소니의 개체수가 증가한다. → 스라소니의 먹이인 눈신토끼의 개체수가 감소한다. → 먹이가 부족해진 스라소니의 개체수가 감소한다. → 눈신토끼의 개체수가 다시 증가한다.
➜ 포식자인 스라소니와 피식자인 눈신토끼의 개체수 변동은 약 10년을 주기로 반복된다.

3 생태계평형의 회복 안정된 생태계는 생태계평형이 일시적으로 깨지더라도 먹이 관계가 잘 형성되어 있으므로 다시 원래 상태로 회복될 수 있다.

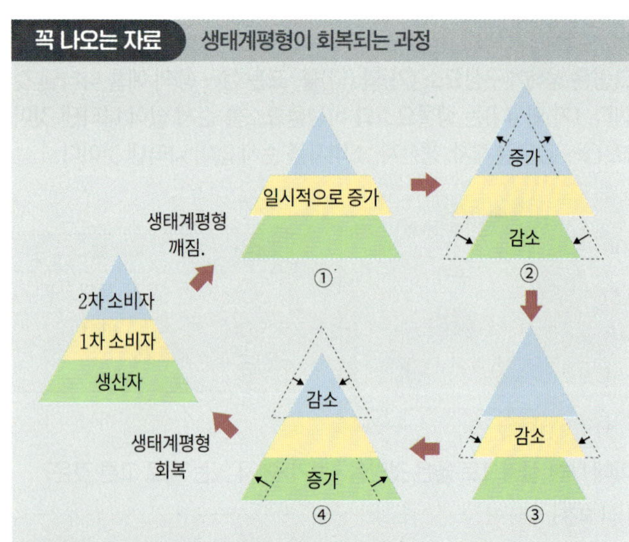

① 1차 소비자의 개체수가 일시적으로 증가한다. ➜ 생태계평형이 깨진다.
② 1차 소비자의 먹이인 생산자의 개체수가 감소하고, 1차 소비자를 먹이로 하는 2차 소비자의 개체수가 증가한다.
③ 2차 소비자의 먹이인 1차 소비자의 개체수가 감소한다.
④ 1차 소비자의 먹이인 생산자의 개체수가 증가하고, 1차 소비자를 먹이로 하는 2차 소비자의 개체수가 감소한다. ➜ 생태계평형이 회복된다.

필수 유형 생태계평형이 깨진 상태에서 먹이 관계에 의해 다시 평형 상태로 회복되는 과정에 대해 묻는 문제가 자주 출제된다. 𝒫88쪽 352번

3 환경 변화와 생태계

1 생태계에 영향을 미치는 환경 변화

생태계가 스스로 회복할 수 있는 수준을 넘어서는 환경 변화를 겪으면 생태계는 평형을 유지하기 어렵다.

① 자연재해: 지진, 태풍, 홍수, 화산 활동 등과 같은 자연재해에 의해 생물의 서식지가 사라지고 생물의 개체수가 감소하여 생태계평형이 깨질 수 있다.

② 인간의 활동: 인위적인 개발과 무분별한 벌목에 의한 서식지파괴, 환경오염, 기후 변화, 남획, 외래생물(외래종)의 도입 등 인간의 활동에 의해 생태계평형이 깨질 수 있다.

- 지구 온난화로 알프스산맥에서는 빙하의 절반 이상이 사라졌다.
- 공장에서 배출한 오염 물질로 인해 산성비가 내려 주변 삼림이 황폐해졌다.
- 외래생물인 가시박은 물가 주변에 사는 나무를 덮어서 말라 죽게 한다.

2 인간의 활동이 생태계평형에 미치는 영향

① 생태계평형이 깨진 사례(미국 카이바브 고원)

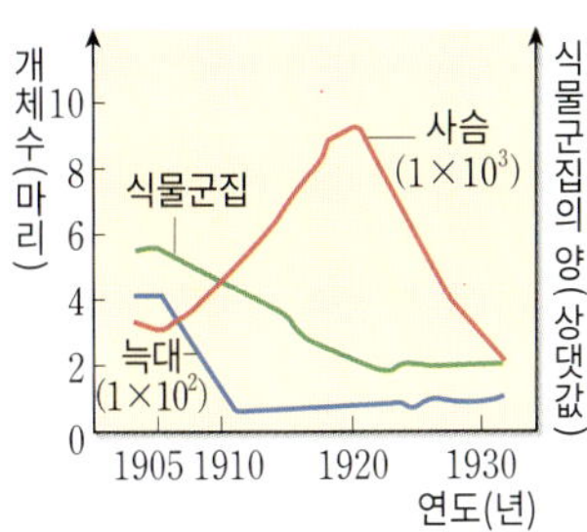

1905년 카이바브 고원에 살고 있는 사슴을 보호하기 위해 포식자인 늑대의 사냥을 허용했다. 그 결과 사슴의 개체수가 증가하여 사슴의 먹이인 식물군집의 양이 감소했고, 이로 인해 사슴의 개체수가 급격히 감소했다.

② 생태계평형이 회복된 사례(모잠비크 고롱고사 국립 공원)

1차 소비자의 개체수가 급증한 고롱고사 국립 공원에 2차 소비자인 아프리카들개를 도입했다. 그 결과 1차 소비자의 개체수가 감소했고, 생산자의 개체수가 증가하여 생태계평형이 회복되었다.

3 생태계평형 유지를 위한 노력

생태계가 파괴되면 회복하는데 오랜 시간과 많은 노력이 필요하므로 생태계평형을 유지하기 위해 노력해야 한다.

① 기후 변화의 원인 중 하나인 이산화 탄소의 배출량을 줄인다.

환경 영향 평가는 개발로 인한 환경 파괴와 환경오염을 방지하기 위해 환경에 미칠 영향을 종합적으로 예측, 분석, 평가하는 제도이다.

② 환경 영향 평가와 같은 제도적 장치를 활용해 생태계에 미칠 수 있는 영향을 분석하고 검토하여 무분별한 개발을 막는다.

③ 도로나 철도 등을 건설할 때에는 동물이 단절된 서식지 사이를 오갈 수 있도록 생태통로를 설치한다.

④ 숲이나 공원 등을 조성하고 하천을 복원하여 도시의 생태적 기능을 높인다.

⑤ 보호해야 할 생물이나 서식지를 천연기념물로 지정하여 보호한다.

⑥ 생태적으로 보전 가치가 있는 생태계를 국립 공원이나 보호 구역으로 지정하여 관리한다.

⑦ 생태계보전을 위해 법을 제정하거나 국제 협약을 맺는다.

---

333 다음은 먹이 관계에 대한 설명이다. ( ) 안에 들어갈 알맞은 말을 쓰시오.

> 먹이 관계는 생산자부터 최종 소비자까지 먹고 먹히는 관계를 사슬 모양으로 나타낸 (㉠)와/과 여러 개의 (㉠)이/가 그물처럼 복잡하게 형성되어 있는 (㉡)이/가 있다.

334 다음은 어떤 안정된 생태계의 에너지피라미드에 대한 설명이다. ( ) 안에 들어갈 알맞은 말을 고르시오.

> 각 영양단계의 에너지양을 ㉠ (상위, 하위) 영양단계에서 ㉡ (상위, 하위) 영양단계로 순서대로 쌓아 올리면 위로 갈수록 줄어드는 피라미드 형태를 이룬다.

| 335~337 | 먹이 관계와 생태계평형에 대한 설명으로 옳은 것은 ○표, 옳지 않은 것은 ✕표 하시오.

335 생태계평형은 생태계를 구성하는 생물의 종류, 개체수, 에너지의 이동 등이 안정적으로 유지되는 상태이다.

( )

336 먹이 관계가 단순할수록 생태계평형이 잘 유지된다.

( )

337 안정된 생태계는 생태계평형이 일시적으로 깨지더라도 다시 원래 상태로 회복될 수 있다. ( )

338 다음은 어떤 생태계에서 생태계평형이 깨졌을 때 다시 회복되는 과정을 나타낸 것이다. ( ) 안에 들어갈 알맞은 말을 고르시오.

> 1차 소비자의 개체수가 일시적으로 증가 → ㉠ (생산자, 2차 소비자)의 개체수 감소, ㉡ (생산자, 2차 소비자)의 개체수 증가 → 1차 소비자의 개체수 감소 → ㉢ (생산자, 2차 소비자)의 개체수 감소, ㉣ (생산자, 2차 소비자)의 개체수 증가 → 생태계평형 회복

| 339~340 | 환경 변화와 생태계에 대한 설명으로 옳은 것은 ○표, 옳지 않은 것은 ✕표 하시오.

339 인간의 활동은 생태계평형에 영향을 미치지 않는다.

( )

340 환경 영향 평가는 생태계평형 유지를 위한 노력에 해당한다. ( )

기출 분석 문제

1 먹이 관계와 생태피라미드

341

그림은 어떤 생태계의 먹이그물을 나타낸 것이다.
이에 대한 설명으로 옳은 것만을 <보기>에서 있는 대로 고른 것은?

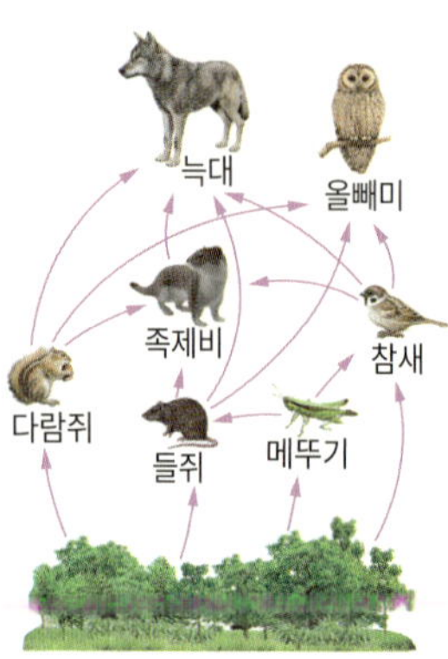

| 보기 |
ㄱ. 참새와 올빼미는 모두 소비자이다.
ㄴ. 들쥐는 1차 소비자이면서 2차 소비자이다.
ㄷ. 메뚜기와 다람쥐는 동일한 영양단계에 있다.

① ㄱ   ② ㄴ   ③ ㄱ, ㄷ
④ ㄴ, ㄷ   ⑤ ㄱ, ㄴ, ㄷ

342

어떤 생태계에서 생산자의 광합성 결과 생성된 양분의 쓰임으로 옳지 않은 것은?

① 낙엽으로 떨어져 소모된다.
② 생산자의 성장에 사용된다.
③ 1차 소비자의 먹이로 사용된다.
④ 상위 영양단계로 모두 전달된다.
⑤ 생산자의 세포호흡으로 생명을 유지하는 데 쓰인다.

343

생태계에서 일어나는 에너지의 이동에 대한 설명으로 옳은 것만을 <보기>에서 있는 대로 고른 것은?

| 보기 |
ㄱ. 생태계에서 에너지는 먹이 관계를 따라 이동한다.
ㄴ. 에너지는 하위 영양단계에서 상위 영양단계로 이동한다.
ㄷ. 상위 영양단계로 갈수록 전달되는 에너지양은 점점 늘어난다.

① ㄱ   ② ㄷ   ③ ㄱ, ㄴ
④ ㄴ, ㄷ   ⑤ ㄱ, ㄴ, ㄷ

344

그림은 어떤 안정된 생태계 (가)에서 일어나는 에너지의 이동을 나타낸 것이다.

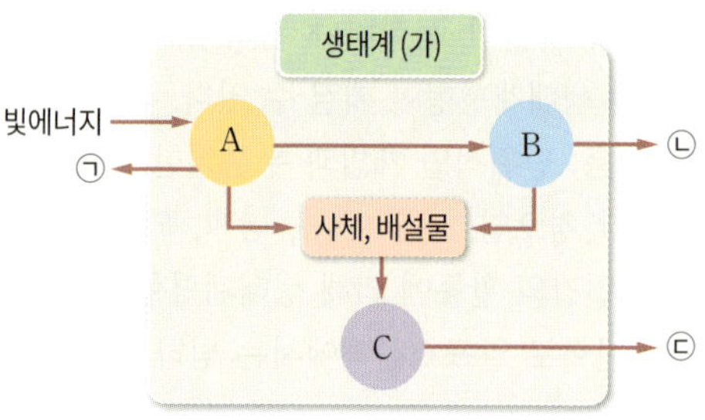

이에 대한 설명으로 옳은 것만을 <보기>에서 있는 대로 고른 것은?

| 보기 |
ㄱ. A는 생산자이다.
ㄴ. ㉠~㉢은 모두 열에너지이다.
ㄷ. (가)에는 2차 소비자가 없다.

① ㄱ   ② ㄴ   ③ ㄱ, ㄷ
④ ㄴ, ㄷ   ⑤ ㄱ, ㄴ, ㄷ

| 345~346 | 그림은 어떤 안정된 생태계의 에너지피라미드를 나타낸 것이다. ㉠과 ㉡은 1차 소비자와 2차 소비자를 순서 없이 나타낸 것이다. 물음에 답하시오.

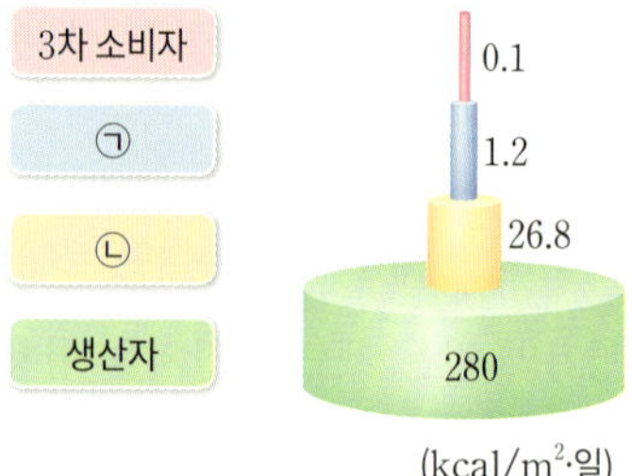

345

이에 대한 설명으로 옳은 것만을 <보기>에서 있는 대로 고른 것은?

| 보기 |
ㄱ. ㉠은 1차 소비자, ㉡은 2차 소비자이다.
ㄴ. 버섯은 ㉠에 해당한다.
ㄷ. 에너지는 ㉡에서 ㉠으로 이동한다.

① ㄱ   ② ㄷ   ③ ㄱ, ㄴ
④ ㄴ, ㄷ   ⑤ ㄱ, ㄴ, ㄷ

346 ✎서술형

에너지피라미드가 상위 영양단계로 갈수록 줄어드는 피라미드 형태를 나타내는 까닭을 생태계에서 일어나는 에너지의 이동과 관련지어 설명하시오.

347

그림은 어떤 안정된 초원 생태계에서 일정 기간 동안 개체군 A∼C의 단위 면적당 생물량 변화를 나타낸 것이다. A∼C는 풀, 늑대, 사슴을 순서 없이 나타낸 것이다.

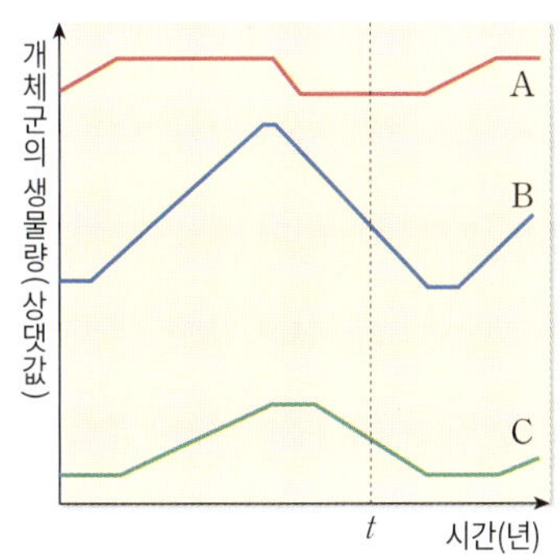

이에 대한 설명으로 옳은 것만을 <보기>에서 있는 대로 고른 것은?

| 보기 |
ㄱ. A는 빛에너지를 이용해 양분을 만든다.
ㄴ. t일 때 에너지양은 B가 C보다 많다.
ㄷ. C는 2차 소비자이다.

① ㄱ   ② ㄴ   ③ ㄱ, ㄷ
④ ㄴ, ㄷ   ⑤ ㄱ, ㄴ, ㄷ

348

생태계평형에 대한 설명으로 옳지 <u>않은</u> 것은?

① 생물들 사이의 먹이 관계에 의해 유지된다.
② 종다양성이 높을수록 생태계평형이 잘 유지된다.
③ 먹이 관계가 복잡할수록 생태계평형이 잘 유지된다.
④ 먹이 관계는 각 개체군의 개체수에 영향을 미치지 않는다.
⑤ 생태계를 구성하는 생물의 종류, 개체수 등이 균형을 이루면서 안정적으로 유지되는 상태이다.

349

그림은 서로 다른 생태계 (가)와 (나)의 먹이 관계를 나타낸 것이다.

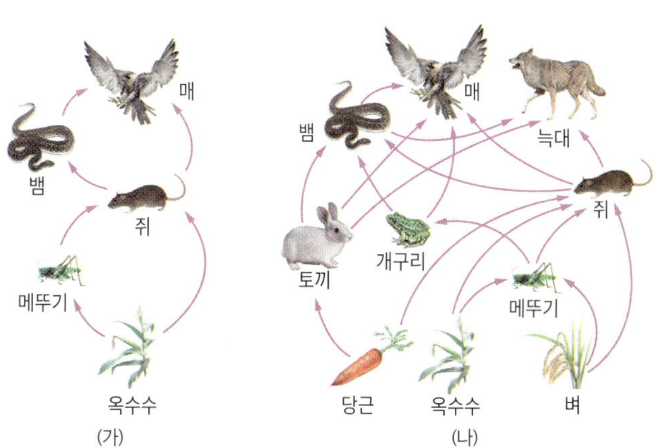

이에 대한 설명으로 옳은 것만을 <보기>에서 있는 대로 고른 것은?

| 보기 |
ㄱ. (가)에서 쥐의 개체수가 변하면 뱀과 매의 개체수도 변할 수 있다.
ㄴ. (나)에서 옥수수의 에너지 중 일부가 메뚜기로 전달된다.
ㄷ. 생태계평형은 (나)에서가 (가)에서보다 잘 유지된다.

① ㄱ   ② ㄴ   ③ ㄷ
④ ㄱ, ㄷ   ⑤ ㄱ, ㄴ, ㄷ

350

그림은 어떤 생태계에 살고 있는 스라소니와 눈신토끼의 개체수 변화를 나타낸 것이다.

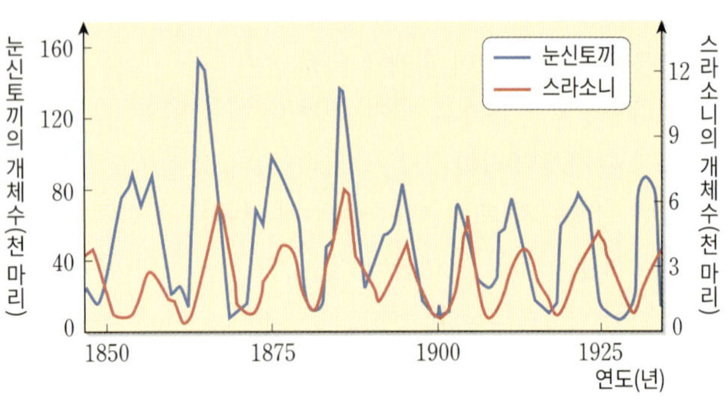

이에 대한 설명으로 옳은 것만을 <보기>에서 있는 대로 고른 것은?

┤ 보기 ├
ㄱ. 스라소니는 눈신토끼의 포식자이다.
ㄴ. 눈신토끼의 개체수가 증가하면 스라소니의 개체수는 감소한다.
ㄷ. 눈신토끼와 스라소니의 개체수는 주기적으로 변동한다.

① ㄱ 　② ㄴ 　③ ㄱ, ㄷ
④ ㄴ, ㄷ 　⑤ ㄱ, ㄴ, ㄷ

351

그림 (가)는 어떤 안정된 생태계에서 1차 소비자의 개체수가 일시적으로 증가하여 생태계평형이 깨진 상태를, (나)는 이 생태계의 생태계평형이 회복되는 과정을 순서 없이 나타낸 것이다.

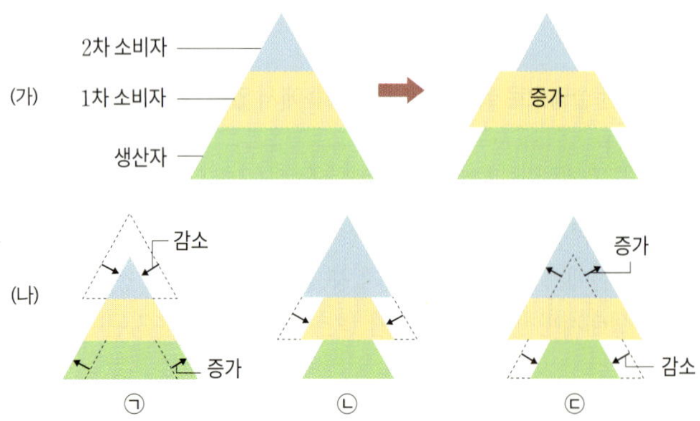

㉠~㉢을 생태계평형이 회복되는 순서대로 나열하시오.

352 　필수 유형 　🔗 84쪽 꼭 나오는 자료

다음은 어떤 생태계에서 1차 소비자의 일시적인 개체수 증가로 인해 각 영양단계의 개체수가 변화하는 과정을 나타낸 것이다. ㉠과 ㉡은 '감소'와 '증가'를 순서 없이 나타낸 것이다.

(가) 1차 소비자의 개체수가 일시적으로 증가한다.
(나) 2차 소비자의 개체수가 (㉠)하고, 생산자의 개체수가 (㉡)한다.
(다) 1차 소비자의 개체수가 (㉡)한다.
(라) ?
(마) 생태계평형이 회복된다.

이에 대한 설명으로 옳은 것만을 <보기>에서 있는 대로 고른 것은?

┤ 보기 ├
ㄱ. ㉠은 '감소', ㉡은 '증가'이다.
ㄴ. (다)에서 1차 소비자의 개체수는 먹이 관계에 의해 변화한다.
ㄷ. (라)에서 생산자의 개체수는 증가하고, 2차 소비자의 개체수는 감소한다.

① ㄱ 　② ㄷ 　③ ㄱ, ㄴ
④ ㄴ, ㄷ 　⑤ ㄱ, ㄴ, ㄷ

3 　환경 변화와 생태계

353

환경 변화가 생태계에 미치는 영향에 대한 설명으로 옳은 것은?

① 자연재해는 생태계평형에 영향을 미치지 않는다.
② 인간의 활동은 항상 생태계평형을 유지하는 데 도움을 준다.
③ 환경 변화는 먹이 관계를 파괴하여 생태계평형을 깨뜨릴 수 있다.
④ 급격한 환경 변화가 일어나도 생태계는 항상 평형을 유지할 수 있다.
⑤ 생태계에서 한 생물종이 사라져도 다른 생물종은 영향을 받지 않는다.

354

생태계평형을 깨뜨릴 수 있는 환경 변화로 옳지 <u>않은</u> 것은?

① 남획
② 지진
③ 홍수
④ 지구 온난화
⑤ 천연기념물 지정

355

다음은 인간의 활동으로 미국 카이바브 고원의 생태계평형이 깨진 사례에 대한 자료이다.

> 카이바브 고원에는 약 400마리의 늑대와 약 3800마리의 사슴이 살고 있었다. 미국 정부는 사슴을 보호하기 위해 사슴의 포식자인 늑대의 사냥을 허용했다. 그 결과 사슴의 개체수가 (　㉠　)하여 사슴의 먹이인 식물군집의 양이 (　㉡　)했고, 이로 인해 사슴의 개체수가 (　㉢　)했다.

㉠~㉢에 들어갈 말을 옳게 짝 지은 것은?

	㉠	㉡	㉢
①	감소	감소	감소
②	감소	증가	증가
③	증가	증가	증가
④	증가	감소	감소
⑤	증가	증가	감소

356 서술형

다음은 모잠비크 고롱고사 국립 공원의 생태계평형에 대한 자료이다.

> 1차 소비자인 초식동물의 개체수가 급증하여 생태계평형이 깨진 고롱고사 국립 공원에 ㉠<u>2차 소비자인 아프리카 들개를 도입했다.</u>

㉠ 이후 생태계평형이 회복되는 과정을 먹이 관계와 관련지어 설명하시오.

357

생태계평형 유지를 위한 노력으로 옳은 것만을 <보기>에서 있는 대로 고른 것은?

| 보기 |

> ㄱ. 종다양성이 높을수록 생태계평형이 잘 유지되므로 외래생물을 적극적으로 도입해야 한다.
> ㄴ. 지구 온난화와 같은 기후 변화는 생태계평형을 깨뜨릴 수 있으므로 기후 변화의 원인 중 하나인 이산화 탄소의 배출량을 줄이기 위해 노력해야 한다.
> ㄷ. 무분별한 개발은 생물의 서식지를 파괴하여 생태계평형을 깨뜨릴 수 있으므로 환경 영향 평가와 같은 제도적 장치를 활용해 무분별한 개발을 막아야 한다.

① ㄱ
② ㄷ
③ ㄱ, ㄴ
④ ㄴ, ㄷ
⑤ ㄱ, ㄴ, ㄷ

358

생태계평형 유지를 위한 노력으로 옳지 <u>않은</u> 것은?

① 생태계보전을 위해 법을 제정하거나 국제 협약을 맺는다.
② 생태적으로 보전 가치가 있는 생태계를 국립 공원으로 지정하여 관리한다.
③ 숲이나 공원 등을 조성하고 하천을 복원하여 도시의 생태적 기능을 높인다.
④ 멸종 위기에 처한 생물종을 보호하기 위해 이 생물의 포식자를 모두 사냥한다.
⑤ 도로를 건설할 때에는 동물이 단절된 서식지 사이를 오갈 수 있도록 생태통로를 설치한다.

359

그림 (가)는 어떤 안정된 생태계의 먹이 관계를, (나)는 이 생태계의 에너지피라미드를 나타낸 것이다. ㉠~㉣은 생산자, 1차 소비자, 2차 소비자, 3차 소비자를 순서 없이 나타낸 것이다.

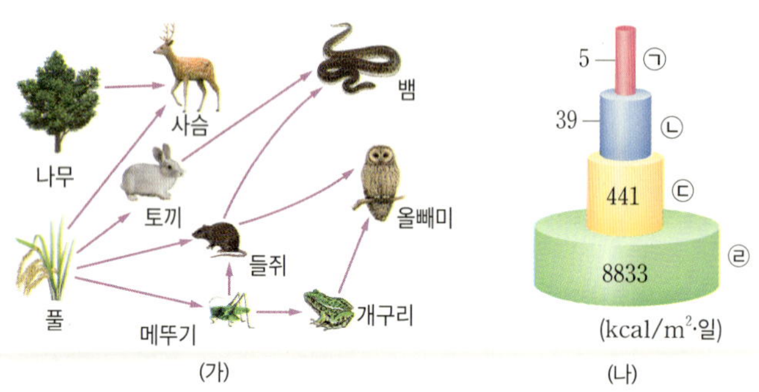

이에 대한 설명으로 옳은 것만을 <보기>에서 있는 대로 고른 것은?

| 보기 |

ㄱ. ㉡의 개체수가 일시적으로 감소하면 ㉢의 개체수는 증가한다.
ㄴ. (가)에서 사슴과 메뚜기는 모두 ㉢에 해당한다.
ㄷ. (가)에서 토끼가 가진 에너지의 일부는 양분의 형태로 뱀에게 전달된다.

① ㄱ   ② ㄴ   ③ ㄱ, ㄷ
④ ㄴ, ㄷ   ⑤ ㄱ, ㄴ, ㄷ

360

그림은 어떤 안정된 생태계에서 일어나는 에너지 이동 경로의 일부를 나타낸 것이다. A~C는 생산자, 1차 소비자, 2차 소비자를 순서 없이 나타낸 것이다.

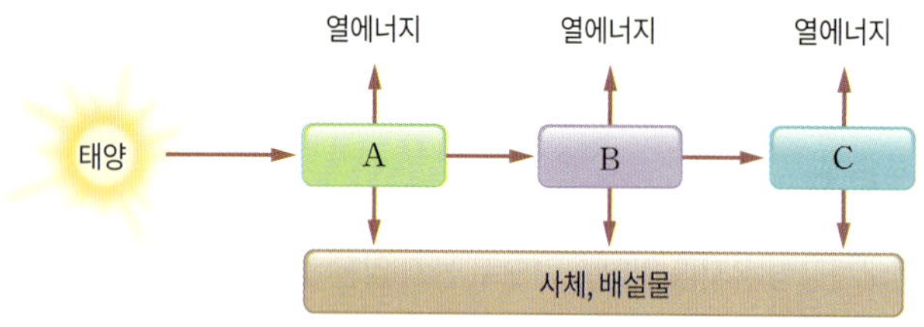

이에 대한 설명으로 옳은 것만을 <보기>에서 있는 대로 고른 것은?

| 보기 |

ㄱ. A는 태양의 빛에너지를 이용해 양분을 합성한다.
ㄴ. A에서 B로 이동한 에너지양은 B에서 C로 이동한 에너지양보다 많다.
ㄷ. 곰팡이는 C에 속한다.

① ㄱ   ② ㄷ   ③ ㄱ, ㄴ
④ ㄴ, ㄷ   ⑤ ㄱ, ㄴ, ㄷ

361 ★신유형

표는 어떤 안정된 생태계에서 각 영양단계의 생물량과 에너지양을 나타낸 것이다. A~D는 생산자, 1차 소비자, 2차 소비자, 3차 소비자를 순서 없이 나타낸 것이다.

구분	생물량(상댓값)	에너지양(상댓값)
A	1.5	6
B	809	2000
C	11	30
D	37	200

이에 대한 설명으로 옳은 것만을 <보기>에서 있는 대로 고른 것은?

| 보기 |

ㄱ. A는 3차 소비자이다.
ㄴ. $\dfrac{\text{생산자의 에너지양}}{\text{1차 소비자의 에너지양}}$ 은 10이다.
ㄷ. 상위 영양단계로 갈수록 생물량은 증가한다.

① ㄱ   ② ㄴ   ③ ㄷ
④ ㄱ, ㄴ   ⑤ ㄱ, ㄴ, ㄷ

362 평가원 기출 변형

그림 (가)는 어떤 지역에서 일정 기간 동안 조사한 종 A~C의 단위 면적당 생물량 변화를, (나)는 A~C 사이의 먹이사슬을 나타낸 것이다. A~C는 생산자, 1차 소비자, 2차 소비자를 순서 없이 나타낸 것이다.

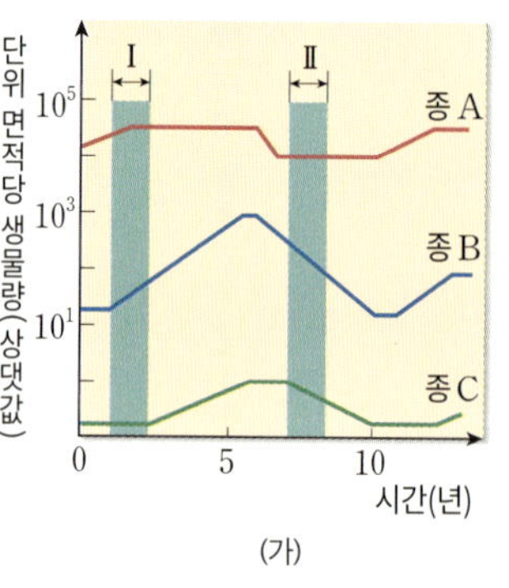

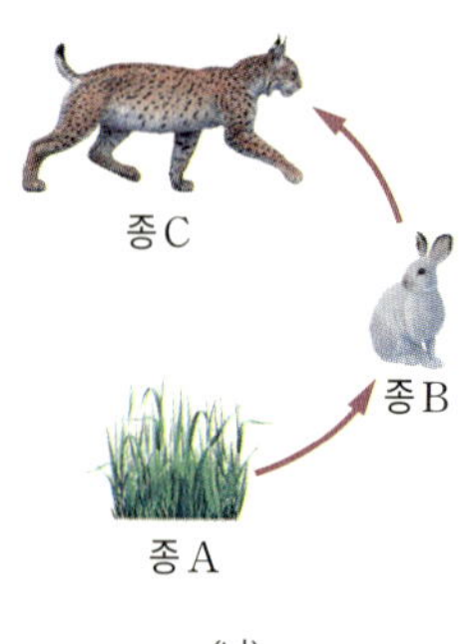

이에 대한 설명으로 옳은 것만을 <보기>에서 있는 대로 고른 것은?

| 보기 |

ㄱ. A는 생산자이다.
ㄴ. I 시기 동안 $\dfrac{\text{B의 생물량}}{\text{C의 생물량}}$ 은 증가했다.
ㄷ. II 시기에 B의 개체수 감소로 C의 개체수가 감소했다.

① ㄱ   ② ㄷ   ③ ㄱ, ㄴ
④ ㄴ, ㄷ   ⑤ ㄱ, ㄴ, ㄷ

363 교육청 기출 변형

다음은 어떤 지역의 생태계평형에 대한 자료이다. ⑦과 ⓒ은 '감소'와 '증가'를 순서 없이 나타낸 것이다.

> (가) 해달의 남획으로 해달의 개체수가 (⑦)했다.
> (나) 이후 해달의 먹이인 성게의 개체수가 (ⓒ)했고, 이에 따라 성게의 먹이인 해초의 개체수가 감소했다.
> (다) 해달의 남획을 중단하자 성게의 개체수는 (⑦)했고, 이에 따라 해초의 개체수가 증가했다.

이에 대한 설명으로 옳은 것만을 <보기>에서 있는 대로 고른 것은?

| 보기 |
ㄱ. ⑦은 '증가', ⓒ은 '감소'이다.
ㄴ. 해달과 성게는 모두 소비자에 해당한다.
ㄷ. 해초가 가진 에너지 중 일부는 성게에게 전달된다.

① ㄱ ② ㄴ ③ ㄱ, ㄷ
④ ㄴ, ㄷ ⑤ ㄱ, ㄴ, ㄷ

364 수능기출 변형

그림은 어떤 지역에서 늑대의 개체수를 인위적으로 감소시켰을 때 늑대, 사슴의 개체수와 식물군집의 생물량 변화를, 표는 (가)와 (나) 시기 동안 이 지역의 사슴과 식물군집 사이의 상호작용을 나타낸 것이다. (가)와 (나)는 Ⅰ과 Ⅱ를 순서 없이 나타낸 것이다.

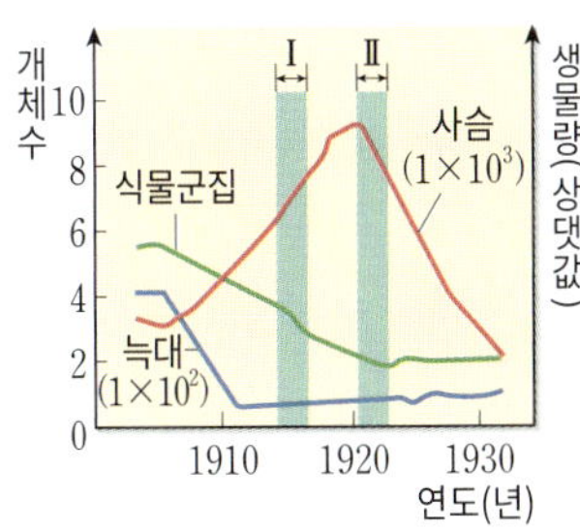

시기	상호작용
(가)	식물군집의 생물량이 감소하여 사슴의 개체수가 감소한다.
(나)	사슴의 개체수가 증가하여 식물군집의 생물량이 감소한다.

이에 대한 설명으로 옳은 것만을 <보기>에서 있는 대로 고른 것은?

| 보기 |
ㄱ. (가)는 Ⅰ이다.
ㄴ. 식물군집이 가진 에너지의 일부가 사슴 개체군으로 전달된다.
ㄷ. 사슴의 개체수는 늑대의 개체수에 의해서만 조절된다.

① ㄱ ② ㄴ ③ ㄱ, ㄷ
④ ㄴ, ㄷ ⑤ ㄱ, ㄴ, ㄷ

365

표는 어떤 안정된 생태계에서 각 영양단계의 에너지양을 나타낸 것이다. A~D는 생산자, 1차 소비자, 2차 소비자, 3차 소비자를 순서 없이 나타낸 것이다.
A~D가 무엇인지 각각 쓰고, 그렇게 판단한 까닭을 주어진 단어를 모두 포함하여 설명하시오.

영양단계	에너지양(상댓값)
A	20000
B	350
C	20
D	3000

> 열에너지   에너지양   먹이 관계

366

그림은 어떤 안정된 생태계에서 개체군 ⑦과 ⓒ의 시간에 따른 개체수를 나타낸 것이다. ⑦과 ⓒ은 포식자와 피식자를 순서 없이 나타낸 것이다.

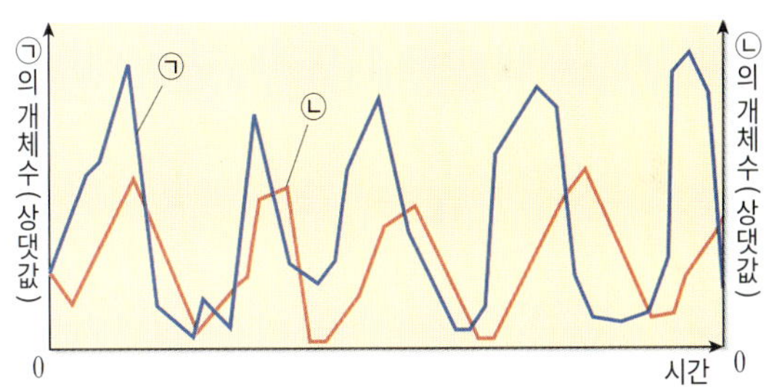

⑦과 ⓒ이 무엇인지 각각 쓰고, 포식과 피식 관계에 있는 ⑦과 ⓒ의 개체수 변동을 설명하시오.

367

그림은 어떤 안정된 생태계의 개체수 피라미드를 나타낸 것이다.
2차 소비자의 개체수가 일시적으로 감소했을 때, 이 생태계가 평형을 회복하기까지의 과정을 설명하시오.

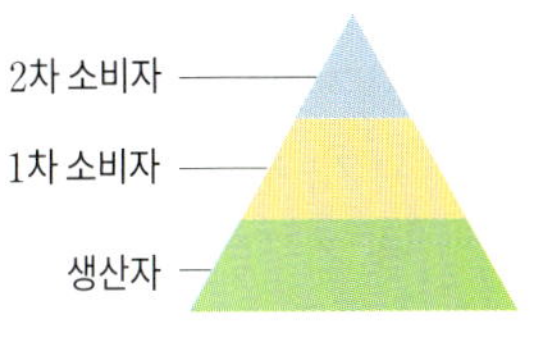

09 지구 환경의 변화

1 온실 효과와 지구 온난화

1 온실 효과

① 온실 기체: 수증기, 이산화 탄소, 메테인, 오존 등

태양 복사 에너지를 잘 통과시키고, 지구 복사 에너지를 대부분 흡수한다.

② 온실 효과: 지구 대기 중의 온실 기체가 지구 복사 에너지를 흡수했다가 지표로 다시 방출하여 지구의 평균 기온이 높게 유지되는 현상

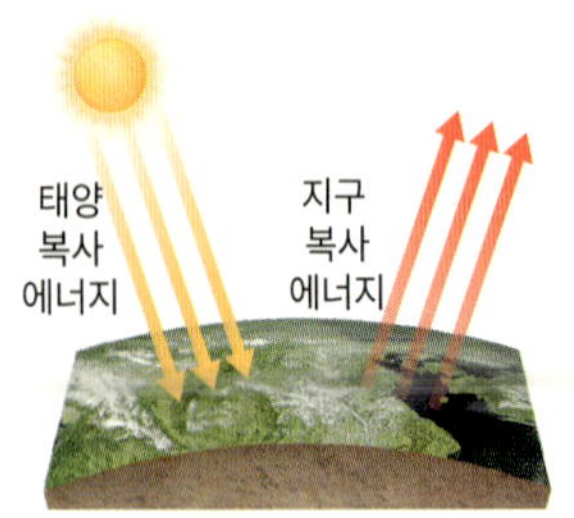

2 지구 온난화

산업 혁명 이후 급격히 늘어난 화석 연료의 사용량이 주요 원인

① 지구 온난화: 인간 활동으로 대기 중의 온실 기체가 증가함에 따라 온실 효과가 강화되어 지구의 평균 기온이 상승하는 현상

→ 대기 중 이산화 탄소의 농도가 증가하면서 지구의 평균 기온이 가파르게 상승하고 있다.

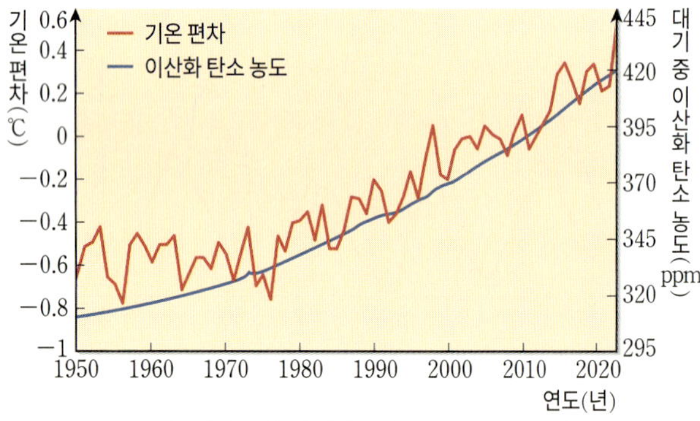

② 영향: 지구의 평균 기온이 상승하면 빙하의 융해와 해수의 열팽창으로 인한 해수면 상승, 기상 이변 증가 등의 지구 환경 변화로 생태계뿐만 아니라 인간 생활에도 큰 영향을 준다.

홍수, 가뭄, 폭염, 한파 등 극단적인 날씨 증가

3 지구 열수지

① 지구의 복사 평형: 지구가 흡수한 태양 복사 에너지양과 방출한 지구 복사 에너지양이 같아 에너지 평형을 이루는 상태

② 지구 열수지: 지구의 복사 평형 상태에서 나타나는 지표, 대기, 우주 간의 에너지 출입 관계

→ 지구는 전체적으로 복사 평형 상태이지만, 위도에 따라 에너지 불균형이 나타난다.

구분	지표	대기	우주
유입되는 에너지양	50＋94 ＝144	20＋132 ＝152	30＋58＋12 ＝100
유출되는 에너지양	132＋12 ＝144	94＋58 ＝152	100

❶ 지구는 지표, 대기, 우주에서 각각 유입되는 에너지양과 유출되는 에너지양이 같은 열수지 평형 상태이다.

❷ 대기 중의 온실 기체가 증가하면 대기가 흡수하는 에너지양, 대기에서 지표로 방출하는 에너지양, 지표가 다시 흡수하는 에너지양이 모두 증가한다. → 온실 효과 강화(지구 온난화)

필수 유형 지구 열수지 평형과 온실 효과 강화(지구 온난화)로 나타나는 열수지의 변동을 묻는 문제가 자주 출제된다. 🔗 95쪽 386번

2 사막화와 엘니뇨

1 사막화 토지가 황폐해지면서 사막으로 변해가는 현상

대기 대순환에 의해 하강 기류가 형성되어 강수량이 적고 증발량이 많다.

① 발생 지역: 사막은 주로 위도 30° 부근에 분포하며, 사막화 지역은 사막 주변과 반건조한 지역에 분포한다.

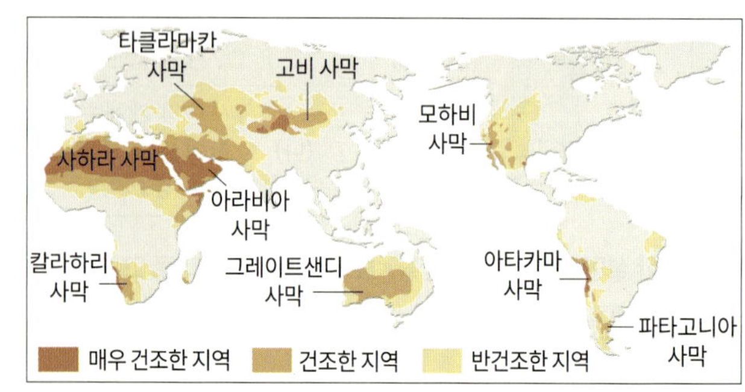

② 원인과 영향

원인	・자연적 원인: 강수량 감소(대기 대순환의 변화) ・인위적 원인: 과잉 경작, 과잉 방목, 삼림 벌채 등
영향	물 부족, 식량 부족, 생태계 피해, 토양 침식 증가, 황사 발생 일수와 피해 증가 등

2 엘니뇨 적도 부근 중앙 태평양에서 동태평양에 이르는 넓은 범위의 표층 수온이 평상시보다 높은 상태가 지속되는 현상

① 원인: 평상시보다 약해진 무역풍 ─ 위도 0°~30° 사이에서 동쪽에서 서쪽으로 부는 바람

② 발생 과정: 무역풍이 약해지면서 서태평양으로 이동하는 따뜻한 표층 해수의 흐름이 약해진다. → 서태평양 적도 부근 해역에서는 따뜻한 해수층의 두께가 얇아지고, 동태평양 적도 부근 해역에서는 심층에서 상승하는 찬 해수의 흐름이 약해진다. → 엘니뇨 발생 ─ 용승 약화

꼭 나오는 자료 ❷ 평상시와 엘니뇨 발생 시의 대기와 해수의 흐름

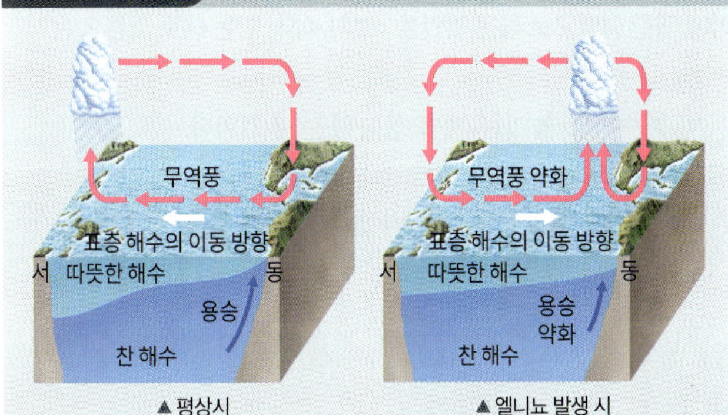

구분	평상시	엘니뇨 발생 시
서태평양 적도 부근 해역	• 상승 기류 발달 • 많은 강수량	• 하강 기류 발달 • 강수량 감소 ➜ 가뭄, 산불 등 발생
동태평양 적도 부근 해역	• 하강 기류 발달 • 맑은 날씨	• 상승 기류 발달 • 강수량 증가 ➜ 홍수 발생

❶ 엘니뇨 발생 시 서태평양 적도 부근에 위치한 인도네시아 연안에서 산불이 발생하고, 동태평양 적도 부근에 위치한 페루 연안에서 홍수가 발생한다.

❷ 엘니뇨는 대기와 해양의 상호작용으로 적도뿐만 아니라 세계 여러 지역의 기후에도 영향을 준다.

필수 유형 엘니뇨 발생 시 대기와 해수의 흐름, 서태평양과 동태평양 적도 부근 해역에서 발생하는 피해를 묻는 문제가 자주 출제된다.

🔗 97쪽 392번

3 지구 환경 변화의 대처 방안

1 지구 환경 변화의 대처 방안

일상생활 측면	대중교통 이용하기, 에너지 절약하기, 자원 재활용하기, 일회용품 사용하지 않기, 친환경 제품 구입하기 등
사회와 국가적 측면	탄소 저감 기술 개발, 지속가능한 에너지 사용 기술 개발, 에너지 효율을 높이는 기술 개발 등
국제 협약	사막화 방지 협약, 유엔 기후 변화 협약(교토 의정서, 파리 기후 변화 협약 등) 등

─ 이산화 탄소 포집 기술

2 기후 변화 시나리오 온실 기체의 배출량 변화에 따라 미래의 기후 및 환경 변화는 달라질 수 있다. ─ 미래 기후 전망 정보

개념 확인 문제

| **368~370** | 온실 효과와 지구 온난화에 대한 설명으로 옳은 것은 ○표, 옳지 **않은** 것은 ✕표 하시오.

368 지구의 대기는 태양 복사 에너지를 대부분 흡수하고, 지구 복사 에너지를 잘 통과시킨다. ( )

369 빙하의 면적이 증가하면 해수면이 상승한다. ( )

370 대기 중 온실 기체의 증가는 지구 온난화의 주요 원인이다. ( )

371 그림은 복사 평형을 이루는 지구의 열수지를 나타낸 것이다. ( ) 안에 들어갈 알맞은 값을 쓰시오.

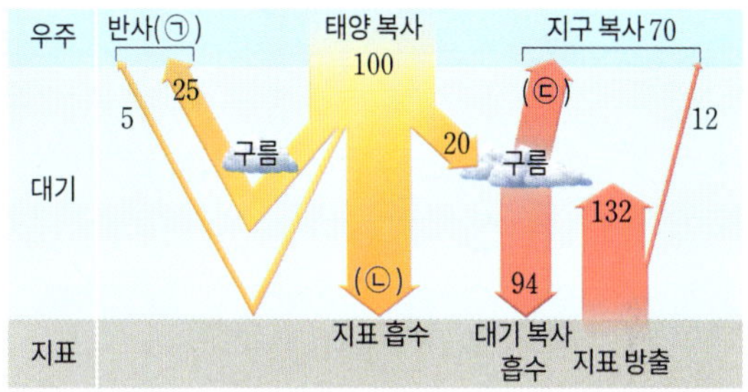

372 사막화의 주요 원인에 해당하는 것을 <보기>에서 있는 대로 고르시오.

| 보기 |
ㄱ. 강수량 감소 ㄴ. 해수면 상승 ㄷ. 삼림 벌채

| **373~375** | 다음은 엘니뇨에 대한 설명이다. ( ) 안에 들어갈 알맞은 말을 쓰시오.

373 동태평양 적도 부근 해역의 표층 수온이 평상시보다 ( )은 상태가 지속되는 현상을 엘니뇨라고 한다.

374 엘니뇨는 평상시보다 ( )풍이 약해질 때 발생한다.

375 엘니뇨 발생 시 인도네시아 연안에서 ( ) 기류가 우세해져 가뭄 피해가 발생한다.

| **376~377** | 그림은 시나리오에 따른 지표 기온 변화량을 예상하여 나타낸 것이다. A와 B에 해당하는 시나리오를 옳게 연결하시오.

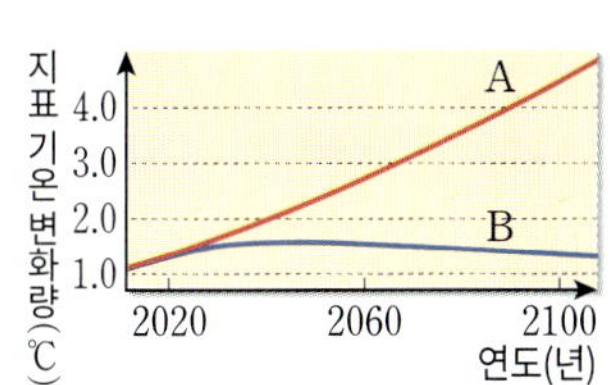

376 A •

• ㉠ 온실 기체의 감축 노력에 성공한 경우

377 B •

• ㉡ 온실 기체의 감축 노력을 하지 않는 경우

기출 분석 문제

학교 시험에서 출제율이 70% 이상인 문제들을 엄선하여 수록했습니다.

1 온실 효과와 지구 온난화

378

온실 효과에 대한 설명으로 옳은 것만을 <보기>에서 있는 대로 고른 것은?

| 보기 |
> ㄱ. 주요 온실 기체는 질소와 산소이다.
> ㄴ. 온실 기체에 의해 지구의 평균 기온이 높게 유지되는 현상이다.
> ㄷ. 주로 태양 복사 에너지의 흡수량이 증가하면서 나타나는 현상이다.

① ㄱ   ② ㄴ   ③ ㄷ
④ ㄱ, ㄷ   ⑤ ㄴ, ㄷ

379

그림 (가)와 (나)는 각각 대기가 없을 때와 대기가 있을 때 지구의 복사 평형을 나타낸 것이다.

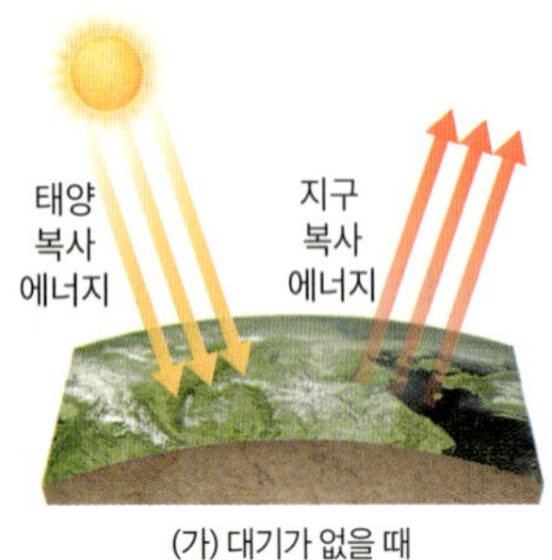
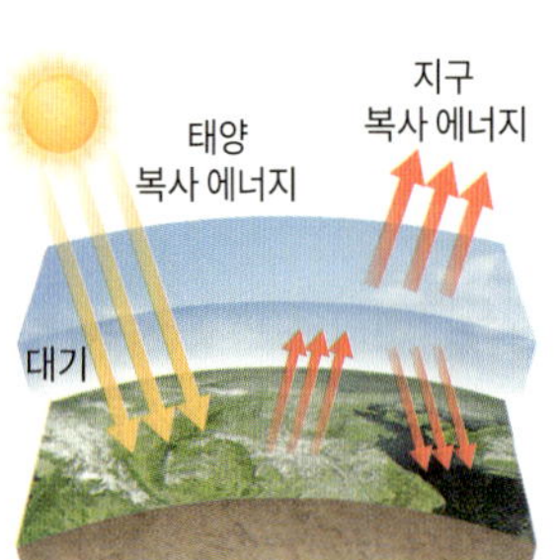

이에 대한 설명으로 옳은 것만을 <보기>에서 있는 대로 고른 것은?

| 보기 |
> ㄱ. 지표의 평균 온도는 (가)가 (나)보다 높다.
> ㄴ. 지구의 대기는 태양 복사 에너지를 잘 흡수한다.
> ㄷ. (가)와 (나)는 지구가 흡수하는 에너지양과 방출하는 에너지양이 같다.

① ㄱ   ② ㄴ   ③ ㄷ
④ ㄱ, ㄷ   ⑤ ㄴ, ㄷ

380

그림은 최근 150년 동안 지구의 평균 기온 변화를 나타낸 것이다.

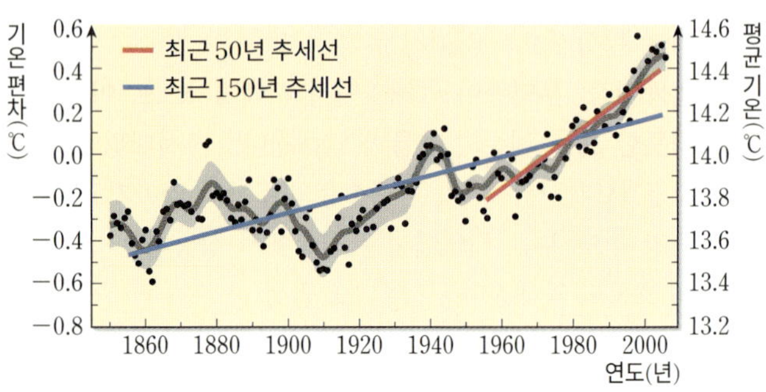

이에 대한 설명으로 옳은 것만을 <보기>에서 있는 대로 고른 것은?

| 보기 |
> ㄱ. 해수면의 높이는 계속 상승하는 추세이다.
> ㄴ. 지구 평균 기온의 상승 속도는 빨라지는 추세이다.
> ㄷ. 이 기간 동안 대기 중 이산화 탄소의 농도는 계속 증가했을 것이다.

① ㄱ   ② ㄴ   ③ ㄱ, ㄷ
④ ㄴ, ㄷ   ⑤ ㄱ, ㄴ, ㄷ

381

그림은 1850년부터 2010년까지 대기 중 이산화 탄소(CO_2)와 메테인(CH_4)의 농도 변화를 나타낸 것이다.

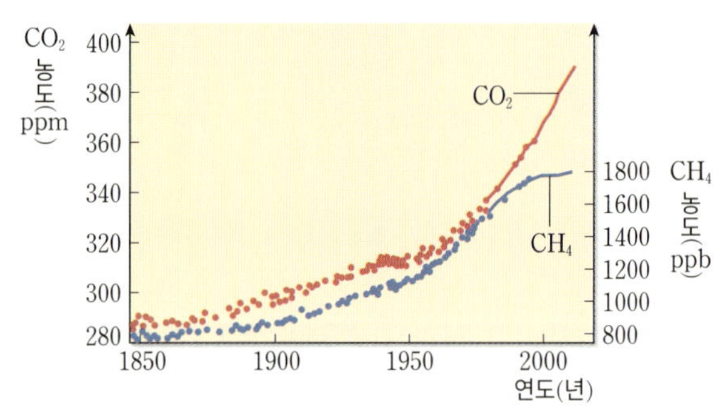

이에 대한 설명으로 옳은 것만을 <보기>에서 있는 대로 고른 것은?

| 보기 |
> ㄱ. 이산화 탄소와 메테인은 온실 기체이다.
> ㄴ. 지구의 평균 기온은 1900년대보다 2000년대에 높다.
> ㄷ. 이 기간 동안 대기가 흡수하는 지표 복사 에너지양은 대체로 감소했을 것이다.

① ㄱ   ② ㄷ   ③ ㄱ, ㄴ
④ ㄴ, ㄷ   ⑤ ㄱ, ㄴ, ㄷ

382 서술형

그림은 위도에 따른 태양 복사 에너지의 흡수량과 지구 복사 에너지의 방출량을 A와 B로 순서 없이 나타낸 것이다.
A와 B가 무엇인지 각각 쓰고, 그렇게 판단한 까닭을 설명하시오.

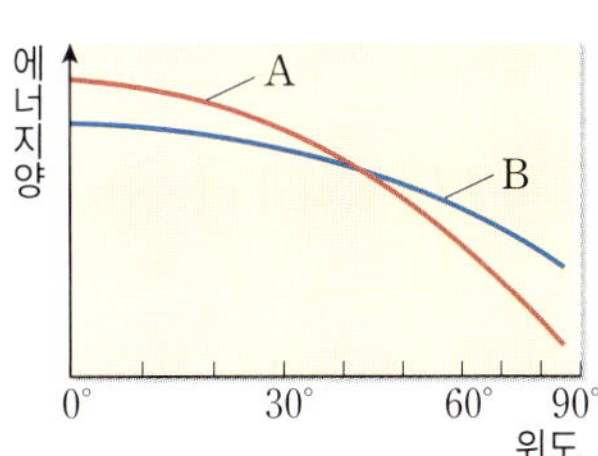

383

최근 우리나라에서 지구 온난화로 나타나는 현상에 대한 설명으로 옳은 것만을 <보기>에서 있는 대로 고른 것은?

| 보기 |
ㄱ. 봄꽃의 개화 시기가 빨라졌다.
ㄴ. 기상 이변의 횟수가 감소하는 추세이다.
ㄷ. 우리나라 주변 해역의 평균 해수면이 상승했다.

① ㄱ　　　② ㄴ　　　③ ㄷ
④ ㄱ, ㄷ　　　⑤ ㄴ, ㄷ

384

그림은 지구 온난화의 원인과 영향을 나타낸 것이다.

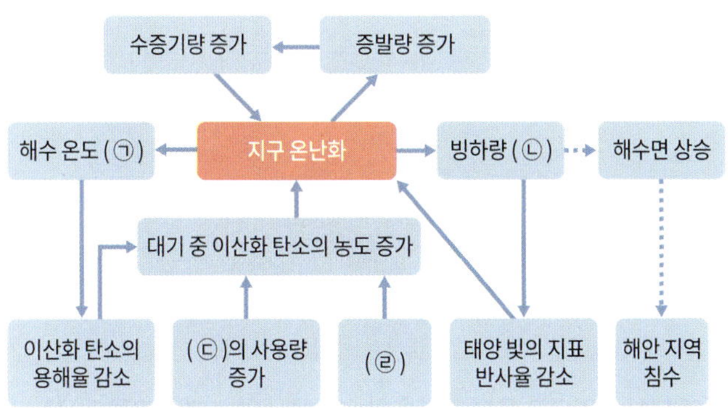

이에 대한 설명으로 옳은 것만을 <보기>에서 있는 대로 고른 것은?

| 보기 |
ㄱ. ㉠과 ㉡은 '증가'이다.
ㄴ. '화석 연료'는 ㉢에 해당한다.
ㄷ. '삼림 벌채'는 ㉣의 예로 적절하다.

① ㄱ　　　② ㄴ　　　③ ㄷ
④ ㄴ, ㄷ　　　⑤ ㄱ, ㄴ, ㄷ

385

그림은 1900년부터 2010년까지 전 세계 평균 해수면 변화를 나타낸 것이다.

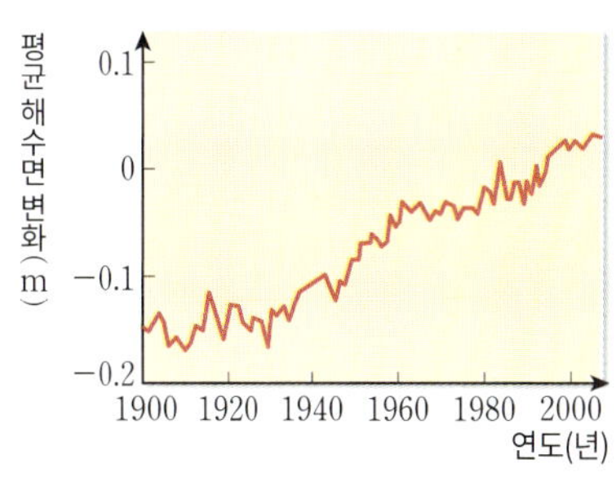

이 기간 동안 나타난 특징에 대한 설명으로 옳은 것만을 <보기>에서 있는 대로 고른 것은?

| 보기 |
ㄱ. 해수면 상승량은 0.15 m보다 작다.
ㄴ. 지구의 평균 기온은 대체로 상승했을 것이다.
ㄷ. 극지방의 평균 반사율은 대체로 증가했을 것이다.

① ㄱ　　　② ㄴ　　　③ ㄱ, ㄷ
④ ㄴ, ㄷ　　　⑤ ㄱ, ㄴ, ㄷ

386 필수 유형 ⌀ 92쪽 꼭 나오는 자료 ❶

그림은 복사 평형을 이루는 지구의 열수지를 나타낸 것이다.

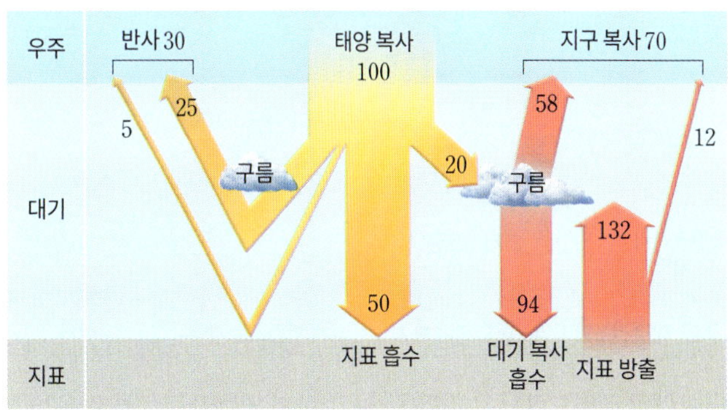

이에 대한 설명으로 옳은 것만을 <보기>에서 있는 대로 고른 것은?

| 보기 |
ㄱ. 지구에서 우주로 방출하는 에너지는 70이다.
ㄴ. 지표는 대기보다 태양으로부터 에너지를 많이 흡수한다.
ㄷ. 대기가 흡수하는 에너지는 적외선 영역보다 가시광선 영역에서 많다.

① ㄱ　　　② ㄷ　　　③ ㄱ, ㄴ
④ ㄴ, ㄷ　　　⑤ ㄱ, ㄴ, ㄷ

387

그림은 복사 평형을 이루는 지구의 열수지를 나타낸 것이다.

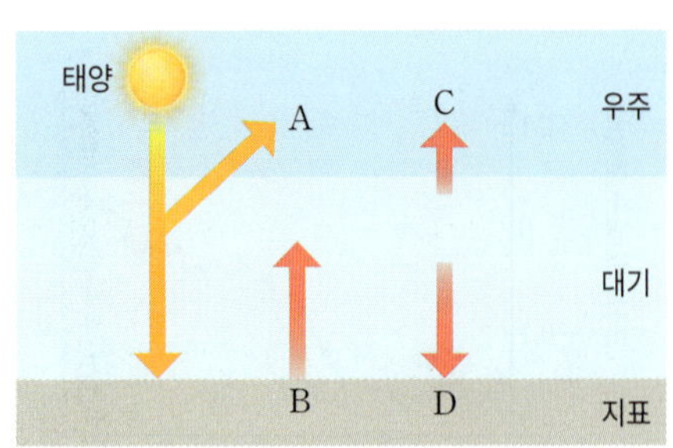

지구 환경 변화로 인한 열수지 변동에 대한 설명으로 옳은 것만을 <보기>에서 있는 대로 고른 것은?

| 보기 |
ㄱ. 대규모 화산 폭발이 발생하면 A가 증가한다.
ㄴ. 지구 온난화가 심해지면 (A＋C) 값이 증가한다.
ㄷ. 대기 중의 온실 기체가 증가하면 B와 D가 증가한다.

① ㄱ   ② ㄴ   ③ ㄱ, ㄷ
④ ㄴ, ㄷ   ⑤ ㄱ, ㄴ, ㄷ

❷ 사막화와 엘니뇨

388

그림은 전 세계의 사막과 사막화 지역을 나타낸 것이다.

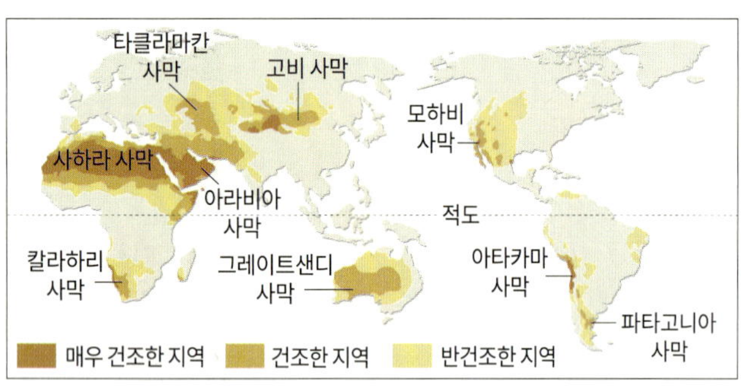

이에 대한 설명으로 옳은 것만을 <보기>에서 있는 대로 고른 것은?

| 보기 |
ㄱ. 사막은 주로 상승 기류가 우세한 지역에 분포한다.
ㄴ. 사막화 지역은 대부분 사막 주변의 건조한 지역에 분포한다.
ㄷ. 사막과 사막화 지역은 강수량이 증발량보다 많은 지역이다.

① ㄱ   ② ㄴ   ③ ㄱ, ㄷ
④ ㄴ, ㄷ   ⑤ ㄱ, ㄴ, ㄷ

389 ✎서술형

사막화의 원인을 자연적 원인과 인위적 원인으로 구분하여 설명하시오.

390

표는 지표 상태에 따른 태양 복사 에너지의 평균 반사율을 나타낸 것이다.

지표 상태	평균 반사율(%)
눈 또는 빙하	50~90
사막	35~45
초원	20~30
삼림	10~20

이에 대한 설명으로 옳은 것만을 <보기>에서 있는 대로 고른 것은?

| 보기 |
ㄱ. 숲은 경작지보다 평균 반사율이 높다.
ㄴ. 극 지역은 적도 지역보다 평균 반사율이 낮다.
ㄷ. 사막화 지역이 확대되면 지구의 평균 반사율은 증가한다.

① ㄱ   ② ㄴ   ③ ㄷ
④ ㄱ, ㄷ   ⑤ ㄴ, ㄷ

391

그림은 우리나라에 영향을 미치는 황사의 발원지를 나타낸 것이다.

이에 대한 설명으로 옳은 것만을 <보기>에서 있는 대로 고른 것은?

| 보기 |
ㄱ. 황사는 대부분 서풍을 타고 이동한다.
ㄴ. 황사는 기권과 지권의 상호작용으로 발생한다.
ㄷ. 황사 발원지에서 사막화가 심해지면 우리나라의 황사 발생 일수는 증가한다.

① ㄱ   ② ㄷ   ③ ㄱ, ㄴ
④ ㄴ, ㄷ   ⑤ ㄱ, ㄴ, ㄷ

392 필수 유형 📎 93쪽 꼭 나오는 자료 ❷ ● ●

그림 (가)와 (나)는 평상시와 엘니뇨 발생 시 태평양 적도 부근 해역의 대기와 해수의 흐름을 순서 없이 나타낸 것이다.

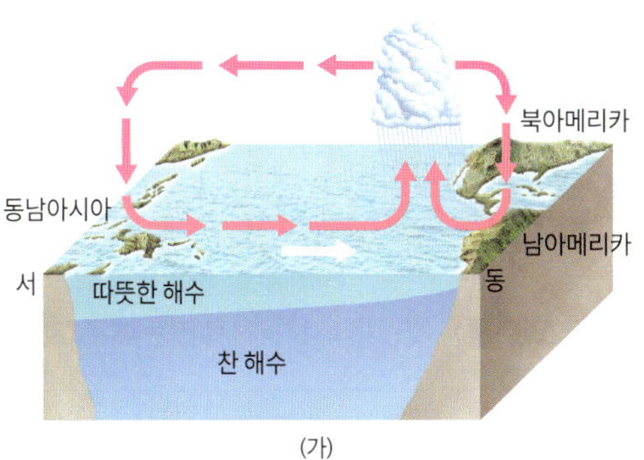

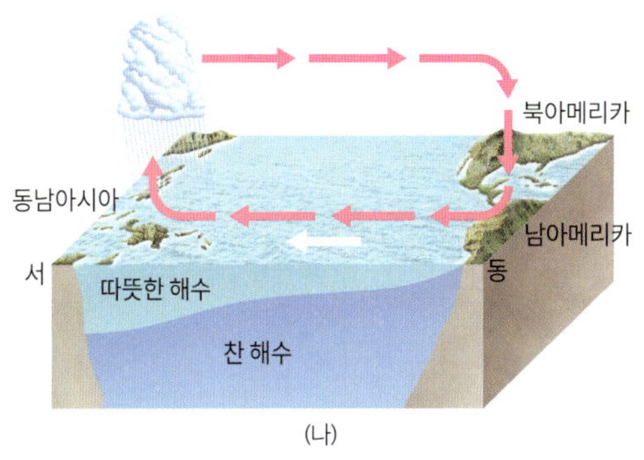

이에 대한 설명으로 옳은 것만을 <보기>에서 있는 대로 고른 것은?

| 보기 |

ㄱ. (가)는 엘니뇨 발생 시이다.
ㄴ. 무역풍의 평균 풍속은 (가)가 (나)보다 강하다.
ㄷ. 동태평양 적도 부근 해역에서 용승은 (가)가 (나)보다 활발하다.

① ㄱ　　　　② ㄴ　　　　③ ㄱ, ㄷ
④ ㄴ, ㄷ　　　⑤ ㄱ, ㄴ, ㄷ

393 ● ● ●

엘니뇨 발생 시 동태평양 적도 부근 해역에서 평상시보다 큰 값을 갖는 것만을 <보기>에서 있는 대로 고른 것은?

| 보기 |

ㄱ. 강수량　　　　　　　ㄴ. 표층 수온
ㄷ. 해수면 높이　　　　　ㄹ. 따뜻한 해수층의 두께

① ㄱ, ㄷ　　　　② ㄴ, ㄹ　　　　③ ㄱ, ㄴ, ㄷ
④ ㄱ, ㄴ, ㄹ　　　⑤ ㄱ, ㄴ, ㄷ, ㄹ

394 서술형 ● ●

그림 (가)와 (나)는 서로 다른 시기에 동태평양 적도 부근에 위치한 페루 연안 해역에서 수온과 플랑크톤의 양을 나타낸 것이다.

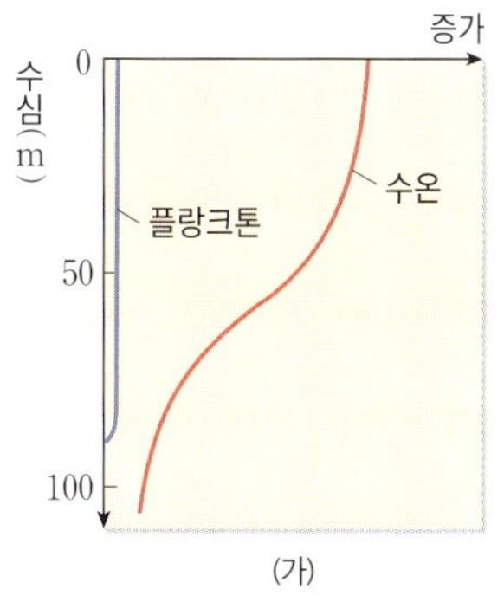
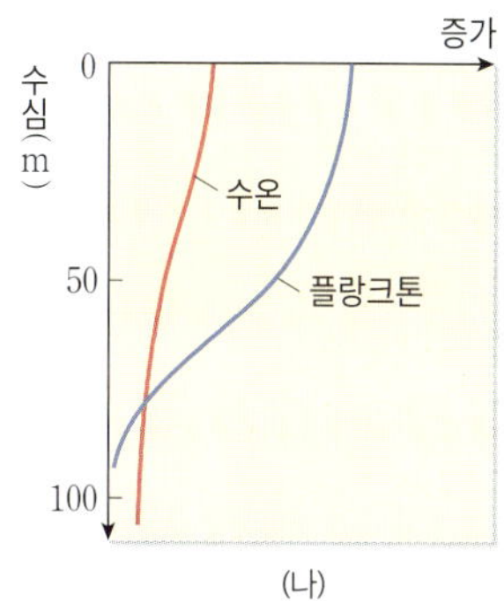

평상시와 엘니뇨 발생 시 중 (가)와 (나)가 언제인지 각각 쓰고, 그렇게 판단한 까닭을 설명하시오.

395 ●

그림은 엘니뇨가 세계 기후에 미치는 영향을 나타낸 것이다.

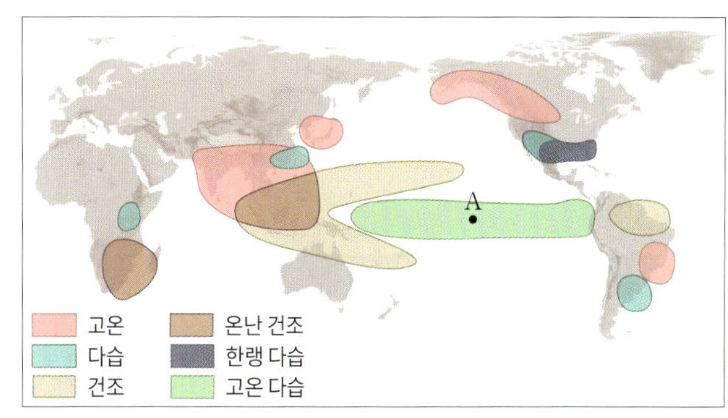

이 시기의 특징에 대한 설명으로 옳은 것만을 <보기>에서 있는 대로 고른 것은?

| 보기 |

ㄱ. A 해역의 표층 수온이 평상시보다 높다.
ㄴ. 인도네시아 연안에서 가뭄과 산불 피해가 빈번하다.
ㄷ. 우리나라에서 겨울철에 한파 피해가 발생할 수 있다.

① ㄱ　　　　② ㄷ　　　　③ ㄱ, ㄴ
④ ㄴ, ㄷ　　　⑤ ㄱ, ㄴ, ㄷ

396

그림은 북반구 여름철에 관측한 태평양 적도 부근 해역의 표층 수온 편차(관측값−평년값)를 나타낸 것이다.

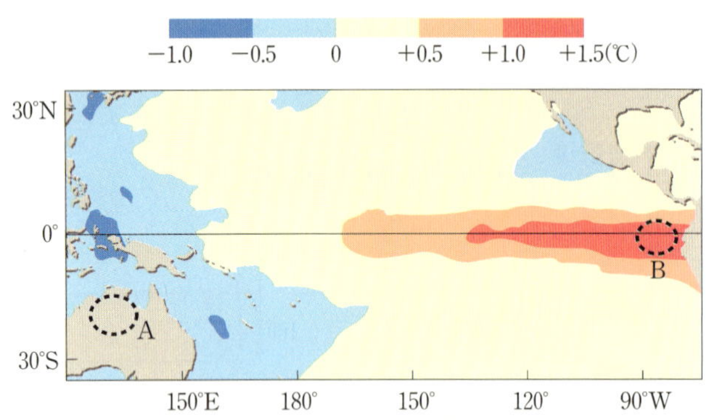

이 시기의 특징에 대한 설명으로 옳은 것만을 <보기>에서 있는 대로 고른 것은?

| 보기 |
ㄱ. 평상시보다 무역풍의 세기가 강하다.
ㄴ. A에서 평상시보다 하강 기류가 우세하다.
ㄷ. B에서 평상시보다 용승이 활발하다.

① ㄱ   ② ㄴ   ③ ㄷ
④ ㄴ, ㄷ   ⑤ ㄱ, ㄴ, ㄷ

398

다음은 지구 환경 보존을 위한 노력에 대한 설명이다.

> (가) 온실 기체의 방출을 제한하여 (㉠)을/를 방지한다.
> (나) 화석 연료를 대체할 에너지 자원과 지속가능한 에너지 사용 기술을 개발한다.
> (다) 과잉 방목과 삼림 벌채를 제한하고, 숲을 보전하기 위해 노력한다.

이에 대한 설명으로 옳은 것만을 <보기>에서 있는 대로 고른 것은?

| 보기 |
ㄱ. '엘니뇨'는 ㉠에 해당한다.
ㄴ. (나)는 지구 온난화를 완화시키는 역할을 한다.
ㄷ. (다)로 사막화의 진행을 억제할 수 있다.

① ㄱ   ② ㄴ   ③ ㄱ, ㄷ
④ ㄴ, ㄷ   ⑤ ㄱ, ㄴ, ㄷ

399

표는 기후 변화 시나리오 A∼C에 따른 2100년 대기 중 이산화 탄소(CO_2)의 농도를 예상하여 나타낸 것이다.

시나리오	특징	2100년 대기 중 CO_2 농도(ppm)
A	온실 기체 감축 적극 수행	540
B	온실 기체 감축 수행	670
C	현재 추세로 온실 기체 배출	( )

시나리오에 따른 2100년 기후 변화에 대한 설명으로 옳은 것만을 <보기>에서 있는 대로 고른 것은?(단, 2024년 대기 중 CO_2 농도는 415 ppm이다.)

| 보기 |
ㄱ. 해수면 상승률은 A가 B보다 높을 것이다.
ㄴ. A∼C는 지구의 평균 기온이 2024년보다 높을 것이다.
ㄷ. A∼C 중 대기 중 이산화 탄소의 농도는 C가 가장 높을 것이다.

① ㄱ   ② ㄷ   ③ ㄱ, ㄴ
④ ㄴ, ㄷ   ⑤ ㄱ, ㄴ, ㄷ

---

③ 지구 환경 변화의 대처 방안

397

지구 환경 변화로 인간 생활에 미치는 영향에 대한 설명으로 옳은 것만을 <보기>에서 있는 대로 고른 것은?

| 보기 |
ㄱ. 지구 온난화로 해안 저지대는 침수 위험에 처해 있다.
ㄴ. 사막화가 심해질수록 농작물 재배 가능 지역이 증가한다.
ㄷ. 엘니뇨가 강해질수록 지역적 가뭄과 홍수 피해가 더 커진다.

① ㄱ   ② ㄴ   ③ ㄱ, ㄷ
④ ㄴ, ㄷ   ⑤ ㄱ, ㄴ, ㄷ

1등급 완성 문제

400

다음은 온실 효과를 알아보기 위한 실험이다.

[실험 과정]

(가) 스타이로폼 상자를 2개 준비한다.

(나) 상자 A, B를 동일한 조건에서 햇빛을 비추도록 한 다음, 10분 간격으로 온도를 측정한다.

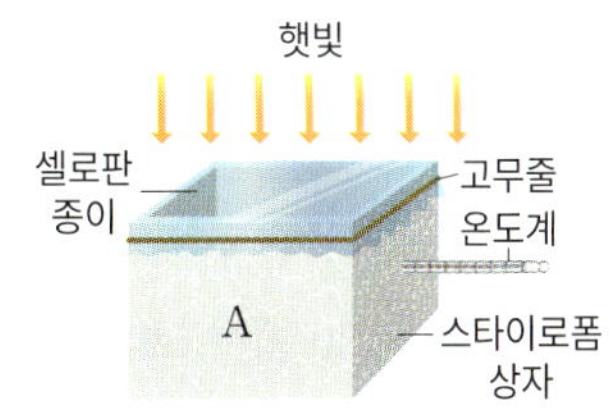
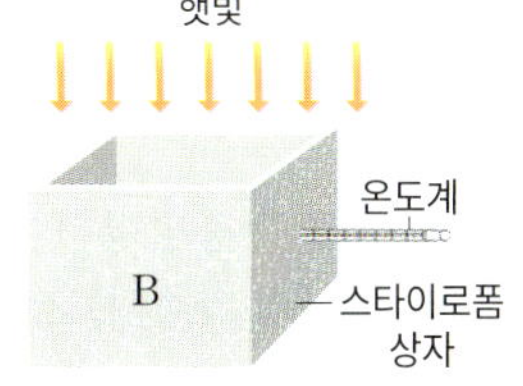

[실험 결과]

구분	0분	10분	20분	30분	40분
상자 (㉠)	28	34	40	41	41
상자 (㉡)	28	32	35	36	36

이에 대한 설명으로 옳은 것만을 <보기>에서 있는 대로 고른 것은?

| 보기 |

ㄱ. 'B'는 ㉠에 해당한다.

ㄴ. 상자 B는 복사 평형 상태에 도달하지 못한다.

ㄷ. 상자 A의 셀로판종이는 온실 기체와 같은 역할을 한다.

① ㄱ   ② ㄴ   ③ ㄷ
④ ㄱ, ㄷ   ⑤ ㄴ, ㄷ

401

그림은 빙하 융해와 해수 열팽창에 의한 해수면 높이 편차(관측값-기준값)를 나타낸 것이다. 이 자료에 대한 설명으로 옳은 것만을 <보기>에서 있는 대로 고른 것은?

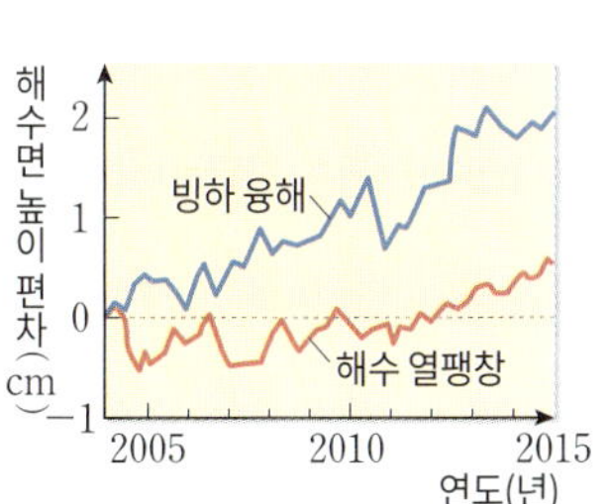

| 보기 |

ㄱ. 빙하 융해와 해수 열팽창은 해수면 상승의 주요인이다.

ㄴ. 이 기간 동안 극지방의 햇빛 반사율은 증가했을 것이다.

ㄷ. 해수의 평균 수온은 2005년~2010년보다 2010년~2015년에 높다.

① ㄱ   ② ㄴ   ③ ㄱ, ㄷ
④ ㄴ, ㄷ   ⑤ ㄱ, ㄴ, ㄷ

402   교육청 기출 변형

그림은 최근 약 100년 동안 세 지역에서 관측한 기온 편차(관측값-평균값)를 나타낸 것이다.

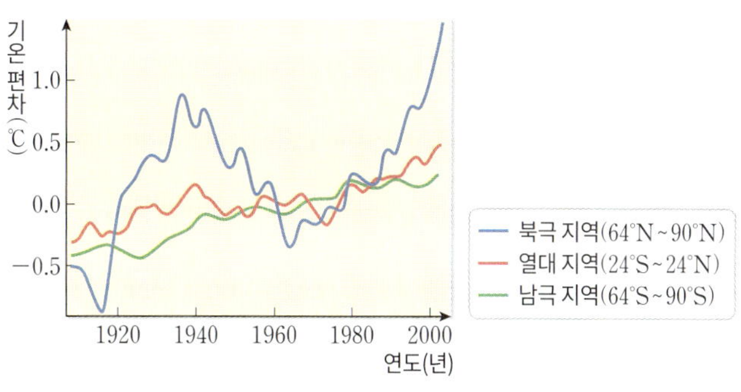

이에 대한 설명으로 옳은 것만을 <보기>에서 있는 대로 고른 것은?

| 보기 |

ㄱ. 지구의 평균 기온은 상승하는 추세이다.

ㄴ. 평균 기온의 변동 폭은 남극 지역이 북극 지역보다 크다.

ㄷ. 북극 지역과 열대 지역의 평균 기온 차는 1980년보다 2000년에 크다.

① ㄱ   ② ㄴ   ③ ㄱ, ㄷ
④ ㄴ, ㄷ   ⑤ ㄱ, ㄴ, ㄷ

403

그림은 기후 변화의 추세를 고려하여 우리나라의 계절별 길이 변화를 나타낸 것이다.

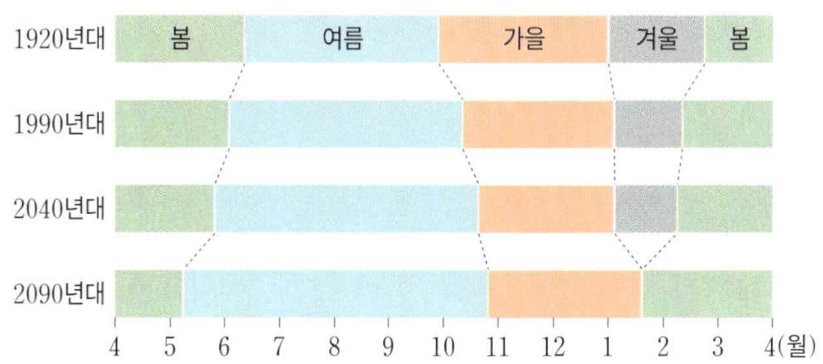

이에 대한 설명으로 옳은 것만을 <보기>에서 있는 대로 고른 것은?

| 보기 |

ㄱ. 봄의 시작이 점점 느려진다.

ㄴ. 아열대 식물의 재배 가능 지역이 북상한다.

ㄷ. 여름의 길이 변화는 봄의 길이 변화보다 크다.

① ㄱ   ② ㄴ   ③ ㄱ, ㄷ
④ ㄴ, ㄷ   ⑤ ㄱ, ㄴ, ㄷ

404 평가원 기출 변형 ●●●

그림은 복사 평형을 이루는 지구의 열수지를 나타낸 것이다.

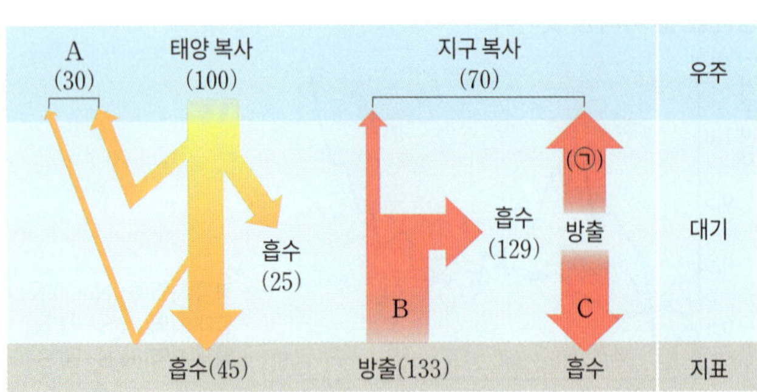

이에 대한 설명으로 옳은 것만을 <보기>에서 있는 대로 고른 것은?

| 보기 |

ㄱ. '66'은 ㉠에 해당한다.

ㄴ. A는 대부분 적외선 복사 에너지이다.

ㄷ. 온실 효과로 B가 증가하면 C도 증가한다.

① ㄱ   ② ㄴ   ③ ㄷ
④ ㄱ, ㄷ   ⑤ ㄴ, ㄷ

405 ●●○

그림은 대기 중 이산화 탄소의 농도가 현재의 2배가 되었을 때, 1월에 예상되는 지표 기온 변화량을 나타낸 것이다.

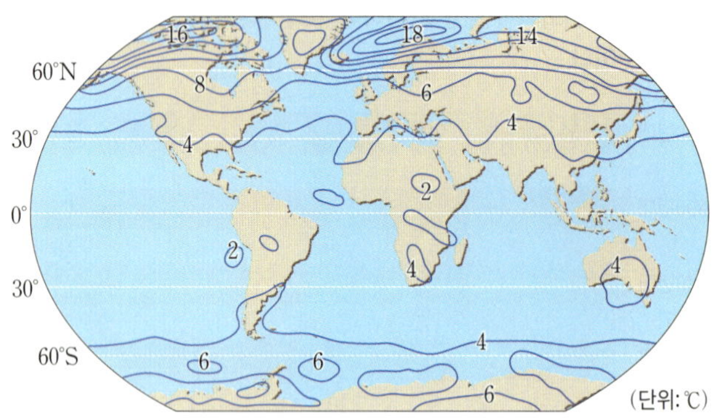

이에 대한 설명으로 옳은 것만을 <보기>에서 있는 대로 고른 것은?

| 보기 |

ㄱ. 위도에 따른 에너지 불균형은 현재보다 크다.

ㄴ. 지표 기온 변화량은 북반구가 남반구보다 크다.

ㄷ. 온난화는 저위도보다 고위도에서 크게 나타난다.

① ㄱ   ② ㄷ   ③ ㄱ, ㄴ
④ ㄴ, ㄷ   ⑤ ㄱ, ㄴ, ㄷ

406 ●●○

그림은 위도에 따른 연간 증발량 및 강수량을 나타낸 것이다. A와 B는 각각 연간 증발량과 연간 강수량 중 하나이다.

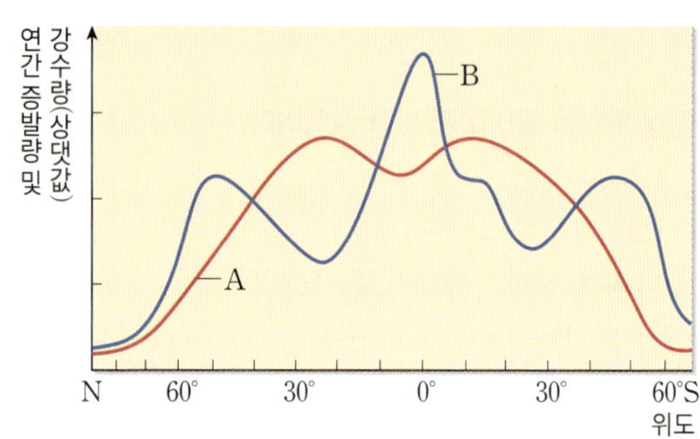

이에 대한 설명으로 옳은 것만을 <보기>에서 있는 대로 고른 것은?

| 보기 |

ㄱ. A는 연간 증발량이다.

ㄴ. (증발량−강수량) 값은 적도보다 위도 30°에서 크다.

ㄷ. 사막화는 위도 30° 부근보다 위도 60° 부근에서 활발하다.

① ㄱ   ② ㄴ   ③ ㄷ
④ ㄱ, ㄴ   ⑤ ㄴ, ㄷ

407 ●●●

그림은 태평양 적도 부근 해역에서 관측한 바람의 동서 방향 풍속 편차(관측값−평년값)를 나타낸 것이다. A와 B는 각각 엘니뇨와 라니냐 발생 시 중 하나이다. 라니냐는 엘니뇨와 반대로 나타나는 현상이며, 풍속을 관측할 때 서풍은 (+) 값, 동풍은 (−) 값으로 한다.

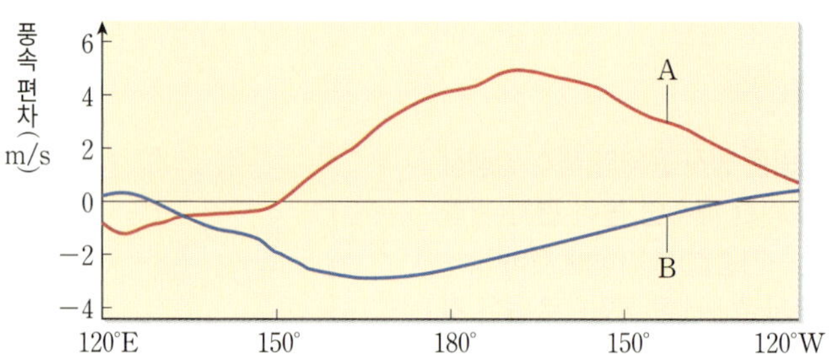

이에 대한 설명으로 옳은 것만을 <보기>에서 있는 대로 고른 것은?

| 보기 |

ㄱ. 무역풍의 풍속은 (−) 값을 갖는다.

ㄴ. A일 때, 적도 부근 중앙 태평양에서는 동풍이 평년보다 강하다.

ㄷ. B는 엘니뇨 발생 시이다.

① ㄱ   ② ㄴ   ③ ㄱ, ㄷ
④ ㄴ, ㄷ   ⑤ ㄱ, ㄴ, ㄷ

408

그림은 태평양 적도 부근 해역에서 표층 수온 차(서태평양 표층 수온−동태평양 표층 수온)를 나타낸 것이다. A와 B 중 하나는 엘니뇨 발생 시기이다.

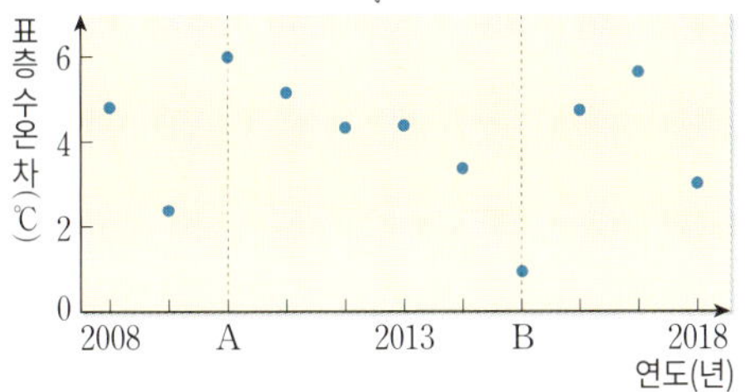

이에 대한 설명으로 옳은 것만을 <보기>에서 있는 대로 고른 것은?

| 보기 |
ㄱ. 엘니뇨 발생 시기는 A이다.
ㄴ. 페루 연안 해역에서 용승은 A가 B보다 강하다.
ㄷ. 서태평양 적도 부근 해역에서 강수량은 A가 B보다 많다.

① ㄱ ② ㄴ ③ ㄷ
④ ㄱ, ㄴ ⑤ ㄴ, ㄷ

409 교육청 기출 변형

그림은 시나리오 A~C에 따른 연간 온실 기체 배출량을 예상하여 나타낸 것이다. 기준값은 1850년~1900년의 평균 기온이다.

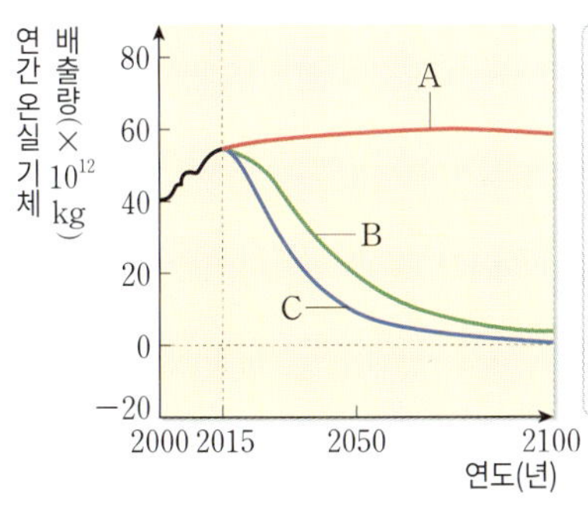

이에 대한 설명으로 옳은 것만을 <보기>에서 있는 대로 고른 것은?

| 보기 |
ㄱ. A일 때, 2050년 이후 해수면 높이는 일정하게 유지될 것이다.
ㄴ. B일 때, 화석 연료 사용량은 2100년이 현재보다 적을 것이다.
ㄷ. C일 때, 2100년 지구의 평균 기온은 기준값과 같을 것이다.

① ㄱ ② ㄴ ③ ㄱ, ㄷ
④ ㄴ, ㄷ ⑤ ㄱ, ㄴ, ㄷ

서술형 문제

410 ⭐신유형

그림은 최근 30년 동안 어느 해역의 해수면 높이 편차를 나타낸 것이다. 이 기간 동안 지구 전체의 해수면 상승률은 약 2 mm/년이다.

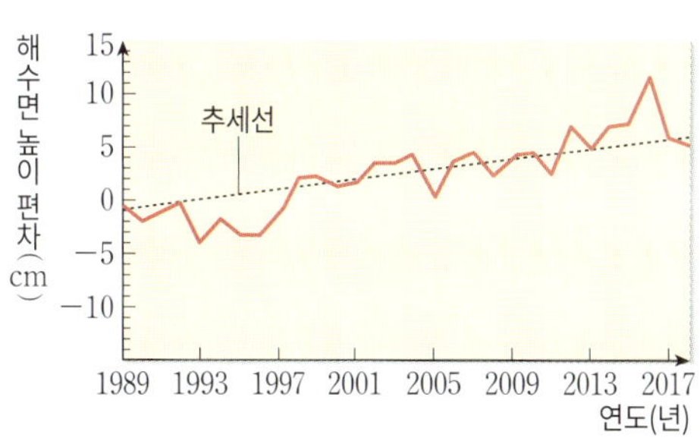

최근 30년 동안 이 해역의 해수면 높이는 어떻게 변했는지 쓰고, 이 해역의 연평균 해수면 상승률을 구해 지구 전체의 해수면 상승률과 비교하여 설명하시오.

411 ⭐신유형

그림은 평상시 태평양 적도 부근 해역의 연직 단면을 나타낸 것이다.

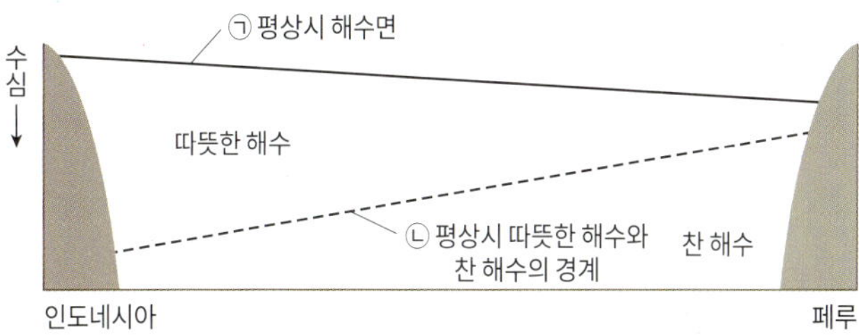

엘니뇨 발생 시 ㉠과 ㉡의 기울기는 어떻게 변하는지 쓰고, 페루 연안 해역에서 나타나는 현상 2가지를 설명하시오.

412

그림 (가)는 태평양의 수소 이온 농도 지수(pH) 변화를, (나)는 해양 산성화로 하얗게 죽어 가는 산호의 모습을 나타낸 것이다. 해양 산성화는 해수의 pH가 낮아지는 현상이다.

해양 산성화가 발생하는 주요 원인은 무엇인지 설명하시오.

실전 대비 평가 문제

중간・기말고사에 대비할 수 있도록 시험에 자주 출제되는 문제들을 엄선하여 수록했습니다.

413

그림은 어떤 해양 생태계를 나타낸 것이다.

이에 대한 설명으로 옳지 <u>않은</u> 것은?

① 미역은 생산자이다.
② 멸치와 고등어는 서로 다른 개체군에 속한다.
③ 바닷물과 태양은 모두 비생물요소에 해당한다.
④ 고등어가 가진 에너지의 일부가 미역으로 이동한다.
⑤ 식물 플랑크톤은 광합성으로 양분을 스스로 만든다.

414

생태계구성요소에 대한 설명으로 옳은 것만을 <보기>에서 있는 대로 고른 것은?

| 보기 |

ㄱ. 생태계는 생물요소와 비생물요소로 구성된다.
ㄴ. 생물요소는 일정한 지역에서 군집을 형성한다.
ㄷ. 분해자는 스스로 양분을 만들지 못하므로 비생물요소에 해당한다.

① ㄱ 　　　　② ㄷ 　　　　③ ㄱ, ㄴ
④ ㄴ, ㄷ 　　　⑤ ㄱ, ㄴ, ㄷ

415

표 (가)는 생태계구성요소 A ~ C에서 특징 ㉠과 ㉡의 유무를, (나)는 ㉠과 ㉡을 순서 없이 나타낸 것이다. A ~ C는 버섯, 온도, 소나무를 순서 없이 나타낸 것이다.

구분	A	B	C
㉠	?	○	×
㉡	○	○	ⓐ

(○: 있음, ×: 없음.)

(가)

특징(㉠, ㉡)
• 생물요소이다.
• 광합성을 한다.

(나)

이에 대한 설명으로 옳은 것만을 <보기>에서 있는 대로 고른 것은?

| 보기 |

ㄱ. ⓐ는 '×'이다.
ㄴ. ㉠은 '생물요소이다.'이다.
ㄷ. A는 분해자이다.

① ㄱ 　　　　② ㄴ 　　　　③ ㄱ, ㄷ
④ ㄴ, ㄷ 　　　⑤ ㄱ, ㄴ, ㄷ

416

생물요소가 비생물요소에 영향을 미치는 사례로 옳은 것만을 <보기>에서 있는 대로 고른 것은?

| 보기 |

ㄱ. 숲의 나무로 인해 햇빛이 차단되어 토양의 수분 증발량이 감소한다.
ㄴ. 식물의 광합성은 공기 중의 산소 농도와 이산화 탄소 농도에 영향을 미친다.
ㄷ. 소의 트림에 포함된 온실 기체로 인해 대기 중 온실 기체의 농도가 증가한다.

① ㄱ 　　　　② ㄴ 　　　　③ ㄷ
④ ㄱ, ㄷ 　　　⑤ ㄱ, ㄴ, ㄷ

| 417~418 | 그림은 생태계구성요소 사이의 상호 관계를 나타낸 것이다. A와 B는 생산자와 소비자를 순서 없이 나타낸 것이며, 사람은 B에 속한다. 물음에 답하시오.

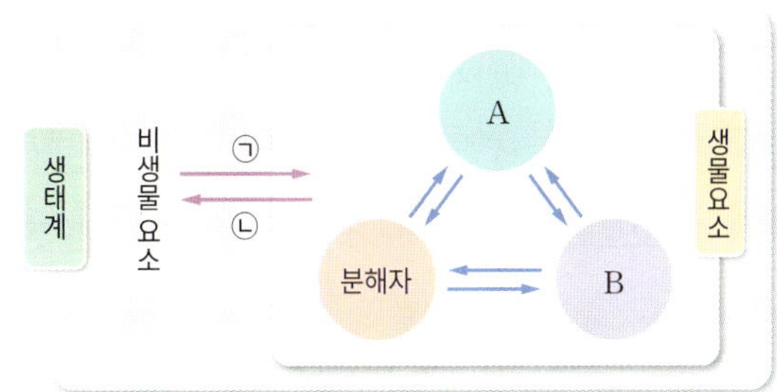

417

이에 대한 설명으로 옳은 것만을 <보기>에서 있는 대로 고른 것은?

| 보기 |
ㄱ. 곰팡이는 A에 속한다.
ㄴ. A에서 B로 에너지가 이동한다.
ㄷ. A는 빛에너지를 이용해 양분을 스스로 만든다.

① ㄱ   ② ㄷ   ③ ㄱ, ㄴ
④ ㄴ, ㄷ   ⑤ ㄱ, ㄴ, ㄷ

418

ⓒ과 ⓛ의 예를 옳게 짝 지은 것은?

① ⓒ-고래의 배설물은 해양의 물질순환에 도움을 준다.
② ⓒ-기온이 낮은 곳에서 사는 한라송이풀은 잎과 줄기에 털이 나 있어 체온이 낮아지는 것을 막는다.
③ ⓒ-흰개미는 흙에 타액과 배설물을 섞어서 집을 만들기 때문에 흰개미 집 주변 토양의 성질이 변한다.
④ ⓛ-토양의 깊이에 따라 공기의 함량이 다르며, 이에 따라 분포하는 세균의 종류가 달라진다.
⑤ ⓛ-건조한 곳에 사는 선인장은 뿌리가 발달해 있고, 줄기에 많은 양의 물을 저장하며 잎이 가시로 변해 수분의 증발을 막는다.

419

각 비생물요소가 생물요소에 영향을 미친 사례를 옳게 짝 지은 것은?

① 물-소나무는 빛이 강한 환경에서 잘 자란다.
② 빛-사막에 사는 뱀은 몸 표면이 비늘로 덮여 있다.
③ 공기-사막여우는 북극여우보다 귀가 크다.
④ 온도-개구리는 겨울이 되면 땅속에서 겨울잠을 잔다.
⑤ 토양-고산 지대에 사는 사람은 평지에 사는 사람보다 혈액 속 적혈구의 수가 많다.

420

표는 비생물요소 (가)~(다)가 생물요소에 영향을 미친 사례를 나타낸 것이다. (가)~(다)는 물, 빛, 온도를 순서 없이 나타낸 것이다.

비생물요소	생물요소에 영향을 미친 사례
(가)	ⓒ사슴은 일조 시간이 짧아지는 가을에 번식한다.
(나)	물에서 사는 수생식물의 줄기와 뿌리에는 통기조직이 발달되어 있다.
(다)	ⓛ

이에 대한 설명으로 옳은 것만을 <보기>에서 있는 대로 고른 것은?

| 보기 |
ㄱ. ⓒ은 소비자이다.
ㄴ. (나)는 물이다.
ㄷ. '추운 지방에 사는 동물은 피하 지방층이 두껍다.'는 ⓛ에 해당한다.

① ㄱ   ② ㄴ   ③ ㄷ
④ ㄱ, ㄷ   ⑤ ㄱ, ㄴ, ㄷ

421

그림은 어떤 생태계에서 일어나는 에너지 이동 경로의 일부를 나타낸 것이다. A~D는 분해자, 생산자, 1차 소비자, 2차 소비자를 순서 없이 나타낸 것이다.

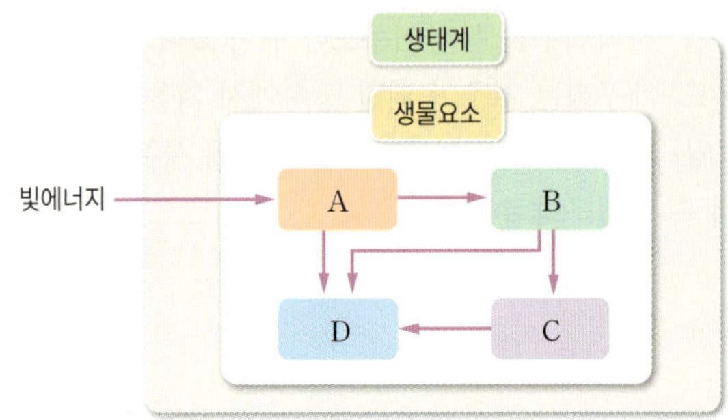

이에 대한 설명으로 옳은 것만을 <보기>에서 있는 대로 고른 것은?

| 보기 |
ㄱ. 곰팡이는 A에 해당한다.
ㄴ. C는 B보다 상위 영양단계에 해당한다.
ㄷ. A~C의 사체나 배설물에 포함된 양분의 형태로 D에게 에너지가 전달된다.

① ㄱ   ② ㄴ   ③ ㄱ, ㄷ
④ ㄴ, ㄷ   ⑤ ㄱ, ㄴ, ㄷ

422

그림은 어떤 생태계에서 일어나는 에너지의 이동 경로를 나타낸 것이다. (가)~(다)는 이 생태계의 생물요소이다.

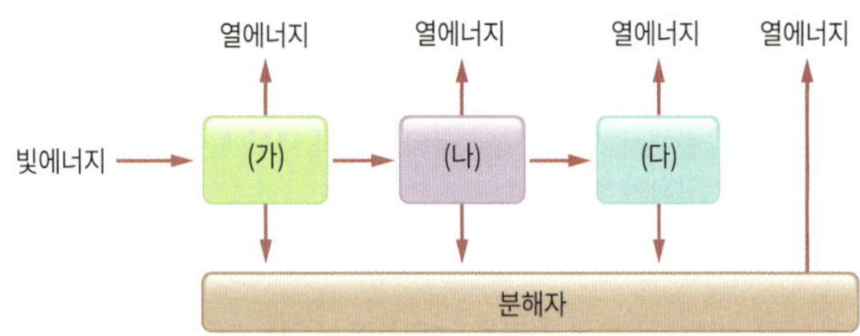

이에 대한 설명으로 옳은 것만을 <보기>에서 있는 대로 고른 것은?

| 보기 |
ㄱ. 사람은 (가)에 속한다.
ㄴ. (다)는 소비자이다.
ㄷ. (나)의 에너지 중 일부는 분해자로 이동한다.

① ㄱ   ② ㄴ   ③ ㄱ, ㄷ
④ ㄴ, ㄷ   ⑤ ㄱ, ㄴ, ㄷ

423

표는 어떤 안정된 생태계에서 각 영양단계의 에너지양을 나타낸 것이다.

영양단계	생산자	1차 소비자	2차 소비자
에너지양(상댓값)	1000	100	20

이에 대한 설명으로 옳은 것만을 <보기>에서 있는 대로 고른 것은?

| 보기 |
ㄱ. 상위 영양단계로 갈수록 에너지양이 감소한다.
ㄴ. 1차 소비자의 에너지양 중 20 %가 2차 소비자로 전달되었다.
ㄷ. 생산자가 가진 에너지 중 일부는 생명활동에 사용되거나 열에너지로 방출된다.

① ㄱ   ② ㄴ   ③ ㄱ, ㄷ
④ ㄴ, ㄷ   ⑤ ㄱ, ㄴ, ㄷ

424

그림은 어떤 안정된 생태계에서 1차 소비자의 개체수가 일시적으로 증가하여 생태계평형이 깨졌을 때 과정 (가)와 (나)를 거쳐 생태계평형이 회복되는 과정을, 표는 (가)와 (나)에서 ㉠과 ㉡의 개체수 변화를 나타낸 것이다. ㉠과 ㉡은 생산자와 2차 소비자를 순서 없이 나타낸 것이다.

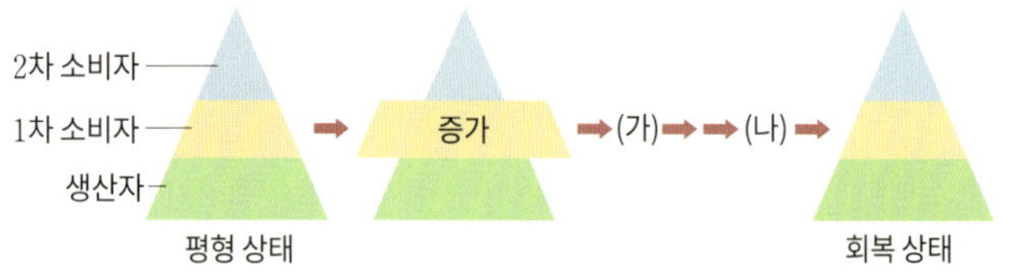

구분	(가)	(나)
㉠	증가	감소
㉡	감소	ⓐ

이에 대한 설명으로 옳은 것만을 <보기>에서 있는 대로 고른 것은?

| 보기 |
ㄱ. '증가'는 ⓐ에 해당한다.
ㄴ. ㉠은 다른 생물을 먹이로 하여 양분을 얻는다.
ㄷ. ㉡이 가진 에너지 중 일부가 먹이사슬을 따라 ㉠으로 이동한다.

① ㄱ   ② ㄷ   ③ ㄱ, ㄴ
④ ㄴ, ㄷ   ⑤ ㄱ, ㄴ, ㄷ

425

그림은 어떤 안정된 생태계의 개체수피라미드를, 표는 이 생태계에서 일시적으로 생태계평형이 깨졌을 때 평형이 회복되는 과정을 나타낸 것이다. A~C는 생산자, 1차 소비자, 2차 소비자를 순서 없이 나타낸 것이고, ㉠과 ㉡은 B와 C를 순서 없이 나타낸 것이다.

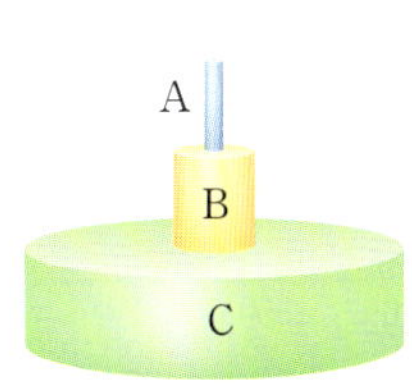

A의 개체수 증가 → ㉠의 개체수 감소 → ㉡의 개체수 증가, ⓐ A의 개체수 감소 → ㉠의 개체수 증가 → ㉡의 개체수 감소 → 생태계평형 회복

이에 대한 설명으로 옳은 것만을 <보기>에서 있는 대로 고른 것은?

| 보기 |
ㄱ. ㉠은 C이다.
ㄴ. ㉠이 가진 에너지의 일부가 A로 전달된다.
ㄷ. ⓐ는 A의 먹이량 감소에 의해 일어난다.

① ㄱ ② ㄴ ③ ㄷ
④ ㄴ, ㄷ ⑤ ㄱ, ㄴ, ㄷ

426

그림은 어떤 안정된 생태계의 에너지피라미드를 나타낸 것이다.

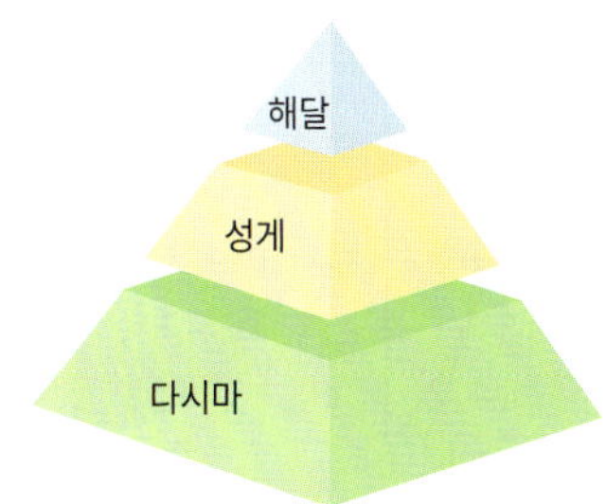

이에 대한 설명으로 옳은 것만을 <보기>에서 있는 대로 고른 것은?

| 보기 |
ㄱ. 해달을 남획하면 다시마의 개체수는 감소한다.
ㄴ. 생태계평형 상태일 때 $\dfrac{\text{해달의 개체수}}{\text{성게의 개체수}}$ 는 1보다 작다.
ㄷ. 이 생태계에서 먹이사슬은 해달 → 성게 → 다시마 순으로 형성되어 있다.

① ㄱ ② ㄷ ③ ㄱ, ㄴ
④ ㄴ, ㄷ ⑤ ㄱ, ㄴ, ㄷ

427

다음은 미국 카이바브 고원에 대한 자료이다.

카이바브 고원의 사슴을 보호하기 위해 사슴 사냥을 금지하고 사슴의 포식자인 퓨마, 늑대 등을 마구 사냥한 결과, ㉠ 1907년에 4천 마리였던 사슴이 1924년에는 1만 마리까지 증가했다. 그러나 이후 ㉡ 사슴의 개체수는 급격하게 감소하여 1926년에는 4천 마리로 줄어들었다.

이에 대한 설명으로 옳은 것만을 <보기>에서 있는 대로 고른 것은?

| 보기 |
ㄱ. 사슴의 개체수 변화는 먹이 관계의 영향을 받는다.
ㄴ. ㉠은 사슴의 포식자 개체수가 감소했기 때문이다.
ㄷ. ㉡으로 인해 퓨마와 늑대의 개체수는 증가했을 것이다.

① ㄱ ② ㄷ ③ ㄱ, ㄴ
④ ㄴ, ㄷ ⑤ ㄱ, ㄴ, ㄷ

428

그림 (가)와 (나)는 환경 변화의 사례를 나타낸 것이다.

(가) 외래생물(가시박)의 도입   (나) 무분별한 벌목

이에 대한 설명으로 옳은 것만을 <보기>에서 있는 대로 고른 것은?

| 보기 |
ㄱ. (가)는 생물다양성에 영향을 미치지 않는다.
ㄴ. (나)는 서식지 감소의 원인에 해당한다.
ㄷ. (가)와 (나)는 모두 생태계평형을 깨뜨릴 수 있는 환경 변화이다.

① ㄱ ② ㄷ ③ ㄱ, ㄴ
④ ㄴ, ㄷ ⑤ ㄱ, ㄴ, ㄷ

429

그림은 1950년 이후 현재까지 지구의 평균 기온과 대기 중 이산화 탄소 농도의 변화를 나타낸 것이다.

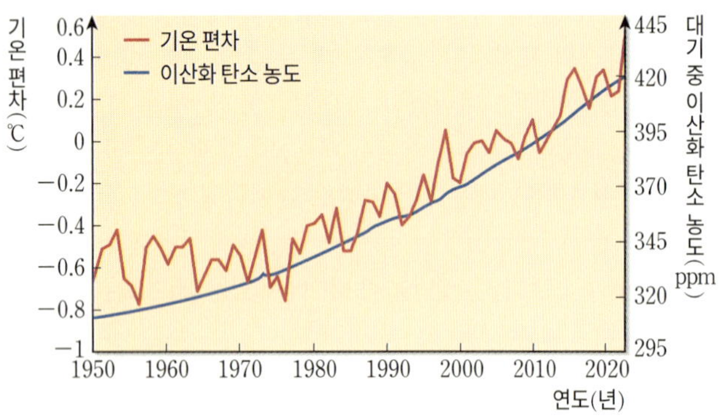

이에 대한 설명으로 옳은 것만을 <보기>에서 있는 대로 고른 것은?

| 보기 |
> ㄱ. 지구의 평균 기온과 이산화 탄소의 농도는 대체로 비례하는 경향이 있다.
> ㄴ. 이산화 탄소 농도 변화의 주요 원인은 화석 연료 사용량의 증가 때문이다.
> ㄷ. 이산화 탄소의 농도 변화는 1950년~1980년보다 1990년~2020년이 더 크다.

① ㄱ   ② ㄴ   ③ ㄷ
④ ㄱ, ㄷ   ⑤ ㄱ, ㄴ, ㄷ

430

그림은 최근 40년 동안 북극해의 얼음 면적 변화율을 나타낸 것이다.

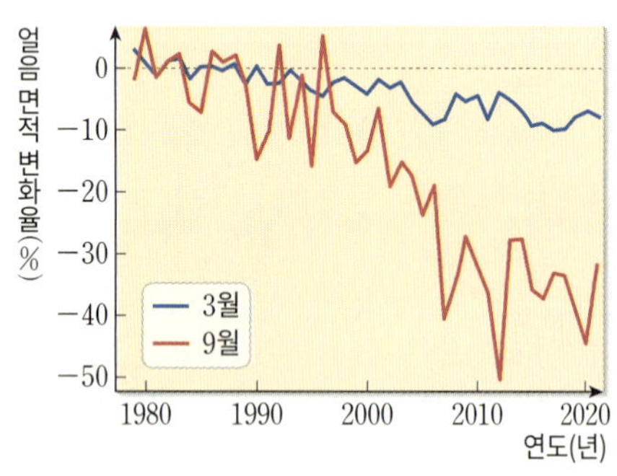

이에 대한 설명으로 옳은 것만을 <보기>에서 있는 대로 고른 것은?

| 보기 |
> ㄱ. 해수면 높이는 대체로 하강했다.
> ㄴ. 북극 지방의 지표 반사율은 증가하는 추세이다.
> ㄷ. 북극해의 얼음 면적 변화는 지구 온난화와 관계가 있다.

① ㄱ   ② ㄴ   ③ ㄷ
④ ㄱ, ㄷ   ⑤ ㄴ, ㄷ

431

그림 (가)와 (나)는 1910년부터 2016년까지 우리나라의 도시 A와 B의 여름과 겨울 일수를 나타낸 것이다.

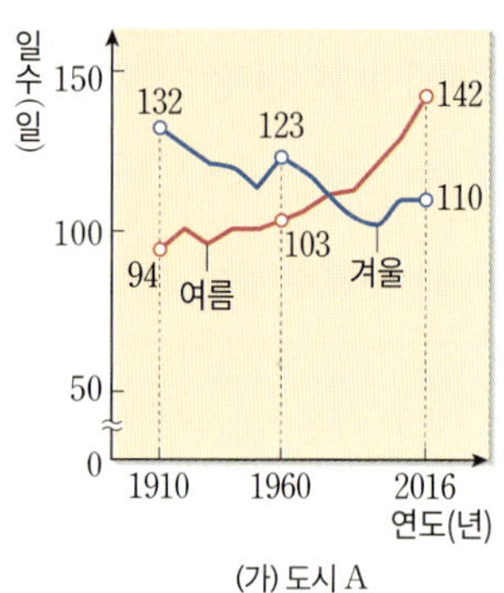

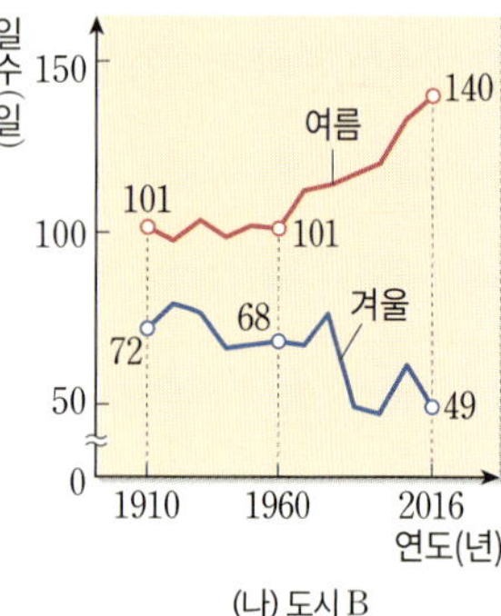

이에 대한 설명으로 옳은 것만을 <보기>에서 있는 대로 고른 것은?

| 보기 |
> ㄱ. 도시 A와 B에서 온난화 현상이 나타난다.
> ㄴ. 여름 일수의 변화는 도시 A가 도시 B보다 크다.
> ㄷ. 도시 A에서는 (여름 일수−겨울 일수) 값이 감소하는 추세이다.

① ㄱ   ② ㄷ   ③ ㄱ, ㄴ
④ ㄴ, ㄷ   ⑤ ㄱ, ㄴ, ㄷ

432

그림은 위도별 복사 에너지양의 분포와 이동을 나타낸 것이다. A와 B는 각각 태양 복사 에너지와 지구 복사 에너지 중 하나이다.

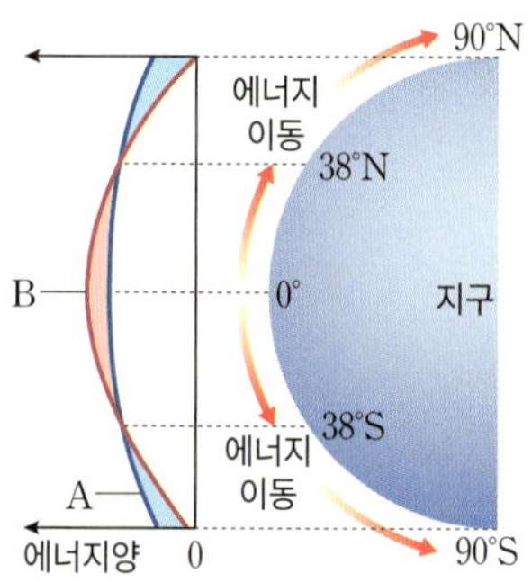

이에 대한 설명으로 옳은 것만을 <보기>에서 있는 대로 고른 것은?

| 보기 |
> ㄱ. A는 지구 복사 에너지이다.
> ㄴ. 에너지 부족 지역에서 에너지 과잉 지역으로 에너지 이동이 나타난다.
> ㄷ. 위도별에 따른 에너지 불균형으로 지구는 복사 평형을 유지하지 못한다.

① ㄱ   ② ㄷ   ③ ㄱ, ㄴ
④ ㄴ, ㄷ   ⑤ ㄱ, ㄴ, ㄷ

433

다음은 지구 온난화의 대처 방안에 대해 학생들이 나눈 대화이다.

적절한 의견을 제시한 학생만을 있는 대로 고른 것은?

① A 　　② B 　　③ A, C
④ B, C 　　⑤ A, B, C

434

그림은 엘니뇨 발생 시 전 세계에서 발생하는 겨울철 이상 기후를 나타낸 것이다. A와 B는 각각 이상 건조와 이상 강우 중 하나이다.

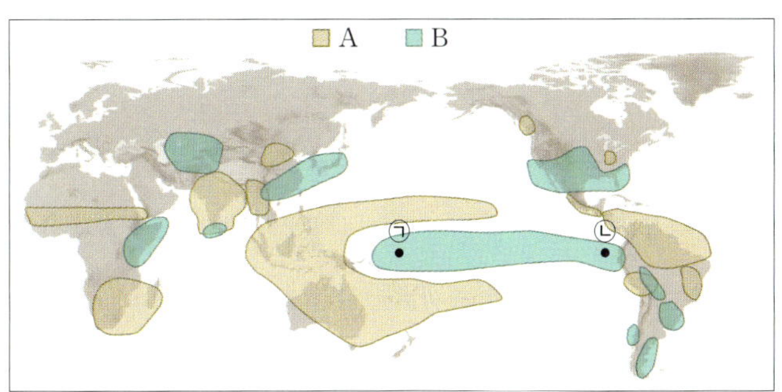

이에 대한 설명으로 옳은 것만을 <보기>에서 있는 대로 고른 것은?

| 보기 |
ㄱ. A는 이상 강우이다.
ㄴ. 이 시기에 ㉠에서는 무역풍이 평상시보다 강하다.
ㄷ. 이 시기에 ㉡의 표층 수온은 평상시보다 높다.

① ㄱ 　　② ㄷ 　　③ ㄱ, ㄴ
④ ㄴ, ㄷ 　　⑤ ㄱ, ㄴ, ㄷ

435

그림 (가)와 (나)는 평상시와 엘니뇨 발생 시 태평양 적도 부근 해역의 대기 순환을 순서 없이 나타낸 것이다.

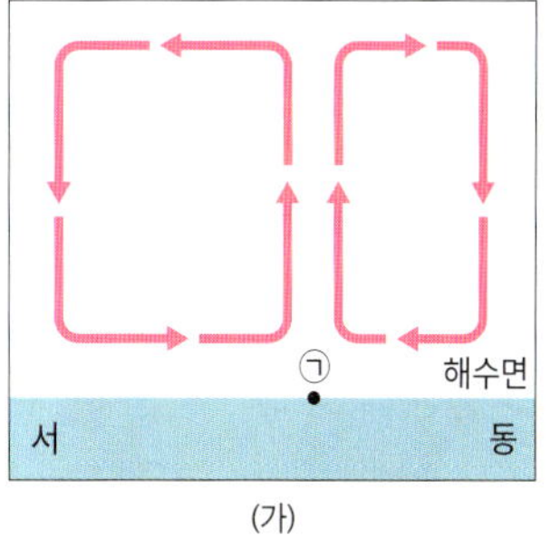

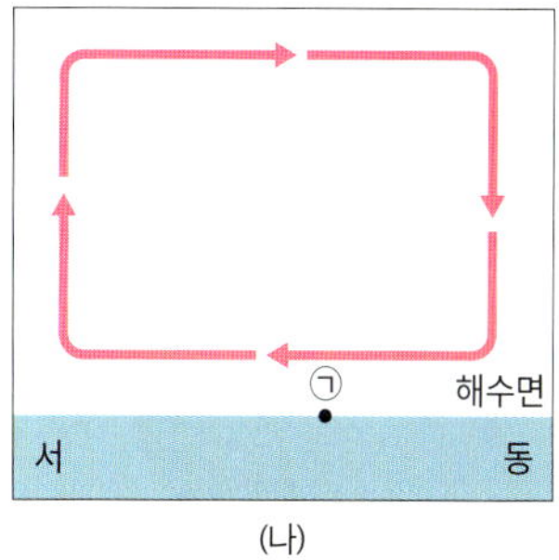

이에 대한 설명으로 옳은 것만을 <보기>에서 있는 대로 고른 것은?

| 보기 |
ㄱ. (가)는 엘니뇨 발생 시이다.
ㄴ. ㉠의 강수량은 (가)가 (나)보다 많다.
ㄷ. ㉠의 표층 수온은 (가)가 (나)보다 높다.

① ㄱ 　　② ㄷ 　　③ ㄱ, ㄴ
④ ㄴ, ㄷ 　　⑤ ㄱ, ㄴ, ㄷ

436

그림은 전 세계의 사막과 사막화 지역, 사막화의 원인을 나타낸 것이다.

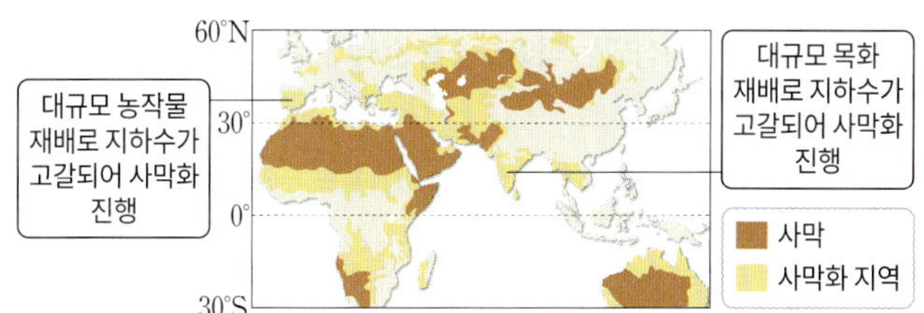

이에 대한 설명으로 옳은 것만을 <보기>에서 있는 대로 고른 것은?

| 보기 |
ㄱ. 사막은 대부분 적도 부근에 분포한다.
ㄴ. 토지의 과잉 경작은 사막화를 가속화시킬 수 있다.
ㄷ. 사막화는 위도 30° 이상인 지역에서 거의 발생하지 않는다.

① ㄱ 　　② ㄴ 　　③ ㄱ, ㄷ
④ ㄴ, ㄷ 　　⑤ ㄱ, ㄴ, ㄷ

437

그림은 생태계구성요소 사이의 상호 관계를 나타낸 것이다. (가)와 (나)는 생물요소와 비생물요소를 순서 없이 나타낸 것이다.

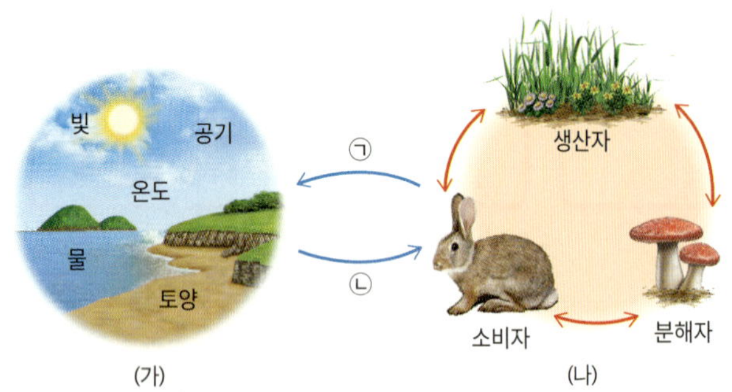

(가)와 (나)가 무엇인지 쓰고, ㉠과 ㉡의 사례를 1가지씩 설명하시오.

440

그림은 지구 온난화의 원인과 영향을 나타낸 것이다.

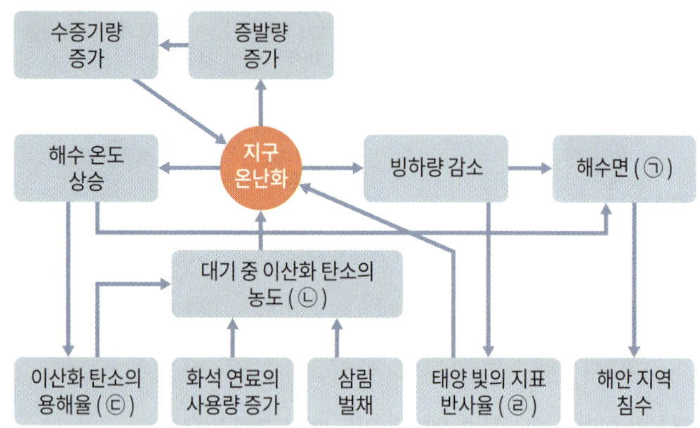

증가(상승)와 감소(하강) 중 ㉠~㉣이 무엇인지 각각 쓰시오.

| 438~439 | 표는 어떤 안정된 생태계에서 영양단계 A~C의 에너지양을 나타낸 것이다. A~C 사이에는 먹이사슬이 형성된다. 물음에 답하시오.

영양단계	A	B	C
에너지양(상댓값)	1	100	10

438

A~C 사이에서 형성되는 먹이사슬을 순서대로 쓰시오.

| 441~442 | 그림은 복사 평형을 이루는 지구의 열수지를 나타낸 것이다. 물음에 답하시오.

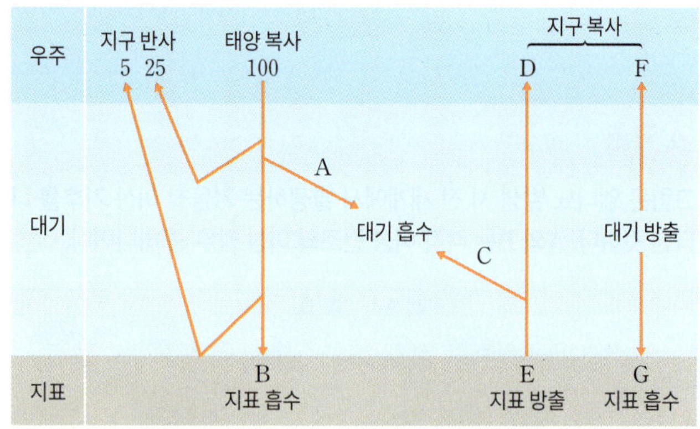

441

'A+B=D+F'가 성립하는 까닭을 설명하시오.

439

A의 개체수가 일시적으로 감소하여 생태계평형이 깨졌을 때 B와 C의 개체수는 어떻게 변하는지 설명하시오.

442

대기 중의 온실 기체가 증가하면 E와 G의 에너지양은 어떻게 변하는지 설명하시오.

443

그림은 생태계구성요소 사이의 상호 관계를 나타낸 것이다.

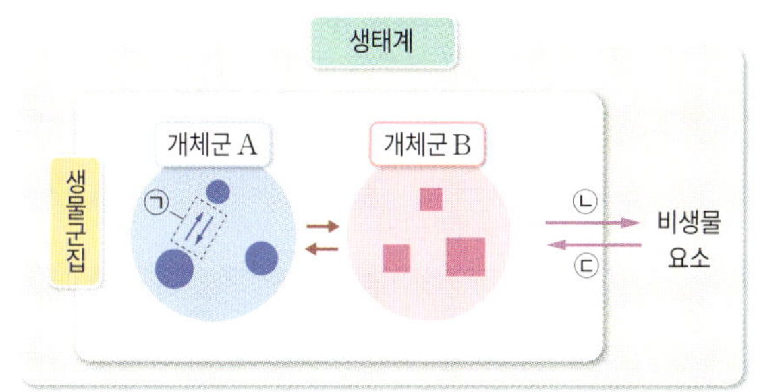

이에 대한 설명으로 옳은 것만을 <보기>에서 있는 대로 고른 것은?

| 보기 |

ㄱ. 분해자는 생물군집에 해당한다.

ㄴ. 개구리가 메뚜기를 잡아먹는 것은 ㉠에 해당한다.

ㄷ. 지렁이가 땅속에 구멍을 뚫어 토양의 통기성을 높이는 것은 ㉡에 해당한다.

① ㄱ 　　② ㄴ 　　③ ㄱ, ㄷ
④ ㄴ, ㄷ 　　⑤ ㄱ, ㄴ, ㄷ

444

그림은 서로 다른 생태계 (가)와 (나)에서 각 영양단계의 에너지양을 상댓값으로 나타낸 것이다. A~C는 생산자, 1차 소비자, 2차 소비자를 순서 없이 나타낸 것이다.

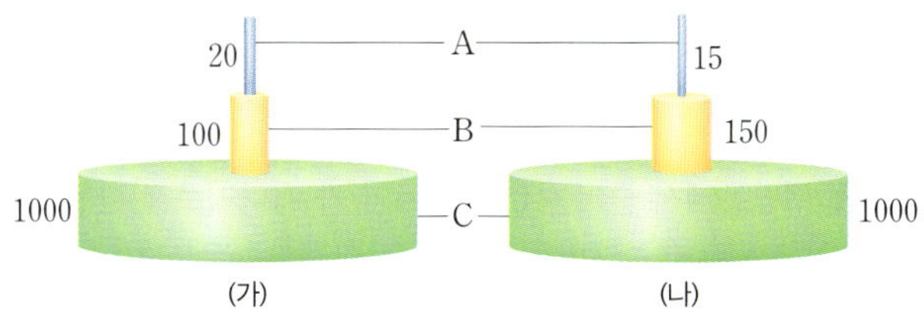

이에 대한 설명으로 옳은 것만을 <보기>에서 있는 대로 고른 것은?

| 보기 |

ㄱ. (가)와 (나)에서 모두 B에서 A로 에너지가 이동한다.

ㄴ. A는 태양의 빛에너지를 화학 에너지로 전환하여 양분에 저장한다.

ㄷ. (가)에서 C의 개체수가 일시적으로 증가하면 B의 개체수가 감소한다.

① ㄱ 　　② ㄴ 　　③ ㄱ, ㄴ
④ ㄱ, ㄷ 　　⑤ ㄴ, ㄷ

445

그림은 1900년부터 2010년까지 북극해 얼음 면적과 전 지구 평균 해수면 높이를 A와 B로 순서 없이 나타낸 것이다.

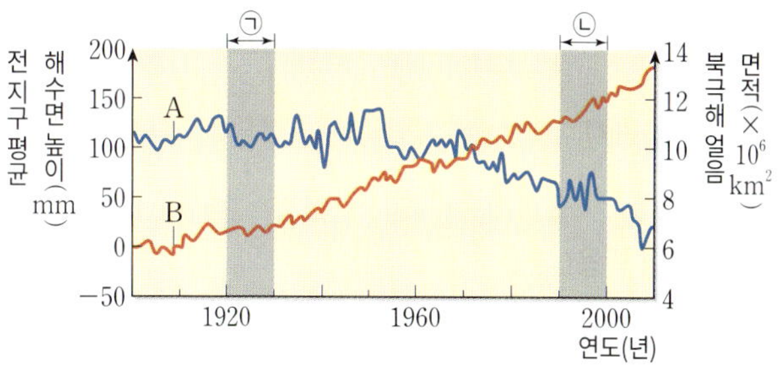

이에 대한 설명으로 옳은 것만을 <보기>에서 있는 대로 고른 것은?

| 보기 |

ㄱ. A는 북극해 얼음 면적이다.

ㄴ. 북극 해역의 평균 기온은 ㉠ 기간이 ㉡ 기간보다 높다.

ㄷ. 북극 해역에서 태양 복사 에너지 반사율은 ㉠ 기간이 ㉡ 기간보다 낮다.

① ㄱ 　　② ㄴ 　　③ ㄱ, ㄷ
④ ㄴ, ㄷ 　　⑤ ㄱ, ㄴ, ㄷ

446

그림 (가)와 (나)는 엘니뇨와 라니냐 발생 시 태평양 적도 부근 해역의 표층 수온을 순서 없이 나타낸 것이다. 라니냐는 엘니뇨와 반대로 나타나는 현상이다.

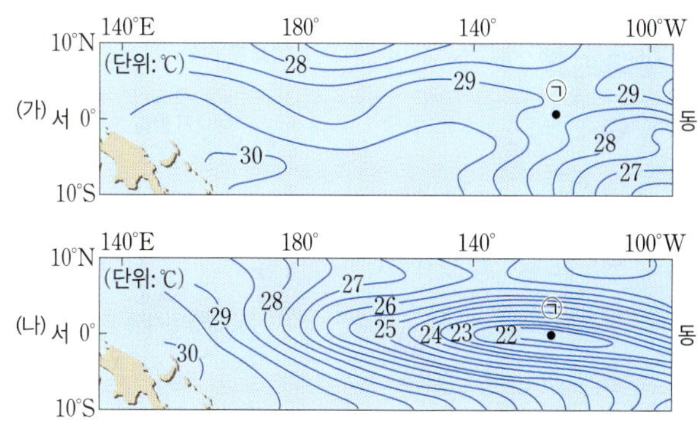

이에 대한 설명으로 옳은 것만을 <보기>에서 있는 대로 고른 것은?

| 보기 |

ㄱ. (가)는 엘니뇨 발생 시이다.

ㄴ. ㉠ 해역의 강수량은 (가)가 (나)보다 많다.

ㄷ. ㉠ 해역의 해수면 높이는 (가)가 (나)보다 높다.

① ㄱ 　　② ㄷ 　　③ ㄱ, ㄴ
④ ㄴ, ㄷ 　　⑤ ㄱ, ㄴ, ㄷ

10 에너지

1 태양 에너지의 생성과 핵융합

1 태양 에너지 태양 중심부에서 일어나는 수소 핵융합 반응에서 반응 후 질량의 합은 반응 전 질량의 합보다 감소하는데, 이때 감소한 질량만큼 에너지가 생성된다.

2 수소 핵융합 반응

① 태양 중심부는 초고온 상태이므로 수소 원자는 원자핵과 전자가 분리된 상태로 존재한다.

② 수소 원자핵 4개가 헬륨 원자핵 1개로 핵융합하며 질량 결손이 일어나 에너지를 방출한다.

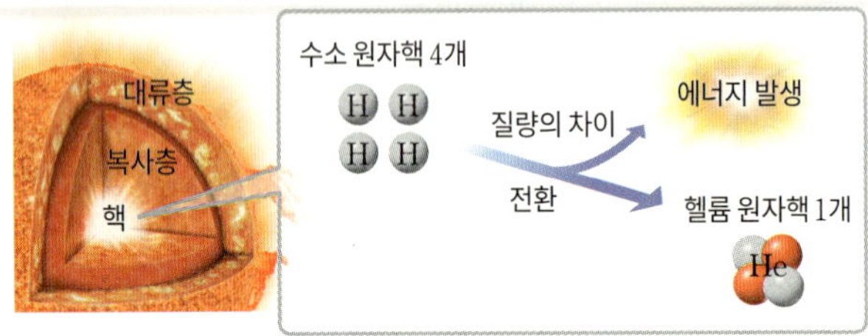

수소 원자핵 4개의 질량 합	>	헬륨 원자핵 1개의 질량

태양의 핵은 온도가 약 1500만 K으로, 4개의 수소 원자핵이 융합하여 헬륨 원자핵이 되는 수소 핵융합 반응이 일어난다.	핵융합 과정에서 질량 결손이 일어난다. ➜ 헬륨 원자핵 1개의 질량이 수소 원자핵 4개의 질량보다 작다.	줄어든 질량이 에너지로 전환되어 우주로 방출된다.

꼭 나오는 자료 태양에서 일어나는 수소 핵융합 반응

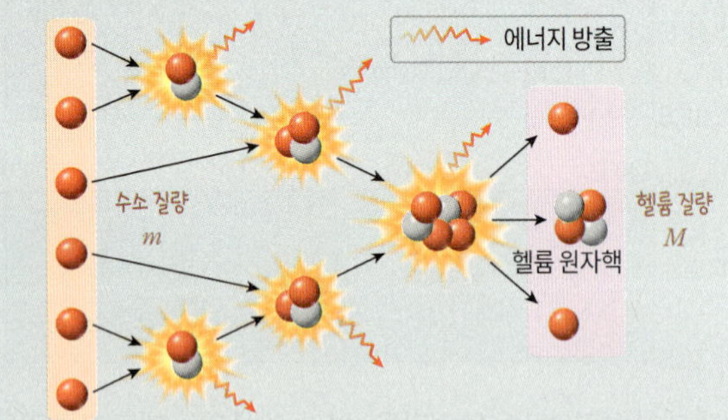

❶ 핵융합 반응: 수소 원자핵 6개가 핵융합하여 헬륨 원자핵 1개와 수소 원자핵 2개가 된다. ➜ 알짜 반응은 수소 원자핵 4개가 헬륨 원자핵 1개가 된다.

❷ 질량 결손(Δm): 핵반응 후 물질의 질량의 합이 반응 전 물질의 질량의 합보다 작다. ➜ $\Delta m = 4m - M$

❸ 에너지 방출: 핵융합 반응에서 질량 결손에 해당하는 에너지가 방출된다. ➜ $E = \Delta mc^2$

필수 유형 핵반응 전후 반응 물질과 생성 물질, 질량 관계와 에너지 생성 원리를 묻는 문제가 자주 출제된다. 🔗 111쪽 456번

2 지구에서 태양 에너지의 전환

1 지구에 도달한 태양 에너지 지구에서 에너지 흐름과 물질 순환을 일으키고 생명체의 생명 유지 활동의 에너지원이 된다.

2 지구에서 에너지와 물질 순환

대기와 해수의 순환	탄소 순환	기상 현상
대기와 해수의 순환을 통해 에너지를 지구 전체에 고르게 운반한다.	광합성을 통해 화학 에너지로 저장되고, 다양한 에너지로 전환된다.	물과 대기에 흡수되어 다양한 에너지로 전환되며 기상 현상을 일으킨다.

3 태양 에너지의 전환

물의 증발	태양 에너지 → 열에너지
구름의 생성	태양 에너지 → 열에너지 → 구름의 퍼텐셜 에너지
바람	태양 에너지 → 열에너지 → 운동 에너지
수력 발전	물의 퍼텐셜 에너지 → 전기 에너지
풍력 발전	바람의 운동 에너지 → 전기 에너지
태양광 발전	태양의 빛에너지 → 전기 에너지
태양열 발전	태양의 빛에너지 → 열에너지 → 전기 에너지
광합성	태양의 빛에너지 → 화학 에너지

● 바른답·알찬풀이 **59쪽**

개념 확인 문제

| **447~450** | 다음은 태양 에너지의 생성과 핵융합 반응에 대한 설명이다. ( ) 안에 들어갈 알맞은 말을 쓰시오.

447 태양 중심부에서는 (　　　) 핵융합 반응을 통해 에너지를 생성한다.

448 핵반응에서 줄어든 (　　　)이/가 에너지로 전환된다.

449 물질의 질량의 합은 반응 전이 반응 후보다 (　　　).

450 태양 중심부에서는 수소 원자핵 4개가 (　　　) 원자핵으로 융합한다.

| **451~452** | 지구에서 태양 에너지의 전환과 순환에 대한 설명으로 옳은 것은 ○표, 옳지 않은 것은 ✕표 하시오.

451 식물은 태양의 빛에너지를 이용해 대기 중의 이산화탄소를 포도당으로 바꾼다. (　　　)

452 태양 에너지가 물과 대기에 흡수되어 기상 현상을 일으킨다. (　　　)

기출 분석 문제

1 태양 에너지의 생성과 핵융합

453

그림은 A와 복사층, 대류층으로 이루어진 태양 내부 구조를 나타낸 것이다.

이에 대한 설명으로 옳지 <u>않은</u> 것은?

① A에서 핵융합 반응이 일어난다.
② 핵반응 과정에서 질량 결손이 일어난다.
③ A에는 수소와 헬륨이 기체 상태로 존재한다.
④ A에서 생성된 에너지의 일부가 지구에 전달된다.
⑤ 태양 표면에서 지구까지 복사의 형태로 에너지가 전달된다.

454

그림은 태양에서 태양 에너지가 생성되는 핵반응을 간단하게 나타낸 것이다.

이에 대한 설명으로 옳은 것만을 <보기>에서 있는 대로 고른 것은?

| 보기 |

ㄱ. 수소 원자핵이 핵융합한다.
ㄴ. 핵반응 과정에서 질량이 보존된다.
ㄷ. 온도가 6000 K 정도인 태양 표면에서 일어난다.

① ㄱ   ② ㄷ   ③ ㄱ, ㄴ
④ ㄱ, ㄷ   ⑤ ㄴ, ㄷ

455 서술형

수소 핵융합 반응에서 에너지가 생성되는 원리를 반응 전후의 질량 변화를 이용하여 설명하시오.

---

456 필수 유형 ⬡ 110쪽 꼭 나오는 자료

그림 (가)는 태양의 내부 구조를 나타낸 것으로, A, B, C는 각각 복사층, 대류층, 핵 중 하나이다. (나)는 태양 에너지 생성 과정에서 일어나는 핵반응을 나타낸 것이다.

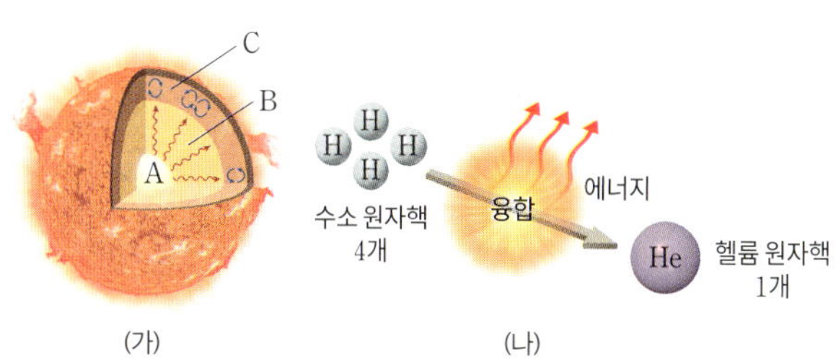

이에 대한 설명으로 옳은 것은?

① B는 대류층이다.
② (나)는 수소 핵분열 반응이다.
③ (나)는 A에서 일어나는 반응이다.
④ 시간이 지날수록 태양의 질량은 증가한다.
⑤ 헬륨 원자핵 1개의 질량은 수소 원자핵 4개의 질량과 같다.

457

그림은 중성자 2개와 양성자 2개가 결합하여 헬륨 원자핵이 생성되는 핵반응을 나타낸 것이다. 양성자, 중성자, 헬륨 원자핵의 질량은 각각 m_1, m_2, m_3이다.

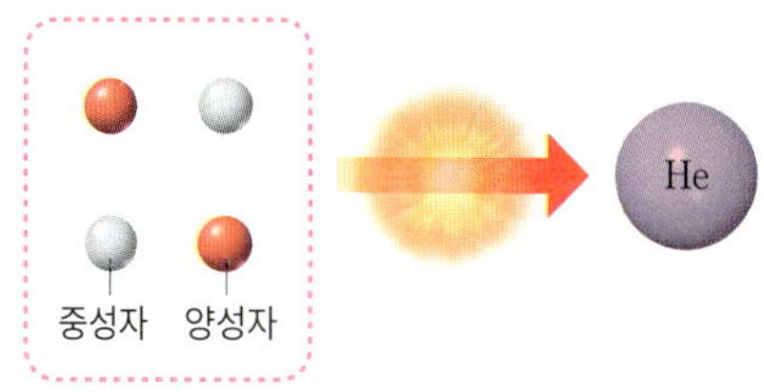

이에 대한 설명으로 옳은 것만을 <보기>에서 있는 대로 고른 것은?

| 보기 |

ㄱ. 핵융합 반응이다.
ㄴ. $2(m_1+m_2)>m_3$이다.
ㄷ. 태양에서 에너지가 생성될 때 이와 같은 반응이 일어난다.

① ㄴ   ② ㄷ   ③ ㄱ, ㄴ
④ ㄱ, ㄷ   ⑤ ㄱ, ㄴ, ㄷ

● 바른답·알찬풀이 59쪽

2 지구에서 태양 에너지의 전환

458

다음은 지구에 도달한 태양 에너지에 의해 일어나는 자연 현상에 관한 설명이다.

> 식물은 (㉠)을/를 통해 태양 에너지를 (㉡) 에너지로 전환하여 열매나 뿌리에 저장한다. 이렇게 저장된 에너지는 생명체가 생명 활동을 유지하는 데 쓰인다. 한편 불균등하게 가열된 공기가 이동하면서 바람이 불면 태양 에너지가 (㉢) 에너지로 전환된다.

㉠, ㉡, ㉢에 들어갈 말로 가장 적절한 것은?

	㉠	㉡	㉢
①	광합성	열	전기
②	광합성	화학	전기
③	광합성	화학	역학적
④	호흡	열	전기
⑤	호흡	화학	역학적

459

그림은 태양 에너지가 지구에서 다양한 에너지로 전환되는 것을 나타낸 것이다.

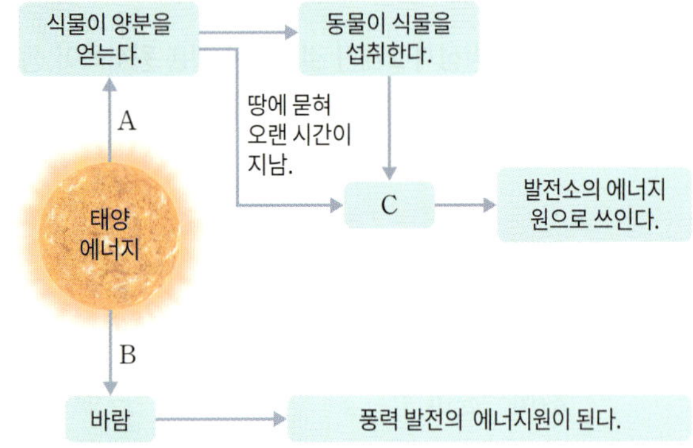

이에 대한 설명으로 옳은 것만을 <보기>에서 있는 대로 고른 것은?

| 보기 |
ㄱ. A는 광합성이다.
ㄴ. B에서 태양 에너지가 화학 에너지로 전환된다.
ㄷ. C는 핵발전의 에너지원으로 사용된다.

① ㄱ 　② ㄷ 　③ ㄱ, ㄴ
④ ㄱ, ㄷ 　⑤ ㄴ, ㄷ

460

지구에 도달한 태양 에너지에 대한 설명으로 옳지 **않은** 것은?

① 지구에서 탄소 순환을 일으킨다.
② 대기와 해수의 순환을 일으켜 에너지를 순환시킨다.
③ 화석 연료에 저장되어 화력 발전의 에너지원이 된다.
④ 식물의 광합성을 통해 빛에너지가 화학 에너지로 전환된다.
⑤ 같은 면적의 지표면에 도달하는 태양 에너지의 양은 어디에서나 같다.

461

다음은 지구에 도달한 태양 에너지가 전환되어 일어나는 기상 현상에 관한 설명이다.

> 적도 부근에서 물이 태양의 ㉠열에너지를 흡수하여 수증기가 되어 높이 올라간다. 높이 올라간 수증기가 다시 물방울이 되어 구름을 만들면서 에너지를 방출하고, 이 에너지가 ㉡강력한 바람을 일으키며 태풍이 형성된다. 적도 부근에서 형성된 태풍은 중위도 지방으로 이동하며 적도 지방의 남는 (㉢)을/를 중위도 지방으로 전달한다.

이에 대한 설명으로 옳은 것만을 <보기>에서 있는 대로 고른 것은?

| 보기 |
ㄱ. ㉠에서 태양 에너지가 수증기의 위치 에너지로 전환된다.
ㄴ. ㉡에서 수증기가 방출한 에너지가 바람의 운동 에너지로 전환된다.
ㄷ. '에너지'는 ㉢으로 적절하다.

① ㄴ 　② ㄷ 　③ ㄱ, ㄴ
④ ㄱ, ㄷ 　⑤ ㄱ, ㄴ, ㄷ

462 서술형

다음은 기상 현상이 일어나는 과정을 설명한 글이다.

> 수권에서는 태양 에너지를 흡수한 물이 수증기가 되어 증발하고, 수증기가 상승하면서 다시 물방울이 되어 구름을 형성한다. 기권에서는 ㉠태양 에너지에 의해 바람이 불고 구름이 이동한다. 구름을 이루는 ㉡물방울이 중력에 의해 아래로 떨어지면 비나 눈이 내리게 된다.

㉠, ㉡에서 일어나는 에너지 전환을 각각 설명하시오.

학교 시험 빈출 문제 중 내신 1등급을 결정하는 고난도 문제들을 수록했습니다.

463 평가원 기출 변형 ●●○

다음은 우리나라의 핵융합 연구 장치에 대한 설명이다.

> '한국의 인공 태양'이라 불리는 KSTAR는 바닷물에 풍부한 중수소($^2_1$H)와 리튬에서 얻은 삼중수소($^3_1$H)를 고온에서 충돌시켜 핵융합 에너지를 얻기 위한 연구 장치이다. KSTAR에서는 다음과 같은 핵융합 반응을 통해 ㉠ 에너지를 얻는다.
>
> $$^2_1H + {}^3_1H \longrightarrow (\ \ ㉡\ \ ) + {}^1_0n + 에너지$$

이에 대한 설명으로 옳은 것만을 <보기>에서 있는 대로 고른 것은?

| 보기 |

ㄱ. ㉠은 질량 결손에 의해 발생한다.
ㄴ. ㉡의 원자 번호는 4이다.
ㄷ. 중수소와 삼중수소의 질량의 합은 헬륨의 질량과 같다.

① ㄱ ② ㄴ ③ ㄷ
④ ㄱ, ㄷ ⑤ ㄱ, ㄴ, ㄷ

464 교육청 기출 변형 ●●○

다음은 헬륨 원자핵이 생성되는 과정에 대한 설명이다.

> • 빅뱅 이후 초기 우주에서 (㉠)와/과 중성자가 결합하여 헬륨 원자핵이 생성되었다.
> • 별의 중심부에서 일어나는 수소 (㉡) 반응에서 4개의 (㉠)이/가 결합하여 헬륨 원자핵이 생성된다.
> • 핵융합로에서 일어나는 (㉡) 반응에서 (㉠)와/과 중성자가 결합하여 헬륨 원자핵이 생성된다.

이에 대한 설명으로 옳은 것만을 <보기>에서 있는 대로 고른 것은?

| 보기 |

ㄱ. '양성자'는 ㉠으로 적절하다.
ㄴ. ㉠ 4개의 질량과 헬륨 원자핵의 질량은 같다.
ㄷ. ㉡ 반응에서 질량 결손이 일어난다.

① ㄴ ② ㄷ ③ ㄱ, ㄴ
④ ㄱ, ㄷ ⑤ ㄱ, ㄴ, ㄷ

465 교육청 기출 변형 ●●●

그림은 지구에서 태양 에너지가 전기 에너지로 전환되는 과정을 나타낸 것이다.

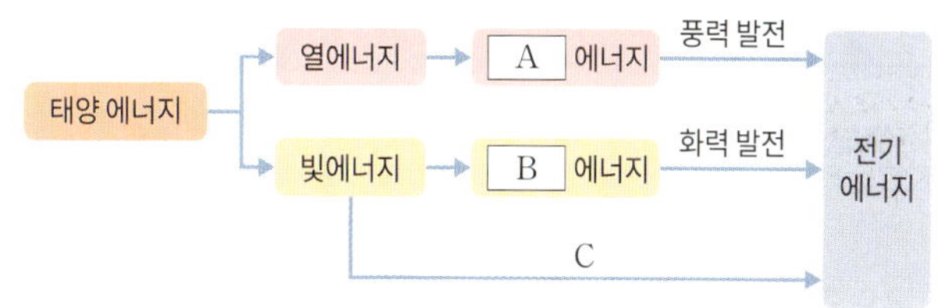

이에 대한 설명으로 옳은 것만을 <보기>에서 있는 대로 고른 것은?

| 보기 |

ㄱ. 생물체에 의해 열에너지가 A 에너지로 전환된다.
ㄴ. 광합성 과정을 통해 태양 에너지가 B 에너지로 전환된다.
ㄷ. '태양 전지'는 C로 적절하다.

① ㄱ ② ㄷ ③ ㄱ, ㄴ
④ ㄴ, ㄷ ⑤ ㄱ, ㄴ, ㄷ

🖋 서술형 문제

| 466~467 | 그림은 태양에서 생성된 에너지가 지구에 도달해 일으키는 현상을 나타낸 것이다. 물음에 답하시오.

466 ●●○

태양에서 일어나는 반응과 에너지가 생성되는 원리를 설명하시오.

467 ●●●

식물의 광합성 과정에서 일어나는 에너지 전환을 설명하시오.

11 발전과 전자기 유도

① 전자기 유도

1 전자기 유도 코일과 자석이 상대적인 운동을 할 때 코일을 통과하는 자기장이 변하여 코일에 전류가 흐르는 현상이다.

2 유도 전류 전자기 유도에 의해 코일에 흐르는 전류이다.

① 유도 전류의 방향: 유도 전류가 만드는 자기장이 코일을 통과하는 자기장의 변화를 방해한다. 코일과 자석의 상대적인 운동을 방해한다.

구분	N극 가까이	N극 멀리	S극 가까이	S극 멀리
자석의 운동	운동 방향 ↓ N A-Ⓖ-B N S	운동 방향 ↑ N A-Ⓖ-B N S	운동 방향 ↓ S A-Ⓖ-B N S	운동 방향 ↑ S A-Ⓖ-B N S
코일의 자기장	코일 위쪽에 N극 유도 → 자석을 밀어냄.	코일 위쪽에 S극 유도 → 자석을 끌어당김.	코일 위쪽에 S극 유도 → 자석을 밀어냄.	코일 위쪽에 N극 유도 → 자석을 끌어당김.
전류의 방향	A-Ⓖ-B	B-Ⓖ-A	B-Ⓖ-A	A-Ⓖ-B

② 유도 전류의 세기: 코일을 통과하는 자기장의 시간당 변화율에 비례한다. ➡ 코일의 감은 수가 많을수록, 자석이 강할수록, 자석과 코일의 상대 운동이 빠를수록 유도 전류가 세다.

꼭 나오는 탐구 자석과 코일의 상대 운동과 전자기 유도

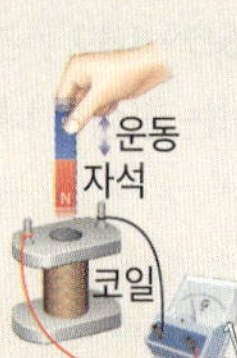

[과정]
코일과 검류계를 전선으로 연결한 뒤, 막대자석을 고정된 코일 근처에서 움직일 때 검류계 바늘의 움직임을 관찰한다.

[결과 및 정리]

자석		검류계 바늘의 움직임
자석과 코일이 정지해 있을 때		움직이지 않는다.
자석 N극을 움직일 때	가까이	오른쪽으로 움직인다.
	멀리	왼쪽으로 움직인다.
자석 S극을 움직일 때	가까이	왼쪽으로 움직인다.
	멀리	오른쪽으로 움직인다.
더 센 자석을 움직일 때		더 많이 움직인다.
자석이나 코일이 더 빠르게 운동할 때		더 많이 움직인다.

➡ 자석이나 코일이 상대적인 운동을 하면 유도 전류가 흐른다.
➡ 유도 전류는 상대적인 운동을 방해하는 방향으로 흐른다.
➡ 더 센 자석으로 더 빠르게 운동하면 유도 전류가 증가한다.

필수 유형 자석의 극과 운동 방향, 코일의 운동과 관련하여 유도 전류의 세기, 방향을 묻는 문제가 자주 출제된다. 🔗116쪽 487번

---

2 전자기 유도에서 에너지 전환 자석이나 코일의 운동 에너지가 전기 에너지로 전환된다.

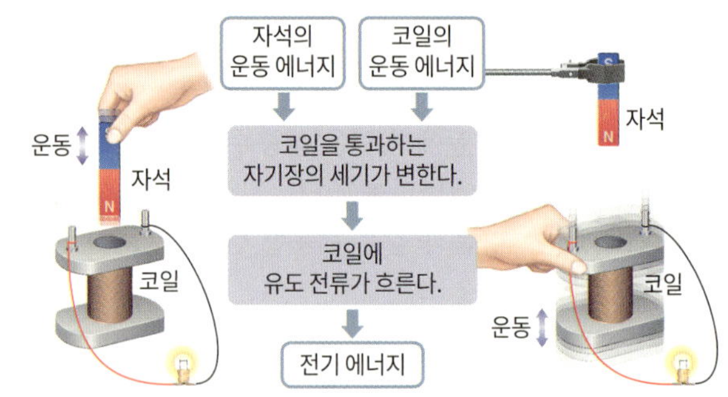

② 발전

1 발전기 전자기 유도 현상을 이용해 운동 에너지를 전기 에너지로 전환하는 장치이다.

① 구조: 고정된 코일 사이에서 터빈 축에 고정된 자석이 회전한다.
② 원리: 코일을 통과하는 자기장이 변할 때 코일에 유도 전류가 흐른다.

2 발전에서 에너지 전환 화학 에너지, 퍼텐셜 에너지, 운동 에너지, 핵에너지 등 ➡ 운동 에너지(터빈) ➡ 전기 에너지(발전기)

꼭 나오는 자료 발전기의 원리

❶ 자기장에 수직인 코일의 단면적이 증가하므로 자석의 자기장과 반대 방향의 자기장이 생기도록 유도 전류가 흐른다.
❷ 자기장에 수직인 코일의 단면적이 증가하다가 감소하므로 유도 전류의 방향이 바뀐다.
❸ 자기장에 수직인 코일의 단면적이 감소하므로 자석의 자기장과 같은 방향의 자기장이 생기도록 유도 전류가 흐른다.

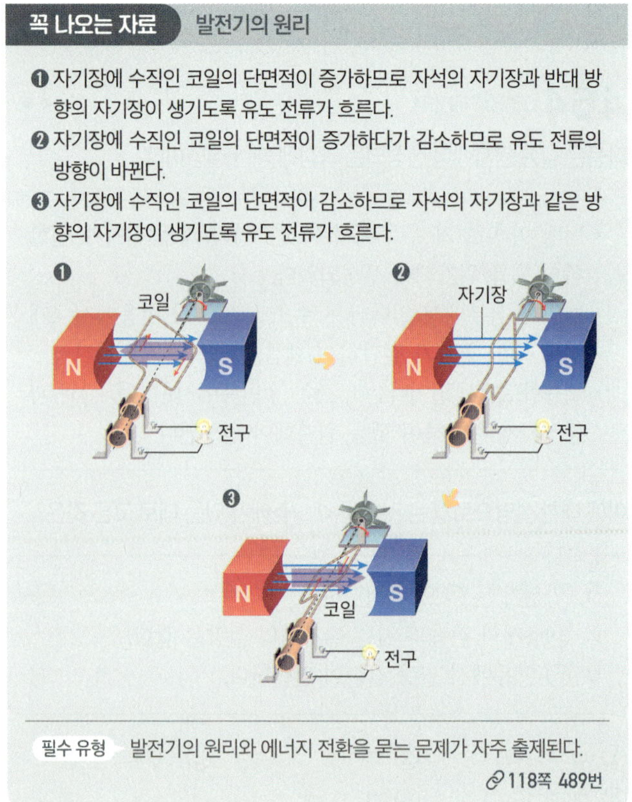

필수 유형 발전기의 원리와 에너지 전환을 묻는 문제가 자주 출제된다. 🔗118쪽 489번

---

③ 화석 연료와 핵에너지를 이용한 발전

1 화력 발전과 핵발전

① 화력 발전과 핵발전은 열에너지로 물을 끓일 때 나오는 수증기를 이용해 터빈을 돌리고, 터빈의 운동 에너지로 발전기에서 전기 에너지를 생산한다.

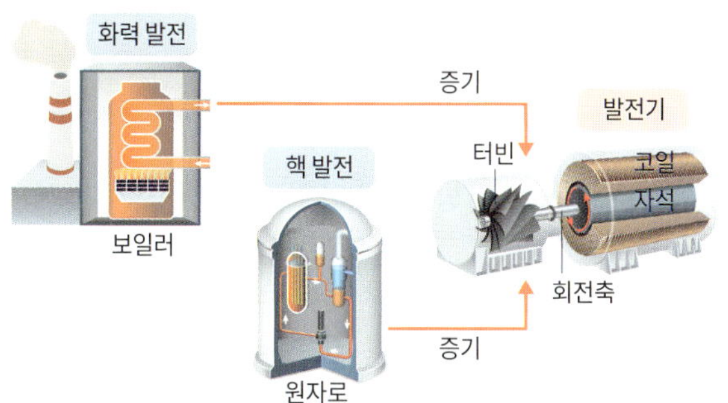

② 화력 발전과 핵발전의 특징 비교

종류	화력 발전	핵발전
에너지원	화석 연료(석유, 석탄 등)	핵연료(우라늄 등)
발전 원리	화석 연료가 연소할 때 발생하는 열에너지로 물을 끓이고, 이때 발생하는 수증기로 터빈을 돌린다.	원자로에서 핵연료가 핵분열할 때 발생하는 열에너지로 물을 끓이고, 이때 발생한 수증기로 터빈을 돌린다.
에너지 전환	화학 에너지 → 열에너지 → 운동 에너지 → 전기 에너지	핵에너지 → 열에너지 → 운동 에너지 → 전기 에너지

2 화력 발전과 핵발전의 장단점

구분	장점	단점
화력 발전	• 건설 비용과 시간이 적게 든다. • 건설 장소의 제약이 작다. • 다양한 화석 연료를 사용하므로 연료 공급의 안정성이 높다. • 가동에 필요한 시간이 짧아 갑작스러운 전력 수요에 대응이 가능하다.	• 연소 과정에서 이산화 탄소 등의 온실 기체와 대기 오염 물질을 배출한다. • 석유나 천연가스는 해외 의존도가 높다. • 화석 연료의 매장량이 제한적이다. • 연료의 운반과 저장 비용이 많이 든다.
핵발전	• 적은 양의 핵연료로 대량의 전기 에너지 공급이 가능하다. • 화력 발전보다 이산화 탄소 배출량이 적다. • 에너지 효율이 높다.	• 핵연료 매장량이 제한적이고, 방사성 폐기물 처리가 어렵다. • 사고 시 큰 피해가 발생한다. • 냉각수 방류로 수온이 상승해 생태계가 교란된다.

3 화력 발전과 핵발전이 생활에 미치는 영향

① 긍정적 영향: 발전소에서 대량의 전기 에너지를 공급하여 편리한 생활과 산업, 첨단 기술 발전에 기여한다.
② 부정적 영향: 환경 오염과 기후 변화에 따른 생태계 파괴 위험이 증가하고, 화석 연료와 핵연료의 매장량이 한정되어 있어 자원 고갈 우려가 있다.
③ 대책: 다양한 신재생 에너지를 이용한 발전을 통해 지속 가능한 발전과 친환경적인 생활이 이루어지도록 노력해야 한다.

개념 확인 문제

| 468~470 | 유도 전류가 흐르는 경우는 ○표, 흐르지 않는 경우는 ×표 하시오.

468 자석이 코일 안에 정지해 있다. ( )

469 자석이 일정한 속력으로 코일에 접근한다. ( )

470 고정된 자석 주위에서 코일이 회전한다. ( )

| 471~474 | 다음은 고정된 코일 주위에서 자석이 위아래로 운동할 때 전구에서 빛이 방출되는 모습에 대한 설명이다. ( ) 안에 들어갈 알맞은 말을 고르시오.

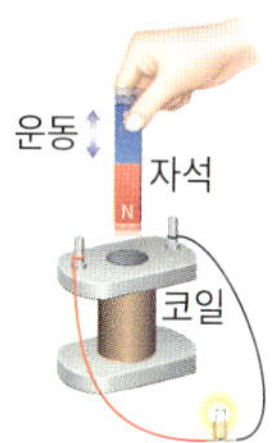

471 N극이 코일에 접근하면 코일 내부를 통과하는 자기장의 세기가 (증가, 감소)한다.

472 역학적 에너지가 (화학, 전기) 에너지로 전환된다.

473 자석의 속력이 (빠를수록, 느릴수록) 전구의 밝기는 밝아진다.

474 N극이 코일에 접근할 때와 멀어질 때 유도 전류의 방향은 (같다, 반대이다).

475 표는 화력 발전 과정에서 에너지 전환을 나타낸 것이다. ㉠~㉢에 해당하는 에너지 종류를 쓰시오.

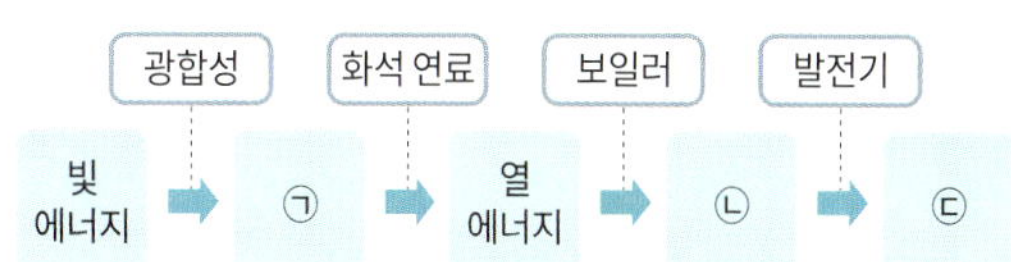

| 476~479 | 화력 발전에 대한 설명으로 옳은 것은 ○표, 옳지 않은 것은 ×표 하시오.

476 화석 연료의 화학 에너지를 이용한다. ( )

477 태양 에너지가 화석 연료의 근원이므로 에너지 고갈의 우려가 없다. ( )

478 발전 과정에서 많은 양의 냉각수가 필요하다. ( )

479 터빈의 운동 에너지가 발전기에서 전기 에너지로 전환된다. ( )

기출 분석 문제

1 전자기 유도

480

전자기 유도에 대한 설명으로 옳지 <u>않은</u> 것은?

① 화력 발전은 전자기 유도를 이용해 발전한다.
② 자석이나 코일의 역학적 에너지가 전기 에너지로 전환된다.
③ 코일을 통과하는 자기장이 변할 때 유도 전류가 흐르는 현상이다.
④ 유도 전류가 만드는 자기장의 방향은 자석의 운동을 방해하는 방향이다.
⑤ 코일을 통과하는 자기장의 변화가 클수록 유도 전류의 세기는 감소한다.

481

코일과 자석이 운동할 때 코일에 전류가 흐르지 <u>않는</u> 경우는?

① 정지한 자석에서 코일이 멀어질 때
② 정지한 코일을 향해 자석이 접근할 때
③ 정지한 코일 위에서 자석이 회전할 때
④ 코일과 자석이 일정한 간격을 유지한 채 등속 운동할 때
⑤ 정지한 코일 위에서 실에 매달린 자석이 좌우로 진동할 때

482

그림은 고정된 코일에 전구를 연결한 뒤 자석의 N극을 아래로 하여 움직이는 모습을 나타낸 것이다.
이에 대한 설명으로 옳은 것만을 <보기>에서 있는 대로 고른 것은?

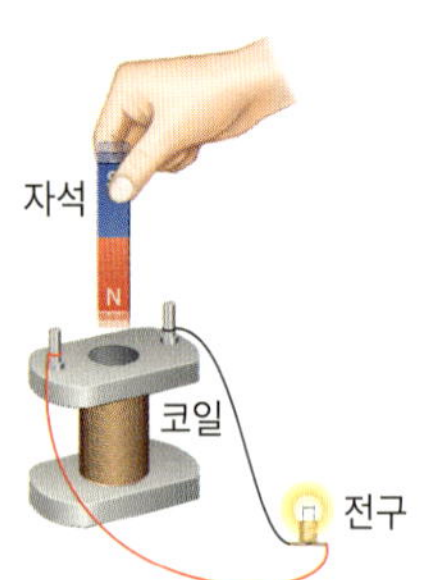

┌─ 보기 ┐
ㄱ. 자석을 빠르게 움직일수록 전구가 밝아진다.
ㄴ. S극을 아래로 하여 움직이면 전구가 켜지지 않는다.
ㄷ. 자석을 가까이 할 때와 멀리 할 때 전구에는 같은 방향으로 전류가 흐른다.
└─────────┘

① ㄱ   ② ㄴ   ③ ㄷ
④ ㄱ, ㄷ   ⑤ ㄱ, ㄴ, ㄷ

483

그림은 검류계(ⓖ)가 연결된 코일을 고정하고 자석을 코일 주위에서 화살표 방향으로 움직이는 모습을 나타낸 것이다.

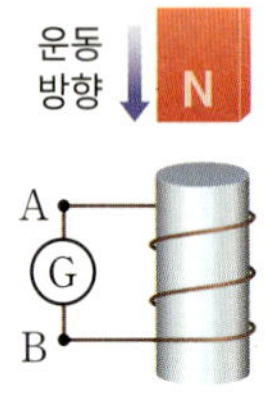

검류계에 흐르는 전류의 방향이 위와 같은 경우만을 <보기>에서 있는 대로 고른 것은?

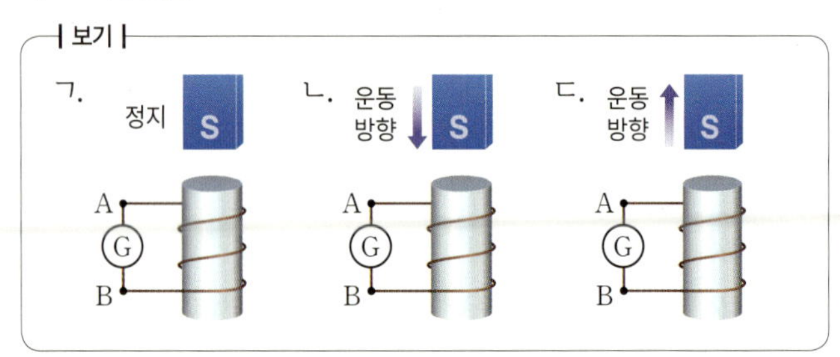

① ㄱ   ② ㄷ   ③ ㄱ, ㄴ
④ ㄱ, ㄷ   ⑤ ㄴ, ㄷ

484

그림은 레일의 한 점에 가만히 놓은 자석이 레일을 따라 운동하여 원형 도선 A, B를 지나는 모습을 나타낸 것이다.

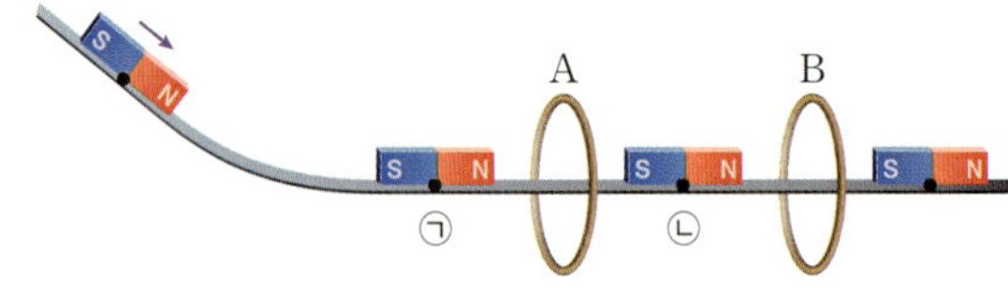

이에 대한 설명으로 옳은 것만을 <보기>에서 있는 대로 고른 것은? (단, 자석의 크기, 모든 마찰, 공기 저항은 무시한다.)

┌─ 보기 ┐
ㄱ. ㄱ과 ㄴ에서 자석의 역학적 에너지는 같다.
ㄴ. 자석이 ㄱ을 지날 때와 ㄴ을 지날 때 A에 흐르는 전류의 방향은 반대이다.
ㄷ. ㄱ과 ㄴ에서 자석이 A로부터 받는 힘의 방향은 반대이다.
└─────────┘

① ㄱ   ② ㄴ   ③ ㄷ
④ ㄱ, ㄷ   ⑤ ㄱ, ㄴ, ㄷ

485

그림과 같이 검류계를 연결한 코일 위에서 자석을 가만히 놓았더니 N극이 코일에 접근하는 동안 검류계 바늘이 왼쪽으로 움직였다.

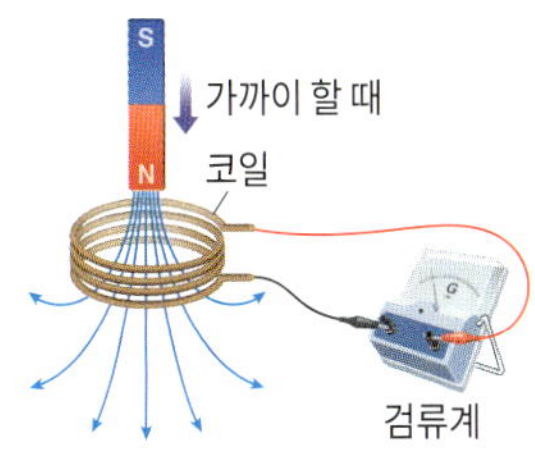

이에 대한 설명으로 옳은 것만을 <보기>에서 있는 대로 고른 것은?

| 보기 |
ㄱ. 자석의 역학적 에너지가 전기 에너지로 전환된다.
ㄴ. 전류가 만드는 자기장과 자석의 자기장은 방향이 같다.
ㄷ. 자석의 S극을 아래로 향하게 놓으면 검류계 바늘이 오른쪽으로 움직인다.

① ㄱ ② ㄴ ③ ㄱ, ㄷ
④ ㄴ, ㄷ ⑤ ㄱ, ㄴ, ㄷ

486

그림 (가)는 자석이 일정한 속력 v로 코일을 통과하는 모습을 나타낸 것이다. 점 a, b는 자석이 지나는 직선 경로상의 지점으로 코일에서 a, b까지 거리는 같다. (나)는 (가)에서 자석의 운동 방향을 반대로 하여 일정한 속력 $2v$로 코일을 통과하는 모습을 나타낸 것이다.

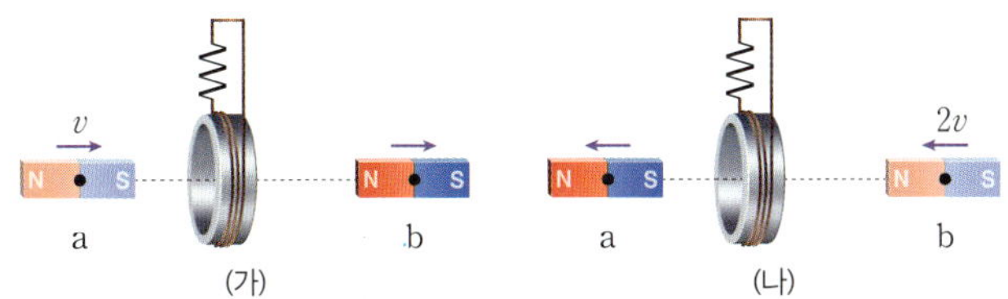

이에 대한 설명으로 옳은 것은?

① (가)에서 자석이 a와 b를 지날 때 유도 전류의 방향은 같다.
② 자석이 a를 지날 때 유도 전류의 세기는 (가)와 (나)에서 같다.
③ 자석이 b를 지날 때 유도 전류의 방향은 (가)와 (나)에서 같다.
④ (나)에서 자석이 a와 b를 지날 때 받는 자기력의 방향은 반대이다.
⑤ 자석이 a를 지날 때 받는 자기력의 방향은 (가)와 (나)에서 서로 반대이다.

487 필수 유형 🔗 114쪽 꼭 나오는 탐구

다음은 전자기 유도 실험 과정이다.

(가) 자석 1개, 4회 감은 코일 A, 8회 감은 코일 B, 검류계를 준비한다.
(나) 자석의 N극을 A에 일정한 속력으로 접근시킨다.
(다) 자석의 N극을 (나)와 같은 속력으로 B에 접근시킨다.
(라) 자석의 S극을 (다)에서보다 빠른 속력으로 B에 접근시킨다.

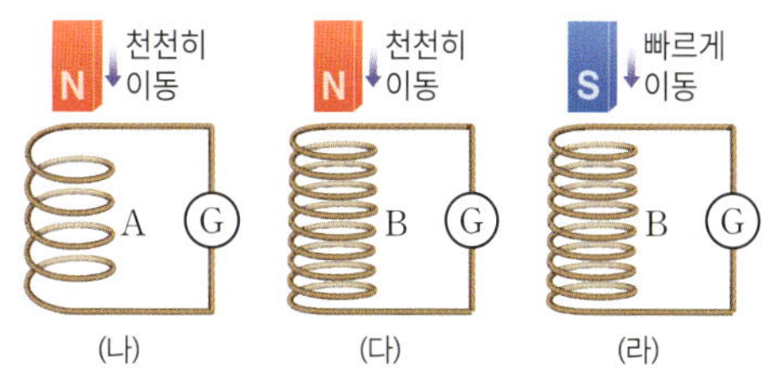

이에 대한 설명으로 옳은 것만을 <보기>에서 있는 대로 고른 것은?

| 보기 |
ㄱ. 검류계에 흐르는 전류의 방향은 (나)와 (다)에서 같다.
ㄴ. 자석이 받는 자기력의 방향은 (나)와 (라)에서 같다.
ㄷ. 유도 전류의 최댓값은 (라)가 (다)보다 크다.

① ㄱ ② ㄷ ③ ㄱ, ㄴ
④ ㄴ, ㄷ ⑤ ㄱ, ㄴ, ㄷ

488 서술형

그림은 자석이 P에서 Q를 향해 운동하여 코일을 통과하는 모습을 나타낸 것이다.

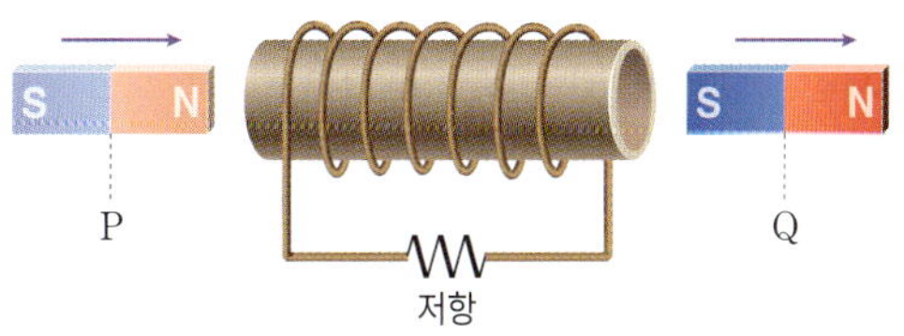

자석이 P와 Q를 통과할 때 저항에 흐르는 유도 전류의 방향을 비교하고, 까닭을 설명하시오.

2 발전

489 필수 유형 🔗 114쪽 꼭 나오는 자료 ●●○

그림은 자석 사이에서 코일을 회전시킬 때 코일에 전류가 흐르는 것을 나타낸 것이다.

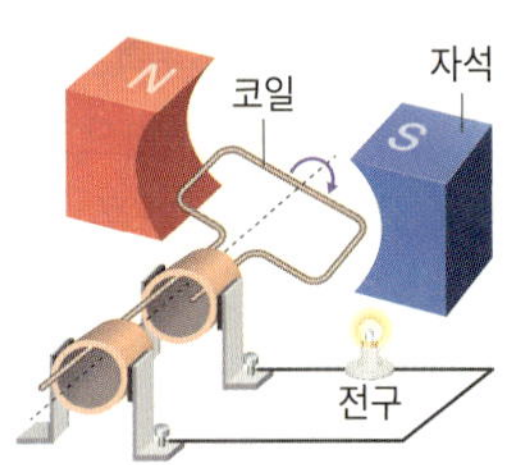

이에 대한 설명으로 옳은 것만을 <보기>에서 있는 대로 고른 것은?

| 보기 |
ㄱ. 코일을 빨리 돌릴수록 전구가 밝다.
ㄴ. 전구에 흐르는 전류의 방향은 일정하다.
ㄷ. 전구의 밝기는 자석의 세기와 관계없이 일정하다.

① ㄱ　　　　② ㄷ　　　　③ ㄱ, ㄴ
④ ㄴ, ㄷ　　　⑤ ㄱ, ㄴ, ㄷ

490 ●●○

그림은 자전거 바퀴에 접촉된 자석이 회전할 때 코일에 연결된 전구가 켜진 모습을 나타낸 것이다.

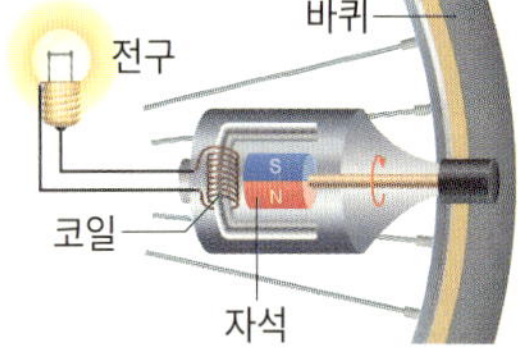

이에 대한 설명으로 옳은 것만을 <보기>에서 있는 대로 고른 것은?

| 보기 |
ㄱ. 자석의 운동 에너지가 전기 에너지로 전환된다.
ㄴ. 자석이 회전할 때 코일을 통과하는 자기장이 변한다.
ㄷ. 바퀴가 일정한 속력으로 회전하면 전구가 켜지지 않는다.

① ㄱ　　　　② ㄷ　　　　③ ㄱ, ㄴ
④ ㄴ, ㄷ　　　⑤ ㄱ, ㄴ, ㄷ

491 ●●●

그림은 고정된 코일로 둘러싸인 자석이 회전축에 연결되어 회전하는 모습을 나타낸 것이다.

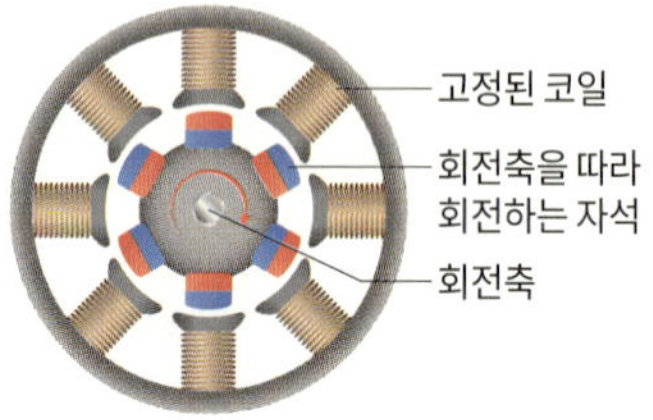

이에 대한 설명으로 옳은 것만을 <보기>에서 있는 대로 고른 것은?

| 보기 |
ㄱ. 코일에 전류가 흐른다.
ㄴ. 코일을 통과하는 자기장의 방향은 일정하다.
ㄷ. 자석의 운동 에너지가 전기 에너지로 전환된다.

① ㄱ　　　　② ㄷ　　　　③ ㄱ, ㄴ
④ ㄱ, ㄷ　　　⑤ ㄴ, ㄷ

492 ✎ 서술형 ●●○

다음은 발전의 원리를 설명한 글이다.

그림과 같이 고정된 자석 사이에 놓인 코일이 외부에서 에너지를 받아 회전할 때 코일에는 유도 전류가 흐르는데, 이 현상을 (　ㄱ　)(이)라고 한다.

ㄱ에 들어갈 말을 쓰고, 발전 과정에서 일어나는 에너지 전환을 설명하시오.

493

그림은 고정된 자석 사이에 있는 코일을 시계 방향으로 돌릴 때 코일에 연결된 전구가 켜진 모습을 나타낸 것이다.

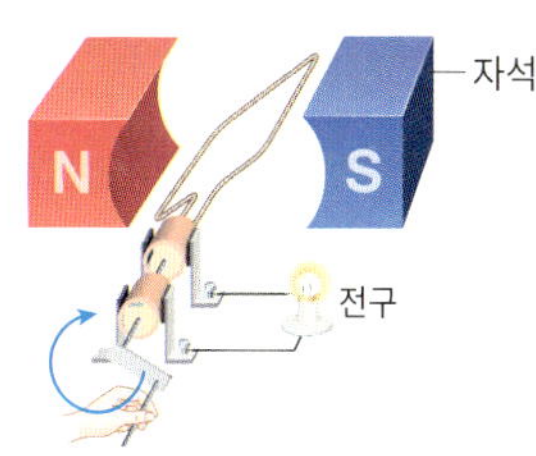

전구의 밝기를 더 밝게 할 수 있는 방법으로 옳은 것만을 <보기>에서 있는 대로 고른 것은?

| 보기 |
ㄱ. 더 센 자석으로 바꾼다.
ㄴ. 코일을 더 빨리 돌린다.
ㄷ. 코일을 반대 방향으로 돌린다.

① ㄱ　　　　② ㄷ　　　　③ ㄱ, ㄴ
④ ㄴ, ㄷ　　　⑤ ㄱ, ㄴ, ㄷ

3 화석 연료와 핵에너지를 이용한 발전

494

다음은 화력 발전소에 대한 설명이다.

> 화력 발전소에서는 화석 연료를 연소시켜 얻은 열로 보일러의 물을 끓여 고압의 증기를 만든다. 이 증기가 터빈을 통과하며 터빈을 돌리고, 터빈의 회전축에 연결된 발전기에서 전자기 유도에 의해 전류가 흐르게 된다. 화력 발전 과정에서는 화석 연료의 (㉠) 에너지가 열에너지로 전환되고, 다시 터빈의 (㉡) 에너지로 전환되었다가 발전기에서 (㉢) 에너지로 전환된다.
>
> 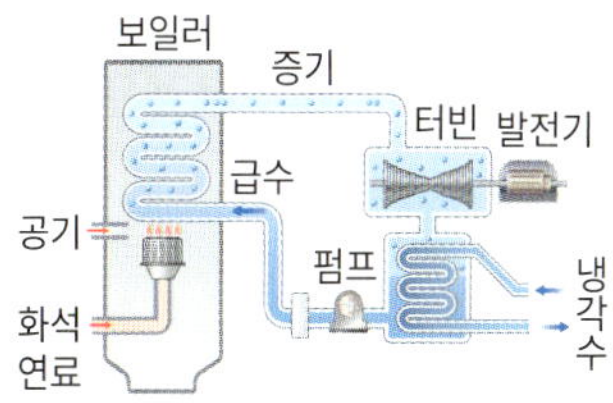
>

㉠~㉢에 들어갈 말을 옳게 짝 지은 것은?

	㉠	㉡	㉢
①	운동	전기	화학
②	운동	화학	전기
③	빛	화학	전기
④	화학	위치	전기
⑤	화학	운동	전기

495 서술형

그림은 화력 발전소의 발전 과정을 간단하게 나타낸 것이다.

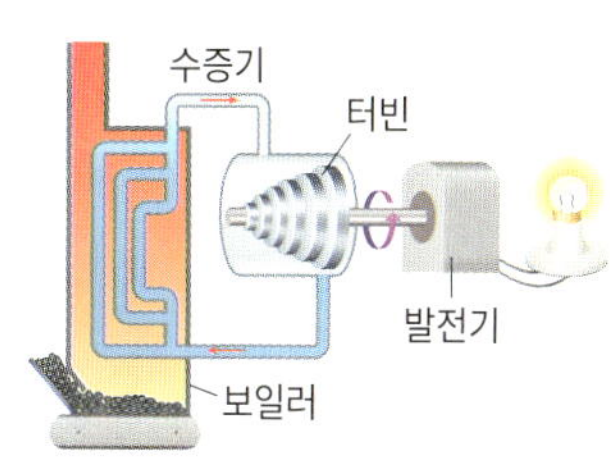

보일러에서 일어나는 연소 과정과 발전기에서 일어나는 전자기 유도 과정에서 에너지 전환을 각각 설명하시오.

496

그림은 핵발전소의 구조를 간단하게 나타낸 것이다.

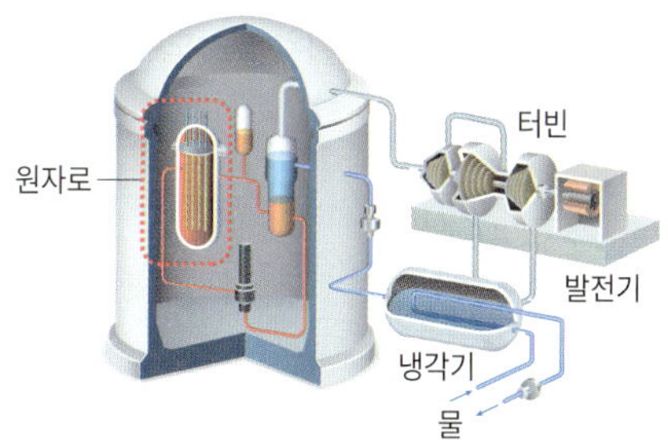

이에 대한 설명으로 옳은 것만을 <보기>에서 있는 대로 고른 것은?

| 보기 |
ㄱ. 원자로에서 핵융합 반응이 일어난다.
ㄴ. 건설 장소를 정하는 데 지리적인 제약이 없다.
ㄷ. 터빈의 운동 에너지가 발전기에서 전기 에너지로 전환된다.

① ㄱ　　　　② ㄴ　　　　③ ㄷ
④ ㄱ, ㄷ　　　⑤ ㄴ, ㄷ

● 바른답·알찬풀이 62쪽

497

●●●

그림은 핵발전 과정에서 일어나는 우라늄의 핵반응을 나타낸 것이다.

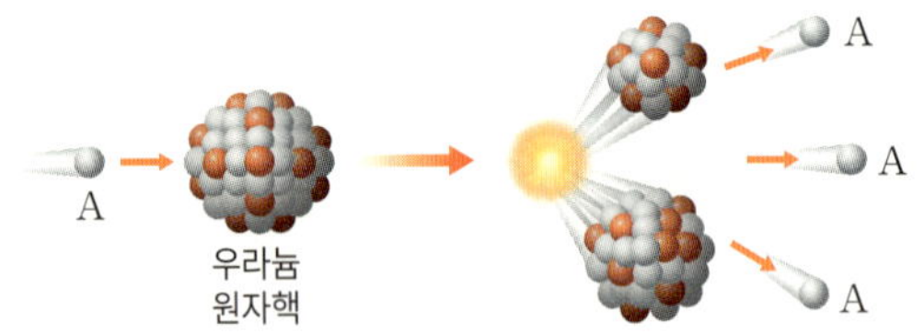

이에 대한 설명으로 옳지 <u>않은</u> 것은?

① A는 중성자이다.
② 핵분열 반응이다.
③ 발전 과정에서 질량 결손이 일어난다.
④ 방출되는 에너지로 물을 끓여 증기를 얻는다.
⑤ 우라늄에 저장된 에너지는 태양 에너지를 근원으로 한다.

498 ✎서술형

●●●

그림은 원자로에서 우라늄의 핵반응에 의해 방출되는 에너지로 물을 끓이는 모습을 간단히 나타낸 것이다.

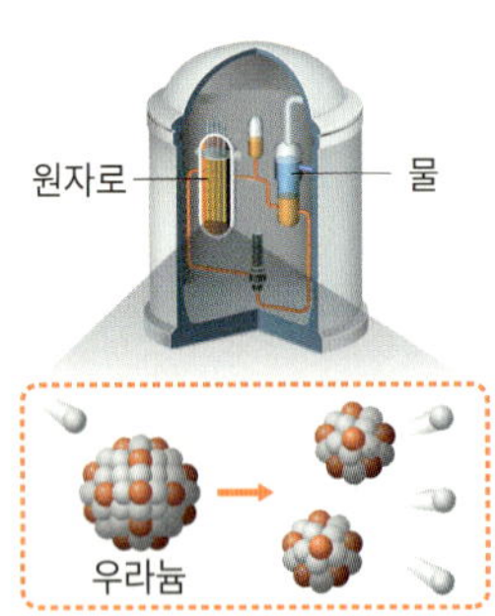

핵반응에서 에너지가 방출되는 원리와 원자로에서 일어나는 에너지 전환을 설명하시오.

499

●●●

화력 발전과 핵발전의 공통점으로 옳은 것은?

① 발전 과정에서 방사성 폐기물이 배출된다.
② 질량 결손이 일어나며 열에너지가 생성된다.
③ 터빈의 운동 에너지가 전기 에너지로 전환된다.
④ 발전 과정에서 이산화 탄소를 배출하지 않는다.
⑤ 태양 에너지를 근원으로 하는 에너지를 이용하므로 연료가 고갈될 우려가 없다.

500

●●●

화력 발전에 비해 핵발전이 갖는 장점으로 옳은 것은?

① 건설 장소의 제약이 작다.
② 건설 비용이 상대적으로 적게 든다.
③ 발전 과정에서 온실 기체 배출량이 적다.
④ 사고가 일어났을 때 인명이나 재산 피해가 적다.
⑤ 발전소 가동과 중지가 쉬워 갑작스러운 전력 변동에 대응하기 쉽다.

501

●●●

그림은 발전 방식 A, B에서 일어나는 발전 과정을 모식적으로 나타낸 것이다. A, B 중 하나는 핵발전이고 다른 하나는 화력 발전이다.

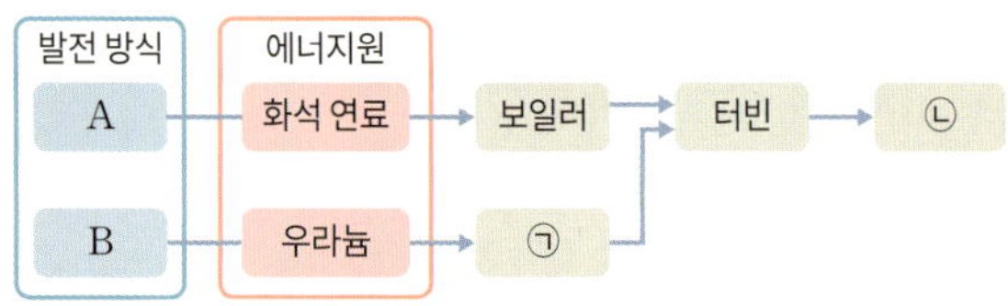

이에 대한 설명으로 옳은 것만을 <보기>에서 있는 대로 고른 것은?

┤ 보기 ├
ㄱ. A는 핵발전이다.
ㄴ. ㉠에서는 화학 에너지가 운동 에너지로 전환된다.
ㄷ. ㉡에서는 역학적 에너지가 전기 에너지로 전환된다.

① ㄱ   ② ㄷ   ③ ㄱ, ㄴ
④ ㄴ, ㄷ   ⑤ ㄱ, ㄴ, ㄷ

502

●●●

핵발전소가 우리 생활에 미치는 영향으로 옳은 것만을 <보기>에서 있는 대로 고른 것은?

┤ 보기 ├
ㄱ. 핵에너지와 안전 관련 과학기술이 발전할 수 있다.
ㄴ. 냉각수 방류에 따른 수온 상승으로 주변 생태계의 변화가 일어날 수 있다.
ㄷ. 재생 가능한 에너지를 사용하므로 지속가능한 발전으로 적합하다.

① ㄱ   ② ㄷ   ③ ㄱ, ㄴ
④ ㄴ, ㄷ   ⑤ ㄱ, ㄴ, ㄷ

1등급 완성 문제

학교 시험 빈출 문제 중 내신 1등급을 결정하는 고난도 문제들을 수록했습니다.

503

그림 (가)~(라)는 검류계가 연결된 코일과 자석의 운동을 나타낸 것이다. (가)~(라)에서 자석이나 코일이 움직이는 속력은 모두 같다.

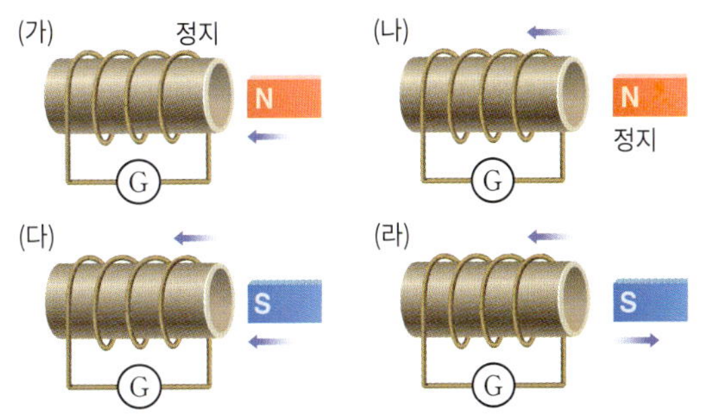

검류계에 흐르는 전류에 대한 설명으로 옳은 것만을 <보기>에서 있는 대로 고른 것은?

| 보기 |
ㄱ. (가)와 (나)에서 전류의 방향은 같다.
ㄴ. (다)에서는 전류가 흐르지 않는다.
ㄷ. 전류의 세기는 (라)에서가 (가)에서보다 크다.

① ㄱ   ② ㄷ   ③ ㄱ, ㄴ
④ ㄴ, ㄷ   ⑤ ㄱ, ㄴ, ㄷ

504 신유형

그림은 자석을 고정하고, 그 아래에서 전구가 연결된 코일을 위아래로 움직일 때 전구에서 빛이 방출되는 모습을 나타낸 것이다.

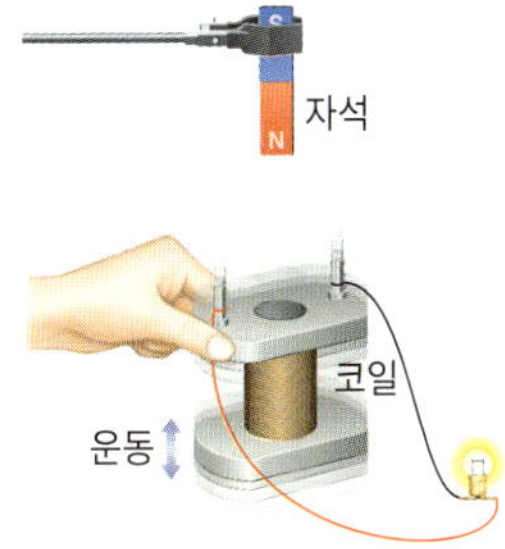

이에 대한 설명으로 옳은 것만을 <보기>에서 있는 대로 고른 것은?

| 보기 |
ㄱ. 전구의 밝기는 코일의 감은 수와 관계없다.
ㄴ. 코일을 위로 움직일 때와 아래로 움직일 때 전구에 흐르는 전류의 방향은 서로 반대이다.
ㄷ. 코일을 아래로 움직일 때 유도 전류가 만드는 자기장은 위쪽이 N극이다.

① ㄴ   ② ㄷ   ③ ㄱ, ㄴ
④ ㄱ, ㄷ   ⑤ ㄴ, ㄷ

505 교육청 기출 변형

그림 (가)는 자석의 N극을 아래쪽으로 하여 검류계에 연결된 코일을 향해 움직이는 모습을 나타낸 것이다. (나)는 자석의 N극과 코일 윗면 사이의 거리를 시간에 따라 나타낸 것이다.

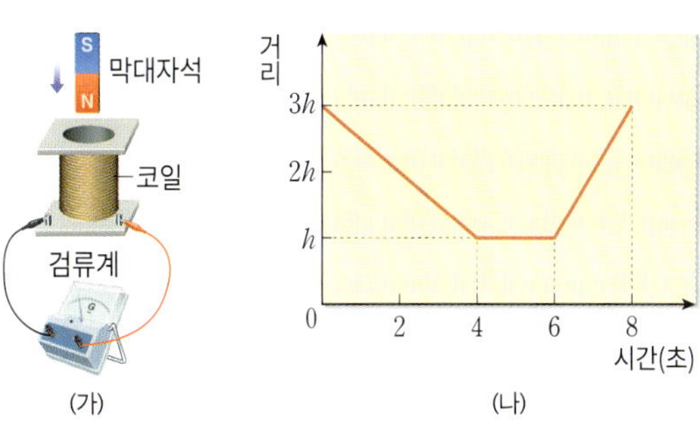

검류계에 흐르는 전류에 대한 설명으로 옳은 것만을 <보기>에서 있는 대로 고른 것은?

| 보기 |
ㄱ. 2초일 때와 7초일 때 전류의 세기는 같다.
ㄴ. 2초일 때와 7초일 때 전류 방향은 서로 반대이다.
ㄷ. 5초일 때는 전류가 흐르지 않는다.

① ㄱ   ② ㄷ   ③ ㄱ, ㄴ
④ ㄴ, ㄷ   ⑤ ㄱ, ㄴ, ㄷ

506 평가원 기출 변형

그림 (가)는 점 p에서 자석을 가만히 놓고 코일에 흐르는 전류를 측정하는 모습을 나타낸 것이다. (나)는 (가)에서 자석이 코일을 통과하는 동안 측정한 전류의 세기를 시간에 따라 나타낸 것이다.

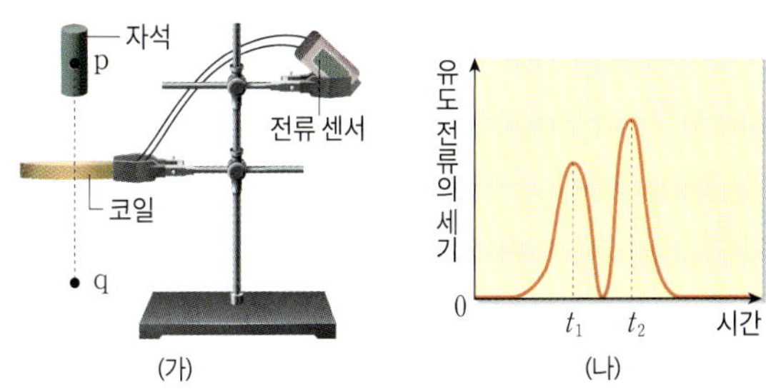

이에 대한 설명으로 옳은 것만을 <보기>에서 있는 대로 고른 것은?

| 보기 |
ㄱ. p와 q에서 자석의 역학적 에너지는 보존된다.
ㄴ. 단위 시간당 코일을 통과하는 자기장의 변화는 t_1일 때가 t_2일 때보다 작다.
ㄷ. t_1일 때와 t_2일 때 코일에 흐르는 전류 방향은 같다.

① ㄱ   ② ㄴ   ③ ㄱ, ㄴ
④ ㄱ, ㄷ   ⑤ ㄴ, ㄷ

507 교육청 기출 변형 ●●●

다음은 전자기 유도 실험이다.

[실험 과정]

(가) 그림과 같이 코일에 검류계를 연결하고 코일 위에 자석을 회전시키는 장치를 설치한다.

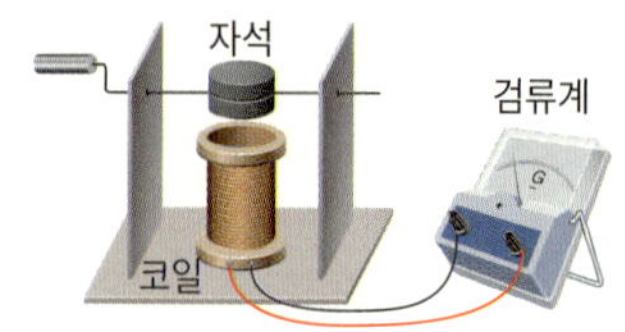

(나) 자석을 1초에 1회 회전하도록 일정하게 돌리며 검류계를 관찰한다.

(다) 자석의 회전수를 1초에 3회로 증가시키고 검류계를 관찰한다.

(라) (가)에서 감은 수가 더 (㉠   ) 코일로 바꾸고 (나)를 반복한다.

[실험 결과]

• 전류의 최댓값은 (나)보다 (라)에서 더 크다.

이에 대한 설명으로 옳은 것만을 <보기>에서 있는 대로 고른 것은?

| 보기 |

ㄱ. (나)에서 1회 회전하는 동안 검류계에 흐르는 전류의 방향은 일정하다.

ㄴ. 전류의 최댓값은 (나)보다 (다)에서 더 크다.

ㄷ. '많은'은 ㉠으로 적절하다.

① ㄱ   ② ㄷ   ③ ㄱ, ㄴ
④ ㄱ, ㄷ   ⑤ ㄴ, ㄷ

508 ●●●

다음은 핵발전 과정을 순서 없이 나타낸 것이다.

(가) 증기가 터빈을 돌려 터빈에 연결된 자석이 회전한다.
(나) 핵분열 과정에서 질량 결손에 의한 에너지가 방출된다.
(다) 열에너지로 물을 끓여 고온·고압의 증기를 얻는다.
(라) 운동 에너지가 전기 에너지로 전환된다.

(가)~(라)를 발전 과정에 따라 순서대로 옳게 나열한 것은?

① (가)-(나)-(다)-(라)   ② (가)-(라)-(나)-(다)
③ (나)-(다)-(가)-(라)   ④ (나)-(다)-(라)-(가)
⑤ (다)-(나)-(가)-(라)

509 교육청 기출 변형 ●●●

그림은 자전거 발전기에 연결된 전등이 빛을 내는 모습과 자전거 발전기 내부 구조를 간단하게 나타낸 것이다.

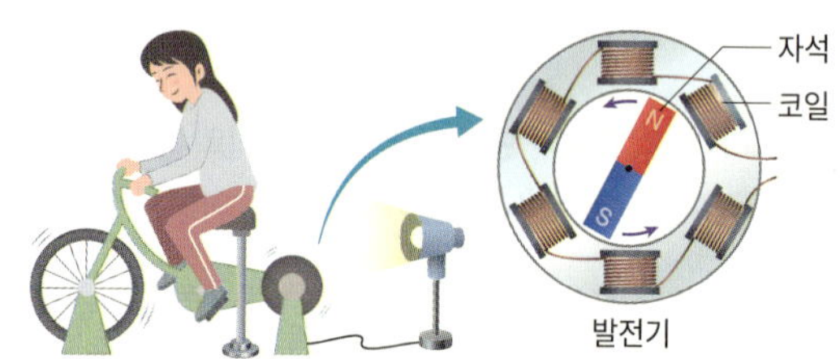

이에 대한 설명으로 옳은 것만을 <보기>에서 있는 대로 고른 것은?

| 보기 |

ㄱ. N극이 접근할 때와 S극이 접근할 때 코일에 흐르는 유도 전류의 방향은 반대이다.

ㄴ. 자석이 회전할 때 코일을 통과하는 자기장의 세기는 일정하다.

ㄷ. 자석을 더 빨리 회전시키면 전등이 더 밝아진다.

① ㄴ   ② ㄷ   ③ ㄱ, ㄴ
④ ㄱ, ㄷ   ⑤ ㄴ, ㄷ

510 ●●●

그림은 발전을 위한 에너지원으로서의 화석 연료와 핵에너지의 특징을 벤 다이어그램으로 나타낸 것이다.

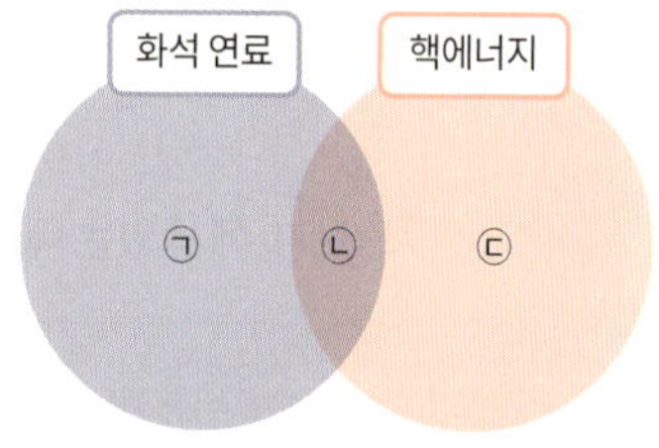

㉠~㉢에 들어갈 알맞은 특징을 옳게 연결한 것은?

① ㉠-발전 과정에서 온실 기체를 배출하지 않는다.
② ㉠-연료의 반응 과정에서 질량 결손이 일어난다.
③ ㉡-신재생 에너지원이다.
④ ㉡-에너지원 고갈의 우려가 있다.
⑤ ㉢-태양 에너지를 근원으로 한다.

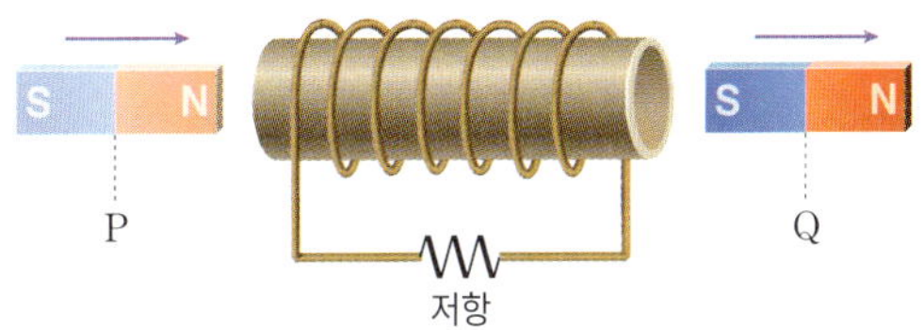

서술형 문제

| **511~512** | 그림은 자석의 N극이 기준선 P에서 기준선 Q를 향해 운동하여 코일을 통과하는 모습을 나타낸 것이다. 물음에 답하시오.

511
●●

자석이 P를 통과할 때 저항에 흐르는 유도 전류의 방향을 설명하시오.

512
●●

자석이 P와 Q를 통과할 때 코일로부터 받는 자기력의 방향을 비교하시오.

| **513~514** | 그림은 빗면의 한 점에서 자석을 가만히 놓았더니 자석이 수평면에 고정된 구리 관을 통과하는 모습을 나타낸 것이다. 구간 A, B의 길이는 같다. 물음에 답하시오.(단, 자석의 크기와 모든 마찰은 무시한다.)

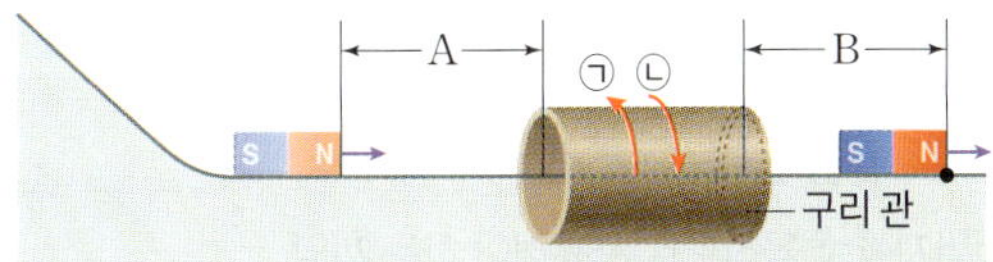

513
●●

A에서 자석이 운동하는 동안 구리 관에 흐르는 유도 전류의 방향을 ㉠, ㉡ 중에서 고르고, 그렇게 답한 까닭을 설명하시오.

514
●●

자석이 A, B를 통과하는 데 걸린 시간을 비교하여 까닭과 함께 설명하시오.

| **515~516** | 그림 (가)와 (나)는 각각 핵발전소와 화력 발전소를 나타낸 것이다. 물음에 답하시오.

(가)　　　　　(나)

515
●●

(가)와 (나)의 발전 과정에서 일어나는 에너지 전환 중 공통점을 설명하시오.

516
●●

(가)와 (나)의 발전 방식이 공통으로 가지는 단점을 1가지 설명하시오.

517
●●

다음은 우라늄 원자핵의 핵분열 반응에 대한 설명이다.

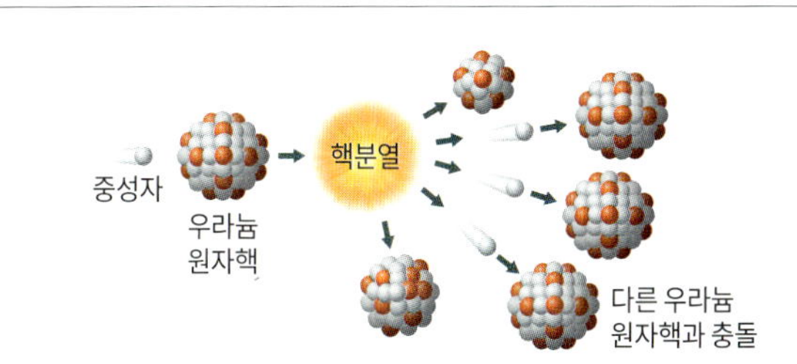

우라늄에 속도가 느린 중성자를 충돌시키면 중성자와 에너지가 방출된다. 방출된 중성자는 근처의 다른 우라늄과 충돌하여 연쇄적으로 핵분열을 일으키면서 큰 에너지를 생산한다.

화력 발전과 비교할 때 이를 이용한 발전 방식의 장점과 단점을 각각 1가지씩 설명하시오.

12 에너지 효율과 신재생 에너지

1 에너지 전환과 보존

1 에너지 일을 할 수 있는 능력으로 단위는 J(줄)을 사용한다.

2 여러 가지 에너지

종류		정의	이용
운동 에너지		운동하는 물체가 가지는 에너지	운동 경기, 운송 수단
퍼텐셜 에너지		물체가 위치에 따라 잠재적으로 가지는 에너지	수력 발전, 다이빙, 번지 점프
전기 에너지		전류의 흐름에 의해 발생하는 에너지	각종 전기 제품
파동 에너지	빛	가시광선이나 자외선과 같이 빛의 형태로 전달되는 에너지	태양 전지, 광합성
	소리	물질의 진동에 의해 전달되는 에너지	대화, 음악
열에너지		물체의 온도와 상태를 변화시키는 에너지	난방, 화력 발전, 열기관
화학 에너지		화학 결합을 통해 물질에 저장되어 있는 에너지	건전지, 화석 연료
핵에너지		원자핵이 분열하거나 융합할 때 질량이 감소하여 발생하는 에너지	핵발전소, 병의 진단과 치료

3 에너지 전환 에너지가 한 형태에서 다른 형태로 바뀌는 것을 에너지 전환이라고 한다.

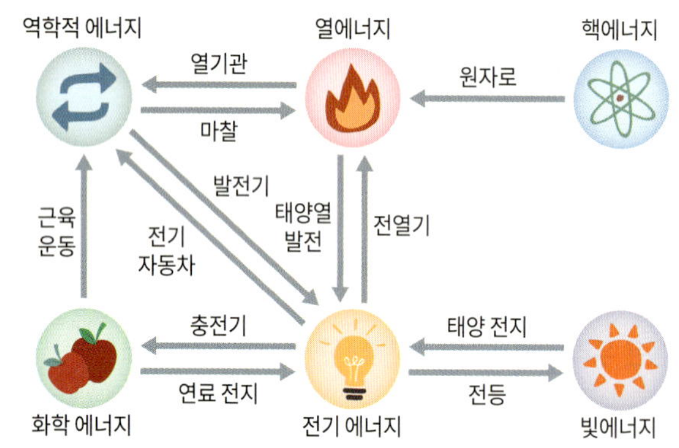

4 에너지 보존 에너지 전환 과정에서 에너지 총량은 일정하다.

전환되기 전 에너지의 총량＝전환된 후 에너지의 총량

2 에너지 효율과 열효율

1 에너지 효율 공급한 에너지 중 유용하게 사용한 에너지의 비율이다. 유용하게 사용한 에너지＝공급한 에너지－버려진 에너지

$$\text{에너지 효율(\%)}=\frac{\text{유용하게 사용한 에너지}}{\text{공급한 에너지}}\times100$$

---

❶ 자동차에서 에너지 전환: 엔진에서 연료의 화학 에너지가 운동 에너지와 열에너지로 전환 ➡ 최종적으로 열에너지 형태로 방출

❷ 자동차의 에너지 효율: $\dfrac{\text{자동차의 운동 에너지}}{\text{연료의 화학 에너지}}=25(\%)$

필수 유형 일상생활에서 사용하는 장치나 기구, 특히 자동차의 에너지 효율을 묻는 문제가 자주 출제된다. ⊘128쪽 540번

2 열기관 열에너지를 흡수하여 일(동력)을 하는 장치이다.

외연 기관	기관의 외부에서 열에너지를 얻는 열기관 ⑩ 증기 기관, 스털링 기관 등
내연 기관	기관의 내부에서 열에너지를 얻는 열기관 ⑩ 가솔린 기관, 디젤 기관 등

① **열기관의 작동 과정:** 고온부에서 열을 흡수(Q_1)하여 일(W)을 하고 저온부로 나머지 열을 방출(Q_2)한다.

$$Q_1=W+Q_2$$

② **열효율(e):** 흡수한 열 중에서 한 일의 비율 ➡ 열기관의 열효율은 1보다 작다.

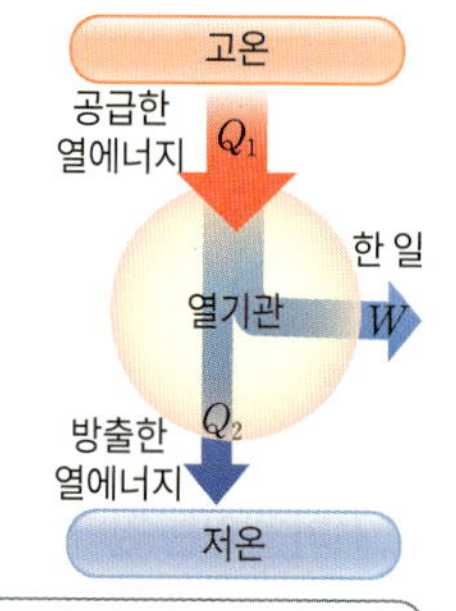

$$\text{열효율}(e)=\frac{\text{열기관이 한 일}(W)}{\text{공급한 에너지}(Q_1)}=\frac{Q_1-Q_2}{Q_1}=1-\frac{Q_2}{Q_1}$$

3 에너지 효율을 높이려는 노력

① 에너지를 효율적으로 사용해야 하는 까닭

에너지 전환 과정에서 에너지의 일부가 항상 열에너지로 전환된다.	➡	에너지의 총량은 보존되지만 점차 우리가 쓸 수 없는 형태의 에너지로 전환된다.	➡	에너지를 절약하고 에너지 효율이 높은 제품을 사용해야 한다.

② 에너지 효율을 높이는 방법

에너지 효율 관리 제도	• 에너지 소비 효율 등급 제도 • 에너지 절약 표시
고효율 전기 기구	• 고효율 전기 기구 사용(LED 전등) • 대기 전력 감소(스마트 플러그)
하이브리드 자동차	• 오르막길에서는 엔진과 전동기를 함께 사용하고, 감속할 때 운동 에너지를 전기 에너지로 전환하여 배터리에 충전
에너지 제로 하우스	• 태양 전지, 풍력 발전으로 전기 에너지 생산 • 지열을 이용하고, 단열재와 열교환기로 에너지 손실 감소

3 신재생 에너지

1 신재생 에너지의 필요성 화석 연료의 고갈과 기후 위기에 대비하여 고갈 우려가 없고 친환경적인 에너지가 필요하다.

2 신재생 에너지의 종류

① 신에너지: 기존의 화석 연료를 변환시키거나 수소, 산소 등의 화학 반응을 이용하는 에너지이다.

② 재생 에너지: 햇빛, 물, 지열, 생물 유기체 등을 포함하여 재생 가능한 에너지를 변환하여 이용하는 에너지이다.

종류		정의
신 에너지	수소 에너지	수소를 연소하여 각종 동력으로 이용한다.
	연료 전지	화학 반응을 이용하여 전기 에너지를 생산한다.
	석탄 액화 가스화	석탄을 액체나 가스 형태로 전환하여 이용한다.
재생 에너지	태양 에너지	태양의 빛에너지와 열에너지를 난방 및 발전에 이용한다.
	풍력 에너지	바람의 운동 에너지를 이용하여 전기 에너지를 생산한다.
	해양 에너지	해수면의 높이차, 파도, 조류 등을 이용하여 전기 에너지를 생산한다.
	수력 에너지	물의 퍼텐셜 에너지를 이용하여 전기 에너지를 생산한다.
	지열 에너지	고온의 지하수를 난방 및 발전에 이용한다.
	바이오 에너지	농작물, 음식물 쓰레기 등을 태우거나 연료로 가공한다.
	폐기물 에너지	폐기물 매립장에서 발생하는 가스나 열을 이용한다.

3 대표적인 신재생 에너지

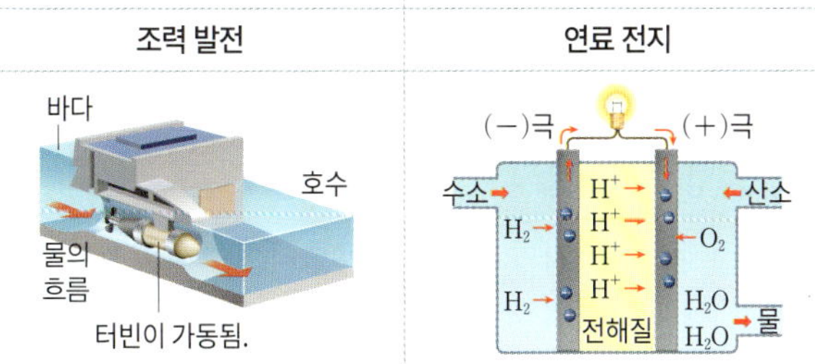

태양광 발전	풍력 발전
태양 전지에 빛을 비추면 전류가 흐르는 성질을 이용해 태양의 빛에너지를 전기 에너지로 전환한다.	발전기에서 전자기 유도를 이용해 바람의 운동 에너지를 전기 에너지로 전환한다.

조력 발전	연료 전지
밀물 때 해수면 높이차로 인한 퍼텐셜 에너지를 발전기에서 전자기 유도를 이용해 전기 에너지로 전환한다.	수소와 산소의 산화환원반응을 통해 화학 에너지를 전기 에너지로 전환한다.

| 518~520 | 다음은 여러 가지 에너지 전환에 대한 설명이다. (　　) 안에 들어갈 알맞은 에너지를 쓰시오.

518 헤어드라이어를 사용할 때 전기 에너지가 바람의 (　　) 에너지와 열에너지로 전환된다.

519 자동차 엔진은 (　　) 에너지를 자동차의 운동 에너지로 전환한다.

520 전기난로는 (　　) 에너지를 열에너지로 전환한다.

| 521~524 | 에너지 전환과 보존에 대한 설명으로 옳은 것은 ○표, 옳지 **않은** 것은 ×표 하시오.

521 에너지 전환 과정에서 에너지 총량은 감소한다.

(　　)

522 에너지 전환 과정에서 일부는 열에너지로 전환되어 흩어진다.　(　　)

523 에너지 효율이 높을수록 유용하게 사용하는 에너지 비율이 높다.　(　　)

524 에너지 효율이 100 %보다 작으면 에너지가 보존되지 않는다.　(　　)

525 표는 열기관 A, B, C가 흡수한 열, 한 일, 방출한 열과 열효율을 나타낸 것이다. ㉠~㉢에 들어갈 알맞은 말을 쓰시오.

구분	A	B	C
흡수한 열 (kJ)	100	㉡	160
한 일 (kJ)	25	60	40
방출한 열 (kJ)	㉠	140	120
열효율	0.25	0.3	㉢

| 526~529 | 에너지 효율을 높이려는 노력으로 적절한 것은 ○표, 적절하지 **않은** 것은 ×표 하시오.

526 LED 전등 대신 백열전구를 사용한다.　(　　)

527 집 안과 밖이 빠르게 열을 교환하도록 한다.　(　　)

528 에너지 효율이 높은 에너지 제로 주택을 건설한다.

(　　)

529 에너지 소비 효율 등급제를 이용해 에너지 효율이 높은 제품을 사용하도록 유도한다.　(　　)

기출 분석 문제

1 에너지 전환과 보존

530

여러 가지 에너지에 대한 설명으로 옳은 것은?

① 날아가는 비행기는 역학적 에너지를 가진다.
② 질량이 없는 빛은 에너지를 가지고 있지 않다.
③ 사과나무에 매달려 있는 사과에는 에너지가 없다.
④ 수력 발전은 물의 화학 에너지를 전기 에너지로 전환한다.
⑤ 핵분열 반응은 에너지를 방출하고 핵융합 반응은 에너지를 흡수한다.

531

그림은 빛에너지와 전기 에너지가 전환되는 것을 나타낸 것이다.

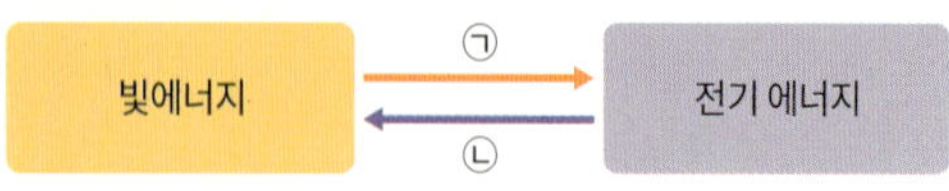

㉠, ㉡에 해당하는 기구나 장치를 옳게 짝 지은 것은?

	㉠	㉡
①	스피커	전기 히터
②	손전등	태양열 온수기
③	형광등	태양 전지
④	태양 전지	LED 전등
⑤	자전거 발전기	디지털 카메라

532

일상생활에서 일어나는 에너지 전환에 대한 설명으로 옳은 것은?

① 선풍기는 열에너지를 운동 에너지로 전환한다.
② 마이크는 소리의 에너지를 전기 에너지로 전환한다.
③ 텔레비전은 전기 에너지를 화학 에너지로 전환한다.
④ 전기 주전자는 화학 에너지를 전기 에너지로 전환한다.
⑤ 전기 자전거는 운동 에너지를 전기 에너지로 전환한다.

533

그림은 전기 에너지와 에너지 (가), (나), (다) 사이의 전환을 나타낸 것이다. A, B, C는 에너지 전환을 이용한 장치나 현상이다.

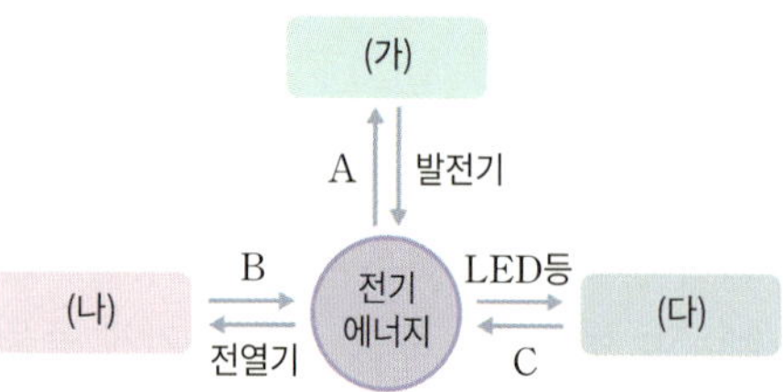

이에 대한 설명으로 옳은 것은?

① (가)는 화학 에너지이다.
② (다)는 빛에너지이다.
③ A에서는 전자기 유도가 일어난다.
④ 식물의 광합성은 B에 해당한다.
⑤ 손전등은 C로 적절하다.

534

다음은 하이브리드 자동차가 언덕을 올라갔다 내려오는 과정에 대한 설명이다.

> 하이브리드 자동차는 ㉠엔진과 전동기를 모두 사용할 수 있는 자동차이다. 하이브리드 자동차가 오르막길을 올라갈 때는 엔진과 ㉡전동기를 함께 사용하고, 내리막길을 내려올 때는 발전기를 이용해 ㉢전지를 충전한다.

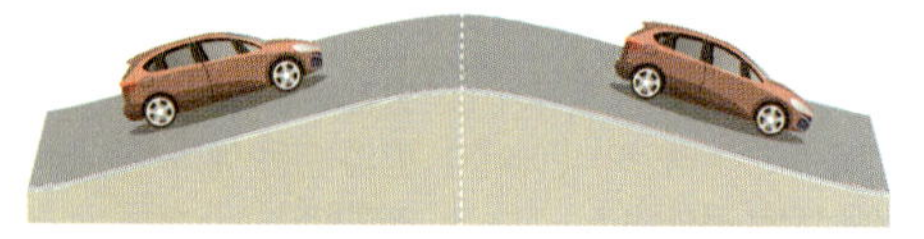

이에 대한 설명으로 옳은 것만을 <보기>에서 있는 대로 고른 것은?

| 보기 |
ㄱ. ㉠은 화석 연료를 이용한다.
ㄴ. ㉡에서는 전자기 유도를 이용한다.
ㄷ. ㉢에서는 전기 에너지가 화학 에너지로 전환된다.

① ㄱ   ② ㄴ   ③ ㄷ
④ ㄱ, ㄷ   ⑤ ㄴ, ㄷ

535

다음은 적정 기술 중 하나인 중력 전등에 대한 설명이다.

> 중력 전등은 전기가 공급되지 않는 오지 마을이나 외딴 섬 지역에서 중력을 이용해 전기 에너지를 얻는 장치이다. 중력 전등은 그림과 같이 LED등, 발전기, 무거운 주머니로 구성되어 있다. 줄을 당겨 주머니를 높이 올렸다 놓으면 주머니가 내려오며 LED등에서 빛을 방출한다. 이 과정에서 주머니의 (㉠) 에너지가 발전기에서 (㉡) 에너지로 전환되고, 다시 LED등에서 (㉢)에너지로 전환된다.

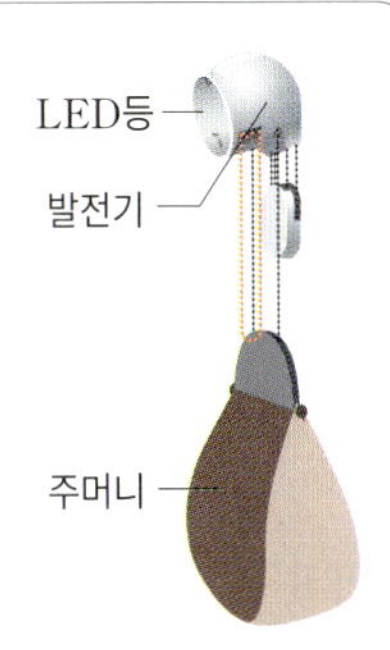

㉠, ㉡, ㉢에 들어갈 에너지 종류로 가장 적절한 것은?

	㉠	㉡	㉢
①	화학	열	빛
②	화학	전기	열
③	역학적	열	화학
④	역학적	전기	빛
⑤	역학적	전기	열

536 ✎서술형

그림은 세 종류의 에너지 (가), (나), (다)가 서로 전환되는 사례를 나타낸 것이다.

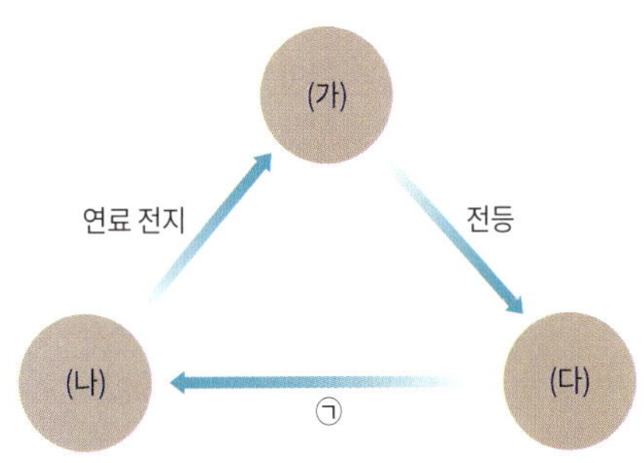

㉠에 해당하는 사례를 한 가지 제시하고, 그렇게 생각한 까닭을 설명하시오.

537

에너지 사용 과정과 에너지 효율에 대한 설명으로 옳은 것은?

① 에너지를 사용할수록 에너지 총량은 감소한다.
② 공급한 에너지를 모두 유용하게 사용할 수 있다.
③ 에너지를 사용하는 과정에서 일부는 열에너지 형태로 흩어진다.
④ 에너지 효율은 공급한 에너지를 유용하게 사용한 에너지로 나누어 구한다.
⑤ 유용하게 사용한 에너지가 같을 때 공급한 에너지가 많을수록 에너지 효율이 높다.

538

그림은 자동차에 공급한 연료의 에너지가 전환되는 것을 나타낸 것이다.

이 자동차의 에너지 효율은?

① 10 %　　② 20 %　　③ 30 %
④ 40 %　　⑤ 50 %

539 ✎서술형

표는 화석 연료만을 이용하는 질량이 같은 자동차 A, B의 엔진에 공급되는 에너지와 엔진이 하는 일을 나타낸 것이다.

구분	A	B
엔진에 공급되는 에너지(kJ)	100	80
엔진이 하는 일(kJ)	18	16

A, B의 에너지 효율을 구하고, 이를 근거로 하여 같은 거리를 이동하는 동안 A, B가 소모하는 에너지 양을 비교하시오.

540 필수 유형 · 🔗 124쪽 꼭 나오는 자료 •••

그림은 자동차에 공급된 연료의 에너지를 100 %로 했을 때 자동차에서 전환된 에너지의 비율을 나타낸 것이다.

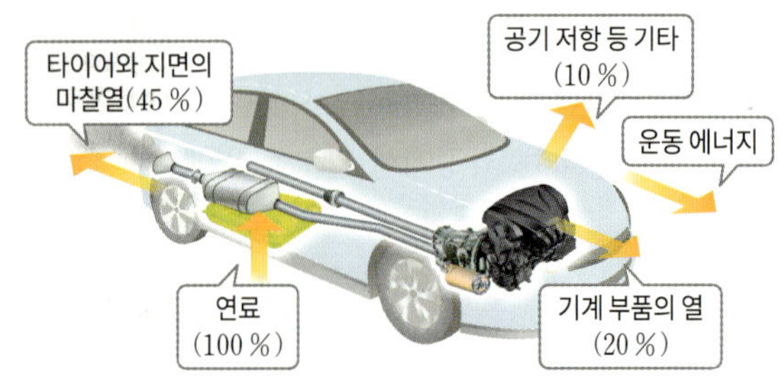

이에 대한 설명으로 옳은 것만을 <보기>에서 있는 대로 고른 것은?

┤ 보기 ├
ㄱ. 공급한 에너지에서 운동 에너지로 전환된 비율은 25 %이다.
ㄴ. 자동차의 에너지 효율은 20 %이다.
ㄷ. 기계 부품의 열은 회수하여 다시 운동 에너지로 전환할 수 있다.

① ㄱ   ② ㄴ   ③ ㄷ
④ ㄱ, ㄷ   ⑤ ㄴ, ㄷ

541 •••

그림은 온도가 T_1인 열원에서 Q_1의 열을 흡수하여 일을 하고 온도가 T_2인 열원으로 Q_2의 열을 방출하는 열기관을 나타낸 것이다.

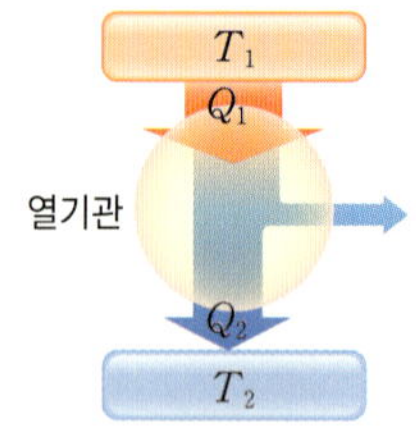

이에 대한 설명으로 옳은 것만을 <보기>에서 있는 대로 고른 것은?

┤ 보기 ├
ㄱ. $T_1 > T_2$이다.
ㄴ. 열기관이 한 일은 $Q_1 + Q_2$이다.
ㄷ. 열효율은 $\dfrac{Q_2}{Q_1}$이다.

① ㄱ   ② ㄴ   ③ ㄱ, ㄷ
④ ㄴ, ㄷ   ⑤ ㄱ, ㄴ, ㄷ

542 •••

그림은 열효율이 0.4인 열기관이 고열원에서 열에너지 Q를 흡수하여 W의 일을 하고 저열원으로 12 kJ을 방출하는 것을 나타낸 것이다.

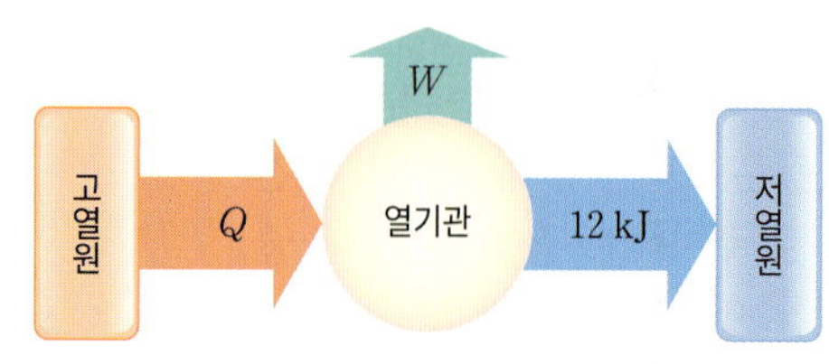

Q와 W를 옳게 짝 지은 것은?

	Q(kJ)	W(kJ)		Q(kJ)	W(kJ)
①	20	8	②	20	10
③	20	12	④	40	12
⑤	40	16			

543 •••

그림은 어떤 열기관이 고열원에서 300 J의 열을 받아 저열원으로 210 J의 열을 방출하는 것을 나타낸 것이다.

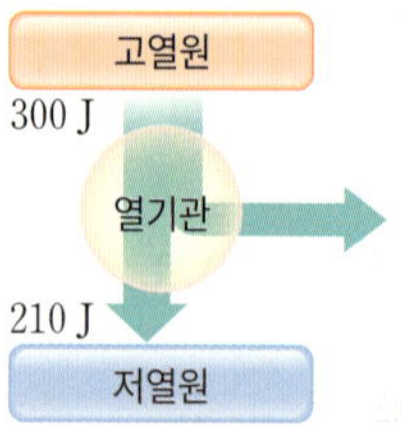

이 열기관에 대한 설명으로 옳은 것만을 <보기>에서 있는 대로 고른 것은?

┤ 보기 ├
ㄱ. 300 J의 열을 흡수했을 때 한 일은 90 J이다.
ㄴ. 열효율은 0.3이다.
ㄷ. 150 J의 일을 할 때 300 J의 열을 방출한다.

① ㄱ   ② ㄷ   ③ ㄱ, ㄴ
④ ㄴ, ㄷ   ⑤ ㄱ, ㄴ, ㄷ

544 ✏️서술형

그림 (가)는 열효율이 0.2인 열기관 A에서 $6\ kJ$의 일을 하고 저열원으로 $2Q$의 열을 방출하는 것을 나타낸 것이다. (나)는 열기관 B가 고열원에서 Q의 열을 흡수하여 $3\ kJ$의 일을 하는 것을 나타낸 것이다.

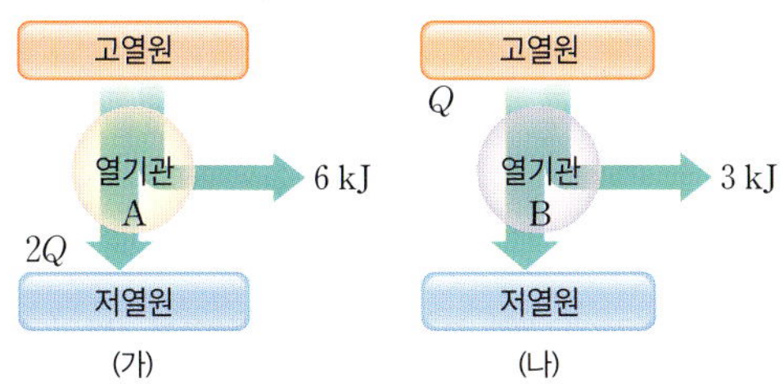

B의 열효율을 풀이 과정과 함께 구하시오.

545

그림은 전기 에너지를 효율적으로 사용하기 위한 방법에 관해 세 학생 A, B, C가 나눈 대화이다.

제시한 내용이 옳은 학생만을 있는 대로 고른 것은?

① A   ② C   ③ A, B
④ B, C   ⑤ A, B, C

546

에너지 제로 하우스에 관한 설명으로 적절하지 <u>않은</u> 것은?

① 태양열이나 지열을 난방에 활용한다.
② 태양광 발전이나 풍력 발전으로 발전한다.
③ 에너지를 일는 과정에서 화식 연료를 사용하지 않는다.
④ 이중창과 고성능 단열재를 이용해 외부로 빠져나가는 열을 줄인다.
⑤ 편리하고 풍족한 생활을 위해 최대한 많은 양의 에너지를 이용한다.

547

표는 신재생 에너지를 이용한 발전 방식 A~C의 특징을 조사하여 나타낸 것이다.

특징	A	B	C
전자기 유도 현상을 이용한다.	예.	예.	아니요.
발전량이 날씨의 영향을 받는다.	아니요.	예.	아니요.

이에 대한 설명으로 옳은 것만을 <보기>에서 있는 대로 고른 것은?

| 보기 |
ㄱ. 화력 발전은 A의 예로 적절하다.
ㄴ. A와 B는 발전기를 이용해 발전한다.
ㄷ. C의 발전 과정에서 온실 기체가 발생한다.

① ㄱ   ② ㄴ   ③ ㄱ, ㄷ
④ ㄴ, ㄷ   ⑤ ㄱ, ㄴ, ㄷ

548

그림 (가)와 (나)는 각각 파력 발전소와 조력 발전소의 구조를 나타낸 것이다.

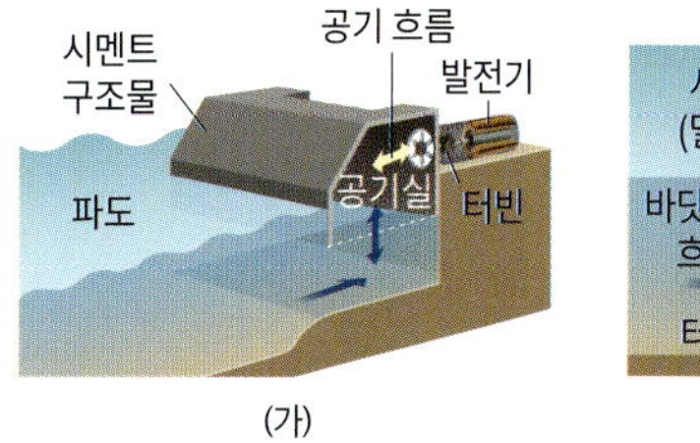

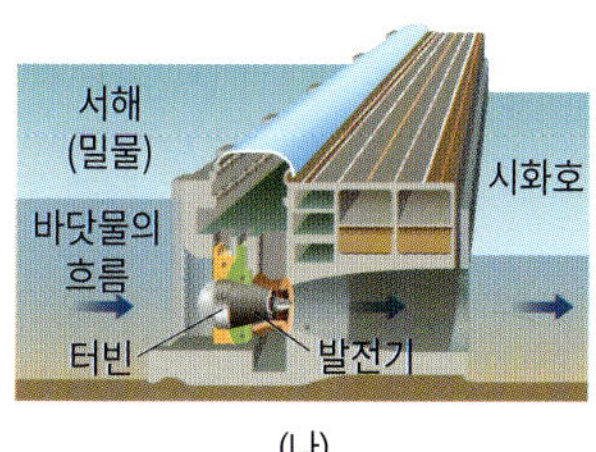

(가)와 (나)의 공통점에 대한 설명으로 옳은 것만을 <보기>에서 있는 대로 고른 것은?

| 보기 |
ㄱ. 해양 에너지를 이용한다.
ㄴ. 전력 생산량이 일정하다.
ㄷ. 발전 과정에서 전자기 유도 현상이 일어난다.

① ㄱ   ② ㄴ   ③ ㄱ, ㄷ
④ ㄴ, ㄷ   ⑤ ㄱ, ㄴ, ㄷ

기출 분석 문제

549 서술형 ●●○

그림 (가)는 주택의 지붕에 설치된 태양 전지 A의 모습을, (나)는 휴대용 수력 발전기 B를 흐르는 물에 넣고 B에 포함된 배터리를 충전하는 모습을 나타낸 것이다.

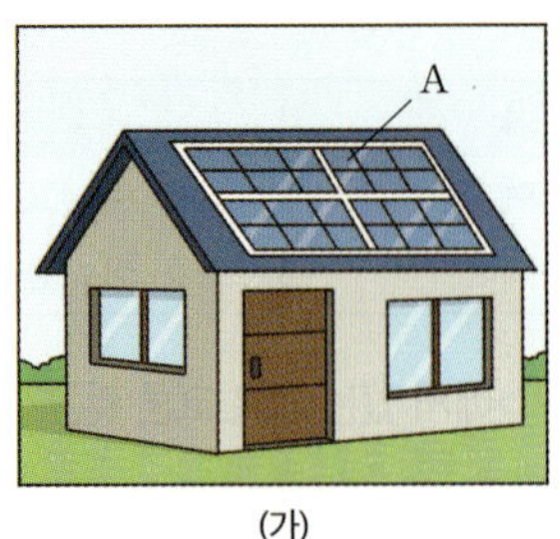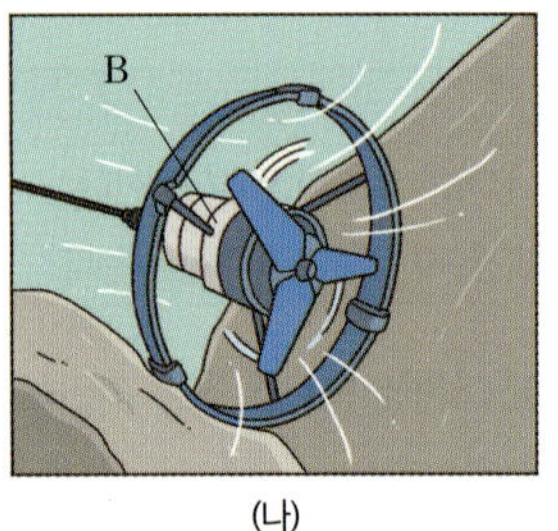

(가)   (나)

A와 B에서 일어나는 에너지 전환 과정을 각각 설명하시오.

551 ●●○

그림 (가)와 (나)는 재생 에너지를 이용한 발전을 나타낸 것이다.

(가)   (나)

(가)와 (나)의 공통점에 대한 설명으로 옳은 것만을 <보기>에서 있는 대로 고른 것은?

┤보기├
ㄱ. 역학적 에너지가 전기 에너지로 전환된다.
ㄴ. 재생 가능한 에너지원을 이용하여 발전한다.
ㄷ. 발전량이 날씨의 영향을 받아 일정하지 않다.
ㄹ. 태양 에너지를 근원으로 하는 에너지를 이용한다.

① ㄱ, ㄴ   ② ㄱ, ㄹ   ③ ㄴ, ㄷ
④ ㄱ, ㄷ, ㄹ   ⑤ ㄴ, ㄷ, ㄹ

550 ●●○

그림은 연료 전지의 모습을 나타낸 것이다.

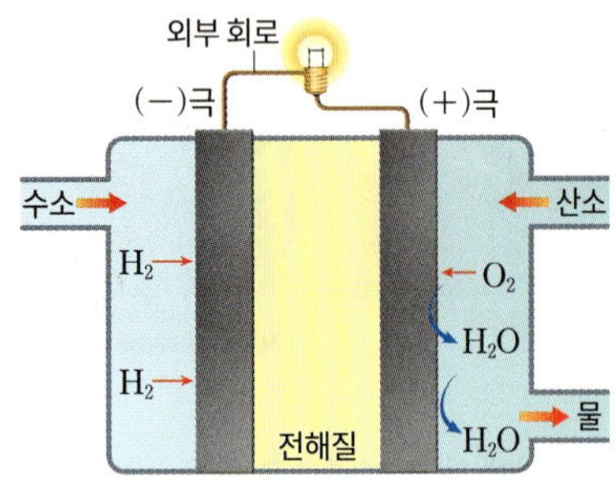

이에 대한 설명으로 옳은 것만을 <보기>에서 있는 대로 고른 것은?

┤보기├
ㄱ. 수소 이온은 외부 회로를 따라 (+)극으로 이동한다.
ㄴ. (+)극에서는 산소가 전자를 받아 산화 이온이 된다.
ㄷ. 발전 과정에서 온실 기체를 배출한다.

① ㄱ   ② ㄴ   ③ ㄱ, ㄷ
④ ㄴ, ㄷ   ⑤ ㄱ, ㄴ, ㄷ

552 ●●○

그림은 발전 방식 A~C를 기준에 따라 분류한 것을 나타낸 것이다. A~C는 각각 핵발전, 풍력 발전, 태양광 발전을 순서 없이 나타낸 것이다.

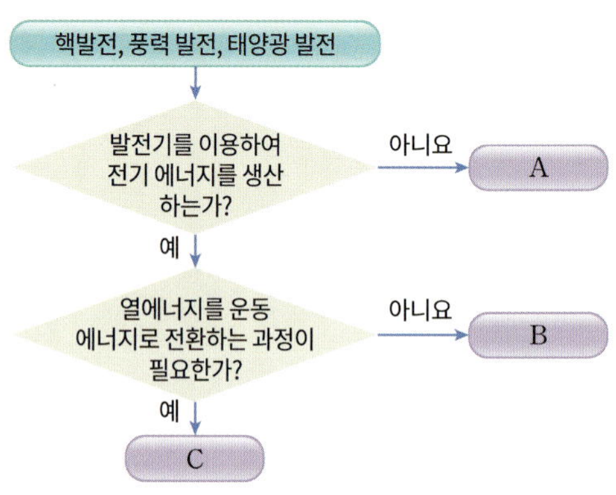

이에 대한 설명으로 옳은 것만을 <보기>에서 있는 대로 고른 것은?

┤보기├
ㄱ. A와 B는 재생 에너지를 이용하는 발전 방식이다.
ㄴ. C는 운동 에너지가 전기 에너지로 전환되는 과정이 있다.
ㄷ. 우리나라는 A, B보다 C를 통해 얻는 전기 에너지가 많다.

① ㄱ   ② ㄴ   ③ ㄱ, ㄷ
④ ㄴ, ㄷ   ⑤ ㄱ, ㄴ, ㄷ

1등급 완성 문제

학교 시험 빈출 문제 중 내신 1등급을 결정하는 고난도 문제들을 수록했습니다.

553

그림은 가정에서 전기 기구를 사용하는 모습을 나타낸 것이다.

이에 대한 설명으로 옳은 것만을 <보기>에서 있는 대로 고른 것은?

| 보기 |
ㄱ. 선풍기의 전동기에서는 전기 에너지가 운동 에너지로 전환된다.
ㄴ. 텔레비전에 공급된 전기 에너지는 모두 빛에너지와 소리 에너지로 전환된다.
ㄷ. 가정에서 유용하게 사용하는 에너지의 총량은 가정에 공급된 에너지와 같다.

① ㄱ   ② ㄴ   ③ ㄱ, ㄷ
④ ㄴ, ㄷ   ⑤ ㄱ, ㄴ, ㄷ

554 교육청 기출 변형

그림은 발전기를 이용하여 조명 장치를 켜는 과정에서 에너지 전환을 나타낸 것이다.

이에 대한 설명으로 옳은 것만을 <보기>에서 있는 대로 고른 것은?

| 보기 |
ㄱ. 에너지 효율은 발전기가 조명 장치보다 높다.
ㄴ. ㉠ : ⓛ=2 : 1이다.
ㄷ. ㉠에는 열에너지가 포함되어 있다.

① ㄱ   ② ㄴ   ③ ㄱ, ㄷ
④ ㄴ, ㄷ   ⑤ ㄱ, ㄴ, ㄷ

555

그림은 하이브리드 자동차에서 일어나는 에너지 전환 과정과 자동차 부품 A, B, C를 나타낸 것이다. A, B, C는 배터리, 발전기, 엔진 중 하나이다.

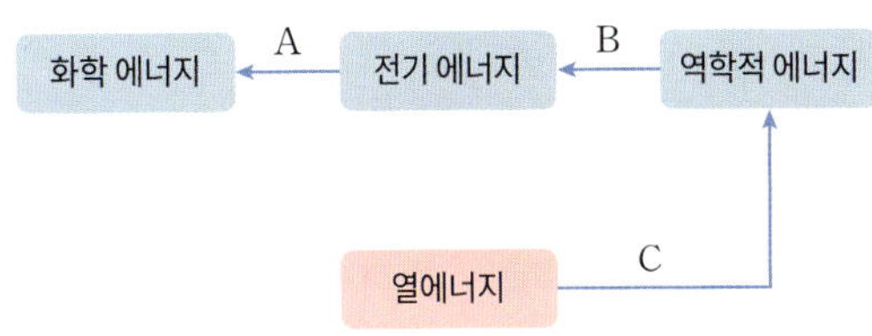

이에 대한 설명으로 옳은 것만을 <보기>에서 있는 대로 고른 것은?

| 보기 |
ㄱ. A는 전자기 유도를 이용한다.
ㄴ. 풍력 발전기에는 B가 포함되어 있다.
ㄷ. C에 공급된 열에너지와 전환된 역학적 에너지의 양은 같다.

① ㄱ   ② ㄴ   ③ ㄱ, ㄷ
④ ㄴ, ㄷ   ⑤ ㄱ, ㄴ, ㄷ

556 ⭐신유형

그림은 자동차 A와 B에서 일정량의 석유로부터 운동 에너지를 얻는 과정을 나타낸 것이다. A는 엔진에서 석유의 에너지를 운동 에너지로 전환하고, B는 화력 발전소에서 생산한 전기 에너지를 운동 에너지로 전환한다.

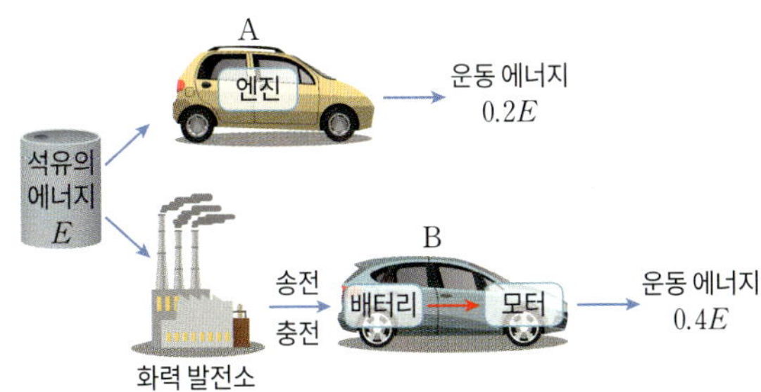

이에 대한 설명으로 옳은 것만을 <보기>에서 있는 대로 고른 것은?

| 보기 |
ㄱ. A의 에너지 효율은 20 %이다.
ㄴ. 자동차의 에너지 효율은 B가 A보다 높다.
ㄷ. B의 배터리를 충전할 때 열에너지를 선기 에너지로 전환한다.

① ㄱ   ② ㄷ   ③ ㄱ, ㄴ
④ ㄴ, ㄷ   ⑤ ㄱ, ㄴ, ㄷ

557

그림은 열기관 A~E가 공급받은 열과 방출한 열을 나타낸 것이다.

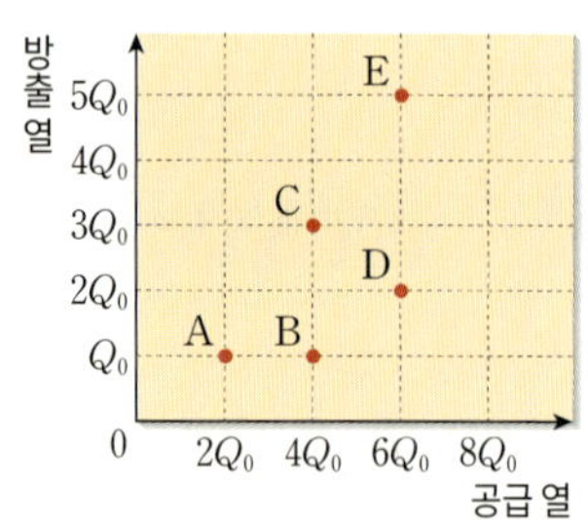

이에 대한 설명으로 옳은 것만을 <보기>에서 있는 대로 고른 것은?

| 보기 |

ㄱ. A와 C는 열효율이 같다.
ㄴ. 같은 열을 공급하면 B가 D보다 더 많은 일을 한다.
ㄷ. 같은 일을 할 때 공급해야 하는 열은 E가 C보다 크다.

① ㄴ   ② ㄷ   ③ ㄱ, ㄷ
④ ㄴ, ㄷ   ⑤ ㄱ, ㄴ, ㄷ

558

그림은 지구에 도달한 태양 에너지의 전환과 이를 이용한 발전 방식 A, B, C를 나타낸 것이다.

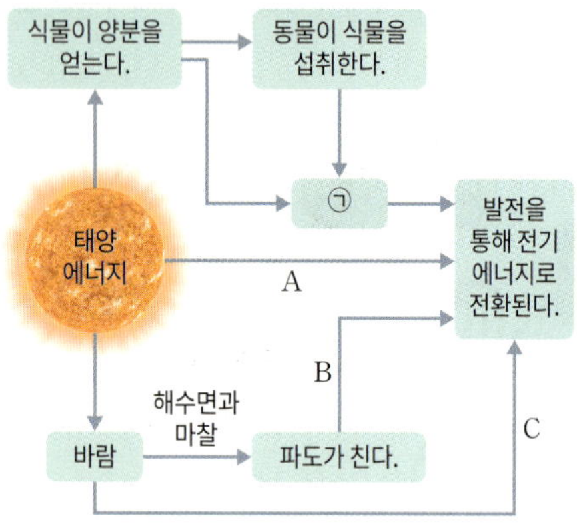

이에 대한 설명으로 옳은 것만을 <보기>에서 있는 대로 고른 것은?

| 보기 |

ㄱ. 핵발전은 ㉠을 에너지원으로 이용한다.
ㄴ. A, B, C는 재생 가능한 발전 방식이다.
ㄷ. B, C는 발전 과정에서 전자기 유도를 이용한다.

① ㄱ   ② ㄴ   ③ ㄷ
④ ㄱ, ㄷ   ⑤ ㄴ, ㄷ

559 ★신유형

그림 (가)는 태양 전지를 이용한 발전 방식을, (나)는 우리나라의 1일 일사량 분포(연평균)를 나타낸 것이다.

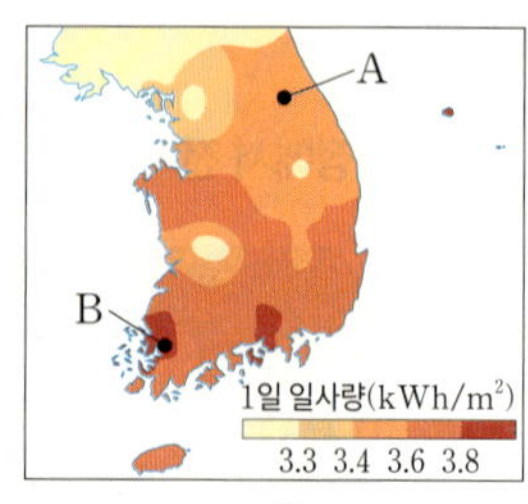

(가)   (나)

이에 대한 설명으로 옳은 것만을 <보기>에서 있는 대로 고른 것은?

| 보기 |

ㄱ. (가)는 반도체 소자를 이용하여 발전한다.
ㄴ. (가)의 에너지 효율은 핵발전보다 높다.
ㄷ. (나)의 A, B 중 (가)를 설치하기에 더 적절한 곳은 A이다.

① ㄱ   ② ㄷ   ③ ㄱ, ㄴ
④ ㄱ, ㄷ   ⑤ ㄴ, ㄷ

560

그림은 에너지 제로 하우스에서 사용하는 에너지 관련 기술의 일부를 나타낸 것이다.

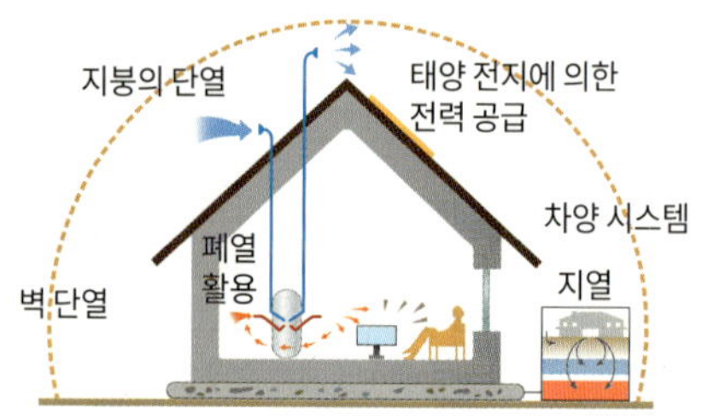

이에 대한 설명으로 옳은 것만을 <보기>에서 있는 대로 고른 것은?

| 보기 |

ㄱ. 난방과 온수에 지열 에너지를 활용한다.
ㄴ. 태양 전지는 빛에너지를 전기 에너지로 전환한다.
ㄷ. 단열과 차양 시스템은 집 안과 밖의 열교환이 잘 일어나도록 한다.

① ㄱ   ② ㄴ   ③ ㄷ
④ ㄱ, ㄴ   ⑤ ㄴ, ㄷ

바른답·알찬풀이 71쪽

서술형 문제

561

그림 (가)는 사용하기 전 선풍기의 열화상 사진을, (나)는 1시간 동안 사용한 뒤 선풍기의 열화상 사진을 나타낸 것이다.

(가) 사용하기 전 (나) 한 시간 동안 사용한 후

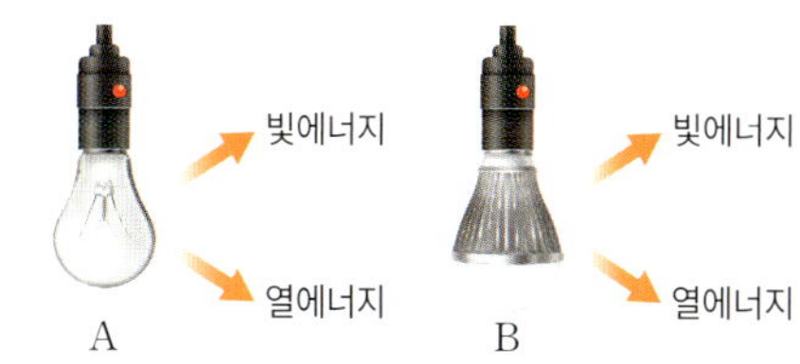

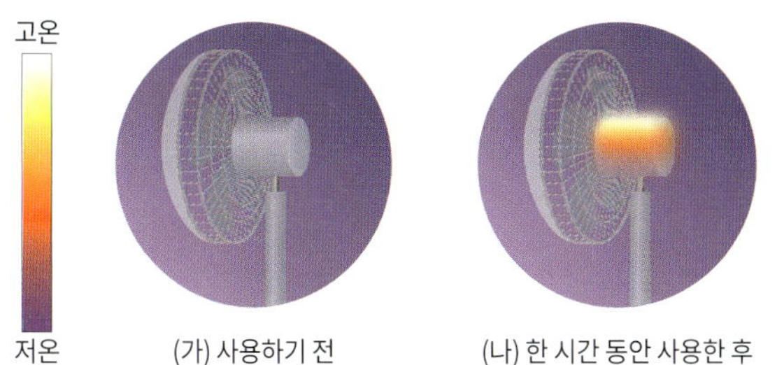

(가)와 (나)를 근거로 하여 선풍기의 에너지 효율이 100 %가 될 수 없는 까닭을 설명하시오.

562

그림은 열 Q를 흡수하여 일을 하는 열기관 A와 B를 나타낸 것이다.

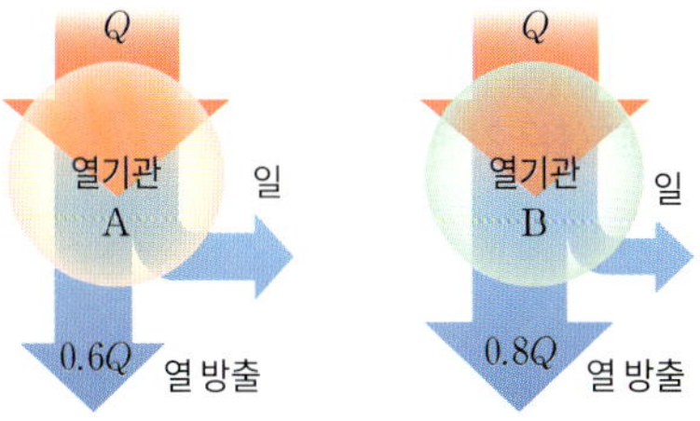

A가 방출한 열을 다시 B에 공급하여 A, B가 모두 일을 하는 열기관 A+B를 만들었을 때 A+B의 열효율을 풀이 과정과 함께 구하시오.

| 563~564 | 그림은 전구 A, B에서 방출되는 에너지를 나타낸 것이고, 표는 A, B의 에너지 효율을 나타낸 것이다. A, B 중 한 가지를 이용하여 실내를 같은 밝기로 유지하려고 한다. 물음에 답하시오.

전구	A	B
에너지 효율(%)	12	36

563

A, B에 공급해야 하는 전기 에너지의 양을 비교하여 설명하시오.

564

A, B를 사용할 때 실내 온도 변화를 비교하고, 그렇게 답한 까닭을 설명하시오.

565

그림 (가), (나)는 각각 핵발전, 풍력 발전을 나타낸 것이다.

(가)

(나)

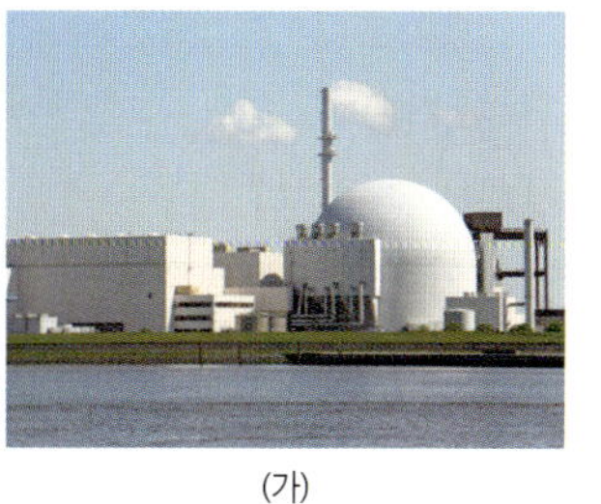

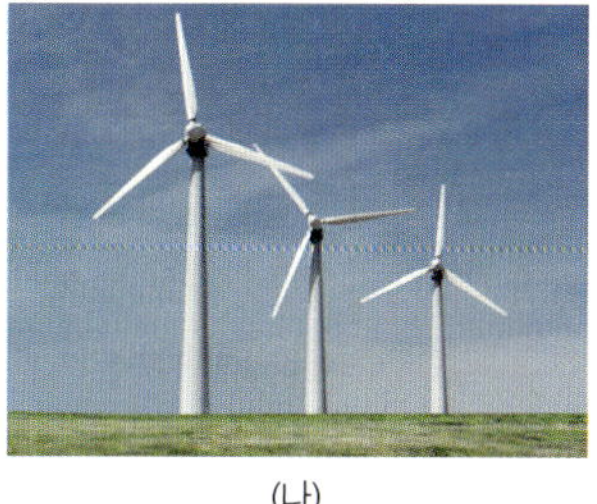

(가)와 (나) 발전 방식의 공통점 1가지를 설명하시오.

중간 • 기말고사에 대비할 수 있도록 시험에 자주 출제되는 문제들을 엄선하여 수록했습니다.

566

그림은 수소 원자핵(H) 4개가 핵반응하여 헬륨 원자핵(He) 1개가 되는 과정에서 에너지 E가 생성되는 것을 나타낸 것이다. 헬륨 원자핵의 질량은 m이다.

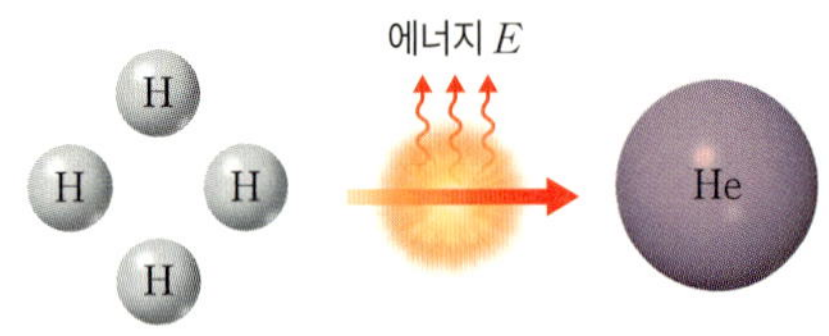

이에 대한 설명으로 옳은 것만을 <보기>에서 있는 대로 고른 것은?

| 보기 |

ㄱ. 핵융합 반응이다.

ㄴ. 수소 원자핵 1개의 질량은 $\frac{m}{4}$이다.

ㄷ. 핵반응 과정에서 질량 결손이 일어난다.

① ㄴ 　　② ㄷ 　　③ ㄱ, ㄴ
④ ㄱ, ㄷ 　　⑤ ㄱ, ㄴ, ㄷ

567

그림은 태양의 내부 구조를 나타낸 것이다.

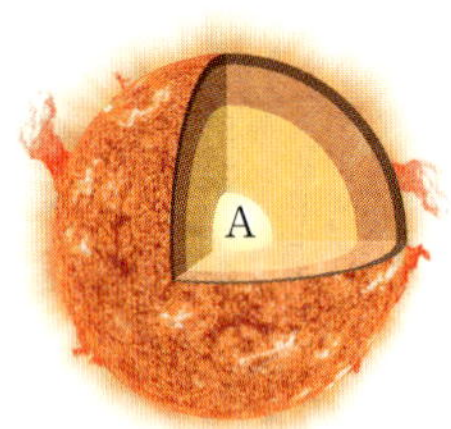

이에 대한 설명으로 옳은 것만을 <보기>에서 있는 대로 고른 것은?

| 보기 |

ㄱ. A에서는 수소 핵융합 반응이 일어난다.

ㄴ. A에서 수소와 헬륨은 기체 상태로 존재한다.

ㄷ. 시간이 지날수록 헬륨의 양이 증가하므로 태양의 전체 질량은 증가한다.

① ㄱ 　　② ㄷ 　　③ ㄱ, ㄴ
④ ㄴ, ㄷ 　　⑤ ㄱ, ㄴ, ㄷ

568

그림 (가)는 태양에서 일어나는 수소의 핵반응을, (나)는 원자로에서 일어나는 우라늄의 핵반응을 나타낸 것이다.

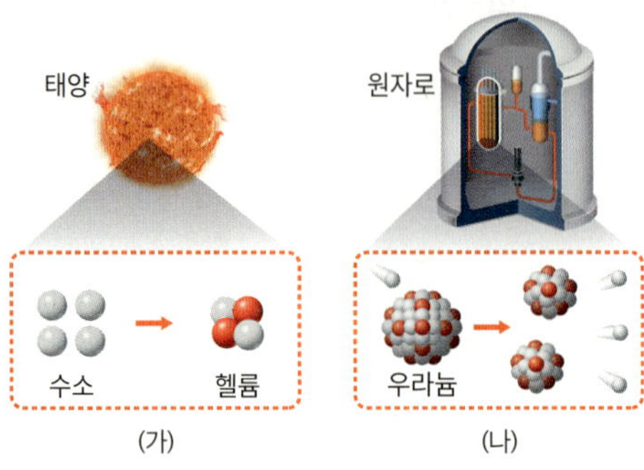

이에 대한 설명으로 옳은 것만을 <보기>에서 있는 대로 고른 것은?

| 보기 |

ㄱ. (가)는 핵융합 반응이다.

ㄴ. (나)에서는 반응 과정에서 물질의 총질량이 감소한다.

ㄷ. (가)는 에너지를 방출하고 (나)는 에너지를 흡수한다.

① ㄱ 　　② ㄷ 　　③ ㄱ, ㄴ
④ ㄴ, ㄷ 　　⑤ ㄱ, ㄴ, ㄷ

569

그림은 태양 에너지가 생성되는 핵반응을 나타낸 것이다.

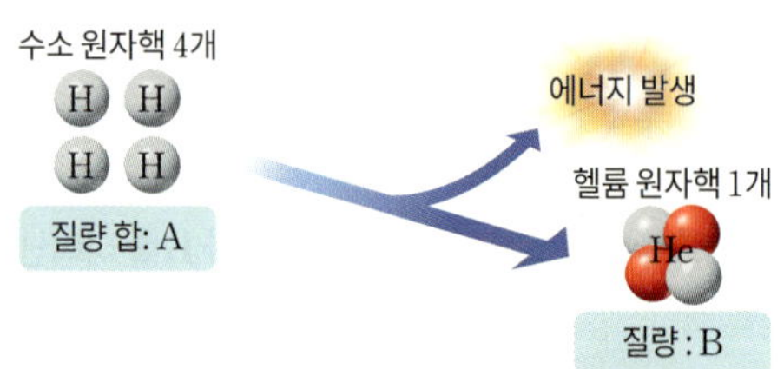

이에 대한 설명으로 옳은 것은?

① A와 B는 같다.

② 핵분열 반응이다.

③ 태양 표면에서 일어난다.

④ 감소한 질량에 해당하는 에너지가 방출된다.

⑤ 이 과정에서 방출된 에너지는 모두 지구에 도달한다.

570

그림은 마찰이 없는 빗면에서 자석이 코일의 중심축을 따라 운동하는 모습을 나타낸 것이다. 점 p, q는 코일의 중심축상에 있고, 자석이 p를 지날 때가 q를 지날 때보다 전구가 더 밝게 빛났다.

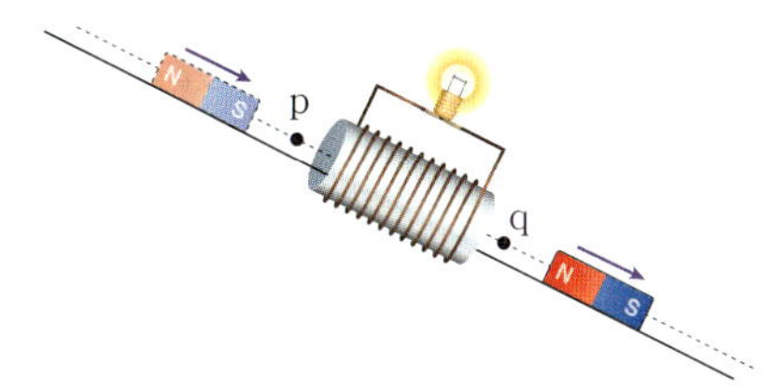

이에 대한 설명으로 옳지 <u>않은</u> 것은?(단, 자석의 크기는 무시한다.)

① p와 q에서 자석이 받는 자기력의 방향은 같다.

② 자석의 역학적 에너지는 p에서가 q에서보다 크다.

③ 자석이 p, q를 지날 때 코일에 흐르는 유도 전류의 방향은 같다.

④ 코일에 흐르는 유도 전류의 세기는 자석이 p를 지날 때가 q를 지날 때보다 크다.

⑤ 단위 시간당 코일을 통과하는 자기장의 변화는 자석이 p를 지날 때가 q를 지날 때보다 크다.

571

다음은 전자기 유도 실험이다.

[실험 과정]

(가) 그림과 같이 코일과 검류계를 연결하고, 코일 위에서 자석을 회전시킬 수 있도록 한다.

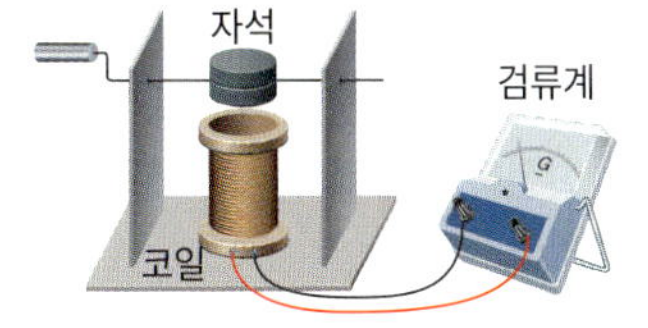

(나) 자석을 일정한 빠르기로 회전시킨다.

(다) 자석을 (나)보다 더 빠르게 회전시킨다.

(라) (가)에서 감은 수가 더 (㉠) 코일로 바꾸어 (나)를 반복한다.

[실험 결과]

• (나)에서 검류계에 흐르는 전류의 세기는 (㉡).

• 전류의 최댓값은 (나)보다 (다)에서 (㉢).

• 전류의 최댓값은 (나)보다 (라)에서 크다.

㉠~㉢에 들어갈 말로 가장 석설한 것은?

	㉠	㉡	㉢		㉠	㉡	㉢
①	많은	일정하다	크다	②	많은	변한다	작다
③	많은	변한다	크다	④	적은	일정하다	크다
⑤	적은	변한다	작다				

572

그림과 같이 코일이 감긴 유리관 안으로 자석이 점 a, b, c를 지나며 낙하하였다. 자석이 코일을 통과할 때 코일에 연결된 전구 P, Q에 불이 켜졌다. 이에 대한 설명으로 옳은 것만을 <보기>에서 있는 대로 고른 것은?(단, 자석의 크기와 공기 저항은 무시한다.)

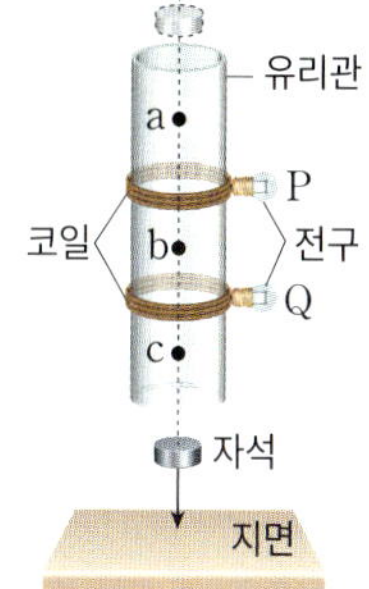

┤ 보기 ├

ㄱ. a와 c에서 자석의 역학적 에너지는 같다.

ㄴ. 자석이 b를 지날 때 P, Q에 흐르는 전류의 방향은 같다.

ㄷ. 자석이 a와 b를 지날 때 P에 흐르는 전류의 방향은 반대이다.

① ㄱ　　　　② ㄷ　　　　③ ㄱ, ㄴ

④ ㄱ, ㄷ　　　　⑤ ㄴ, ㄷ

573

그림 (가)는 원형 자석과 원형 도선이 같은 중심축을 따라 위아래로 운동하는 모습을 나타낸 것이다. (나)는 원형 도선의 중심 A와 원형 자석 윗면의 중심 B의 높이를 시간에 따라 나타낸 것이다.

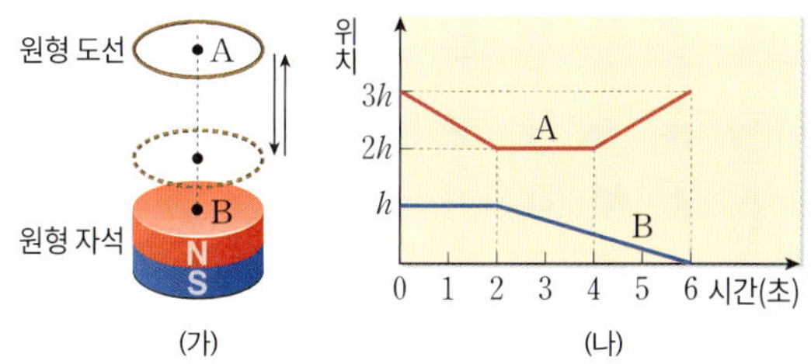

원형 도선에 흐르는 유도 전류에 대한 설명으로 옳은 것만을 <보기>에서 있는 대로 고른 것은?(단, 원형 도선이 이루는 면과 원형 자석의 윗면은 평행하다.)

┤ 보기 ├

ㄱ. 1초일 때와 5초일 때 유도 전류의 방향은 같다.

ㄴ. 3초일 때는 유도 전류가 흐르지 않는다.

ㄷ. 유도 전류의 세기는 5초일 때가 1초일 때보다 세다.

① ㄴ　　　　② ㄷ　　　　③ ㄱ, ㄴ

④ ㄱ, ㄷ　　　　⑤ ㄴ, ㄷ

574

그림은 고정된 코일 주위에서 자석을 한쪽 끝이 벽면에 고정된 용수철에 연결하여 진동시키는 모습을 나타낸 것이다. 코일에는 검류계가 연결되어 있고, 자석의 운동 방향은 a 또는 b이다.

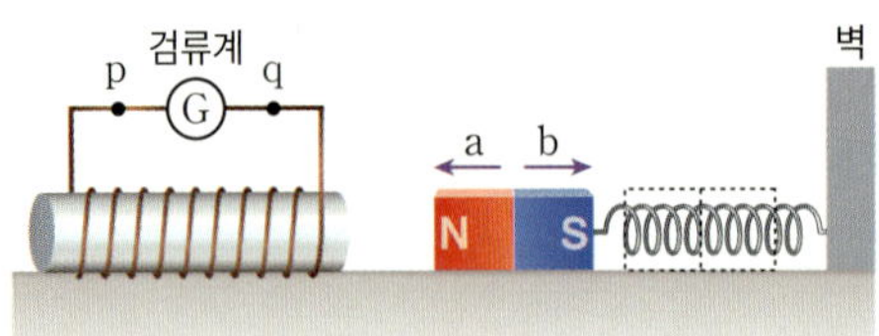

자석이 운동하는 동안에 대한 설명으로 옳은 것만을 <보기>에서 있는 대로 고른 것은?(단, 자석의 크기, 용수철의 질량, 모든 마찰, 공기 저항은 무시한다.)

| 보기 |
ㄱ. 자석이 a 방향으로 운동할 때 검류계에는 p→검류계→q 방향으로 전류가 흐른다.
ㄴ. 자석이 a 방향으로 운동할 때와 b 방향으로 운동할 때 자석이 받는 자기력의 방향은 일정하다.
ㄷ. 자석의 역학적 에너지는 일정하다.

① ㄱ ② ㄴ ③ ㄱ, ㄷ
④ ㄴ, ㄷ ⑤ ㄱ, ㄴ, ㄷ

575

그림 (가)는 종이면에 수직인 균일한 외부 자기장 영역에서 원형 도선이 종이면에 고정되어 있는 모습을 나타낸 것이다. (나)는 (가)에서 외부 자기장을 시간에 따라 나타낸 것이다. t_1일 때 도선에는 시계 방향으로 유도 전류가 흐른다.

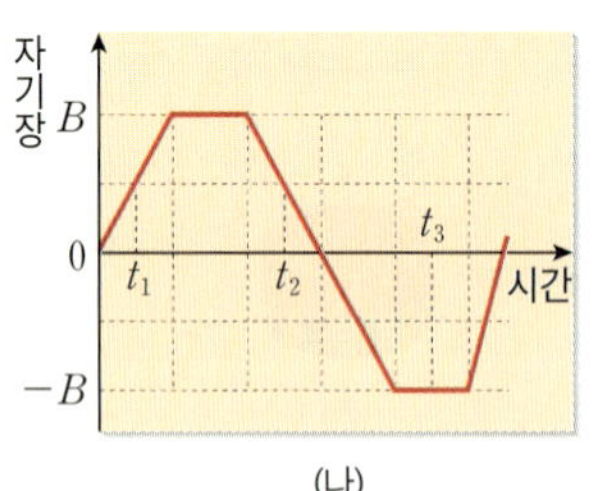

이에 대한 설명으로 옳은 것만을 <보기>에서 있는 대로 고른 것은?

| 보기 |
ㄱ. t_1과 t_2일 때 유도 전류의 세기는 같다.
ㄴ. t_2일 때 외부 자기장의 방향은 종이면에 수직으로 들어가는 방향이다.
ㄷ. t_3일 때는 반시계 방향으로 유도 전류가 흐른다.

① ㄱ ② ㄷ ③ ㄱ, ㄴ
④ ㄴ, ㄷ ⑤ ㄱ, ㄴ, ㄷ

576

그림은 발전기의 구조를 간단하게 나타낸 것이다.

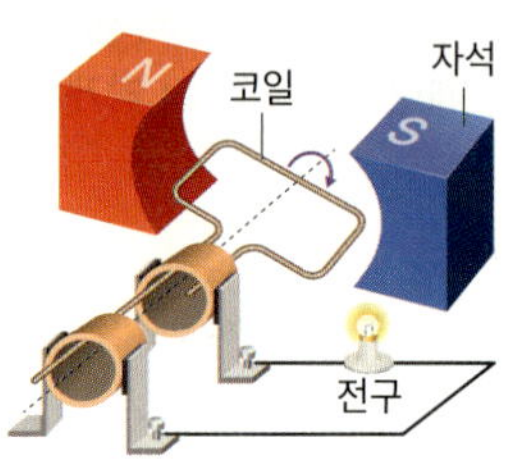

코일이 회전할 때에 대한 설명으로 옳지 <u>않은</u> 것은?

① 전구에 흐르는 전류 방향은 변한다.
② 운동 에너지가 전기 에너지로 전환된다.
③ 회전 방향이 바뀌면 전류가 흐르지 않는다.
④ 전자기 유도가 일어나 유도 전류가 흐른다.
⑤ 빠르게 회전할수록 전구의 밝기가 밝아진다.

577

그림 (가)는 발전기에 회전 날개를 연결하고 바람을 보냈더니 전구가 켜진 모습을, (나)는 회전하는 자석 주위에 코일이 고정되어 있는 발전기 내부를 나타낸 것이다.

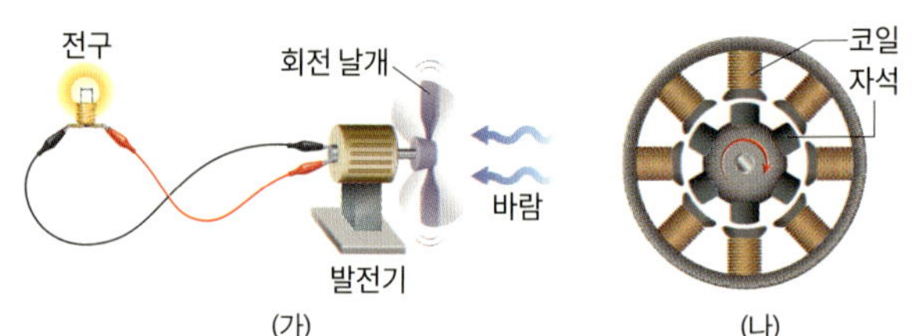

이에 대한 설명으로 옳은 것만을 <보기>에서 있는 대로 고른 것은?

| 보기 |
ㄱ. 바람이 세게 불어도 전구의 밝기는 일정하다.
ㄴ. 발전기에서 운동 에너지가 전기 에너지로 전환된다.
ㄷ. 발전기의 코일을 통과하는 자석의 자기장은 세기와 방향이 일정하다.

① ㄱ ② ㄴ ③ ㄱ, ㄷ
④ ㄴ, ㄷ ⑤ ㄱ, ㄴ, ㄷ

578

그림은 핵발전과 화력 발전에서 전기를 생산하는 과정을 간단하게 나타낸 것이다.

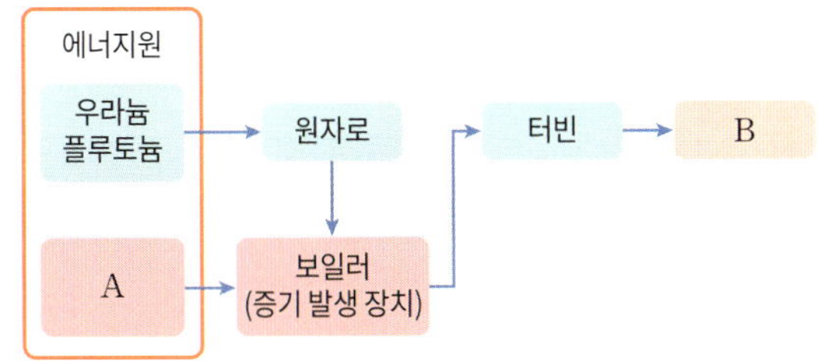

이에 대한 설명으로 옳은 것만을 <보기>에서 있는 대로 고른 것은?

┤ 보기 ├
ㄱ. A는 태양 에너지가 근원인 에너지원이다.
ㄴ. B에서는 전자기 유도가 일어난다.
ㄷ. 두 발전에서 모두 운동 에너지가 열에너지로 전환되는 과정이 있다.

① ㄱ ② ㄷ ③ ㄱ, ㄴ
④ ㄴ, ㄷ ⑤ ㄱ, ㄴ, ㄷ

579

그림은 핵발전소의 원자로에서 일어나는 우라늄 원자핵의 핵반응을 모식적으로 나타낸 것이다.

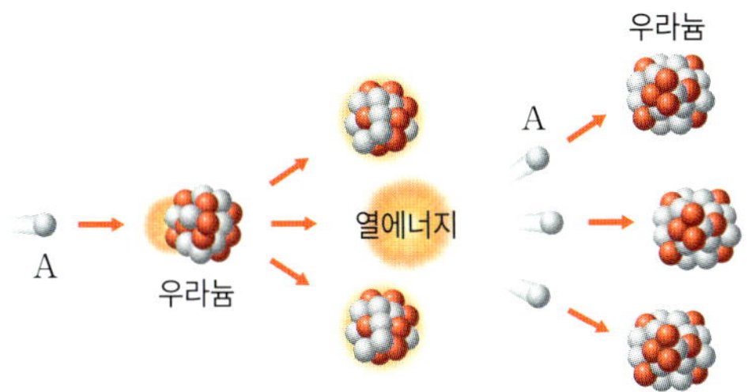

이에 대한 설명으로 옳은 것은?

① 핵융합 반응이다.
② A는 (+)전하를 띤다.
③ 반응 전과 후에 물질의 총 질량은 일정하다.
④ 핵반응 과정에서 질량이 에너지로 전환된다.
⑤ 핵반응 과정에서 방사성 물질이 나오지 않아 안전하다.

580

그림은 핵발전소의 구조를 나타낸 것이다.

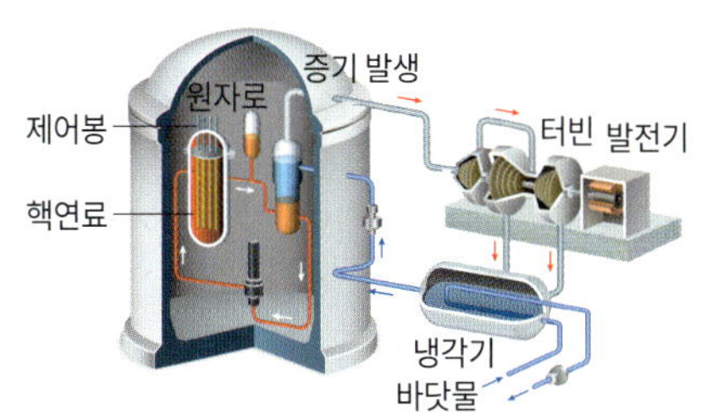

이에 대한 설명으로 옳은 것만을 <보기>에서 있는 대로 고른 것은?

┤ 보기 ├
ㄱ. 화력 발전에 비해 온실 기체 방출량이 많다.
ㄴ. 에너지원의 매장량이 풍부하여 고갈의 우려가 없다.
ㄷ. 대량의 냉각수가 필요하여 건설 장소가 제한적이다.

① ㄱ ② ㄷ ③ ㄱ, ㄴ
④ ㄴ, ㄷ ⑤ ㄱ, ㄴ, ㄷ

581

그림은 여러 가지 에너지 전환 과정을 나타낸 것이다. A~D는 에너지 전환이 일어나는 현상이나 장치이며, B와 C는 발전기와 전동기를 순서 없이 나타낸 것이다.

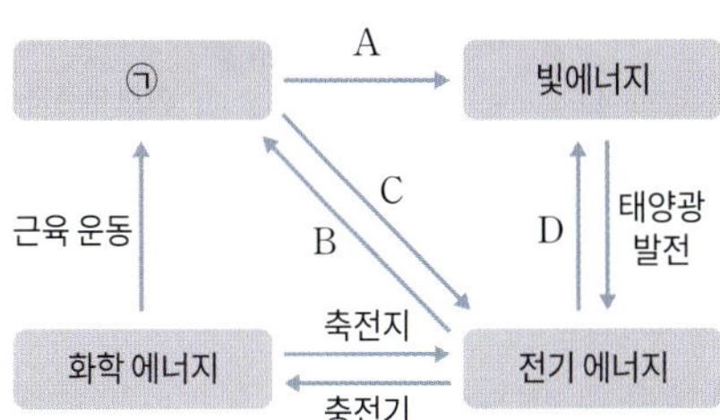

이에 대한 설명으로 옳지 않은 것은?

① ㉠은 역학적 에너지이다.
② 하늘에서 떨어지는 유성은 A로 적절하다.
③ B는 전자기 유도를 이용한다.
④ 풍력 발전기에는 C와 같은 장치가 포함되어 있다.
⑤ LED 전등은 D에 해당한다.

582

다음은 드론의 작동 과정에 대한 설명이다.

> ㉠전동기에 연결된 날개가 회전하면 바닥에 정지해 있던 ㉡드론이 위로 올라간다. 회전 날개의 방향을 조절하여 수평 운동을 한다. ㉢배터리를 완전히 충전하면 10분 동안 비행이 가능하다. 드론에 설치된 ㉣디지털 카메라로 사진을 찍어 저장할 수 있으며, 야간에는 몸체에 부착된 ㉤LED등이 켜져 드론의 위치를 파악할 수 있다.

㉠~㉤에서 일어나는 에너지 전환을 연결한 것으로 옳지 <u>않은</u> 것은?

① ㉠ – 운동 에너지가 전기 에너지로 전환된다.
② ㉡ – 전기 에너지가 역학적 에너지로 전환된다.
③ ㉢ – 전기 에너지가 화학 에너지로 전환된다.
④ ㉣ – 빛에너지가 전기 에너지로 전환된다.
⑤ ㉤ – 전기 에너지가 빛에너지로 전환된다.

583

그림은 자동차에 공급된 연료가 가진 에너지가 다른 형태로 전환되는 것을 나타낸 것이다.

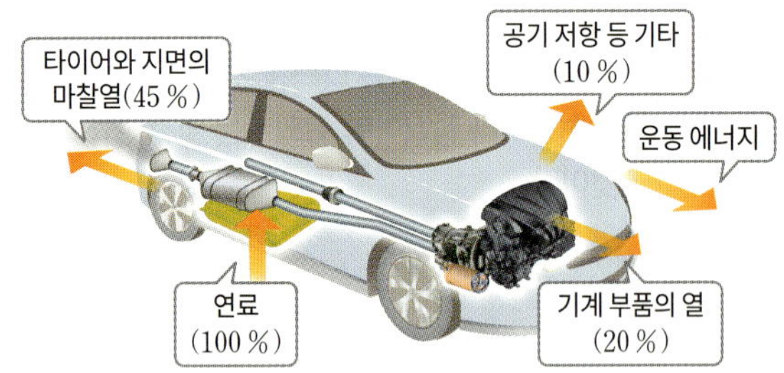

이에 대한 설명으로 옳은 것만을 <보기>에서 있는 대로 고른 것은?

> **보기**
> ㄱ. 에너지 효율은 45 %이다.
> ㄴ. 달리던 자동차가 멈출 때는 운동 에너지가 열에너지로 전환된다.
> ㄷ. 엔진에 200 kJ의 에너지를 공급했을 때 운동 에너지로 전환되는 양은 50 kJ이다.

① ㄱ ② ㄷ ③ ㄱ, ㄴ
④ ㄴ, ㄷ ⑤ ㄱ, ㄴ, ㄷ

584

그림은 선풍기와 다리미를 멀티탭에 꽂아 사용하는 모습을 나타낸 것이고, 표는 선풍기와 다리미가 받은 에너지와 유용하게 사용한 에너지를 나타낸 것이다. 에너지 효율은 다리미가 선풍기보다 높다.

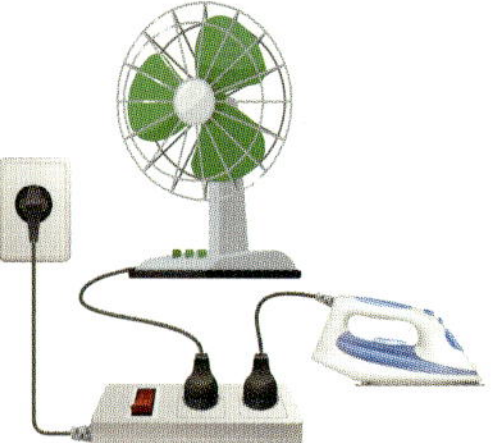

구분	선풍기	다리미
받은 에너지(J)	E	400
사용한 에너지(J)	100	E

이에 대한 설명으로 옳은 것만을 <보기>에서 있는 대로 고른 것은?

> **보기**
> ㄱ. $E > 200$이다.
> ㄴ. 멀티탭에 공급된 전기 에너지는 400 J이다.
> ㄷ. 같은 에너지를 공급했을 때 손실되는 에너지는 선풍기가 다리미보다 많다.

① ㄱ ② ㄴ ③ ㄱ, ㄷ
④ ㄴ, ㄷ ⑤ ㄱ, ㄴ, ㄷ

585

그림은 고열원에서 열 Q_1을 흡수하여 외부에 일 W를 하고, 저열원으로 열 Q_2를 방출하는 열기관을 나타낸 것이다. 표는 열기관 A, B의 Q_1, W, Q_2, 열효율을 나타낸 것이다.

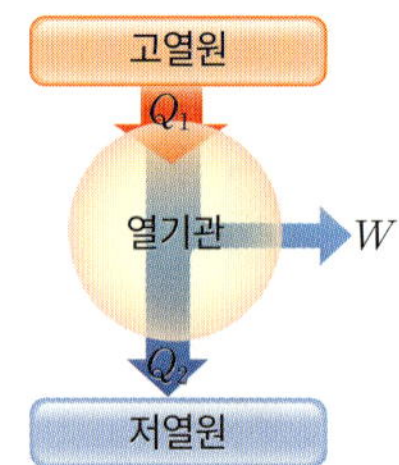

열기관	A	B
Q_1(kJ)	20	㉠
W(kJ)	8	6
Q_2(kJ)	Q_0	Q_0
열효율	㉡	e

이에 대한 설명으로 옳은 것만을 <보기>에서 있는 대로 고른 것은?

> **보기**
> ㄱ. $Q_0 = 12$ kJ이다.
> ㄴ. ㉠은 15 kJ이다.
> ㄷ. ㉡은 $1.2e$이다.

① ㄴ ② ㄷ ③ ㄱ, ㄴ
④ ㄱ, ㄷ ⑤ ㄱ, ㄴ, ㄷ

586

그림 (가)와 (나)는 열기관 A, B에 각각 150 J, 200 J의 열을 공급했을 때 에너지 흐름을 나타낸 것이다.

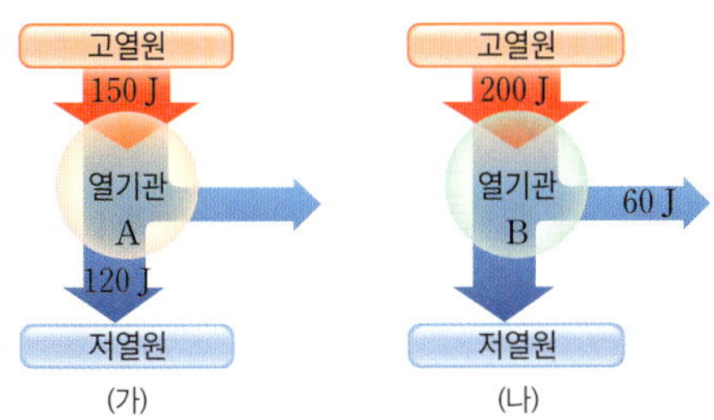

A에 200 J의 열을 공급하고, A가 저열원으로 방출하는 열을 다시 B에 공급했을 때 A, B가 하는 일의 총량은?

① 40 J   ② 48 J   ③ 88 J
④ 160 J   ⑤ 200 J

587

신재생 에너지 기술을 활용한 발전에 대한 설명으로 옳은 것은?

① 풍력 발전은 날씨와 상관없이 발전량이 일정하다.
② 조력 발전은 해양 생태계에 영향을 미치지 않는다.
③ 태양광 발전은 빛에너지를 전기 에너지로 전환한다.
④ 핵발전은 연료 매장량이 무한하므로 고갈 우려가 없다.
⑤ 연료 전지는 발전 과정에서 다량의 환경 오염 물질을 배출한다.

588

그림은 발전 방식 A, B, C를 구분하는 과정을 나타낸 것이다. A, B, C는 핵발전, 풍력 발전, 태양광 발전을 순서 없이 나타낸 것이다.

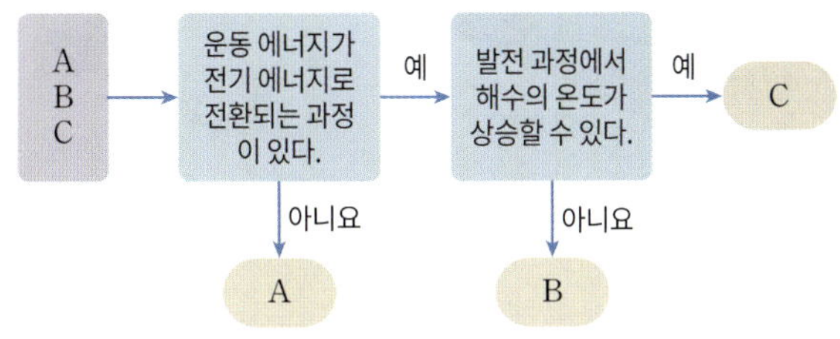

이에 대한 설명으로 옳은 것만을 <보기>에서 있는 대로 고른 것은?

| 보기 |
ㄱ. 우리나라는 B, C보다 A를 통해 얻는 전기 에너지가 더 많다.
ㄴ. B는 날씨에 따라 발전량이 변한다.
ㄷ. B와 C는 건설 지역에 제한이 없다.

① ㄱ   ② ㄴ   ③ ㄱ, ㄴ
④ ㄱ, ㄷ   ⑤ ㄴ, ㄷ

589

다음은 학생이 연료 전지에 대해 조사한 내용이다.

• 연료 전지는 ㉠수소와 산소의 산화 환원 반응을 이용하여 (㉡) 에너지를 전기 에너지로 전환한다.
• (㉢) 등의 장점이 있다.
• 연료 전지를 상용화 하려면 수소의 대량 생산과 저장, 운송 등의 기술적인 문제를 해결해야 한다.

이에 대한 설명으로 옳은 것만을 <보기>에서 있는 대로 고른 것은?

| 보기 |
ㄱ. ㉠ 반응의 결과로 물이 생성된다.
ㄴ. ㉡은 '화학'이다.
ㄷ. '에너지 효율이 높다.'는 ㉢으로 적절하다.

① ㄱ   ② ㄷ   ③ ㄱ, ㄴ
④ ㄴ, ㄷ   ⑤ ㄱ, ㄴ, ㄷ

590

그림 (가)는 세계의 에너지원에 따른 연료 소비 비율을 나타낸 것으로, A, B는 각각 화석 연료와 신재생 에너지 중 하나이다. (나)는 (가)에서 B에 해당하는 에너지 중 하나를 이용한 발전 방식을 나타낸 것이다.

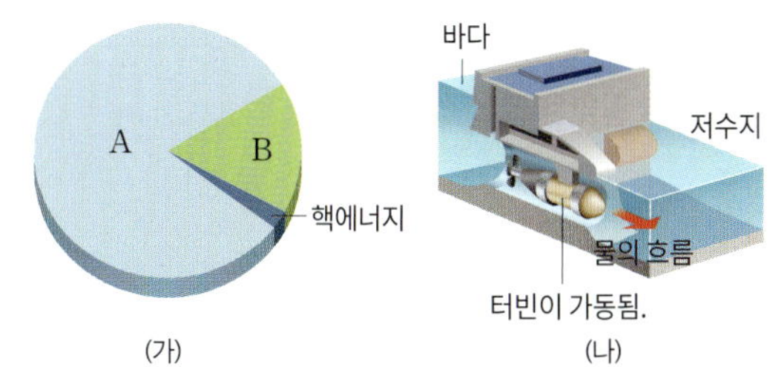

이에 대한 설명으로 옳은 것만을 <보기>에서 있는 대로 고른 것은?

| 보기 |
ㄱ. A는 태양 에너지를 근원으로 하는 에너지원이다.
ㄴ. (나)는 초기 건설 비용이 많이 든다.
ㄷ. 지속가능한 발전과 지구 환경 문제 해결을 위해서는 B의 비율을 늘려야 한다.

① ㄱ   ② ㄴ   ③ ㄱ, ㄷ
④ ㄴ, ㄷ   ⑤ ㄱ, ㄴ, ㄷ

591

다음은 태양에서 일어나는 핵반응에 대한 설명이다.

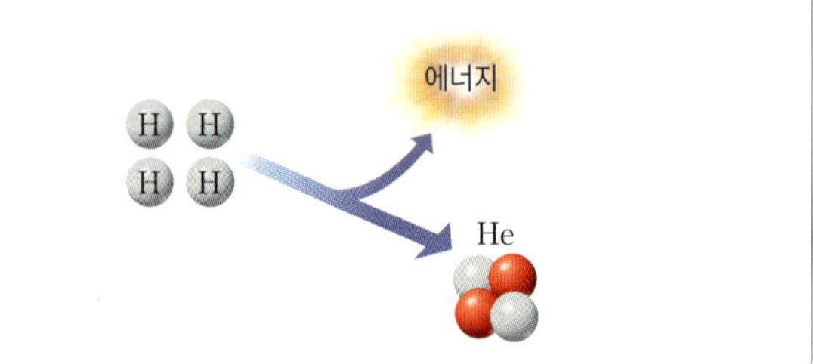

태양 중심부에서는 수소 (㉠) 반응이 일어난다. 이 핵반응 과정에서 물질의 (㉡)이/가 감소하여 에너지가 방출된다.

㉠, ㉡에 들어갈 알맞은 말을 쓰시오.

592

다음은 원자로의 작동 과정을 소개하는 글이다.

원자로에서는 (㉠)의 (㉡) 반응, 즉 (㉠)이/가 중성자를 흡수하여 바륨과 크립톤으로 나뉘면서 방출하는 에너지를 이용한다. 제어봉은 핵반응에서 방출하는 중성자를 흡수하여 핵반응 속도를 조절한다. 이 핵반응 과정에서 (㉢)이/가 줄어들고, 이에 해당하는 에너지를 방출한다.

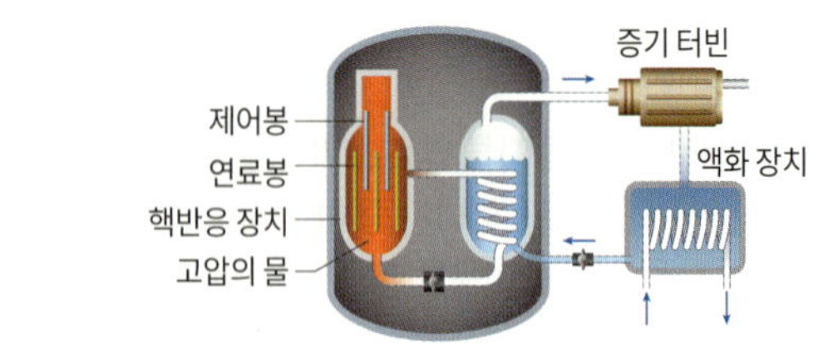

㉠~㉢에 들어갈 알맞은 말을 쓰시오.

593

그림은 고열원에서 Q_1의 열을 흡수하여 저열원으로 Q_2의 열을 방출하는 열기관을 나타낸 것이다. 표는 열기관 A, B, C의 Q_1과 Q_2, 열효율을 나타낸 것이다.

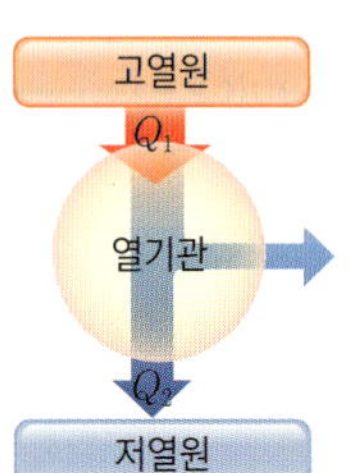

열기관	Q_1(J)	Q_2(J)	열효율
A	100	㉠	0.3
B	㉡	160	0.2
C	200	140	㉢

㉠~㉢에 들어갈 숫자를 쓰시오.

| 594~595 | 그림은 동일한 코일 A, B 사이의 수평면에 놓인 자석이 $+x$ 방향으로 운동하는 모습을 나타낸 것이다. 물음에 답하시오.

594

코일을 통과하는 자기장의 변화를 근거로 하여 A, B에 흐르는 유도 전류의 방향을 각각 설명하시오.

595

자석이 운동하는 동안 자석의 운동 상태가 어떻게 변할지 자석이 코일로부터 받는 힘을 이용하여 설명하시오.

| 596~597 | 그림 (가), (나)는 각각 파력 발전기와 풍력 발전기의 구조를 간단하게 나타낸 것이다. 물음에 답하시오.

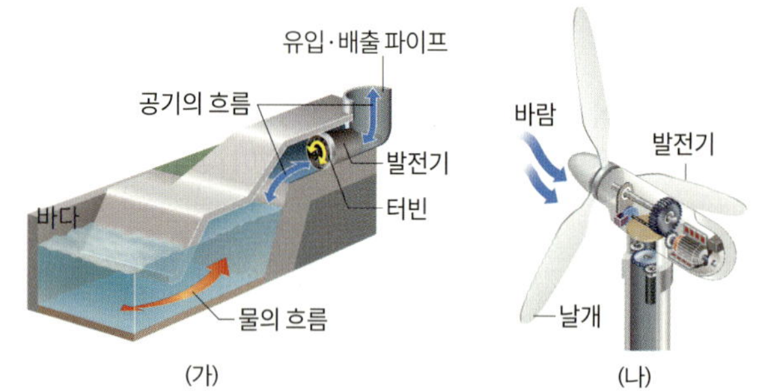

596

에너지원과 관련하여 (가)와 (나)의 공통점을 1가지 쓰시오.

597

발전 과정에서 에너지 전환과 관련하여 (가)와 (나)의 공통점을 1가지 쓰시오.

598

다음은 핵융합 발전에 대한 내용이다.

> 태양에서는 4개의 [A] 원자핵들의 ㉠핵융합 반응으로 1개의 [B] 원자핵이 생성되는 과정에서 에너지를 방출한다. 핵융합을 이용한 발전은 ㉡핵분열을 이용한 발전보다 안정성과 지속성이 높고 방사성 폐기물 발생량이 적어 미래 에너지 기술로 기대되고 있다.

이에 대한 설명으로 옳은 것만을 <보기>에서 있는 대로 고른 것은?

| 보기 |
ㄱ. A 원자핵 4개의 질량은 B 원자핵 1개의 질량과 같다.
ㄴ. ㉠에서 원자 번호가 작은 원자핵이 반응하여 원자 번호가 큰 원자핵이 생성된다.
ㄷ. ㉠에서는 질량이 감소하고 ㉡에서는 질량이 증가한다.

① ㄱ   ② ㄴ   ③ ㄱ, ㄴ
④ ㄱ, ㄷ   ⑤ ㄴ, ㄷ

599

다음은 전자기 유도에 대한 실험이다.

> [실험 과정]
> (가) 그림과 같이 자석의 N극을 아래로 하고, 검류계에 연결된 코일의 중심축을 따라 자석을 일정한 속력으로 코일에 가까이 가져간다.

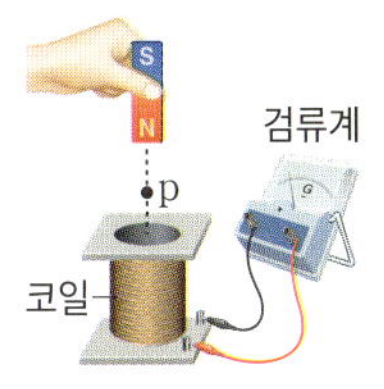

> (나) 자석이 p점을 지나는 순간 검류계 눈금을 관찰한다.
> (다) 자석의 S극을 아래로 하고, 코일의 중심축을 따라 자석을 (가)에서보다 빠른 속력으로 코일에 가까이 가져가면서 (나)를 반복한다.

(나)와 (다)에 대한 설명으로 옳은 것만을 <보기>에서 있는 대로 고른 것은?

| 보기 |
ㄱ. 유도 전류의 세기는 같다.
ㄴ. 자석이 받는 자기력 방향은 같다.
ㄷ. 검류계 바늘은 서로 반대 방향으로 회전한다.

① ㄱ   ② ㄷ   ③ ㄱ, ㄴ
④ ㄱ, ㄷ   ⑤ ㄴ, ㄷ

600

그림은 온도가 T_1인 열원에서 열을 흡수하여 Q의 일을 하고, 온도가 T_2인 열원으로 $4Q$의 열을 방출하는 열기관을 나타낸 것이다.

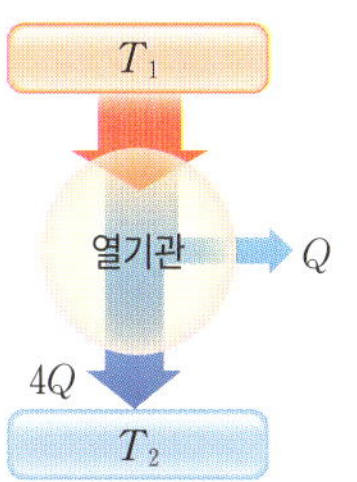

이에 대한 설명으로 옳은 것만을 <보기>에서 있는 대로 고른 것은?

| 보기 |
ㄱ. T_1인 열원에서 흡수한 열은 $5Q$이다.
ㄴ. $T_1 > T_2$이다.
ㄷ. 열효율은 0.25이다.

① ㄱ   ② ㄴ   ③ ㄷ
④ ㄱ, ㄴ   ⑤ ㄱ, ㄷ

601

그림은 세 가지 발전 방식을 분류한 것이다. A, B는 각각 풍력 발전과 연료 전지 중 하나이다.

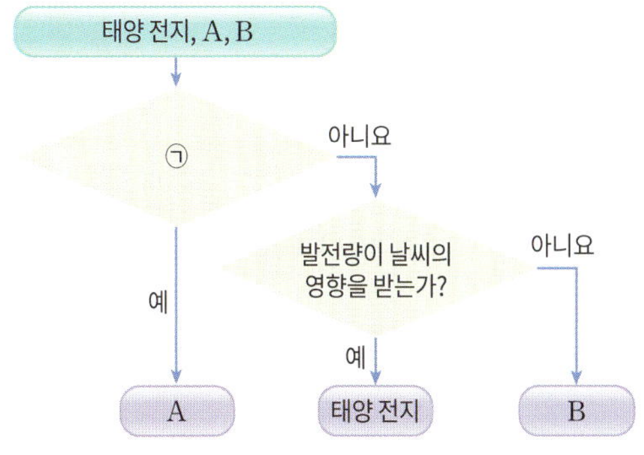

이에 대한 설명으로 옳은 것만을 <보기>에서 있는 대로 고른 것은?

| 보기 |
ㄱ. '전자기 유도를 이용하는가?'는 ㉠으로 적절하다.
ㄴ. A에서는 발전 과정에서 물이 생성된다.
ㄷ. B는 수소와 산소의 산화 환원 반응을 이용한다.

① ㄱ   ② ㄴ   ③ ㄱ, ㄷ
④ ㄴ, ㄷ   ⑤ ㄱ, ㄴ, ㄷ

천재가 된 화가, 살바도르 달리

살바도르 달리는 '기억의 지속'이라는 작품으로 널리 알려진 스페인의 초현실주의 화가입니다. 달리는 자신의 독특한 생각을 담은 작품 세계를 구축하며 유명해졌습니다. 달리의 외모 또한 매우 독특했는데요, 끝이 동그랗게 말려 올라간 가느다란 수염이 그의 대표적인 이미지였습니다.

달리는 스페인 마드리드 왕립미술학교에 입학하여 성모 마리아 조각상을 그대로 묘사하라는 학교 과제에 저울을 그려 제출했습니다. 이렇게 계속되는 기행으로 학교에서 퇴학을 당했지만, 그의 특이한 그림 그리기는 계속되었습니다. 더욱 독특하게 그림을 그리고, 강연을 하고, 글을 쓰고, 영화까지 만들었습니다.

달리는 남과 다른 자신을 세상에 자랑스럽게 드러냈습니다. 그가 천재적인 예술가로 평가받는 것도 다르게 표현할 수 있는 용기가 있었기 때문입니다. 아무리 놀라운 재능을 가졌다 해도 사람들의 한마디에 주저앉는다면 결코 그 재능은 빛을 볼 수 없습니다.

"용기 없는 지성은 날개 없는 새와 같다."
달리가 남긴 명언입니다.

III

과학과 미래 사회

학습하기 전 꼭 알아야 할 핵심 개념이 무엇인지 확인하고, 어려운 개념은 ☑ 표시해 놓고 반복 학습하세요.

13 과학의 유용성과 빅데이터의 활용

- ☐ 감염병의 진단과 추적
- ☐ 미래 사회 문제와 과학의 필요성
- ☐ 빅데이터의 활용

14 과학기술의 발전과 윤리

- ☐ 인공지능 로봇과 사물 인터넷
- ☐ 과학기술 발전의 유용성과 한계
- ☐ 과학 관련 사회적 쟁점(SSI)
- ☐ 과학 윤리

13 과학의 유용성과 빅데이터의 활용

1 과학의 유용성과 필요성

1 과학의 유용성 과학은 <u>감염병</u>을 진단하거나 추적 및 관리하는 데 유용하게 이용된다. └ 세균, 바이러스 등과 같은 병원체가 체내에 침입하여 증식하면서 발생하는 질병이다.

① 감염병의 진단

신속항원검사	중합효소연쇄반응(PCR) 검사
병원체의 단백질을 검출하여 감염 여부를 확인하는 검사로, 인체의 방어 작용과 관련된 과학 원리가 활용된다.	병원체의 핵산을 여러 차례 증폭(복제)하여 감염 여부를 확인하는 검사로, DNA 복제와 관련된 과학 원리가 활용된다.

➡ 진단 속도는 신속항원검사가 중합효소연쇄반응(PCR) 검사보다 빠르지만, 정확도는 중합효소연쇄반응(PCR) 검사가 신속항원검사보다 높다.

꼭 나오는 탐구 단백질과 핵산을 이용한 감염병 진단 기술

탐구 ❶ 단백질을 이용한 감염병 진단 기술

[과정]
4홈판의 홈 1~4에 아래 표와 같이 시료와 시약을 순서대로 5분 간격으로 넣고 색 변화를 관찰한다.

홈	포획 항체	진단 시료	검출 시약	진단 반응물
1	2방울	감염병 음성 시료 2방울	2방울	2방울
2	2방울	감염병 양성 시료 2방울	2방울	2방울
3	2방울	사람 1의 시료 2방울	2방울	2방울
4	2방울	사람 2의 시료 2방울	2방울	2방울

[결과 및 정리]

홈	1	2	3	4
색 변화	변화 없음.	붉은색	붉은색	변화 없음.

➡ 감염병 양성 시료를 넣은 홈 2에서와 같이 붉은색으로 변한 홈 3의 사람 1이 감염병에 걸린 사람이다.

탐구 ❷ 핵산을 이용한 감염병 진단 기술

[과정]
사람 1과 2의 시료에서 핵산을 추출한 뒤 중합효소연쇄반응(PCR)으로 병원체의 핵산만 증폭시켜 병원체의 핵산의 양 변화를 확인한다.

[결과 및 정리]

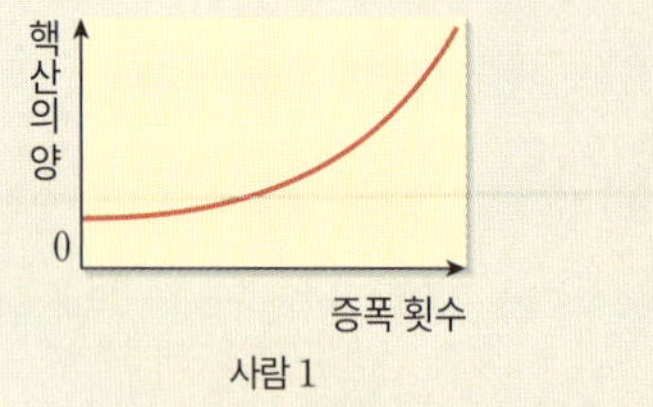

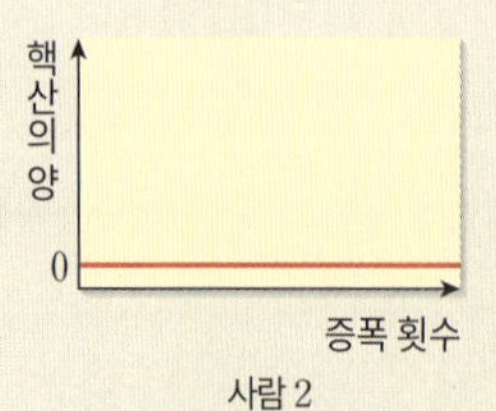

➡ 병원체의 핵산의 양이 늘어난 사람 1이 감염병에 걸린 사람이다.

필수 유형 감염병 진단 결과를 바탕으로 감염병의 감염 여부를 묻는 문제가 자주 출제된다. 🔗 146쪽 616번

---

② 감염병의 추적 및 관리
- 스마트 기기에 내장된 위성 위치 확인 시스템(GPS), 와이파이(WiFi) 등을 활용하여 환자의 정보를 수집하고 공유한다.
- 감염병의 특성을 파악하고 확산을 예측하기 위해 인공지능, 빅데이터 기술 등이 활용된다.

2 과학의 필요성 과학은 미래 사회에 나타날 수 있는 여러 가지 문제를 해결하고, 미래 세대의 지속가능한 삶을 위해 필요하다.

미래 사회의 문제	과학을 활용한 문제 해결 방안
화석 연료 고갈로 인한 에너지 부족	신재생 에너지 개발
지구 온난화로 인한 기후 변화	탄소 저감 기술 개발
교통 혼잡으로 인한 생활 안전 문제	자율주행 기술을 이용한 교통흐름 최적화 방안 연구
해양 쓰레기 증가로 인한 환경 오염	해양 쓰레기 자원화 기술 개발, 침적 쓰레기 수거 기술 개발

└ 물 밑에 가라앉아 쌓인 쓰레기이다.

2 빅데이터의 활용

1 빅데이터 매우 많은 양의 데이터를 의미하며, 데이터의 양이 많을수록 예측이 정확해진다. 빅데이터를 저장하고 분석할 때 슈퍼 컴퓨터와 인공지능을 이용한다.

2 과학기술 사회에서 빅데이터의 활용 사례

활용되는 빅데이터	효과
여러 연구자가 실험한 대량의 연구 자료	수집된 빅데이터를 바탕으로 개별 연구자의 연구 범위가 확대되고, 연구 결과의 정확성을 높일 수 있다.
인공위성과 다양한 관측소에서 수집한 대량의 기상 관련 자료	일기예보의 정확도를 높이고, 장기간의 기후 변화를 예측할 수 있다.
다양한 생물의 유전체 연구 자료	개인에게 발생 가능한 질병을 예측하고, 난치병 치료 및 유전적 특성 맞춤형 의료 서비스를 제공할 수 있다.
여러 사람의 교통 카드 사용 내역을 통해 수집한 자료	새로운 대중교통 노선을 개발하고, 대중교통의 배차 시간을 효율적으로 조정할 수 있다.

3 빅데이터 활용의 장단점
① 장점: 빅데이터를 분석하면 복잡한 문제를 빠르게 해결할 수 있고, 앞으로 일어날 문제를 예측해 이를 해결할 수 있게 도와주며, 개인의 성향에 맞게 결정을 내리는 데 도움을 준다.
② 단점: 신뢰성이 낮고 부정확한 정보 수집으로 잘못된 예측 결과를 얻을 수 있고, 데이터를 수집·분석·관리할 때 개인 정보가 유출될 수 있다. 문제점을 최소화하기 위해 노력하고, 빅데이터를 올바르게 활용하는 방안을 찾아 실천해야 한다.

개념 확인 문제

602 다음은 과학의 유용성에 대한 설명이다. (   ) 안에 공통으로 들어갈 알맞은 말을 쓰시오.

> (   )은/는 세균, 바이러스 등과 같은 병원체가 체내에 침입하여 증식하면서 발생하는 질병으로, 과학은 (   )을/를 진단하거나 추적 및 관리하는 데 유용하게 이용된다.

| **603~605** | 감염병의 진단과 추적 및 관리에 과학이 활용되는 사례에 대한 설명으로 옳은 것은 ○표, 옳지 <u>않은</u> 것은 ×표 하시오.

603 신속항원검사는 병원체의 핵산을 검출하여 감염 여부를 확인하는 검사이다. (   )

604 중합효소연쇄반응(PCR) 검사에는 인체의 방어 작용과 관련된 과학 원리가 활용된다. (   )

605 감염병의 특성을 파악하고 확산을 예측하기 위해 인공지능이 활용될 수 있다. (   )

606 다음은 과학의 필요성에 대한 설명이다. (   ) 안에 들어갈 알맞은 말을 고르시오.

> 과학은 미래 사회에 나타날 수 있는 여러 가지 문제를 ㉠(악화, 해결)하기 위해 필요하다. 예를 들어 화석 연료로 인한 에너지 부족 문제는 ㉡(신재생 에너지 개발, 탄소 저감 기술 개발)로 해결할 수 있다.

| **607~612** | 빅데이터의 활용에 대한 설명으로 옳은 것은 ○표, 옳지 <u>않은</u> 것은 ×표 하시오.

607 빅데이터는 매우 많은 양의 데이터를 의미하며, 데이터의 양이 많을수록 예측이 정확해진다. (   )

608 빅데이터는 전문 분야에서만 활용되고 일상생활에서 다양하게 활용될 수 없다. (   )

609 일기예보에 대량의 기상 관련 자료가 활용될 수 있다. (   )

610 다양한 생물의 유전체 연구 자료는 개인에게 발생 가능한 질병을 예측하는 데 활용될 수 있다. (   )

611 빅데이터는 앞으로 일어날 문제를 예측해 이를 해결할 수 있게 도와준다. (   )

612 빅데이터를 수집·분석·관리할 때 개인 정보가 유출될 수 있다. (   )

학교 시험에서 출제율이 70% 이상인 문제들을 엄선하여 수록했습니다.

1 과학의 유용성과 필요성

613

다음은 감염병에 대한 자료이다.

> • 감염병은 세균이나 바이러스 등과 같은 (㉠)이/가 체내에 침입하여 증식하면서 발생하는 질병이다.
> • 표는 (㉠)을/를 구성하는 물질 A와 B의 기본 단위체를 나타낸 것이다. A와 B는 핵산과 단백질을 순서없이 나타낸 것이다.

물질	단위체
A	아미노산
B	뉴클레오타이드

이에 대한 설명으로 옳은 것만을 <보기>에서 있는 대로 고른 것은?

| 보기 |
> ㄱ. '병원체'는 ㉠에 해당한다.
> ㄴ. A를 검출하여 감염병을 진단하는 기술에는 인체의 방어 작용과 관련된 과학 원리가 활용된다.
> ㄷ. 중합효소연쇄반응(PCR) 검사에서는 B를 증폭하여 감염병의 감염 여부를 진단한다.

① ㄱ   ② ㄷ   ③ ㄱ, ㄴ
④ ㄴ, ㄷ   ⑤ ㄱ, ㄴ, ㄷ

614

감염병의 추적 및 관리에 대한 설명으로 옳은 것만을 <보기>에서 있는 대로 고른 것은?

| 보기 |
> ㄱ. 스마트 기기를 활용하여 환자의 정보를 수집할 수 있다.
> ㄴ. 감염병을 추적하고 관리하는 데 과학이 유용하게 이용되고 있다.
> ㄷ. 과학기술을 활용하면 감염병의 특성을 파악하고 확산을 예측할 수 있다.

① ㄱ   ② ㄷ   ③ ㄱ, ㄴ
④ ㄴ, ㄷ   ⑤ ㄱ, ㄴ, ㄷ

615

다음 (가)~(다)는 미래 사회에 나타날 수 있는 문제에 대한 자료이다.

> (가) 인구 감소로 노동력이 부족해지고 있다.
> (나) 화석 연료는 머지않아 고갈될 가능성이 높다.
> (다) 초연결 사회에서 개인의 사생활 침해 문제가 나타난다.

(가)~(다)를 해결하기 위해 과학을 활용한 문제 해결 방안으로 적절한 것만을 <보기>에서 있는 대로 고른 것은?

| 보기 |
> ㄱ. (가)를 해결하기 위해 로봇을 활용한 공장의 자동화 시스템을 활용할 수 있다.
> ㄴ. (나)를 해결하기 위해 자율주행 기술을 활용할 수 있다.
> ㄷ. (다)를 해결하기 위해 생체 인증 보안 기술을 활용할 수 있다.

① ㄱ ② ㄴ ③ ㄱ, ㄴ
④ ㄱ, ㄷ ⑤ ㄴ, ㄷ

616 필수 유형 🔗 144쪽 꼭 나오는 탐구

다음은 감염병 진단 기술을 체험하는 실험이다.

[진단 과정]
(가) 4홈판의 홈 1~3에 각각 포획 항체를 넣은 뒤 다음과 같이 진단 시료를 넣는다.

홈	1	2	3
진단 시료	감염병 음성 시료	㉠	사람 1의 시료

(나) (가)의 각 홈에 검출 시약, 진단 반응물을 순서대로 넣고 색 변화를 관찰한다.

[진단 결과 및 결론]

홈	1	2	3
색 변화	변화 없음.	붉은색	붉은색

• 사람 1은 감염병 (㉡)(으)로 진단한다. ㉡은 '양성'과 '음성' 중 하나이다.

이에 대한 설명으로 옳은 것만을 <보기>에서 있는 대로 고른 것은?

| 보기 |
> ㄱ. '감염병 양성 시료'는 ㉠에 해당한다.
> ㄴ. ㉡은 '음성'이다.
> ㄷ. 홈 2와 3에서 색 변화가 나타난 까닭은 시료에 들어 있는 핵산의 양이 증가했기 때문이다.

① ㄱ ② ㄷ ③ ㄱ, ㄴ
④ ㄱ, ㄷ ⑤ ㄴ, ㄷ

2 빅데이터의 활용

617

빅데이터에 대한 설명으로 옳은 것만을 <보기>에서 있는 대로 고른 것은?

| 보기 |
> ㄱ. 매우 많은 양의 데이터를 의미한다.
> ㄴ. 데이터의 양이 많을수록 예측이 정확해진다.
> ㄷ. 복잡한 문제를 빠르게 해결할 수 있게 해 준다.

① ㄱ ② ㄷ ③ ㄱ, ㄴ
④ ㄴ, ㄷ ⑤ ㄱ, ㄴ, ㄷ

618

그림 (가)~(다)는 빅데이터를 나타낸 것이다.

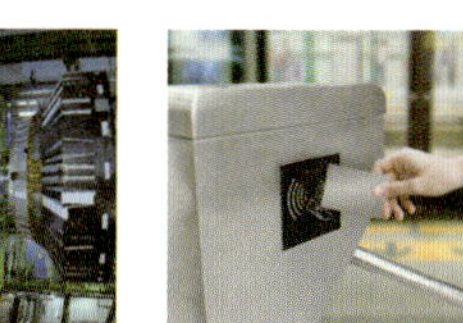

(가) 다양한 생물의 유전체 연구 자료 (나) 여러 연구자가 실험한 대량의 연구 자료 (다) 여러 사람의 교통 카드 사용 내역을 통해 수집한 자료

이에 대한 설명으로 옳은 것만을 <보기>에서 있는 대로 고른 것은?

| 보기 |
> ㄱ. (가)를 활용하면 개인별 맞춤형 의료 서비스가 가능해진다.
> ㄴ. (나)를 활용하면 연구자들의 개별 연구 범위가 제한된다.
> ㄷ. (다)를 활용하면 새로운 대중교통 노선을 개발할 수 있다.

① ㄱ ② ㄴ ③ ㄱ, ㄷ
④ ㄴ, ㄷ ⑤ ㄱ, ㄴ, ㄷ

619 서술형

빅데이터 활용의 장점과 단점을 각각 1가지씩만 설명하시오.

620

표는 미래 사회에 나타날 수 있는 문제 (가)를 해결하는 데 활용할 수 있는 과학기술과 예상 효과를 나타낸 것이다.

과학기술	예상 효과
㉠	버려진 어망을 효과적으로 회수할 수 있다.
생분해성 플라스틱 어망 개발	어망에 걸려 죽는 해양 동물의 개체수가 감소한다.

이에 대한 설명으로 옳은 것만을 <보기>에서 있는 대로 고른 것은?

| 보기 |
ㄱ. '해양 동물이 버려진 어망에 걸려 죽는 사례가 늘어난다.'는 (가)에 해당한다.
ㄴ. ㉠에는 버려진 어망의 위치를 효과적으로 탐색할 수 있는 기능이 포함된다.
ㄷ. 생분해성 플라스틱 어망을 개발하면 어망 폐기물을 수거하는 비용이 늘어날 것이다.

① ㄱ　　　　② ㄷ　　　　③ ㄱ, ㄴ
④ ㄴ, ㄷ　　　⑤ ㄱ, ㄴ, ㄷ

621

다음은 사람들이 활용한 빅데이터 (가)~(다)에 대한 설명이다.

(가) 지역별 감염병 백신 접종 현황 정보
(나) 신용 카드 이용 정보
(다) 지역별 인구 현황과 감염병 환자를 위한 병상 수

감염병이 유행하는 시기에 (가)~(다)로부터 추론해 낸 정보로 옳은 것만을 <보기>에서 있는 대로 고른 것은?

| 보기 |
ㄱ. (가)에서 백신 접종 비율이 낮은 지역이 감염병에 취약할 것이다.
ㄴ. (나)에서 카드 이용이 많은 지역은 사람들이 많이 모이는 곳이므로 감염병이 퍼지기 어려울 것이다.
ㄷ. (다)로부터 지역별 병상당 인구수를 계산하여 병상을 추가 지원해야 할 곳을 정할 수 있다.

① ㄱ　　　　② ㄴ　　　　③ ㄱ, ㄷ
④ ㄴ, ㄷ　　　⑤ ㄱ, ㄴ, ㄷ

622

다음은 감염병 진단 기술을 체험하는 실험이다.

[진단 과정]
(가) 사람 1과 2로부터 시료를 채취한다.
(나) 시료에서 병원체의 (㉠)을/를 추출한다. ㉠은 핵산과 단백질 중 하나이다.
(다) (㉠)을/를 중합효소연쇄반응(PCR) 장치에 넣어 여러 차례 증폭시킨다.

[진단 결과 및 결론]
증폭 횟수에 따른 ㉠의 양 변화는 다음과 같으며 사람 1은 감염병 양성이고 사람 2는 감염병 음성이다.

검사 대상자	사람 1		사람 2	
증폭 횟수	1	30	1	30
㉠의 양	a	b	c	d

이에 대한 설명으로 옳은 것만을 <보기>에서 있는 대로 고른 것은?

| 보기 |
ㄱ. '핵산'은 ㉠에 해당한다.
ㄴ. 인체의 면역 기능을 통한 방어 작용의 원리를 이용한 진단 기술이다.
ㄷ. $\dfrac{b}{a} > \dfrac{d}{c}$ 이다.

① ㄱ　　　　② ㄷ　　　　③ ㄱ, ㄴ
④ ㄱ, ㄷ　　　⑤ ㄴ, ㄷ

✏️ 서술형 문제

623

다음은 단백질과 핵산을 이용한 감염병 진단 기술 (가)와 (나)를 나타낸 것이다. (가)와 (나)에 활용되는 과학 원리를 각각 설명하시오.

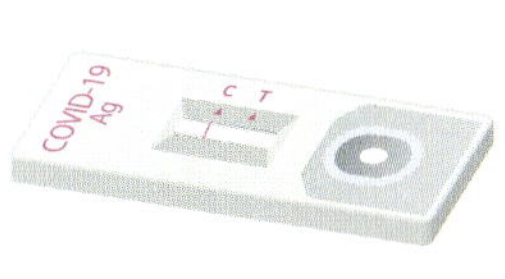

(가) 단백질을 이용한 감염병 진단 기술　　(나) 핵산을 이용한 감염병 진단 기술

14 과학기술의 발전과 윤리

1 과학기술의 발전과 한계

1 과학기술의 발전과 우리의 삶 데이터에 기반을 둔 인공지능 로봇, 사물 인터넷 등의 과학기술의 발달은 우리의 삶을 크게 변화시키고 있다. 인간의 지능을 모방하여 문제를 해결하고, 학습하며, 적응하는 시스템을 만드는 기술이다.

① 인공지능 로봇: 센서로 데이터를 수집하여 주변 상황을 인식한 후, 인공지능 기술을 활용해 상황을 스스로 판단하며 자율적으로 움직이는 로봇이다.

➜ 사람이 하는 일을 돕거나 위험한 상황에서 사람들을 안전하게 지키기도 한다.

- 자율 주행 자동차: 센서로 도로의 상태나 교통 상황을 감지하고 이를 인공지능으로 처리해 사람이 움직이지 않고 목적지로 갈 수 있게 해준다.

- 서빙 로봇: 센서로 공간 구조를 감지하여 주문한 곳의 위치를 파악해 자율 주행으로 음식을 나른다. 사람이 하는 일을 돕는다.

- 청소 로봇: 센서로 공간 구조를 감지한 후 스스로 청소 경로를 설정해 바닥을 청소한다. 사람이 하는 일을 돕는다.

② 사물 인터넷(IoT): 각종 사물에 센서와 통신 기능을 내장하고 인터넷에 연결하여 실시간으로 얻은 정보를 전송하고, 활용하는 기술이다.

➜ 스마트 기기나 음성 인식 기능 등을 통해 원격으로 전자 기기를 조정할 수 있다.

사물 인터넷을 이용해 아래 모든 정보가 내 손 안의 스마트폰 안에서 공유되고 그에 따른 조치를 원격으로 제어할 수 있는 환경이 조성되었다.

꼭 나오는 자료 — 사물 인터넷 기술의 활용 사례

❶ 스마트 홈: 집 안의 조명, 온도, 보안 잠금 등의 정보를 실시간으로 수집하고, 원격으로 조절할 수 있다.
❷ 스마트팜: 온도, 습도, 토양의 질, 작물의 생장 등을 실시간으로 파악하여 자동으로 물과 영양분을 공급할 수 있다.
❸ 스마트 의료(병원): 원격으로 환자를 진료하고, 환자의 정보를 실시간으로 수집하여 응급 상황 발생 시 병원에 즉시 연락해 신속하게 조치할 수 있다.
❹ 스마트 공장: 공장에서는 생산량을 효율적으로 조절하고, 사고가 발생할 때 실시간으로 대처할 수 있다.
❺ 스마트 교통: 교통 정보를 실시간으로 수집하거나 주차장의 빈자리 정보를 쉽게 찾을 수 있다.
➜ 이밖에 스마트 물류, 스마트 도시 등 다양한 분야에서 활용되어 우리 삶을 한층 더 편리하게 만들어 주고 있다.

필수 유형 다양한 스마트 환경에 대한 이해와 실제 적용 사례에 대한 문제가 출제된다. 149쪽 636번

2 과학기술 발전의 유용성과 한계

2 과학기술 발전의 유용성과 한계 과학기술의 발전은 여러 방면에 유용하기도 하지만, 한계와 문제점도 있어 양면성을 띠고 있다. 관련 법률과 윤리적 지침이 필요하고, 건전한 가치 판단에 따라 책임 있게 과학기술을 이용해야 한다.

발전한 기술	유용성	한계점
인공지능 기술	산업 생산성이 증가하고, 새로운 창작물을 통한 문화 지식이 증가함.	일자리가 사라지고, 인공지능 창작물의 지식 재산권 문제가 발생함.
정보 통신 기술	시공간의 제약 없이 소통이 가능하고, 필요한 정보를 빠르고 쉽게 활용함.	허위 사실 유포 문제가 발생하고, 개인 사생활 침해 및 개인 정보가 유출됨.
자율 주행 기술	운전 편의성이 높아지고, 운전이 어려운 사람의 이동권이 보장되며, 운전자 부주의에 의한 사고 비율이 감소함.	해킹의 위험성이 있고, 사고 상황에서 운전자와 보행자 중 누구를 보호하게 설정할지 논란이 발생함.

2 과학 관련 사회적 쟁점과 과학 윤리

1 과학 관련 사회적 쟁점(SSI, Socio-Scientific Issues) 과학기술의 발전 과정에서 발생하는 사회적·윤리적 문제들로, 각 쟁점에 대한 과학적 이해를 바탕으로 다양한 관점을 이해하고 충분히 협의한 후 합리적인 의사 결정을 해야 한다.

쟁점 사례	의견 1	의견 2
생성형 인공지능을 활용한 창작물의 지식 재산권	생성형 인공지능에 명령어를 입력한 이용자의 지식 재산권을 인정함.	비슷한 명령어를 사용하면 비슷한 결과물을 얻으므로 지식 재산권 인정이 어려움.
유전자 변형 농산물 사용	식량 부족 문제 개선이 가능함.	부작용에 대한 충분한 검증이 부족함.
극지방 개발	국가 간 이동 거리 단축으로 연료 소비 감소 가능함.	극지방이 훼손될 수 있고, 빙하가 녹으면 해수면 상승함.

2 과학 윤리의 중요성

① 과학 윤리: 과학 연구를 수행하거나 과학기술을 이용하면서 지켜야 할 윤리적 원칙과 기준을 의미한다.

정직성과 개방성	연구 절차와 결과를 조작하거나 거짓으로 만들어 내지 않는다. 또 학문 발전을 위해 연구 내용을 공개한다.
지식 재산권 존중	다른 과학자의 연구 결과를 함부로 사용하지 않는다.
사회적 책임	사회에 악영향을 미치는 연구는 피하고 공공의 이익을 위해 노력한다.
실험 대상에 대한 존중	실험 대상을 윤리적으로 대하며 실험 대상의 생명과 존엄성을 존중한다.
상호 존중	함께 연구하는 동료들을 존중하고 연구 참여자들의 성과를 공정하게 나눈다.

② 과학 윤리의 중요성: 과학기술을 올바르게 활용하기 위해 과학 연구 윤리를 바탕으로 건전하고 책임감 있는 가치 판단을 통해 과학기술을 연구하고 활용해야 한다.

개념 확인 문제

| 624~625 | 다음은 과학기술의 발전에 대한 설명이다. (　　) 안에 들어갈 알맞은 말을 쓰시오.

624 (　　　　)은/는 센서로 데이터를 수집하여 주변 상황을 인식한 후, 인공지능 기술을 활용해 상황을 스스로 판단하며 자율적으로 움직이는 로봇이다.

625 각종 사물에 센서와 통신 기능을 내장하고 인터넷에 연결하여 실시간으로 얻은 정보를 전송하고, 활용하는 기술을 (　　　　)(이)라고 한다.

| 626~629 | 과학기술 발전의 유용성과 한계에 대한 설명으로 옳은 것은 ○표, 옳지 <u>않은</u> 것은 ✕표 하시오.

626 인공지능 기술의 발전을 통해 산업 생산성이 높아지면 일자리는 사라지지 않는다. (　　　　)

627 정보 통신 기술의 발전으로 시공간의 제약 없이 소통이 가능하다. (　　　　)

628 정보 통신 기술의 발전으로 개인 사생활 침해 및 개인 정보 유출의 문제가 발생할 수 있다. (　　　　)

629 자율 주행 기술이 발전하면 운전 편의성이 낮아진다. (　　　　)

| 630~631 | 다음은 과학 관련 사회적 쟁점과 과학 윤리에 대한 설명이다. (　　) 안에 들어갈 알맞은 말을 쓰시오.

630 과학기술의 발전 과정에서 발생하는 사회적·윤리적 문제들을 (　　　　　)(SSI)(이)라고 한다.

631 과학 연구를 수행하거나 과학기술을 이용할 때 지켜야 할 윤리적 원칙이나 기준을 (　　　)(이)라고 한다.

| 632~634 | 과학 관련 사회적 쟁점과 과학 윤리에 대한 설명으로 옳은 것은 ○표, 옳지 <u>않은</u> 것은 ✕표 하시오.

632 과학 관련 사회적 쟁점에 대해 토의할 때 1가지 의견만 주장해야 한다. (　　　　)

633 '다른 연구자의 연구 결과를 함부로 사용하지 않는다.'는 것은 과학 윤리 중 '상호 존중'에 해당한다. (　　　　)

634 '연구 절차와 결과를 조작하거나 거짓으로 만들어 내지 않는다.'는 것은 과학 윤리 중 '정직성'에 해당한다. (　　　　)

기출 분석 문제

❶ 과학기술의 발전과 한계

635

인공지능 로봇에 대한 설명으로 옳은 것만을 <보기>에서 있는 대로 고른 것은?

| 보기 |
ㄱ. 센서로 주변 환경의 데이터를 수집한다.
ㄴ. 인간과 상호작용 하여 작업을 보조할 수 있다.
ㄷ. 입력된 정보에 따라 수동적으로 작업을 수행한다.

① ㄱ　　　　② ㄷ　　　　③ ㄱ, ㄴ
④ ㄴ, ㄷ　　　⑤ ㄱ, ㄴ, ㄷ

636 필수 유형　🔗 148쪽 꼭 나오는 자료

다음은 사물 인터넷 기술의 활용 사례에 대한 세 학생의 대화이다.

제시한 의견이 옳은 학생만을 있는 대로 고른 것은?

① A　　　　② C　　　　③ A, B
④ B, C　　　⑤ A, B, C

637

다음은 과학기술 발전의 유용성에 대한 설명이다.

> ㉠ 인공지능 기술의 발전으로 산업 생산성이 높아지고, ㉡ 정보 통신 기술의 발전으로 필요한 정보를 빠르고 쉽게 활용하며, ㉢ 자율 주행 기술의 발전으로 운전자 부주의에 의한 사고 발생 비율이 감소한다.

이에 대한 설명으로 옳은 것만을 <보기>에서 있는 대로 고른 것은?

> ┤ 보기 ├
> ㄱ. ㉠의 발전으로 만들어진 창작물은 지식 재산권과 관련하여 과학 관련 사회적 쟁점이 발생할 수 있다.
> ㄴ. ㉡의 발전으로 개인 사생활 침해 및 개인 정보 유출의 문제가 발생하지 않는다.
> ㄷ. ㉢의 발전으로 해킹의 위험성이 낮아진다.

① ㄱ   ② ㄴ   ③ ㄱ, ㄴ
④ ㄱ, ㄷ   ⑤ ㄴ, ㄷ

---

2 과학 관련 사회적 쟁점과 과학 윤리

638

다음은 과학 관련 사회적 쟁점(SSI)의 예이다.

> (가) 유전자 변형 농산물 사용
> (나) 극지방 개발

이에 대한 설명으로 옳은 것만을 <보기>에서 있는 대로 고른 것은?

> ┤ 보기 ├
> ㄱ. (가)를 찬성하는 입장은 부작용에 대한 충분한 검증을 근거로 제시한다.
> ㄴ. (나)를 반대하는 입장은 극지방이 훼손된다는 점을 근거로 제시한다.
> ㄷ. (가)와 (나) 같은 과학 관련 사회적 쟁점을 해결하기 위해서는 상대방의 의견을 경청하는 것이 중요하다.

① ㄱ   ② ㄷ   ③ ㄱ, ㄴ
④ ㄴ, ㄷ   ⑤ ㄱ, ㄴ, ㄷ

---

639 서술형

다음은 연구 윤리와 관련 있는 사례에 대한 자료이다.

> 과학자 A는 연구 과정에서 유명 학술지를 검색하던 중 자신이 몇 년 전에 발표한 논문의 내용이 연구팀 B의 논문에 그대로 실린 것을 발견했다. 이에 과학자 A는 연구팀 B의 해당 논문 철회를 요청했고, 연구팀 B의 책임자는 법적 처벌과 함께 향후 3년 동안 해당 학술지에 연구 논문을 실을 수 없게 되었다.

연구팀 B에 속한 과학자들에게 부족했던 과학자의 연구 윤리는 무엇인지 설명하시오.

640

다음은 우주 발사체와 인공위성과 관련된 기사이다.

> 인류는 1957년 스푸트니크 위성을 시작으로 수많은 인공위성을 우주로 쏘아올렸다. 한국도 2022년 국내 최초 달 탐사선인 다누리 발사까지 성공리에 마쳤다.
> 하지만 그만큼 우주 쓰레기도 넘쳐나고 있다. 현재 지구 궤도를 돌고 있는 인공위성은 약 5000개인데, 이 중 절반은 작동하지 않는다는 추정도 있다. 작동이 멈춘 인공위성들은 여전히 빠른 속도로 궤도를 돌면서 다른 인공위성과 충돌하기도 하며, 충돌 후 생겨난 조각들은 다른 인공위성에 위협이 되기도 한다.

이와 관련하여 과학 관련 사회적 쟁점(SSI)의 사례로 옳은 것만을 <보기>에서 있는 대로 고른 것은?

> ┤ 보기 ├
> ㄱ. 폐기된 인공위성의 처리는 어떻게 해야 히는가?
> ㄴ. 인공위성은 어떤 원리를 이용해 우주로 발사되는가?
> ㄷ. 인공위성 개발국과 미개발국 간의 정보 격차 해소를 위한 정보 공유의 수준은 어떻게 해야 하는가?

① ㄱ   ② ㄴ   ③ ㄱ, ㄷ
④ ㄴ, ㄷ   ⑤ ㄱ, ㄴ, ㄷ

1등급 완성 문제

학교 시험 빈출 문제 중 내신 1등급을 결정하는 고난도 문제들을 수록했습니다.

641

다음은 인공지능 로봇으로 활용되고 있는 음식점의 서빙 로봇에 대한 자료이다.

> [특징]
> 센서로 공간 구조를 감지하고 주문한 곳의 위치를 파악하여 (　㉠　)(으)로 음식을 나른다.
>
> [불편한 점]
> • 손님과 상호 소통할 수 있는 기능이 없다.
> • 손님이 음식을 직접 내려야 한다.

이에 대한 설명으로 옳은 것만을 <보기>에서 있는 대로 고른 것은?

> | 보기 |
> ㄱ. 서빙 로봇은 정해진 경로로만 이동한다.
> ㄴ. '자율 주행'은 ㉠에 해당한다.
> ㄷ. 손님과 소통할 수 있도록 사람의 언어, 행동을 학습시켜 더욱 개선시킬 수 있다.

① ㄱ　　　② ㄷ　　　③ ㄱ, ㄴ
④ ㄴ, ㄷ　　　⑤ ㄱ, ㄴ, ㄷ

642

그림은 사물 인터넷을 활용한 스마트팜을 나타낸 것이다.

이에 대한 설명으로 옳은 것만을 <보기>에서 있는 대로 고른 것은?

> | 보기 |
> ㄱ. 자동으로 물과 영양분을 공급할 수 있다.
> ㄴ. 온도, 습도, 토양의 질, 작물의 생장 등을 실시간으로 파악할 수 있다.
> ㄷ. 이 기술은 첨단 연구소와 같이 제한된 공산에서만 작동하는 기술이다.

① ㄱ　　　② ㄷ　　　③ ㄱ, ㄴ
④ ㄴ, ㄷ　　　⑤ ㄱ, ㄴ, ㄷ

643

다음은 자율 주행 자동차에 대한 자료이다.

> 자율 주행 자동차는 사물 인터넷과 인공지능 로봇 기술의 집약체이다. 운전자가 특별한 의도를 가지고 개입하지 않더라도 자체 내장된 센서와 네트워크 환경에 접속되어 스스로 주변 환경과 교통 상황 등을 인식하고 판단하여 차량을 제어함으로써 자율적으로 주어진 목적지까지 주행하는 자동차이다.

이에 대한 설명으로 옳은 것만을 <보기>에서 있는 대로 고른 것은?

> | 보기 |
> ㄱ. 해킹 및 개인의 이동 정보 노출의 위험성이 있다.
> ㄴ. 운전면허 취득이 어려운 사람들의 이동권 제약까지 개선하기는 어렵다.
> ㄷ. 사고 상황에서 운전자와 보행자 중 누구를 우선 보호하게 설정할지에 대한 윤리적 논란이 발생할 수 있다.

① ㄱ　　　② ㄴ　　　③ ㄷ
④ ㄱ, ㄴ　　　⑤ ㄱ, ㄷ

서술형 문제

644

다음은 혈액 진단 기술과 관련된 사건에 대한 자료이다.

> 한 과학자 A가 소량의 혈액을 이용하여 매우 많은 질병을 진단할 수 있는 기술을 개발했다고 발표했다. 이에 정부에서 일하는 과학자 B는 기술에 대한 검증 없이 이 기술을 정부 지원 혁신 기술로 지정했다. 그러나 과학자 C를 비롯한 몇몇 과학자가 이 기술 관련 논문을 검증하며 문제점을 발견했고, 끈질긴 연구 끝에 이 기술 관련 논문의 데이터가 조작되었음을 밝혀냈다.

이 사건에서 과학자 A ~ C 중 과학 연구 윤리에 대한 인식이 옳은 과학자를 쓰고, 그 까닭을 설명하시오.

중간·기말고사에 대비할 수 있도록 시험에 자주 출제되는 문제들을 엄선하여 수록했습니다.

645

다음은 감염병의 진단 방법에 대한 자료이다.

> (가) 신속항원검사: 우리 몸에 들어온 병원체의 (㉠)을/를 검출하는 방법이다.
> (나) 중합효소연쇄반응(PCR) 검사: 병원체의 핵산을 증폭하여 병원체의 존재 여부를 확인한다.

이에 대한 설명으로 옳은 것만을 <보기>에서 있는 대로 고른 것은?

| 보기 |
> ㄱ. '단백질'은 ㉠에 해당한다.
> ㄴ. 정확도는 (나)가 (가)보다 높다.
> ㄷ. (가)와 (나)는 모두 과학 원리가 활용된 진단 방법이다.

① ㄱ ② ㄷ ③ ㄱ, ㄴ
④ ㄴ, ㄷ ⑤ ㄱ, ㄴ, ㄷ

646

감염병의 추적 및 관리에서 과학의 유용성에 대한 설명으로 옳은 것만을 <보기>에서 있는 대로 고른 것은?

| 보기 |
> ㄱ. 스마트 기기와 인터넷을 통한 다양한 경로의 정보를 공유해 감염자 관련 정보를 실시간으로 수집한다.
> ㄴ. 감염병의 유행을 막기 위해 여러 지역 및 국가의 감염병 분석 정보는 공유되지 않는다.
> ㄷ. 감염병의 치료를 위한 신약의 개발 과정에서 인공지능을 활용하여 신약 후보 물질을 이전보다 빠르게 선정한다.

① ㄱ ② ㄴ ③ ㄱ, ㄷ
④ ㄴ, ㄷ ⑤ ㄱ, ㄴ, ㄷ

647

다음 (가)~(다)는 미래 사회에 나타날 수 있는 문제에 대한 자료이다.

> (가) 화석 연료의 고갈에 따른 에너지 부족 문제
> (나) 지구 온난화에 따른 홍수와 같은 자연 재해 문제
> (다) 플라스틱 등 분해되지 않는 폐기물로 인한 환경 오염 문제

(가)~(다)를 해결하기 위한 과학기술에 대한 설명으로 옳은 것만을 <보기>에서 있는 대로 고른 것은?

| 보기 |
> ㄱ. (가): 태양 에너지와 같은 신재생 에너지를 개발한다.
> ㄴ. (나): 자율주행 기술을 이용해 교통흐름을 최적화한다.
> ㄷ. (다): 해류의 흐름을 분석하여 해양 폐기물 수거 효율을 높인다.

① ㄴ ② ㄷ ③ ㄱ, ㄴ
④ ㄱ, ㄷ ⑤ ㄱ, ㄴ, ㄷ

648

빅데이터와 이를 활용하는 사례에 대한 설명으로 옳은 것만을 <보기>에서 있는 대로 고른 것은?

| 보기 |
> ㄱ. 여러 사람의 교통 카드 사용 내역을 통해 수집한 자료를 활용하여 대중교통 배차 시간을 효율적으로 조정할 수 있다.
> ㄴ. 다양한 생물의 유전체 연구 자료를 활용하여 유전적 특성 맞춤형 의료 서비스를 제공할 수 있다.
> ㄷ. 다양한 관측소에서 수집한 대량의 기상 관련 자료를 활용하여 일기 예보의 정확도를 높일 수 있다.

① ㄱ ② ㄴ ③ ㄱ, ㄷ
④ ㄴ, ㄷ ⑤ ㄱ, ㄴ, ㄷ

649

사물 인터넷과 인공지능 로봇을 이용한 스마트 공장의 긍정적인 영향만을 <보기>에서 있는 대로 고른 것은?

| 보기 |
ㄱ. 생산 효율성이 높아진다.
ㄴ. 공장의 생산직 일자리가 감소한다.
ㄷ. 안전 사고로 인한 인명 피해가 감소한다.

① ㄱ　　　　② ㄴ　　　　③ ㄱ, ㄷ
④ ㄴ, ㄷ　　　⑤ ㄱ, ㄴ, ㄷ

650

다음은 과학기술 발전의 유용성에 대한 자료이다.

(가) 인공지능 기술의 발전으로 산업 생산성이 증가했다.
(나) 정보 통신 기술의 발전으로 시공간의 제약 없이 소통이 가능해졌다.
(다) 자율 주행 기술의 발전으로 운전의 편의성이 높아졌다.

이에 대한 설명으로 옳은 것만을 <보기>에서 있는 대로 고른 것은?

| 보기 |
ㄱ. (가)로 인해 인공지능 창작물의 지식 재산권 문제가 발생할 수 있다.
ㄴ. (나)로 인해 허위 사실 유포 문제가 발생할 수 있다.
ㄷ. (다)로 인해 운전자 부주의에 의한 사고 비율이 감소할 수 있다.

① ㄱ　　　　② ㄷ　　　　③ ㄱ, ㄴ
④ ㄴ, ㄷ　　　⑤ ㄱ, ㄴ, ㄷ

651

사물 인터넷 기술의 활용 분야와 그 특징에 대한 설명으로 옳은 것만을 <보기>에서 있는 대로 고른 것은?

| 보기 |
ㄱ. 스마트팜을 이용해 토양의 상태, 습도 등을 실시간으로 파악하여 물과 양분을 공급한다.
ㄴ. 스마트 병원을 이용해 환자의 상태를 실시간으로 모니터링할 수 있지만 원격 진료는 불가능하다.
ㄷ. 사물 인터넷은 다양한 분야에서 활용되어 우리 삶을 더 편리하게 만들어 준다.

① ㄱ　　　　② ㄴ　　　　③ ㄷ
④ ㄱ, ㄷ　　　⑤ ㄱ, ㄴ, ㄷ

652

과학 관련 사회적 쟁점(SSI)에 대한 설명으로 옳은 것만을 <보기>에서 있는 대로 고른 것은?

| 보기 |
ㄱ. '자율 주행 자동차가 사고를 내면 누구의 책임인가?'는 과학 관련 사회적 쟁점으로 볼 수 있다.
ㄴ. 과학 관련 사회적 쟁점을 대할 때 모두 나와 같은 입장의 의견이 되도록 설득해야 한다.
ㄷ. 과학 관련 사회적 쟁점을 대할 때 과학적 이해가 바탕이 되어야 한다.

① ㄱ　　　　② ㄴ　　　　③ ㄱ, ㄷ
④ ㄴ, ㄷ　　　⑤ ㄱ, ㄴ, ㄷ

653

다음은 학생 A의 과학기술의 발전에 대한 생각이다.

우리는 과학기술의 혜택을 받아 풍요로운 삶을 누리고 있으므로 과학기술의 발전으로 생겨날 수 있는 어느 정도의 피해는 감수해야 한다고 생각합니다. 일부 쟁점이 있다고 과학기술의 발전을 막는다면 우리 사회는 더 이상 발전할 수 없을 것입니다.

학생 A에게 부족한 것으로 판단되는 과학 연구 윤리 의식은?

① 정직성　　　　　　② 사회적 책임
③ 지식 재산권 존중　　④ 상호 존중
⑤ 실험 대상에 대한 존중

654

다음은 감염병을 진단하는 기술 (가)에 대한 자료이다.

> 병원체의 핵산을 여러 차례 증폭하여 감염 여부를 확인하는 검사로, DNA 복제와 관련된 과학 원리가 활용된다.

(가)가 무엇인지 쓰시오.

655

해양 폐기물 문제를 과학 기술을 활용하여 해결하는 방법을 2가지 설명하시오.

656

다음은 빅데이터를 올바르게 활용하기 위해 필요한 자세에 대한 세 학생의 대화이다.

제시한 의견이 옳은 학생을 모두 쓰시오.

| 657~658 | 다음은 첨단 로봇 의료 기술에 대한 기사의 일부이다.

> 첨단 의료 기술은 환자의 수술을 전담하는 ㉠ 수술 로봇부터 사고와 부상에 따른 재활이 필요한 환자를 대상으로 한 재활 로봇에 이르기까지 혁신을 거듭하고 있다.
> 또 거동이 불편한 치매 노인 등 고령의 노인들을 돌보는 이른바 ㉡ 돌봄 로봇도 4차산업 시대의 중요 기술로 꼽히고 있다.

657

다음은 현재의 ㉠에 대한 설명이다.

> 수술 로봇은 아직 로봇의 자율적인 움직임이 허락되지 않고 의사가 지시한 대로 수술을 수행하고 있다. 그럼에도 고난이도 수술을 흉터 하나 남기지 않고 시행할 수 있는 시스템을 갖추고 있다.

㉠에 인공지능 기술이 결합될 경우, 어떻게 개선될 수 있을지 설명하시오.

658

㉡을 개발할 때 인공지능 로봇과 사물 인터넷 기술을 각각 어떻게 활용할 수 있을지 설명하시오.

659

다음 과학 관련 사회적 쟁점에 대한 찬성과 반대 의견을 1가지씩만 제시하시오.

> 신재생 에너지를 주에너지원으로 확대해 나가야 한다.

660

다음은 핵산을 이용한 감염병 진단 기술을 체험하는 실험이다.

[실험 과정]
(가) 검사 대상자 A와 B로부터 시료를 채취한다.
(나) 시료에서 병원체의 핵산을 추출하여 중합효소연쇄반응(PCR) 장치에 넣고 여러 차례 증폭시킨다.

[실험 결과]
A는 감염병 양성이고, B는 감염병 음성이다.

A와 B의 시료에서 증폭 횟수에 따른 병원체의 핵산의 양 변화를 그래프로 나타낸 것을 옳게 짝 지은 것은?

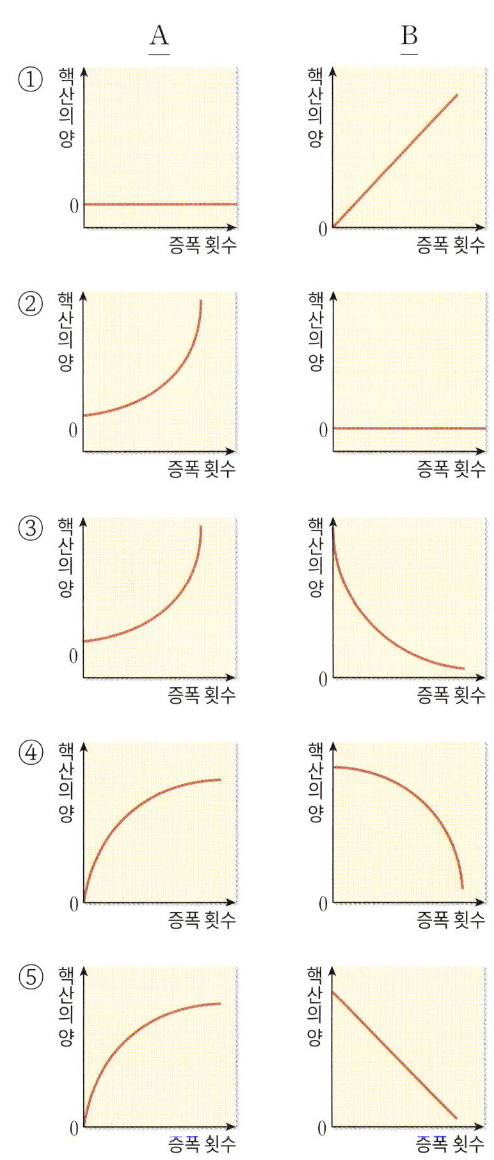

661

그림은 자전거 이용자들의 시간대별 이용 비율 빅데이터를 분석한 자료이다.

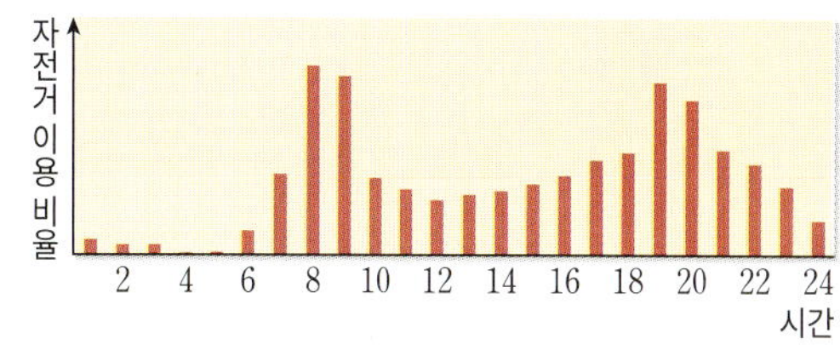

이에 대한 설명으로 옳은 것만을 <보기>에서 있는 대로 고른 것은?

| 보기 |
ㄱ. 출퇴근용으로 자전거를 이용하는 비율이 가장 높다.
ㄴ. 출퇴근 시간대 대중교통 이용과 자전거 이용 비율을 비교할 수 있다.
ㄷ. 야간 자전거 이용자를 위한 안전 확보 대책 마련에 활용할 수 있다.

① ㄱ   ② ㄴ   ③ ㄱ, ㄷ
④ ㄴ, ㄷ   ⑤ ㄱ, ㄴ, ㄷ

662

다음은 생명 공학 기술을 이용할 때 윤리 문제가 제기된 사례에 대한 신문 기사이다.

한 과학자가 후천면역결핍증후군(Acquireg Immune Deficiency Syndrome, AIDS)에 걸리지 않도록 유전자를 교정한 쌍둥이를 탄생시켰다고 발표했다. 그는 ㉠유전자 가위 기술을 이용해 ㉡배아에서 AIDS 감염에 관여하는 유전자를 제거하여 이식했다고 주장했다. 전 세계 과학자들은 그의 시술이 생명 윤리를 심각하게 침해했다며 비난했고, 사법 당국은 그를 불법 의료 행위죄로 징역 3년을 선고했다.

이에 대한 설명으로 옳은 것만을 <보기>에서 있는 대로 고른 것은?

| 보기 |
ㄱ. ㉠은 유전 질환 치료제 개발에 활용될 수 있다.
ㄴ. ㉡은 실험 대상의 생명과 존엄성을 존중하지 않은 연구 윤리 위반 사례이다.
ㄷ. 과학 기술의 연구 윤리는 과학자 사회에서만 제한적으로 적용된다.

① ㄱ   ② ㄴ   ③ ㄷ
④ ㄱ, ㄴ   ⑤ ㄱ, ㄴ, ㄷ

SUMMARY
MEMO
CHECK LIST

빠른답 체크 후 틀린 문제는
바른답·알찬풀이에서 꼭 확인하세요.

빠른답 체크

Speed Check

통합과학2 662제

빠른답 체크 후 틀린 문제는
바른답·알찬풀이에서 꼭 확인하세요.

01 지질 시대의 환경과 생물 변화

001 ○	002 ○	003 ×	004 ○
005 고생대		006 신생대	
007 선캄브리아시대		008 중생대	
009 ⓛ	010 ㉠	011 ⓒ	012 ㉣
013 ×	014 ×	015 ○	016 ②
017 ①	018 ②	019 ③	020 ④
021 해설 참조		022 ②	023 ⑤
024 ②	025 ②	026 ④	
027 해설 참조		028 ③	029 ②
030 ④	031 해설 참조		032 ②
033 ④	034 ⑤	035 ①	
036 해설 참조		037 ③	038 ②
039 ⑤	040 ①	041 ④	042 ④
043 ④	044 ②	045 ④	046 ⑤
047 ①	048 ⑤	049 ③	
050 해설 참조		051 해설 참조	
052 해설 참조			

02 생물의 진화

053 변이	054 자연선택		055 ○
056 ○	057 ×	058 ○	059 ○
060 (라) → (가) → (나) → (다)			
061 ㉠ 있는, ㉡ 자연선택			062 ③
063 ③	064 해설 참조		065 ⑤
066 ⑤	067 ⑤	068 ③	069 ①
070 ④	071 ③	072 ⑤	073 ③
074 ③	075 ①	076 해설 참조	
077 ③	078 해설 참조		079 ③
080 ⑤	081 ⑤	082 ④	083 ④
084 ⑤	085 해설 참조		
086 해설 참조		087 해설 참조	

03 생물다양성과 보전

088 (나)	089 (다)	090 (가)	091 ×
092 ○	093 ○	094 ○	
095 ㉠ 서식지단편화, ㉡ 생태통로			
096 ③	097 ④	098 ⑤	099 ③
100 ④	101 ①	102 해설 참조	
103 ②	104 ⑤	105 ③	106 ①
107 ③	108 ③	109 ⑤	
110 해설 참조		111 ⑤	112 ③
113 해설 참조		114 ④	115 ②
116 ③	117 ③	118 ④	119 ⑤
120 ③	121 해설 참조		
122 해설 참조		123 해설 참조	

실전 대비 Ⅰ-1단원 평가 문제

124 ①	125 ③	126 ③	127 ②
128 ③	129 ④	130 ③	131 ②
132 ③	133 ③	134 ①	135 ⑤
136 ③	137 ①	138 ②	139 ⑤
140 ①	141 ④	142 ③	143 ②
144 ①	145 ⑤	146 ③	147 ④
148 해설 참조		149 해설 참조	
150 해설 참조			
151 (나) → (라) → (다) → (가)			
152 해설 참조		153 해설 참조	
154 ③	155 ②	156 ①	157 ④

04 산화와 환원

158 산화, 환원		159 환원, 산화	
160 ㉠ 산화, ㉡ 환원		161 ㉠ 산화, ㉡ 환원	
162 ㉠ 산화, ㉡ 환원		163 ㉠ 산화, ㉡ 환원	
164 산소(O_2)		165 ×	166 ○
167 ○	168 ×	169 ③	170 ④
171 (가) Hg, (나) C_3H_8, (다) Mg, (라) C			
172 ④	173 ⑤	174 (가) Al, (나) Na	
175 (가) O_2, (나) Cl_2		176 ⑤	177 ①
178 ④	179 ④	180 ④	181 ④
182 ⑤	183 ②	184 ③	185 ③
186 ⑤	187 ②	188 ⑤	189 ③
190 ⑤	191 ③	192 ⑤	193 ④
194 ④	195 ①	196 ③	197 ⑤
198 ⑤	199 ③	200 ③	
201 해설 참조		202 해설 참조	

05 산과 염기

203 수소 이온(H^+)			
204 수산화 이온(OH^-)			205 H^+
206 ○	207 ×	208 ×	209 ×
210 물(H_2O)		211 1 : 1	212 중화열
213 파란색, 노란색		214 많다	215 많다
216 ②	217 ③	218 ①	219 ⑤
220 ③	221 ②	222 ③	223 ⑤
224 ③	225 ④	226 ⑤	227 ③
228 ⑤	229 ④	230 ④	231 ①
232 ②	233 ③	234 ②	235 ④
236 ⑤	237 ③	238 ③	239 ④
240 ①	241 ③	242 ④	243 ①
244 ⑤	245 ⑤	246 해설 참조	
247 해설 참조			

06 물질 변화에서 에너지의 출입

248 발열	249 흡열	250 ×	251 ○
252 ⑤	253 ③	254 ①	255 ③
256 ③	257 ③	258 해설 참조	
259 ⑤	260 ①	261 ②	262 ④
263 ④	264 해설 참조		

실전 대비 Ⅰ-2단원 평가 문제

265 ③	266 ②	267 ⑤	268 ③
269 ⑤	270 ③	271 ③	272 ④
273 ③	274 ②	275 ①	276 ③
277 ⑤	278 ④	279 ⑤	280 ③
281 ③	282 ⑤	283 ⑤	284 ①
285 ③	286 ①	287 ②	288 ③
289 해설 참조		290 해설 참조	
291 해설 참조		292 ㉠ 발열, ㉡ 높아	
293 해설 참조		294 ⑤	295 ①
296 ①	297 ④		

고등 도서 안내

문학 입문서

손쉬운

작품 이해에서 문제 해결까지
손쉬운 비법을 담은 문학 입문서

현대 문학, 고전 문학

비주얼 개념서

룩 LOOK

이미지 연상으로 필수 개념을 쉽게 익히는
비주얼 개념서

국어　문법
영어　분석독해

수학 개념 기본서

수학중심

개념과 유형을 한 번에 잡는 강력한
개념 기본서

수학Ⅰ, 수학Ⅱ, 확률과 통계, 미적분, 기하

수학 문제 기본서

유형중심

체계적인 유형별 학습으로 실전에서 강력한
문제 기본서

수학Ⅰ, 수학Ⅱ, 확률과 통계, 미적분

사회·과학 필수 기본서

개념 학습과 유형 학습으로 내신과 수능을 잡는
필수 기본서

[2022 개정]
사회　통합사회1, 통합사회2, 한국사1, 한국사2
과학　통합과학1, 통합과학2, 물리학, 화학, 생명과학,
　　　지구과학

[2015 개정]
사회　한국지리, 사회·문화, 생활과 윤리, 윤리와 사상
과학　물리학Ⅰ, 화학Ⅰ, 생명과학Ⅰ, 지구과학Ⅰ

기출 분석 문제집

완벽한 기출 문제 분석으로 시험에 대비하는 1등급 문제집

1등급 만들기

[2022 개정]
수학　공통수학1, 공통수학2, 대수, 확률과 통계, 미적분Ⅰ
사회　통합사회1, 통합사회2, 한국사1, 한국사2,
　　　세계시민과 지리, 사회와 문화, 세계사, 현대사회와 윤리
과학　통합과학1, 통합과학2

[2015 개정]
국어　문학, 독서
수학　수학Ⅰ, 수학Ⅱ, 확률과 통계, 미적분, 기하
사회　한국지리, 세계지리, 생활과 윤리, 윤리와 사상,
　　　사회·문화, 정치와 법, 경제, 세계사, 동아시아사
과학　물리학Ⅰ, 화학Ⅰ, 생명과학Ⅰ, 지구과학Ⅰ,
　　　물리학Ⅱ, 화학Ⅱ, 생명과학Ⅱ, 지구과학Ⅱ

바른답 ★ 알찬풀이

바른답 ★
알찬풀이

Study Point

1. 알찬 해설
정확하고 자세한 해설을 통해 문제의 핵심을 찾을 수 있습니다.

2. 오답 피하기
옳지 않은 보기에 대한 자세한 해설을 통해 오답의 함정을 피할 수 있습니다.

3. 개념 더하기, 자료 분석하기, 서술형 해결 전략
개념 더하기, 자료 분석하기, 서술형 해결 전략을 통해 문제 해결의 접근법을 알 수 있습니다.

기 출 분 석 문 제 집

1등급 만들기

통합과학 2
662제

바른답★알찬풀이

Mirae N 에듀

1. 환경 변화와 생물다양성

 **01 지질 시대의 환경과 생물 변화**

개념 확인 문제 ● 9쪽

001 ○ **002** ○ **003** × **004** ○ **005** 고생대
006 신생대 **007** 선캄브리아시대 **008** 중생대 **009** ㉡
010 ㉠ **011** ㉢ **012** ㉣ **013** × **014** ×
015 ○

001
답 ○

지질 시대의 상대적 길이는 선캄브리아시대>고생대>중생대>신생대 순이다.

002
답 ○

지질 시대에 살았던 생물의 유해가 땅속에 묻히고, 그 위로 퇴적물이 쌓여 오랜 세월이 지나면 화석이 형성된다.

003
답 ×

화석은 과거에 살았던 생물의 유해뿐만 아니라 흔적도 포함한다.

004
답 ○

현재까지 살고 있는 생물의 서식 환경을 조사하면 화석이 산출된 지층의 퇴적 환경을 알 수 있다.

005
답 고생대

고생대 말기에는 여러 대륙이 한 덩어리로 모여 초대륙인 판게아가 형성되었다.

006
답 신생대

중생대 초기부터 판게아가 분리되기 시작했으며, 신생대에 대륙의 이동이 계속되면서 현재와 비슷한 수륙 분포가 되었다.

007
답 선캄브리아시대

약 35억 년 전 광합성을 하는 남세균의 출현으로 바다와 대기 중에 산소가 축적되었다.

008
답 중생대

중생대에는 화산 활동이 활발하게 일어나 대기 중 이산화 탄소의 농도가 증가하고 온실 효과가 커져 전반적으로 기후가 온난했다.

009
답 ㉡

에디아카라 생물군은 선캄브리아시대를 대표하는 다세포 생물이다.

010
답 ㉠

삼엽충과 완족류는 고생대의 바다에서 번성한 대표적인 생물이다.

011
답 ㉢

중생대의 대표적인 생물에는 바다에서 번성한 암모나이트와 육지에서 번성한 공룡이 있다.

012
답 ㉣

신생대의 대표적인 생물에는 바다에서 번성한 화폐석과 육지에서 번성한 매머드가 있다.

013
답 ×

운석 충돌로 두꺼운 먼지 구름이 형성되면 햇빛이 차단되므로 지구의 기온이 낮아진다.

014
답 ×

선캄브리아시대에는 생물의 종류와 개체수가 적었기 때문에 생물 대멸종이 일어나는 환경이 아니었다.

015
답 ○

고생대 말기에 가장 큰 규모의 생물 대멸종이 일어났으며, 이 시기에 생물종의 90 % 이상이 멸종했다.

기출 분석 문제 ● 10쪽 ~ 14쪽

016 ② **017** ① **018** ② **019** ③ **020** ④
021 해설 참조 **022** ② **023** ⑤ **024** ④
025 ② **026** ④ **027** 해설 참조 **028** ③
029 ② **030** ④ **031** 해설 참조 **032** ②
033 ④ **034** ⑤ **035** ① **036** 해설 참조
037 ③ **038** ② **039** ⑤

016
답 ②

A는 고생대, B는 중생대, C는 신생대, D는 선캄브리아시대이다.
ㄴ. 지구 환경이 급격하게 변화하면 생물계에 큰 규모의 멸종과 출현이 일어난다. 따라서 지질 시대는 생물계의 큰 변화를 기준으로 구분한다.

오답 피하기 ㄱ. 지질 시대는 지구가 탄생한 약 46억 년 전부터 현재까지의 기간이므로 'A+B+C+D'는 약 46억 년이다.

ㄷ. 생물종의 수는 시간이 지날수록 증가한다. 따라서 생물종의 수가 가장 많았던 지질 시대는 신생대이고, 가장 적었던 지질 시대는 선캄브리아시대이다.

017
답 ①

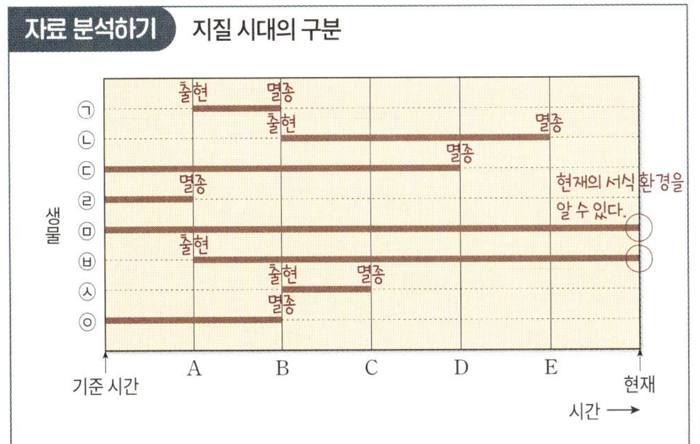

ㄱ. 지질 시대는 생물계의 급격한 변화를 기준으로 구분한다. A와 B에서는 생물종의 멸종과 출현 규모가 크므로 지질 시대는 이를 경계로 하여 세 시기로 구분한다.

오답 피하기 ㄴ. 지질 시대를 세밀하게 구분하기 위해서는 생존 기간이 짧은 생물종일수록 유용하므로 생물 ㉠이 생물 ㉤보다 유용하다.

ㄷ. 지질 시대의 환경을 세밀하게 판단하기 위해서는 생존 기간이 충분히 길어서 현재까지 서식하고 있는 생물종이 유용하므로 생물 ㉤이 생물 ㉆보다 유용하다.

018
답 ②

ㄴ. 고생대 시작 이후에는 생물이 번성하여 화석이 많이 발견되며, 화석에 나타나는 생물계의 큰 변화를 기준으로 지질 시대를 구분한다.

오답 피하기 ㄱ. 선캄브리아시대에 화석이 거의 발견되지 않는 까닭은 지구의 탄생 초기이므로 생물의 종류와 개체수가 적었고, 오랜 시간이 지나는 동안 여러 차례의 지각 변동을 받았기 때문이다.

ㄷ. 지질 시대는 약 46억 년에 해당하며, 선캄브리아시대의 기간은 약 46억 년−약 5.39억 년≒40.61억 년이고, 지질 시대 중 선캄브리아시대가 차지하는 상대적 길이는 $\dfrac{40.61억 년}{46억 년} \times 100 ≒$ 88.2(%)이다.

019
답 ③

ㄱ. 화석은 지질 시대에 살았던 생물의 유해뿐만 아니라 생물이 살았던 흔적도 포함하므로 배설물은 ㉠에 해당한다.

ㄷ. 과거에 살았던 생물이 유해나 흔적이 땅속에 묻히고, 그 위로 퇴적물이 쌓여 오랜 세월이 지나면 두꺼운 지층 속에 화석이 형성된다. 이후 지층이 융기해 침식 작용을 받아 지층이 깎이면서 화석이 드러난다.

오답 피하기 ㄴ. 생물의 유해나 흔적이 땅속에 빠르게 매몰될수록 공기와 접촉되는 시간이 짧아져 화석으로 남을 가능성이 크다.

020
답 ④

ㄱ. 특정한 시기에만 살았던 생물의 화석을 연구하면 지층의 생성 시기를 알 수 있다.

ㄴ. 특정한 환경에서만 살았던 생물의 화석을 연구하면 지층의 퇴적 환경을 알 수 있다.

ㄷ. 화석이 산출되는 시기를 시대 순으로 나열하여 연구하면 생물의 진화 과정을 알 수 있다.

오답 피하기 ㄹ. 지층의 지질 구조는 지진파 등을 이용하여 알 수 있으며, 화석의 연구로는 알 수 없다.

021

예시 답안 지층이 퇴적될 당시의 환경은 바다였다. 이 지층에서 고생대의 바다에 번성한 삼엽충 화석이 산출되었기 때문이다.

채점 기준	배점(%)
지층이 퇴적될 당시의 환경을 쓰고, 그 까닭을 옳게 설명한 경우	100
지층이 퇴적될 당시의 환경만 옳게 쓴 경우	50

022 필수 유형
답 ②

• 현재까지 살고 있는 생물의 서식 환경으로부터 과거에 생물이 살았던 당시의 환경을 알 수 있다.
• (가) 산호: 수심이 얕고 따뜻한 바다였음을 알 수 있다.
• (나) 고사리: 기온이 온난하고 습윤한 육지였음을 알 수 있다.

ㄷ. 산호와 고사리는 현재 지구상에 서식하는 생물이므로 이들의 서식 환경을 조사하면 과거의 환경을 추론할 수 있다.

오답 피하기 ㄱ. 산호는 수심이 얕고 따뜻한 바다에서 서식하므로 (가)가 산출된 지층은 따뜻한 바다에서 퇴적되었다.

ㄴ. 고사리는 기온이 온난하고 습윤한 육지에서 서식하므로 (나)가 산출된 지층은 습윤한 육지에서 퇴적되었다.

023
답 ⑤

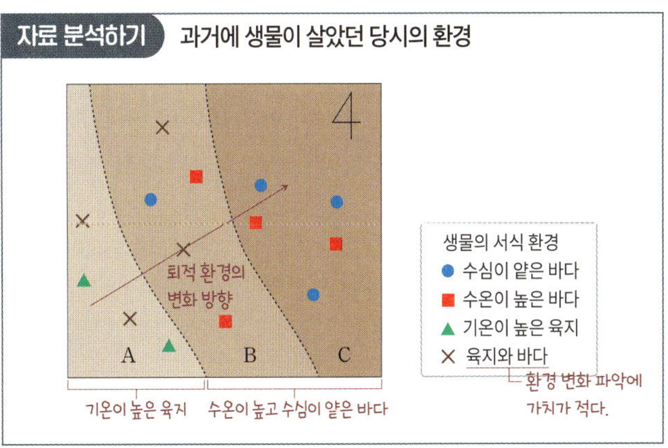

ㄱ. 지층 A에서는 육지에서 서식한 화석 ▲가, 지층 B와 C에서는 바다에서 서식한 화석 ■, ●가 산출된다. 지층은 A→B→C 순으로 생성되었으므로 이 지역의 퇴적 환경은 육지에서 바다로 바뀌었다.

ㄴ. 지층 B에서는 화석 ■, ●가 산출되므로 지층 B는 수온이 높고 수심이 얕은 바다에서 퇴적되었다.

ㄷ. 지층 A에서만 화석 ▲가 산출되므로 지층 B의 퇴적 환경은 지층 A의 퇴적 환경보다 지층 C의 퇴적 환경에 가깝다.

024
답 ②

ㄴ. 산출 화석이 번성했던 시기를 시대 순으로 나열하면 삼엽충(고생대) → 공룡 뼈(중생대) → 화폐석(신생대) 순이므로 지층 B는 중생대에 해당하고, 공룡 뼈 화석이 산출된다.

오답 피하기 ㄱ. 지질 단면에서 지층의 생성 순서는 A→B→C 순이고, 산출 화석으로 판단한 지층의 생성 순서는 석회암층 → 사암층 → 이암층 순이므로 지층 A는 석회암층이다.

ㄷ. 삼엽충과 화폐석은 바다에서 번성했고, 공룡은 육지에서 번성했으므로 이 지역의 퇴적 환경은 바다 → 육지 → 바다 순으로 바뀌었다.

025
답 ②

ㄴ. (나)는 여러 대륙이 한 덩어리로 모여 초대륙인 판게아가 형성되었으므로 고생대 말기의 수륙 분포이다.

오답 피하기 ㄱ. (가)는 판게아가 분리되었으므로 중생대 중기의 수륙 분포이다. 따라서 수륙 분포는 고생대 말기인 (나)에서 중생대 중기인 (가)로 변했다.

ㄷ. 판게아의 형성으로 수심이 얕은 바다의 면적이 감소하여 해양 생물의 서식지가 축소되었으므로 생물종은 급격하게 감소했다.

026
답 ④

ㄴ. 그림의 수륙 분포는 대서양과 태평양을 비롯한 여러 해양과 대륙의 분포가 현재와 비슷하므로 신생대인 (나) 시기에 해당한다.

ㄷ. 수륙 분포의 변화 시기는 고생대 말기인 (가) → 중생대 초기인 (다) → 신생대인 (나) 순이다.

오답 피하기 ㄱ. 대서양은 판게아가 분리되면서 형성되었으므로 중생대 초기인 (다) 시기 이후에 형성되기 시작했다.

027

수심이 얕은 바다는 대륙 주변부를 따라 나타나므로 대륙이 여러 조각으로 분리될수록 면적이 증가한다. 고생대 말기에는 초대륙인 판게아가 형성되었으므로 수심이 얕은 바다의 면적이 감소하여 해양 생물의 서식 환경이 열악해지고, 생물의 대량 멸종이 일어나는 환경이 되었다.

예시 답안 고생대 말기에 판게아의 형성으로 수심이 얕은 바다의 면적이 감소하여 해양 생물의 서식지가 축소되었고, 서식 환경이 열악해졌다.

채점 기준	배점(%)
해양 생물의 서식 환경 변화를 옳게 설명한 경우	100
해양 생물의 서식 환경 변화를 옳게 설명하지 못한 경우	0

028
답 ③

ㄱ. 선캄브리아시대에는 대기 중에 산소가 매우 희박하여 오존층이 형성되지 않았다. 따라서 강한 자외선이 지표에 도달했기 때문에 최초의 생물은 바다에서 출현했다.

ㄴ. 약 35억 년 전 광합성을 하는 남세균의 출현으로 바다와 대기 중에 산소가 축적되었다.

오답 피하기 ㄷ. 선캄브리아시대 말기에 출현한 다세포 생물이 화석으로 남은 예는 에디아카라 생물군 화석이다.

029
답 ②

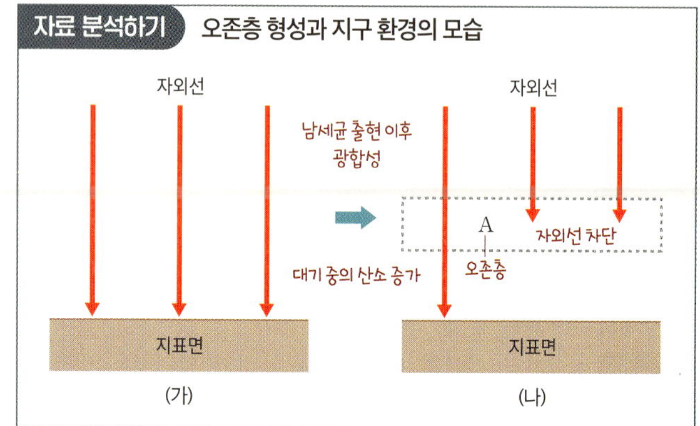

ㄷ. (가) → (나)의 변화는 남세균이 출현한 후 광합성에 의해 대기 중에 산소가 축적되기 시작하면서 일어난 것이다. 이때 당시의 남세균은 스트로마톨라이트를 만들어 현재 화석으로 남아 있다.

오답 피하기 ㄱ. A는 자외선을 차단하는 오존층이며, 대기 성분 X는 오존이다. 오존은 대기 중 산소와 자외선이 반응하여 생성된다.

ㄴ. 양치식물은 육지에서 번성한 식물이므로 오존층이 형성된 (나) 시기 이후에 출현했다.

030
답 ④

A 시기는 선캄브리아시대, B 시기는 고생대, C 시기는 중생대, D 시기는 신생대이다.

ㄴ. 중생대(C)에는 전반적으로 기후가 온난하여 빙하기가 없었다.

ㄷ. 신생대(D)의 초기부터 중기까지는 대체로 기후가 온난했지만, 말기에는 기온이 낮아져 빙하기와 간빙기가 반복되었다.

오답 피하기 ㄱ. 선캄브리아시대(A)의 지층에서 산출되는 화석은 매우 드물고, 고생대(B)에는 생물이 폭발적으로 증가했으므로 화석을 이용한 기후 변화 연구는 B 시기가 A 시기보다 유용하다.

031

예시 답안 중생대에는 화산 활동이 활발하게 일어나 대기 중 이산화 탄소의 농도가 증가해 온실 효과가 커졌기 때문에 전반적으로 기후가 온난했다.

채점 기준	배점(%)
(가)~(다)의 말을 순서대로 모두 포함하여 옳게 설명한 경우	100
(가)~(다)의 말 중 2가지를 포함하여 옳게 설명한 경우	60
(가)~(다)의 말 중 1가지만 포함하여 옳게 설명한 경우	30

032

답 ②

ㄴ. 판게아가 분리되는 과정에서 화산 활동이 활발하게 일어났고, 대륙의 이동으로 해류 분포가 변하여 기후 변화가 일어났다.

오답 피하기 ㄱ. 그림은 판게아가 분리되어 있으므로 중생대 중기의 수륙 분포이다.

ㄷ. 중생대에는 전반적으로 기후가 온난하여 빙하기가 없었다.

033

답 ④

(가)는 삼엽충, (나)는 암모나이트이다.

ㄴ. 삼엽충과 암모나이트는 바다에서 번성했으므로 (가)와 (나)가 산출된 지층은 바다에서 퇴적되었다.

ㄷ. 삼엽충은 고생대에 번성했고, 암모나이트는 중생대에 번성했으므로 (가)가 산출된 지층은 (나)가 산출된 지층보다 먼저 생성되었다.

오답 피하기 ㄱ. 화폐석은 신생대의 생물이므로 (가)가 산출된 고생대의 지층에서는 화폐석 화석이 산출될 수 없다.

034

답 ⑤

ㄱ. 선캄브리아시대에 최초의 단세포생물(남세균)과 다세포 생물(에디아카라 생물군)이 출현했으며, 선캄브리아시대의 지층에서는 스트로마톨라이트와 에디아카라 생물군 화석이 발견된다.

ㄴ. 스트로마톨라이트는 광합성을 하는 남세균의 점액질에 부유물이 달라붙어 여러 겹의 층을 이루는 퇴적 구조이다.

ㄷ. 에디아카라 생물군은 선캄브리아시대 말기에 살았던 여러 종류의 다세포 생물이 산출되는 화석군을 일컫는다. 따라서 (나)가 산출된 지층에서는 다세포 생물의 화석이 발견된다.

035

답 ①

(가) 시기는 고생대, (나) 시기는 중생대, (다) 시기는 신생대이다.

ㄱ. 식물계에서는 양치식물 → 겉씨식물 → 속씨식물 순으로 출현하여 번성했으므로 ㉠은 겉씨식물, ㉡은 속씨식물이다.

오답 피하기 ㄴ. 양치식물은 대기 중에 오존층이 형성된 이후에 육지에서 출현했으므로 고생대인 (가) 시기의 말기에 번성했다.

ㄷ. 지질 시대의 상대적 길이는 고생대>중생대>신생대 순이므로 중생대인 (나) 시기가 신생대인 (다) 시기보다 길다.

036

예시 답안 우리나라 중생대 지층이 퇴적될 당시의 환경은 바다가 아닌 강이나 호수 등 육지였다. 공룡은 중생대의 육지에서 번성한 생물이고, 암모나이트는 중생대의 바다에서 번성한 생물이기 때문이다.

채점 기준	배점(%)
우리나라 중생대 지층이 퇴적될 당시의 환경을 쓰고, 그 까닭을 옳게 설명한 경우	100
우리나라 중생대 지층이 퇴적될 당시의 환경만 옳게 쓴 경우	50

037

답 ③

ㄱ. 화폐석과 매머드는 신생대에 번성했으므로 지층 A와 지층 C는 신생대에 생성되었다. 지층은 A → B → C 순으로 생성되었으므로 지층 B도 신생대에 생성되었다.

ㄷ. 화폐석은 바다에서 번성했고, 매머드는 육지에서 번성했으므로 이 지역의 퇴적 환경은 바다에서 육지로 바뀌었다.

오답 피하기 ㄴ. 필석은 고생대에 번성한 생물이므로 신생대에 생성된 지층 B에서는 필석 화석이 산출될 수 없다.

038 필수 유형

답 ②

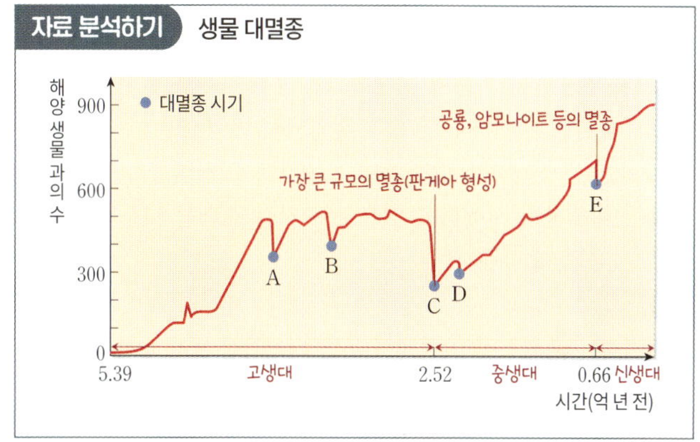

ㄴ. 지질 시대 중 가장 큰 규모의 생물 대멸종 시기는 고생대 말기인 C 시기이며, 이때 당시 생물종의 90 % 이상이 멸종했다.

오답 피하기 ㄱ. 고생대에는 A, B, C 시기에 총 3번의 생물 대멸종이 일어났다.

ㄷ. E 시기에는 중생대 말기의 생물 대멸종이 일어난 것이며, 이 시기에는 판게아가 분리된 여러 대륙이 이동하고 있었다. 판게아가 형성된 시기는 고생대 말기이다.

039

답 ⑤

가설 (가)는 운석(소행성) 충돌설, 가설 (나)는 대규모 화산 폭발설, 가설 (다)는 수륙 분포 변화(판게아 형성)설이다.

ㄱ. 운석(소행성) 충돌로 대기에 두꺼운 먼지 구름이 형성되면 지표에 도달하는 햇빛의 양이 감소하여 식물의 광합성량이 감소한다.

ㄴ. 대규모 화산 폭발로 대기에 방출된 화산 가스의 성분 중에는 유독한 이산화 황, 황화 수소 등이 있다. 이 성분들은 산성비를 만들어 토양을 산성화시킨다.

ㄷ. 초대륙인 판게아가 형성되면 수심이 얕은 바다의 면적이 감소하여 해양 생물의 서식지가 축소되므로 서식 환경이 열악해진다.

1등급 완성 문제 ● 15쪽 ~ 17쪽

040 ①	**041** ④	**042** ④	**043** ④	**044** ②
045 ②	**046** ⑤	**047** ①	**048** ⑤	**049** ③
050 해설 참조		**051** 해설 참조		
052 해설 참조				

040

A는 선캄브리아시대, B는 고생대, C는 신생대, D는 중생대이다.

ㄱ. 암모나이트는 중생대인 D의 말기에 멸종했다.

오답 피하기 ㄴ. 지질 시대의 상대적 길이는 선캄브리아시대＞고생대＞중생대＞신생대 순이므로 지질 시대의 시간 순서는 A→B→D→C 순이다.

ㄷ. 생물의 광합성이 최초로 시작된 지질 시대는 남세균이 출현한 선캄브리아시대인 A이다.

041

(가)는 화폐석, (나)는 고사리이다.

ㄴ. 고사리는 현재 기온이 온난하고 습윤한 육지에서 서식하고 있으므로 (나)는 온난 습윤한 육지 환경에서 번성했다.

ㄷ. 화폐석은 신생대에 출현하여 멸종했고, 고사리는 고생대에 출현하여 현재까지 서식하고 있으므로 지질 시대를 구분하는 데는 (가)가 (나)보다 유용하다.

오답 피하기 ㄱ. 화폐석은 신생대의 바다에서 번성했으며, 이 당시의 육지에서는 속씨식물이 번성했다. 겉씨식물은 중생대의 육지에서 번성했다.

042

ㄴ. 선캄브리아시대의 기후는 명확하게 알 수 없지만, 그림으로부터 여러 차례 빙하기가 있었음을 알 수 있다.

ㄷ. 신생대 초기부터 중기까지는 대체로 기후가 온난했지만, 말기에는 여러 차례 빙하기가 있었다. 빙하기에는 기온이 낮아져 바다가 얼기 때문에 평균 해수면 높이가 평상시보다 낮다. 따라서 신생대의 평균 해수면 높이는 말기보다 초기에 높았다.

오답 피하기 ㄱ. 공룡이 멸종한 중생대 말기에는 그림으로부터 빙하가 존재하지 않았음을 알 수 있다. 또 중생대는 대체로 기후가 온난했기 때문에 공룡은 빙하기가 시작되면서 멸종한 것이 아니다.

043

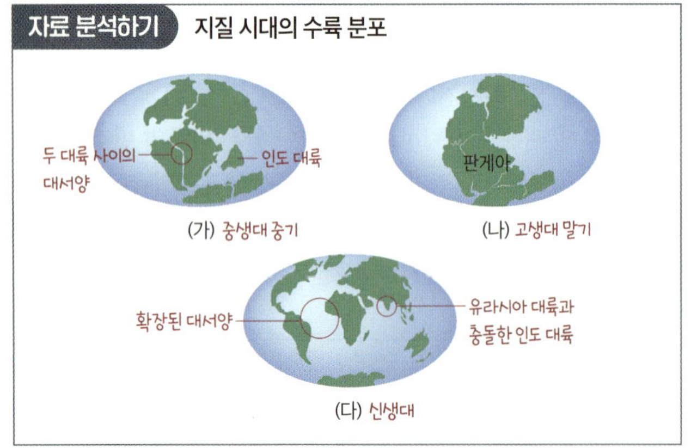

(가)는 판게아가 분리되어 대서양이 형성되기 시작한 중생대 중기, (나)는 판게아가 형성된 고생대 말기, (다)는 수륙 분포가 현재와 비슷한 신생대이다.

ㄴ. 고생대 말기인 (나) 시기에 바다에서는 고생대에 번성한 삼엽충이 멸종했다.

ㄷ. 중생대에 판게아가 분리되는 과정에서 인도 대륙이 북상하기 시작했으며, 신생대에 북상한 인도 대륙이 유라시아 대륙과 충돌하여 히말라야산맥이 형성되었다. 따라서 중생대 중기인 (가)에서 인도 대륙이 북상하고 있으므로 히말라야산맥은 (가)와 (다) 시기 사이에 형성되기 시작했다.

오답 피하기 ㄱ. 시간 순서는 (나) → (가) → (다) 순이다.

044

ㄴ. 대기 중 산소의 농도는 B 시기가 A 시기보다 높으므로 오존의 농도도 B 시기가 A 시기보다 높다. 따라서 지표에 도달하는 자외선의 양은 A 시기가 B 시기보다 많다.

오답 피하기 ㄱ. 약 35억 년 전 광합성을 하는 남세균이 출현하기 전까지 대기에는 산소가 매우 희박했다. 남세균이 출현하여 바다에 산소가 방출되기 시작했고, 이후 대기에도 산소가 방출되어 축적되기 시작했다. 따라서 남세균은 A 시기 이전에 출현했다.

ㄷ. A와 B 시기에 대기 중 산소 농도의 차이가 나타나는 까닭은 시간이 지날수록 광합성을 하는 다양한 생물이 출현하고 번성하면서 대기 중에 산소가 방출되고 축적되었기 때문이다.

045

그림은 초기에 바다에서 삼엽충이 번성했고, 말기에 육지에서 양치식물이 번성했으므로 고생대에 해당한다.

ㄴ. 고생대 말기에 육지에서 양서류와 거대 곤충이 번성했다.

오답 피하기 ㄱ. 다세포 생물이 최초로 출현한 시기는 선캄브리아시대 말기이다.

ㄷ. 암모나이트는 중생대의 바다에서 출현하여 번성했고, 말기에 멸종했으므로 고생대와 관련이 없다.

046

화석 ㉠은 중생대 말기에 멸종한 암모나이트이고, 화석 ㉡은 고생대 말기에 멸종한 삼엽충이다. A 시기는 고생대 말기이고, B 시기는 중생대 말기이다.

ㄱ. 암모나이트의 멸종 시기는 중생대 말기인 B 시기이다.

ㄴ. 지질 시대 동안 5번의 생물 대멸종이 있었으며, 이 중 고생대 말기에 발생한 생물 대멸종의 규모가 가장 크다. 따라서 생물종의 멸종 규모는 A 시기가 B 시기보다 크다.

ㄷ. 겉씨식물은 중생대의 육지에서 번성했으므로 A와 B 시기 사이에 육지에서 번성했다.

047   답 ①

ㄱ. 지층 C에서는 신생대에 번성한 화폐석 화석이 산출되므로 지층 C는 신생대의 지층이다. 포유류는 신생대에 번성했으므로 지층 C가 퇴적될 당시에는 포유류가 번성했다.

오답 피하기 ㄴ. 지층 A와 B에서는 고생대에 번성한 완족류와 삼엽충 화석이 각각 산출되므로 지층 A와 B는 고생대의 지층이다. 따라서 이 지역에서는 신생대의 지층이 발견된다.

ㄷ. 완족류, 삼엽충, 화폐석은 모두 바다에서 번성했으므로 이 지역의 퇴적 환경은 바다였다.

048   답 ⑤

ㄱ, ㄴ. A 시기에 가장 큰 규모의 생물 대멸종이 있었으므로 A 시기는 고생대 말기이며, 이 당시에는 판게아가 형성되었다.

ㄷ. 급격한 지구 환경의 변화로 많은 생물종이 멸종하지만, 같은 환경 변화라도 이에 적응하여 생존한 생물은 다양한 종으로 진화하며 멸종한 생물을 대체해 번성할 기회를 얻는다.

049   답 ③

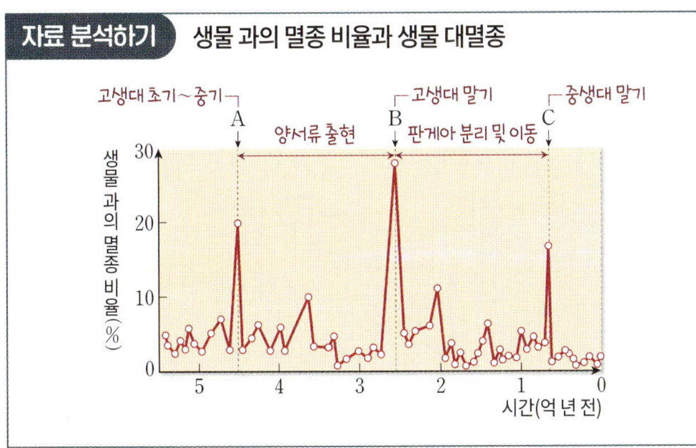

A 시기는 고생대 초기~중기, B 시기는 고생대 말기, C 시기는 중생대 말기이다.

ㄱ. 양서류는 오존층이 형성된 이후 고생대 중기에 출현했으므로 최초의 양서류는 A와 B 시기 사이에 출현했다.

ㄷ. 지질 시대 중 가장 큰 규모의 생물 대멸종 시기는 고생대 말기인 B 시기이다.

오답 피하기 ㄴ. 판게아는 고생대 말기에 형성되었으며, 중생대 초기부터 여러 대륙으로 분리되기 시작했다. 따라서 B와 C 시기 사이에는 판게아가 분리되어 대륙이 이동했다.

050

서술형 해결 전략

STEP 1 문제 포인트 파악
지구 환경을 가장 세밀하게 특정할 수 있는 생물을 판단할 수 있어야 한다.

STEP 2 자료 파악

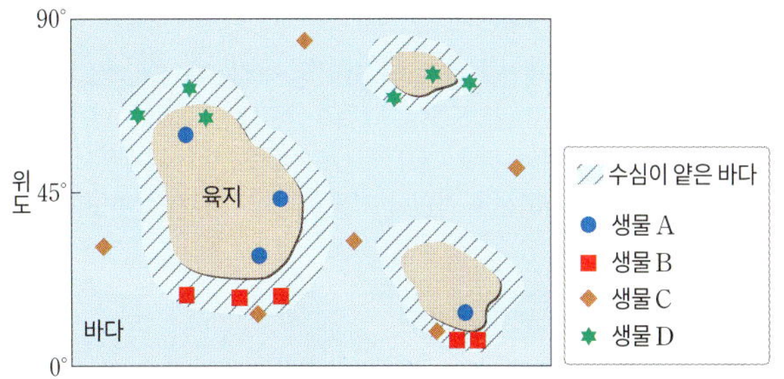

- 생물 A: 육지에서만 번성했으나 저위도~고위도에 걸쳐 온난한 기후와 한랭한 기후에서 모두 번성했다.
- 생물 B: 수심이 얕은 바다에서 번성했고, 저위도의 따뜻한 바다에서만 번성했다.
- 생물 C: 바다에서 번성했으나 전 수심 범위에 걸쳐 번성했다.
- 생물 D: 한랭한 기후에서 번성했으나 육지와 수심이 얕은 바다에서 번성했다.

STEP 3 관련 개념 모으기
❶ 화석의 가치는?
→ 지질 시대를 구분하거나 당시의 지구 환경을 추론하는 데 이용된다.
❷ 지구 환경을 추론하는 데 이용될 수 있는 화석의 조건은?
→ 특정 환경에서 서식했던 생물의 화석이어야 한다. 생물의 서식 환경을 저위도 또는 고위도, 온난한 기후 또는 한랭한 기후, 육지 또는 바다 등 세밀하게 특정할수록 생물의 화석 가치가 높다.

지질 시대의 환경을 추론하는 데 이용되는 생물은 특정 환경에서만 서식할수록 가치가 높다. 따라서 지구 환경을 가장 세밀하게 특정할 수 있는 생물은 생물 B이다.

예시 답안 생물 B의 가치가 가장 높다. 생물 B는 저위도에서 수심이 얕고 따뜻한 바다인 특정 환경에서만 번성했기 때문이다.

채점 기준	배점(%)
가치가 가장 높은 생물을 쓰고, 그 까닭을 옳게 설명한 경우	100
가치가 가장 높은 생물만 옳게 쓴 경우	50

051

서술형 해결 전략

STEP 1 문제 포인트 파악
최초의 생명체가 육지에서 출현할 수 없었던 까닭과 고생대 중기에 육상 생물이 출현할 수 있었던 까닭을 알아야 한다.

STEP 2 관련 개념 모으기
❶ 지구 탄생 초기의 대기 중 오존 농도는?
→ 지구 탄생 초기의 대기에는 산소가 매우 희박했으므로 산소의 광화학 반응에 의해 생기는 오존도 거의 없었다.
❷ 고생대 중기에 육상 생물이 출현할 수 있었던 까닭은?
→ 광합성을 하는 남세균이 출현하여 대기에 산소가 방출되어 축적되면서 오존층이 형성되었고, 오존층이 강한 자외선을 차단했기 때문에 육상 생물이 출현할 수 있었다.

지구의 탄생 이후 최초의 생명체가 출현할 당시에 대기에는 산소가 매우 희박하여 오존이 존재하기 어려웠으므로 강한 자외선이 지표에 도달했다. 따라서 최초의 생명체는 자외선을 피해 바다에서 출현한 것이다. 이후 남세균 등 광합성을 하는 생물이 출현하여 대기 중 산소의 농도가 높아지면서 오존층이 형성되었고, 이로 인해 자외선이 차단됨으로써 고생대 중기에 들어 육지에 생물이 처음 출현할 수 있게 되었다.

예시 답안 지구상에 생명체가 최초로 출현했던 당시에는 대기에 산소가 매우 희박하여 오존층이 존재하지 않았으므로 최초의 생명체는 자외선이 도달하지 않는 바다에서 출현한 것이다. 이후 대기 중 산소의 농도가 높아지면서 오존층이 형성되었고, 오존층이 자외선을 차단하여 생물이 육지에 처음 출현할 수 있게 되었다.

채점 기준	배점(%)
㉠과 ㉡의 출현 장소가 다른 까닭을 오존층의 존재 여부, 대기 중 산소의 농도 변화와 관련지어 옳게 설명한 경우	100
㉠과 ㉡의 출현 장소가 다른 까닭을 오존층의 존재 여부에만 관련지어 옳게 설명한 경우	50

052

서술형 해결 전략

STEP 1 문제 포인트 파악
지질 시대의 수륙 분포에서 판게아의 형성과 분리 여부, 대서양의 형성 여부, 히말라야산맥의 형성 여부를 판단할 수 있어야 한다.

STEP 2 자료 파악

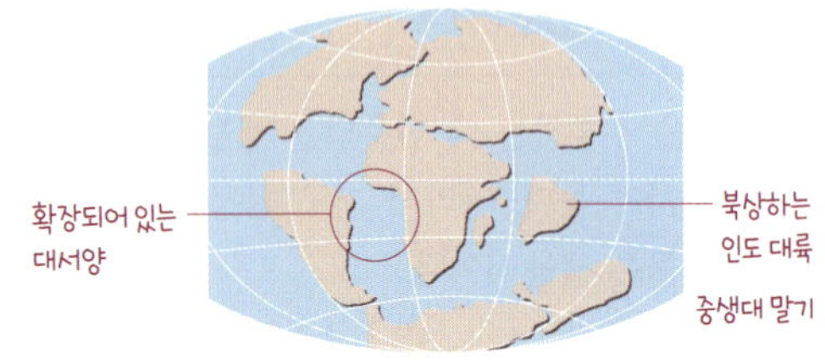

- 대서양이 확장되어 있으며, 인도 대륙이 남반구의 저위도에 있다.
- 판게아가 분리되어 대륙의 이동이 진행된 중생대 말기에 해당한다.

STEP 3 관련 개념 모으기
❶ 판게아가 형성된 시기와 분리되기 시작한 시기는?
➡ 판게아는 고생대 말기에 형성되었으며, 중생대 초기부터 여러 대륙으로 분리되기 시작했다.
❷ 대서양이 형성된 시기는?
➡ 대서양은 중생대 중기에 분리되어 형성되기 시작했으며, 신생대에 현재와 비슷하게 넓어졌다.
❸ 히말라야산맥이 형성된 시기는?
➡ 중생대에 판게아가 분리되는 과정에서 인도 대륙이 북상하기 시작했으며, 신생대에 북상한 인도 대륙이 유라시아 대륙과 충돌하여 히말라야산맥이 형성되었다.

예시 답안 중생대의 육지에서는 공룡이 번성했고, 바다에서는 암모나이트가 번성했다. 중생대의 기후는 대체로 온난했으며, 빙하기가 없었다.

채점 기준	배점(%)
육지와 바다에서 번성한 생물을 1종씩 쓰고, 기후의 특징을 옳게 설명한 경우	100
육지와 바다에서 번성한 생물을 1종씩만 옳게 쓴 경우	60
육지와 바다에서 번성한 생물 중 1종만 옳게 쓴 경우	30

02 생물의 진화

개념 확인 문제 ● 19쪽

053 변이	**054** 자연선택	**055** ○	**056** ○
057 ×	**058** ○	**059** ○	**060** (라) → (가) → (나) → (다)
061 ㉠ 있는, ㉡ 자연선택			

053
답 변이

무당벌레의 딱지날개 무늬와 색깔, 사람의 피부색 등과 같이 같은 생물종의 개체 간에 나타나는 형질의 차이를 변이라고 한다.

054
답 자연선택

다양한 변이가 있는 생물집단의 개체들 중 생존과 번식에 유리한 형질을 가진 개체가 그렇지 않은 개체보다 더 잘 살아남아 자손을 더 많이 남기는 과정을 자연선택이라고 한다.

055
답 ○

변이는 환경 요인에 의해 나타나기도 하지만 주로 개체마다 가지고 있는 유전정보의 차이에 의해 나타난다. 이러한 유전정보의 차이는 돌연변이와 유성생식 과정에서 생식세포의 다양한 조합으로 발생한다.

056
답 ○

돌연변이는 유전자의 염기서열이 변하여 유전정보가 달라지는 현상으로, 돌연변이가 일어나 만들어진 돌연변이 유전자에 의해 변이가 발생할 수 있다.

057
답 ×

다양한 변이가 있는 생물집단에서 포식자의 눈에 덜 띄는 개체가 포식자의 눈에 더 잘 띄는 개체보다 더 잘 살아남는다.

058
답 ○

생물집단이 오랜 세월 동안 여러 세대를 거치면서 생물의 특성이 변화하여 원래의 종과는 다른 새로운 종이 생겨나는 과정을 진화라고 한다.

059
답 ○

다윈은 생물집단이 여러 세대 동안 자연선택을 거듭하면서 진화가 일어난다는 자연선택설을 제시했다.

060
답 (라) → (가) → (나) → (다)

자연선택설에 따른 생물의 진화 과정은 과잉 생산과 변이(라) → 생존경쟁(가) → 자연선택(나) → 생물의 진화(다) 순이다.

061

답 ㉠ 있는, ㉡ 자연선택

갈라파고스 제도에는 부리 모양에 다양한 변이가 있는 핀치 조상 집단이 살고 있었고, 이 핀치 조상 집단이 오랜 세월 동안 각 섬의 먹이 환경에 적합한 형질을 가진 개체가 자연선택되는 과정을 거치면서 부리 모양이 서로 다른 여러 종의 핀치로 진화했다.

기출 분석 문제

● 20쪽 ~ 23쪽

062 ③	**063** ③	**064** 해설 참조		**065** ⑤
066 ⑤	**067** ⑤	**068** ③	**069** ①	**070** ④
071 ③	**072** ⑤	**073** ③	**074** ③	**075** ①
076 해설 참조		**077** ③	**078** 해설 참조	

062

답 ③

ㄱ. 변이는 같은 생물종의 개체 간에 나타나는 형질의 차이이다.

ㄴ. 변이는 돌연변이와 유성생식 과정에서 생식세포의 다양한 조합으로 발생한다.

오답 피하기 ㄷ. 변이는 개체마다 가지고 있는 유전정보의 차이에 의해 나타난다.

063

답 ③

ㄱ. 토끼 집단에서 개체마다 털 색깔과 무늬가 다른 것은 형질의 차이이므로 변이의 예이다.

ㄷ. 무당벌레 집단에서 개체마다 딱지날개 무늬와 색깔이 다른 것은 형질의 차이이므로 변이의 예이다.

오답 피하기 ㄴ. 변이는 같은 생물종의 개체 간에 나타나는 형질의 차이이다. 나비와 나방은 서로 다른 종이므로 나비와 나방의 날개 무늬와 색깔이 서로 다른 것은 변이에 해당하지 않는다.

064

예시 답안 딱정벌레 집단에서 붉은색 유전자에 돌연변이가 일어나 초록색 유전자가 만들어졌기 때문이다.

채점 기준	배점(%)
붉은색 유전자에 돌연변이가 일어나 초록색 유전자가 만들어졌기 때문이라고 옳게 설명한 경우	100
돌연변이가 일어났기 때문이라고만 설명한 경우	50

065

답 ⑤

ㄴ. 흰색 깃털 유전자는 푸른색 깃털 유전자에 돌연변이가 일어나 만들어진 돌연변이 유전자이므로 (가)는 돌연변이이며, 돌연변이 유전자(㉠)는 자손에게 전달될 수 있다.

ㄷ. 밝고 어두운 얼룩을 가진 비둘기는 밝은색 깃털을 가진 비둘기와 어두운색 깃털을 가진 비둘기의 유성생식 과정에서 암수 생식세포의 다양한 조합에 의해 유전정보가 부모와 달라져 발생한 변이이므로 (나)는 유성생식이다.

오답 피하기 ㄱ. (가)는 돌연변이, (나)는 유성생식이다.

066

답 ⑤

ㄱ. 달맞이꽃 집단에서 갑자기 키와 꽃이 큰 달맞이꽃이 나타난 것은 돌연변이에 의한 것이다.

ㄴ. 돌연변이는 유전자의 염기서열이 변하여 유전정보가 달라지는 현상이므로 달맞이꽃 집단에서는 DNA의 염기서열 변화가 일어났다.

ㄷ. 달맞이꽃 집단에서 키와 꽃이 큰 달맞이꽃이 출현함으로써 새로운 형질이 생긴 것이므로 변이가 증가했다.

067

답 ⑤

ㄱ. 얼룩무늬 강아지는 흰색 털을 가진 개와 검은색 털을 가진 개 사이에서 암수 생식세포의 수정으로 태어났으므로 (가)는 유성생식이다.

ㄷ. 유성생식으로 태어난 자손들은 서로 다른 유전자 조합을 가지게 되므로 유성생식(가)에 의해 같은 생물종의 개체 사이에서 변이가 다양하게 나타날 수 있다.

오답 피하기 ㄴ. 얼룩무늬 강아지는 부모의 털색 유전자를 하나씩 물려받았으며, 돌연변이 털색 유전자를 가지고 있지 않다.

068 필수 유형

답 ③

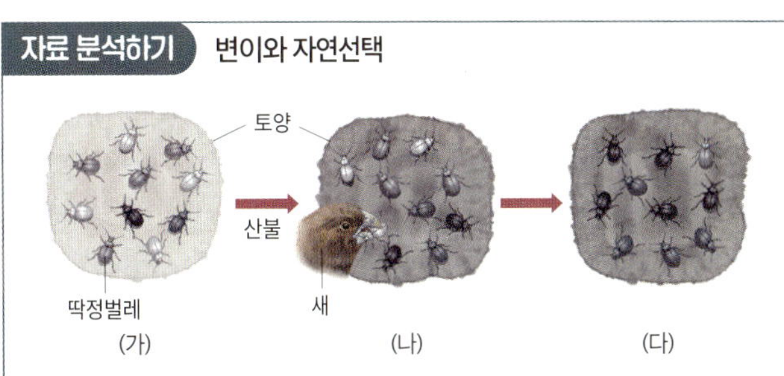

- (가)의 딱정벌레 집단에는 몸 색깔에 변이가 있다.
- 산불로 인해 토양이 검게 변한 환경(나)에서 몸 색깔이 어두운 딱정벌레가 몸 색깔이 밝은 딱정벌레보다 포식자인 새의 눈에 잘 띄지 않는다. ➜ 몸 색깔이 어두운 딱정벌레가 몸 색깔이 밝은 딱정벌레보다 생존과 번식에 유리하여 더 잘 살아남아 자손을 더 많이 남기는 자연선택이 일어났다.
- 자연선택 결과 (다)에서 몸 색깔이 어두운 딱정벌레의 개체수 비율이 증가했다.

ㄱ. (가)의 딱정벌레 집단은 몸 색깔에 변이가 있다.

ㄷ. 산불로 인해 토양이 검게 변한 환경에서 몸 색깔이 어두운 딱정벌레가 몸 색깔이 밝은 딱정벌레보다 포식자인 새의 눈에 잘 띄지 않으므로 몸 색깔이 어두운 딱정벌레가 더 잘 살아남아 자손을 더 많이 남기는 자연선택이 일어났다.

오답 피하기 ㄴ. 토양이 검은 환경에서는 몸 색깔이 어두울수록 포식자인 새의 눈에 잘 띄지 않으므로 몸 색깔이 어두운 딱정벌레가 몸 색깔이 밝은 딱정벌레보다 생존과 번식에 유리하다.

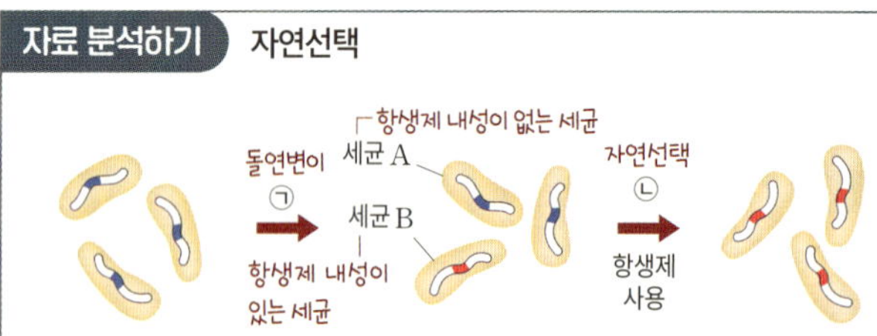

자료 분석하기 자연선택

- 세균 A만 있는 세균 집단에서 돌연변이가 일어나 세균 B가 출현했다. ➡ ㉠은 돌연변이이다.
- ㉡ 과정에서 항생제 사용으로 환경 변화가 일어났으므로 항생제 내성이 있는 세균이 자연선택된다. ➡ ㉡ 이후 개체수 비율이 늘어난 세균 B가 항생제 내성이 있는 세균이고, 개체수 비율이 감소한 세균 A가 항생제 내성이 없는 세균이다.

ㄱ. A는 항생제 내성이 없는 세균, B는 항생제 내성이 있는 세균이다.

오답 피하기 ㄴ. ㉠ 과정에서 변이를 증가시킨 원인은 돌연변이이다.

ㄷ. ㉡ 과정에서 항생제 내성이 있는 세균(B)이 자연선택되어 항생제 내성이 있는 세균(B)의 비율이 증가했으므로 이 세균 집단은 항생제가 있는 환경에 적응했다.

070 답 ④

ㄴ. 말라리아가 자주 발생하는 지역에서는 낫모양적혈구를 가진 사람(㉠)이 생존에 유리하지만, 이 지역에서 말라리아가 퇴치되면 정상 적혈구를 가진 사람(㉡)이 생존에 유리해지므로 자연선택의 결과가 달라질 수 있다.

ㄷ. 말라리아가 자주 발생하는 지역에서는 말라리아에 저항성이 있는 낫모양적혈구를 가진 사람(㉠)이 정상 적혈구를 가진 사람(㉡)에 비해 생존에 유리하여 자연선택되므로 낫모양적혈구를 가진 사람(㉠)의 비율이 다른 지역에 비해 높게 나타난다.

오답 피하기 ㄱ. 낫모양적혈구를 가진 사람은 말라리아에 저항성이 있으므로 말라리아의 발생 여부에 따라 생존에 유리한 형질이 달라진다. 말라리아가 자주 발생하는 지역에서는 정상 적혈구를 가진 사람(㉡)보다 낫모양적혈구를 가진 사람(㉠)이 생존에 유리하다.

071 답 ③

ㄱ. (가)에서 색깔이 다양한 초콜릿이 있는 것은 다양한 변이가 있음을 의미한다.

ㄴ. (나)와 (다)는 노란색 도화지 환경에서 눈에 잘 띄는 초콜릿이 제거되어 생존에 유리한 형질(노란색)을 가진 초콜릿이 자연선택되는 과정을 표현한 것이다.

오답 피하기 ㄷ. 자연선택 과정인 (나)와 (나)를 반복하면 노란색 초콜릿의 비율이 증가할 것이다.

072 답 ⑤

변이가 다양할수록 생존에 유리한 형질이 있을 확률이 높으므로 변이가 적은 집단에서보다 변이가 많은 집단에서 자연선택에 의한 진화가 잘 일어난다.

073 답 ③

ㄱ. (가)에서 기린의 목 길이가 짧은 것에서 긴 것까지 다양하므로 기린 집단은 목 길이에 대한 변이가 있다.

ㄴ. (나)에서 높은 곳에 있는 나뭇잎을 두고 기린 개체들 간에 생존경쟁이 일어났다. 그 결과 목이 짧은 기린은 높은 곳의 나뭇잎을 먹기에 불리하여 죽었고, 목이 긴 기린만 살아남았다.

오답 피하기 ㄷ. (다)에서 기린이 목이 긴 형질을 가지게 된 것은 목이 긴 기린이 높은 곳에 있는 나뭇잎을 먹는 데 유리한 형질을 가져 자연선택되는 과정이 오랜 세월 동안 반복됐기 때문이다.

074 답 ③

ㄱ. 주어진 환경에 잘 적응한 개체가 그렇지 않은 개체보다 더 잘 살아남아 자손을 더 많이 남기는 것은 자연선택이다.

ㄴ. 생존경쟁은 같은 종의 개체들 사이에서 먹이, 서식지, 배우자 등을 차지하기 위해 일어난다.

오답 피하기 ㄷ. 자연선택에 의한 생물의 진화는 과잉 생산과 변이(다) → 생존경쟁(라) → 자연선택(나) → 생물의 진화(가) 순으로 일어난다.

075 답 ①

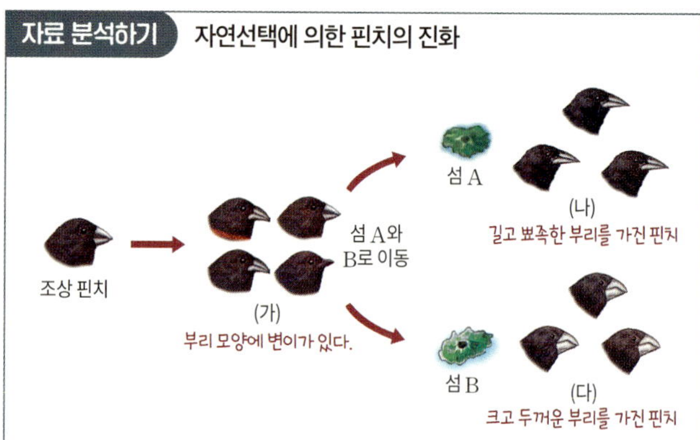

자료 분석하기 자연선택에 의한 핀치의 진화

- (가)의 핀치 집단에는 부리 모양에 변이가 있다.
- (가)의 핀치 집단이 섬 A로 이동한 경우: 섬 A에서 자연선택이 일어나 길고 뾰족한 부리를 가진 핀치 (나)로 진화했다. ➡ 섬 A는 선인장과 같이 길고 뾰족한 부리를 가진 핀치가 먹기에 유리한 먹이가 잘 자라는 환경이다.
- (가)의 핀치 집단이 섬 B로 이동한 경우: 섬 B에서 자연선택이 일어나 크고 두꺼운 부리를 가진 핀치 (다)로 진화했다. ➡ 섬 B는 크고 단단한 씨앗과 같이 크고 두꺼운 부리를 가진 핀치가 먹기에 유리한 먹이가 잘 자라는 환경이다.

ㄱ. 섬 A와 B에 사는 핀치 (나)와 (다)의 부리 모양이 서로 다른 것은 두 섬의 먹이 환경이 달라 서로 다른 형질이 자연선택되었기 때문이다.

오답 피하기 ㄴ. (가)의 핀치 집단은 개체마다 부리 모양이 다르므로 부리 모양에 변이가 있다.

ㄷ. (가)의 핀치 집단이 (나)의 핀치 집단으로 진화하는 과정에서는 길고 뾰족한 부리 형질이 자연선택되었고, (가)의 핀치 집단이 (다)의 핀치 집단으로 진화하는 과정에서는 크고 두꺼운 부리 형질이 자연선택되었다.

076

예시 답안 A 과정에서는 크고 두꺼운 부리를 가진 핀치가 자연선택되었고, B 과정에서는 길고 뾰족한 부리를 가진 핀치가 자연선택되었다.

채점 기준	배점(%)
A 과정에서는 크고 두꺼운 부리를 가진 핀치가, B 과정에서는 길고 뾰족한 부리를 가진 핀치가 자연선택되었다고 옳게 설명한 경우	100
A와 B 과정에서 서로 다른 부리 형질이 자연선택되었다고만 설명한 경우	60

077

답 ③

ㄱ, ㄷ. 부리 모양에 다양한 변이가 있는 조상 핀치가 오랜 시간 동안 갈라파고스 제도의 서로 다른 먹이 환경에서 자연선택되어 적응한 결과 부리 모양이 서로 다른 여러 종의 핀치로 진화했다.

오답 피하기 ㄴ. 핀치의 부리 모양이 다양하게 변화하는 데 가장 큰 영향을 미친 요인은 먹이의 종류이다.

078

예시 답안 협곡의 남쪽과 북쪽의 환경이 서로 다르고, 각 환경에서 생존에 유리한 형질을 가진 다람쥐가 각각 자연선택되었기 때문이다.

채점 기준	배점(%)
서로 다른 환경에서 생존에 유리한 형질을 가진 개체가 자연선택되었기 때문이라고 옳게 설명한 경우	100
자연선택되었기 때문이라고만 설명한 경우	50

1등급 완성 문제 — 24쪽 ~ 25쪽

079 ③ 080 ⑤ 081 ⑤ 082 ④ 083 ④
084 ⑤ 085 해설 참조 086 해설 참조
087 해설 참조

079

답 ③

ㄱ. (가)와 (나)는 모두 개체가 가진 유전정보의 차이로 나타나는 변이의 예이다.

ㄴ. 다양한 변이 중 주어진 환경에서 생존에 유리한 형질을 가진 개체가 살아남아 자손을 남기는 자연선택이 반복되면 진화가 일어날 수 있다. 따라서 (가)와 (나)에 나타난 변이는 자연선택에 의한 진화의 원동력으로 작용한다.

오답 피하기 ㄷ. (가)와 (나)는 모두 개체가 가진 유전정보의 차이로 나타나는 변이의 예이므로 (가)와 (나)의 형질은 모두 자손에게 전달된다.

080

답 ⑤

(가)는 유성생식, (나)는 돌연변이이다.

ㄴ. 유성생식(가)을 하는 생물에서는 암수 생식세포의 다양한 조합에 의해 자손이 태어난다. 따라서 자손은 부모와 다른 염색체 조합을 가진다.

ㄷ. 돌연변이(나)는 유전자의 염기서열이 변하여 유전정보가 달라지는 현상으로, 돌연변이가 일어나면 부모에게 없던 새로운 유전자가 나타날 수 있다.

오답 피하기 ㄱ. 부모에게 없는 새로운 유전자가 나타나는 것은 돌연변이(나)이다.

개념 더하기 변이가 발생하는 원인

변이는 주로 개체마다 가지고 있는 유전정보의 차이에 의해 발생한다.

돌연변이	유전자의 염기서열이 변하여 유전정보가 달라지는 현상으로, 돌연변이가 일어나 만들어진 돌연변이 유전자에 의해 변이가 발생할 수 있다.
유성생식	유성생식 과정에서 암수 생식세포의 다양한 조합에 의해 자손이 가진 유전정보가 부모와 달라져 변이가 발생한다.

081

답 ⑤

ㄱ. (가)에서 딱정벌레 집단에는 몸 색깔이 다양한 개체들이 있으므로 몸 색깔에 변이가 있다.

ㄴ, ㄷ. 어두운색 딱정벌레는 나무껍질과 몸 색깔이 비슷하여 밝은색 딱정벌레에 비해 포식자의 눈에 잘 띄지 않는다. 따라서 어두운색 딱정벌레가 밝은색 딱정벌레보다 생존과 번식에 유리하여 더 잘 살아남아 자손을 더 많이 남기는 자연선택이 일어났다. 그 결과 어두운색 딱정벌레의 개체수 비율은 증가했고, 밝은색 딱정벌레의 개체수 비율은 감소했다.

082

답 ④

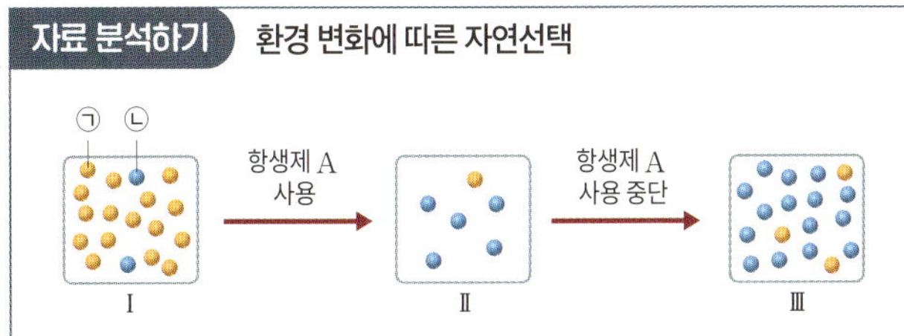

자료 분석하기 환경 변화에 따른 자연선택

- Ⅰ일 때 항생제 A에 내성이 있는 세균과 항생제 A에 내성이 없는 세균이 모두 존재한다.
- 항생제 A를 사용하면 항생제 A에 내성이 있는 세균이 항생제 A에 내성이 없는 세균보다 더 잘 살아남아 자손을 남기는 자연선택이 일어난다. → Ⅱ에서 ⓛ의 개체수 비율이 증가했으므로 ⓛ이 항생제 A에 내성이 있는 세균이고, ㉠은 항생제 A에 내성이 없는 세균이다.

ㄱ. ㉠은 항생제 A에 내성이 없는 세균, ⓛ은 항생제 A에 내성이 있는 세균이다.

ㄷ. 항생제 A의 사용을 중단하면 항생제 A에 내성이 없는 세균(㉠)도 생존에 불리하지 않게 되므로 Ⅱ → Ⅲ 과정에서 항생제 A에 내성이 없는 세균(㉠)과 항생제 A에 내성이 있는 세균(ⓛ)이 모두 잘 번식하여 개체수가 증가했다.

오답 피하기 ㄴ. Ⅰ → Ⅱ 과정에서 항생제 A를 사용하는 환경에서 생존에 유리한 형질을 가진 개체가 더 잘 살아남아 자손을 더 많이 남기는 자연선택이 일어났다.

083

답 ④

숲 A의 나무줄기는 밝은색이므로 검은색 나방이 흰색 나방보다 포식자의 눈에 더 잘 띄어 잡아먹히기 쉽다. 따라서 숲 A에서는 흰색 나방이 생존에 유리하여 자연선택된다. 반면 숲 B의 나무줄기는 어두운색이므로 숲 B에서는 검은색 나방이 흰색 나방보다 생존에 유리하여 자연선택된다. 따라서 ⊙은 흰색 나방, ⓒ은 검은색 나방이다.

084

답 ⑤

ㄱ. 그림은 인산, 당, 염기가 1 : 1 : 1로 결합한 뉴클레오타이드이며, 염기로 타이민(T)을 가지므로 DNA의 기본 단위체이다. 따라서 X는 DNA이다.

ㄴ. ⊙에서 일부 세균이 항생제 내성을 가지게 된 것은 DNA(X)의 염기서열이 변화하여 유전정보가 달라지는 돌연변이가 일어나 항생제 내성 유전자가 새롭게 만들어졌기 때문이다.

ㄷ. 항생제 내성 세균의 비율이 증가한 것(ⓒ)은 항생제를 사용하는 환경에서 항생제 내성이 있는 세균이 항생제 내성이 없는 세균보다 생존에 유리하여 자연선택되었기 때문이다.

[085~086]

서술형 해결 전략

STEP 1 문제 포인트 파악
항생제에 노출되는 환경에서 어떤 형질을 가진 세균이 자연선택되는지 파악할 수 있어야 한다.

STEP 2 자료 파악

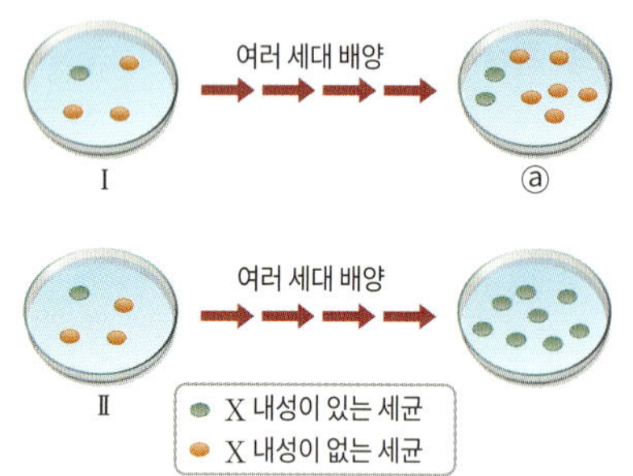

• Ⅰ은 여러 세대를 배양해도 X 내성이 있는 세균과 X 내성이 없는 세균의 개체수 비율이 크게 변화 없다. ➜ 항생제 X를 처리하지 않았다.
• Ⅱ는 여러 세대를 배양했을 때 X 내성이 있는 세균의 비율이 크게 증가했다. ➜ 항생제 X를 처리했다.

STEP 3 관련 개념 모으기
❶ 변이란?
➜ 같은 생물종의 개체 간에 나타나는 형질의 차이이다.
❷ 자연선택이란?
➜ 다양한 변이가 있는 생물집단의 개체들 중 생존과 번식에 유리한 형질을 가진 개체가 그렇지 않은 개체보다 더 잘 살아남아 자손을 더 많이 남기는 과정이다.

085

예시 답안 Ⅱ, 항생제 X가 있는 환경에서는 X 내성이 있는 세균이 X 내성이 없는 세균보다 생존에 유리하여 자연선택되므로 X 내성이 있는 세균의 비율이 증가하기 때문이다.

채점 기준	배점(%)
Ⅱ를 쓰고, 그 까닭을 자연선택에 의한 세균의 비율 변화로 옳게 설명한 경우	100
Ⅱ만 쓴 경우	30

086

ⓐ는 항생제 X를 처리하지 않으면서 세균을 배양한 결과이므로 ⓐ에 X를 처리하면 환경이 변화되어 자연선택이 일어난다.

예시 답안 ⓐ에 X를 처리하면 X 내성이 있는 세균이 X 내성이 없는 세균보다 생존에 유리하여 자연선택되므로 X 내성이 있는 세균의 비율은 증가하고, X 내성이 없는 세균의 비율은 감소할 것이다.

채점 기준	배점(%)
자연선택이 일어나 X 내성이 있는 세균의 비율은 증가하고 X 내성이 없는 세균의 비율은 감소한다고 옳게 설명한 경우	100
자연선택이 일어나 세균의 비율이 변한다고만 설명한 경우	50

087

서술형 해결 전략

STEP 1 문제 포인트 파악
서로 다른 환경 조건에서는 각 환경에 적합한 형질이 달라 서로 다른 형질이 자연선택된다는 것을 파악할 수 있어야 한다.

STEP 2 관련 개념 모으기
❶ 다양한 변이를 가진 집단에서 환경에 변화가 생기면 어떤 형질이 자연선택되는가?
➜ 변화한 환경에서 생존과 번식에 유리한 형질이 자연선택된다.
❷ 환경 변화에 따른 자연선택은?
➜ 자연선택은 생물집단이 변화하는 환경에 적응하도록 해 주며, 환경에 따라 생존에 유리한 형질이 달라 자연선택의 결과가 달라지기도 한다.

사람이 접근하기 쉬워 채집이 활발한 곳에서는 사람의 눈에 잘 띄는 초록색 사사패모가 생존에 불리하며, 주변의 돌과 비슷한 색깔을 띠는 갈색 사사패모는 사람의 눈에 잘 띄지 않으므로 생존에 유리하다. 따라서 사람이 접근하기 쉬워 채집이 활발한 곳(⊙)에서는 사람의 눈에 잘 띄지 않는 방향으로 자연선택이 일어나 갈색 사사패모의 개체수 비율이 높다.

예시 답안 사람이 접근하기 쉬워 채집이 활발한 곳에서는 주변의 돌과 비슷한 색깔인 갈색을 띠는 것이 초록색을 띠는 것보다 생존에 유리하여 갈색 사사패모가 자연선택되었기 때문이다.

채점 기준	배점(%)
갈색이 생존에 유리하여 자연선택되었기 때문이라고 옳게 설명한 경우	100
자연선택되었기 때문이라고만 설명한 경우	30

개념 확인 문제 ──────── ● 27쪽

088 (나)	**089** (다)	**090** (가)	**091** ×	**092** ○
093 ○	**094** ○	**095** ㉠ 서식지단편화, ㉡ 생태통로		

096 ③   **097** ④   **098** ⑤   **099** ③   **100** ④
101 ①   **102** 해설 참조   **103** ②   **104** ⑤
105 ③   **106** ①   **107** ③   **108** ③   **109** ⑤
110 해설 참조   **111** ⑤   **112** ③
113 해설 참조   **114** ④

088
답 (나)

(나)의 예에는 숲에 여러 종류의 생물이 살고 있으므로 (나)는 한 생태계에 살고 있는 생물종이 다양한 정도를 뜻하는 종다양성이다.

089
답 (다)

(다)의 예에는 산, 숲, 강, 초원 등 다양한 생태계가 존재하므로 (다)는 특정 지역에 생물이 살 수 있는 생태계가 다양한 정도를 뜻하는 생태계다양성이다.

090
답 (가)

(가)의 예에는 개체마다 유전자 구성이 달라 털 색깔이 다른 토끼들이 존재하므로 (가)는 한 생물종의 개체들 사이에서 나타나는 유전자의 차이가 다양한 정도를 뜻하는 유전적 다양성이다.

091
답 ×

유전적 다양성이 높은 생물집단은 변이가 다양하므로 환경이 급격히 변해도 변화한 환경에 적응하여 살아남는 개체가 존재할 가능성이 높다. 따라서 유전적 다양성이 높은 생물종은 환경 변화에 대한 적응력이 높아 멸종할 가능성이 낮다.

092
답 ○

종다양성이 높은 생태계에서는 한 생물종이 사라져도 그 역할을 대체할 수 있는 다른 생물종이 있을 가능성이 높다.

093
답 ○

인간은 생물에서 얻는 생물자원을 이용하므로 생물다양성이 높을수록 인간이 이용할 수 있는 생물자원의 종류가 많아진다.

094
답 ○

모든 생물은 저마다 고유한 기능을 하면서 서로 밀접한 관계를 맺고 살아가므로 다양한 생물은 생태계를 안정적으로 유지하는 데 중요하다.

095
답 ㉠ 서식지단편화, ㉡ 생태통로

철도나 도로 개발로 대규모의 서식지가 소규모로 나누어지는 서식지단편화가 일어난 곳에 서식지를 연결하는 생태통로를 설치하면 동물이 안전하게 이동할 수 있다.

096
답 ③

ㄱ. 생물다양성의 3가지 요소는 종다양성, 생태계다양성, 유전적 다양성이다. 따라서 A는 유전적 다양성이다.

ㄴ. 생태계다양성은 특정 지역에 생물이 살 수 있는 생태계가 다양한 정도를 뜻한다. 따라서 강, 숲, 초원, 호수 등 다양한 종류의 생태계가 형성되어 있는 지역은 생태계다양성이 높다.

오답 피하기 ㄷ. 유전적 다양성(A)은 한 생물종의 개체들 사이에서 나타나는 유전자의 차이가 다양한 정도를 뜻한다. 따라서 같은 종인 헬리코니우스나비의 날개 무늬가 개체마다 다른 것은 유전적 다양성(A)의 예이다.

097 필수 유형
답 ④

자료 분석하기 생물다양성의 3가지 요소

 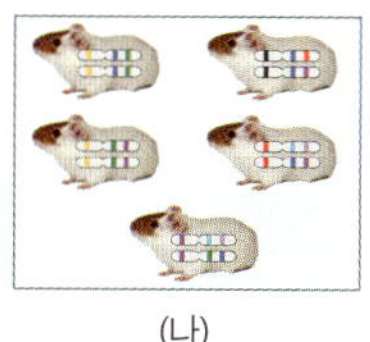 

- (가): 한 생태계에 들쥐, 개구리, 달팽이, 버섯, 나무, 풀 등 다양한 종류의 생물이 살고 있다. ➜ 종다양성
- (나): 같은 종의 들쥐 집단에서 개체마다 가지고 있는 유전자가 다르다. ➜ 유전적 다양성
- (다): 강, 숲, 초원 등 다양한 생태계가 존재한다. ➜ 생태계다양성

ㄴ. 유전적 다양성(나)은 한 생물종의 개체들 사이에서 나타나는 유전자의 차이가 다양한 정도를 뜻한다. 따라서 유전적 다양성(나)은 개체마다 가지고 있는 유전자가 달라 나타난다.

ㄷ. 생태계다양성(다)은 생태계의 종류뿐만 아니라 생물과 환경 간의 상호작용과 같은 생태계구성요소 간의 상호작용의 다양한 정도도 포함한다.

오답 피하기 ㄱ. 같은 종의 바지락에서 껍데기 무늬가 다양하게 나타나는 것은 유전적 다양성(나)의 예에 해당한다.

098
답 ⑤

(가)는 종다양성, (나)는 유전적 다양성, (다)는 생태계다양성이다.

ㄱ. 생태계에 살고 있는 생물종의 수가 많을수록, 각 생물종이 고르게 분포할수록 종다양성(가)이 높다.

ㄴ. 변이는 주로 개체마다 가지고 있는 유전정보의 차이에 의해 나타나므로 변이가 다양할수록 유전적 다양성(나)이 높다.

ㄷ. 한 생태계는 그 환경에 적응하여 진화한 생물들로 구성되어 있으므로 각각의 생태계에서 살아가는 생물종은 서로 다르다. 따라서 생태계다양성(다)이 높으면 종다양성(가)도 높게 나타나므로 생태계다양성(다)은 종다양성(가)에 영향을 미친다.

099
답 ③

별불가사리 집단에서 무늬와 색깔이 개체마다 다른 것은 변이이므로, 이와 가장 관련이 깊은 생물다양성의 요소는 유전적 다양성이다.

ㄱ, ㄴ. 유전적 다양성은 한 생물종의 개체들 사이에서 나타나는 유전자의 차이가 다양한 정도를 뜻하며, 변이가 다양할수록 높게 나타난다.

 ㄷ. 일정한 지역에 살고 있는 생물종의 다양함은 종다양성이다.

100
답 ④

ㄴ. 생태계다양성은 지구 전체 또는 특정 지역에 생물이 살 수 있는 생태계가 다양한 정도를 뜻한다.

ㄷ. 지구에 숲, 사막, 초원, 열대우림 등 다양한 종류의 생태계가 있는 것은 생태계다양성의 예이다.

 ㄱ. 같은 생물종의 개체 간에 나타나는 형질의 다양함은 변이이며, 이는 유전적 다양성과 관련이 있다.

101 필수 유형
답 ①

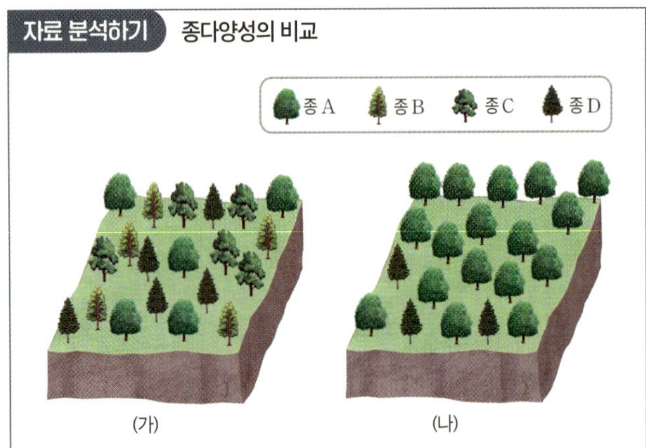

구분	개체수				총개체수
	종 A	종 B	종 C	종 D	
(가)	5	5	5	5	20
(나)	17	0	0	3	20

• (가)와 (나)에 살고 있는 식물의 총개체수는 20으로 같다.
• (가)에는 4종류의 식물이, (나)에는 2종류의 식물이 살고 있으며, (가)에서가 (나)에서보다 각 식물 종이 고르게 분포한다. ➜ (가)에서가 (나)에서보다 종다양성이 높다.

ㄱ. (가)와 (나)에 살고 있는 식물의 총개체수는 20으로 같지만, (가)에서가 (나)에서보다 살고 있는 식물 종의 수가 많고, 각 식물 종이 고르게 분포하므로 종다양성은 (가)에서가 (나)에서보다 높다.

 ㄴ. (가)에는 종 A, 종 B, 종 C, 종 D가 살고 있고, (나)에는 종 A와 종 D만 살고 있다.

ㄷ. (가)와 (나)에 종 C가 5그루씩 추가되어도 (가)에서가 (나)에서보다 살고 있는 식물 종의 수가 많고, 각 식물 종이 고르게 분포하므로 종다양성은 (가)에서가 (나)에서보다 높다.

102

(가)와 (나)에 살고 있는 생물종의 종류는 4종류로 같지만 (가)에서는 각 생물종이 고르게 분포하고 있다. 반면 (나)에서는 전체 개체수에서 D의 개체수가 차지하는 비율이 높아 각 생물종이 고르게 분포하고 있지 않다.

 (가), 종다양성은 생태계에 살고 있는 각 생물종이 고르게 분포할수록 높기 때문이다.

채점 기준	배점(%)
(가)를 쓰고, 그 까닭을 각 생물종의 분포 비율과 관련지어 옳게 설명한 경우	100
(가)만 쓴 경우	30

103
답 ②

생태계에 살고 있는 생물종의 수가 많을수록, 각 생물종이 고르게 분포할수록 종다양성이 높다. 따라서 ㉠은 종다양성이다. 유전적 다양성이 높은 생물집단은 변화한 환경에 적응하는 데 적합한 유전자를 가진 개체가 있을 수 있어 멸종할 가능성이 낮다. 따라서 ㉡은 유전적 다양성이다.

104
답 ⑤

ㄱ. 한 생태계는 그 환경에 적응하여 진화한 생물들로 구성되어 있으므로 각각의 생태계에서 살아가는 생물종은 서로 다르다. 따라서 생태계다양성이 높을수록 종다양성(㉠)도 높게 나타난다.

ㄴ. 유전적 다양성(㉡)이 높으면 개체들 사이에서 나타나는 유전자의 차이가 다양하므로 변이가 다양하다.

ㄷ. 종다양성(㉠)이 높은 생태계일수록 한 생물종이 사라져도 다른 생물종이 그 역할을 대체할 수 있어 생태계가 안정적으로 유지될 수 있다.

105
답 ③

유전적 다양성이 높은 생물집단은 변이가 다양하므로 환경이 급격히 변해도 변화한 환경에 적응하여 살아남는 개체가 존재할 가능성이 높다.

106
답 ①

ㄱ. 논(가)은 주로 벼만 살고 있으므로 갯벌(나)보다 살고 있는 생물종의 수가 적고 각 생물종이 고르게 분포하지 않는다. 따라서 종다양성은 논(가)에서가 갯벌(나)에서보다 낮다.

 ㄴ. 논(가)에는 주로 벼만 살고 있으며, 갯벌(나)에는 조개, 낙지, 게 등 매우 다양한 생물이 살고 있다. 따라서 논(가)과 갯벌(나)에 살고 있는 생물의 종류는 같지 않다.

ㄷ. 갯벌(나)을 매립하여 논(가)으로 만들면 종다양성이 낮아지므로 이 지역의 생물다양성이 낮아진다.

107　답 ③

③ 사탕수수를 이용하여 에너지원인 바이오에탄올을 만든다.

오답 피하기 ① 목화와 누에는 주로 의복 재료로 이용된다.

② 나무는 건축 재료 이외에도 의약품을 만드는 데 이용되기도 하며, 휴식처를 재공해 주는 등 다양한 용도로 이용된다.

④ 생물다양성이 높을수록 인간이 이용할 수 있는 생물자원의 종류가 많아진다.

⑤ 잘 보전된 숲은 인간에게 휴식 공간을 제공하는 생물자원으로 이용된다.

108　답 ③

ㄱ. (가)는 생물인 고래상어가 관광 산업으로 활용된 사례이다.

ㄴ. (나)는 해열 진통제와 같은 의약품의 재료로 버드나무에서 추출한 물질을 활용한 사례이다.

오답 피하기 ㄷ. 남획은 특정 생물을 과도하게 사냥하는 것으로, 남획으로 인해 일부 생물종은 멸종 위기에 처해 있다. 따라서 고래상어(ⓖ)의 남획은 생물다양성을 감소시킬 수 있다.

109　답 ⑤

생물다양성을 감소시키는 원인에는 습지의 매립으로 인한 서식지 파괴, 철도나 도로 개발로 인한 서식지단편화, 불법 포획과 남획, 외래생물의 도입, 환경오염과 기후 변화 등이 있으며, 대부분 인간의 활동과 관련이 깊다.

110

예시 답안 생물의 서식지가 파괴되어 서식지의 면적이 감소하고 생물의 생존이 어려워지므로 그 서식지에 살고 있는 생물종의 개체수가 감소하여 생물다양성이 감소한다.

채점 기준	배점(%)
서식지파괴로 생물다양성이 감소한다는 것을 옳게 설명한 경우	100
생물다양성이 감소한다고만 설명한 경우	50

111　답 ⑤

⑤ 생물다양성협약은 생물다양성을 보전하고 지속가능한 이용을 위한 국제 협약으로, 이러한 국제 협약을 체결하는 것은 생물다양성보전을 위한 노력에 해당한다.

오답 피하기 ① 환경오염과 지구 온난화를 비롯한 기후 변화로 생물의 생존 능력이 감소할 수 있다.

② 특정 생물을 불법으로 포획하거나 과도하게 사냥하면 개체수가 급격하게 감소하여 멸종될 가능성이 높아진다.

③, ④ 철도나 도로 등의 개발로 대규모의 서식지가 소규모로 나누어지는 서식지단편화가 일어날 수 있으며, 이로 인해 생물의 서식지가 감소하고 생물의 이동이 제한된다.

112　답 ③

외래생물은 원래의 서식지를 벗어나 다른 지역으로 유입된 생물로, 천적이 없는 경우 대량으로 번식해 고유종의 생존을 위협하므로 무분별한 외래생물의 도입은 생물다양성의 감소 원인에 해당한다.

113

생물다양성보전의 필요성을 알리는 다양한 홍보 활동에 참여한다. 대중교통 이용, 친환경 제품 사용 등 환경 보전 활동에 참여한다. 쓰레기 분리배출과 같은 자원 재활용에 동참한다.

예시 답안 자원을 재활용한다. 대중교통을 이용한다.

채점 기준	배점(%)
일생생활에서 실천할 수 있는 생물다양성보전 방안을 2가지 모두 옳게 설명한 경우	100
일생생활에서 실천할 수 있는 생물다양성보전 방안을 1가지만 옳게 설명한 경우	50

114　답 ④

ㄴ, ㄷ. 생태통로는 도로 건설 등에 의해 단편화된 서식지를 연결해 주는 역할을 하며, 동물이 도로를 건너지 않고 안전하게 이동할 수 있게 해 준다.

오답 피하기 ㄱ. 생태통로는 서식지단편화로 인한 생물다양성 감소를 막기 위한 노력 중 하나이다.

● 32쪽 ~ 33쪽

115 ②　　**116** ③　　**117** ③　　**118** ④　　**119** ⑤
120 ③　　**121** 해설 참조　　**122** 해설 참조
123 해설 참조

115　답 ②

(가)는 같은 종의 토끼 집단에서 나타나는 변이이므로 유전적 다양성이고, (나)는 여러 생물종의 다양함을 나타냈으므로 종다양성이다.

ㄴ. 유전적 다양성(가)이 높은 종일수록 변이가 다양하므로 환경이 급격히 변해도 변화한 환경에 적응하여 살아남는 개체가 존재할 수 있으므로 멸종할 가능성이 낮다.

오답 피하기 ㄱ. (가)는 유전적 다양성, (나)는 종다양성이다.

ㄷ. 같은 종의 무당벌레에서 날개 무늬가 다양하게 나타나는 것은 유전적 다양성(가)의 예이다.

116
답 ③

한 생물종에서 유전자의 차이가 다양한 정도는 유전적 다양성이고, 한 생태계에 살고 있는 생물종의 다양한 정도는 종다양성이므로 Ⅱ는 유전적 다양성, Ⅲ은 종다양성이다. 따라서 Ⅰ은 생태계다양성이다.

ㄱ. 한 생태계는 그 환경에 적응하여 진화한 생물들로 구성되어 있으므로 각각의 생태계에서 살아가는 생물종은 서로 다르다. 따라서 생태계다양성(Ⅰ)이 높을수록 종다양성(Ⅲ)이 높다.

ㄷ. 생태계에 살고 있는 생물종의 수가 많을수록, 각 생물종이 고르게 분포할수록 종다양성(Ⅲ)이 높다.

[오답 피하기] ㄴ. (나)에서 A의 개체수가 많을수록 유전자 변이의 수가 증가하며, 유전자 변이가 많으면 유전적 다양성이 높다. 따라서 A의 개체수가 적을수록 유전적 다양성(Ⅱ)이 낮다.

117
답 ③

ㄱ. 호랑나비과에 속하는 나비 ㉠에서 개체마다 날개 무늬가 다양하게 나타나는 것은 변이이며, 변이는 같은 생물종에서 개체마다 가지고 있는 유전정보의 차이에 의해 나타나므로 ⓐ는 유전적 다양성에 해당한다.

ㄴ. 식물 ㉡의 열매와 뿌리의 껍질은 가래를 줄여 주고 혈압을 낮춰 주는 약재로 사용되는 등 생물자원으로 이용된다.

[오답 피하기] ㄷ. ㉠의 어른벌레 암컷은 ㉡의 잎에만 알을 낳고, 알에서 부화한 ㉠의 애벌레는 ㉡의 잎만 먹고 자라므로 ㉡의 개체수가 감소하면 ㉠이 알을 낳을 장소와 애벌레의 먹이가 사라져 ㉠의 개체수도 감소할 것이다.

118
답 ④

자료 분석하기　생물다양성

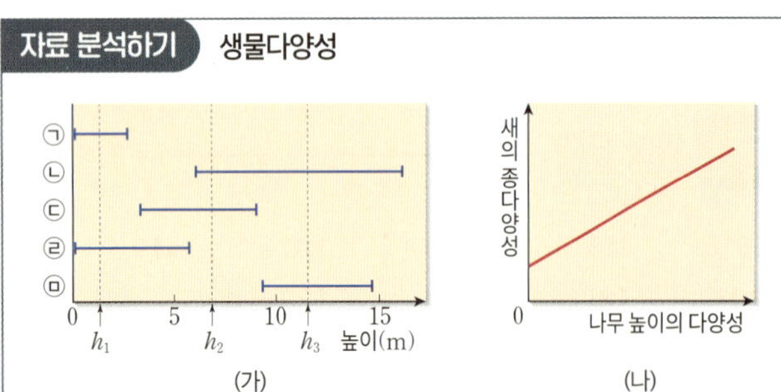

(가)　　　(나)

- 높이가 h_1인 나무에는 ㉠과 ㉣이 서식하고, h_2인 나무에는 ㉡과 ㉢이 서식하며, h_3인 나무에는 ㉢과 ㉤이 서식한다.
- 나무 높이의 다양성이 높을수록 새의 종다양성이 높다.

ㄱ. 높이가 h_1인 나무에는 ㉠과 ㉣이 서식한다.

ㄴ. 나무 높이의 다양성이 높을수록 새의 종다양성이 높으므로 생물다양성이 높다.

[오답 피하기] ㄷ. 나무 높이의 다양성은 숲을 이루는 나무의 높이가 다양할수록 높아지므로 높이가 h_3인 나무만 있는 숲은 높이가 h_1, h_2, h_3인 나무가 고르게 분포하는 숲보다 나무 높이의 다양성이 낮다. 따라서 높이가 h_3인 나무만 있는 숲에서가 높이가 h_1, h_2, h_3인 나무가 고르게 분포하는 숲에서보다 새의 종다양성이 낮다.

119
답 ⑤

ㄱ. 씨가 있는 야생 바나나(㉠)는 유성생식으로 번식하므로 이 과정에서 생식세포가 다양하게 조합되어 변이가 발생할 수 있다. 따라서 씨가 있는 야생 바나나(㉠)는 뿌리로 번식하는 씨가 없는 바나나(㉡)보다 변이가 다양하다.

ㄴ. 씨가 있는 야생 바나나(㉠)를 뿌리를 잘라 번식(ⓐ)시키면 변이가 거의 발생하지 않게 되어 유전적 다양성이 낮아진다.

ㄷ. 씨가 있는 야생 바나나(㉠)는 씨가 없는 바나나(㉡)보다 유전적 다양성이 높으므로 변이가 다양하여 환경이 급격히 변해도 변화한 환경에 적응하여 살아남는 개체가 존재할 가능성이 높다. 따라서 전염병과 같은 급격한 환경 변화가 발생했을 때 씨가 있는 야생 바나나(㉠)는 씨가 없는 바나나(㉡)보다 환경 변화에 대한 적응력이 높아 멸종할 가능성이 낮다.

120
답 ③

ㄱ, ㄷ. 도로 건설로 대규모의 서식지가 소규모로 나누어지는 서식지단편화가 일어났으며, 서식지단편화로 서식지 가장자리의 면적이 넓어지고 중앙의 면적이 좁아지면서 중앙에 살던 생물의 개체수가 줄어들고 종 ㉠이 사라져 생물다양성이 감소했다.

[오답 피하기] ㄴ. 서식지단편화로 가장자리의 면적이 넓어지고 중앙의 면적이 좁아지면서 중앙에 살던 종 ㉡의 개체수가 감소했다.

[121~122]

서술형 해결 전략

[STEP 1] 문제 포인트 파악
생물다양성의 3가지 요소를 이해하고, 각 요소의 특징을 파악할 수 있어야 한다.

[STEP 2] 자료 파악

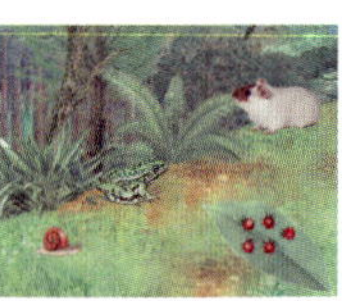

(가)　　　　(나)　　　　(다)

- (가): 생태계의 종류가 다양함을 나타내므로 생태계다양성이다.
- (나): 같은 종의 무당벌레에서 딱지날개 무늬가 다양함을 나타내므로 한 생물종의 개체 사이에서 나타나는 유전자의 차이가 다양함을 뜻하는 유전적 다양성이다.
- (다): 숲에 무당벌레, 개구리, 달팽이 등이 살고 있으므로 한 생태계에 살고 있는 생물종이 다양한 정도를 뜻하는 종다양성이다.

[STEP 3] 관련 개념 모으기
❶ 유전적 다양성이 높은 생물집단의 특징은?
→ 유전적 다양성이 높은 생물집단은 변이가 다양하므로 환경이 급격히 변해도 변화한 환경에 적응하여 살아남는 개체가 존재할 가능성이 높다. 따라서 환경 변화에 대한 적응력이 높아 생물이 멸종할 가능성이 낮다.
❷ 종다양성이 높게 나타나려면?
→ 생태계에 살고 있는 생물종의 수가 많을수록, 각 생물종의 개체수가 고르게 분포할수록 종다양성이 높게 나타난다.

121

예시 답안 (가) 생태계다양성, (나) 유전적 다양성, (다) 종다양성, 유전적 다양성 (나)이 낮은 생물집단은 변이가 다양하지 않으므로 환경이 급격히 변했을 때 변화한 환경에 적응하여 살아남는 개체가 존재할 가능성이 낮다. 따라서 환경 변화에 대한 적응력이 낮아 생물이 멸종할 가능성이 높다.

채점 기준	배점(%)
(가)~(다)가 무엇인지 쓰고, 유전적 다양성이 낮을 경우 나타날 수 있는 문제점을 환경 변화와 관련지어 옳게 설명한 경우	100
(가)~(다)가 무엇인지만 옳게 쓴 경우	40

122

예시 답안 생태계에 살고 있는 생물종의 수가 많을수록, 각 생물종이 고르게 분포할수록 종다양성(다)이 높다.

채점 기준	배점(%)
종다양성이 높게 나타나는 조건을 2가지 모두 옳게 설명한 경우	100
종다양성이 높게 나타나는 조건을 1가지만 옳게 설명한 경우	50

123

서술형 해결 전략

STEP 1 문제 포인트 파악
생물다양성을 감소시키는 원인을 이해하고, 생물다양성보전을 위한 노력을 파악할 수 있어야 한다.

STEP 2 관련 개념 모으기
❶ 생물다양성의 감소 원인은?
→ 생물다양성을 감소시키는 원인은 대부분 인간의 활동과 관련이 깊다.

서식지파괴	도시 개발, 초원이나 삼림의 개간 등으로 생물의 서식지가 파괴된다.
서식지단편화	철도나 도로 등의 개발로 대규모의 서식지가 소규모로 나누어진다.
불법 포획과 남획	특정 생물을 불법으로 포획하거나 과도하게 사냥하면 개체수가 급격하게 감소하여 멸종될 가능성이 높아진다.
외래생물의 도입	천적이 없는 외래생물의 경우 대량으로 번식하여 고유종의 생존을 위협한다.
환경오염과 기후 변화	환경오염과 지구 온난화를 비롯한 기후 변화로 생물의 생존 능력이 감소할 수 있다.

❷ 생물다양성보전을 위한 노력은?
→ 단편화된 서식지를 연결하는 생태통로를 설치한다. 생물의 불법 포획이나 남획을 금지한다. 외래생물을 도입하기에 앞서 외래생물이 생태계에 미칠 영향을 검증한다. 환경오염 방지 대책 및 기후 변화 해결 방안을 마련하여 시행한다.

예시 답안 외래생물, 외래생물을 도입하기에 앞서 외래생물이 생태계에 미칠 영향을 철저히 검증한다.

채점 기준	배점(%)
(가)가 무엇인지 쓰고, 생물다양성보전을 위한 노력을 (가)와 관련지어 옳게 설명한 경우	100
(가)가 무엇인지만 옳게 쓴 경우	30

124 ①	**125** ③	**126** ③	**127** ②	**128** ③
129 ④	**130** ③	**131** ②	**132** ③	**133** ③
134 ①	**135** ⑤	**136** ③	**137** ①	**138** ②
139 ⑤	**140** ①	**141** ③	**142** ③	**143** ②
144 ①	**145** ⑤	**146** ③	**147** ④	
148 해설 참조		**149** 해설 참조		
150 해설 참조		**151** (나) → (라) → (다) → (가)		
152 해설 참조		**153** 해설 참조		**154** ③
155 ②	**156** ①	**157** ④		

124 [답 ①]

ㄱ. 생물계에서 변화가 컸던 시기를 기준으로 지질 시대를 3개로 구분하면 지층 A~C, 지층 D~E, 지층 F가 된다. 따라서 지층 E와 F 사이는 지질 시대를 구분하는 경계가 된다.

오답 피하기 ㄴ. 화석 ㉠은 지층 D와 E의 퇴적 시기에 생존했고, 화석 ㉣은 지층 B와 C의 퇴적 시기에 생존했다. 따라서 화석 ㉠과 ㉣은 동일한 지질 시대에 생존한 적이 없다.

ㄷ. 화석 ㉡은 모든 지층에서 산출되므로 지질 시대를 구분하는 데 유용하지 않다.

125 [답 ③]

ㄱ. 석회암층에서 고생대에 번성한 삼엽충과 완족류의 화석이 발견되었으므로 석회암층은 고생대에 생성되었다.

ㄷ. 석회암층은 바다에서 생성되었고, 이암층은 육지에서 생성되었다. 석회암층 → 이암층의 순서로 지층이 생성되었으므로 이 지역의 퇴적 환경은 바다에서 육지로 바뀌었다.

오답 피하기 ㄴ. 이암층에서 온난 습윤한 환경에서 서식하는 고사리의 화석이 발견되었으므로 이암층이 생성될 당시의 기후는 온난 습윤했다.

126 [답 ③]

자료 분석하기 수륙 분포의 변화

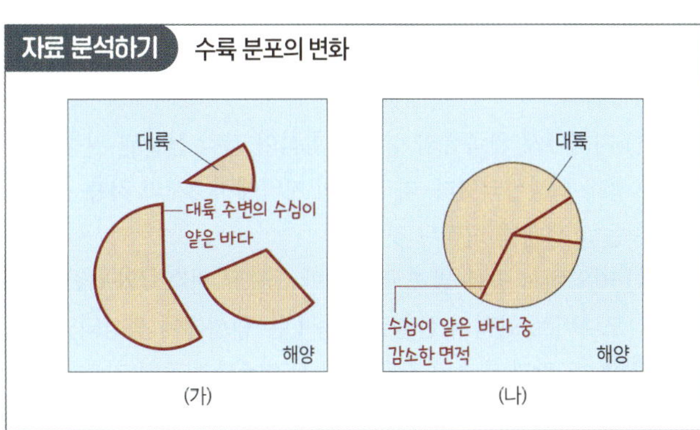

ㄱ. 흩어진 대륙이 한 덩어리로 모이는 과정에서 상대적으로 밀도가 큰 해양판이 대륙판 아래로 섭입하므로 화산 활동이 활발해진다.

ㄷ. 수심이 얕은 바다는 대륙 주변부에 있으므로 수륙 분포가 (가)에서 (나)로 변화하면 수심이 얕은 바다의 총 면적이 감소한다.

 ㄴ. 해양 생물종의 대부분은 수심이 얕은 바다에서 서식하므로 수륙 분포가 (가)에서 (나)로 변화하면 해양 생물의 서식 환경이 열악해진다.

127 답 ②

(가) 시대는 말기에 기후가 한랭했으므로 신생대이고, (나) 시대는 대체로 기후가 온난했으므로 중생대이다.

ㄷ. 포유류는 중생대 중기에 출현했으며, 공룡이 멸종한 뒤 신생대에 포유류가 번성했다. 따라서 포유류는 중생대인 (나) 시대보다 신생대인 (가) 시대에 번성했다.

 ㄱ. 판게아는 (나) 시대의 초기부터 분리되기 시작했다.
ㄴ. (나) 시대에는 전 기간에 걸쳐 기후가 온난했으며, 빙하기가 없었다.

128 답 ③

ㄱ. 삼엽충은 고생대 말기에 멸종했으므로 생물 ㉠은 고생대에 번성한 양서류이다.
ㄷ. 생물 ㉢은 중생대에 번성하여 현재까지 생존하는 식물이므로 겉씨식물이다. 암모나이트는 중생대에 번성하다가 멸종했으므로 겉씨식물은 암모나이트의 생존 기간을 포함한다.

 ㄴ. 생물 ㉡은 신생대에 번성한 포유류이다. 필석은 고생대에 번성하다가 멸종했으므로 포유류가 번성한 신생대에는 필석이 존재하지 않는다.

129 답 ④

(가) 시대는 매머드가 번성한 신생대이고, (나) 시대는 공룡이 번성한 중생대이다.

ㄴ. 중생대 초기부터 판게아가 분리되면서 대륙이 이동했으며, 수륙 분포가 점차 현재의 모습에 가까워졌다. 따라서 대서양의 면적은 (나) 시대보다 (가) 시대에 넓었다.

ㄷ. 신생대에는 양치식물, 겉씨식물, 속씨식물이 존재했고, 중생대에는 양치식물, 겉씨식물이 존재했다. 따라서 육상 식물 종의 수는 (나) 시대보다 (가) 시대에 많았다.

 ㄱ. 지질 시대의 시간 순서는 (나) → (가) 순이다.

130 답 ③

ㄱ. (가) 지역에서 완족류와 삼엽충 화석이 각각 산출된 지층 A와 B는 고생대에 생성되었다. 따라서 이 지역에서 4개의 지층 중 2개의 지층은 고생대에 퇴적된 것이다.

ㄴ. (가) 지역에서 공룡 발자국 화석이 산출된 지층 C와 (나) 지역에서 암모나이트 화석이 산출된 지층 F는 중생대에 생성되었다.

 ㄷ. 강과 호수와 같은 육지 환경에서 퇴적된 지층은 (가) 지역의 지층 C뿐이다.

131 답 ②

ㄷ. ㉡ 시기는 생물이 대멸종한 고생대 말기이므로 육상 파충류인 공룡은 ㉡ 시기 이후에 번성했다.

 ㄱ. 삼엽충은 고생대 말기에 멸종했으므로 A는 삼엽충이고, B는 완족류이다.
ㄴ. ㉠ 시기는 고생대 초기이므로 생물이 폭발적으로 증가했으며, 생물 대멸종은 일어나지 않았다.

132 답 ③

(가)에서는 돌연변이, (나)에서는 유성생식 과정에서 암수 생식세포의 다양한 조합으로 변이가 발생한다.

ㄱ. (가)에서 염기서열이 변하여 새롭게 만들어진 유전자는 생식을 통해 자손에게 전달될 수 있다.

ㄷ. 변이가 다양한 생물집단에서는 생존과 번식에 유리한 형질을 가진 개체가 자연선택되며, 생물집단이 여러 세대 동안 자연선택을 거듭하면서 진화가 일어난다. 따라서 변이는 진화를 일으키는 요인으로 작용한다.

 ㄴ. 유성생식(나) 과정에서 암수 생식세포의 다양한 조합에 의해 자손이 가진 유전정보가 부모와 달라진다. 따라서 유성생식(나)에 의해 유전적 다양성이 증가한다.

133 답 ③

ㄱ. (가) 과정에서는 유전자 A에 돌연변이가 일어나 유전자 a가 새롭게 만들어졌다.

ㄷ. 자손인 ㉠의 꽃 색깔이 부모와 다른 것은 유성생식 과정에서 부모의 유전자 A와 a가 다양하게 조합되어 자손에게 전달되었기 때문이다.

 ㄴ. (가)와 (나) 과정을 거치면서 이 식물집단의 꽃 색깔이 붉은색 1가지에서 붉은색, 분홍색, 흰색의 3가지로 증가했으므로 변이가 증가했다.

134 답 ①

ㄱ. (가)에서 같은 종의 생물집단에서 개체들의 몸 색깔이 다양하므로 몸 색깔에 변이가 있다.

 ㄴ. (나)에서 포식자의 눈에 더 잘 띄는 개체가 주로 잡아먹혔으므로 포식자의 눈에 더 잘 띄는 개체는 환경에 적응하기에 불리한 형질을 가지고 있다.

ㄷ. (다)에서 포식자의 눈에 덜 띄는 개체의 형질이 자손에게 전달되므로 (다)가 반복되면 포식자의 눈에 덜 띄는 개체의 비율이 증가한다.

135 답 ⑤

ㄱ. (가)에는 노란색 형질을 가진 A와 파란색 형질을 가진 B가 모두 존재하므로 변이가 있다.

ㄴ. (나)에서 A가 포식자에게 잡아먹혀 파란색 형질을 가진 B가 살아남고 노란색 형질을 가진 A가 사라지는 자연선택이 일어났다.

ㄷ. (나)에서 B가 살아남은 것은 생존과 번식에 유리한 형질을 가지고 있기 때문이다.

136 답 ③

항생제를 사용하는 환경에서는 항생제 내성이 있는 세균이 생존에 유리하여 더 많이 살아남아 번식하는 자연선택이 일어난다. 따라서 항생제를 사용한 이후 비율이 증가한 B가 항생제 내성이 있는 세균이며, A는 항생제 내성이 없는 세균이다.

ㄱ. ㉠ 과정에서 항생제 내성이 있는 세균(B)이 자연선택되었다.

ㄴ. (가)의 세균 집단은 항생제 내성에 따른 형질의 차이가 있으므로 항생제 내성에 변이가 있다.

오답 피하기 ㄷ. 항생제 내성 유전자의 비율은 항생제 내성이 있는 세균(B)의 비율이 더 높은 (나)일 때가 (가)일 때보다 높다.

137 답 ①

ㄱ. 말라리아의 발생 여부에 따라 생존에 유리한 형질이 다르므로 자연선택의 결과가 달라지기도 한다.

오답 피하기 ㄴ. 말라리아가 자주 발생하는 지역에서는 정상 적혈구와 낫모양적혈구를 모두 가져 빈혈이 약하게 있지만 말라리아에 저항성이 있는 ㉡과 같은 형질을 가진 사람이 생존과 번식에 유리하여 자연선택된다.

ㄷ. 말라리아가 거의 발생하지 않는 지역에서는 정상 적혈구를 가져 빈혈이 없는 ㉠과 같은 형질이 생존에 유리하기 때문에 ㉠과 같은 형질을 가진 사람이 자연선택된다.

> **개념 더하기** **말라리아와 낫모양적혈구빈혈증**
>
> • 말라리아를 일으키는 병원체는 적혈구 안에서 증식하는데, 낫모양적혈구에서는 증식하기 어렵다. ➡ 낫모양적혈구를 가진 사람은 말라리아에 저항성이 있다.
> • 낫모양적혈구빈혈증은 헤모글로빈 유전자의 염기 1개가 다른 염기로 바뀌는 돌연변이에 의해 나타나며, 낫모양적혈구는 산소를 운반하는 능력이 떨어져 빈혈을 일으킨다.
> • 정상 대립유전자와 낫모양적혈구 대립유전자를 모두 가진 사람은 낫모양적혈구가 일부 만들어지지만 대체로 건강하며, 말라리아에 저항성이 있다. 반면 낫모양적혈구 대립유전자만 가진 사람은 말라리아에 저항성은 있지만 빈혈이 심해 생존에 불리하다.
> • 말라리아가 자주 발생하는 아프리카의 일부 지역에서는 낫모양적혈구 대립유전자를 가진 사람이 자연선택되어 낫모양적혈구 대립유전자를 가진 사람의 비율이 높다.

138 답 ②

ㄷ. 다양한 변이가 있는 생물집단의 개체들 중 생존에 유리한 형질을 가진 개체가 그렇지 않은 개체보다 더 잘 살아남아 자손을 더 많이 남기는 것을 자연선택이라고 하며, 자연선택이 오랜 세월 동안 여러 세대를 거치면서 반복되면 새로운 생물종이 출현하는 진화가 일어날 수 있다.

오답 피하기 ㄱ. 변이가 없는 생물집단에서는 모든 개체가 동일한 형질을 가져 자연선택이 일어나지 않는다. 따라서 자연선택은 다양한 변이가 있는 생물집단에서 일어난다.

ㄴ. 자연선택이 일어난 생물집단에서도 환경 변화에 따라 자연선택이 계속 일어날 수 있으며, 자연선택이 오랜 세월 동안 여러 세대를 거치면서 반복되면 진화가 일어날 수 있다.

139 답 ⑤

ㄱ. 갈라파고스 제도로 이주한 핀치 집단 ㉠은 갈라파고스 제도의 다양한 먹이 환경에서 서로 다른 형질을 가진 개체가 자연선택되어 부리 모양이 서로 다른 여러 종의 핀치로 진화했다. 따라서 핀치 집단 ㉠은 부리 모양에 변이가 있었다.

ㄴ, ㄷ. 먹이의 종류에 따라 각 먹이를 먹기에 적합한 부리 모양이 다르다. 따라서 부리 모양에 다양한 변이가 있는 핀치 집단 ㉠의 개체들 중 먹이 환경에 따라 각 환경에 적합한 형질을 가진 개체가 생존경쟁에서 살아남았으며, 이 개체들이 자신의 유전자를 자손에게 전달하는 자연선택이 일어났다.

140 답 ①

종다양성은 식물 종, 동물 종뿐만 아니라 생태계에 살고 있는 모든 생물종의 다양한 정도를 의미한다.

141 답 ③

(가)는 유전적 다양성, (나)는 종다양성, (다)는 생태계다양성이다.

ㄱ. 유전적 다양성(가)은 한 형질을 결정하는 유전자가 다양할수록 높다.

ㄷ. 한 생태계는 그 환경에 적응하여 진화한 생물들로 구성되어 있으므로 각각의 생태계에서 살아가는 생물종은 서로 다르다. 따라서 생태계다양성(다)이 높을수록 종다양성(나)이 높게 나타난다.

오답 피하기 ㄴ. (나)는 종다양성이다.

142 답 ③

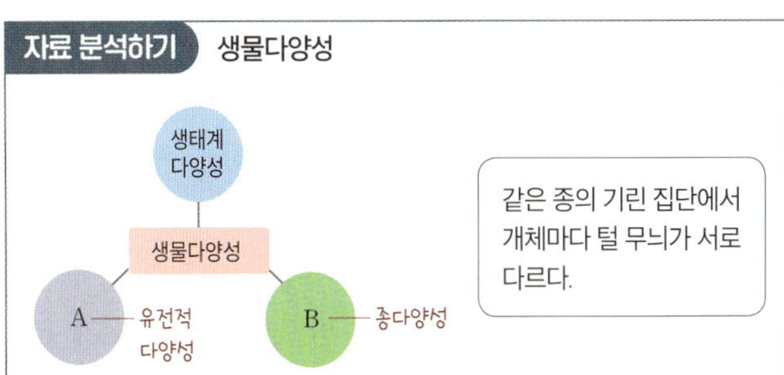

> • 생물다양성에는 유전적 다양성, 종다양성, 생태계다양성의 3가지 요소가 있다.
> • 같은 종의 기린 집단에서 개체마다 무늬가 서로 다른 것은 변이이며, 변이는 같은 생물종의 개체마다 가지고 있는 유전정보의 차이에 의해 나타난다. 따라서 유전적 다양성의 예에 해당한다. ➡ A는 유전적 다양성이고, B는 종다양성이다.

ㄱ. 유전적 다양성(A)이 높은 생물집단은 변이가 다양하므로 환경이 급격히 변해도 변화한 환경에 적응하여 살아남는 개체가 존재할 가능성이 높다.

ㄴ. 종다양성(B)은 한 생태계에 살고 있는 생물종의 다양한 정도를 의미한다.

오답 피하기 ㄷ. 종다양성(B)은 한 생태계에 살고 있는 생물종의 수가 많을수록, 각 생물종이 고르게 분포할수록 높다.

143 답 ②

ㄷ. 종다양성은 생태계에 살고 있는 생물종의 수가 더 많은 (나)에서가 (가)에서보다 높다. 종다양성이 높은 생태계일수록 한 생물종이 사라져도 다른 생물종이 그 역할을 대체할 수 있어 생태계가 안정적으로 유지될 수 있다. 따라서 생태계는 (가)에서보다 (나)에서 더 안정적으로 유지된다.

오답 피하기 ㄱ. (나)에서가 (가)에서보다 종다양성이 높으므로 (나)에서가 (가)에서보다 생물다양성이 높다.

ㄴ. (가)에서는 들쥐가 사라졌을 때 뱀도 먹이가 없어 사라질 가능성이 높지만, (나)에서는 들쥐가 사라졌을 때 뱀이 들쥐 대신 토끼를 먹으며 살 수 있다. 따라서 뱀이 사라질 가능성은 (나)에서가 (가)에서보다 낮다.

144 답 ①

ㄱ. 서식지단편화는 철도나 도로 등의 개발로 대규모의 서식지가 소규모로 나누어지는 것으로, 서식지단편화가 일어나면 생물의 서식지가 감소하고 생물의 이동이 제한된다.

오답 피하기 ㄴ, ㄷ. 이 생태계에서 서식지단편화가 일어난 후 생물의 이동이 제한되어 생물이 먹이를 구하기 어려워져 생물의 개체 수가 감소하고, 가장자리의 면적은 넓어지고 중앙의 면적은 좁아지면서 중앙에 살던 ⑩이 사라져 종다양성이 감소했다.

145 답 ⑤

ㄱ. 습지에 제방을 설치하고 습지를 메워 개간(⊙)하면 생물의 서식지 면적이 감소하게 되므로 생물다양성이 감소할 수 있다.

ㄴ. 저층 늪에는 다른 층의 늪보다 더 다양한 생물종이 살고 있으므로 종다양성은 저층 늪에서가 다른 층의 늪에서보다 높다.

ㄷ. 생물다양성이 높은 지역을 천연기념물로 지정하여 관리하는 것은 생물다양성보전을 위한 국가적 노력에 해당한다.

146 답 ③

ㄱ. 야생 생물의 불법 포획이나 남획은 생물다양성을 감소시키는 원인이므로 이를 금지하는 것은 생물다양성보전을 위한 방안이다.

ㄷ. 람사르 협약은 국제적으로 중요한 습지를 보호하는 국제 협약으로, 람사르 협약을 맺는 것은 생물다양성보전을 위한 국제적 노력이다.

오답 피하기 ㄴ. 도로를 건설하여 생물의 서식지를 여러 구역으로 나누면 서식지단편화가 일어나 생물의 서식지가 감소하고 생물의 이동이 제한되므로 생물다양성이 감소할 수 있다.

147 답 ④

ㄱ. (가)는 개인적 노력, (나)는 국가적 노력, (다)는 국제적 노력이다.

ㄴ. 야생 동물 보호 및 관리에 관한 법률을 제정하는 것은 생물다양성보전을 위한 국가적 노력(나)에 해당한다.

오답 피하기 ㄷ. 갯벌 매립은 생물다양성을 감소시키는 원인이므로 생물다양성보전을 위한 노력에 해당하지 않는다.

[148~149]

148

예시 답안 필석, 필석이 산출된 지층은 고생대인 C 시기에 퇴적되었다.

채점 기준	배점(%)
(가)가 무엇인지 쓰고, (가)가 산출된 지층이 퇴적된 시기를 옳게 설명한 경우	100
(가)가 무엇인지만 옳게 쓴 경우	50

149

예시 답안 삼엽충, 필석과 삼엽충은 고생대의 바다에서 서식했다.

채점 기준	배점(%)
(가)의 생물과 같은 시기에 번성하고 멸종한 생물 1종을 쓰고, 생물이 살았던 당시의 서식 환경을 옳게 설명한 경우	100
(가)의 생물과 같은 시기에 번성하고 멸종한 생물 1종만 옳게 쓴 경우	50

150

예시 답안 운석(소행성) 충돌설, 거대한 운석(소행성)이 지구와 충돌하여 두꺼운 먼지 구름이 형성되고 햇빛을 차단하게 되면서 식물의 광합성량이 감소하고, 기온이 낮아졌다.

채점 기준	배점(%)
가설이 무엇인지 쓰고, 가설로 인한 환경 변화 2가지를 옳게 설명한 경우	100
가설이 무엇인지만 옳게 쓴 경우	50

서술형 해결 전략

STEP 1 문제 포인트 파악
자연선택설에 따른 기린의 진화 과정을 파악할 수 있어야 한다.

STEP 2 관련 개념 모으기
❶ 자연선택이란?
➡ 다양한 변이가 있는 생물집단의 개체들 중 생존과 번식에 유리한 형질을 가진 개체가 그렇지 않은 개체보다 더 잘 살아남아 자손을 더 많이 남기는 과정이다.
❷ 자연선택에 의한 진화 과정은?
➡ 생물집단이 여러 세대 동안 자연선택을 거듭하면서 생물종의 형질이 조상과는 다르게 변화하여 새로운 종으로 분화하는 진화가 일어난다.

151

답 (나) → (라) → (다) → (가)

목 길이에 다양한 변이가 있는 수많은 기린이 살고 있었다(나). 낮은 곳에 있는 나뭇잎이 고갈되자 높은 곳에 있는 나뭇잎을 두고 생존경쟁이 일어났다(라). 목이 짧은 기린은 높은 곳의 먹이를 먹기 불리하여 목이 긴 기린이 생존경쟁에서 살아남았고, 자손에게 목이 긴 형질을 물려주었다(다). 이 과정이 오랜 시간 동안 반복되었으며, 그 결과 목이 긴 기린이 번성하게 되었다(가).

152

예시 답안 목이 긴 기린이 목이 짧은 기린보다 생존과 번식에 유리하여 자연선택되었기 때문이다.

채점 기준	배점(%)
(다)와 같은 현상이 나타난 까닭을 자연선택과 관련지어 옳게 설명한 경우	100
자연선택이 일어났기 때문이라고만 설명한 경우	50

153

서술형 해결 전략

STEP 1 문제 포인트 파악
면적이 동일한 생태계의 종다양성을 파악할 수 있어야 한다.

STEP 2 자료 파악

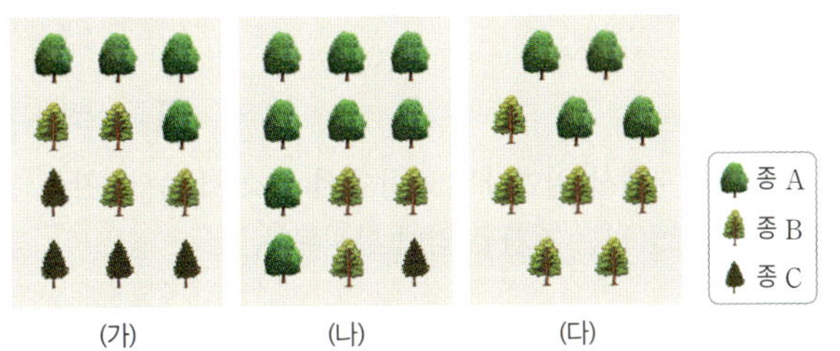

• (가)와 (나)에 살고 있는 식물의 총개체수는 12로 같으며, (다)에 살고 있는 총개체수는 10이다.
• (가)와 (나)에는 3종류의 식물이, (다)에는 2종류의 식물이 살고 있다. ➡ 생태계에 살고 있는 식물 종의 수와 총개체수가 가장 적은 (다)에서 종다양성이 가장 낮다.
• (가)에서가 (나)에서보다 각 식물 종이 고르게 분포하고 있다. ➡ (가)에서가 (나)에서보다 종다양성이 높다.

예시 답안 (가), (가)에서가 (나)와 (다)에서보다 살고 있는 식물 종의 수가 많고, 각 식물 종이 고르게 분포하기 때문이다.

채점 기준	배점(%)
(가)를 쓰고, 그 까닭을 식물 종의 수, 각 식물 종의 분포 비율과 관련지어 옳게 설명한 경우	100
(가)만 쓴 경우	30

154

답 ③

자료 분석하기 지질 시대의 상대적 길이

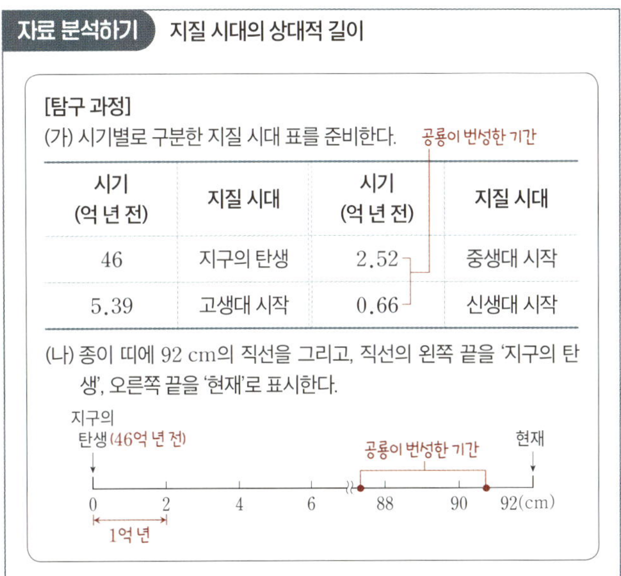

[탐구 과정]
(가) 시기별로 구분한 지질 시대 표를 준비한다.

시기 (억 년 전)	지질 시대	시기 (억 년 전)	지질 시대
46	지구의 탄생	2.52	중생대 시작
5.39	고생대 시작	0.66	신생대 시작

(나) 종이 띠에 92 cm의 직선을 그리고, 직선의 왼쪽 끝을 '지구의 탄생', 오른쪽 끝을 '현재'로 표시한다.

ㄱ. 직선의 길이 92 cm가 46억 년에 해당하므로 46억 년 : 92 cm = 1억 년 : x cm이고, $x=2$(cm)이다.

ㄴ. 공룡은 중생대 동안 번성했으므로 그 기간은 2.52억 년 전~0.66억 년 전이다. 2.52억 년 전은 직선의 오른쪽 끝인 '현재'로부터 왼쪽으로 3칸 이동한 86 cm~88 cm 구간에 해당하고, 0.66억 년 전은 90 cm~92 cm 구간에 해당한다. 따라서 공룡이 번성한 기간은 2 cm보다 길다.

오답 피하기 ㄷ. 고생대가 시작한 5.39억 년 전은 직선의 오른쪽 끝인 '현재'로부터 왼쪽으로 6칸 이동한 80 cm~82 cm 구간에 해당한다.

155

답 ②

A 시기는 중생대, B 시기는 신생대이다.

ㄷ. 속씨식물은 중생대에 출현하여 신생대에 번성했으므로 속씨식물은 A 시기보다 B 시기에 번성했다.

오답 피하기 ㄱ. ㉠의 과의 수 감소가 가장 클 때는 252백만 년 전으로, 고생대 말기에 해당한다. 공룡은 66백만 년 전 중생대 말기에 멸종했다.

ㄴ. 육지에 생물이 최초로 출현한 시기는 생물의 광합성에 의해 대기 중 산소의 농도가 높아져 고생대에 오존층이 형성된 이후이므로 ㉠은 해양 무척추동물(삼엽충, 완족류, 필석), ㉡은 육상 식물(양치식물)이다.

156
답 ①

자료 분석하기 변이와 자연선택

- 표는 이 숲에서 시간에 따른 흰색 나방과 검은색 나방의 개체수 비율을 나타낸 것이다.

시점	개체수 비율(%)	
	흰색 나방	검은색 나방
t_1	100	0
t_2	85	15
t_3	95	5

- $t_1 \sim t_2$ 구간과 $t_2 \sim t_3$ 구간 중 한 구간에서만 돌연변이가 일어났다.
- 숲이 어두울수록 흰색 나방이 포식자에게 발견될 확률이 높다.

- t_1일 때 이 나방 집단에는 흰색 나방만 있었는데 t_2일 때 검은색 나방이 나타났으므로 돌연변이는 $t_1 \sim t_2$ 구간에서 일어났다.
- $t_1 \sim t_2$ 구간에서 흰색 나방의 개체수 비율이 감소하고 검은색 나방의 개체수 비율이 증가했다. ➡ 숲이 어두워져 검은색 나방이 자연선택되었다.
- $t_2 \sim t_3$ 구간에서 흰색 나방의 개체수 비율이 증가하고 검은색 나방의 개체수 비율이 감소했다. ➡ 숲이 밝아져 흰색 나방이 자연선택되었다.

ㄱ. 돌연변이는 $t_1 \sim t_2$ 구간에서 일어났다.

오답 피하기 ㄴ, ㄷ. $t_1 \sim t_2$ 구간에서 돌연변이가 일어나 검은색 나방이 출현했고, 숲이 어두워져 검은색 나방이 자연선택되었다. $t_2 \sim t_3$ 구간에서 숲이 밝아지면서 흰색 나방이 자연선택되었다.

157
답 ④

자료 분석하기 생물다양성

요소	예	구분	Ⅰ	Ⅱ	Ⅲ
A	같은 종의 고양이에서 털 색깔이 다양하게 나타난다.	㉠	10	15	5
B	한라산에는 노루, 구상나무, 왕벚나무, 진달래 등이 산다.	㉡	10	5	25
		㉢	15	0	5
(가)		(나)			

- 같은 종의 고양이에서 털 색깔이 다양하게 나타나는 것은 변이이며, 변이는 같은 생물종의 개체마다 가지고 있는 유전정보의 차이에 의해 나타나므로 유전적 다양성의 예이다. 한라산에 다양한 생물종이 살고 있는 것은 종다양성의 예이다. ➡ A는 유전적 다양성, B는 종다양성이다.
- Ⅰ에는 총 3종류의 핀치 35마리가, Ⅱ에는 총 2종류의 핀치 20마리가, Ⅲ에는 총 3종류의 핀치 35마리가 살고 있으며, Ⅰ에서가 Ⅲ에서보다 각 종이 고르게 분포하고 있다. ➡ 종다양성(B)은 생태계에 살고 있는 생물종의 수가 많을수록, 각 생물종이 고르게 분포할수록 높으므로 Ⅰ에서 가장 높다.

ㄱ. 변이는 같은 생물종의 개체 간에 유전정보의 차이에 의해 나타나는 형질의 차이이므로 유전적 다양성(A)이 높은 생물종일수록 변이가 다양하다.

ㄴ. 종다양성(B)은 Ⅰ~Ⅲ 중 Ⅰ에서 가장 높다.

오답 피하기 ㄷ. ㉠~㉢은 서로 다른 종이며, 부리 모양도 서로 다르므로 부리 모양에 대한 유전정보는 서로 다르다.

---

2. 화학 변화

04 산화와 환원

개념 확인 문제 ● 43쪽

158 산화, 환원	**159** 환원, 산화
160 ㉠ 산화, ㉡ 환원	**161** ㉠ 산화, ㉡ 환원
162 ㉠ 산화, ㉡ 환원	**163** ㉠ 산화, ㉡ 환원
164 산소(O_2)	**165** ✕ **166** ◯ **167** ◯
168 ✕	

158
답 산화, 환원

물질이 산소를 얻는 반응을 산화, 산소를 잃는 반응을 환원이라고 한다.

159
답 환원, 산화

물질이 전자를 얻는 반응을 환원, 전자를 잃는 반응을 산화라고 한다.

160
답 ㉠ 산화, ㉡ 환원

탄소(C)가 산소를 얻어 산화되어 이산화 탄소(CO_2)가 되고 산화 구리(Ⅱ)(CuO)가 산소를 잃어 환원되어 구리(Cu)가 된다.

161
답 ㉠ 산화, ㉡ 환원

마그네슘(Mg)이 전자를 잃어 산화되어 마그네슘 이온(Mg^{2+})이 되고, 산소(O_2)가 전자를 얻어 환원되어 산화 이온(O^{2-})이 된다. 산화 마그네슘(MgO)은 마그네슘 이온(Mg^{2+})과 산화 이온(O^{2-})이 결합한 이온 결합 물질이다.

162
답 ㉠ 산화, ㉡ 환원

수소 연료 전지에서 일어나는 반응에서 수소(H_2)는 전자를 잃어 산화되고, 산소(O_2)는 전자를 얻어 환원된다.

163
답 ㉠ 산화, ㉡ 환원

철의 제련 반응에서 탄소(C)는 산소를 얻어 산화되고, 산화 철(Ⅲ)(Fe_2O_3)은 산소를 잃어 환원된다.

164
답 산소(O_2)

광합성과 연소는 모두 산소(O_2)가 관여하는 반응이다.

165

답 ×

질산 은 수용액에 구리판을 넣으면, 구리는 전자를 잃어 산화된다.

166

답 ○

광합성에서 이산화 탄소는 산소를 잃어 환원되어 포도당을 생성한다.

167

답 ○

철은 공기 중의 산소, 수분과 반응하여 붉은색의 산화 철(Ⅲ)(녹)을 생성한다.

168

답 ×

수소 연료 전지에서 반응물은 수소와 산소로, 수소는 산화되고 산소는 환원되어 물을 생성한다.

기출 분석 문제 — ● 44쪽 ~ 48쪽

169 ③	**170** ④	**171** (가) Hg, (나) C_3H_8, (다) Mg, (라) C		
172 ④	**173** ⑤	**174** (가) Al, (나) Na		
175 (가) O_2, (나) Cl_2		**176** ⑤	**177** ①	**178** ⑤
179 ④	**180** ⑤	**181** ④	**182** ⑤	**183** ②
184 ③	**185** ③	**186** ⑤	**187** ②	**188** ⑤
189 ③	**190** ⑤			

169

답 ③

ㄱ, ㄷ. 연소 반응과 수소 연료 전지에서 일어나는 반응은 모두 산소(O_2)가 관여하는 산화·환원 반응이다.

오답 피하기 ㄴ. (가)는 뷰테인(C_4H_{10})이 산소(O_2)를 얻는 반응이다.

170

답 ④

ㄱ. (가)에서 질소(N_2)는 산소(O_2)를 얻어 산화된다.

ㄷ. (가)와 (나)에서 산소(O_2)는 환원된다.

오답 피하기 ㄴ. (나)에서 철(Fe)은 산소(O_2)를 얻어 산화된다.

171

답 (가) Hg, (나) C_3H_8, (다) Mg, (라) C

산소를 얻은 물질이 산화된 물질이며, 각 과정에서 산화된 물질은 (가) Hg, (나) C_3H_8, (다) Mg, (라) C이다.

172 필수 유형

답 ④

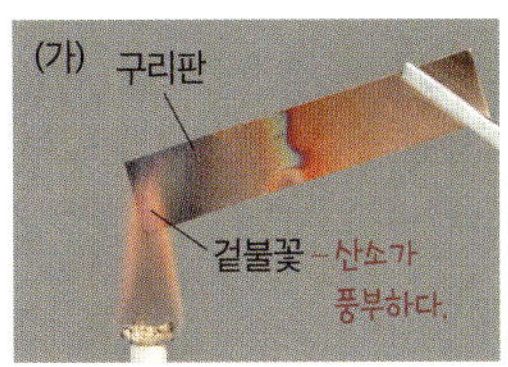 

→ 붉은색 구리를 알코올램프의 겉불꽃에 넣어 가열하면 산소와 반응해 검은색 산화 구리(Ⅱ)가 된다.

→ 검은색 산화 구리(Ⅱ)를 속불꽃에 넣어 가열하면 일산화 탄소와 반응해 다시 붉은색 구리가 된다.

(가)에서 겉불꽃은 산소(O_2)가 풍부하여 구리(Cu)와 O_2의 반응이 일어나며, 구리가 산화되어 생성된 산화 구리(Ⅱ)(CuO)는 검은색을 띤다. 따라서 과정 (가)에서 일어나는 반응의 화학 반응식은 다음과 같고 이때 산화된 물질은 Cu이다.

(가) $2Cu + O_2 \longrightarrow 2CuO$

(나)에서 속불꽃은 O_2가 부족한 상태에서 연료의 불완전 연소가 일어나 일산화 탄소(CO)가 존재한다. CuO와 CO가 반응하면 CuO가 환원되어 붉은색 Cu가, CO가 산화되어 이산화 탄소(CO_2)가 생성된다. 따라서 과정 (나)에서 일어나는 반응의 화학 반응식은 다음과 같고 이때 산화된 물질은 CO이다.

(나) $CuO + CO \longrightarrow Cu + CO_2$

173

답 ⑤

⑤ 산화와 환원은 동시에 일어나므로 전자를 얻는 물질이 있으면 반드시 전자를 잃는 물질이 있다.

오답 피하기 ① 전자를 잃는 반응, 산소를 얻는 반응이 산화이다.

② 산소를 잃는 반응, 전자를 얻는 반응이 환원이다.

③ 화학 반응 중 산소나 전자가 이동하는 반응만 산화·환원 반응이다.

④ 산화와 환원은 산소 또는 전자를 잃고 얻는 반응이므로 항상 동시에 일어난다.

174

답 (가) Al, (나) Na

(가)와 (나)의 반응에서 금속 원자가 전자를 잃어 산화되어 금속 양이온이 된다.

175

답 (가) O_2, (나) Cl_2

(가)와 (나)의 반응에서 비금속 원자가 전자를 얻어 환원되어 비금속 음이온이 된다.

176

답 ⑤

ㄱ, ㄴ. 황산 구리(Ⅱ) 수용액에 아연판을 넣으면 아연(Zn)이 전자를 잃어 산화되고, 구리 이온(Cu^{2+})이 전자를 얻어 환원되어 석출된다.

ㄷ. 구리(Cu) 금속은 고유의 붉은색을 나타낸다.

177
답 ①

ㄱ. (가)에서 산화 구리(Ⅱ)(CuO)는 산소를 잃어 환원되어 구리(Cu)가 되고, 수소(H_2)는 산소를 얻어 산화되어 물(H_2O)이 된다.

오답 피하기 ㄴ. (가)에서 산소와 결합한 H_2는 전자를 잃는다.

ㄷ. (나)에서 Cu가 전자를 잃고 산화되어 구리 이온(Cu^{2+})이 되고, 은 이온(Ag^+)이 전자를 얻고 환원되어 은(Ag)으로 석출되었으므로 전자는 Cu에서 Ag^+으로 이동한다.

178 필수 유형
답 ⑤

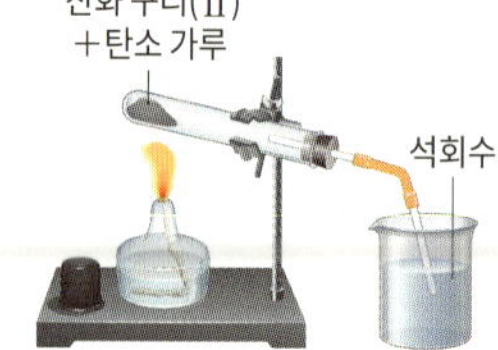

자료 분석하기 **산화 구리(Ⅱ)와 탄소의 반응**

[과정]
산화 구리(Ⅱ)(CuO), 탄소(C) 가루를 넣은 시험관을 가열하면서 (가) 시험관 속 물질의 변화와 (나) 비커의 석회수에서 일어나는 변화를 관찰한다.

[결과]
· 시험관 속 검은색 산화 구리(Ⅱ)가 붉게 변한다.
$$2CuO + C \longrightarrow 2Cu + CO_2$$
· 석회수가 뿌옇게 흐려진다.

석회수($Ca(OH)_2$ 수용액)과 CO_2가 반응하면 물에 녹지 않는 앙금인 탄산 칼슘($CaCO_3$)이 생성되므로 용액이 뿌옇게 흐려진다.

ㄱ. 산화 구리(Ⅱ)(CuO)와 탄소(C) 가루를 넣은 시험관을 가열하면 C가 산화되어 이산화 탄소(CO_2)가, CuO가 환원되어 구리(Cu)가 생성된다.

ㄴ. CuO는 양이온인 Cu^{2+}과 음이온인 O^{2-}이 결합한 이온 결합 물질이다. 생성물에서 Cu는 전하를 띠지 않은 금속 Cu로 존재한다. 즉, 반응에서 CuO의 Cu^{2+}은 전자를 얻어 환원된다.

ㄷ. 석회수와 CO_2가 반응하면 탄산 칼슘($CaCO_3$) 앙금을 생성하여 뿌옇게 흐려진다.

179 필수 유형
답 ④

자료 분석하기 **구리와 질산 은 수용액의 반응**

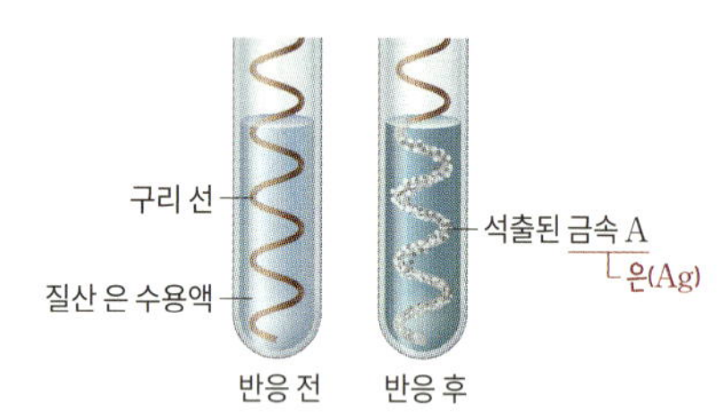

· 질산 은($AgNO_3$) 수용액에는 양이온인 은 이온(Ag^+)과 음이온인 질산 이온(NO_3^-)이 존재한다. 음이온인 NO_3^-은 반응에 관여하지 않는다.
· 용액에 구리(Cu) 선을 넣으면 Cu는 산화되어 Cu^{2+}이 되고, 이 전자를 용액 중의 Ag^+이 받아 Ag으로 석출된다.
· 용액 중에 Cu^{2+}이 녹아 나오므로 용액은 푸른색으로 변한다.

질산 은($AgNO_3$) 수용액에 구리(Cu)를 넣으면 Cu가 산화되어 수용액의 색이 점점 푸른색으로 변하고, $AgNO_3$ 수용액 속의 은 이온(Ag^+)이 환원되어 구리 선 표면에 석출된다.

ㄱ. 석출된 금속 A는 은(Ag)이다.

ㄷ. 구리(Cu)가 산화되어 구리 이온(Cu^{2+})이 생성되며, Cu^{2+}은 수용액에서 푸른색을 나타낸다.

오답 피하기 ㄴ. Cu가 전자를 잃고 산화되고, Ag^+이 전자를 얻어 환원되므로 전자는 Cu에서 Ag^+으로 이동한다.

180
답 ⑤

ㄱ. 마그네슘(Mg)은 산소와 결합하여 전자를 잃어 산화되어 산화 마그네슘(MgO)이 된다.

ㄴ. 이산화 탄소(CO_2)는 산소를 잃어 환원되어 탄소(C)가 된다.

ㄷ. 흰색 가루는 Mg이 산화되어 생성된 MgO이고, 검은색 가루는 CO_2가 환원되어 생성된 C이다.

181
답 ④

ㄴ. 산화 철(Ⅲ)(Fe_2O_3)은 Fe^{3+}과 O^{2-}이 결합한 이온 결합 물질이다. Fe_2O_3이 Fe로 되므로 Fe^{3+}이 전자를 얻고 환원된다.

ㄷ. 철의 제련은 자연 상태에 존재하는 Fe_2O_3에서 산소를 제거하여 순수한 철(Fe)로 환원시키는 공정이다.

오답 피하기 ㄱ. (가)에서 코크스(C)는 산소를 얻어 산화된다.

182 필수 유형
답 ⑤

자료 분석하기 **마그네슘판과 황산 구리(Ⅱ) 수용액의 반응**

황산 구리(Ⅱ) 수용액에 마그네슘판을 넣고 변화를 관찰한다.

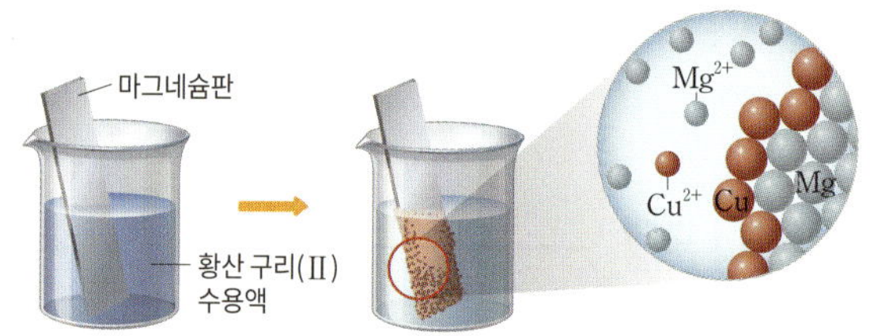

· 구리가 마그네슘판 표면에 석출되며, 구리 이온이 환원되면서 용액의 푸른색이 옅어진다. 황산 구리(Ⅱ) 수용액이 푸른색을 띠는 것은 구리 이온(Cu^{2+}) 때문이다.
$$Mg + Cu^{2+} \longrightarrow Mg^{2+} + Cu$$

ㄱ. 마그네슘(Mg)은 전자를 잃고 산화된다.

ㄴ. 마그네슘이 전자를 잃어 산화되고, 구리 이온(Cu^{2+})이 전자를 얻어 환원되어 석출된다.

ㄷ. 푸른색을 나타내는 Cu^{2+}이 환원되어 금속 구리(Cu)로 석출되므로 용액의 푸른색이 옅어진다.

183
답 ②

과정 (가)와 (나)에서 각각 일어나는 반응의 화학 반응식은 다음과 같다.

(가) $Mg + \frac{1}{2}O_2 \longrightarrow MgO$

(나) $Mg + 2HCl \longrightarrow MgCl_2 + H_2$

② 기체 A는 수소(H_2) 기체이다.

오답 피하기 ① (가)에서 마그네슘(Mg)은 산소를 얻어 산화된다.

③ (나)에서 Mg은 전자를 잃어 산화된다.

④ (나)에서 염산(HCl)의 수소 이온(H^+)은 전자를 얻어 수소(H_2) 기체로 환원된다.

⑤ (가)와 (나)는 산소 또는 전자를 얻고 잃는 산화·환원 반응이다.

184

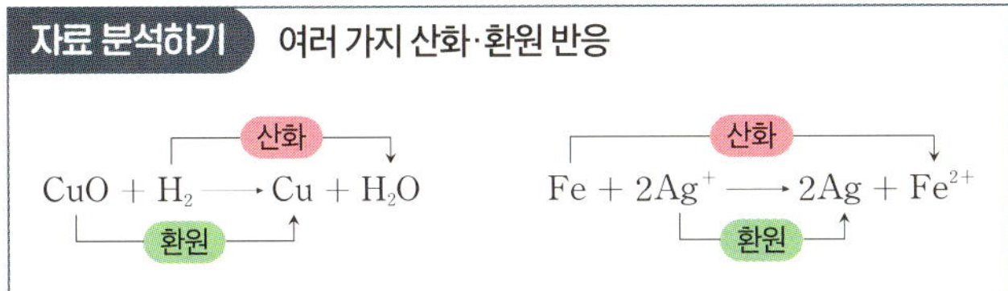

답 ③

첫 번째 반응에서 H_2가 산소를 얻어 산화되어 물(H_2O)이 되었으며, 두 번째 반응에서 Fe이 전자를 잃어 산화되어 Fe^{2+}이 된다.

185

답 ③

ㄱ. 금속 A는 전자를 잃어 A의 이온으로 용액 속에 녹아 들어간다.
ㄷ. 묽은 염산(HCl)에 금속판을 넣었을 때, 금속판 표면에서 기체가 발생하는 것은 산에 들어 있는 수소 이온(H^+)이 환원되어 수소(H_2) 기체가 되기 때문이다.

오답 피하기 ㄴ. HCl의 H^+은 전자를 얻어 환원되어 H_2 기체가 된다.

186

답 ⑤

ㄱ. 금속 B판을 넣었을 때 수용액 속 A^{2+}이 금속으로 석출되는 것은 금속 B가 잃은 전자를 수용액에 들어 있는 A^{2+}이 얻어 환원되기 때문이다.

ㄴ, ㄷ. 반응 후 용액 속 양이온 수가 증가하는 것은 녹아 들어가는 이온 수가 환원되어 석출되는 이온 수보다 많기 때문이다. 따라서 B 이온의 전하는 +1이고, A^{2+} 1개와 B 원자 2개가 반응한다.
$$A^{2+} + 2B \longrightarrow A + 2B^+$$

187

답 ②

생선회에 레몬즙을 뿌리는 것은 산·염기의 중화 반응이다. 중화 반응은 산화·환원 반응이 아닌 대표적인 반응 중 하나이다.

개념 더하기 산화·환원 반응이 아닌 반응

• 산과 염기의 중화 반응
• 앙금 생성 반응

188

답 ⑤

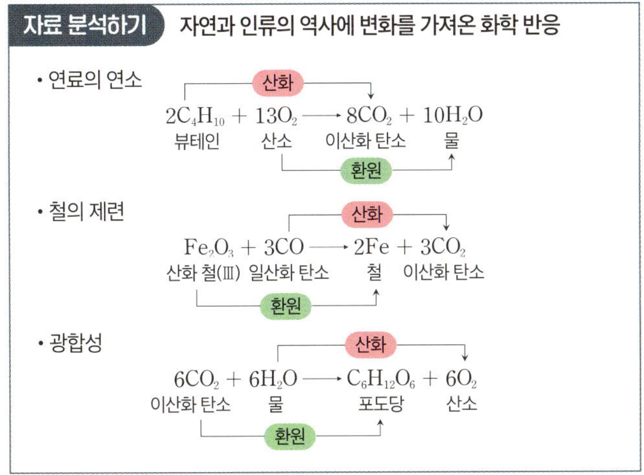

ㄱ. 뷰테인의 연소 반응에서 뷰테인은 산소와 반응하여 이산화 탄소로 산화된다.
ㄴ. 철의 제련 반응에서 산화 철(Ⅲ)은 전자를 잃고 철로 환원된다.
ㄷ. 연소, 철의 제련, 광합성은 자연과 인류의 역사에 큰 변화를 가져온 화학 반응으로 모두 산소가 관여한다는 공통점이 있다.

189

답 ③

벌레 물린 곳에 암모니아수를 바르는 것은 산과 염기의 중화 반응을 이용한 치료이다.

190

답 ⑤

ㄱ, ㄴ. 수소 연료 전지에서 수소(H_2)와 산소(O_2)가 반응하여 물(H_2O)을 형성하는 반응이 일어난다. 이때, H_2는 O_2를 얻어 산화되며 O_2는 환원된다.

$$\overset{\text{산화}}{2H_2 + O_2} \longrightarrow \underset{\text{환원}}{2H_2O}$$

수소 산소 물

ㄷ. H_2와 O_2가 전자를 잃고 얻는 과정에서 전자의 이동이 일어나며, 이러한 전자의 이동을 이용하여 전지가 작동하게 된다.

1등급 완성 문제
● 49쪽 ~ 51쪽

191 ③	**192** ⑤	**193** ④	**194** ④	**195** ①
196 ③	**197** ⑤	**198** ⑤	**199** ③	**200** ③
201 해설 참조		**202** 해설 참조		

191

답 ③

③ (다)에서 산소(O_2)는 환원된다.

오답 피하기 ① ㉠은 이산화 탄소(CO_2)이다.
② (다)에서 마그네슘(Mg)은 전자를 잃고 산화된다.
④ (다)는 화석 연료의 연소 반응으로, 연소 과정에서 많은 열을 발생하며, 이 열은 음식을 조리하거나 집 안을 난방할 때 이용한다.
⑤ (가)에서 CO_2는 탄소(C)당 결합한 산소 수가 감소하므로 환원되고, (나)에서 CO_2는 산소를 잃고 C가 되었으므로 환원된다.

192

답 ⑤

전자를 잃는(산소를 얻는) 산화 반응은 항상 전자를 얻는(산소를 잃는) 환원 반응과 동시에 일어난다. 수소 연료 전지에서는 전자가 이동하는 산화·환원 반응이 일어나는 과정에서 물질의 화학 에너지가 전기 에너지로 전환된다.

193 답 ④

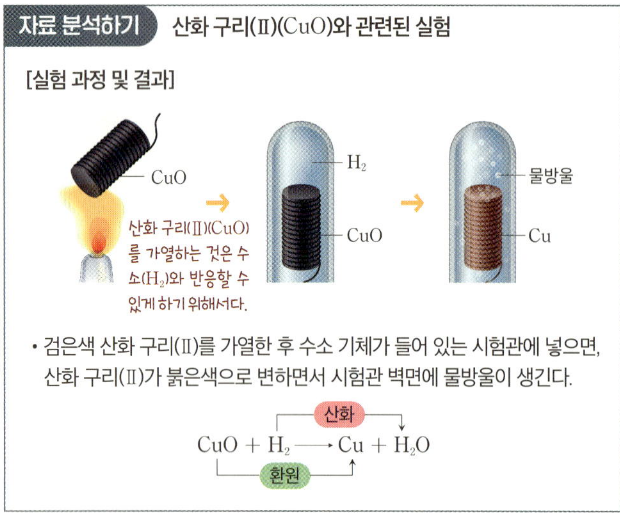

ㄱ. 산소가 산화 구리(Ⅱ)(CuO)에서 수소(H_2)로 이동하므로 산화 구리(Ⅱ)는 환원된다.

ㄷ. 수소(H_2)가 산소를 받아 산화되어 물(H_2O)이 생성된다.

오답 피하기 ㄴ. (나)에서 CuO가 산소를 잃어 Cu로 환원되므로 CuO의 질량은 감소한다.

194 답 ④

ㄴ. 용액 내 X 이온 2개가 사라지고, Y 이온 1개가 생겼으므로 X 이온과 Y 이온의 전하량 비는 1 : 2이다.

ㄷ. (가)에 금속 Y를 초기에 넣어 준 양의 2배를 넣어 주면 X 이온 4개가 환원되므로 용액 내 4개의 X 이온은 모두 사라진다. 즉, 용액 내에는 Y 이온(▲)만 3개 존재한다.

오답 피하기 ㄱ. X 이온과 금속 Y가 반응할 때, Y가 이온이 되었으므로 Y가 전자를 잃어 산화되고, X 이온이 전자를 얻어 환원되어 석출된다. 즉, 전자는 금속 Y에서 X 이온으로 이동한다.

개념 더하기 산화·환원 반응에서 용액의 이온 수 변화

전자를 잃고 얻는 산화·환원 반응은 전체 반응에서 산화되는 물질이 잃은 전자의 총수와 환원되는 물질이 얻은 전자의 총수가 같다. 주고받는 반응이므로 주는 만큼 받는 것이다.

반응한 입자의 수×이온의 전하=생성된 입자의 수×이온의 전하

195 답 ①

ㄱ. 질산 은($AgNO_3$) 수용액에 구리판(Cu)을 넣으면 구리가 전자를 잃어 산화되어 구리 이온(Cu^{2+})이 되고, 용액 속의 은 이온(Ag^+)이 전자를 얻어 구리판 표면에 은(Ag)으로 석출된다. 따라서 반응 후 용액에는 Cu^{2+}이 들어 있다.

오답 피하기 ㄴ. 반응에서 Cu^{2+} 1개가 생성될 때 Ag^+ 2개가 없어지므로 용액 속 양이온 수는 감소한다.

ㄷ. 원자 1개의 질량은 Ag>Cu이므로 반응이 진행되면 은이 석출된 구리판의 질량은 증가한다.

196 답 ③

ㄱ. 금속 X의 이온(●)은 환원되어 석출되므로 용액에서 사라진다.

ㄴ. 반응이 진행되는 과정에서 ● 6개가 전자를 얻어 환원되어 사라지고 금속 Y가 전자를 잃어 산화되어 ▲ 3개가 생겼으므로 반응하는 ●과 생성되는 ▲의 개수비는 2 : 1이다.

오답 피하기 ㄷ. 반응 전후 '반응한 입자 수×이온의 전하=생성된 입자 수×이온의 전하'이므로 이온의 전하 크기는 ● : ▲ = 1 : 2이다.

197 답 ⑤

묽은 염산과 마그네슘의 반응의 화학 반응식은 다음과 같다.
$$2HCl + Mg \longrightarrow H_2 + MgCl_2$$

ㄱ, ㄴ. 마그네슘(Mg)은 전자를 잃고 산화되고 묽은 염산(HCl)의 수소 이온(H^+)이 전자를 얻고 환원되어 수소(H_2) 기체가 된다.

ㄷ. 음이온인 염화 이온(Cl^-)은 반응에 참여하지 않으므로 반응 전후 변화가 없다.

198 답 ⑤

ㄱ. HCl의 H^+이 전자를 얻고 환원되어 수소(H_2) 기체가 발생한다.

ㄴ. 금속 A와 B는 모두 전자를 잃고 산화되어 용액으로 녹아들어 가므로 금속 A판과 B판의 질량은 감소한다.

ㄷ. HCl과 금속의 반응에서 H^+이 환원될 때 금속이 산화되어 금속 이온(A^{a+}, B^{b+})이 생성된다. 이때 수소 이온과 금속이 주고받는 총 전자의 양은 같다. HCl과 A의 반응에서 H^+이 1개 환원될 때, 1개의 금속 이온(A^{a+})이 생성되므로 양이온 수의 변화가 나타나지 않는다. 즉, $a=1$이다. 또 HCl과 B의 반응에서 환원되어 없어진 수소 이온의 수보다 산화되어 들어온 금속 이온(B^{b+})의 수가 적으므로 양이온 수가 감소한다. 즉, $b>1$이므로 $a<b$이다.

199 답 ③

ㄱ. (가)에서 금속 Y를 넣으면 금속 Y가 전자를 잃어 산화되면서 X 이온이 전자를 얻어 환원되어 석출되므로 X 이온의 수가 감소한다. 이때 주고 받은 전자의 수는 같으므로 X 이온과 Y 이온의 전하량의 비는 1 : 2이며 2 : 1의 개수비로 반응한다.

ㄷ. (나)에서 금속 Z를 넣으면 X 이온 3개가 환원되고, 1개의 Z가 산화되었으므로 X 이온과 Z 이온의 전하량의 비는 1 : 3이다.

오답 피하기 ㄴ. 과정 (나)에서 금속 Z를 넣었을 때 Y 이온은 용액 중에 그대로 존재하고 X 이온 3개가 없어지며 Z 이온 1개가 생기므로 전자는 Z에서 X 이온으로 이동한다.

200
답 ③

ㄱ, ㄴ 사과의 갈변 현상과 철의 부식은 공기중의 산소와 반응하는 산화·환원 반응이다.

오답 피하기 ㄷ. 철이 부식될 때 철은 전자를 잃는다.

201

서술형 해결 전략

STEP 1 문제 포인트 파악
묽은 염산과 마그네슘의 반응으로 생성되는 물질을 알고 이때 산화되는 물질과 환원되는 물질을 정확히 파악하고 있어야 한다.

STEP 2 관련 개념 모으기
❶ 묽은 염산과 마그네슘의 반응의 생성물은?
➡ 염화 마그네슘($MgCl_2$)과 수소 기체(H_2)이다.
❷ 산화와 환원이란?
➡ 물질이 전자를 잃는 반응이 산화, 물질이 전자를 얻는 반응이 환원이다.

예시 답안 (1) 수소(H_2) 기체, 전자가 마그네슘(Mg)에서 수소 이온(H^+)으로 이동하였으므로 마그네슘(Mg)이 산화되었으며, 묽은 염산(HCl) 속 수소 이온(H^+)이 환원되어 수소(H_2) 기체가 발생한다.

채점 기준	배점(%)
고무풍선에 들어 있는 물질을 옳게 쓰고, 산화된 물질과 환원된 물질을 전자의 이동으로 옳게 설명한 경우	100
고무풍선에 들어 있는 물질만 옳게 쓴 경우	30

202

서술형 해결 전략

STEP 1 문제 포인트 파악
산화·환원 반응에서 이온 수 변화에 따른 전하량을 파악하고 있어야 한다.

STEP 2 관련 개념 모으기
❶ 금속과 금속 이온이 산화·환원 반응할 때 주고받는 전자의 총수는?
➡ 전자를 잃고 얻는 산화·환원 반응은 전체 반응에서 산화되는 물질이 잃은 전자의 총수와 환원되는 물질이 얻은 전자의 총수가 같다.
❷ 금속과 금속 이온이 산화·환원 반응할 때 전하량을 파악하는 방법은?
➡ 금속과 금속 이온의 산화·환원 반응에서 주고받은 전자의 총수는 같으므로 반응한 입자의 수가 많으면 이온의 전하는 작고, 반응한 입자의 수가 적으면 이온의 전하는 크다.

예시 답안 1 : 3, 반응이 진행되는 과정에서 잃은 전자 수와 얻은 전자 수는 같으며, +1가의 X 이온 6개가 전자를 얻어 환원될 때, 금속 Y 2개가 산화되어 Y 이온을 생성하였으므로 전하량의 비는 1 : 3이다.

채점 기준	배점(%)
X 이온과 Y 이온의 전하량 비를 쓰고 그 까닭을 옳게 설명한 경우	100
X 이온과 Y 이온의 전하량 비만 옳게 쓴 경우	30

05 산과 염기

개념 확인 문제
● 53쪽

203 수소 이온(H^+)   **204** 수산화 이온(OH^-)
205 H^+ **206** ○   **207** ×   **208** ×   **209** ×
210 물(H_2O)   **211** 1 : 1   **212** 중화열
213 파란색, 노란색   **214** 많다   **215** 많다

203
답 수소 이온(H^+)

산은 수용액에서 수소 이온(H^+)을 내놓는 물질이다.

204
답 수산화 이온(OH^-)

염기는 수용액에서 수산화 이온(OH^-)을 내놓는 물질이다.

205
답 H^+

산은 이온화할 때 수소 이온(H^+)을 내놓는다.

206
답 ○

산은 수용액에서 수소 이온(H^+)과 음이온으로 이온화하고, 염기는 수용액에서 양이온과 수산화 이온(OH^-)으로 이온화하므로 전기 전도성이 있다.

207
답 ×

서로 다른 산 수용액이 공통적인 성질을 나타내는 까닭은 수소 이온(H^+)을 공통적으로 가지기 때문이며, 서로 다른 성질을 나타내는 까닭은 각각의 음이온이 다르기 때문이다.

208
답 ×

식초와 탄산 음료는 산성을 나타낸다. 따라서 각 수용액에 페놀프탈레인 용액을 떨어뜨리면 붉은색으로 변하지 않는다.

209
답 ×

금속 마그네슘(Mg)과 반응하여 수소(H_2) 기체를 발생하는 물질은 산이다. 수산화 나트륨 수용액은 염기성이므로 마그네슘을 넣어도 수소 기체가 발생하지 않는다.

210
답 물(H_2O)

산과 염기가 만나면 산의 수소 이온(H^+)과 염기의 수산화 이온(OH^-)이 반응해 물(H_2O)을 생성하는데, 이를 중화 반응이라고 한다.

211
답 1 : 1

산의 수소 이온(H^+)과 염기의 수산화 이온(OH^-)은 1 : 1의 개수비로 반응한다.

212

답 중화열

중화 반응이 일어날 때, 열이 발생하며 이를 중화열이라고 한다.

213

답 파란색, 노란색

BTB 용액은 산성에서 노란색, 중성에서 초록색, 염기성에서 파란색을 나타낸다. 산의 수소 이온과 염기의 수산화 이온은 1 : 1의 개수비로 반응하므로 (가)에는 1개의 수산화 이온(OH^-)이 남아 있으며 (나)에는 1개의 수소 이온(H^+)이 남아 있다. 따라서 (가)는 염기성 용액이므로 BTB 용액을 떨어뜨리면 파란색을, (나)는 산성 용액이므로 BTB 용액을 떨어뜨리면 노란색을 나타낸다.

214

답 많다

과정 1에서는 2개의 수소 이온(H^+)과 수산화 이온(OH^-)이 반응하고, 과정 2에서는 1개의 H^+과 OH^-이 반응한다. 따라서 용액의 혼합 과정에서 생성된 물의 양은 과정 1에서가 과정 2에서의 2배이다.

215

답 많다

중화 반응으로 물이 생성될 때 발생한 중화열의 크기는 생성된 물의 양에 비례하므로 과정 1에서가 과정 2에서의 2배이다.

기출 분석 문제 ● 54쪽 ~ 58쪽

216 ②	217 ③	218 ①	219 ⑤	220 ③
221 ②	222 ③	223 ⑤	224 ③	225 ④
226 ⑤	227 ③	228 ⑤	229 ④	230 ④
231 ①	232 ②	233 ③	234 ②	235 ④

216

답 ②

푸른색 리트머스 종이를 붉은색으로 변하게 하는 것은 산성 물질, 붉은색 리트머스 종이를 푸른색으로 변하게 하는 것은 염기성 물질이다. 식초, 오렌지주스, 탄산 음료는 산성, 제산제, 비눗물은 염기성을 나타낸다.

217

답 ③

산은 공통적으로 수소 이온(H^+)을, 염기는 공통적으로 수산화 이온(OH^-)을 내놓는다.

218

답 ①

ㄴ. 푸른색 리트머스 종이를 붉게 변화시키는 (가)와 (나)는 모두 산이다. 산은 수용액에서 공통적으로 수소 이온(H^+)을 내놓으

로 (가)와 (나)에 공통으로 들어 있는 B가 H^+이고 A와 C는 두 산의 성질을 다르게 하는 음이온이다.

오답 피하기 ㄱ. B가 양이온인 H^+이고, A와 C는 음이온이다.
ㄷ. 금속 마그네슘(Mg)과 반응하여 수소(H_2) 기체를 발생하는 물질은 산으로 (가)와 (나) 모두에 해당한다.

219

답 ⑤

ㄱ. 메틸 오렌지 용액은 지시약으로 산성에서는 붉은색을, 염기성에서는 노란색을 나타낸다. 따라서 산인 레몬즙에 메틸 오렌지 용액을 떨어뜨리면 붉은색을 나타낸다.
ㄴ. 산과 염기는 모두 수용액에서 이온화하므로 전기 전도성이 있다.
ㄷ. 산은 금속과 반응하여 수소(H_2) 기체를 발생한다.

220

답 ③

ㄱ. 산과 염기는 물에 녹아 이온화하므로 수용액 상태에서 전기 전도성이 있다.
ㄴ. 묽은 염산(HCl)이 물에 녹으면 H^+과 Cl^-으로, 수산화 나트륨(NaOH)이 물에 녹으면 Na^+과 OH^-으로 이온화하므로 양이온과 음이온의 전하 크기가 같아 1 : 1의 개수비로 존재한다.

오답 피하기 ㄷ. 금속 마그네슘(Mg)과 반응하여 수소(H_2) 기체를 발생하는 것은 산이다. 염기는 마그네슘과 반응하지 않는다.

221

답 ②

X와 Y는 둘다 산성 용액이다. (가)가 X에만 해당하는 물음이어야 하므로 ㄱ이 해당한다. (가)가 ㄴ일 경우, HCl, CH_3COOH, NaOH이 X가 되며, (가)가 ㄷ 또는 ㄹ일 경우 HCl, CH_3COOH가 X가 된다. (나)에서 산과 염기가 구분되어야 하므로 기준 (나)는 산의 성질에 대한 물음인 ㄷ, ㄹ이 해당한다.

222 필수 유형

답 ③

자료 분석하기 산성을 나타내는 이온의 확인

질산 칼륨(KNO_3) 수용액에 적신 푸른색 리트머스 종이 위에 묽은 염산(HCl)을 적신 실을 올리고 전류를 흘려주면 리트머스 종이의 색이 실에서부터 ($-$)극 쪽으로 붉게 변해 간다.
→ 붉은색이 A극 쪽으로 변해가므로 A극이 ($-$)극이다.
→ 산에 공통적으로 들어 있는 H^+이 ($-$)극 쪽으로 이동하며 리트머스 종이의 색을 붉게 변화시킨다.

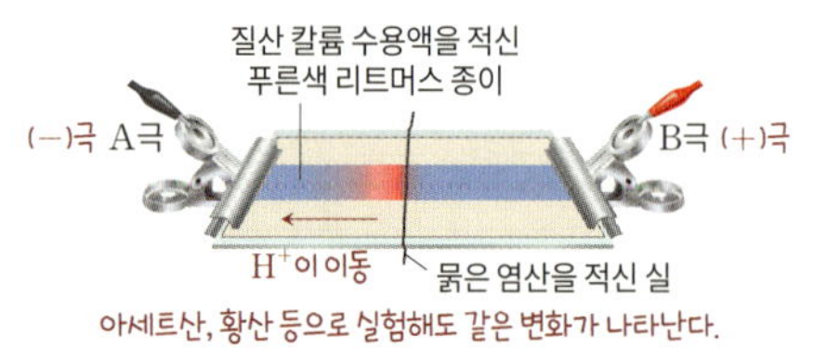

ㄱ. 양이온인 수소 이온(H^+)이 A극 쪽으로 끌려가므로 A극은 ($-$)극이다.
ㄷ. 다른 산(아세트산, 황산, 질산 등)으로 실험해도 H^+의 이동으로 같은 방향 쪽으로 같은 색 변화가 나타난다.

 ㄴ. 산에서 푸른색 리트머스 종이를 붉게 만드는 입자
는 H^+이다.

223
답 ⑤

 지시약을 이용한 산과 염기의 확인

지시약 \ 수용액	A 염기	B 중성	C 산
페놀프탈레인 용액	붉은색	무색	(나) 무색
BTB 용액	(가) 파란색	초록색	노란색

- 수용액 A에 페놀프탈레인 용액을 떨어뜨리면 용액의 색이 붉은색이다.
  → 수용액 A는 염기성 용액이고, BTB 용액을 떨어뜨리면 용액이 파란색
  을 띤다.
- 수용액 B에 페놀프탈레인 용액을 떨어뜨리면 용액의 색이 무색이고
  BTB 용액을 떨어뜨리면 용액의 색이 초록색이다.
  → 수용액 B는 중성 용액이다.
- 수용액 C에 BTB 용액을 떨어뜨리면 용액의 색이 노란색이다.
  → 수용액 C는 산성 용액이고, 페놀프탈레인 용액을 떨어뜨리면 용액이
  무색을 띤다.

ㄱ. 수용액 A는 염기성이므로 BTB 용액을 떨어뜨리면 파란색을,
C는 산성이므로 페놀프탈레인 용액을 떨어뜨리면 무색을 나타낸다.
ㄴ. 수용액 A는 염기성이므로 수산화 이온(OH^-)이 들어 있다.
ㄷ. 수용액 A와 C는 각각 염기성, 산성 용액이고 산과 염기의 용
액에는 이온이 존재하므로 전류가 흐른다.

224
답 ③

산은 수용액에서 수소 이온(H^+)을 공통적으로 내놓으므로 같은
종류의 양이온이, 염기는 수용액에서 수산화 이온(OH^-)을 공통
적으로 내놓으므로 같은 종류의 음이온이 들어 있다.
ㄱ. (가)~(다)는 2가지 산과 1가지 염기로 이루어져 있으므로 같
은 양이온이 들어 있는 두 용액, (가)와 (나)가 H^+을 공통적으로
가지고 있는 HX 수용액, HY 수용액 중 하나일 것이며, (다)는
ZOH 수용액이다. 따라서 ★은 H^+이다.
ㄴ. 산과 염기 수용액에는 이온이 존재하므로 모두 전류가 흐른다.
 ㄷ. BTB 용액을 떨어뜨렸을 때 노란색을 나타내는 것
은 산성 수용액인 (가)와 (나)이다.

225
답 ④

 염기성을 나타내는 이온의 확인

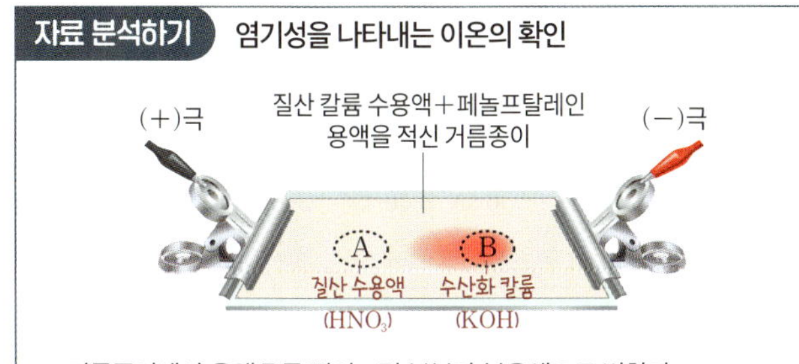

- 거름종이에서 용액 B를 떨어뜨린 부분만 붉은색으로 변한다.
  → B는 염기성을 나타내는 수산화 칼륨(KOH) 수용액이다.
- 전류를 흘려 주면 붉은색이 왼쪽으로 이동한다.
  → 붉은색을 나타나게 하는 수산화 이온(OH^-)이 (+)극 쪽으로 이동한다.

ㄱ. B는 염기성인 KOH 수용액이고, A는 산성인 HNO_3 수용액
이다.
ㄷ. OH^-이 (+)극으로 이동하므로 붉은색이 점점 왼쪽으로 이동
한다.
 ㄴ. 음이온은 종류에 상관 없이 정전기적 인력으로 (+)
극이 위치한 왼쪽 방향으로 이동한다.

226
답 ⑤

ㄱ, ㄴ. 산과 염기를 혼합하면 산의 수소 이온(H^+)과 염기의 수산
화 이온(OH^-)이 1 : 1의 개수비로 반응하여 물(H_2O)을 생성하는
중화 반응이 일어난다.
ㄷ. 중화 반응이 일어날 때는 열이 발생하며 이를 중화열이라고
한다.

227
답 ③

 묽은 염산에 수산화 나트륨 수용액을 넣을 때의 변화

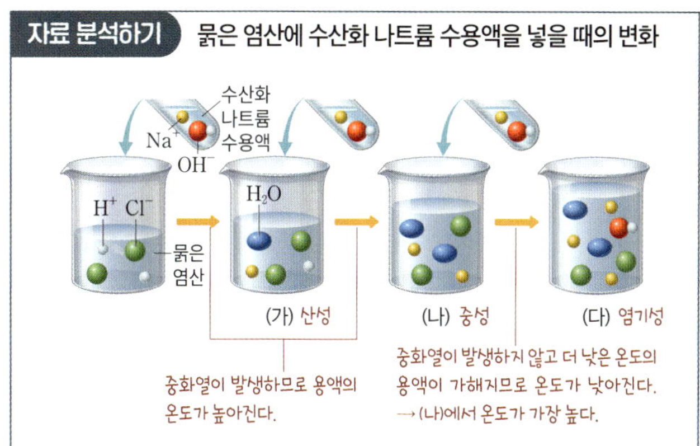

ㄱ. 용액에 들어 있는 입자를 통해 (가)는 산성, (나)는 중성, (다)
는 염기성임을 알 수 있으며, BTB 용액은 산성에서는 노란색, 중
성에서는 초록색, 염기성에서는 파란색을 나타낸다.
ㄴ. (가)는 산성, (다)는 염기성이므로 두 용액을 혼합하면 중화
반응이 일어난다.
 ㄷ. 각 비커에서 생성된 물의 양의 비는 (가) : (나) : (다)
=1 : 2 : 2이다. 반응이 일어난 용액의 온도는 반응 과정에서 발
생한 중화열의 크기와 용액의 부피를 모두 고려해야 하며 발생한
중화열이 많을수록, 용액의 전체 부피가 작을수록 용액의 온도가
높게 나타난다. 즉, (나)와 (다)에서 생성된 물의 양은 같은데, 전
체 용액의 부피는 (다)가 크므로 온도는 (나)가 더 높다.

228
답 ⑤

실험에 사용된 묽은 염산(HCl) 10 mL와 수산화 나트륨(NaOH)
수용액 10 mL에 들어 있는 입자 수 비는 2 : 1이다.
ㄱ. NaOH 수용액을 넣은 후 생긴 양이온인 △은 나트륨 이온
(Na^+)이다.
ㄴ. (가)에 NaOH 수용액 10 mL를 넣었을 때 ● 2개가 없어지
고 (나)가 되었으므로, (나)에 NaOH 수용액 10 mL를 더 넣으면
남은 2개의 ●이 반응하여 없어지고 용액은 중성이 된다.
ㄷ. (가)와 (나)에서 HCl의 양은 변하지 않으므로 들어 있는 염화
이온(Cl^-)의 수는 같다.

229

답 ④

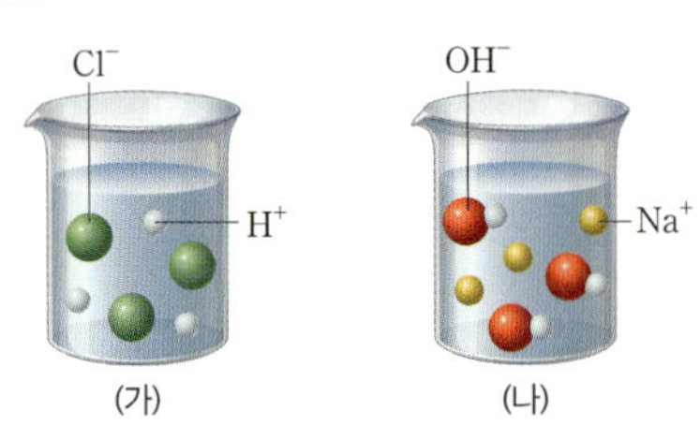

자료 분석하기	산과 염기의 반응에서 생성된 물 분자 수

- 실험에 사용한 묽은 염산(HCl)과 수산화 나트륨($NaOH$) 수용액은 같은 부피에 같은 수의 입자가 들어 있다. ➡ 두 수용액의 농도가 같다.
- HCl과 $NaOH$ 수용액 10 mL에 들어 있는 입자 수를 각각 $10N$이라고 가정하면 실험 Ⅰ~Ⅳ에서 혼합 전 입자 수와 생성되는 물의 양은 다음과 같다.

실험		Ⅰ	Ⅱ	Ⅲ	Ⅳ
입자 수	HCl	5 $5N$	10 $10N$	15 $15N$	20 $20N$
	NaOH	10 $10N$	10 $10N$	20 $20N$	5 $5N$
생성된 물의 양		$5N$	$10N$	$15N$	$5N$

ㄴ. 발생한 중화열의 크기는 생성된 물의 양에 비례하므로 Ⅱ < Ⅲ 이다.

ㄷ. 혼합 용액 속 총 이온 수는 넣어 준 전체 이온의 수가 많은 실험이 더 많으므로 Ⅰ < Ⅲ이다.

오답 피하기 ㄱ. 생성된 물의 양은 Ⅰ = Ⅳ < Ⅱ이다.

230 필수 유형

답 ④

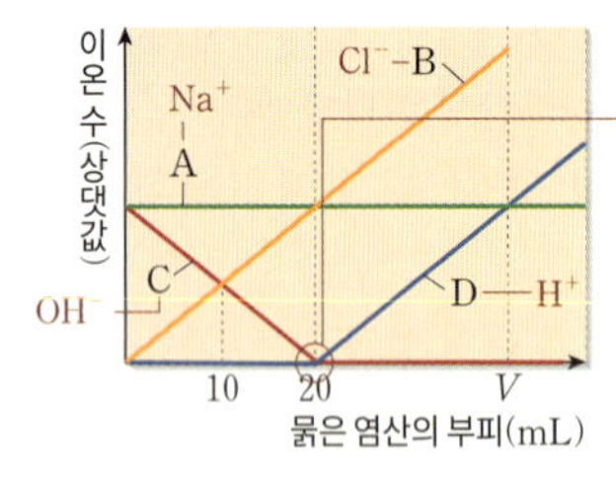

자료 분석하기	중화 반응에서 이온 수 변화

- A: 반응에 참여하지 않으므로 초기에 넣어준 양 그대로 존재한다. ➡ Na^+
- B: 반응에 참여하지 않으므로 넣어주는 양 그대로 관찰된다. 따라서 원점으로부터 점점 증가한다. ➡ Cl^-
- C: 반응하는 용액이 유입됨에 따라 반응하여 점점 사라지다가 완전히 중화된 지점 이후에는 존재하지 않는다. ➡ OH^-
- D: 처음에는 그 수가 0이다가 완전히 중화된 지점 이후부터 증가한다. ➡ H^+

ㄴ. A는 Na^+, B는 Cl^-, C는 OH^-, D는 H^+이다.

ㄷ. 중화가 완전히 일어나는 데 묽은 염산 20 mL가 사용되었으므로, 처음 수산화 나트륨($NaOH$) 수용액 50 mL에 들어 있는 입자 수와 HCl 20 mL에 들어 있는 입자 수가 같다. 따라서 완전히 중화 반응 후 H^+의 이온 수가 처음 OH^-의 이온 수와 같아지려면 HCl 40 mL를 넣어주어야 한다.

오답 피하기 ㄱ. B는 Cl^-이므로 C인 OH^-과 반응하여 물을 생성하지 않는다.

231 필수 유형

답 ①

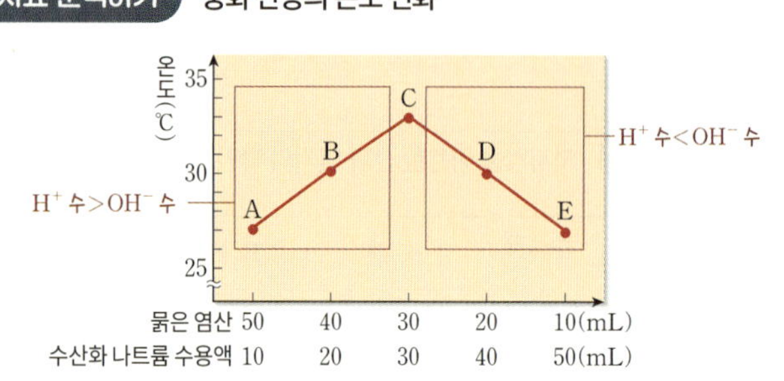

자료 분석하기	중화 반응의 온도 변화

- 혼합 용액의 최고 온도가 가장 높은 C에서 산과 염기가 완전히 중화된다. ➡ 묽은 염산과 수산화 나트륨 수용액이 1 : 1의 부피비로 반응한다.
- 생성된 물의 양은 A = E < B = D < C이다.
- 혼합 용액 속 이온의 종류는 C에서 2종류(Na^+, Cl^-)이고, A, B에서 3종류(H^+, Na^+, Cl^-), D, E에서 3종류(Na^+, OH^-, Cl^-)이다.
- 혼합 용액의 부피가 같으므로 생성된 물의 양이 많을수록 이온의 수가 적다.

ㄱ. C는 산과 염기가 완전히 중화된 지점이므로 H^+과 OH^-은 물(H_2O)을 생성하여 들어 있지 않고, 중화 반응에 참여하지 않은 Cl^-과 Na^+이 들어 있다.

오답 피하기 ㄴ. A와 B에서 반응 후 H^+이 남는다. 따라서 A와 B에 들어 있는 양이온은 H^+과 중화 반응에 참여하지 않은 Na^+이다.

ㄷ. D와 E는 혼합 용액의 부피가 같고, 최고 온도는 D가 더 높으므로 D에서 중화 반응이 더 많이 일어난다. 따라서 생성된 물의 양은 D가 E보다 많다.

232

답 ②

수산화 나트륨($NaOH$) 수용액 10 mL에 묽은 염산(HCl) 20 mL를 넣을 때, 중화가 완전히 일어나므로 실험에 사용된 $NaOH$ 수용액과 HCl의 같은 부피당 입자 수 비(농도비)는 2 : 1이다. 수산화 나트륨 수용액 10 mL 속 Na^+, OH^-의 양을 각각 $10N$이라고 하면, 묽은 염산 10 mL 속 H^+, Cl^-의 양은 각각 $5N$이므로 혼합 용액 속에는 Na^+ $10N$, OH^- $5N$, Cl^- $5N$이 들어 있다. 따라서 Na^+ : OH^- : Cl^- = 2 : 1 : 1이다.

233

답 ③

자료 분석하기	온도와 농도가 같은 산과 염기 수용액의 반응

농도가 같으므로 10 mL에 들어 있는 입자 수를 N이라고 가정하면 각 용액 속 입자 수는 다음과 같다.

용액	A	B	C	D	E
HCl의 부피(mL)	10 N	20 $2N$	30 $3N$	40 $4N$	50 $5N$
NaOH의 부피(mL)	50 $5N$	40 $4N$	30 $3N$	20 $2N$	10 N
생성된 물의 양	N	$2N$	$3N$	$2N$	N

ㄱ. 생성된 물 분자 수의 비는 A : B = N : $2N$ = 1 : 2이다.

ㄴ. D와 E는 각각 B, A와 생성된 물의 양이 같고, 용액의 전체 부피도 같으므로 반응 후 용액의 온도가 같다. 따라서 $a = 25$, $b = 22$이며 $a - b = 25 - 22 = 3$이다.

 ㄷ. A와 E 용액을 섞으면 총 60 mL의 묽은 염산에 60 mL의 수산화 나트륨(NaOH) 수용액을 혼합하는 것과 같고, C는 30 mL의 묽은 염산과 30 mL의 NaOH 수용액이 혼합된 상태이므로 들어 있는 총 이온 수는 A와 E 혼합 용액이 C의 2배이다.

234

답 ②

 중화 반응의 온도 변화

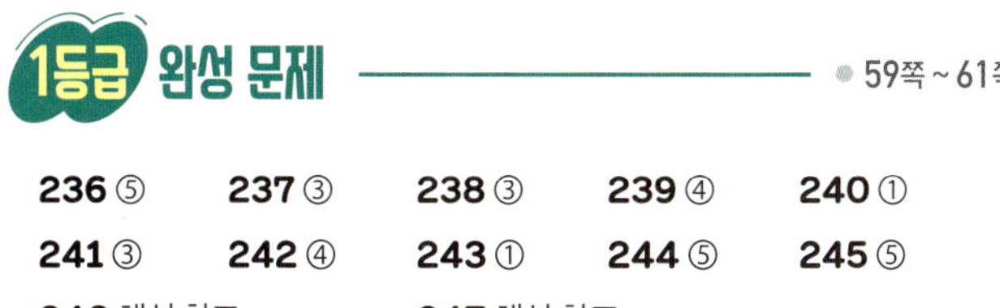

- 혼합 용액의 최고 온도가 가장 높은 B에서 산과 염기가 완전히 중화된다. → 혼합 용액에 Na^+과 Cl^-만 들어 있으며, 중성이다.
- 중화 반응이 많이 일어날수록 중화열이 많이 발생한다. → 일정량의 묽은 염산(HCl)에 수산화 나트륨(NaOH) 수용액을 계속 넣어 갈 때 B 점까지는 중화 반응이 일어나 중화열이 발생하므로 용액의 온도가 높아진다. B 이후에는 중화 반응이 일어나지 않고 혼합 용액보다 온도가 낮은 용액이 첨가되므로 혼합 용액의 온도는 낮아진다.
- 생성된 물의 양은 A<B=C이다.

ㄴ. A에는 H^+, Cl^-, Na^+이, B에는 Cl^-, Na^+이 존재한다.

 ㄱ, ㄷ. A는 중화 반응이 완전히 일어나기 전이고 B에서 중화 반응이 완전히 일어나면 B 이후로는 더 이상 반응이 일어나지 않는다. 즉, 생성된 물의 양은 B와 C가 같으므로 발생한 중화열도 B와 C가 같다.

235

답 ④

(가)에서 김치의 신맛은 산성, 소다가 물에 용해되면 염기성, (나)에서 벌레의 침 성분은 산성, 암모니아수는 염기성, (라)에서 위산은 산성, 제산제는 염기성이므로 모두 중화 반응을 이용한 예이다.

 (다)는 산화·환원 반응이다.

1등급 완성 문제

● 59쪽 ~ 61쪽

236 ⑤	**237** ③	**238** ③	**239** ④	**240** ①
241 ③	**242** ④	**243** ①	**244** ⑤	**245** ⑤
246 해설 참조		**247** 해설 참조		

236

답 ⑤

산성 수용액과 염기성 수용액은 모두 전기 전도성이 있으며, 산에 탄산 칼슘을 넣으면 이산화 탄소 기체가 발생한다.

ㄱ. (가)는 산성 물질이므로 아세트산(CH_3COOH)이다.

ㄴ. (다)는 전기 전도성이 있으므로 암모니아수(NH_4OH)이고, (나)는 에탄올(C_2H_5OH)이므로 ㉠과 ㉡은 모두 '아니요'이다.

ㄷ. (다)는 염기성 용액이므로 페놀프탈레인 용액을 떨어뜨리면 붉은색을 나타낸다.

237

답 ③

BTB 용액은 산성, 중성, 염기성 용액에서 각각 노란색, 초록색, 파란색을 나타내며, 페놀프탈레인 용액은 염기성 용액에서 붉은색을 나타낸다.

ㄱ, ㄴ. A극 쪽으로 색이 붉어졌으므로 ㉠은 페놀프탈레인 용액이고, ㉡은 염기성 용액인 수산화 나트륨(NaOH) 수용액이다.

 ㄷ. A극은 (+)극이다.

238

답 ③

산 수용액이므로 수용액 내 이온은 수소 이온(H^+)과 음이온이다.

■이 H^+이라면 ●이 음이온으로 그 전하가 $-\dfrac{1}{2}$이 되어야 한다.

따라서 ●이 H^+, ■가 -2의 전하를 띠는 음이온이다.

ㄱ. ●은 H^+이므로 양이온이다.

ㄴ. H^+과 음이온의 전하량 크기의 비가 1 : 2이므로 양이온과 음이온이 2 : 1의 개수비로 존재한다.

 ㄷ. 금속 마그네슘(Mg)은 전자를 잃어 마그네슘 이온(Mg^{2+})으로 되고, 수소 이온은 전자를 얻어 환원되어 수소(H_2) 기체가 되므로 음이온(■)이 아닌 수소 이온(●)이 감소한다.

239

답 ④

주어진 4가지 물질 중 양이온의 종류가 같은 (가)와 (다)는 NaOH 수용액, NaCl 수용액 중 하나이며, (다)는 (나)와 반응하여 물을 생성하므로 산 또는 염기 중 하나이다. 즉, (다)는 염기인 NaOH 수용액, (가)는 NaCl 수용액, (나)는 산인 HCl 수용액, 나머지 (라)는 C_2H_5OH 수용액이다.

④ (가)와 (나)에 들어 있는 음이온은 Cl^-으로 같다.

 ① (가)는 NaCl 수용액이다.

② (나)인 HCl 수용액에 BTB 용액을 떨어뜨리면 노란색을 나타낸다.

③ (다)인 NaOH 수용액에 메틸 오렌지 용액을 떨어뜨리면 노란색을 나타낸다.

⑤ 제시된 4가지 물질 중 (라)인 C_2H_5OH 수용액을 제외한 3가지 물질은 수용액에 이온이 존재하므로 전기 전도성이 있다.

240

답 ①

 산과 염기의 이온화 모형

- (가)와 (다)에 같은 이온 모형이 존재한다.
  → ●은 H^+이고, (가)와 (다)는 각각 HA 수용액 또는 H_2B 수용액 중 하나이다.
- (가)에서 ★ 2개, ● 4개이므로 ★이 B^{2-}이고, (가)는 H_2B 수용액이다.
- (다)에서 ■ 4개, ● 4개이므로 ■이 A^-이고, (다)는 HA 수용액이다.
- (나)는 COH 수용액이고 ●과 ▲이 같은 전하를 띠므로 ▲은 C^+, ◆은 OH^-이다.

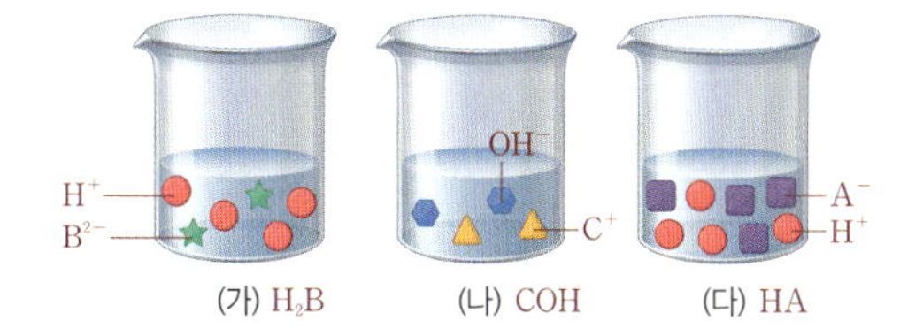

ㄱ. HA 수용액과 H_2B 수용액은 공통으로 수소 이온(H^+)을 가지므로, (가)와 (다)가 공통으로 가지는 🔴이 수소 이온(H^+)이다.

오답 피하기 ㄴ. (가)~(다)는 중성 물질이 용해된 수용액이므로 용액에서 전체 이온의 전하 합은 0이다. 즉, (가)에서 수소 이온(H^+)은 4개인데, 음이온 ⭐은 2개이므로 -2가, (나)에서 수소 이온과 음이온의 수가 같으므로 🟪는 -1이다.

ㄷ. (나)는 COH 수용액이며 🔴과 🔺이 같은 전하를 띠므로 🔺은 C^+이다. 산과 염기가 반응하면 염기에서는 수산화 이온(OH^-)인 🔵이 감소한다.

241
답 ③

묽은 염산(HCl) 10 mL에 수산화 나트륨(NaOH) 수용액 10 mL를 넣었을 때, 용액은 염기성이 되었으므로 같은 부피에 들어 있는 입자 수는 HCl < NaOH 수용액이다. 즉, 중화 반응은 NaOH 수용액이 5 mL보다는 많고, 10 mL보다는 적은 영역에서 염산이 모두 반응하여 완료된다.

ㄱ. ㉠은 염기성이므로 페놀프탈레인 용액을 떨어뜨렸을 때 붉은색을 나타낸다.

ㄷ. (나)에서 발생한 중화열의 크기는 I < II = III이다.

오답 피하기 ㄴ. (나)에서 생성된 물의 양은 I < II = III이다.

242
답 ④

ㄴ. 중화 반응이 진행됨에 따라 그 수가 감소하는 이온은 수소 이온(H^+)이나 수산화 이온(OH^-)인데, X는 음이온이므로 OH^-이다. 따라서 (가)는 수산화 칼륨(KOH) 수용액, (나)는 묽은 염산(HCl)이다.

ㄷ. KOH 수용액 10 mL에 묽은 염산 20 mL가 혼합될 때 중화가 완전히 일어난다. 즉, 각 용액에 들어 있는 입자 수를 $2N$이라고 하면, ㉠은 중화가 반 진행된 상태이므로 KOH $2N$에 HCl N이 들어간 상태이다. 따라서 K^+이 $2N$으로 가장 많다.

오답 피하기 ㄱ. X는 OH^-이다.

243
답 ①

HA 수용액 20 mL와 BOH 수용액 40 mL를 혼합하였을 때 생성된 물의 양이 가장 많으므로, 같은 부피에 들어 있는 이온 수(이온 농도)는 HA : BOH = 2 : 1이다. R에서 생성된 물 분자 수를 $2N$이라고 하면, 혼합 용액에서 산과 염기의 입자 수는 다음과 같다.

		P	R	Q
부피 (입자수)	HCl	10 (N)	20 ($2N$)	40 ($4N$)
	NaOH	50 ($2.5N$)	40 ($2N$)	20 (N)
생성된 물의 양		N	$2N$	N

ㄱ. 같은 부피에 들어 있는 이온 수(이온 농도)는 HA : BOH = 2 : 1이다.

오답 피하기 ㄴ. 혼합 용액에 들어 있는 음이온 수는 P에서 Cl^- N, OH^- $1.5N$이므로 총 $2.5N$이고, Q에서 Cl^- $4N$이 존재하므로 Q가 P보다 많다.

ㄷ. P에서 남은 염기의 수는 $1.5N$, Q에서 남은 산의 수는 $3N$이므로 P와 Q를 혼합할 때 생성되는 물의 양은 $1.5N$이다. 따라서 R에서 생성된 물의 양($2N$)보다 적다.

244
답 ⑤

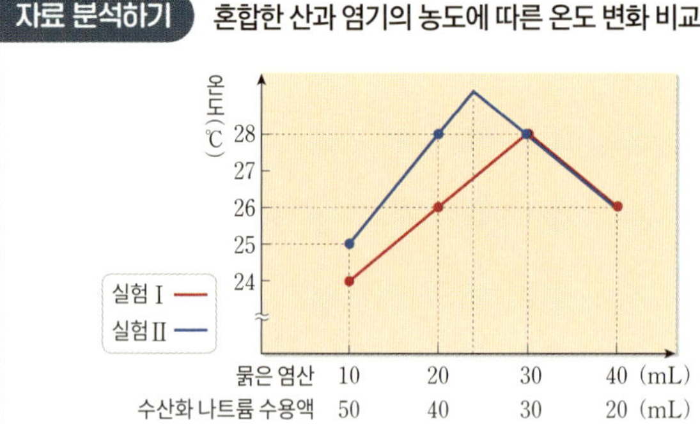

• 실험 I에서 중화가 완전히 일어난 지점(온도가 가장 높은 지점)의 산과 염기에 같은 양의 수소 이온(H^+)과 수산화 이온(OH^-)이 들어 있다.

• 실험 I에서 중화가 완전히 일어난 지점에 들어 있는 용액 속 입자 수를 $3N$이라 가정하면 생성된 물의 양은 다음과 같다.

실험 I	HCl의 부피 (입자 수)	10 (N)	20 ($2N$)	30 ($3N$)	40 ($4N$)
	NaOH의 부피 (입자 수)	50 ($5N$)	40 ($4N$)	30 ($3N$)	20 ($2N$)
	생성된 물의 양	N	$2N$	$3N$	$2N$
혼합 용액의 온도(℃)		24	26	28	26
실험 II	HCl의 부피 (입자 수)			20 ($3N$)	30 ($4.5N$)
	NaOH의 부피 (입자 수)			40 ($4N$)	30 ($3N$)
	생성된 물의 양			$3N$	

→ 용액의 온도는 용액의 부피와 생성된 물의 양(발생한 중화열)이 같이 고려되어야 하며, 실험 I과 II에서 용액의 전체 부피가 항상 60 mL이므로 온도로부터 생성된 물의 양을 유추할 수 있다.

ㄱ. 실험 I에서 묽은 염산(HCl)과 수산화 나트륨(NaOH) 수용액의 부피가 같을 때 가장 중화가 많이 일어났으므로 $x = y$이다.

ㄴ. 실험 II에서 HCl은 20~30 mL 사이, NaOH 수용액은 30~40 mL 사이의 양이 혼합되었을 때 가장 많은 양의 물이 생성되었으며 같은 입자 수가 들어 있는 용액의 부피가 HCl이 NaOH 수용액보다 적으므로 같은 부피에 들어 있는 입자 수는 HCl(a)이 NaOH 수용액(b)보다 많다. 따라서 $a > b$이다.

ㄷ. I과 II를 비교했을 때 실험 II에 사용한 HCl이 더 적은 양의 부피에 많은 양의 입자를 가지고 있으므로 $a > x$이다.

245
답 ⑤

벌이나 벌레의 침은 산성 성분이므로 염기성인 묽은 암모니아수를, 생선 비린내는 염기성 성분이므로 이를 제거하기 위해서는 산성인 레몬즙을, 산성인 위산을 중화하기 위해서는 염기성인 제산제를 반응시켜야 한다.

ㄱ. 벌이나 벌레에 쏘였을 때 염기성인 묽은 암모니아수를 바른다.

ㄴ. ⓒ은 산성인 레몬즙이므로 BTB 용액을 떨어뜨리면 노란색을 나타낸다.

ㄷ. (가)~(다)에서 모두 산과 염기의 중화 반응이 일어난다.

246

STEP 1 문제 포인트 파악

산의 수소 이온(H^+)과 염기의 수산화 이온(OH^-)이 1 : 1의 개수비로 반응하여 물을 생성하므로 같은 부피의 산과 염기 수용액에 들어 있는 입자 수를 고려하여 필요한 산이나 염기 수용액의 부피를 구해야 한다.

STEP 2 관련 개념 모으기

❶ 실험에서 사용하는 각 용액에 들어 있는 입자 수는?
→ HA 수용액 10 mL에는 3개의 HA, 수산화 나트륨(NaOH) 수용액 10 mL에는 2개의 NaOH가 있다.

❷ 중화시켜야 하는 산 수용액에 들어 있는 입자의 수는?
→ 산 20 mL에 들어 있는 6개의 HA를 모두 반응시키기 위해서는 6개의 NaOH가 필요하다.

예시 답안 30 mL, 중화 반응이 완전히 일어나기 위해서는 혼합하는 산과 염기에 들어 있는 수소 이온과 수산화 이온의 입자 수가 같아야 한다. 수용액 10 mL에 들어 있는 산과 염기의 입자 수 비가 3 : 2이므로 같은 수의 입자가 들어 있으려면 산과 염기의 부피비가 2 : 3이 되어야 한다. 따라서 HA 수용액 20 mL를 모두 중화시키기 위해 필요한 NaOH 수용액의 최소 부피는 30 mL이다.

채점 기준	배점(%)
필요한 NaOH 수용액의 부피를 옳게 구하고 그 까닭을 단위 부피당 입자 수를 비교하여 옳게 설명한 경우	100
필요한 최소 부피는 옳게 구했으나 까닭에 대한 설명이 미흡한 경우	50

247

STEP 1 문제 포인트 파악

묽은 염산(HCl)에 수산화 나트륨(NaOH) 수용액을 조금씩 넣을 때 이온 수 변화를 파악할 수 있어야 한다.

STEP 2 관련 개념 모으기

❶ 반응에 참여하지 않는 Cl^-과 Na^+의 이온 수 변화는?
→ Cl^-의 수는 변화가 없이 처음 그대로 일정하고, Na^+의 수는 넣어주는 대로 증가한다.

❷ 반응에 참여하는 H^+과 OH^-의 이온 수 변화는?
→ H^+은 OH^-과 반응하여 감소하다가 반응이 완료된 이후부터는 존재하지 않는다.
→ OH^-은 처음에는 H^+과 반응하므로 존재하지 않다가 반응이 완료된 이후부터는 넣어주는 대로 증가한다.

예시 답안 X는 H^+, Y는 OH^-이다., X는 NaOH 수용액을 넣을수록 감소하다 더 이상 존재하지 않으므로 OH^-과 중화 반응한 H^+이다. Y는 처음에는 존재하지 않다가 X가 모두 반응한 이후부터 증가하므로 OH^-이다.

채점 기준	배점(%)
X와 Y가 어떤 이온인지 옳게 쓰고, 그 까닭을 옳게 설명한 경우	100
X와 Y가 어떤 이온인지만 옳게 쓴 경우	50

06 물질 변화에서 에너지의 출입

● 62쪽

248 발열 **249** 흡열 **250** × **251** ○

248
답 발열

발열 반응은 반응이 일어날 때 주변으로 에너지를 방출하는 반응으로 주변의 온도가 높아진다.

249
답 흡열

흡열 반응은 반응이 일어날 때 주변으로부터 에너지를 흡수하는 반응으로 주변의 온도가 낮아진다.

250
답 ×

생물은 발열 반응인 세포호흡을 통해 체온을 유지하기 위한 에너지를 얻는다.

251
답 ○

구름은 수증기가 응결되어 생성되므로 발열 반응을 통해 생성된다.

 **분석 문제**
● 63쪽 ~ 64쪽

252 ⑤ **253** ③ **254** ① **255** ③ **256** ③
257 ③ **258** 해설 참조 **259** ⑤ **260** ①

252
답 ⑤

ㄱ. 식물은 광합성을 할 때 빛에너지를 흡수한다.

ㄴ. 철의 산화는 주변으로 에너지를 방출하는 발열 반응이다.

ㄷ. 화석 연료의 연소는 주변으로 에너지를 방출하는 발열 반응이다.

253
답 ③

응고는 액체가 주변으로 에너지를 방출하여 고체가 되는 발열 반응이고, 융해는 고체가 주변으로부터 에너지를 흡수하여 액체가 되는 흡열 반응이다. 액화는 기체가 주변으로 에너지를 방출하여 액체가 되는 발열 반응이고 기화는 액체가 주변으로부터 에너지를 흡수하여 기체가 되는 흡열 반응이다. 승화(기체 → 고체)는 기체가 주변으로 에너지를 방출하여 고체가 되는 발열 반응이다.

254

자료 분석하기 에너지의 출입에 따른 온도 변화

- 염화 암모늄과 수산화 바륨의 반응은 주변으로부터 에너지를 흡수하는 흡열 반응이므로 주변의 온도가 낮아진다.
- 물에 염화 칼슘을 녹이는 반응은 주변으로 에너지를 방출하는 발열 반응이므로 주변의 온도가 높아진다.
- 묽은 염산과 수산화 나트륨 수용액의 중화 반응은 주변으로 에너지를 방출하는 발열 반응이므로 주변의 온도가 높아진다.

비커	A	B	C
반응 전 온도($^\circ$C)	20	20	20
촬영 결과 온도($^\circ$C)	16	25	x

온도가 낮아진다. ↑   ↑온도가 높아진다.
$x > 20$이다.

ㄱ. 염화 암모늄과 수산화 바륨의 반응은 흡열 반응이다.

오답 피하기 ㄴ. 물에 염화 칼슘을 녹이는 반응은 발열 반응으로 주변으로 에너지를 방출하므로 주변의 온도가 높아진다.

ㄷ. 묽은 염산과 수산화 나트륨 수용액의 중화 반응은 중화열이 발생해 주변으로 에너지를 방출하는 발열 반응이다. 따라서 주변의 온도가 높아지므로 $x > 20$이다.

255

바닷물은 태양 에너지를 흡수하여 증발해 수증기가 되고, 기권에 모인 수증기는 에너지를 방출하여 응결해 구름을 형성한다.

ㄱ. 바닷물은 태양 에너지를 흡수하여 증발하므로 흡열 반응이다.

ㄷ. 구름의 형성 과정은 에너지를 흡수하는 흡열 반응과 에너지를 방출하는 발열 반응이 모두 일어난다.

오답 피하기 ㄴ. 수증기가 응결하는 반응은 발열 반응이므로 주변의 온도가 높아진다.

256

ㄱ. 고체 드라이아이스의 승화는 흡열 반응으로 주변으로부터 에너지를 흡수하므로 아이스크림이 녹지 않고 유지된다.

ㄴ. 물이 응고할 때는 에너지를 방출하여 주변의 온도가 높아지므로 이글루 내부를 따뜻하게 할 수 있다.

오답 피하기 ㄷ. 고체 드라이아이스가 승화할 때는 주변의 온도가 낮아지지만, 물이 응고할 때는 주변의 온도가 높아진다.

257 필수 유형

자료 분석하기 염화 암모늄과 수산화 바륨의 반응에서 에너지의 출입

- 비커 안의 고체 혼합물이 액체로 변한다.
  → 비커 안의 두 고체 물질이 반응하여 액체로 변할 때 주변으로부터 에너지를 흡수한다. → 비커 안에서 흡열 반응이 일어난다.
- 나무판이 삼각 플라스크에 달라붙은 채로 들어 올려졌다.
  → 나무판 위의 물이 얼면서 주변으로 에너지를 방출한다. → 나무판 위에서 발열 반응이 일어난다.

ㄱ, ㄴ. 염화 암모늄과 수산화 바륨은 주변으로부터 에너지를 흡수하는 흡열 반응을 하므로 주변인 나무판 위에 뿌린 물이 응고된다.

오답 피하기 ㄷ. 에너지는 주변으로부터 삼각 플라스크 속 반응물로 이동한다.

258

냉매의 기화와 얼음의 융해는 모두 흡열 반응이다.

예시 답안 냉매의 기화와 얼음의 융해는 모두 주변으로부터 에너지를 흡수하는 흡열 반응이다.

채점 기준	배점(%)
(가)와 (나) 현상이 흡열 반응임을 쓰고, 이때의 에너지 출입의 공통점을 옳게 설명한 경우	100
(가)와 (나) 현상이 흡열 반응이라고만 쓴 경우	50

259

생물은 발열 반응인 세포호흡을 통해 체온을 유지한다. 산화 칼슘과 물이 반응할 때는 에너지가 발생하므로, 이를 요리에 이용할 수 있다. 반딧불이는 생체 내 발열 반응인 화학 반응으로 빛에너지를 방출한다.

260

융해, 기화, 승화(고체 → 기체)의 상태 변화가 일어날 때는 주변으로부터 에너지를 흡수하고, 액화, 응고, 승화(기체 → 고체)의 상태 변화가 일어날 때는 주변으로 에너지를 방출한다.

● 65쪽

261 ②	262 ④	263 ④	264 해설 참조

261

ㄴ. 에탄올의 연소는 발열 반응이다.

오답 피하기 ㄱ. 에탄올의 증발은 흡열 반응이므로 비커의 온도가 내려간다.

ㄷ. 에탄올의 증발은 물리 변화이고, 에탄올의 연소는 화학 변화이다. 에탄올이 증발하면 기체 에탄올이 생성되지만, 에탄올이 연소하면 물과 이산화 탄소가 생성된다.

262

자료 분석하기 에너지의 출입에 따른 온도 변화

- 질산 암모늄과 물의 반응은 주변으로부터 에너지를 흡수하는 흡열 반응이다. → 냉찜질 팩에 이용한다.
- 철 가루와 산소의 반응은 주변으로 에너지를 방출하는 발열 반응이다. → 일회용 손난로에 이용한다.
- 산화 칼슘과 물의 반응은 주변으로 에너지를 방출하는 발열 반응이다. → 음식을 조리할 때 이용한다.

ㄴ, ㄷ. 철 가루와 산소의 반응, 산화 칼슘과 물의 반응은 모두 발
열 반응으로 각각 일회용 손난로와 음식물을 데우는 데 이용한다.
오답 피하기 ㄱ. 질산 암모늄과 물의 반응은 흡열 반응으로 냉찜질
팩에 이용한다.

263

답 ④

[가설]
· 고체 용질이 물에 녹아 수용액이 되는 용해 반응은 흡열 반응이다.
[탐구 과정]
(가) 고체 용질이 물에 녹을 때의 에너지 출입을 이용한 사례들을 조사
한다.
(나) (가)에서 찾은 사례들 중 가설에 어긋나는 반응이 있는지 확인한다.
[탐구 결과]

	사례	물에 녹이는 용질	에너지 출입
I	(㉠)이/가 물에 용해되는 반응을 이용하여 냉찜질 팩을 만든다.	질산 암모늄 ㉠	흡열
II	이산화 탄소가 녹아 있는 탄산 음료는 온도를 낮출 때 청량감이 높아진다.	이산화 탄소	발열
III	겨울철 언 도로에 염화 칼슘을 뿌려 얼음을 녹인다.	염화 칼슘	발열

└ 기체 용질을 사용했으므로 탐구 사례로 적절하지 않다.
가설에 어긋난 사례이다.

[결론]
· 가설은 옳지 않다.

ㄱ. 질산 암모늄과 물의 용해 반응은 흡열 반응이므로 냉찜질 팩
을 만드는 데 이용된다.
ㄴ. 가설은 고체 용질을 물에 녹이는 것인데 사례 II는 기체 용질
인 이산화 탄소를 물에 녹인 사례이므로 이 탐구의 사례로 적절하
지 않다.
오답 피하기 ㄷ. 사례 III은 가설에 어긋난 발열 반응의 사례이므로
'가설은 옳지 않다'가 ㉡에 해당한다.

264

STEP 1 문제 포인트 파악
융해와 응고에 따른 주변의 온도 변화를 이해하고 이를 이용하여 주위의 온
도 변화를 완화시키는 방법을 파악할 수 있어야 한다.

STEP 2 관련 개념 모으기
❶ 융해 반응에 따른 주변의 온도 변화는?
➡ 반응이 일어날 때 주변으로부터 에너지를 흡수하는 흡열 반응이므로
주변의 온도가 낮아진다.
❷ 응고 반응에 따른 주변의 온도 변화는?
➡ 반응이 일어날 때 주변으로 에너지를 방출하는 발열 반응이므로 주변
의 온도가 높아진다.

예시 답안 주위의 온도가 급격히 낮아지면 우주복에 포함된 상변화 물질(PCM)
이 응고하면서 에너지를 방출하고, 이 에너지가 우주복에 전달되어 우주복의 온
도 저하를 완화시킨다.

채점 기준	배점(%)
상변화 물질(PCM)의 응고 반응을 이용하여 온도 저하를 완화시키는 원리를 옳게 설명한 경우	100
상변화 물질(PCM)의 응고 반응을 이용한다고만 쓴 경우	30

 ─── ● 66쪽 ~ 73쪽

265 ③	**266** ②	**267** ⑤	**268** ③	**269** ⑤
270 ③	**271** ③	**272** ④	**273** ③	**274** ②
275 ①	**276** ③	**277** ⑤	**278** ④	**279** ⑤
280 ③	**281** ③	**282** ⑤	**283** ⑤	**284** ①
285 ⑤	**286** ①	**287** ②	**288** ③	
289 해설 참조		**290** 해설 참조		
291 해설 참조		**292** ㉠ 발열, ㉡ 높아		
293 해설 참조		**294** ⑤	**295** ①	**296** ①
297 ④				

265

답 ③

③ (가)는 에너지를 흡수하는 흡열 반응이다.
오답 피하기 ① 광합성의 화학 반응식은 $6CO_2 + 6H_2O \longrightarrow$
$C_6H_{12}O_6 + 6O_2$이다.
② 메테인의 연소 반응의 화학 반응식은 $CH_4 + 2O_2 \longrightarrow CO_2$
$+ 2H_2O$이다.
④ (나)는 에너지를 방출하는 발열 반응이다.
⑤ (가)와 (나)는 모두 전자를 주고받는 산화·환원 반응이다.

266

답 ②

ㄴ. 묽은 염산(HCl)과 마그네슘(Mg)의 반응에서 마그네슘은 산
화된다.
오답 피하기 ㄱ, ㄷ. 산과 금속이 반응할 때 발생하는 기체 X는 수소
(H_2) 기체이며, 충분한 양의 마그네슘과 염산이 반응하면 수용액
속 수소 이온(H^+)이 모두 환원되어 없어지므로 수용액은 중성을
나타낸다.

267

답 ⑤

ㄱ. (가)~(다)는 모두 금속이 공기 중의 산소와 반응하여 금속 산
화물을 만드는 산화·환원 반응이다.
ㄴ, ㄷ. (가)~(다)에서 금속은 전자를 잃고 산화되고, 산소(O_2)는
전자를 얻어 환원된다.

268

답 ③

ㄱ. A가 전자를 잃어 산화되고 구리 이온(Cu^{2+})이 전자를 얻어 환원되므로, 전자는 A에서 Cu^{2+}으로 이동한다.

ㄴ. 반응이 일어나면 푸른색을 띠는 Cu^{2+}이 감소하므로 용액의 푸른색이 옅어진다.

오답 피하기 ㄷ. A 이온(A^{2+})과 Cu^{2+}의 전하가 같으므로 한 입자당 주고받는 전자의 수가 같다. 따라서 반응이 진행되어도 용액 내 양이온 수는 일정하다.

269

답 ⑤

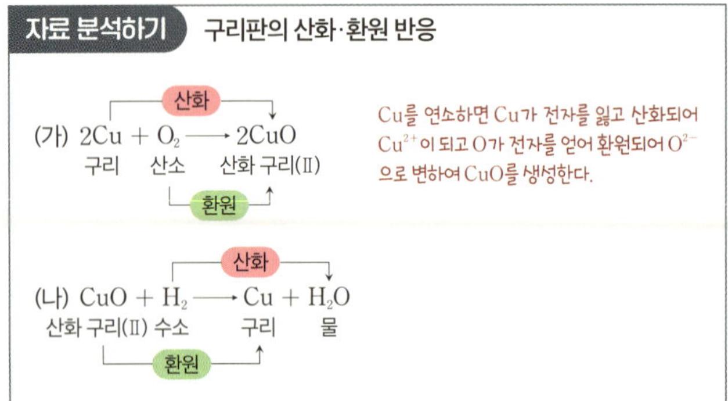

ㄱ. (가)에서 산소(O_2)는 전자를 얻어 환원된다.

ㄴ. (나)에서 수소(H_2)는 산소를 얻어 산화된다.

ㄷ. (나)에서 수소 기체 대신 일산화 탄소(CO) 기체를 공급하면서 가열하면 $CuO + CO \longrightarrow Cu + CO_2$의 반응이 일어나 산화 구리(Ⅱ)(CuO)가 환원되므로 구리(Cu)를 얻을 수 있다.

270

답 ③

구리(Cu)가 전자를 잃어 산화되어 구리 이온(Cu^{2+})이 되고, 은 이온(Ag^+)이 전자를 얻어 환원되어 은(Ag)으로 석출된다.

ㄱ. Cu는 전자를 잃고 산화된다.

ㄴ. 생성된 Cu^{2+}은 수용액에서 푸른색을 나타낸다.

오답 피하기 ㄷ. Cu에서 Ag^+으로 전자가 이동한다.

271

답 ③

ㄱ. (나)에서 금속 Y를 넣었더니 금속 Y가 전자를 잃고 이온인 ●으로 되었고, 금속 Y의 전자를 ▲이 얻어 환원되었다.

ㄴ. ▲ 4개가 사라지고 ● 2개가 생성되었으므로 전하량의 비는 1 : 2이다.

오답 피하기 ㄷ. 금속 Y가 산화되어 이온이 되려면 환원될 다른 이온이 있어야 하는데 (다)는 Y의 이온인 ●으로만 구성된 용액이므로 금속 Y를 더 넣어도 반응이 일어나지 않는다.

272

답 ④

(가)에는 금속 X 이온인 ▲만 들어 있었으며, (가)의 ▲ 중 사라진 ▲은 금속 Y 이온(●) 2개와 전자를 주고받아 환원된 것이다. (다)의 변화에서 알 수 있듯이 ▲ 4개가 사라질 때 ● 2개가 생성되었으므로 (가)는 (나)보다 ▲이 4개 더 있었을 것이다.

273

답 ③

산과 염기는 수용액에서 이온화하므로 전기 전도성이 있고, 혼합하면 중화 반응을 해 물이 생기고 열이 발생한다. 이때 완전히 중화 반응하여 중성이 되면 이온 수가 감소하지만 생성된 염이 앙금을 생성하지 않는 경우 산의 음이온과 염기의 양이온이 존재하므로 용액은 전기 전도성이 있다.

274

답 ②

산의 수소 이온(H^+)과 염기의 수산화 이온(OH^-)이 반응하여 물을 생성하는 과정에서 용액 중의 H^+이 없어지므로, 반응 전 용액의 부피를 구할 때는 중화 반응한 H^+의 수를 고려해야 한다.

ㄷ. ●이 H^+이면 ■은 B^+이다. 혼합 용액에 B^+이 1개 있으므로 반응하여 사라진 1개의 H^+을 고려하면 HA 수용액과 BOH 수용액을 3 : 1의 부피비로 혼합한 것이다.

오답 피하기 ㄱ. ■과 ● 둘 중에 하나는 H^+이다. 즉 산과 염기를 혼합한 용액에 H^+이 존재하므로 혼합 용액은 산성 용액이다.

ㄴ. ■이 H^+이면 ●은 B^+이다. 혼합 용액에 B^+이 2개 있으므로 반응하여 사라진 2개의 H^+을 고려하면 HA 수용액과 BOH 수용액을 3 : 2의 부피비로 혼합한 것이다.

275

답 ①

(나)는 중화가 완전히 일어난 지점이다. 즉, HCl 10 mL와 NaOH 수용액 20 mL에 들어 있는 입자 수가 같다.

ㄱ. (다)도 (나)와 같이 중화가 완전히 일어난 지점이므로 혼합한 HCl과 NaOH 수용액의 부피비가 1 : 2이다. 따라서 $x = 30$이다.

오답 피하기 ㄴ. (라)에서 HCl 20 mL에 NaOH 수용액 30 mL를 혼합하면 산이 더 많은 입자 수를 가지므로, ㉠은 H^+, Na^+, Cl^-이다.

ㄷ. (가)와 (라)는 둘 다 H^+이 존재하는 산성 용액이므로 혼합해도 물이 생성되지 않는다.

276

답 ③

(나)와 (다)를 비교할 때, (나)는 산성인데 B 수용액이 더 많이 들어 있는 (다)가 중성이므로 B가 염기성 용액, A가 산성 용액임을 알 수 있다. 또 (다)가 중성이므로 산과 염기의 부피비가 1 : 3일 때 같은 입자 수가 들어 있다. 그러므로 산과 염기의 입자 수 비는 (가)에서 3 : 1, (나)에서 6 : 1, (라)에서 1 : 1이다.

ㄱ. A는 산성 용액이므로 묽은 염산(HCl)이다.

ㄴ. (가)는 HCl과 NaOH의 입자 수 비가 3 : 1로 산이 더 많으므로 산성이다.

오답 피하기 ㄷ. (나)는 산성 용액, (라)는 중성 용액이므로 (나)와 (라)를 혼합해도 중화 반응은 일어나지 않는다.

277

답 ⑤

ㄱ. (가)에서 수소 이온(●) 2개가 사라지고, 염기의 양이온(■) 2개가 들어왔으므로 A는 양이온과 음이온의 개수비가 1 : 1인 수산화 나트륨(NaOH)이다.

ㄴ, ㄷ. B를 넣어 주었을 때 2개의 칼슘 이온(▲)이 추가되므로 B는 수산화 칼슘($Ca(OH)_2$)이고 넣어 준 OH^-의 수는 4개이다. 4개의 OH^- 중 2개는 수소 이온과 반응하고, 2개는 남으므로 (나)는 염기성 용액이다. 따라서 (나)에 페놀프탈레인 용액을 떨어뜨리면 붉은색을 나타낸다.

278   답 ④

X는 염산의 수소 이온(H^+)과 반응하여 점점 없어지므로 수산화 이온(OH^-)이다. Y는 염산을 가하면 계속 증가하므로 염화 이온(Cl^-)이다.

ㄴ. Y는 Cl^-이므로 음이온이다.

ㄷ. 용액 내 존재하는 OH^-이 모두 반응하여 사라질 때 혼합 용액은 중성이 되며, OH^- a개가 모두 반응하기 위해서는 H^+ a개를 넣어 주어야 한다. HCl은 H^+과 Cl^-이 1:1로 존재하므로 Cl^- a개를 넣어 주었을 때 혼합 용액은 중성이 된다.

오답 피하기 ㄱ. X는 OH^-이다.

279   답 ⑤

(가)에서 묽은 염산(HCl) 10 mL에 Cl^- $2N$개가 들어 있을 때, 수산화 나트륨(NaOH) 수용액 10 mL에 Na^+ $3N$개가 들어 있으므로 (나)에서 $Cl^- : Na^+ = a : b = 4 : 3$이다. (가)에서 HCl과 NaOH이 각각 $2N$개, $3N$개 있다고 가정한다면, 물은 $2N$개 만들어진다. (나)에서 $a : b = 4 : 3$이므로 HCl이 $4N$개 있다면 NaOH은 $3N$개 있으므로, 물은 $3N$개 만들어진다. 즉, $x : y = 2 : 3$이다.

280   답 ③

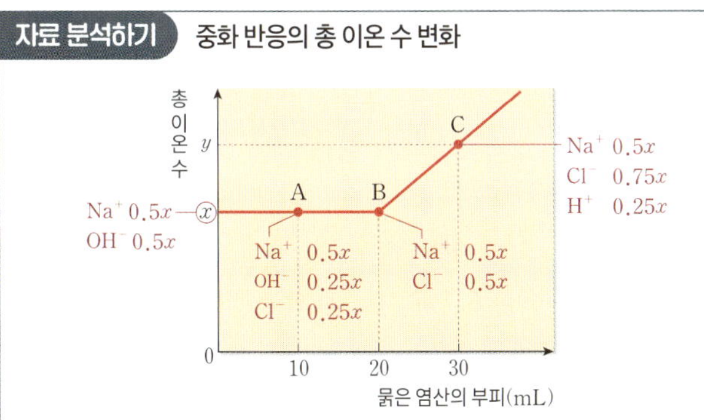

자료 분석하기   중화 반응의 총 이온 수 변화

- 수산화 나트륨(NaOH) 수용액 10 mL 속 총 이온 수가 x이므로 Na^+ 수가 $0.5x$, OH^- 수가 $0.5x$이다.
- B 이후 총 이온 수가 증가하므로 B는 산과 염기가 완전히 중화된 지점이다.
  ➝ 묽은 염산(HCl) 20 mL에 들어 있는 H^+ 수가 $0.5x$, Cl^- 수가 $0.5x$이다.
  ➝ 묽은 염산 10 mL에 들어 있는 H^+ 수는 $0.25x$, Cl^- 수는 $0.25x$이다.
- A에서 Na^+ 수는 $0.5x$, OH^- 수는 $0.25x$, Cl^- 수는 $0.25x$이다.
  ➝ A는 염기성을 나타낸다.
- C에서 Na^+ 수는 $0.5x$, Cl^- 수는 $0.75x$, H^+ 수는 $0.25x$이다.
  ➝ C는 산성을 나타낸다.

B가 완전히 중화된 지점이므로 NaOH 수용액 10 mL와 HCl 20 mL가 완전히 중화 반응함을 알 수 있다. 즉, 같은 부피의 용액에 들어 있는 입자 수의 비는 $NaOH : HCl = 2 : 1$이다.

ㄱ. A는 완전히 중화되기 전이므로 Na^+, OH^-, Cl^-이 존재하며, B는 완전히 중화되었으므로 Na^+, Cl^-이 존재한다.

ㄴ. Cl^-은 반응에 참여하지 않는 이온으로 넣어 주는 양 그대로 존재한다. 즉, 넣어 준 HCl의 부피비와 B와 C에서 Cl^- 수의 비가 같으므로 $B : C = 2 : 3$이다.

오답 피하기 ㄷ. 같은 부피의 용액에 들어 있는 입자 수의 비는 $NaOH : HCl = 2 : 1$이므로, NaOH 수용액 10 mL에 들어 있는 입자 수를 $2N$, HCl 10 mL에 들어 있는 입자 수를 N이라고 하면 $x = 4N$이다. 이때 HCl 10 mL가 추가되어 C가 되므로 HCl 10 mL에 들어 있는 이온 수 $2N$만큼 증가하고 $y = 6N$이다. 즉, $y = \dfrac{3}{2}x$이다.

281   답 ③

같은 부피를 혼합하였을 때, 가장 높은 온도가 나타났으므로 염산과 수산화 나트륨 수용액의 농도는 같다.

ㄱ. HCl과 NaOH 수용액 10 mL에 각각 N개의 입자가 들어 있다고 가정하면 B는 HCl $2N$개와 NaOH $4N$개가 혼합되므로 물이 $2N$개, C는 HCl $3N$개와 NaOH $3N$개가 혼합되므로 물이 $3N$개 생성된다.

ㄷ. D는 HCl $4N$개와 NaOH $2N$개가 혼합되므로 가장 많이 존재하는 이온은 Cl^-이다.

오답 피하기 ㄴ. A는 HCl N개와 NaOH $5N$개가 혼합되므로 총 이온 수는 $10N$개, C는 HCl $3N$개와 NaOH $3N$개가 혼합되므로 총 이온 수는 $6N$개이다.

282   답 ⑤

혼합 용액 (가)는 염기성을 나타내므로 생성된 물 분자 수는 묽은 염산(HCl)에 의해 결정되고, (다)는 산성을 나타내므로 생성된 물 분자 수는 수산화 칼륨(KOH) 수용액에 의해 결정된다. 이때 생성된 물 분자 수의 비가 (가) : (다) $= 1 : 2$이므로 (가)에서 반응한 KOH 수용액은 2.5 mL, (다)에서 반응한 HCl은 10 mL이다.

ㄱ. (나)에서 HCl 10 mL와 KOH 수용액 5 mL가 완전히 중화 반응하므로 (나)는 중화 반응이 완결된 중성 용액이다.

ㄴ. (라)에서 HCl 20 mL와 KOH 수용액 10 mL가 완전히 중화 반응하고 이는 (나)와 (다)의 2배의 비율이므로 ⓐ은 4이다.

ㄷ. (라)에서 완전히 중화 반응 후 20 mL의 KOH 수용액이 남으므로 (라)는 염기성을 나타낸다.

283   답 ⑤

자료 분석하기   물의 순환 과정에서의 상태 변화

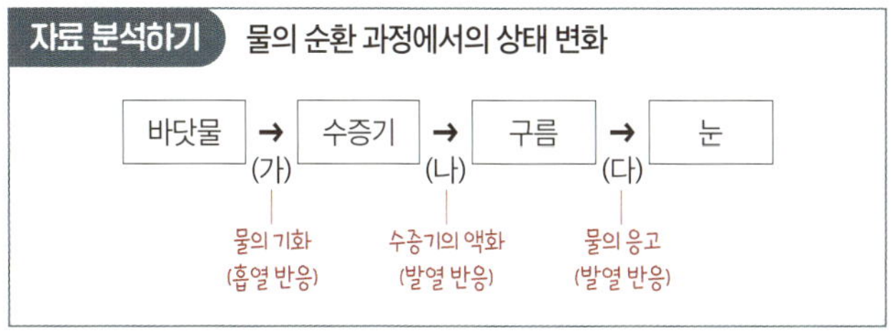

ㄱ. (가)는 태양 에너지를 흡수하여 이루어지는 물의 기화로 흡열 반응이다.

ㄴ. (나)는 수증기가 응결하는 액화로 발열 반응이므로 에너지가 방출된다.

ㄷ. (다)는 물방울이 얼음 결정이 되는 응고이다.

284
답 ①

ㄱ. (가)는 수증기가 액체로 될 때 에너지를 방출하는 반응을 이용한 발열 섬유이다.

오답 피하기 ㄴ. (나)는 주변의 온도에 따라 융해와 응고를 반복하면서 급격한 온도 변화를 막는 것을 이용한 섬유이다. ⓛ에서는 마네킹에 가해진 열을 흡수하여 마네킹의 온도가 급격히 올라가는 것을 막았다.

ㄷ. (나)는 상황에 따라 열을 흡수하는 반응과 방출하는 반응을 모두 이용하지만 (가)는 열을 방출하는 반응을 이용한다.

285
답 ⑤

융해는 고체가 액체로 되는 흡열 반응, 액화는 기체가 액체로 되는 발열 반응이다. 또한 응고는 액체가 고체로 되는 발열 반응, 기화는 액체가 기체로 되는 흡열 반응이다.

ㄱ, ㄴ. (가)는 생성물이 액체인 융해와 액화를 분류하는 기준이면서 융해에 해당하는 기준이어야 하므로 '흡열 반응인가?'가 적절하고, ㉠은 '액화'이다.

ㄷ. ⓛ은 응고, ⓒ은 기화이므로 둘 다 반응물이 액체이다.

286
답 ①

ㄱ. ㉠~㉢은 철 가루의 산화 반응, 화석 연료의 연소 반응, 산화 칼슘이 물에 녹는 반응으로 에너지를 방출하는 발열 반응이다.

오답 피하기 ㄴ. 철 가루와 산소의 반응, 화석 연료의 연소 반응은 산화·환원 반응이다. 그러나 산화 칼슘이 물에 녹는 반응에서는 전자가 이동하지 않으므로 산화·환원 반응이 아니다.

ㄷ. 반응이 일어날 때는 반응물과 생성물이 가진 에너지 차이만큼 에너지를 방출하거나 흡수한다. 발열 반응은 반응물의 에너지가 생성물의 에너지보다 크므로 그 차이만큼 에너지를 방출하고, 흡열 반응은 반응물의 에너지보다 생성물의 에너지가 더 크므로 그 차이만큼 에너지를 흡수한다.

287
답 ②

용액에 에너지가 공급될 때, 용액의 온도 변화는 반응하는 산화 칼슘의 양에 비례하고, 용액의 전체 질량에 반비례하므로 $3 : 8 : x$

$= \dfrac{w}{300+w} : \dfrac{3w}{300+3w} : \dfrac{5w}{300+5w}$ 이다. 따라서 $w=20$, $x=12$

이므로 $\dfrac{w}{x} = \dfrac{12}{20} = \dfrac{3}{5}$ 이다.

288
답 ③

(가)는 냉매의 기화로 실내 온도를 낮추는 사례이고, (나)는 탄산수소 나트륨의 분해 반응을 이용해 주변의 온도를 낮추고 기체를 생성하여 산소를 차단해 불을 끄는 사례이다. (다)는 과수원에서 과일나무에 물을 뿌려 물이 응고되면서 방출하는 에너지를 이용하는 사례이다.

ㄱ. (가)와 (나)는 흡열 반응을 이용한 사례이다.

ㄷ. (나)에서 탄산수소 나트륨이 분해되는 반응은 흡열 반응이므로 주변의 온도가 낮아진다.

오답 피하기 ㄴ. (가)에서는 기화가 일어나고, (다)에서는 응고가 일어난다.

289

서술형 해결 전략

STEP 1 문제 포인트 파악
금속과 금속 이온의 반응에서 이온 수 변화로부터 금속의 전하량을 파악할 수 있어야 한다.

STEP 2 관련 개념 모으기
❶ 금속과 금속 이온의 산화·환원 반응에서 주고받는 전자의 총수는?
 ➡ 전자를 잃고 얻는 산화·환원 반응은 전체 반응에서 산화되는 물질이 잃은 전자의 총수와 환원되는 물질이 얻은 전자의 총수가 같다.
❷ 금속과 금속 이온의 산화·환원 반응에서 전하량을 파악하는 방법은?
 ➡ 두 이온의 산화·환원 반응에서 주고받은 전자의 총수는 같으므로 산화되어 생성된 금속의 이온 수가 많으면 이온의 전하는 작고, 적으면 이온의 전하는 크다.

구리 이온(Cu^{2+})이 들어 있는 수용액에 금속 M을 넣었을 때, 양이온 수의 변화가 생긴 것을 통해 반응이 일어났음을 알 수 있다. 즉, 금속 M이 전자를 잃고 산화되어 이온이 되고, Cu^{2+}이 전자를 얻어 환원된 것이다. 또, 산화·환원 반응에서 전체 반응 과정에서 잃은 전자의 양과 얻은 전자의 양은 같다. Cu^{2+} N개가 모두 환원되려면 $2N$개의 전자가 필요하며, M 이온 $2N$개가 생성되면서 그 $2N$개의 전자가 공급되었을 것이므로 M 이온은 $+1$가의 양이온일 것이다.

예시 답안 $+1$, 구리 이온 N개가 모두 환원되려면 $2N$개의 전자가 필요한데 M 이온 $2N$개가 생성되었으므로 M 이온은 $+1$가의 양이온이다.

채점 기준	배점(%)
M 이온의 전하 크기를 쓰고, 그렇게 답한 까닭을 옳게 설명한 경우	100
M 이온의 전하의 크기만 쓴 경우	50

290

서술형 해결 전략

STEP 1 문제 포인트 파악
산의 성질을 나타나게 하는 이온을 알고, 이를 확인하는 방법을 파악하고 있어야 한다.

STEP 2 관련 개념 모으기
❶ 산이란?
 ➡ 수용액에서 수소 이온(H^+)을 내놓는 물질이다.
❷ 산성을 나타내는 이온을 확인하는 방법은?
 ➡ 질산 칼륨 수용액에 적신 푸른색 리트머스 종이 위에 산을 적신 실을 올리고 전류를 흘려 주면 산에 공통적으로 들어 있는 H^+ 때문에 푸른색 리트머스 종이의 색이 실에서부터 $(-)$극 쪽으로 붉게 변한다.

산의 성질이 나타나는 입자를 확인하기 위해서는 입자 이동에 따른 '색 변화'를 관찰해야 하므로, 산성에서 색 변화를 나타내는 푸른색 리트머스를 사용해야 입자의 이동에 따라 붉어지는 변화를 관찰할 수 있다. 산의 성질을 나타내는 수소 이온(H^+)은 정전기적 인력에 의해 ($-$)극으로 이동한다.

예시 답안 ㉠ 푸른색, 실로부터 ($-$)극 쪽으로(왼쪽으로) 리트머스 종이의 색이 붉은색으로 변한다.

채점 기준	배점(%)
㉠이 어떤 색인지 쓰고, 색 변화와 이동 방향을 모두 옳게 설명한 경우	100
이동 방향과 변화한 색만 옳게 설명한 경우	50
㉠이 어떤 색인지만 쓴 경우	30

291

STEP 1 문제 포인트 파악
일정량의 산성 수용액과 염기성 수용액이 반응했을 때 양이온 수의 변화를 통해 산성 수용액과 염기성 수용액에 들어 있는 이온 수의 비를 파악할 수 있어야 한다.

STEP 2 관련 개념 모으기
❶ 산성 수용액과 염기성 수용액은?
➡ 산성 수용액은 용액 속에 수소 이온(H^+)이 들어 있는 물질이고, 염기성 수용액은 용액 속에 수산화 이온(OH^-)이 들어 있는 물질이다.
❷ 산성 수용액과 염기성 수용액이 반응할 때 수소 이온(H^+)과 수산화 이온(OH^-)의 개수비는?
➡ 산성 수용액과 염기성 수용액이 반응할 때 H^+과 OH^-은 1 : 1의 개수비로 반응한다.
❸ 중화 반응이 완전히 일어나려면?
➡ 혼합하는 수용액 속 H^+과 OH^-의 수가 같으면 중화 반응이 완전히 일어나 혼합 용액의 액성이 중성이 된다.

산성인 A 수용액에 들어 있는 양이온 ●은 수소 이온(H^+)이다. 염기성인 B 수용액 10 mL를 가할 때 ● 4개가 없어지고 ■ 2개가 생겼으므로 B 수용액 10 mL에 들어 있는 수산화 이온(OH^-)의 수는 4개이다. 따라서 완전 중화하려면 A 수용액과 B 수용액을 4 : 5의 부피비로 반응시켜야 한다.

예시 답안 37.5 mL, A 수용액 10 mL에 들어 있는 수소 이온(H^+)의 수가 $5N$이면, B 수용액 10 mL에 들어 있는 수산화 이온(OH^-)의 수는 $4N$이므로 완전 중화하려면 A 수용액과 B 수용액을 4 : 5의 부피비로 반응시켜야 한다. 따라서 필요한 염기 B 수용액의 부피는 37.5 mL이다.

채점 기준	배점(%)
B 수용액의 부피를 구하고, 그 까닭을 이온 수비를 이용하여 옳게 설명한 경우	100
B 수용액의 부피를 구했으나 그 까닭에 대한 설명이 미흡한 경우	60
B 수용액의 부피만 옳게 구한 경우	40

292

답 ㉠ 발열, ㉡ 높아

철 가루와 산소의 반응, 염산과 수산화 나트륨 수용액의 반응, 산화 칼슘과 물의 반응은 모두 발열 반응이다. 따라서 주변으로 에너지를 방출하므로 주변의 온도가 높아진다.

293

STEP 1 문제 포인트 파악
가스레인지를 이용하여 냄비에 물을 끓일 때 일어나는 반응을 모두 파악할 수 있어야 한다.

STEP 2 관련 개념 모으기
❶ 가스레인지에 물이 들어 있는 냄비를 올리고 불을 켰을 때 일어나는 반응은?
➡ 연료의 연소 반응, 물의 기화 반응, 수증기의 액화 반응이 일어난다.
➡ 연료의 연소 반응은 발열 반응, 물의 기화 반응은 흡열 반응, 수증기의 액화 반응은 발열 반응이다.

예시 답안 ① 화석 연료(메테인)가 연소하여 이산화 탄소와 물이 생성되는 발열 반응이 일어난다.
② 냄비 안에서 물이 끓어 수증기로 기화하는 흡열 반응이 일어난다.
③ 냄비 뚜껑에서 액화하여 물방울로 되는 발열 반응이 일어난다.

채점 기준	배점(%)
반응 3가지를 찾아 반응물과 생성물 및 에너지의 출입을 모두 옳게 설명한 경우	100
반응 2가지를 찾고, 반응물과 생성물 및 에너지의 출입을 옳게 설명한 경우	70
반응 1가지를 찾고, 반응물과 생성물 및 에너지의 출입을 옳게 설명한 경우	40

294

답 ⑤

ㄱ. 질산 은 수용액에 금속 X를 넣고 반응시켰으므로 감소하는 이온인 ●은 은 이온(Ag^+), 금속 X를 넣은 후 새로 생긴 ▲은 X의 이온(X^{n+}), ■은 반응에 참여하지 않은 이온인 질산 이온(NO_3^-)이다.

ㄴ. 금속 X가 전자를 잃고 산화되기 위해서는 전자를 얻어 환원되는 물질이 있어야 하며, ●이 사라지므로 Ag^+은 전자를 얻어 환원되어 석출된다.

ㄷ. +1가의 양이온인 ● 4개가 환원될 때, ▲ 2개가 산화되어 생기고, 한 반응에서 주고받는 전자의 양은 같으므로 $n=2$이다.

295

답 ①

BOH 수용액을 넣을 때 사라진 ●은 수소 이온(H^+), ■는 A^-이며, (다)에서 그 수가 가장 많은 ▲은 반응하지 않은 B^+, ★은 H^+과 반응하고 남은 수산화 이온(OH^-)이다. HA 수용액 20 mL에 들어 있는 H^+의 수를 $3N$개라 하면 BOH 수용액 20 mL에 들어 있는 OH^-의 수는 $4N$개이므로 같은 부피의 HA 수용액과 BOH 수용액에 들어 있는 입자 수 비는 3 : 4이다.

ㄱ. ■은 A^-, ★은 OH^-이다.

오답 피하기 ㄴ. BOH 수용액 10 mL에는 수산화 이온 $2N$개가 들어 있으므로 (나)에는 H^+(●) N개가 남아 있다. (다)는 OH^-(★) N개가 있으므로 (나)와 (다)를 혼합한 용액은 중성이다.

ㄷ. 같은 부피에 들어 있는 HA와 BOH의 입자 수 비는 3 : 4이므로 HA와 BOH를 4 : 3의 부피비로 혼합할 때 액성이 중성이 된다.

296

답 ①

자료 분석하기 중화 반응에서 이온 수의 변화

혼합 용액	혼합 전 용액의 부피(mL)		BTB 용액을 넣었을 때 용액의 색	H^+ 또는 OH^-의 수 (상댓값)
	HCl	NaOH		
(가)	60 N	30 $N-1$	노란색	1
(나)	30 $\frac{N}{2}$	20 $\frac{2}{3}(N-1)$	파란색	1
(다)	30 $\frac{N}{2}$	10 $\frac{1}{3}(N-1)$	㉠	2

- (가)는 산성, (나)는 염기성이다.
- (가)에서는 혼합 전 HCl에 들어 있는 입자 수가 NaOH 수용액에 들어 있는 입자 수보다 많다.
- (가)에서 HCl 60 mL에 들어 있는 입자 수를 N이라고 하면, NaOH 수용액 30 mL에 들어 있는 입자 수는 $N-1$이다.
- 부피비에 따라 HCl 30 mL에 들어 있는 입자 수는 $\frac{N}{2}$이고, NaOH 수용액 20 mL에 들어 있는 입자 수는 $\frac{2}{3}(N-1)$이다.
- (나)에서는 혼합 전 NaOH 수용액에 들어 있는 입자 수가 HCl에 들어 있는 입자 수보다 많으므로 $\frac{N}{2}+1=\frac{2}{3}(N-1)$이다.
- → $N=10$이다.

↓

$N=10$을 이용해 각 용액에 들어 있는 입자 수를 정리하면 다음과 같다.

혼합 용액	혼합 전 용액에 들어 있는 입자수		생성된 물의 양	남은 알짜 이온
	HCl	NaOH		
(가)	10	9	9	H^+
(나)	5	6	5	OH^-
(다)	5	3	3	H^+

ㄱ. (다)는 산성이므로 BTB 용액을 넣으면 노란색이 나타난다.

오답 피하기 ㄴ. 용액 속 양이온은 (가)에서 Na^+ 9, H^+ 1이고, (나)에서 Na^+ 6으로 (가)가 (나)보다 많지만 2배는 아니다.

ㄷ. 반응으로 생성된 물의 양은 (나)가 (가)의 2배보다 작다.

297

답 ④

ㄱ, ㄷ. (가)는 중화열이 방출되는 중화 반응으로 발열 반응이다. (나)에서 비커 안의 염화 암모늄과 수산화 바륨이 반응하면 주변으로부터 에너지를 흡수하는 흡열 반응이 일어나므로 나무판 위의 물이 얼어붙어 나무판과 삼각 플라스크가 달라붙는다.

오답 피하기 ㄴ. (나)에서 나무판 위의 물은 얼음으로 응고하면서 에너지를 방출한다.

---

1. 생태계와 환경

07 생물과 환경

개념 확인 문제

● 77쪽

298 A: 개체군, B: 군집   **299** 비생물요소
300 생물요소   **301** 분해자   **302** 생산자   **303** ✕
304 ○   **305** ○   **306** ✕

298

답 A: 개체군, B: 군집

같은 종의 개체들이 모여 개체군이 되고, 여러 개체군이 모여 군집을 이룬다.

299

답 비생물요소

물, 빛, 공기, 온도, 토양 등 생물이 살아가는 데 영향을 미치는 환경을 비생물요소라고 한다.

300

답 생물요소

생태계에서 살아가는 모든 생물을 생물요소라고 하며, 생물요소는 생산자, 소비자, 분해자로 구분한다.

301

답 분해자

생물요소 중 다른 생물의 사체나 배설물을 분해하여 양분을 얻는 생물은 분해자이다.

302

답 생산자

생물요소 중 광합성으로 생명활동에 필요한 양분을 스스로 만드는 생물은 생산자이다.

303

답 ✕

포유류는 서식지의 기온이 높을수록 몸집은 작아지고 몸의 말단부는 커지는 경향이 있으며, 북극여우보다 기온이 높은 곳에 사는 사막여우는 북극여우에 비해 몸집이 작고, 귀가 커서 몸의 열을 잘 방출할 수 있다. 따라서 여우의 생김새 차이와 가장 관련이 깊은 비생물요소는 온도이다.

304

답 ○

건조한 곳에 사는 선인장이 가시로 변한 잎을 가지는 것은 비생물요소인 물이 생물요소인 선인장에 영향을 미친 사례이다.

305

답 ○

생물요소인 비버에 의해 댐 주변이 습지 환경으로 바뀌었으므로 생물요소가 비생물요소에 영향을 미친 사례이다.

306

답 ×

국화가 일조 시간이 짧아지는 시기에 꽃이 피는 것은 비생물요소인 빛이 생물요소인 국화에 영향을 미친 사례이다.

분석 문제

● 78쪽 ~ 81쪽

307 ①	308 ④	309 ④	310 해설 참조	
311 ③	312 ③	313 ⑤	314 ①	315 ④
316 ③	317 해설 참조		318 ①	319 ④
320 ④	321 ⑤	322 ④	323 ③	324 ②

307

답 ①

ㄱ. (가)는 독립적으로 생명활동을 할 수 있는 하나의 생명체인 개체이다.

오답 피하기 ㄴ. (나)는 일정한 지역에 사는 같은 종의 개체들로 이루어진 무리인 개체군이다.

ㄷ. (다)는 일정한 지역에 사는 개체군들로 이루어진 무리인 군집이다. 따라서 (다)는 다양한 종으로 구성된다.

308 필수 유형

답 ④

자료 분석하기 생태계구성요소

- 생태계는 비생물요소와 생물요소로 구성된다.
- 비생물요소는 생물이 살아가는 데 영향을 미치는 환경으로, 물, 빛, 공기, 온도, 토양 등이 있다. ➡ (가)는 비생물요소이다.
- 생물요소는 생태계에서 살아가는 모든 생물로, 생산자, 소비자, 분해자로 구분한다. ➡ (나)는 생물요소이고, A는 생산자이다.

ㄱ. (가)는 비생물요소, (나)는 생물요소이다.

ㄷ. 소나무는 광합성으로 생명활동에 필요한 양분을 스스로 만드는 생물이므로 생산자(A)에 해당한다.

오답 피하기 ㄴ. 공기는 비생물요소(가)에 해당한다.

309

답 ④

생물요소 중 생산자는 광합성으로 생명활동에 필요한 양분을 스스로 만들며, 소비자는 스스로 양분을 만들지 못하고 다른 생물을 먹이로 하여 양분을 얻는다. 분해자는 다른 생물의 사체나 배설물을 분해하여 양분을 얻는다.

310

생물요소는 생산자, 소비자, 분해자로 구분할 수 있는데, (가)는 다른 생물을 먹이로 하여 양분을 얻는 소비자이며, (다)는 다른 생물의 사체나 배설물을 분해하여 양분을 얻는 분해자이다. 따라서 (나)는 생산자이다.

예시 답안 생산자, 광합성으로 생명활동에 필요한 양분을 스스로 만든다.

채점 기준	배점(%)
생산자를 쓰고, 생산자의 특징을 양분과 관련지어 옳게 설명한 경우	100
생산자만 쓴 경우	30

311

답 ③

참나무, 강아지풀은 광합성으로 생명활동에 필요한 양분을 스스로 만드는 생산자(나)이다. 나비, 다람쥐는 다른 생물을 먹이로 하여 양분을 얻는 소비자(가)이다. 세균, 곰팡이는 다른 생물의 사체나 배설물을 분해하여 양분을 얻는 분해자(다)이다.

312

답 ③

ㄱ. 버섯은 다른 생물의 사체나 배설물을 분해하여 양분을 얻는 분해자이다.

ㄴ. 비생물요소는 생물이 살아가는 데 영향을 미치는 환경이므로 물의 온도는 비생물요소에 해당한다.

오답 피하기 ㄷ. 개체군은 일정한 지역에 사는 같은 종의 개체들로 이루어진 무리로, 오리와 개구리는 서로 다른 종이므로 같은 개체군에 속하지 않는다.

313

답 ⑤

ㄱ. 군집은 일정한 지역에 사는 개체군들로 이루어진 무리이므로 개체군 A, B, C가 모여 군집을 이룬다.

ㄴ. 산소가 희박한 고산 지대에 사는 사람의 적혈구 수가 평지에 사는 사람보다 많은 것은 비생물요소인 공기가 생물요소인 사람에 영향을 미친 것이므로 ㉠에 해당한다.

ㄷ. 두더지가 땅속에 굴을 파 토양에 공기가 잘 통하게 해 주는 것은 생물요소인 두더지가 비생물요소인 토양에 영향을 미친 것이므로 ㉡에 해당한다.

314

답 ①

① 생물요소인 지렁이가 비생물요소인 토양에 영향을 미친 사례이다.

오답 피하기 ② 비생물요소인 온도가 생물요소인 단풍나무에 영향을 미친 사례이다.

③ 비생물요소인 물이 생물요소인 선인장에 영향을 미친 사례이다.
④ 비생물요소인 빛이 생물요소인 꾀꼬리에 영향을 미친 사례이다.
⑤ 비생물요소인 온도가 생물요소인 한라송이풀에 영향을 미친 사례이다.

315 답 ④

ㄴ. 하나의 식물에서도 강한 빛을 받는 잎은 광합성이 활발하게 일어나는 울타리조직이 발달되어 있기 때문에 약한 빛을 받는 잎보다 두껍다. (나)가 (가)보다 울타리조직이 발달되어 있어 잎이 더 두꺼우므로 (나)는 (가)보다 강한 빛을 받는 위치에 있다.

ㄷ. (가)는 약한 빛을 받는 위치에 있어 두께가 얇고, (나)는 강한 빛을 받는 위치에 있어 두께가 두껍다. 따라서 (가)와 (나)의 두께 차이와 가장 관련이 깊은 비생물요소는 빛이다.

[오답 피하기] ㄱ. (나)는 (가)보다 광합성이 활발하게 일어나는 울타리조직이 발달되어 있다. 따라서 광합성은 (나)에서가 (가)에서보다 활발하게 일어난다.

316 답 ③

ㄷ. 여우와 같은 포유류는 서식지의 기온이 낮을수록 몸집은 커지고 몸의 말단부는 작아져 체온을 유지하기에 유리하다. 따라서 (가)와 (나)의 몸 크기 차이에 영향을 미친 비생물요소는 온도이다.

[오답 피하기] ㄱ, ㄴ. (가)는 (나)보다 귀와 같은 몸의 말단부가 작으므로 (가)는 (나)보다 기온이 낮은 지역에 산다.

317

[예시 답안] 물, 수생식물에 통기조직이 발달해 있는 것은 물속에 있는 줄기와 뿌리에도 공기를 이동시키기 위한 것이고, 도마뱀의 몸 표면이 비늘로 덮여 있는 것은 수분의 손실을 막기 위한 것이기 때문이다.

채점 기준	배점(%)
물을 쓰고, 그렇게 판단한 까닭을 물이 각 생물에 미친 영향과 관련 지어 옳게 설명한 경우	100
물만 쓴 경우	30

318 답 ①

ㄱ. 식물(㉠)은 광합성으로 생명활동에 필요한 양분을 스스로 만드는 생산자이다.

[오답 피하기] ㄴ. (가)는 생물요소인 식물이 비생물요소인 공기에 영향을 미친 사례이다.

ㄷ. (나)는 비생물요소인 빛이 생물요소인 식물에 영향을 미친 사례이다.

319 답 ④

ㄴ. (나)는 생물요소인 사람이 비료를 뿌려 비생물요소인 토양을 비옥하게 하는 것이므로 생물요소가 비생물요소에 영향을 미친 사례이다.

ㄷ. 펭귄과 같이 체온을 일정하게 유지하는 동물 중 추운 지방에 사는 동물은 깃털이나 털이 발달되어 있고, 피하 지방층이 두꺼워 몸에서 열이 방출되는 것을 막는다. 따라서 (다)는 펭귄이 추운 지역에 적응한 결과이다.

[오답 피하기] ㄱ. (가)는 생물요소인 소가 비생물요소인 공기에 영향을 미친 사례이다.

320 답 ④

ㄱ. 개체군은 같은 종의 개체들로 이루어진 무리이므로 개체군 A와 B는 서로 다른 종의 개체들로 이루어져 있다.

ㄷ. 개구리와 같이 외부 온도에 따라 체온이 변하는 동물은 겨울이 되면 체온이 낮아져 물질대사 속도가 느려지므로 겨울잠을 자는 등의 방법으로 체온을 조절한다. 따라서 개구리가 겨울잠을 자는 것은 비생물요소인 온도가 생물요소인 개구리에 영향을 미치는 것(ㄴ)의 예이다.

[오답 피하기] ㄴ. 국화가 일조 시간이 짧아지는 시기에 꽃이 피는 것은 비생물요소인 빛이 생물요소인 국화에 영향을 미치는 것(ㄴ)의 예이다.

321 답 ⑤

ㄱ. (가)는 광합성으로 생명활동에 필요한 양분을 스스로 만드는 생산자이다.

ㄴ. 물과 산소는 모두 (가)가 살아가는 데 영향을 미치는 환경이므로 비생물요소에 포함된다.

ㄷ. (가)의 뿌리가 물 밖으로 나와 있는 것은 (가)가 뿌리를 통해 산소를 흡수하기 위한 것이므로, 이는 비생물요소인 물이 생물요소인 (가)에 영향을 미친 사례이다.

322 답 ④

ㄴ, ㄷ. (가)는 비생물요소인 물이 생물요소인 새에 영향을 미친 사례이고, (나)는 생물요소인 은행나무가 비생물요소인 공기에 영향을 미친 사례이다. (다)는 비생물요소인 토양이 생물요소인 함초에 영향을 미친 사례이다.

[오답 피하기] ㄱ. 새(㉠)는 다른 생물을 먹이로 하여 양분을 얻는 소비자이고, 은행나무(㉡)와 함초(㉢)는 모두 광합성으로 양분을 스스로 만드는 생산자이다.

323 답 ③

ㄱ. 토끼와 같은 포유류는 서식지의 기온이 낮을수록 몸집은 커지고 몸의 말단부는 작아져 체온을 유지하기에 유리하다. 따라서 일반적으로 북극에 사는 토끼(나)는 사막에 사는 토끼(가)보다 몸집이 크다.

ㄷ. 몸의 말단부가 클수록 체내의 열을 방출하는 데 유리하여 사막에 사는 토끼(가)의 귀는 북극에 사는 토끼(나)보다 크다. 따라서 체내의 열을 방출하기 유리한 구조의 말단부를 갖는 토끼는 (가)이다.

오답피하기 ㄴ. 사막에 사는 토끼(가)와 북극에 사는 토끼(나)의 생김새 차이에 영향을 미친 비생물요소는 온도이다.

324
답 ②

㉠은 생물요소가 비생물요소에 영향을 미치는 것이다.
ㄷ. 동물의 호흡으로 대기 중의 이산화 탄소 농도가 증가하는 것은 생물요소인 동물이 비생물요소인 공기에 영향을 미치는 것이다.
오답피하기 ㄱ. 뱀이 토끼를 잡아먹는 것은 생물요소가 생물요소에 영향을 미치는 것이다.
ㄴ. 일조 시간이 식물의 개화에 영향을 미치는 것은 비생물요소인 빛이 생물요소인 식물에 영향을 미치는 것이다.

1등급 완성 문제
● 82쪽 ~ 83쪽

| 325 ① | 326 ④ | 327 ① | 328 ③ | 329 ④ |
| 330 ① | 331 해설 참조 | | 332 해설 참조 | |

325
답 ①

연꽃과 같이 물에서 사는 식물의 줄기와 뿌리에 공기가 통하는 통기조직이 발달되어 있는 것은 비생물요소인 물이 생물요소에 영향을 미친 사례이다.
① 비생물요소인 물이 생물요소인 곤충에 영향을 미친 사례이다.
오답피하기 ② 비생물요소인 토양이 생물요소인 세균에 영향을 미친 사례이다.
③, ④ 비생물요소인 온도가 생물요소인 동물에 영향을 미친 사례이다.
⑤ 비생물요소인 빛이 생물요소인 식물에 영향을 미친 사례이다.

326
답 ④

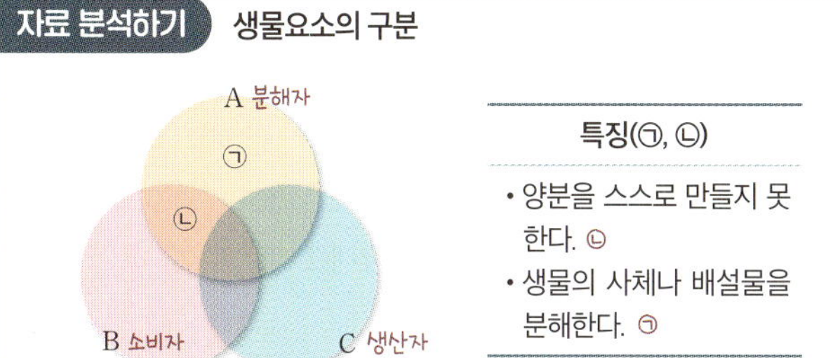

자료 분석하기 생물요소의 구분

A 분해자
㉠
㉡
B 소비자
C 생산자

특징(㉠, ㉡)
• 양분을 스스로 만들지 못한다. ㉡
• 생물의 사체나 배설물을 분해한다. ㉠

• 생산자, 소비자, 분해자 중 양분을 스스로 만들지 못하는 생물요소는 소비자와 분해자이다. ➜ '양분을 스스로 만들지 못한다.'는 특징 ㉡이고, C는 생산자이다.
• 생물의 사체나 배설물을 분해하는 생물요소는 분해자이다. ➜ '생물의 사체나 배설물을 분해한다.'는 특징 ㉠이고, A는 분해자, B는 소비자이다.

ㄴ. '양분을 스스로 만들지 못한다.'는 특징 ㉡이다.
ㄷ. 생산자(C)는 광합성으로 생명활동에 필요한 양분을 스스로 만든다.

327
답 ①

오답피하기 ㄱ. 메뚜기는 다른 생물을 먹이로 하여 양분을 얻는 소비자(B)에 해당한다.

ㄱ. 군집은 일정한 지역에 사는 개체군들로 이루어진 무리로, 개체군 A~C는 같은 생태계에 살며 군집을 이룬다.
오답피하기 ㄴ. 식물이 초식동물의 배설물을 통해 씨앗을 퍼뜨리는 것은 생물요소가 생물요소에 영향을 미치는 것의 예이다.
ㄷ. (나)에서 평균 해수면 온도에 따라 해양 달팽이의 종 수가 달라지는 것은 비생물요소인 온도가 생물요소인 해양 달팽이에 영향을 미치는 것(㉠)의 예에 해당한다.

328
답 ③

ㄱ. 군집은 일정한 지역에 사는 개체군들로 이루어진 무리이므로 세균도 생물군집에 속한다.
ㄷ. 식물의 낙엽이 쌓여 토양이 비옥해지는 것은 생물요소인 식물이 비생물요소인 토양에 영향을 미치는 것이므로 ㉢의 예에 해당한다.
오답피하기 ㄴ. ㉠은 개체군 사이의 상호작용이며, 개미 집단의 역할 분담은 개체군 내에서 개체들 사이의 상호작용이므로 ㉠의 예에 해당하지 않는다.

329
답 ④

ㄴ. B는 동물이므로 다른 생물을 먹이로 하여 양분을 얻는 소비자에 속한다.
ㄷ. (가)는 생물요소인 A가 비생물요소인 토양에 영향을 미친 사례이며, (나)는 생물요소인 B가 비생물요소인 물과 토양에 영향을 미친 사례이다.
오답피하기 ㄱ. 개체군은 같은 종의 개체들로 이루어진 무리이므로 서로 다른 종인 A와 B는 서로 다른 개체군에 속한다.

330
답 ①

자료 분석하기 생태계구성요소

생태계
(나) 생물요소
(가) 비생물요소
㉠
㉡ ㉢

요소	예
소비자 ㉠	동물 플랑크톤
분해자 ㉡	버섯
생산자 ㉢	ⓐ

• 생태계는 비생물요소와 생물요소로 구성되며, 생물요소는 생산자, 소비자, 분해자로 구분된다. ➜ (나)가 생산자, 소비자, 분해자로 구성되므로 생물요소이고, (가)는 비생물요소이다.
• 동물 플랑크톤은 다른 생물을 먹이로 하여 양분을 얻는 소비자에 해당하고, 버섯은 다른 생물의 사체나 배설물을 분해하는 분해자에 해당한다. ➜ ㉠은 소비자, ㉡은 분해자이고, ㉢은 생산자이다.

ㄱ. 옥수수는 광합성으로 생명활동에 필요한 양분을 스스로 만들므로 생산자(㉢)의 예(ⓐ)에 해당한다.

오답 피하기 ㄴ. 분해자(ⓒ)는 다른 생물의 사체나 배설물을 분해하여 양분을 얻으며, 빛에너지를 이용해 광합성을 하여 양분을 합성하는 생물요소는 생산자(ⓒ)이다.

ㄷ. 바다의 깊이에 따라 도달하는 빛의 파장과 양이 달라 서식하는 해조류의 종류가 달라지는 것은 비생물요소(가)가 생물요소(나)에 영향을 미친 사례에 해당한다.

331

서술형 해결 전략

STEP 1 문제 포인트 파악
생태계의 구조를 파악할 수 있어야 한다.

STEP 2 관련 개념 모으기
❶ 개체란?
　➜ 독립적으로 생명활동을 할 수 있는 하나의 생명체이다. **예** 사슴, 토끼, 다람쥐, 소나무
❷ 개체군이란?
　➜ 일정한 지역에 사는 같은 종의 개체들로 이루어진 무리이다. **예** 사슴 개체군, 토끼 개체군, 다람쥐 개체군, 소나무 개체군
❸ 군집이란?
　➜ 일정한 지역에 사는 개체군들로 이루어진 무리이다.
❹ 생태계란?
　➜ 군집을 구성하는 생물이 다른 생물 및 주변 환경과 영향을 주고받으며 살아가는 체계이다.

예시 답안 (가) 군집, (나) 개체군, (가)는 한 생태계에 사는 사슴 개체군, 토끼 개체군, 다람쥐 개체군, 소나무 개체군 등으로 이루어진 무리이며, (나)는 한 생태계에 사는 같은 종의 사슴 개체들로 이루어진 무리이기 때문이다.

채점 기준	배점(%)
(가)와 (나)가 무엇인지 쓰고, 그렇게 판단한 까닭을 이 생태계에 살고 있는 생물요소와 관련지어 옳게 설명한 경우	100
(가)와 (나)가 무엇인지만 옳게 쓴 경우	30

332

서술형 해결 전략

STEP 1 문제 포인트 파악
생물이 서식하는 환경에 따라 구조가 다른 까닭을 비생물요소와 관련지어 파악할 수 있어야 한다.

STEP 2 관련 개념 모으기
❶ 사막에 사는 선인장의 구조적 특징은?
　➜ 선인장은 줄기에 많은 양의 물을 저장하며, 잎이 가시로 변해 수분의 증발을 막는다.
❷ 사막에 사는 선인장의 구조적 특징에 영향을 미친 비생물요소는?
　➜ 선인장의 구조적 특징은 건조한 사막 환경에 선인장이 적응한 것으로, 선인장의 구조적 특징에 영향을 미친 비생물요소는 물이다.

예시 답안 줄기에 많은 양의 물을 저장한다. 잎이 가시로 변해 수분의 증발을 막는다.

채점 기준	배점(%)
선인장이 건조한 사막 환경에 적응하여 가지게 된 특징을 옳게 설명한 경우	100
가시라고만 쓴 경우	50

08 생태계평형

개념 확인 문제 ●85쪽

333 ⑦ 먹이사슬, ⓒ 먹이그물　　**334** ⑦ 하위, ⓒ 상위
335 ○　　**336** ✕　　**337** ○
338 ⑦ 생산자, ⓒ 2차 소비자, ⓒ 2차 소비자, ⓔ 생산자　　**339** ✕
340 ○

333

답 ⑦ 먹이사슬, ⓒ 먹이그물

먹이 관계는 생태계를 이루는 생물 사이에 먹고 먹히면서 에너지가 이동하는 관계로, 생산자부터 최종 소비자까지 먹고 먹히는 관계를 사슬 모양으로 나타낸 먹이사슬과 여러 개의 먹이사슬이 그물처럼 복잡하게 형성되어 있는 먹이그물이 있다.

334

답 ⑦ 하위, ⓒ 상위

생태피라미드는 각 영양단계의 에너지양, 개체수, 생물량(생체량)을 하위 영양단계에서 상위 영양단계로 순서대로 쌓아 올린 것이다. 안정된 생태계에서 각 영양단계의 에너지양은 하위 영양단계에서 상위 영양단계로 갈수록 그 양이 줄어들어 피라미드 형태를 이룬다. 따라서 ⑦은 하위, ⓒ은 상위이다.

335

답 ○

생태계평형은 생태계를 구성하는 생물의 종류, 개체수, 에너지의 이동 등이 안정적으로 유지되는 상태이다.

336

답 ✕

생태계평형은 주로 생물들 사이의 먹이 관계에 의해 유지되므로 먹이 관계가 복잡할수록 특정 생물종이 사라져도 대체할 수 있는 생물종이 있어 생태계평형이 잘 유지된다.

337

답 ○

안정된 생태계는 생태계평형이 일시적으로 깨지더라도 먹이 관계가 잘 형성되어 있으므로 다시 원래 상태로 회복될 수 있다.

338

답 ⑦ 생산자, ⓒ 2차 소비자, ⓒ 2차 소비자, ⓔ 생산자

1차 소비자의 개체수가 일시적으로 증가하여 생태계평형이 깨지면 1차 소비자의 먹이인 생산자의 개체수는 감소하고, 1차 소비자를 먹이로 하는 2차 소비자의 개체수는 증가한다. 2차 소비자의 개체수가 증가하면 2차 소비자의 먹이인 1차 소비자의 개체수는 감소한다. 이로 인해 1차 소비자를 먹이로 하는 2차 소비자의 개체수가 다시 감소하고, 1차 소비자의 먹이인 생산자의 개체수는 다시 증가하여 생태계평형이 회복된다.

339

인위적인 개발과 무분별한 벌목에 의한 서식지파괴, 환경오염, 기후 변화, 남획, 외래생물(외래종)의 도입 등 인간의 활동에 의해 생태계평형이 깨질 수 있다.

340

환경 영향 평가는 개발로 인한 환경 파괴와 환경오염을 방지하기 위해 환경에 미칠 영향을 종합적으로 예측, 분석, 평가하는 제도로, 환경 영향 평가와 같은 제도적 장치를 활용해 생태계에 미칠 수 있는 영향을 분석하고 검토하여 무분별한 개발을 막는 것은 생태계평형 유지를 위한 노력에 해당한다.

기출 분석 문제 ● 86쪽 ~ 89쪽

341 ⑤	342 ④	343 ③	344 ⑤	345 ②
346 해설 참조		347 ⑤	348 ④	349 ⑤
350 ③	351 ⓒ→ⓛ→㉠		352 ④	353 ③
354 ⑤	355 ④	356 해설 참조		357 ④
358 ④				

341

ㄱ. 참새와 올빼미는 모두 스스로 양분을 만들지 못하고 다른 생물을 먹이로 하여 양분을 얻는 소비자이다.

ㄱ. 들쥐는 생산자인 식물을 먹는 1차 소비자이면서 1차 소비자인 메뚜기를 먹는 2차 소비자이다.

ㄴ. 메뚜기와 다람쥐는 모두 생산자인 식물을 먹는 1차 소비자이므로 동일한 영양단계에 있다.

342

생태계에서 생산자의 광합성 결과 생성된 양분의 대부분은 생산자의 세포호흡으로 생명을 유지하는 데 사용되고, 나머지는 성장에 사용되거나 낙엽으로 떨어져 소모되고, 소비자의 먹이로 사용된다. 따라서 생산자의 광합성 결과 생성된 양분 중 일부만 1차 소비자의 먹이로 사용되므로 상위 영양단계로 모두 전달되는 것은 아니다.

343

ㄱ, ㄴ. 생태계에서 양분 속 에너지는 먹이 관계를 따라 하위 영양단계에서 상위 영양단계로 이동한다.

 ㄷ. 각 영양단계의 생물이 가진 에너지 중 일부는 세포호흡을 통해 생명활동에 사용되거나 열에너지로 방출되므로 상위 영양단계로 갈수록 전달되는 에너지양은 점점 줄어든다.

344

ㄱ. A는 빛에너지를 이용하여 광합성을 하는 생산자이며, B는 다른 생물을 먹이로 하여 양분을 얻는 소비자이고, C는 다른 생물의 사체나 배설물을 분해하여 양분을 얻는 분해자이다.

ㄴ. 각 영양단계의 생물이 가진 에너지 중 일부는 세포호흡을 통해 생명활동에 쓰이거나 열에너지로 방출된다. 따라서 ㉠~ⓒ은 모두 열에너지이다.

ㄷ. B는 생산자(A)를 먹으므로 1차 소비자이다. 따라서 생태계 (가)에는 2차 소비자가 없다.

345

안정된 생태계에서 각 영양단계의 에너지양은 상위 영양단계로 갈수록 줄어드는 피라미드 형태를 이룬다. 따라서 ㉠은 2차 소비자, ⓛ은 1차 소비자이다.

ㄷ. 생태계에서 에너지는 먹이 관계를 따라 하위 영양단계에서 상위 영양단계로 전달되므로 1차 소비자(ⓛ)에서 2차 소비자(㉠)로 이동한다.

 ㄱ. ㉠은 2차 소비자, ⓛ은 1차 소비자이다.

ㄴ. 버섯은 다른 생물의 사체나 배설물을 분해하여 양분을 얻는 분해자에 해당한다.

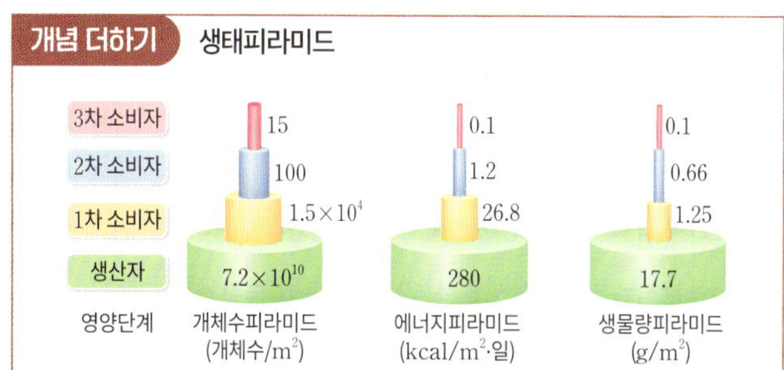

- 생태피라미드: 안정된 생태계에서 각 영양단계의 에너지양, 개체수, 생물량(생체량)을 하위 영양단계에서 상위 영양단계로 순서대로 쌓아 올렸을 때 피라미드 형태를 이루는 것이다.
- 각 영양단계의 생물이 가진 에너지 중 일부는 세포호흡을 통해 생명활동에 사용되거나 열에너지로 방출된다. 따라서 상위 영양단계로 갈수록 전달되는 에너지양은 점점 줄어든다.
- 개체수와 생물량도 상위 영양단계로 갈수록 줄어드는 경향이 있다.

346

 안정된 생태계에서 에너지는 먹이 관계를 따라 하위 영양단계에서 상위 영양단계로 전달되는데, 각 영양단계의 생물이 가진 에너지 중 일부는 세포호흡을 통해 생명활동에 사용되거나 열에너지로 방출되어 상위 영양단계로 갈수록 전달되는 에너지양이 점점 줄어들기 때문이다.

채점 기준	배점(%)
생태계에서 에너지가 먹이 관계를 따라 전달되는 것과 각 영양단계의 생물이 가진 에너지 중 일부는 생명활동에 사용되거나 열에너지로 방출된다는 것을 모두 언급하여 옳게 설명한 경우	100
각 영양단계의 생물이 가진 에너지 중 일부만 상위 영양단계로 전달되기 때문이라고만 설명한 경우	50

347

답 ⑤

안정된 초원 생태계에서 생물량은 상위 영양단계로 갈수록 감소하므로 A는 생산자인 풀, B는 1차 소비자인 사슴, C는 2차 소비자인 늑대이다.

ㄱ. 풀(A)은 빛에너지를 이용해 광합성을 하여 양분을 만드는 생산자이다.

ㄴ. 에너지양은 상위 영양단계로 갈수록 감소하므로 t일 때 에너지양은 사슴(B)이 늑대(C)보다 많다.

ㄷ. 늑대(C)는 2차 소비자이다.

348

답 ④

군집을 구성하는 개체군 사이의 먹이 관계는 각 개체군의 개체수에 서로 영향을 미친다.

349

답 ⑤

ㄱ. (가)에서 쥐의 개체수가 변하면 쥐를 먹이로 하는 뱀과 매의 개체수도 변할 수 있다.

ㄴ. (나)에서 생산자인 옥수수의 에너지 중 일부는 세포호흡을 통해 생명활동에 사용되거나 열에너지로 방출되며, 나머지 중 일부가 옥수수를 먹이로 하는 메뚜기나 쥐로 전달된다.

ㄷ. 먹이 관계가 복잡할수록 생태계평형이 잘 유지되므로 생태계평형은 먹이 관계가 복잡한 (나)에서가 (가)에서보다 안정적으로 유지된다.

350

답 ③

ㄱ. 눈신토끼는 피식자이고, 스라소니는 포식자이다.

ㄷ. 군집을 구성하는 개체군 사이의 먹이 관계는 각 개체군의 개체수에 서로 영향을 미치기 때문에 포식과 피식의 관계에 있는 눈신토끼와 스라소니의 개체수는 주기적으로 변동한다.

오답 피하기 ㄴ. 피식자인 눈신토끼의 개체수가 증가하면 눈신토끼를 먹이로 하는 포식자인 스라소니의 개체수도 증가한다.

351

답 ⓒ → ⓛ → ⓐ

1차 소비자의 개체수가 일시적으로 증가하면 1차 소비자의 먹이인 생산자의 개체수가 감소하고, 1차 소비자를 먹이로 하는 2차 소비자의 개체수가 증가한다(ⓒ). 2차 소비자의 개체수가 증가하면 2차 소비자의 먹이인 1차 소비자의 개체수가 감소한다(ⓛ). 1차 소비자의 개체수가 감소하면 1차 소비자의 먹이인 생산자의 개체수가 다시 증가하고 1차 소비자를 먹이로 하는 2차 소비자의 개체수가 다시 감소해(ⓐ) 생태계평형이 회복된다.

352

필수 유형

답 ④

자료 분석하기 생태계평형 회복 과정

> (가) 1차 소비자의 개체수가 일시적으로 증가한다.
> (나) 2차 소비자의 개체수가 (㉠)하고, 생산자의 개체수가 (㉡)한다.
> (다) 1차 소비자의 개체수가 (㉡)한다.
> (라) ?
> (마) 생태계평형이 회복된다.

- (나): 1차 소비자의 개체수가 일시적으로 증가하면 1차 소비자를 먹이로 하는 2차 소비자의 개체수가 증가하고, 1차 소비자의 먹이인 생산자의 개체수가 감소한다. ➡ ㉠은 '증가', ㉡은 '감소'이다.
- (다): 2차 소비자의 개체수가 증가하면 2차 소비자의 먹이인 1차 소비자의 개체수가 감소한다.
- (라): 1차 소비자의 개체수가 감소하면 1차 소비자의 먹이인 생산자의 개체수가 다시 증가하고, 1차 소비자를 먹이로 하는 2차 소비자의 개체수가 다시 감소하여 생태계평형이 회복된다.

ㄴ. 군집을 구성하는 개체군 사이의 먹이 관계는 각 개체군의 개체수에 서로 영향을 미치므로 (다)에서 1차 소비자의 개체수는 먹이 관계에 의해 변화한다.

ㄷ. (라)에서 1차 소비자의 개체수 감소로 생산자의 개체수는 증가하고, 2차 소비자의 개체수는 감소한다.

오답 피하기 ㄱ. ㉠은 '증가', ㉡은 '감소'이다.

353

답 ③

③ 환경 변화는 먹이 관계를 파괴하거나 생물의 서식지를 파괴하여 생태계평형을 깨뜨릴 수 있다.

오답 피하기 ① 지진, 태풍, 홍수, 화산 활동 등과 같은 자연재해에 의해 생태계평형이 깨질 수 있다.

② 인위적인 개발과 무분별한 벌목에 의한 서식지파괴, 환경오염, 기후 변화, 남획, 외래생물의 도입 등 인간의 활동에 의해 생태계평형이 깨질 수 있다.

④ 안정된 생태계는 생태계평형이 일시적으로 깨지더라도 먹이 관계가 잘 형성되어 있으므로 다시 원래 상태로 회복할 수 있지만, 생태계가 스스로 회복할 수 있는 수준을 넘어서는 환경 변화를 겪으면 생태계는 평형을 유지하기 어렵다.

⑤ 생태계에서 한 생물종이 사라지면 그 생물종을 먹이로 하는 다른 생물종도 먹이가 없어 멸종할 수 있다.

354

답 ⑤

⑤ 보호해야 할 생물이나 서식지를 천연기념물로 지정하여 보호하는 것은 생태계평형 유지를 위한 노력에 해당한다.

오답 피하기 ① 특정 생물종을 과도하게 사냥하면 생물의 개체수가 감소하여 먹이 관계에 영향을 미치므로 생태계평형이 깨질 수 있다.

②, ③ 지진, 홍수 등과 같은 자연재해에 의해 생물의 서식지가 파괴되고 생물의 개체수가 감소하여 생태계평형이 깨질 수 있다.

④ 지구 온난화와 같은 기후 변화로 생물의 서식 환경이 바뀌어 생태계평형이 깨질 수 있다.

355

사슴의 포식자인 늑대의 사냥을 허용한 결과 늑대의 개체수가 감소하여 늑대의 먹이인 사슴의 개체수가 증가(㉠)했고, 이로 인해 사슴의 먹이인 식물군집의 양이 감소(㉡)했다. 그 결과 먹이 부족으로 사슴의 개체수가 급격히 감소(㉢)했다.

356

예시 답안 2차 소비자인 아프리카들개를 도입한 결과 2차 소비자의 먹이인 1차 소비자의 개체수가 감소했으며, 이로 인해 1차 소비자의 먹이인 생산자의 개체수가 증가하여 생태계평형이 회복되었다.

채점 기준	배점(%)
1차 소비자의 개체수 감소, 생산자의 개체수 증가로 생태계평형이 회복되는 과정을 먹이 관계와 관련지어 옳게 설명한 경우	100
1차 소비자의 개체수가 감소한다고만 설명한 경우	30

357

답 ④

외래생물은 천적이 없는 경우 대량으로 번식해 고유종의 생존을 위협하므로 외래생물을 무분별하게 도입하는 것은 생태계평형을 깨뜨릴 수 있다.

358

답 ④

특정 생물종을 남획하는 것은 먹이 관계에 변화를 일으켜 생태계평형을 깨뜨릴 수 있다.

1등급 완성 문제 ●90쪽 ~ 91쪽

359 ⑤	**360** ③	**361** ④	**362** ⑤	**363** ④
364 ②	**365** 해설 참조		**366** 해설 참조	
367 해설 참조				

359

답 ⑤

(나)에서 ㉠은 3차 소비자, ㉡은 2차 소비자, ㉢은 1차 소비자, ㉣은 생산자이다.

ㄱ. 2차 소비자(㉡)의 개체수가 일시적으로 감소하면 2차 소비자(㉡)의 먹이가 되는 1차 소비자(㉢)의 개체수는 증가한다.

ㄴ. 사슴은 생산자인 나무와 풀을 먹으므로 1차 소비자(㉢)이며, 메뚜기는 생산자인 풀을 먹으므로 1차 소비자(㉢)이다.

ㄷ. 토끼가 가진 에너지 중 일부는 세포호흡을 통해 생명활동에 사용되거나 열에너지로 방출되고, 일부가 양분의 형태로 상위 영양단계인 뱀으로 전달된다.

360

답 ③

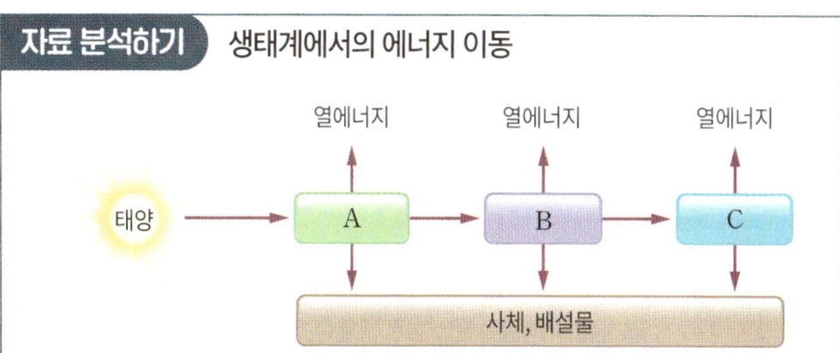

- 생태계에서 생산자는 빛에너지를 이용한 광합성으로 양분을 스스로 합성한다. → A는 생산자이다.
- 생태계에서 에너지는 먹이 관계를 따라 하위 영양단계에서 상위 영양단계로 전달된다. → B는 1차 소비자, C는 2차 소비자이다.
- 각 영양단계의 생물이 가진 에너지 중 일부는 세포호흡을 통해 생명활동에 사용되거나 열에너지로 방출되므로 상위 영양단계로 갈수록 전달되는 에너지양은 점점 줄어든다.

ㄱ. 생산자(A)는 태양의 빛에너지를 이용해 양분을 합성한다.

ㄴ. 상위 영양단계로 갈수록 전달되는 에너지양은 점점 감소하므로 생산자(A)에서 1차 소비자(B)로 이동한 에너지양은 1차 소비자(B)에서 2차 소비자(C)로 이동한 에너지양보다 많다.

오답 피하기 ㄷ. 곰팡이는 다른 생물의 사체나 배설물을 분해하여 양분을 얻는 분해자에 속한다.

361

답 ④

ㄱ. 안정된 생태계에서 일반적으로 상위 영양단계로 갈수록 생물량과 에너지양은 감소하므로 B는 생산자, D는 1차 소비자, C는 2차 소비자, A는 3차 소비자이다.

ㄴ. 생산자(B)의 에너지양은 2000, 1차 소비자(D)의 에너지양은 200이므로 $\dfrac{\text{생산자의 에너지양}}{\text{1차 소비자의 에너지양}} = \dfrac{2000}{200} = 10$이다.

오답 피하기 ㄷ. 생물량은 일정한 지역에 서식하는 생물의 총중량이며, 이 생태계에서 생물량은 상위 영양단계로 갈수록 감소한다.

362

답 ⑤

ㄱ. (나)에서 먹이사슬은 종 A → 종 B → 종 C 순으로 형성되므로 종 A는 생산자, 종 B는 1차 소비자, 종 C는 2차 소비자이다.

ㄴ. Ⅰ 시기 동안 종 B의 생물량은 증가했고, 종 C의 생물량은 일정하다. 따라서 $\dfrac{\text{B의 생물량}}{\text{C의 생물량}}$ 은 증가했다.

오답 피하기 ㄷ. Ⅱ 시기에 1차 소비자(B)의 개체수가 감소로 2차 소비자(C)의 먹이가 부족해져 2차 소비자(C)의 개체수도 감소했다.

363

답 ④

ㄴ. 해달과 성게는 모두 스스로 양분을 만들지 못하고 다른 생물을 먹어 양분을 얻는 소비자이다.

ㄷ. 각 영양단계의 생물이 가진 에너지 중 일부는 세포호흡을 통해 생명활동에 사용되거나 열에너지로 방출되므로 해초가 가진 에너지 중 일부만 상위 영양단계인 성게에게 전달된다.

오답 피하기 ㄱ. 남획은 생물의 개체수를 감소시키므로 ㉠은 '감소'
이고, ㉡은 '증가'이다.

364

답 ②

| 자료 분석하기 | 먹이 관계에 의한 개체수 변화 |

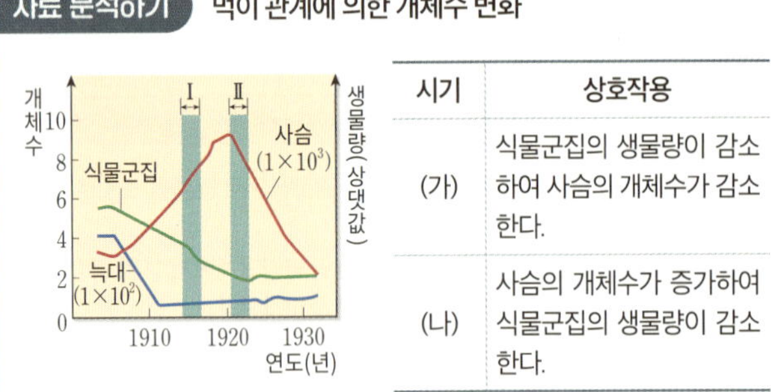

시기	상호작용
(가)	식물군집의 생물량이 감소하여 사슴의 개체수가 감소한다.
(나)	사슴의 개체수가 증가하여 식물군집의 생물량이 감소한다.

- 이 지역에서 먹이사슬은 식물군집 → 사슴 → 늑대 순으로 형성된다.
- 늑대는 사슴을 잡아먹으므로 늑대의 개체수가 감소하면 사슴은 늑대에게 덜 잡아먹혀 개체수가 증가한다.
- 사슴은 식물을 먹으므로 사슴의 개체수가 증가하면 사슴의 먹이인 식물군집의 생물량이 감소한다. → 구간 I은 (나)이다.
- 식물군집의 생물량이 감소하면 사슴은 먹이가 부족해져 사슴의 개체수가 감소한다. → 구간 II는 (가)이다.

ㄴ. 에너지는 먹이 관계를 따라 하위 영양단계에서 상위 영양단계로 전달되므로 이 지역에서 에너지는 식물군집(생산자) → 사슴(1차 소비자) → 늑대(2차 소비자) 순으로 전달된다.

오답 피하기 ㄱ. (가)는 II, (나)는 I이다.
ㄷ. 사슴의 개체수는 식물군집의 생물량과 늑대의 개체수에 의해 조절된다.

365

서술형 해결 전략

STEP 1 문제 포인트 파악
안정된 생태계에서 각 영양단계의 에너지양을 바탕으로 각 생물의 영양단계를 파악할 수 있어야 한다.

STEP 2 관련 개념 모으기
❶ 생태계에서 에너지의 이동은?
→ 생태계에서 생산자의 광합성에 의해 태양의 빛에너지가 화학 에너지로 전환되어 양분에 저장되며, 상위 영양단계 생물이 하위 영양단계 생물을 먹음으로써 양분에 저장된 에너지가 전달된다.
❷ 상위 영양단계로 갈수록 에너지양이 감소하는 까닭은?
→ 각 영양단계의 생물이 가진 에너지 중 일부는 세포호흡을 통해 생명활동에 사용되거나 열에너지로 방출되고, 일부만 상위 영양단계로 전달되기 때문이다.

예시 답안 A: 생산자, B: 2차 소비자, C: 3차 소비자, D: 1차 소비자, 안정된 생태계에서 에너지는 먹이 관계를 따라 하위 영양단계에서 상위 영양단계로 전달되는데, 각 영양단계의 생물이 가진 에너지 중 일부는 세포호흡을 통해 생명활동에 사용되거나 열에너지로 방출되어 상위 영양단계로 갈수록 전달되는 에너지양이 점점 줄어들기 때문이다.

채점 기준	배점(%)
A~D가 무엇인지 쓰고, 그렇게 판단한 까닭을 주어진 단어를 모두 포함하여 옳게 설명한 경우	100
A~D가 무엇인지만 옳게 쓴 경우	40

366

서술형 해결 전략

STEP 1 문제 포인트 파악
포식과 피식 관계에 있는 두 개체군의 개체수 변동을 나타낸 그래프를 해석할 수 있어야 한다.

STEP 2 관련 개념 모으기
❶ 안정된 생태계에서 각 영양단계의 개체수는?
→ 안정된 생태계에서 각 영양단계의 개체수는 일반적으로 상위 영양단계로 갈수록 줄어든다.
❷ 포식과 피식 관계에 있는 두 개체군의 개체수는 시간에 따라 어떻게 변하는가?
→ 먹이 관계에 의해 두 개체군의 개체수는 주기적으로 변동한다.
❸ 포식자의 개체수가 증가하면 피식자의 개체수가 감소하는 까닭은?
→ 피식자가 포식자에게 더 많이 잡아먹히기 때문이다.
❹ 피식자의 개체수가 감소하면 포식자의 개체수가 감소하는 까닭은?
→ 포식자의 먹이가 부족해지기 때문이다.

예시 답안 ㉠ 피식자, ㉡ 포식자, 피식자(㉠)의 개체수가 증가하면 이를 잡아먹는 포식자(㉡)의 개체수가 증가하고, 이에 따라 포식자(㉡)의 먹이인 피식자(㉠)의 개체수가 감소한다. 이후 먹이가 부족해진 포식자(㉡)의 개체수가 감소하고, 이에 따라 포식자(㉡)의 먹이인 피식자(㉠)의 개체수가 다시 증가한다.

채점 기준	배점(%)
㉠과 ㉡이 무엇인지 쓰고, ㉠과 ㉡의 개체수 변동을 먹이 관계와 관련지어 옳게 설명한 경우	100
㉠과 ㉡이 무엇인지만 옳게 쓴 경우	30

367

서술형 해결 전략

STEP 1 문제 포인트 파악
생태계평형이 깨졌을 때 다시 원래의 상태로 회복되는 과정을 각 영양단계의 개체수 변화로 설명할 수 있어야 한다.

STEP 2 관련 개념 모으기
❶ 생태계평형이란?
→ 생태계를 구성하는 생물의 종류, 개체수, 에너지의 이동 등이 균형을 이루면서 안정적으로 유지되는 상태이다.
❷ 안정된 생태계에서 생태계평형이 일시적으로 깨지더라도 다시 원래 상태로 회복될 수 있는 까닭은?
→ 생태계평형은 주로 생물들 사이의 먹이 관계에 의해 유지되므로 일시적으로 특정 영양단계의 개체수가 변하더라도 먹이 관계에 의해 다시 평형을 회복할 수 있기 때문이다.

예시 답안 2차 소비자의 개체수가 일시적으로 감소하여 생태계평형이 깨지면 2차 소비자의 먹이인 1차 소비자의 개체수가 증가한다. 1차 소비자의 개체수가 증가하면 1차 소비자의 먹이인 생산자의 개체수는 감소하고, 1차 소비자를 먹이로 하는 2차 소비자의 개체수는 증가한다. 2차 소비자의 개체수가 증가하면 2차 소비자의 먹이인 1차 소비자의 개체수가 감소하고, 1차 소비자의 개체수 감소로 생산자의 개체수가 증가하여 생태계평형이 회복된다.

채점 기준	배점(%)
먹이 관계에 의해 생태계평형이 회복되는 과정을 모두 옳게 설명한 경우	100
생태계평형이 회복되는 과정을 일부만 옳게 설명한 경우	50

09 지구 환경의 변화

● 93쪽

368 ✕　　**369** ✕　　**370** ○　　**371** ㉠ 30, ㉡ 50, ㉢ 58
372 ㄱ, ㄷ　　**373** 높　　**374** 무역　　**375** 하강　　**376** ㉡
377 ㉠

368

답 ✕

지구의 대기는 태양 복사 에너지를 잘 통과시키고, 지구 복사 에너지를 대부분 흡수한다.

369

답 ✕

빙하의 면적이 증가하면 해수면이 하강한다.

370

답 ○

산업 혁명 이후 급격히 늘어난 화석 연료의 사용량, 토지 개발, 무분별한 벌목 등 인간 활동으로 대기 중의 온실 기체가 계속 증가하고 있으며, 이로 인해 지구의 평균 기온이 가파르게 상승하고 있다.

371

답 ㉠ 30, ㉡ 50, ㉢ 58

태양 복사 에너지 중 대기와 지표가 반사하는 에너지양이 각각 25, 5이므로 ㉠은 30이다. 태양 복사 에너지 중 30은 대기와 지표가 반사하고, 20은 대기가 흡수하므로 지표가 흡수하는 에너지양인 ㉡은 50이다. 대기가 흡수하는 에너지양이 총 152이고, 대기에서 지표로 방출하는 지구 복사 에너지양이 94이다. 따라서 대기에서 우주로 방출하는 지구 복사 에너지양인 ㉢은 58이다.

372

답 ㄱ, ㄷ

사막화는 강수량 감소, 삼림 벌채, 과잉 경작, 과잉 방목 등의 원인으로 토지가 황폐해지면서 나타난다.

373

답 높

동태평양 적도 부근 해역의 표층 수온이 평상시(평년)보다 높은 상태가 한동안 지속되는 현상을 엘니뇨라고 한다.

374

답 무역

엘니뇨는 평상시보다 무역풍이 약해져 서태평양으로 이동하는 따뜻한 표층 해수의 흐름이 약해지면서 발생한다.

375

답 하강

엘니뇨 발생 시 서태평양 적도 부근에 위치한 인도네시아 연안에서 평상시보다 하강 기류가 우세해져 가뭄, 산불 등의 피해가 발생한다.

376

답 ㉡

미래의 지표 기온 변화량은 A가 B보다 많이 상승한다. 따라서 A는 온실 기체의 감축 노력을 하지 않는 경우이다.

377

답 ㉠

B는 온실 기체의 감축 노력에 성공한 경우이다. 온실 기체의 감축 노력에는 일상생활 측면에서 대중교통 이용하기, 에너지 절약하기 등이 있고, 사회와 국가적 측면에서 탄소 저감 기술 개발, 지속 가능한 에너지 사용 기술 개발 등이 있다.

● 94쪽 ~ 98쪽

378 ②　　**379** ③　　**380** ⑤　　**381** ③
382 해설 참조　　**383** ④　　**384** ④　　**385** ②
386 ①　　**387** ③　　**388** ②　　**389** 해설 참조
390 ③　　**391** ⑤　　**392** ①　　**393** ⑤
394 해설 참조　　**395** ③　　**396** ②　　**397** ③
398 ④　　**399** ④

378

답 ②

ㄴ. 온실 효과는 지구 대기 중의 온실 기체가 지구 복사 에너지를 흡수했다가 지표로 다시 방출하여 지구의 평균 기온이 높게 유지되는 현상이다.

오답 피하기 ㄱ, ㄷ. 주요 온실 기체는 수증기, 이산화 탄소, 메테인, 오존 등이다. 온실 기체는 태양 복사 에너지를 잘 통과시키고, 지구 복사 에너지를 대부분 흡수한다.

379

답 ③

ㄷ. 지구는 복사 평형 상태이므로 (가)와 (나)는 지구가 흡수하는 태양 복사 에너지양과 방출하는 지구 복사 에너지양이 같다.

오답 피하기 ㄱ. 대기의 온실 효과로 (나)는 (가)보다 지표의 평균 온도가 높다.

ㄴ. 지구의 대기는 태양 복사 에너지를 잘 통과시키고, 지구 복사 에너지를 잘 흡수한다.

380

답 ⑤

ㄱ, ㄷ. 이 기간 동안 지구의 평균 기온이 가파르게 상승했으므로 대기 중 이산화 탄소의 농도는 계속 증가했을 것이다. 이에 따라 해수면의 높이도 계속 상승하는 추세이다.

ㄴ. 최근 50년 추세선의 기울기가 최근 150년 추세선의 기울기보다 크기 때문에 지구 평균 기온의 상승 속도는 빨라지는 추세이다.

381

ㄱ. 이산화 탄소와 메테인은 온실 효과를 일으키는 대표적인 온실 기체이다.

ㄴ. 대기 중의 온실 기체가 증가할수록 지구의 평균 기온이 대체로 높게 나타난다. 따라서 지구의 평균 기온은 1900년대보다 2000년대에 높다.

오답 피하기 ㄷ. 이 기간 동안 대기 중 이산화 탄소와 메테인의 농도가 계속 증가했으므로 온실 효과로 인해 대기가 흡수하는 지표 복사 에너지양은 증가했을 것이다.

382

지구는 구형이기 때문에 위도에 따라 흡수하는 에너지양과 방출하는 에너지양이 다르다. 위도에 따른 에너지양의 차이는 태양 복사 에너지가 지구 복사 에너지보다 크다.

예시 답안 A는 태양 복사 에너지의 흡수량, B는 지구 복사 에너지의 방출량이다. 위도에 따른 에너지 불균형으로 저위도에서는 태양 복사 에너지의 흡수량이 지구 복사 에너지의 방출량보다 많아서 에너지 과잉 상태이며, 고위도에서는 태양 복사 에너지의 흡수량이 지구 복사 에너지의 방출량보다 적어서 에너지 부족 상태이기 때문이다.

채점 기준	배점(%)
A와 B가 무엇인지 쓰고, 그 까닭을 옳게 설명한 경우	100
A와 B가 무엇인지만 옳게 쓴 경우	50

383

ㄱ. 우리나라 겨울철 기온이 상승함에 따라 봄꽃의 개화 시기가 빨라졌다.

ㄷ. 지구의 평균 기온이 상승하면 빙하의 융해와 해수의 열팽창으로 해수면이 상승한다. 우리나라 주변 해역에서도 지구 온난화의 영향으로 평균 해수면이 상승했다.

오답 피하기 ㄴ. 지구 온난화가 심해지면서 홍수, 가뭄, 폭염, 한파 등 극단적인 기상 이변의 횟수와 강도가 증가하는 추세이다.

384

ㄴ. 화석 연료의 사용량 증가로 대기 중 이산화 탄소의 농도가 증가하며, 이는 지구 온난화의 주요 원인이다.

ㄷ. 삼림 벌채는 식물의 광합성량을 감소시키므로 대기 중 이산화 탄소의 농도를 증가시키는 요인 중 하나이다.

오답 피하기 ㄱ. 지구 온난화가 진행되면 해수의 온도는 상승하고, 빙하량은 감소한다. 따라서 ㉠은 상승, ㉡은 감소이다.

385

ㄴ. 이 기간 동안 해수면이 상승하는 추세이므로 지구의 평균 기온은 대체로 상승했을 것이다.

오답 피하기 ㄱ. 이 기간 동안 해수면 상승량은 약 0.2 m이다.

ㄷ. 해수면 상승의 주요 원인은 극지방의 빙하 융해이다. 따라서 지구의 평균 기온 상승으로 극지방의 빙하가 녹아 빙하의 평균 반사율은 대체로 감소했을 것이다.

386 필수 유형

자료 분석하기 지구 열수지

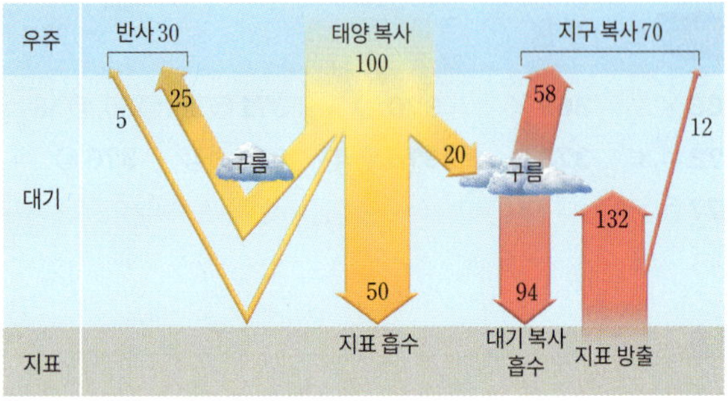

- 우주: 태양 복사 100이 지구로 입사하여 30은 반사한다. 나머지 20은 대기가 흡수하고, 50은 지표가 흡수한다.
- 대기: 태양으로부터 20을 흡수하고, 지표로부터 132를 흡수한다. 58은 우주로 방출하고, 94는 지표로 방출한다.
- 지표: 태양으로부터 50을 흡수하고 대기로부터 94를 흡수하며, 지표에서 대기와 우주로 144를 방출한다. 이 중 132는 대기가 흡수하고, 12는 우주로 직접 방출한다.
- 지구의 대기는 가시광선 영역인 태양 복사 에너지를 잘 통과시키고, 적외선 영역인 지구 복사 에너지를 잘 흡수한다.

ㄱ. 지구에 도달하는 태양 복사 에너지가 100일 때, 지구의 반사가 30이므로 지구에서 우주로 방출하는 에너지는 70이다.

오답 피하기 ㄴ. 지표가 태양으로부터 흡수하는 에너지는 50이고, 대기로부터 흡수하는 에너지는 94이다. 따라서 지표는 태양보다 대기로부터 에너지를 많이 흡수한다.

ㄷ. 대기가 태양으로부터 흡수하는 에너지는 20이고, 지표로부터 흡수하는 에너지는 132이다. 태양 복사 에너지는 주로 가시광선 영역이고, 지구 복사 에너지는 주로 적외선 영역이므로 대기가 흡수하는 에너지는 가시광선 영역보다 적외선 영역에서 많다.

387

ㄱ. 대규모 화산 폭발이 발생하면 대기 중에 분출한 다량의 화산재는 지표로 들어오는 햇빛을 차단하여 햇빛 반사량이 증가하므로 A가 증가한다.

ㄷ. 대기 중의 온실 기체가 증가하면 대기가 흡수하는 지구 복사 에너지인 B와 대기에서 지표로 재복사하는 에너지인 D가 증가한다.

오답 피하기 ㄴ. 지구 온난화가 심해지면 지표와 대기 사이에 주고받는 에너지양이 증가한다. (A+C) 값은 지구에서 우주로 방출하는 에너지양에 해당하므로 지구 온난화가 심해지더라도 값이 변하지 않는다.

388

ㄴ. 사막화는 대부분 사막 주변의 건조한 지역에서 잘 발생한다.

오답 피하기 ㄱ. 사막은 주로 하강 기류가 우세하여 강수량이 적고, 증발량이 많은 위도 30° 부근에 분포한다.

ㄷ. 사막과 사막화 지역은 증발량이 강수량보다 많아 물이 부족한 건조한 지역에서 발달한다.

389

예시 답안 사막화는 대기 대순환의 변화로 강수량이 줄어드는 자연적 원인과 과잉 경작, 과잉 방목, 삼림 벌채와 같은 인위적 원인에 의해 발생한다.

채점 기준	배점(%)
사막화의 자연적 원인과 인위적 원인을 구분하여 옳게 설명한 경우	100
사막화의 자연적 원인과 인위적 원인 중 1가지만 옳게 설명한 경우	50

390

답 ③

ㄷ. 사막은 평균 반사율이 높으므로 사막화 지역이 확대되면 지구의 평균 반사율은 증가한다.

오답 피하기 ㄱ. 삼림은 평균 반사율이 매우 낮으므로 숲은 경작지보다 평균 반사율이 낮다.

ㄴ. 눈 또는 빙하는 평균 반사율이 매우 높으므로 극 지역은 적도 지역보다 평균 반사율이 높다.

391

답 ⑤

ㄱ, ㄴ. 황사는 중국 북부와 몽골 지역에서 발생하여 편서풍을 타고 대체로 동쪽으로 이동한다. 따라서 황사는 기권과 지권의 상호 작용으로 발생한다.

ㄷ. 황사 발원지에서 사막화가 심해질수록 모래와 흙먼지의 발생량이 증가하기 때문에 우리나라의 황사 발생 일수는 증가한다.

392 필수 유형

답 ①

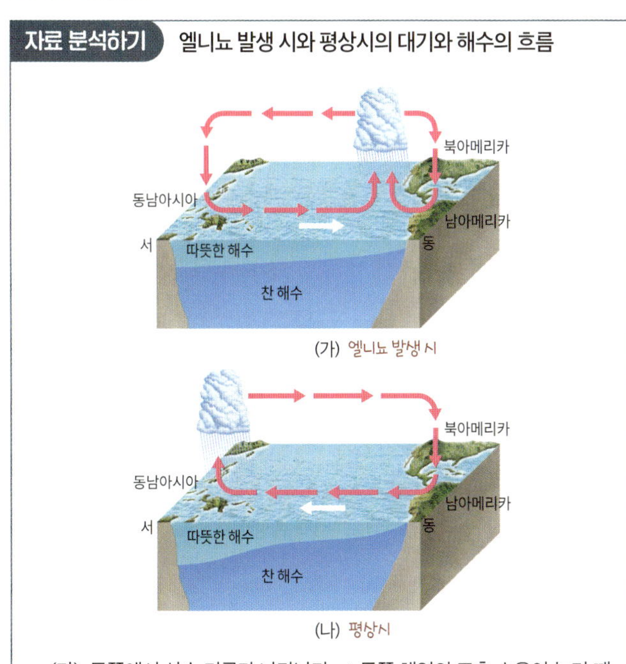

자료 분석하기 엘니뇨 발생 시와 평상시의 대기와 해수의 흐름

- (가): 동쪽에서 상승 기류가 나타난다. ➡ 동쪽 해역의 표층 수온이 높기 때문이다. ➡ (가)는 엘니뇨 발생 시이다.
- (나): 서쪽에서 상승 기류, 동쪽에서 하강 기류가 나타난다. ➡ 동풍 계열의 바람인 무역풍이 뚜렷하고, 동쪽 해역에서 용승이 활발하여 표층 수온이 낮기 때문이다. ➡ (나)는 평상시이다.

ㄱ. (가)는 엘니뇨 발생 시, (나)는 평상시이다.

오답 피하기 ㄴ. 평상시보다 무역풍이 약해지면 엘니뇨가 발생한다. 따라서 무역풍의 평균 풍속은 (가)가 (나)보다 약하다.

ㄷ. 엘니뇨가 발생하면 동태평양 적도 부근 해역에서 평상시보다 용승이 약해진다. 따라서 동태평양 적도 부근 해역에서 용승은 (가)가 (나)보다 약하다.

393

답 ⑤

엘니뇨 발생 시 동태평양 적도 부근 해역에서는 용승이 약해져 표층 수온이 상승하고, 따뜻한 해수층의 두께가 두꺼워지면서 해수면 높이가 상승한다. 표층 수온이 상승하면 평상시보다 상승 기류가 우세해져 강수량이 많아진다. 대표적으로 엘니뇨 발생 시 동태평양 적도 부근에 위치한 페루 연안에서 홍수 피해가 자주 발생한다.

394

용승이 활발해지면 심층에서 찬 해수가 표층으로 상승하기 때문에 표층 수온이 감소하면서 영양 염류가 풍부해진다. 평상시에는 동태평양 적도 부근에 위치한 페루 연안 해역에서 용승이 활발하여 좋은 어장을 형성한다.

예시 답안 (가)는 엘니뇨 발생 시, (나)는 평상시이다. 엘니뇨 발생 시 동태평양 적도 부근 해역에서 용승이 약해지므로 표층 수온이 상승하고, 플랑크톤이 감소하기 때문이다.

채점 기준	배점(%)
(가)와 (나)가 언제인지 쓰고, 그 까닭을 옳게 설명한 경우	100
(가)와 (나)가 언제인지만 옳게 쓴 경우	50

395

답 ③

ㄱ. 엘니뇨 발생 시 적도 부근 중앙 태평양(A)의 표층 수온이 평상시보다 높다.

ㄴ. 엘니뇨 발생 시 서태평양 적도 부근에 위치한 인도네시아 연안에서 하강 기류가 우세하여 건조한 기후가 나타나기 때문에 가뭄과 산불 피해가 자주 발생한다.

오답 피하기 ㄷ. 엘니뇨 발생 시 우리나라에서 겨울철에 이상 고온 현상이 나타날 수 있다.

396

답 ②

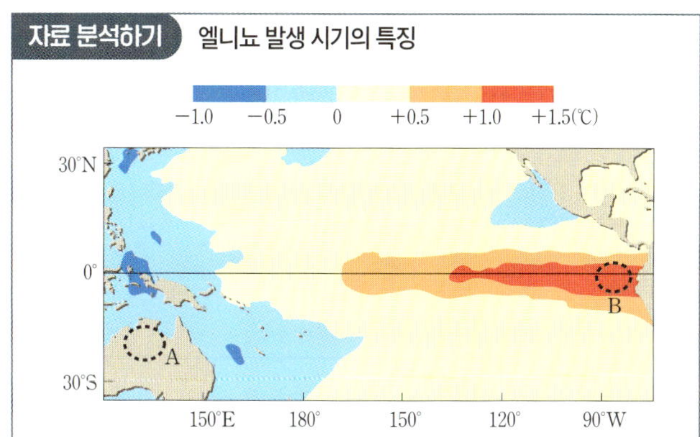

자료 분석하기 엘니뇨 발생 시기의 특징

- 동쪽 해역에서 표층 수온 편차가 (+) 값, 서쪽 해역에서 표층 수온 편차가 (−) 값 ➡ 따뜻한 표층 해수가 서쪽에서 동쪽으로 이동하기 때문이다.
- 표층 수온이 높아진 동쪽 해역: 상승 기류가 발달하여 강수량이 증가한다.
- 표층 수온이 낮아진 서쪽 해역: 하강 기류가 발달하여 강수량이 감소한다.

그림은 동태평양 적도 부근 해역의 표층 수온 편차가 (+) 값이므로 평상시보다 표층 수온이 높은 엘니뇨 발생 시기에 해당한다.
ㄴ. 엘니뇨 발생 시 서태평양 적도 부근에 위치한 A에서 평상시보다 하강 기류가 우세하다.
오답 피하기 ㄱ. 엘니뇨 발생 시에는 평상시보다 무역풍의 세기가 약하다.
ㄷ. 엘니뇨 발생 시 동태평양 적도 부근에 위치한 B에서 평상시보다 용승이 약하다.

397

답 ③

지구 온난화, 사막화, 엘니뇨 등의 지구 환경 변화는 인간 생활에 큰 영향을 미친다.
ㄱ. 지구 온난화로 해수면이 상승하여 해안 저지대는 침수 위험에 처해 있다.
ㄷ. 엘니뇨가 강해질수록 지역적으로 가뭄과 홍수가 극심하게 발생하며, 그 피해는 더 커진다.
오답 피하기 ㄴ. 사막화는 토양 침식의 가속화로 토양이 황폐해지면서 식물이 살기 어려운 사막으로 변해가는 현상이다. 따라서 사막화가 심해질수록 농작물을 재배할 수 있는 농경지가 감소한다.

398

답 ④

ㄴ, ㄷ. (가)~(다)는 지구 온난화를 억제하기 위한 노력이고, (다)로 사막화의 진행을 억제할 수 있다.
오답 피하기 ㄱ. 엘니뇨는 평상시보다 무역풍이 약해지면서 발생하는 현상이므로 온실 기체의 방출과 직접적인 관련이 없다.

399

답 ④

2100년 대기 중 이산화 탄소의 농도는 온실 기체 감축 정책을 적극적으로 수행할수록 낮아진다.
ㄴ. 기후 변화 시나리오 A~C에 따르면 2100년 대기 중 이산화 탄소의 농도가 2024년 대기 중 이산화 탄소의 농도보다 높다. 따라서 A~C는 지구의 평균 기온이 2024년보다 높을 것이다.
ㄷ. 2100년 대기 중 이산화 탄소의 농도는 현재 추세로 온실 기체를 배출하는 시나리오인 C에서 가장 높을 것이다.
오답 피하기 ㄱ. 2100년 대기 중 이산화 탄소의 농도는 B가 A보다 높다. 따라서 해수면 상승률도 B가 A보다 높을 것이다.

1등급 완성 문제

● 99쪽 ~ 101쪽

400

답 ③

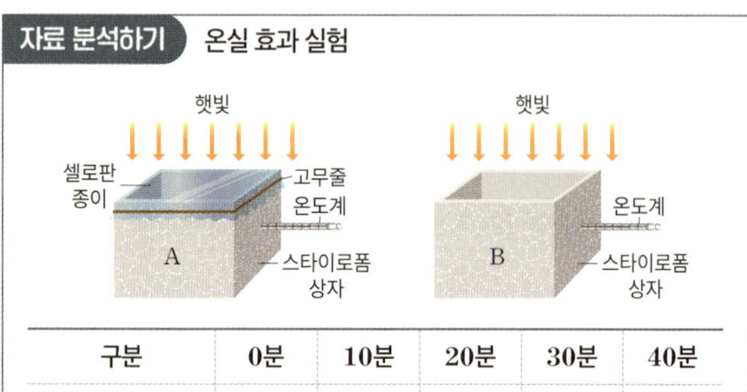

구분	0분	10분	20분	30분	40분
상자 (㉠) A	28	34	40	41	41
상자 (㉡) B	28	32	35	36	36

• 셀로판종이는 햇빛을 통과시키고, 내부의 열이 밖으로 빠져나가는 것을 막아준다. ➜ 온실 기체와 같은 역할을 한다.
• 상자 A와 B는 복사 평형 상태에 도달한다. 이때 복사 평형 온도는 상자 A가 상자 B보다 높다. ➜ 셀로판종이가 온실 효과를 일으키기 때문이다.

ㄷ. 상자 A의 셀로판종이는 스타이로폼 상자의 열이 외부로 쉽게 빠져나가는 것을 막아준다. 따라서 셀로판종이는 지구 대기의 온실 기체와 같은 역할을 한다.
오답 피하기 ㄱ. 상자 내부의 온도는 상자 A가 상자 B보다 높으므로 ㉠은 A, ㉡은 B이다.
ㄴ. 상자 A와 B는 시간이 지나면 온도가 일정하게 유지되는 복사 평형 상태에 도달한다.

401

답 ③

ㄱ. 해수면을 상승시키는 주요인은 빙하 융해와 해수 열팽창이다.
ㄷ. 해수의 평균 수온이 높을수록 빙하 융해와 해수 열팽창에 의한 해수면 상승이 크게 나타난다. 해수면 상승이 2005년~2010년보다 2010년~2015년에 크므로 해수의 평균 수온도 2005년~2010년보다 2010년~2015년에 높다는 것을 추론할 수 있다.
오답 피하기 ㄴ. 이 기간 동안 빙하 융해가 지속되었으므로 빙하 면적이 감소하여 극지방의 햇빛 반사율은 감소했을 것이다.

402

답 ①

ㄱ. 세 지역의 평균 기온이 상승하는 추세이기 때문에 지구의 평균 기온은 상승하는 추세이다.
오답 피하기 ㄴ. 세 지역 중 평균 기온의 변동 폭은 북극 지역이 가장 크다. 따라서 평균 기온의 변동 폭은 북극 지역이 남극 지역보다 크다.
ㄷ. 1980년~2000년 동안 기온 상승은 북극 지역이 열대 지역보다 크므로 두 지역 간 평균 기온 차는 감소했다. 따라서 북극 지역과 열대 지역의 평균 기온 차는 2000년보다 1980년에 크다.

403

답 ④

ㄴ. 우리나라는 평균 기온이 상승하면서 아열대 기후대가 확장되고 있다. 따라서 아열대 식물의 재배 가능 지역이 점차 북쪽으로 확장되고 있다.

ㄷ. 이 기간 동안 봄의 길이는 큰 변화가 없지만 여름의 길이는 두 달 정도 늘어난다.

[오답 피하기] ㄱ. 봄의 시작이 점점 빨라져 2090년대에는 1월 하순에 봄이 시작된다.

404 답 ④

ㄱ. 지표에서 우주로 직접 방출하는 에너지양이 4이므로 ㉠은 66이다.

ㄷ. 온실 효과가 강화되면 지표 온도가 상승하고 대기에서 지표로 재복사하는 에너지양이 증가하므로 B와 C는 증가한다.

[오답 피하기] ㄴ. A는 태양 복사 중 일부가 반사된 것으로 주로 가시광선 복사 에너지이다.

405 답 ④

ㄴ. 지표 기온 변화량은 북반구에서 최대 18 ℃ 이상, 남반구에서 최대 6 ℃ 이상이므로 지표 기온 변화량은 북반구가 남반구보다 크다.

ㄷ. 기온 상승은 고위도로 갈수록 크게 나타나므로 온난화는 저위도보다 고위도에서 크게 나타난다.

[오답 피하기] ㄱ. 고위도의 온도 상승 폭이 크므로 위도에 따른 기온 차가 현재보다 감소하여 위도에 따른 에너지 불균형은 현재보다 작다.

406 답 ④

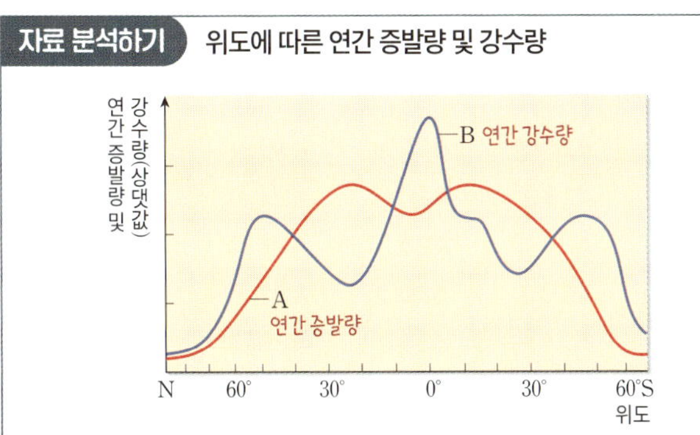

- A: 위도 30° 부근에서 최댓값을 갖는다. ➔ A는 연간 증발량이다.
- B: 적도와 위도 60° 부근에서 크다. ➔ B는 연간 강수량이다.
- 위도 30° 부근에서 대기 대순환에 의해 고압대가 발달한다. ➔ 고압대에서는 하강 기류가 우세하여 증발량이 많다.
- 적도와 위도 60° 부근에서 대기 대순환에 의해 저압대가 발달한다. ➔ 저압대에서는 상승 기류가 우세하여 강수량이 많다.

ㄱ. A는 위도 30° 부근에서 가장 크게 나타나므로 연간 증발량에 해당한다. 적도에서는 바람이 약하고, 구름이 많기 때문에 상대적으로 증발량이 적게 나타난다.

ㄴ. (증발량(A)−강수량(B)) 값은 적도에서 (−) 값, 위도 30°에서 (+) 값을 갖는다.

[오답 피하기] ㄷ. 사막화는 증발량이 많고, 강수량이 적은 위도 30° 부근에서 가장 활발하게 발생한다. 따라서 사막화는 위도 60° 부근보다 위도 30° 부근에서 활발하다.

407 답 ①

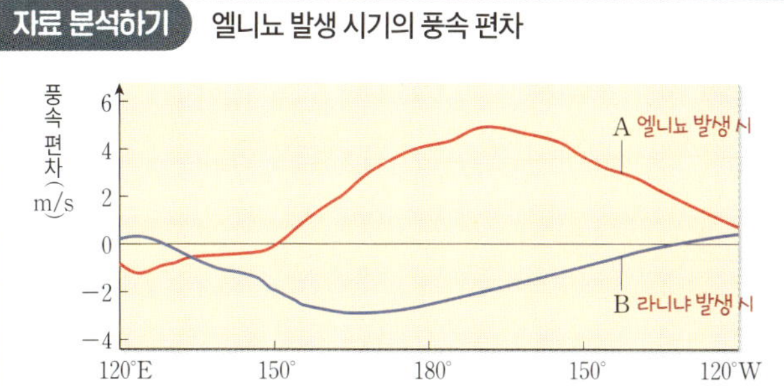

- 서풍은 (+) 값, 동풍은 (−) 값이다. ➔ 무역풍은 동풍 계열의 바람이므로 (−) 값을 갖는다.
- A: 풍속 편차가 대체로 (+) 값이다. → 서풍이 평년보다 강하다. → 동풍(무역풍)이 평년보다 약하다. ➔ A는 엘니뇨 발생 시기이다.
- B: 풍속 편차가 대체로 (−) 값이다. → 동풍이 평년보다 강하다. → 무역풍이 평년보다 강하다. ➔ B는 라니냐 발생 시기이다.

ㄱ. 무역풍은 동풍(동쪽에서 불어오는 바람) 계열의 바람이므로 무역풍의 풍속은 (−) 값을 갖는다.

[오답 피하기] ㄴ. A일 때 풍속 편차가 (+) 값이므로 평년보다 서풍이 강해진 것을 의미하며, A는 무역풍이 평년보다 약한 엘니뇨 발생 시기이다. 따라서 A일 때, 적도 부근 중앙 태평양에서는 동풍이 평년보다 약하다.

ㄷ. B는 무역풍이 평년보다 강한 라니냐 발생 시기이다.

408 답 ⑤

평상시에는 서태평양 적도 부근 해역의 표층 수온이 동태평양 적도 부근 해역의 표층 수온보다 훨씬 높게 나타난다. 하지만 엘니뇨 발생 시기에는 동태평양 적도 부근 해역의 표층 수온이 상승하므로 두 해역의 표층 수온 차가 작아진다. 따라서 표층 수온 차가 작은 B가 엘니뇨 발생 시기이다.

ㄴ. 페루 연안 해역에서 용승이 강해지면 동태평양 적도 부근 해역의 표층 수온이 낮아져 (서태평양 표층 수온−동태평양 표층 수온) 값이 커진다. 따라서 페루 연안 해역에서 용승은 A가 엘니뇨 발생 시기인 B보다 강하다.

ㄷ. 엘니뇨 발생 시기에는 서태평양 적도 부근 해역에서 하강 기류가 발달하여 강수량이 감소한다. 따라서 서태평양 적도 부근 해역에서 강수량은 A가 엘니뇨 발생 시기인 B보다 많다.

[오답 피하기] ㄱ. 엘니뇨 발생 시기에는 동태평양 적도 부근 해역의 표층 수온이 상승하여 서태평양 적도 부근 해역과 동태평양 적도 부근 해역의 표층 수온 차가 작게 나타난다.

409 답 ②

ㄴ. B일 때, 2100년 연간 온실 기체 배출량이 현재보다 적게 배출되므로 화석 연료 사용량도 2100년이 현재보다 적을 것이다.

[오답 피하기] ㄱ. A일 때, 2050년 이후 연간 온실 기체 배출량이 줄어들지 않고 지속적으로 높으므로 2050년 이후에도 해수면 높이는 상승할 것이다.

ㄷ. C일 때, 2100년 지구의 평균 기온은 기준값보다 약 1.5 ℃ 높은 상태로 억제될 것이다.

410

STEP 1 문제 포인트 파악

해수면 높이 편차를 분석하여 해수면 높이 변화와 연평균 해수면 상승률을 구할 수 있어야 한다.

STEP 2 관련 개념 모으기

❶ 해수면이 상승하는 주요 원인은?
→ 지구 온난화로 지구의 평균 기온이 상승하면 빙하의 융해와 해수의 열 팽창으로 해수면이 상승한다.

❷ 해수면 상승이 지구 환경 변화에 미치는 영향은?
→ 극지방의 반사율이 감소하고, 해안 저지대 지역이 침수된다.

예시 답안 최근 30년 동안 이 해역의 해수면 높이는 약 6 cm 상승했다. 이 해역의 연평균 해수면 상승률은 지구 전체의 해수면 상승률과 거의 같은 약 2 mm/년이다.

채점 기준	배점(%)
해수면 높이의 변화를 쓰고, 연평균 해수면 상승률을 정량적으로 제시해 지구 전체의 해수면 상승률과 비교하여 옳게 설명한 경우	100
해수면 높이의 변화만 옳게 쓴 경우	50

411

STEP 1 문제 포인트 파악

엘니뇨 발생 시 태평양 적도 부근 해역의 해수면 높이 변화와 따뜻한 해수층의 두께 변화를 평상시와 비교하여 설명할 수 있어야 한다.

STEP 2 관련 개념 모으기

❶ 엘니뇨란?
→ 동태평양 적도 부근 해역의 표층 수온이 평상시보다 높은 상태가 지속되는 현상이다.

❷ 엘니뇨가 발생하는 원인은?
→ 무역풍이 약해지면서 따뜻한 표층 해수가 상대적으로 동쪽으로 이동하면서 발생한다.

❸ 엘니뇨 발생 시 동태평양 적도 부근 해역과 서태평양 적도 부근 해역에서 나타나는 현상은?
→ 동태평양 적도 부근 해역: 용승 약화, 표층 수온 상승, 따뜻한 해수층의 두께 증가, 해수면 높이 상승, 상승 기류 발달, 강수량 증가
→ 서태평양 적도 부근 해역: 따뜻한 해수층의 두께 감소, 하강 기류 발달, 강수량 감소

예시 답안 엘니뇨 발생 시 ㉠과 ㉡의 기울기는 평상시보다 완만해진다. 페루 연안 해역에서 용승이 약해지고, 해수면 높이가 상승한다.

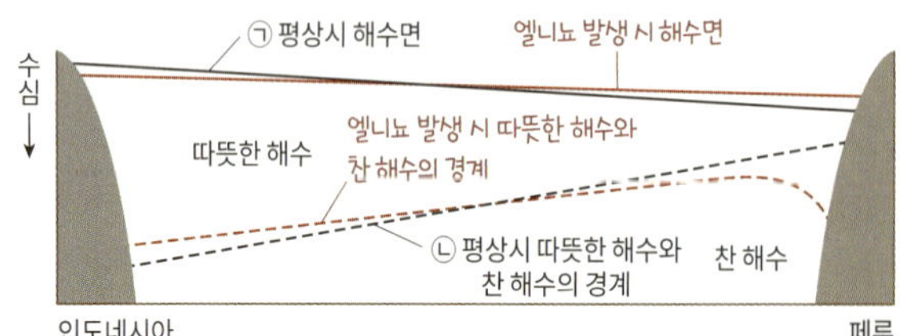

채점 기준	배점(%)
㉠과 ㉡의 기울기 변화를 쓰고, 페루 연안 해역에서 나타나는 현상 2가지를 모두 옳게 설명한 경우	100
페루 연안 해역에서 나타나는 현상 2가지만 옳게 설명한 경우	50

412

STEP 1 문제 포인트 파악

해양 산성화가 발생하는 원인과 지구 환경 변화에 미치는 영향을 알아야 한다.

STEP 2 관련 개념 모으기

❶ 해양 산성화란?
→ 해수의 pH가 낮아지는 현상이다.

❷ 해양 산성화가 발생하는 원인은?
→ 대기 중 이산화 탄소의 농도가 증가하면 해수에 용해되는 이산화 탄소의 양도 증가하므로 해양 산성화가 발생한다.

❸ 해양 산성화가 생물권에 미치는 영향은?
→ 해양 석회질 생명체와 산호초 생태계에 큰 피해를 준다.

예시 답안 대기 중 이산화 탄소의 농도가 증가하면 해수에 용해되는 이산화 탄소의 양도 증가하므로 해양 산성화가 발생한다.

채점 기준	배점(%)
대기 중 이산화 탄소의 증가와 해수에 용해되는 이산화 탄소의 증가를 모두 옳게 설명한 경우	100
대기 중 이산화 탄소의 증가와 해수에 용해되는 이산화 탄소의 증가 중 1가지만 옳게 설명한 경우	50

실전 대비 평가 문제 ● 102쪽 ~ 109쪽

413 ④	**414** ③	**415** ③	**416** ⑤	**417** ④
418 ②	**419** ④	**420** ⑤	**421** ④	**422** ④
423 ⑤	**424** ⑤	**425** ④	**426** ③	**427** ④
428 ④	**429** ⑤	**430** ③	**431** ③	**432** ①
433 ⑤	**434** ②	**435** ⑤	**436** ②	

437 해설 참조 **438** B → C → A

439 해설 참조 **440** ㉠ 상승, ㉡ 증가, ㉢ 감소, ㉣ 감소

441 해설 참조 **442** 해설 참조 **443** ③

444 ① **445** ① **446** ⑤

413 **답** ④

생태계에서 에너지는 먹이 관계를 따라 하위 영양단계에서 상위 영양단계로 전달뇌브로 생산사인 비역이 가진 에너지의 일부가 소비자인 고등어로 이동한다.

414 **답** ③

ㄱ. 생태계는 생물요소와 비생물요소로 구성된다.

ㄴ. 생물요소는 같은 종의 개체들이 모여 개체군을 형성하고, 여러 개체군이 모여 군집을 형성한다.

 ㄷ. 생물요소는 생산자, 소비자, 분해자로 구분하며, 분해자는 다른 생물의 사체나 배설물을 분해하여 양분을 얻는다. 비생물요소는 물, 빛, 공기, 온도, 토양 등 생물이 살아가는 데 영향을 미치는 환경이다.

415
답 ③

자료 분석하기 생태계구성요소의 특징

구분	A	B	C	특징(㉠, ㉡)
㉠	? ×	○	×	• 생물요소이다.
㉡	○	○	ⓐ ×	• 광합성을 한다.

(○ : 있음, × : 없음.)

(가)　　　　　　　　　　　(나)

- 소나무와 버섯은 생물요소이고, 온도는 비생물요소이다.
- 소나무는 광합성을 한다. ➡ 소나무는 특징 ㉠과 ㉡을 모두 가지므로 B이다.
- 버섯은 ㉠과 ㉡ 중 1가지의 특징만 가지며, 온도는 특징 ㉠과 ㉡을 모두 가지지 않는다. ➡ A는 버섯, C는 온도이며, 특징 ㉠은 '광합성을 한다.', ㉡은 '생물요소이다.'이다.

ㄱ. 온도(C)는 특징 ㉠과 ㉡을 모두 가지지 않으므로 ⓐ는 '×'이다.
ㄷ. 버섯(A)은 다른 생물의 사체나 배설물을 분해하여 양분을 얻는 분해자이다.

오답 피하기 ㄴ. ㉠은 '광합성을 한다.', ㉡은 '생물요소이다.'이다.

416
답 ⑤

ㄱ. 생물요소인 숲의 나무가 비생물요소인 토양에 영향을 미치는 사례이다.
ㄴ. 생물요소인 식물이 비생물요소인 공기에 영향을 미치는 사례이다.
ㄷ. 생물요소인 소가 비생물요소인 공기에 영향을 미치는 사례이다.

417
답 ④

사람은 소비자에 해당하므로 B는 소비자이고, A는 생산자이다.
ㄴ. 생태계에서 에너지는 먹이 관계를 따라 하위 영양단계에서 상위 영양단계로 전달되므로 생산자(A)에서 소비자(B)로 에너지가 이동한다.
ㄷ. 생산자(A)는 빛에너지를 이용한 광합성으로 생명활동에 필요한 양분을 스스로 만든다.

오답 피하기 ㄱ. 곰팡이는 다른 생물의 사체나 배설물을 분해하여 양분을 얻는 분해자이다.

418
답 ②

㉠은 비생물요소가 생물요소에 영향을 미치는 것이고, ㉡은 생물요소가 비생물요소에 영향을 미치는 것이다.
② 비생물요소인 온도가 생물요소인 한라솜이풀에 영향을 미치는 것이므로 ㉠의 예이다.

오답 피하기 ① 생물요소인 고래가 비생물요소인 물에 영향을 미치는 것이므로 ㉡의 예이다.
③ 생물요소인 흰개미가 비생물요소인 토양에 영향을 미치는 것이므로 ㉡의 예이다.
④ 비생물요소인 토양이 생물요소인 세균에 영향을 미치는 것이므로 ㉠의 예이다.
⑤ 비생물요소인 물이 생물요소인 선인장에 영향을 미치는 것이므로 ㉠의 예이다.

419
답 ④

④ 비생물요소인 온도가 생물요소인 개구리에 영향을 미친 사례이다.

오답 피하기 ① 비생물요소인 빛이 생물요소인 소나무에 영향을 미친 사례이다.
② 비생물요소인 물이 생물요소인 뱀에 영향을 미친 사례이다.
③ 비생물요소인 온도가 생물요소인 여우에 영향을 미친 사례이다.
⑤ 비생물요소인 공기가 생물요소인 사람에 영향을 미친 사례이다.

420
답 ⑤

ㄱ. 사슴(㉠)은 스스로 양분을 만들지 못하고 다른 생물을 먹이로 하여 양분을 얻는 소비자이다.
ㄴ. 수생식물의 줄기와 뿌리에 통기조직이 발달되어 있는 것은 비생물요소인 물이 생물요소인 수생식물에 영향을 미친 사례이므로 (나)는 물이다.
ㄷ. 사슴이 일조 시간이 짧아지는 가을에 번식하는 것은 비생물요소인 빛이 생물요소인 사슴에 영향을 미친 사례이므로 (가)는 빛이다. 따라서 (다)는 온도이며, 추운 지방에 사는 동물의 피하 지방층이 두꺼운 것은 비생물요소인 온도가 생물요소인 동물에 영향을 미친 사례(㉡)에 해당한다.

421
답 ④

ㄴ. 생산자가 빛에너지를 이용해 광합성으로 합성한 양분의 일부는 소비자의 먹이로 사용된다. 따라서 A는 생산자이다. 생태계에서 에너지는 먹이 관계를 따라 하위 영양단계에서 상위 영양단계로 전달되므로 B는 1차 소비자, C는 2차 소비자이다.
ㄷ. 생산자(A)와 소비자(B, C)의 사체나 배설물에 포함된 양분의 형태로 분해자에게 에너지가 전달되므로 D는 분해자이다.

오답 피하기 ㄱ. 곰팡이는 분해자이므로 D에 해당한다.

422
답 ④

ㄴ. 생산자는 빛에너지를 이용해 광합성을 하므로 (가)는 생산자이며, 생태계에서 에너지는 먹이 관계를 따라 이동하므로 (나)는 1차 소비자, (다)는 2차 소비자이다.
ㄷ. 1차 소비자(나)의 사체나 배설물에 포함된 양분의 형태로 분해자에게 에너지가 전달된다.

오답 피하기 ㄱ. 사람은 스스로 양분을 만들지 못하고 다른 생물을 먹이로 하여 양분을 얻으므로 소비자에 해당한다.

423

답 ⑤

ㄱ, ㄷ. 각 영양단계의 생물이 가진 에너지 중 일부는 세포호흡을 통해 생명활동에 사용되거나 열에너지로 방출된다. 따라서 상위 영양단계로 갈수록 전달되는 에너지양은 점점 감소한다.

ㄴ. 1차 소비자의 에너지양은 100, 2차 소비자의 에너지양은 20이므로 1차 소비자의 에너지양 중 20 %가 2차 소비자로 전달되었다.

424

답 ⑤

자료 분석하기 생태계평형 회복

구분	(가)	(나)
2차 소비자 ㉠	증가	감소
생산자 ㉡	감소	ⓐ 증가

- (가): 1차 소비자의 개체수 증가로 1차 소비자의 먹이인 생산자의 개체수는 감소하고, 1차 소비자를 먹이로 하는 2차 소비자의 개체수는 증가한다. ➡ ㉠은 2차 소비자, ㉡은 생산자이다.
- (나): 2차 소비자의 개체수 증가로 2차 소비자의 먹이인 1차 소비자의 개체수가 감소한다. 이로 인해 1차 소비자의 먹이인 생산자의 개체수는 증가하고, 1차 소비자를 먹이로 하는 2차 소비자의 개체수는 감소한다.

ㄱ. (나)에서 생산자(㉡)의 개체수는 증가하므로 ⓐ는 '증가'이다.

ㄴ. 2차 소비자(㉠)는 다른 생물을 먹이로 하여 양분을 얻는다.

ㄷ. 생태계에서 에너지는 먹이 관계를 따라 하위 영양단계에서 상위 영양단계로 이동하며, 각 영양단계의 생물이 가진 에너지 중 일부만 상위 영양단계로 전달되므로 생산자(㉡)가 가진 에너지 중 일부가 먹이사슬을 따라 1차 소비자를 거쳐 2차 소비자(㉠)로 이동한다.

425

답 ④

A는 2차 소비자, B는 1차 소비자, C는 생산자이다.

안정된 생태계에서 2차 소비자(A)의 개체수가 증가하면 2차 소비자(A)의 먹이인 1차 소비자(㉠)의 개체수가 감소한다. 1차 소비자의 개체수 감소로 1차 소비자의 먹이인 생산자(㉡)의 개체수는 증가하고, 1차 소비자를 먹이로 하는 2차 소비자(A)의 개체수는 감소한다. 2차 소비자의 개체수 감소로 2차 소비자의 먹이인 1차 소비자(㉠)의 개체수가 증가하고, 이로 인해 1차 소비자의 먹이인 생산자(㉡)의 개체수가 감소해 생태계평형이 회복된다.

ㄴ. 1차 소비자(㉠)가 가진 에너지 중 일부는 세포호흡을 통해 생명활동에 사용되거나 열에너지로 방출되고, 일부가 2차 소비자(A)로 전달된다.

ㄷ. ⓐ에서 2차 소비자(A)의 개체수가 감소한 것은 2차 소비자(A)의 먹이인 1차 소비자(B)의 개체수가 감소했기 때문이다.

오답 피하기 ㄱ. ㉠은 1차 소비자(B), ㉡은 생산자(C)이다.

426

답 ③

안정된 생태계에서 에너지피라미드는 상위 영양단계로 갈수록 줄어드는 피라미드 형태를 이룬다. 따라서 이 생태계에서 다시마는 생산자, 성게는 1차 소비자, 해달은 2차 소비자이다.

ㄱ. 해달을 남획하면 해달의 개체수가 감소하여 해달의 먹이인 성게의 개체수가 증가하며, 이로 인해 성게의 먹이인 다시마의 개체수는 감소한다.

ㄴ. 생태계평형 상태일 때 상위 영양단계인 해달의 개체수는 하위 영양단계인 성게의 개체수보다 적으므로 $\dfrac{\text{해달의 개체수}}{\text{성게의 개체수}}$ 는 1보다 작다.

오답 피하기 ㄷ. 이 생태계에서 먹이사슬은 다시마(생산자) → 성게(1차 소비자) → 해달(2차 소비자) 순으로 형성되어 있다.

427

답 ③

ㄱ, ㄴ. 사슴의 포식자인 퓨마, 늑대의 사냥으로 사슴의 포식자 개체수가 감소했고, 이로 인해 사슴이 덜 잡아먹혀 사슴의 개체수가 증가(㉠)했다. 사슴의 개체수가 증가하자 사슴의 먹이인 풀의 양이 감소했다. 그 결과 사슴이 먹이가 부족하여 굶어 죽게 되면서 사슴의 개체수는 급격하게 감소(㉡)했다.

오답 피하기 ㄷ. 사슴의 개체수가 급격히 감소(㉡)하여 퓨마와 늑대의 먹이가 부족해졌으므로 퓨마와 늑대의 개체수는 증가하지 않았을 것이다.

428

답 ④

ㄴ, ㄷ. 외래생물인 가시박은 주변 식물을 덮어 말라 죽게 해 개체수를 감소시키며, 무분별한 벌목으로 생물의 서식지가 파괴되어 서식지가 감소하게 된다. 따라서 (가)와 (나)는 모두 생태계평형을 깨뜨릴 수 있는 환경 변화이다.

오답 피하기 ㄱ. 외래생물인 가시박은 주변 식물을 덮어 말라 죽게 하므로 가시박에 의해 생물다양성이 감소할 수 있다.

429

답 ⑤

ㄱ. 대기 중 이산화 탄소의 농도가 증가하면 지구의 평균 기온이 상승한다. 그림에서 지구 평균 기온의 상승 경향과 이산화 탄소 농도의 증가 경향이 대체로 비례하게 나타나는 것을 확인할 수 있다.

ㄴ. 대기 중 이산화 탄소 농도 증가의 주요 원인은 화석 연료 사용량의 증가 때문이다.

ㄷ. 이산화 탄소의 농도는 점점 급격하게 증가하고 있으므로 이산화 탄소의 농도 변화는 1950년~1980년보다 1990년~2020년이 더 크다.

430

답 ③

ㄷ. 북극해의 얼음 면적은 3월과 9월에 모두 감소하는 추세이며, 이러한 변화는 지구 온난화 때문으로 알려져 있다.

오답 피하기 ㄱ. 극지방의 기온 상승과 얼음 면적의 감소로 해수면 높이가 상승했다.

ㄴ. 얼음은 반사율이 높으므로 얼음 면적이 감소함에 따라 북극 지방의 지표 반사율은 감소한다.

431
답 ③

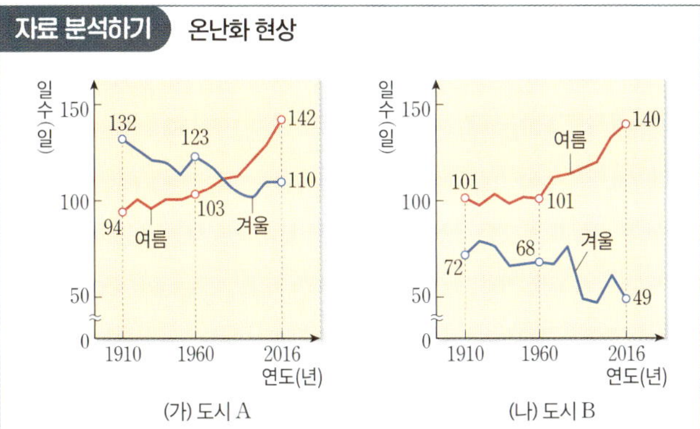

- 도시의 온난화가 진행될수록 평균 기온이 상승하여 여름 일수는 증가하고, 겨울 일수는 감소한다.
- 여름 일수의 변화는 도시 A가 도시 B보다 크고, 겨울 일수의 변화는 도시 A와 B에서 비슷하다.
- 도시 A와 B에서 여름 일수의 변화가 겨울 일수의 변화보다 크다.

ㄱ. 도시 A와 B에서 여름 일수는 증가하고, 겨울 일수는 감소하는 추세이므로 두 도시에서 온난화 현상이 나타난다.

ㄴ. 도시 A에서 여름 일수는 94일에서 142일로 증가했고, 도시 B에서 여름 일수는 101일에서 140일로 증가했다. 따라서 여름 일수의 변화는 도시 A가 도시 B보다 크다.

오답 피하기 ㄷ. 도시 A에서 여름 일수는 증가하고, 겨울 일수는 감소했으므로 (여름 일수－겨울 일수) 값이 증가하는 추세이다.

432
답 ①

ㄱ. 위도에 따른 복사 에너지양의 차이는 태양 복사 에너지가 지구 복사 에너지보다 크다. 따라서 A는 지구 복사 에너지, B는 태양 복사 에너지이다.

오답 피하기 ㄴ. 에너지는 에너지 과잉 지역에서 에너지 부족 지역으로, 즉 저위도에서 고위도로 이동한다.

ㄷ. 지구는 위도별로 에너지 불균형 상태이지만 전체적으로는 에너지 평형을 유지하고 있다.

433
답 ⑤

A. 대규모 삼림을 조성하면 식물의 광합성량이 증가하여 대기 중 이산화 탄소의 농도를 낮출 수 있다.

B. 이산화 탄소 배출량이 많은 발전소, 공장 등에서 이산화 탄소를 직접 포집하여 저장하면 대기 중 이산화 탄소의 농도를 낮출 수 있다.

C. 화석 연료를 대체할 수 있는 친환경 에너지를 개발하여 사용하면 대기 중 이산화 탄소의 농도를 낮출 수 있다.

434
답 ②

ㄷ. 엘니뇨 발생 시 동태평양 적도 부근 해역인 ⓛ에서는 용승이 약해져 표층 수온이 평상시보다 높다.

오답 피하기 ㄱ. 엘니뇨 발생 시 서태평양 적도 부근에 위치한 연안 (인도네시아와 호주)에서는 가뭄 피해가 나타나므로 A는 이상 건조이며, 동태평양 적도 부근에 위치한 연안(페루)에서는 홍수 피해가 나타나므로 B는 이상 강우이다.

ㄴ. 엘니뇨 발생 시 서태평양 적도 부근 해역인 ⑤에서는 무역풍이 평상시보다 약하다.

435
답 ⑤

ㄱ. (가)의 적도 부근 중앙 태평양(⑤)에서 상승 기류가 나타나므로 (가)는 엘니뇨 발생 시, (나)는 평상시이다.

ㄴ, ㄷ. 엘니뇨 발생 시 ⑤의 표층 수온은 평상시보다 높고, 상승 기류가 우세하여 강수량이 많다.

436
답 ②

ㄴ. 과잉 경작은 토지의 생산력과 수분 유지 능력을 저하시켜 사막화를 가속화시킬 수 있다.

오답 피하기 ㄱ. 사막은 건조한 기후가 발달한 지역에서 나타나며, 주로 위도 30° 부근에 분포한다.

ㄷ. 그림에서 위도 30° 이상에 위치한 중국 북부와 몽골 지역에서 사막화 지역이 분포하는 것을 확인할 수 있다.

437

STEP 1　문제 포인트 파악

생태계 구성요소를 파악하고, 생물과 환경의 상호 관계를 설명할 수 있어야 한다.

STEP 2　관련 개념 모으기

❶ 생태계구성요소는?
➡ 생태계는 생물요소와 비생물요소로 구성된다.

❷ 비생물요소가 생물요소에 영향을 미치는 사례는?
➡ 비생물요소는 생물의 생활 방식, 번식 방법, 서식 장소 등에 영향을 미치며, 이 과정에서 생물은 비생물요소인 환경에 적응한다.

빛	빛의 세기가 강한 곳에 사는 식물의 잎은 두껍고, 빛의 세기가 약한 곳에 사는 식물의 잎은 얇고 넓다.
온도	포유류는 서식지의 기온이 낮을수록 몸집은 커지고 몸의 말단부는 작아져 체온을 유지하기에 유리하다.
물	곤충은 몸 표면이 키틴질로 되어 있고, 뱀과 도마뱀은 몸 표면이 비늘로 덮여 있어 수분의 손실을 막는다.
토양	토양의 깊이에 따라 공기의 함량이 다르며, 이에 따라 분포하는 세균의 종류가 달라진다.
공기	산소가 희박한 고산 지대에 사는 사람은 평지에 사는 사람보다 혈액 속 적혈구의 수가 많아 산소를 효율적으로 운반한다.

❸ 생물요소가 비생물요소에 영향을 미치는 사례는?
➡ 식물의 증산작용으로 숲은 다른 곳보다 시원하다. 생물의 호흡과 식물의 광합성은 공기 조성에 영향을 미친다. 비버가 강의 물길을 막는 댐을 만들면 강의 흐름이 느려지고 댐 주변이 습지 환경으로 바뀐다. 지렁이, 두더지, 땅강아지, 개미 등의 생물은 땅속에서 생활하면서 작은 굴을 파는데, 이는 토양에 공기가 잘 통하게 해 준다.

예시 답안 (가) 비생물요소, (나) 생물요소, ㉠ 생물의 호흡과 식물의 광합성은 공기 조성에 영향을 미친다. ㉡ 빛의 세기가 강한 곳에 사는 식물의 잎은 두껍고, 빛의 세기가 약한 곳에 사는 식물의 잎은 얇고 넓다.

채점 기준	배점(%)
(가)와 (나)가 무엇인지 쓰고, ㉠과 ㉡의 사례를 1가지씩 모두 옳게 설명한 경우	100
(가)와 (나)가 무엇인지만 옳게 쓴 경우	30

[438~439]

STEP 1 문제 포인트 파악
안정된 생태계에서 각 영양단계의 에너지양을 바탕으로 먹이 관계를 파악할 수 있어야 하며, 한 영양단계의 개체수에 변화가 일어났을 때 먹이 관계에 의해 다른 영양단계의 개체수가 변하는 것을 설명할 수 있어야 한다.

STEP 2 관련 개념 모으기
❶ 생태계에서의 에너지 이동은?
→ 생태계에서 에너지는 먹이 관계를 따라 하위 영양단계에서 상위 영양단계로 전달되는데, 각 영양단계의 생물이 가진 에너지 중 일부는 세포호흡을 통해 생명활동에 사용되거나 열에너지로 방출되므로 상위 영양단계로 갈수록 전달되는 에너지양이 점점 줄어든다.
❷ 먹이 관계와 생태계평형의 관계는?
→ 생태계평형은 주로 생물들 사이의 먹이 관계에 의해 유지되며, 군집을 구성하는 개체군 사이의 먹이 관계는 각 개체군의 개체수에 서로 영향을 미친다.
❸ 안정된 생태계에서 2차 소비자의 개체수가 일시적으로 감소했을 때 생산자와 1차 소비자의 개체수 변화는?
→ 2차 소비자의 개체수가 감소하면 2차 소비자의 먹이인 1차 소비자의 개체수가 증가한다. 1차 소비자의 개체수가 증가하면 1차 소비자의 먹이인 생산자의 개체수가 감소한다.

438

답 B → C → A

안정된 생태계에서 각 영양단계의 에너지양은 상위 영양단계로 갈수록 줄어든다. 따라서 B가 가장 하위 영양단계이며, A가 가장 상위 영양단계이다.

439

예시 답안 A의 개체수가 감소하면 A의 먹이가 되는 C의 개체수가 증가하며, 이로 인해 C의 먹이가 되는 B의 개체수는 감소한다.

채점 기준	배점(%)
먹이 관계에 의한 B와 C의 개체수 변화를 모두 옳게 설명한 경우	100
B와 C의 개체수 변화를 일부만 옳게 설명한 경우	50

440

답 ㉠ 상승, ㉡ 증가, ㉢ 감소, ㉣ 감소

화석 연료의 사용량이 증가하면 대기 중 이산화 탄소의 농도가 증가한다. 이로 인해 해수 온도가 상승하고, 해수의 이산화 탄소 용해율이 감소한다. 또 지구의 평균 기온 상승으로 빙하량이 감소하여 해수면이 상승하고, 극지방에서는 지표의 반사율이 감소하여 지표가 흡수하는 태양 복사 에너지양이 증가한다. 따라서 지구 온난화는 더욱 가속화될 수 있다.

[441~442]

STEP 1 문제 포인트 파악
지구의 열수지에서 우주, 대기, 지표 간의 열수지 평형을 정량적으로 각각 분석할 수 있어야 하고, 지구 온난화가 일어나는 과정을 지구 열수지의 변동과 관련지어 설명할 수 있어야 한다.

STEP 2 관련 개념 모으기
❶ 복사 평형이란?
→ 흡수하는 에너지양과 방출하는 에너지양이 같아 에너지 평형을 이루는 상태를 말한다.
❷ 우주에서 열수지는?
→ 태양 복사 100 = 지구 반사 30(5 + 25) + 지구 복사 70(D + F)
❸ 대기에서 열수지는?
→ 태양 복사 흡수 A + 지표 복사 흡수 C = 우주 방출 F + 지표 방출 G
❹ 지표에서 열수지는?
→ 태양 복사 흡수 B + 대기 복사 흡수 G = 방출 E(C + D)
❺ 대기 중 온실 기체가 증가하면 지구 열수지의 변동은?
→ 대기 중 온실 기체 증가 → 대기가 흡수하는 에너지양 증가 → 대기에서 지표로 방출하는 에너지양 증가 → 지표가 다시 흡수하는 에너지양 증가 → 온실 효과 강화(지구 온난화)

441

예시 답안 지구는 열수지 평형 상태이기 때문에 지표, 대기, 우주에서 각각 유입되는 에너지양과 유출되는 에너지양이 같다. 따라서 (A + B) 값은 태양 복사 100 중 반사되는 양 30을 제외한 70이므로 지구에서 우주로 방출하는 지구 복사 (D + F) 값도 70이 되어야 한다.

채점 기준	배점(%)
에너지양을 정량적으로 제시하여 성립하는 까닭을 옳게 설명한 경우	100
에너지양을 정성적으로 제시하여 성립하는 까닭을 옳게 설명한 경우	50

442

예시 답안 대기 중의 온실 기체가 증가하면 대기에서 지표로 재복사하는 에너지 G가 증가하며, 이로 인해 지표 온도가 상승하여 지표에서 방출하는 에너지 E도 증가한다.

채점 기준	배점(%)
E와 G의 에너지양 변화를 모두 옳게 설명한 경우	100
E와 G의 에너지양 변화 중 1가지만 옳게 설명한 경우	50

443

답 ③

ㄱ. 분해자는 생물요소에 속하므로 생물군집에 해당한다.
ㄷ. 지렁이가 토양의 통기성을 높이는 것은 생물요소인 지렁이가 비생물요소인 토양에 영향을 미치는 것(㉡)에 해당한다.

오답 피하기 ㄴ. 개구리와 메뚜기는 서로 다른 종이므로 같은 개체군에 속하지 않는다. 따라서 개구리가 메뚜기를 잡아먹는 것은 개체군 내의 상호작용(㉠)에 해당하지 않는다.

444

답 ①

안정된 생태계에서 에너지양은 일반적으로 상위 영양단계로 갈수록 감소하므로 A는 2차 소비자, B는 1차 소비자, C는 생산자이다.

ㄱ. 생태계에서 에너지는 먹이 관계를 따라 하위 영양단계에서 상위 영양단계로 이동한다. 따라서 (가)와 (나)에서 모두 에너지는 1차 소비자(B)에서 2차 소비자(A)로 이동한다.

[오답 피하기] ㄴ. 생산자(C)의 광합성에 의해 태양의 빛에너지가 화학 에너지로 전환되어 양분에 저장되며, 2차 소비자(C)는 1차 소비자(B)를 먹어 에너지를 얻는다.

ㄷ. 생산자(C)의 개체수가 일시적으로 증가하면 생산자(C)를 먹이로 하는 1차 소비자(B)의 개체수가 증가한다.

445 답 ①

ㄱ. 지구 온난화의 영향으로 북극해 얼음 면적은 감소하고, 전 지구 평균 해수면 높이는 상승하고 있다. 따라서 A는 북극해 얼음 면적, B는 전 지구 평균 해수면 높이이다.

[오답 피하기] ㄴ. 북극 해역의 평균 기온이 높을수록 북극해 얼음 면적은 감소하게 되므로 북극 해역의 평균 기온은 ⓒ 기간이 ⊙ 기간보다 높다.

ㄷ. 북극해 얼음 면적이 넓을수록 태양 복사 에너지 반사율이 높으므로 북극 해역에서 태양 복사 에너지 반사율은 ⊙ 기간이 ⓒ 기간보다 높다.

446 답 ⑤

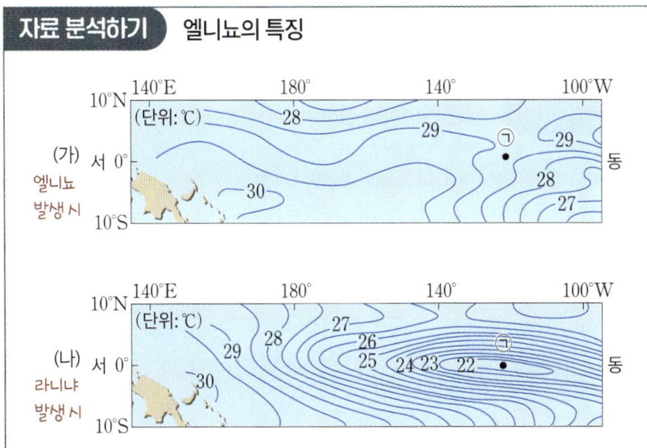

자료 분석하기 엘니뇨의 특징

- 동태평양 적도 부근에 위치한 ⊙ 해역의 표층 수온은 (가)가 (나)보다 높다. ➜ (가)는 엘니뇨 발생 시이다.
- ⊙ 해역의 해수면 높이는 (가)가 (나)보다 높다. ➜ 엘니뇨 발생 시 서태평양으로 이동하는 표층 해수의 흐름이 약해지기 때문에 서태평양의 표층 해수가 동태평양 쪽으로 이동하게 되고, 따뜻한 해수층의 두께가 두꺼워지면서 해수면 높이가 상승한다.
- ⊙ 해역의 강수량은 (가)가 (나)보다 많다. ➜ 표층 수온이 높을수록 상승 기류가 활발해져 강수량이 증가한다.

ㄱ. 동태평양 적도 부근 해역의 표층 수온은 (가)가 (나)보다 높으므로 (가)는 엘니뇨 발생 시, (나)는 라니냐 발생 시이다.

ㄴ, ㄷ. 엘니뇨 발생 시기인 (가)일 때 ⊙ 해역의 표층 수온이 높으므로 상승 기류가 우세하게 발달하여 강수량이 증가하고, 해수면 높이는 상승한다.

2. 에너지

10 에너지

개념 확인 문제 ● 110쪽

447 수소 **448** 질량 **449** 크다 **450** 헬륨 **451** ○
452 ○

447 답 수소

태양 중심부에서는 수소 원자핵이 융합하여 헬륨 원자핵을 생성하는 수소 핵융합 반응이 일어난다.

448 답 질량

수소 핵융합 반응 과정에서 질량 결손이 일어나고, 이에 해당하는 에너지가 방출된다.

449 답 크다

핵융합 반응에서 질량 결손이 일어나므로 반응 후 생성된 헬륨 원자핵 1개의 질량은 반응 전 수소 원자핵 4개의 질량의 합보다 작다.

450 답 헬륨

태양 중심부에서는 수소 원자핵 4개가 핵융합하여 헬륨 원자핵 1개를 생성한다.

451 답 ○

식물은 광합성으로 대기 중의 이산화 탄소를 흡수하여 포도당으로 바꾼다. 이때 태양의 빛에너지가 화학 에너지로 전환된다.

452 답 ○

태양 에너지가 수권과 기권에 흡수되어 구름과 바람을 만들고 기상 현상을 일으킨다.

기출 분석 문제 ● 111쪽 ~ 112쪽

453 ③ **454** ① **455** 해설 참조 **456** ③
457 ⑤ **458** ③ **459** ① **460** ⑤ **461** ⑤
462 해설 참조

453

답 ③

③ 태양 중심부에서 수소와 헬륨은 대부분 원자핵과 전자가 분리된 플라스마 상태로 존재한다.

오답 피하기 ① A는 온도가 약 1500만 K인 태양 중심부(핵)이다. 태양의 핵융합 반응은 태양 중심부에서 일어난다.

② 수소 핵융합 반응에서 질량 결손이 일어나 에너지가 생성된다.

④ 태양에서 핵융합 반응으로 생성된 에너지가 우주로 방출되고, 이 중 아주 일부가 지구에 도달한다.

⑤ 태양 표면에서 전자기파 복사를 통해 지구로 태양 에너지가 전달된다.

454

답 ①

ㄱ. 태양 중심부에서 수소 원자핵이 핵융합하여 헬륨 원자핵을 생성한다.

오답 피하기 ㄴ. 핵융합 반응에서 질량 결손이 일어나 에너지가 생성된다.

ㄷ. 수소 핵융합 반응은 태양 중심부에서 일어난다.

455

예시 답안 핵융합 반응에서 반응 후에 질량이 감소하며, 감소한 질량이 에너지로 전환된다.

채점 기준	배점(%)
에너지 생성 원리를 옳게 설명한 경우	100
질량이 에너지로 전환된다고만 쓴 경우	50

456 필수 유형

답 ③

자료 분석하기 태양의 수소 핵융합 반응

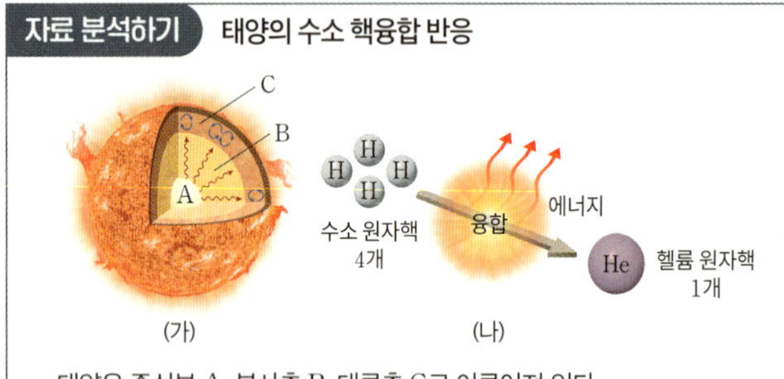

- 태양은 중심부 A, 복사층 B, 대류층 C로 이루어져 있다.
  → 중심부는 온도가 1500만 K 이상으로 핵융합 반응이 일어난다.
- 수소 원자핵 4개가 핵융합하여 헬륨 원자핵 1개가 되는 과정에서 물질의 질량이 감소한다.
  → 질량 결손에 해당하는 에너지가 방출된다.

③ 수소 핵융합 반응은 태양의 중심부인 A에서 일어난다.

오답 피하기 ① B는 중심부에서 생성된 에너지가 복사를 통해 전달되는 복사층이다.

② (나)는 수소 원자핵이 헬륨 원자핵으로 바뀌는 핵융합 반응이다. 핵분열 반응은 원자 번호가 큰 원자핵이 분열하여 원자 번호가 작은 원자핵이 되는 핵반응이다.

④ 핵융합 반응에서 질량이 감소하며 에너지를 방출하므로 시간이 지날수록 태양의 질량은 감소한다.

⑤ 헬륨 원자핵 1개의 질량은 수소 원자핵 4개의 질량보다 작다.

457

답 ⑤

자료 분석하기 핵융합 반응

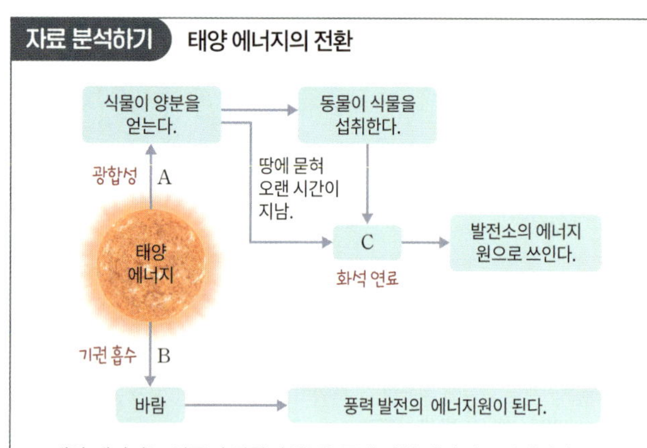

- 질량 m_1인 양성자 2개와 질량 m_2인 중성자 2개가 핵융합하여 질량 m_3인 헬륨 원자핵을 형성한다.
  → 반응 전 질량의 합은 $2(m_1+m_2)$이고 반응 후 질량은 m_3이다.
- 반응 전 질량의 합이 반응 후 질량보다 크다.
  → 질량 결손은 $2(m_1+m_2)-m_3$이다.
- 줄어든 질량이 에너지로 전환되어 방출된다.

ㄱ. 중성자와 양성자가 각 2개씩 융합하여 헬륨 원자핵을 형성하는 핵융합 반응이다.

ㄴ. 핵융합 반응으로 생성된 헬륨 원자핵의 질량은 반응 전 양성자, 중성자 질량의 합보다 작다.

ㄷ. 태양의 핵에서는 수소 핵융합 반응이 끊임없이 일어나 막대한 양의 에너지가 생성된다.

458

답 ③

식물은 광합성을 통해 태양의 빛에너지를 화학 에너지로 전환하여 포도당으로 저장한다. 기권에 흡수된 태양 에너지는 바람을 일으켜 운동 에너지로 전환된다.

459

답 ①

자료 분석하기 태양 에너지의 전환

- 태양 에너지는 식물의 광합성(A)을 통해 화학 에너지로 저장된다.
  → 긴 시간이 지난 후 화석 연료(C)가 된다.
  → 화석 연료는 화력 발전의 에너지원으로 쓰인다.
- 태양 에너지는 기권에 흡수(B)되어 바람을 일으킨다.
  → 태양 에너지가 바람의 운동 에너지로 전환된다.
  → 바람은 풍력 발전의 에너지원으로 쓰인다.

ㄱ. A는 식물이 태양 에너지를 빛에너지 형태로 흡수하여 양분을 만드는 과정인 광합성이다.

오답 피하기 ㄴ. B는 기권에서 태양의 열에너지를 흡수하여 바람의 운동 에너지로 전환하는 과정이다.

ㄷ. C는 화석 연료이다. 화석 연료는 화력 발전의 에너지원이 된다.

460

답 ⑤

⑤ 지구가 구형이므로 같은 면적의 지표면에 도달하는 태양 에너지는 저위도에서 많고 고위도로 갈수록 감소하여 에너지 불균형이 나타난다.

오답 피하기 ① 태양 에너지는 대기 중의 이산화 탄소를 흡수하는 광합성 과정을 통해 탄소 순환을 일으킨다.

② 기권과 수권에 흡수된 태양 에너지는 대기와 해수의 순환을 일으켜 에너지를 지구 전체로 순환시킨다.

③ 화력 발전의 에너지원인 화석 연료에 저장된 에너지의 근원은 태양 에너지이다.

④ 식물의 광합성을 통해 태양의 빛에너지가 화학 에너지로 전환된다.

461
답 ⑤

ㄱ. 태양 에너지를 흡수한 물이 수증기가 되어 높이 올라가는 과정에서 태양 에너지가 수증기의 위치 에너지로 전환된다.

ㄴ. 수증기가 응결하면서 방출하는 에너지가 바람의 운동 에너지로 전환된다.

ㄷ. 태풍은 저위도 지방의 남는 에너지를 중위도 지방으로 전달하여 에너지를 순환시키는 역할을 한다.

462

예시 답안 ㉠에서는 태양 에너지가 운동 에너지로 전환되고, ㉡에서는 물방울의 위치 에너지가 운동 에너지로 전환된다.

채점 기준	배점(%)
㉠, ㉡에서 일어나는 에너지 전환을 모두 옳게 설명한 경우	100
㉠, ㉡에서 일어나는 에너지 전환 중 1가지만 옳게 설명한 경우	50

 **완성 문제** ●113쪽

463 ①	464 ④	465 ④	466 해설 참조
467 해설 참조			

463
답 ①

ㄱ. 핵융합 반응에서 질량 결손이 일어나 에너지를 방출한다.

오답 피하기 ㄴ. ㉡은 원자 번호가 2인 헬륨이다.

ㄷ. 핵융합 과정에서 질량 결손이 일어나므로 중수소와 삼중수소의 질량 합은 헬륨의 질량보다 크다.

464
답 ④

ㄱ. 빅뱅 이후 초기 우주에서는 양성자와 중성자가 결합하여 헬륨 원자핵을 생성하였다.

ㄷ. 수소 핵융합 반응에서 질량 결손이 일어난다.

오답 피하기 ㄴ. 양성자 4개의 질량은 헬륨 원자핵의 질량보다 크다. 핵융합 과정에서 줄어든 질량에 해당하는 에너지가 방출된다.

465
답 ④

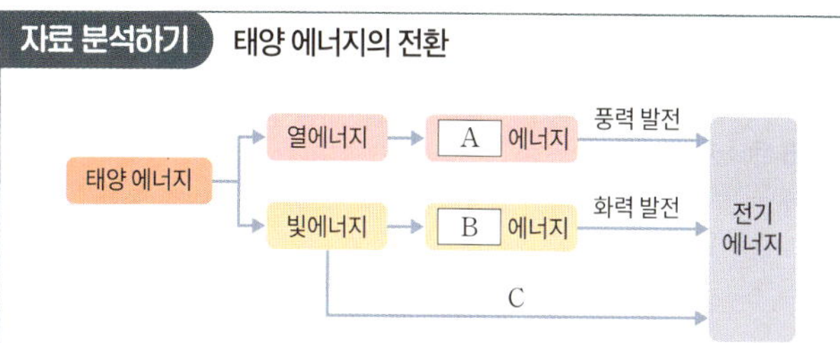
자료 분석하기 태양 에너지의 전환

• 풍력 발전은 바람의 운동 에너지를 전기 에너지로 전환한다.
  → 태양 에너지가 기권에 흡수되어 바람의 운동 에너지로 전환한다.
• 화력 발전은 화석 연료에 저장된 화학 에너지를 전기 에너지로 전환한다.
  → 태양 에너지가 광합성을 통해 화학 에너지로 저장되었다가 화석 연료가 된다.
• C는 빛에너지를 직접 전기 에너지로 바꾸는 태양광 발전(태양 전지)이다.

ㄴ. B는 화력 발전의 에너지원인 화석 연료에 저장된 화학 에너지이다. 광합성 과정을 통해 태양 에너지가 화학 에너지로 전환된다.

ㄷ. 태양 전지는 빛에너지를 직접 전기 에너지로 전환한다.

오답 피하기 ㄱ. 기권에 흡수된 태양 에너지가 바람의 운동 에너지로 전환된다.

[466~467]

서술형 해결 전략

STEP 1 문제 포인트 파악

태양 에너지가 생성되는 핵융합 과정을 이해하고, 지구에 도달한 태양 에너지가 일으키는 여러 현상에서 에너지 전환을 파악할 수 있어야 한다.

STEP 2 관련 개념 모으기

❶ 태양에서 에너지가 생성되는 과정은?
  → 태양 중심부에서 수소 핵융합 반응이 일어난다.
  → 질량 결손에 의해 에너지가 생성되어 방출된다.

❷ 광합성에서 일어나는 에너지 전환은?
  → 광합성은 식물이 태양의 빛에너지를 이용하여 이산화 탄소와 물을 포도당으로 합성하며 양분에 화학 에너지를 저장하는 과정이다.

466

예시 답안 태양 중심부에서 수소 핵융합 반응이 일어난다. 이때 질량 결손에 의해 에너지가 생성된다.

채점 기준	배점(%)
수소 핵융합 반응과 질량 결손으로 옳게 설명한 경우	100
수소 핵융합 반응과 질량 결손 중 1가지만 언급한 경우	40

467

예시 답안 태양의 빛에너지가 화학 에너지로 전환된다.

채점 기준	배점(%)
태양 에너지(빛에너지)와 화학 에너지를 모두 언급해 설명한 경우	100
태양 에너지와 화학 에너지 중 1가지만 언급해 설명한 경우	30

11 발전과 전자기 유도

개념 확인 문제 ● 115쪽

468 × **469** ○ **470** ○ **471** 증가 **472** 전기

473 빠를수록 **474** 반대이다

475 ㉠ 화학 에너지, ㉡ 운동 에너지, ㉢ 전기 에너지 **476** ○

477 × **478** × **479** ○

468
답 ×

자석이 코일 안에 정지해 있으면 전자기 유도가 일어나지 않는다.

469
답 ○

자석이 일정한 속력으로 코일에 접근하면 코일에는 자석의 운동을 방해하는 방향으로 자기장을 형성하도록 유도 전류가 흐른다.

470
답 ○

고정된 자석 주위에서 코일이 회전하면 코일을 통과하는 자기장이 변하므로 유도 전류가 흐른다.

471
답 증가

N극이 접근하면 코일을 통과하는 자석의 자기장이 세진다.

472
답 전기

전자기 유도가 일어날 때 자석이나 코일의 역학적 에너지가 전기 에너지로 전환된다.

473
답 빠를수록

자석의 속력이 빠를수록 더 큰 유도 전류가 흐르므로 전구의 밝기가 밝아진다.

474
답 반대이다

N극이 코일에 접근할 때는 코일을 통과하는 자기장이 증가하고, N극이 코일에서 멀어질 때는 코일을 통과하는 자기장이 감소하므로 유도 전류의 방향은 반대이다.

475
답 ㉠ 화학 에너지, ㉡ 운동 에너지, ㉢ 전기 에너지

광합성을 통해 태양 에너지가 화학 에너지로 전환되고, 화석 연료에 저장된 화학 에너지가 보일러에서 연소하며 수증기의 운동 에너지로 전환되어 터빈을 돌린다. 발전기에서 터빈의 운동 에너지가 전기 에너지로 전환된다.

476
답 ○

화력 발전은 화석 연료에 저장된 화학 에너지를 이용하여 전기 에너지를 생산한다.

477
답 ×

태양 에너지가 화석 연료의 화학 에너지로 저장되는 데 매우 긴 시간이 필요하므로, 현재 사용할 수 있는 화석 연료의 양은 제한적이다.

478
답 ×

발전 과정에서 많은 양의 냉각수가 필요한 발전 방식은 핵발전이다.

479
답 ○

터빈의 운동 에너지가 발전기 내부의 자석을 회전시키고, 전자기 유도에 의해 전기 에너지로 전환된다.

기출 분석 문제 ● 116쪽~120쪽

480 ⑤ **481** ④ **482** ① **483** ② **484** ②

485 ③ **486** ⑤ **487** ⑤ **488** 해설 참조

489 ① **490** ③ **491** ④ **492** 해설 참조

493 ③ **494** ⑤ **495** 해설 참조 **496** ③

497 ⑤ **498** 해설 참조 **499** ③ **500** ③

501 ② **502** ③

480
답 ⑤

⑤ 코일을 통과하는 자기장이 더 빠르게 변할수록 유도 전류의 세기가 증가한다.

오답 피하기 ① 화력 발전은 발전기에서 일어나는 전자기 유도를 이용한 발전 방식이다.

② 자석이나 코일의 상대적 운동으로 전기 에너지가 생성되므로 역학적 에너지가 전기 에너지로 전환된다.

③ 전자기 유도는 코일을 통과하는 자기장이 변할 때 유도 전류가 흐르는 현상이다.

④ 유도 전류는 외부 자기장의 변화를 방해하는 방향으로 전류에 의한 자기장을 만든다.

481
답 ④

④ 코일과 자석이 일정한 간격을 유지한 채 등속 운동하면 코일과 자석이 상대적으로 정지한 상태가 되므로 전자기 유도가 일어나지 않는다.

오답 피하기 ①, ②, ③, ⑤ 코일과 자석의 상대적인 운동이 있을 때 코일을 통과하는 자기장이 변하여 전자기 유도가 일어난다.

482

답 ①

ㄱ. 자석이 빠르게 운동할수록 코일을 통과하는 자기장의 변화율이 크다. 따라서 자석을 빠르게 움직일수록 유도 전류의 세기가 증가하여 전구가 밝아진다.

오답 피하기 ㄴ. S극을 아래로 하여 움직이면 N극을 아래로 하여 움직일 때와 비교하여 자기장의 방향은 반대가 되지만 코일을 통과하는 자기장이 변하므로 유도 전류가 흘러 전구가 켜진다.

ㄷ. 자석을 가까이 하면 코일을 통과하는 자기장이 세지고, 멀리 하면 자기장이 감소하므로 전구에는 서로 반대 방향으로 유도 전류가 흐른다.

483

답 ②

코일을 통과하는 외부 자기장이 증가하면 코일에는 외부 자기장과 반대 방향으로 자기장이 형성되도록 유도 전류가 흐르고, 코일을 통과하는 외부 자기장이 감소하면 코일에는 외부 자기장과 같은 방향으로 자기장이 형성되도록 유도 전류가 흐른다. N극이 접근할 때는 아래 방향의 자기장이 증가하므로 코일에는 윗면이 N극이 되도록 유도 전류가 흐른다. 따라서 검류계에는 A → ⓖ → B 방향으로 전류가 흐른다.

ㄷ. S극이 멀어지면 코일의 윗면이 N극이 되어 자석을 끌어당기도록 유도 전류가 흐른다. 이때 검류계에는 A → ⓖ → B 방향으로 전류가 흐른다.

오답 피하기 ㄱ. 자석이 정지해 있으면 코일을 통과하는 자기장 변화가 없으므로 유도 전류가 흐르지 않는다.

ㄴ. S극이 접근하면 코일의 윗면이 S극이 되어 자석을 밀어내도록 유도 전류가 흐른다. 이때 검류계에는 B → ⓖ → A 방향으로 전류가 흐른다.

484

답 ②

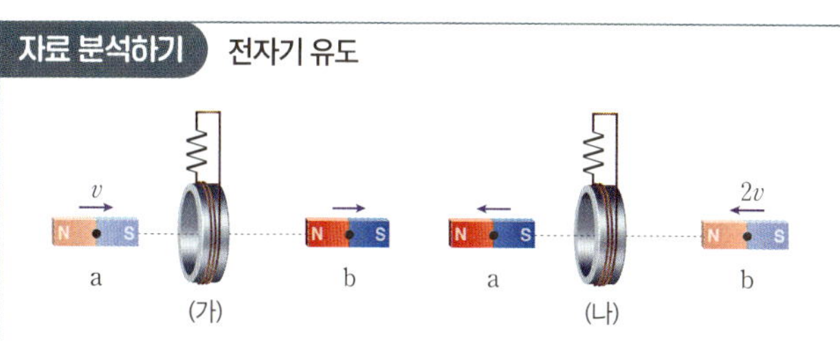

자료 분석하기　자석의 운동과 전자기 유도

- 자석이 ㉠을 통과할 때
  → A, B에는 오른쪽 방향의 자기장이 증가하므로 왼쪽이 N극이 되도록 ❷ 방향으로 유도 전류가 흐른다.
- 자석이 ㉡을 통과할 때
  → A에는 오른쪽 방향의 자기장이 감소하므로 오른쪽이 N극이 되도록 ❶ 방향으로 유도 전류가 흐른다.
  → B에는 오른쪽 방향의 자기장이 증가하므로 왼쪽이 N극이 되도록 ❷ 방향으로 유도 전류가 흐른다.
- 유도 전류가 만드는 자기장은 자석의 운동을 방해한다.
  → 자석이 운동하는 동안 왼쪽으로 힘(자기력)을 받아 속력이 감소하므로 역학적 에너지가 감소한다.

ㄴ. 자석이 ㉠을 지날 때는 A를 통과하는 자기장이 증가하고 ㉡을 지날 때는 A를 통과하는 자기장이 감소하므로 유도 전류의 방향이 반대이다.

오답 피하기 ㄱ. 자석이 운동하는 동안 유도 전류가 만드는 자기장에 의해 왼쪽으로 자기력을 받으므로 속력이 감소한다. 따라서 ㉠에서 ㉡까지 가는 동안 역학적 에너지가 감소한다.

ㄷ. 자석의 운동을 방해하도록 유도 전류가 흐르므로 ㉠과 ㉡에서 자석이 A로부터 받는 힘의 방향은 왼쪽으로 같다.

485

답 ③

ㄱ. 자석이 낙하하면 코일을 통과하는 자기장이 증가하므로 전자기 유도에 의해 유도 전류가 흐른다. 이 과정에서 자석의 역학적 에너지가 전기 에너지로 전환된다.

ㄷ. N극이 접근할 때와 S극이 접근할 때 코일에 흐르는 유도 전류의 방향이 반대이다. N극이 접근하는 동안 검류계 바늘이 왼쪽으로 움직였으므로 S극이 접근하는 동안에는 검류계 바늘이 오른쪽으로 움직인다.

오답 피하기 ㄴ. 전류가 만드는 자기장은 자석의 운동을 방해하는 방향이다. N극이 접근하므로 코일의 위쪽이 N극이 되도록 유도 전류가 흐른다. 따라서 전류가 만드는 자기장의 방향은 자석의 자기장 방향과 반대이다.

486

답 ⑤

자료 분석하기　전자기 유도

- 자석에는 자석의 운동을 방해하는 방향으로 자기력이 작용한다.
  → 자기력의 방향은 (가)의 a, b에서 왼쪽, (나)의 a, b에서는 오른쪽이다.
- 자석의 속력이 빠를수록 유도 전류의 세기가 세다.
  → (가)의 a보다 (나)의 a에서 유도 전류가 세다.
- 유도 전류는 자석의 운동을 방해하는 방향으로 흐른다.
  → (가)에서 자석이 a를 지날 때 코일의 왼쪽이 S극, b를 지날 때 코일의 오른쪽이 S극이 되도록 유도 전류가 흐른다.
  → (나)에서 자석이 a를 지날 때 코일의 왼쪽이 N극, b를 지날 때 코일의 오른쪽이 N극이 되도록 유도 전류가 흐른다.

⑤ 자석이 a를 지날 때 (가)에서는 오른쪽으로 운동하고 (나)에서는 왼쪽으로 운동하므로 자석에 작용하는 자기력의 방향은 (가)에서는 왼쪽, (나)에서는 오른쪽이다.

오답 피하기 ① (가)에서 자석이 a를 지날 때는 코일에 S극이 접근하므로 코일의 왼쪽이 S극이 되도록 유도 전류가 흐른다. 자석이 b를 지날 때는 N극이 멀어지므로 코일의 오른쪽이 S극이 되도록 유도 전류가 흐른다. 따라서 자석이 a, b를 지날 때 유도 전류의 방향은 반대이다.

② 자석이 (가)의 a를 지날 때 속력이 v이고, (나)의 a를 지날 때 속력이 $2v$이므로 유도 전류의 세기는 (가)의 a를 지날 때보다 (나)의 a를 지날 때가 더 세다.

③ 자석이 b를 지날 때 (가)에서는 N극이 멀어지고 (나)에서는 N극이 접근하므로 유도 전류의 방향은 (가)와 (나)에서 반대이다.

④ (나)에서 자석이 a를 지날 때는 S극이 코일에서 멀어지므로 코일의 왼쪽이 N극이 되어 자석을 당긴다. 자석이 b를 지날 때는 N극이 코일에 접근하므로 코일의 오른쪽이 N극이 되어 자석을 밀어낸다. 즉 자석이 a, b를 지날 때 받는 자기력의 방향은 오른쪽으로 같다.

487 필수 유형 　답 ⑤

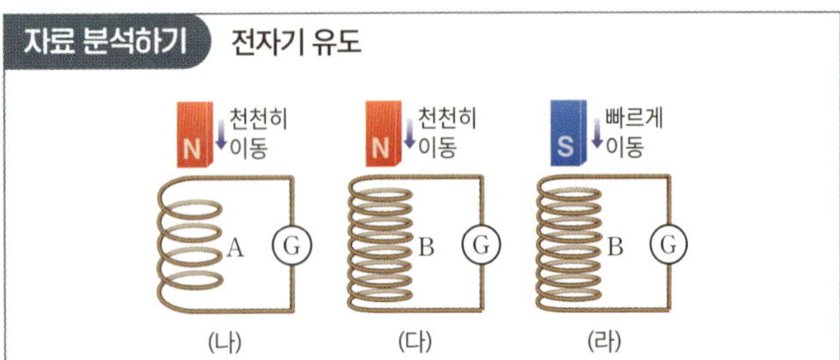

- 코일의 감은 수가 많을수록 유도 전류의 세기가 세다.
  → (나)보다 (다)에서 유도 전류가 세다.
- 자석의 속력이 빠를수록 유도 전류의 세기가 세다.
  → (다)보다 (라)에서 유도 전류가 세다.
  → 유도 전류의 세기는 (라) > (다) > (나)이다.
- 유도 전류는 자석의 운동을 방해하는 방향으로 자기장을 만든다.
  → 전류에 의한 자기장은 (나), (다)에서는 위쪽이 N극, (라)에서는 위쪽이 S극이 된다.
  → 자석이 받는 자기력은 (나), (다), (라)에서 모두 위쪽이다.

ㄱ. (나)와 (다)에서 자석의 N극이 코일에 접근하므로 코일의 위쪽이 N극이 되도록 유도 전류가 흐른다.

ㄴ. 유도 전류가 만드는 자기장의 방향은 자석의 운동을 방해하는 방향이므로 (나)와 (라)에서 자석이 받는 자기력의 방향은 위쪽이다.

ㄷ. 자석의 속력이 빠를수록 자기장의 시간당 변화율이 커서 유도 전류가 더 많이 흐르므로 유도 전류의 최댓값은 (라)가 (다)보다 크다.

488

예시 답안 자석이 P와 Q를 통과할 때 저항에 흐르는 유도 전류의 방향은 서로 반대이다. 자석이 P를 통과할 때는 코일의 왼쪽이 N극이 되도록 유도 전류가 흐르고, 자석이 Q를 통과할 때는 코일의 오른쪽이 N극이 되도록 유도 전류가 흐르기 때문이다.

채점 기준	배점(%)
유도 전류의 방향을 비교하고, 그 까닭을 옳게 설명한 경우	100
유도 전류의 방향만 비교한 경우	50

489 필수 유형 　답 ①

ㄱ. 코일이 빨리 회전할수록 유도 전류의 세기가 증가하므로 전구가 밝아진다.

오답 피하기 ㄴ. 코일이 회전할 때 코일을 통과하는 자기장이 증가와 감소를 반복하므로 전류에 흐르는 전류의 방향은 주기적으로 바뀐다.

ㄷ. 자석의 세기가 셀수록 유도 전류의 세기가 증가하므로 전구가 더 밝다.

490 　답 ③

ㄱ. 발전기에서는 자석이 회전할 때 전류가 흐르므로 자석의 운동 에너지가 전기 에너지로 전환된다.

ㄴ. 코일 주위에서 자석이 회전하면 코일을 통과하는 자기장이 변하여 전자기 유도가 일어난다.

오답 피하기 ㄷ. 바퀴가 회전하면 바퀴에 연결된 자석이 회전하므로 전구에 전류가 흐른다.

491 　답 ④

ㄱ. 자석이 회전하면 자석 주위에 고정된 코일을 통과하는 자기장이 변하므로 코일에 유도 전류가 흐른다.

ㄷ. 자석이 운동할 때 유도 전류가 흐르므로 자석의 운동 에너지가 전기 에너지로 전환된다.

오답 피하기 ㄴ. 자전거의 회전축에 연결된 자석이 고정된 코일 안에서 회전할 때 자석의 N극이 지나가는 경우와 S극이 지나가는 경우에 코일을 통과하는 자기장의 방향이 반대이다.

492

예시 답안 ㉠ 전자기 유도, 발전 과정에서 코일의 운동 에너지가 전기 에너지로 전환된다.

채점 기준	배점(%)
㉠을 옳게 쓰고, 에너지 전환을 옳게 설명한 경우	100
에너지 전환만 옳게 설명한 경우	50
㉠만 옳게 쓴 경우	30

493 　답 ③

ㄱ. 자석의 세기가 세면 유도 전류가 세게 흘러 전구의 밝기가 밝아진다.

ㄴ. 코일의 회전 속력이 빠를수록 코일을 지나는 자기장의 변화가 커지므로 유도 전류가 세게 흘러 전구의 밝기가 밝아진다.

오답 피하기 ㄷ. 코일의 회전 방향과 유도 전류의 세기는 관계없다.

494 　답 ⑤

화력 발전 과정에서는 화석 연료를 연소시킬 때 화학 에너지가 열에너지로 전환된다. 이 열에너지로 물을 끓이고, 수증기로 터빈을 돌린다. 터빈의 운동 에너지는 발전기에서 전기 에너지로 전환된다.

495

예시 답안 보일러에서는 화석 연료가 연소하며 화학 에너지가 열에너지로 전환되고, 발전기에서는 전자기 유도 과정에서 운동 에너지가 전기 에너지로 전환된다.

채점 기준	배점(%)
보일러와 발전기에서 에너지 전환을 모두 옳게 설명한 경우	100
보일러에서의 에너지 전환과 발전기에서의 에너지 전환 중 1가지만 옳게 설명한 경우	50

답 ③

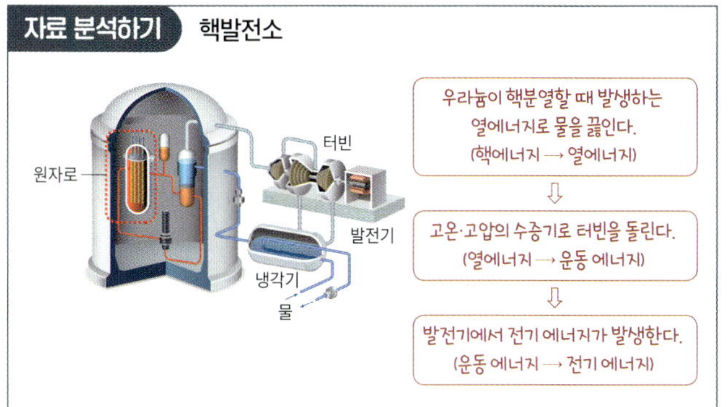

ㄷ. 터빈이 회전하면서 터빈에 연결된 자석이 회전하여 발전기에서 전자기 유도가 일어난다. 이 과정에서 터빈의 운동 에너지가 전기 에너지로 전환된다.

오답 피하기 ㄱ. 핵발전은 원자로에서 일어나는 핵분열 반응을 이용한다.

ㄴ. 핵발전소는 발전 과정에서 대량의 냉각수가 필요하므로 물을 얻기 쉬운 호수나 바다 주변에 건설한다. 또 사고가 나면 큰 피해가 발생하므로 지반이 안정한 곳을 선택해야 하고 인구 밀집 지역을 피해야 하는 등 입지 조건이 까다롭다.

497

답 ⑤

⑤ 우라늄의 핵에너지는 태양 에너지를 근원으로 하지 않는다.

오답 피하기 ① 중성자가 우라늄에 충돌하면 우라늄이 원자 번호가 작은 원자핵으로 분열하며 에너지를 방출한다. 이 과정에서 중성자가 방출되고, 주변의 다른 우라늄과 연쇄적으로 충돌한다.

② 핵발전은 우라늄의 핵분열 반응을 이용한다.

③ 핵분열 과정에서 질량 결손에 의해 에너지가 방출된다.

④ 핵발전에서는 핵분열 과정에서 방출되는 에너지로 물을 끓여 증기를 얻는다.

498

예시 답안 우라늄이 핵분열할 때 질량 결손이 일어나 에너지가 방출된다. 원자로에서는 우라늄의 핵에너지가 열에너지로 전환된다.

채점 기준	배점(%)
에너지 방출 원리와 에너지 전환을 모두 옳게 설명한 경우	100
에너지 방출 원리와 에너지 전환 중 1가지만 옳게 설명한 경우	50

499

답 ③

③ 화력 발전과 핵발전은 열에너지로 증기를 만들어 터빈을 돌린다. 터빈의 운동 에너지가 발전기에서 전기 에너지로 전환된다.

오답 피하기 ① 발전 과정에서 방사성 폐기물이 배출되는 것은 핵발전에만 해당한다.

② 핵발전의 핵분열 과정에서 질량 결손에 의해 에너지가 방출된다.

④ 화력 발전은 발전 과정에서 화석 연료를 연소하므로 이산화 탄소를 배출한다.

⑤ 화석 연료나 핵연료는 매장량이 제한되어 있어 고갈의 우려가 있다.

500

답 ③

③ 핵발전은 연소 과정이 없어 발전 과정에서 온실 기체를 거의 배출하지 않는다.

오답 피하기 ① 핵발전소는 건설 장소의 제약이 크다.

② 핵발전소는 건설 비용이 많이 들고 건설 시간이 길다.

④ 핵발전소에서 사고가 나면 방사능 유출 등으로 큰 피해가 발생할 수 있다.

⑤ 핵발전소는 가동과 중지에 걸리는 시간이 길어 갑작스러운 전력 변동에 대응하기 어렵다.

501

답 ②

ㄷ. ㉡은 발전기이다. 발전기에서는 운동 에너지가 전기 에너지로 전환된다.

오답 피하기 ㄱ. A는 화석 연료를 사용하는 발전 방식이므로 화력 발전이다.

ㄴ. ㉠은 원자로이다. 원자로에서는 핵에너지가 열에너지로 전환된다. 이 열에너지를 이용해 물을 끓일 때 발생하는 수증기로 터빈을 돌린다.

502

답 ③

ㄱ. 핵에너지를 안전하게 사용하고 관리하기 위해서는 많은 과학 기술이 필요하다.

ㄴ. 핵발전소를 가동할 때 많은 양의 냉각수가 방류되므로 수온 상승으로 인한 생태계 변화가 일어날 수 있다.

오답 피하기 ㄷ. 핵연료로 사용되는 우라늄 등은 매장량이 한정되어 있으며 지속가능한 에너지원이 아니다.

1등급 완성 문제

● 121 쪽 ~ 123 쪽

503 ④	**504** ①	**505** ④	**506** ②	**507** ⑤
508 ③	**509** ④	**510** ④	**511** 해설 참조	
512 해설 참조		**513** 해설 참조		
514 해설 참조		**515** 해설 참조		
516 해설 참조		**517** 해설 참조		

503

답 ④

ㄴ. (다)에서는 코일과 자석이 같은 속도로 운동하므로 상대적인 운동이 없다. 따라서 유도 전류가 흐르지 않는다.

ㄷ. (라)에서는 코일과 자석이 서로 반대 방향으로 운동하므로 상대적인 속력이 자석만 운동하는 (가)에서보다 크다. 따라서 전류의 세기는 (라)에서가 (가)에서보다 크다.

오답 피하기 ㄱ. (가)에서는 코일과 자석의 N극이 가까워지고 (나)에서는 멀어지므로 유도 전류의 방향은 반대이다.

ㄴ. 코일이 위로 움직일 때는 N극이 가까워지고, 아래로 움직일 때는 N극이 멀어지므로 전류의 방향은 서로 반대이다.

[오답 피하기] ㄱ. 코일의 감은 수가 클수록 유도 전류가 세고 전구가 밝다.

ㄷ. 코일을 아래로 움직이면 N극이 멀어지므로 위쪽이 S극이 되도록 유도 전류가 흐른다.

505

자료 분석하기 자석의 운동과 전자기 유도

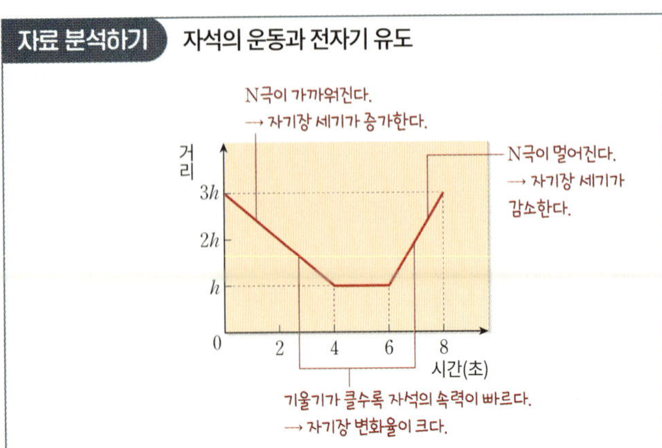

- 0~4초 동안은 자석과 코일 윗면 사이의 거리가 감소한다.
  → 자석의 N극이 접근한다. → 코일을 통과하는 아래 방향의 자기장 세기가 증가한다. → 코일에는 윗면이 N극이 되도록 유도 전류가 흐른다.
- 4~6초 동안은 자석과 코일 윗면 사이의 거리가 일정하다.
  → 코일을 통과하는 자기장 세기가 일정하다. → 코일에는 유도 전류가 흐르지 않는다.
- 6~8초 동안은 자석과 코일 윗면 사이의 거리가 증가한다.
  → 자석의 N극이 멀어진다. → 코일을 통과하는 아래 방향의 자기장 세기가 감소한다. → 코일에는 윗면이 S극이 되도록 유도 전류가 흐른다.
- 자석의 속력이 클수록 시간당 자기장 변화율이 크다.
  → 유도 전류의 세기가 세다.

ㄴ. 2초일 때는 코일을 통과하는 자기장이 증가하고 7초일 때는 감소하므로 유도 전류의 방향은 서로 반대이다.

ㄷ. 5초일 때는 자석과 코일 사이의 거리가 일정하므로 코일을 통과하는 자기장이 변하지 않는다. 따라서 5초일 때는 유도 전류가 흐르지 않는다.

[오답 피하기] ㄱ. 2초일 때와 7초일 때 자석과 코일 사이의 거리는 $2h$로 같지만 자석의 속력은 7초일 때가 2초일 때보다 크므로 코일을 통과하는 자기장의 변화율은 7초일 때가 2초일 때보다 크다. 따라서 유도 전류의 세기는 7초일 때가 2초일 때보다 크다.

506

ㄴ. 유도 전류의 세기가 t_1일 때가 t_2일 때보다 더 작으므로 단위 시간당 코일을 통과하는 자기장의 변화는 t_1일 때가 t_2일 때보다 더 작다.

[오답 피하기] ㄱ. 자석이 p에서 q로 운동하는 동안 유도 전류가 흐르므로 자석의 역학적 에너지가 전기 에너지로 전환된다. 따라서 p에서 q로 운동하는 동안 자석의 역학적 에너지는 감소한다.

ㄷ. t_1일 때는 자석의 한 극이 접근하고 t_2일 때는 자석의 다른 극이 멀어지므로 코일에 흐르는 유도 전류의 방향은 반대이다.

507

ㄴ. 자석이 더 빨리 회전하면 코일을 통과하는 자기장의 변화가 더 크다. 따라서 더 센 유도 전류가 흐른다.

ㄷ. 전류의 최댓값은 (나)보다 (라)에서 더 크므로 감은 수가 더 많아야 한다.

[오답 피하기] ㄱ. 자석이 회전하는 동안 코일을 통과하는 자기장의 방향과 세기가 변하므로 검류계에 흐르는 전류의 방향도 변한다.

508

핵발전소의 원자로에서 핵분열 반응이 일어나며 질량 결손에 의해 핵에너지가 열에너지로 전환되어 방출된다. 이 열에너지로 물을 끓여 고온·고압의 증기를 얻고, 이 증기가 터빈을 돌린다. 터빈에 연결된 발전기 자석이 회전하면 전자기 유도에 의해 운동 에너지가 전기 에너지로 전환된다.

509

ㄱ. 자석이 접근할 때 코일에는 자석의 자기장과 반대 방향의 자기장을 만들도록 유도 전류가 흐른다. 따라서 N극이 접근할 때와 S극이 접근할 때 유도 전류의 방향은 반대이다.

ㄷ. 자석을 빨리 회전시킬수록 유도 전류의 세기가 증가하여 전등이 더 밝아진다.

[오답 피하기] ㄴ. 자석이 회전하면 코일을 통과하는 자기장의 세기와 방향이 모두 변한다.

510

④ 화석 연료와 핵에너지 모두 매장된 에너지원이 한정되어 있어 고갈의 우려가 있다.

[오답 피하기] ①, ② 발전 과정에서 온실 기체를 거의 배출하지 않고, 연료의 반응 과정에서 질량 결손이 일어나는 것은 핵발전의 특징이다.

③ 화석 연료와 핵에너지는 재생 가능한 에너지원이 아니다.

⑤ 태양 에너지를 근원으로 하는 것은 화석 연료의 특징이다.

[511~512]

서술형 해결 전략

[STEP 1] 문제 포인트 파악
전자기 유도가 일어나는 원리를 이해하고 유도 전류의 방향을 파악할 수 있어야 한다.

[STEP 2] 관련 개념 모으기
❶ 자석의 P를 지날 때 전자기 유도는?
  → 코일의 왼쪽이 N극이 되도록 유도 전류가 흐른다.
  → 전류는 b → 저항 → a 방향으로 흐른다.
  → 자석은 왼쪽으로 힘(자기력)을 받는다.
❷ 자석의 Q를 지날 때 전자기 유도는?
  → 코일의 오른쪽이 N극이 되도록 유도 전류가 흐른다.
  → 전류는 a → 저항 → b 방향으로 흐른다.
  → 자석은 왼쪽으로 힘(자기력)을 받는다.

511

예시 답안 자석이 P를 통과할 때 코일의 왼쪽이 N극이 되도록 유도 전류가 흐르므로 저항에는 b → 저항 → a 방향으로 유도 전류가 흐른다.

채점 기준	배점(%)
저항에 흐르는 유도 전류의 방향을 옳게 설명한 경우	100
유도 전류의 방향은 옳게 썼으나 근거에 대한 설명이 부족한 경우	30

512

예시 답안 P와 Q에서 자석이 받는 자기력의 방향은 왼쪽으로 같다.

채점 기준	배점(%)
P, Q에서 받는 자기력의 방향을 찾고 옳게 비교한 경우	100
P, Q에서 받는 자기력의 방향이 같다고만 쓴 경우	30

[513~514]

STEP 1 문제 포인트 파악

전자기 유도에서 유도 전류에 의한 자기력의 영향을 이용하여 자석의 운동 변화를 파악할 수 있어야 한다.

STEP 2 자료 파악

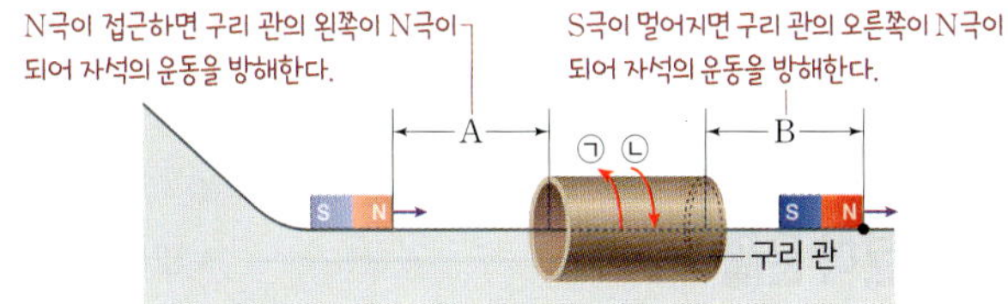

STEP 3 관련 개념 모으기

❶ A 구간을 지날 때 전자기 유도는?
→ 구리 관에는 왼쪽이 N극이 되도록 유도 전류가 ㉠ 방향으로 흐른다.
→ 자석은 왼쪽으로 자기력을 받아 속력이 감소한다.

❷ B 구간을 지날 때 전자기 유도는?
→ 구리 관에는 오른쪽이 N극이 되도록 유도 전류가 ㉡ 방향으로 흐른다.
→ 자석은 왼쪽으로 자기력을 받아 속력이 감소한다.

513

예시 답안 자석이 A에서 운동할 때 N극이 구리 관에 접근하므로 구리 관에는 왼쪽이 N극이 되도록 유도 전류가 ㉠ 방향으로 흐른다.

채점 기준	배점(%)
구리 관에 흐르는 유도 전류의 방향을 고르고, 그 까닭을 옳게 설명한 경우	100
유도 전류의 방향만 옳게 쓴 경우	30

514

예시 답안 자석이 운동하는 동안 운동 방향과 반대 방향으로 자기력을 받으므로 속력이 느려진다. 따라서 자석이 A를 통과하는 데 걸린 시간이 B를 통과하는 데 걸린 시간보다 짧다.

채점 기준	배점(%)
자석이 A, B를 통과하는 데 걸린 시간을 비교하여 옳게 설명한 경우	100
B를 통과하는 시간이 더 오래 걸린다고만 쓴 경우	50

[515~516]

STEP 1 문제 포인트 파악

핵발전소와 화력 발전소의 발전 과정을 이해하고 각 과정에서 일어나는 에너지 전환과 각 발전의 장단점을 설명할 수 있어야 한다.

STEP 2 관련 개념 모으기

❶ 핵발전과 화력 발전에서 일어나는 공통적인 과정은?
→ 물을 끓여 얻은 증기로 터빈을 돌리고, 발전기에서 전자기 유도가 일어나 전기 에너지를 생산한다.

❷ 핵발전과 화력 발전의 단점 중 공통점은?
→ 화석 연료와 핵연료 매장량이 한정되어 있어 자원 고갈 우려가 있다.
→ 지속가능한 에너지원이 아니다.

515

예시 답안 핵발전소와 화력 발전소는 모두 연료에서 얻은 열에너지를 발전기의 운동 에너지로 전환하고 발전기에서 전자기 유도에 의해 운동 에너지를 전기 에너지로 전환한다.

채점 기준	배점(%)
(가)와 (나)에서 에너지 전환의 공통점을 옳게 설명한 경우	100
발전기에서의 에너지 전환만 쓴 경우	50

516

예시 답안 연료 매장량이 한정적이어서 자원 고갈의 우려가 있다.

채점 기준	배점(%)
(가)와 (나)의 공통적인 단점을 옳게 설명한 경우	100
그 외의 경우	0

517

STEP 1 문제 포인트 파악

핵발전의 장단점을 파악하고, 다른 발전과 비교하여 설명할 수 있어야 한다.

STEP 2 관련 개념 모으기

❶ 핵발전의 장점은?
→ 적은 양의 핵연료로 대량의 전기 에너지를 공급할 수 있다.
→ 화력 발전에 비해 이산화 탄소 배출량이 적다.
→ 에너지 효율이 높다.

❷ 핵발전의 단점은?
→ 핵연료 매장량이 제한적이다. → 화력 발전과 공통점
→ 방사성 폐기물 처리에 어려움이 있다.
→ 사고 시 막대한 피해가 발생한다.
→ 냉각수 방류로 인한 수온 상승으로 생태계 교란을 일으킬 수 있다.

예시 답안 장점: 화력 발전에 비해 에너지 효율이 높아 적은 양의 핵연료로 대량의 전기 에너지를 얻을 수 있다. 발전 과정에서 온실 기체 배출량이 적다. 등
단점: 발전 과정에서 방사성 폐기물이 발생된다. 방사능 유출의 위험이 있다. 발전 과정에서 사용한 냉각수로 인해 해수 온도가 상승한다. 등

채점 기준	배점(%)
장점과 단점을 화력 발전과 비교하여 옳게 설명한 경우	100
장점, 단점 중 1가지만 화력 발전과 비교하여 옳게 설명한 경우	50

12 에너지 효율과 신재생 에너지

개념 확인 문제 ● 125쪽

518 운동 **519** 화학 **520** 전기 **521** × **522** ○
523 ○ **524** × **525** ㉠ 75, ㉡ 200, ㉢ 0.25
526 × **527** × **528** ○ **529** ○

518
답 운동

헤어드라이어의 전동기는 전기 에너지를 바람의 운동 에너지로 전환하고, 열선은 전기 에너지를 열에너지로 전환한다.

519
답 화학

자동차의 엔진은 화석 연료에 저장된 화학 에너지를 연소시켜 운동 에너지로 전환한다.

520
답 전기

전기난로는 전기 에너지를 열에너지로 전환하여 방 안의 온도를 높인다.

521
답 ×

에너지는 한 형태에서 다른 형태로 전환되지만 에너지의 총량은 보존된다.

522
답 ○

에너지 전환 과정에서 일부는 열에너지로 전환되어 주변으로 전달되므로 공급한 에너지를 모두 유용하게 사용할 수는 없다.

523
답 ○

에너지 효율은 공급한 에너지 중 유용하게 사용한 에너지의 비율이므로 에너지 효율이 높을수록 유용하게 사용하는 에너지 비율이 높다.

524
답 ×

에너지 전환 과정에서 열에너지 형태로 흩어지는 양이 있으므로 에너지 효율은 항상 100 %보다 작지만 에너지 총량은 보존된다.

525
답 ㉠ 75, ㉡ 200, ㉢ 0.25

㉠ A는 100 kJ을 흡수하여 25 kJ의 일을 하였으므로 방출한 열은 75 kJ이다.
㉡ B는 60 kJ의 일을 하고 140 kJ의 열을 방출하였으므로 흡수한 열은 200 kJ이다.
㉢ C는 160 kJ을 흡수하여 40 kJ의 일을 했으므로 열효율은 $\dfrac{40}{160}=0.25$이다.

526
답 ×

LED 전등은 전기 에너지의 대부분을 빛에너지로 전환하므로 에너지 효율은 LED 전등이 백열전구보다 좋다.

527
답 ×

단열을 통해 집 안과 밖의 열출입을 차단해야 효율적으로 냉방 또는 난방을 할 수 있다.

528
답 ○

재생 가능한 에너지를 사용하고 에너지 효율을 높이는 여러 가지 기술을 적용한 에너지 제로 주택을 건설하면 에너지를 효율적으로 사용하여 절약할 수 있다.

529
답 ○

소비자들이 에너지 소비 효율 등급이 높은 제품을 구매하여 사용하도록 유도하면 에너지 효율을 높일 수 있다.

기출 분석 문제 ● 126쪽 ~ 130쪽

530 ①	**531** ④	**532** ②	**533** ②	**534** ④
535 ④	**536** 해설 참조		**537** ③	**538** ②
539 해설 참조		**540** ①	**541** ①	**542** ①
543 ③	**544** 해설 참조		**545** ①	**546** ⑤
547 ②	**548** ③	**549** 해설 참조		**550** ②
551 ⑤	**552** ⑤			

530
답 ①

① 운동 에너지와 위치 에너지를 합쳐 역학적 에너지라고 한다. 날아가는 비행기는 운동 에너지를 가진다.
오답 피하기 ② 빛은 빛에너지를 가진다.
③ 사과에는 화학 에너지가 저장되어 있다.
④ 수력 발전은 높은 곳에 저장된 물의 위치 에너지를 이용해 터빈을 돌려 전기 에너지를 얻는다.
⑤ 핵분열 반응과 핵융합 반응은 모두 질량 결손에 의한 에너지를 방출한다.

531
답 ④

빛에너지를 전기 에너지로 전환하는 장치에는 태양 전지, 디지털 카메라 등이 있고, 전기 에너지를 빛에너지로 전환하는 장치에는 손전등, 형광등, LED 전등 등이 있다.

532

② 마이크는 진동판이 진동할 때 전자기 유도에 의해 전류가 흐른다. 따라서 마이크는 소리의 에너지를 전기 에너지로 전환한다.

오답 피하기 ① 선풍기는 전기 에너지를 바람의 운동 에너지로 전환한다.

③ 텔레비전은 전기 에너지를 빛에너지와 소리 에너지로 전환한다.

④ 전기 주전자는 전기 에너지를 열에너지로 전환한다.

⑤ 전기 자전거는 배터리에 충전된 화학 에너지를 전기 에너지로 바꾸어 전동기를 돌리고, 자전거의 운동 에너지로 전환한다.

533

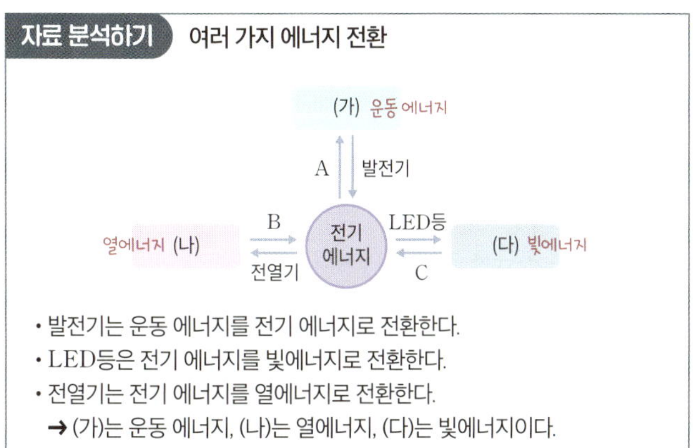

- 발전기는 운동 에너지를 전기 에너지로 전환한다.
- LED등은 전기 에너지를 빛에너지로 전환한다.
- 전열기는 전기 에너지를 열에너지로 전환한다.
  → (가)는 운동 에너지, (나)는 열에너지, (다)는 빛에너지이다.

② LED등은 전기 에너지를 빛에너지로 전환하므로 (다)는 빛에너지이다.

오답 피하기 ① 발전기는 운동 에너지를 전기 에너지로 전환하므로 (가)는 운동 에너지이다.

③ A는 전기 에너지를 운동 에너지로 전환하는 장치이다. 전자기 유도는 발전기에서 운동 에너지를 전기 에너지로 전환하는 원리이다.

④ B는 열에너지를 전기 에너지로 전환하는 장치이다. 광합성은 빛에너지를 화학 에너지로 전환하는 현상이다.

⑤ C는 빛에너지를 전기 에너지로 전환하는 장치이므로 태양 전지가 적절하다.

534

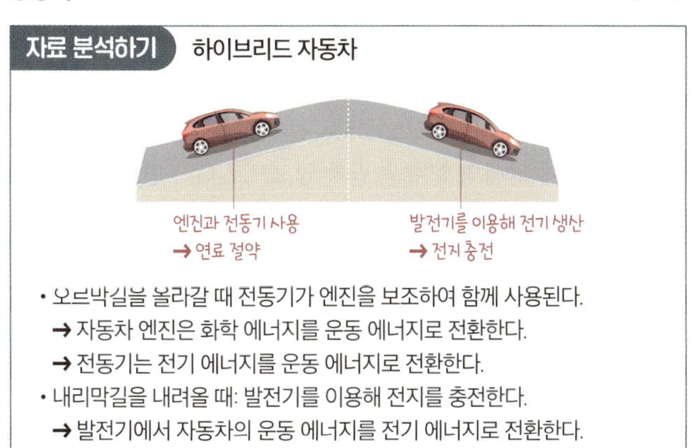

- 오르막길을 올라갈 때 전동기가 엔진을 보조하여 함께 사용된다.
  → 자동차 엔진은 화학 에너지를 운동 에너지로 전환한다.
  → 전동기는 전기 에너지를 운동 에너지로 전환한다.
- 내리막길을 내려올 때: 발전기를 이용해 전지를 충전한다.
  → 발전기에서 자동차의 운동 에너지를 전기 에너지로 전환한다.
  → 전지를 충전할 때 전기 에너지를 화학 에너지로 전환한다.

ㄱ. 자동차 엔진은 화석 연료에 저장된 화학 에너지를 이용한다.

ㄷ. 전지를 충전할 때는 발전기에서 생산된 전기 에너지가 화학 에너지로 전환되어 전지에 저장된다.

오답 피하기 ㄴ. 전동기는 전류의 자기 작용을 이용해 전기 에너지를 역학적 에너지로 전환하는 장치이다.

535

중력 전등에서는 높이 올라갔던 주머니가 내려오면서 주머니의 위치 에너지(역학적 에너지)가 발전기에서 전기 에너지로 전환되고, LED등에서 빛에너지로 전환되어 방출된다.

536

예시 답안 ㉠에 해당하는 사례에는 광합성이 있다. 연료 전지는 화학 에너지를 전기 에너지로 전환하고 전등은 전기 에너지를 빛에너지로 전환하므로 (나)는 화학 에너지, (다)는 빛에너지이다. 따라서 ㉠은 빛에너지를 화학 에너지로 전환하는 경우이다.

채점 기준	배점(%)
㉠에 해당하는 사례를 제시하고, 까닭을 옳게 설명한 경우	100
㉠에 해당하는 사례만 제시한 경우	40

537

③ 에너지를 사용할 때 공급한 에너지의 일부는 항상 열에너지의 형태로 온도가 낮은 주변으로 흩어진다.

오답 피하기 ① 에너지를 사용할 때 에너지 총량은 보존된다.

② 사용 과정에서 사용 목적과는 다르게 손실되는 에너지가 발생하므로 공급한 에너지를 모두 유용하게 사용할 수는 없다.

④ 에너지 효율은 유용하게 사용한 에너지를 공급한 에너지로 나누어 구한다.

⑤ 유용하게 사용한 에너지가 같을 때 공급한 에너지가 작을수록 에너지 효율이 높다.

538

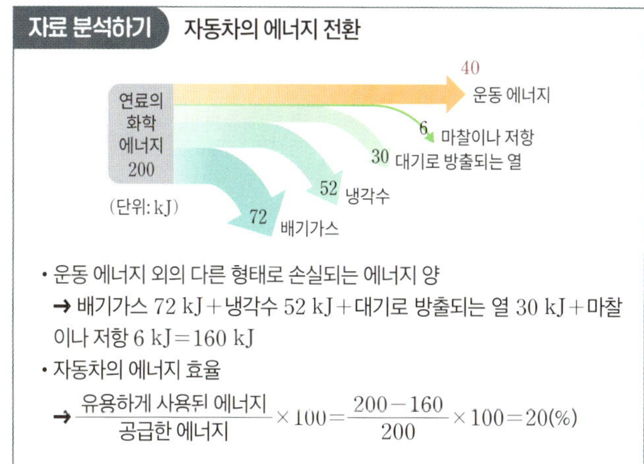

- 운동 에너지 외의 다른 형태로 손실되는 에너지 양
  → 배기가스 72 kJ+냉각수 52 kJ+대기로 방출되는 열 30 kJ+마찰이나 저항 6 kJ=160 kJ
- 자동차의 에너지 효율
  → $\dfrac{\text{유용하게 사용된 에너지}}{\text{공급한 에너지}} \times 100 = \dfrac{200-160}{200} \times 100 = 20(\%)$

운동 에너지 외의 다른 형태로 손실되는 에너지가 160 kJ이고 공급한 에너지가 200 kJ이므로 운동 에너지로 사용된 에너지는 40 kJ이다. 따라서 에너지 효율은 $\dfrac{40}{200} \times 100 = 20(\%)$이다.

539

예시 답안 A, B의 엔진의 에너지 효율은 각각 18 %, 20 %이다. 에너지 효율이 B가 A보다 더 높으므로 같은 거리를 이동할 때 필요한 에너지는 A가 B보다 많다.

채점 기준	배점(%)
A, B의 에너지 효율을 구하여 소모하는 에너지를 옳게 비교한 경우	100
A, B의 에너지 효율을 구하지 않고 소모하는 에너지만 옳게 비교한 경우	50
A, B의 에너지 효율만 옳게 구한 경우	30

540 필수 유형 답 ①

ㄱ. 마찰열 45 %, 공기 저항 등 기타 10 %, 기계 부품의 열 20 %이므로 손실된 에너지는 모두 75 %이다. 따라서 운동 에너지로 전환된 비율은 25 %이다.

오답 피하기 ㄴ. 자동차에 공급된 연료(100 %) 중 운동 에너지로 사용된 에너지의 비율이 25 %이므로 자동차의 에너지 효율은 25 %이다.

ㄷ. 에너지 사용 과정에서 주변으로 흩어진 열에너지는 다시 회수하여 사용하기 어렵다.

541 답 ①

ㄱ. 열기관은 고온부에서 열을 흡수하여 일을 하고 나머지를 저온부로 방출하므로 $T_1 > T_2$이다.

오답 피하기 ㄴ. 열기관이 한 일은 흡수한 열과 방출한 열의 차이므로 $Q_1 - Q_2$이다.

ㄷ. 열효율은 공급한 열에너지에 비해 한 일의 양이다. 따라서 열효율 $e = \dfrac{W}{Q_1} = \dfrac{Q_1 - Q_2}{Q_1} = 1 - \dfrac{Q_2}{Q_1}$이다.

542 답 ①

열효율 $e = \dfrac{Q_1 - Q_2}{Q_1} = 1 - \dfrac{Q_2}{Q_1}$에서 $0.4 = 1 - \dfrac{12}{Q}$이므로 $Q = 20$ kJ이다. 또 $W = Q_1 - Q_2$에서 $W = 8$ kJ이다.

543 답 ③

자료 분석하기 열기관의 열효율

고열원
300 J
열기관
90 J
210 J
저열원

- 열기관은 고열원에서 300 J의 열을 흡수하여 저열원으로 210 J의 열을 방출한다.
  - → 열기관이 한 일은 300 − 210 = 90(J)이다.
- 열기관의 열효율은 $\dfrac{90}{300} = 0.3$이다.
  - → 150 J의 일을 하려면 500 J의 열을 공급해야 한다.

ㄱ. 열기관이 고열원에서 300 J의 열을 받아 저열원으로 210 J의 열을 방출하므로 한 일은 90 J이다.

ㄴ. 열효율은 열기관이 흡수한 열에 비해 열기관이 한 일의 비이므로 $\dfrac{90}{300} = 0.3$이다.

오답 피하기 ㄷ. $0.3 = \dfrac{150}{Q}$에서 $Q = 500$ J이다. 따라서 열기관이 방출하는 열은 $500 - 150 = 350$ J이다.

544

예시 답안 A의 열효율이 0.2이므로 $0.2 = \dfrac{6}{2Q + 6}$에서 $Q = 12$ kJ이다. B는 12 kJ의 열을 흡수하여 3 kJ의 일을 하므로 열효율은 0.25이다.

채점 기준	배점(%)
B의 열효율을 풀이 과정과 함께 구한 경우	100
B의 열효율만 쓴 경우	30

545 답 ①

A: LED등은 공급한 전기 에너지의 대부분을 빛에너지로 전환하므로 에너지 효율이 형광등보다 높다.

오답 피하기 B: 에너지 소비 효율 등급 제도에서는 1등급 제품이 5등급 제품보다 에너지 효율이 좋다.

C: 난방할 때는 단열재와 이중창을 이용해 열이 잘 빠져나가지 않도록 해야 한다.

546 답 ⑤

⑤ 에너지 제로 하우스에서는 신재생 에너지를 이용하여 생활에 꼭 필요한 만큼의 에너지를 얻어 효율적으로 사용한다.

오답 피하기 ①, ② 에너지 제로 하우스는 태양열이나 지열을 난방에 활용하고, 태양광 발전이나 풍력 발전으로 전력을 얻는다.

③ 에너지 제로 하우스는 화석 연료를 사용하지 않고, 신재생 에너지를 이용하여 생활에 필요한 에너지를 얻는다.

④ 이중창과 고성능 단열재를 이용해 열손실을 최소화한다.

547 답 ②

ㄴ. A와 B는 전자기 유도 현상을 이용하므로 발전기가 필요하다.

오답 피하기 ㄱ. 화력 발전은 신재생 에너지를 이용한 발전 방식이 아니다.

ㄷ. C는 신재생 에너지를 이용한 발전 방식 중 전자기 유도를 이용하지 않는 발전 방식이므로 태양 전지 또는 연료 전지이다. 그런데 발전량이 날씨의 영향을 받지 않으므로 C는 연료 전지이다. 연료 전지에서는 발전 과정에서 따뜻한 물이 배출된다.

548 답 ③

ㄱ. (가)는 파도의 에너지를 이용하는 파력 발전소, (나)는 조수 간만의 차를 이용하는 조력 발전소의 구조이다.

ㄷ. 파력 발전과 조력 발전은 모두 발전기에서 전자기 유도를 이용해 발전한다.

 ㄴ. 조력 발전소는 밀물과 썰물의 정도에 따라 전력 생산량이 변한다.

549

 A는 태양의 빛에너지를 전기 에너지로 전환하고, B는 물의 운동 에너지를 전기 에너지로 전환한다.

채점 기준	배점(%)
A, B의 에너지 전환 과정을 모두 옳게 설명한 경우	100
A, B의 에너지 전환 과정 중 1가지만 옳게 설명한 경우	50

550

답 ②

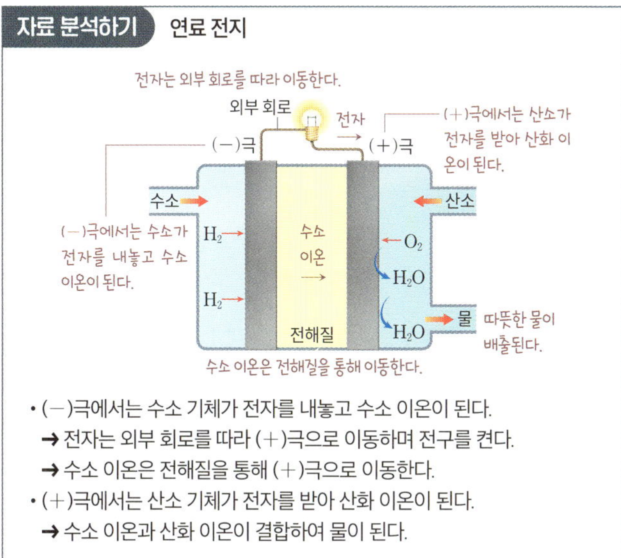

• (−)극에서는 수소 기체가 전자를 내놓고 수소 이온이 된다.
 ➡ 전자는 외부 회로를 따라 (+)극으로 이동하며 전구를 켠다.
 ➡ 수소 이온은 전해질을 통해 (+)극으로 이동한다.
• (+)극에서는 산소 기체가 전자를 받아 산화 이온이 된다.
 ➡ 수소 이온과 산화 이온이 결합하여 물이 된다.

ㄴ. (+)극에서는 산소가 전자를 받아 산화 이온이 된다.
 ㄱ. 수소 이온은 전해질을 통해 (+)극으로 이동하고, 전자는 외부 회로를 따라 이동한다.
ㄷ. 연료 전지는 발전 과정에서 따뜻한 물만 방출하므로 온실 기체를 배출하지 않는다.

551

답 ⑤

ㄴ, ㄹ. 풍력과 태양광은 태양 에너지를 근원으로 하며 재생 가능한 에너지원이다.
ㄷ. 바람이나 태양의 일조량에 따라 발전량이 변한다.
 ㄱ. 풍력 발전은 바람의 역학적 에너지를 전기 에너지로 전환하지만 태양 전지는 빛에너지를 직접 전기 에너지로 전환한다.

552

답 ⑤

ㄱ. A는 태양광 발전, B는 풍력 발전이다. 태양광 발전과 풍력 발전은 재생 가능한 에너지인 바람과 태양의 빛에너지를 이용한다.
ㄴ. C는 핵발전이다. 핵발전에서는 핵에너지에서 열에너지를 얻어 물을 끓이고, 이 에너지는 증기의 운동 에너지로 전환되었다가 발전기에서 전기 에너지로 전환된다.
ㄷ. 우리나라는 발전량 대부분을 화력 발전과 핵발전으로 얻는다.

● 131쪽 ~ 133쪽

553 ①	**554** ⑤	**555** ②	**556** ③	**557** ④
558 ⑤	**559** ①	**560** ④	**561** 해설 참조	
562 해설 참조		**563** 해설 참조		
564 해설 참조		**565** 해설 참조		

553

답 ①

ㄱ. 전동기는 전기 에너지를 운동 에너지로 전환하는 장치이다.
 ㄴ. 텔레비전에 공급된 에너지 중 일부는 열에너지로 전환되어 주위로 흩어진다.
ㄷ. 가정에서 사용하는 전기 기구들의 에너지 효율이 100 %가 될 수 없으므로 유용하게 사용하는 에너지의 총량은 공급된 에너지보다 작다.

554

답 ⑤

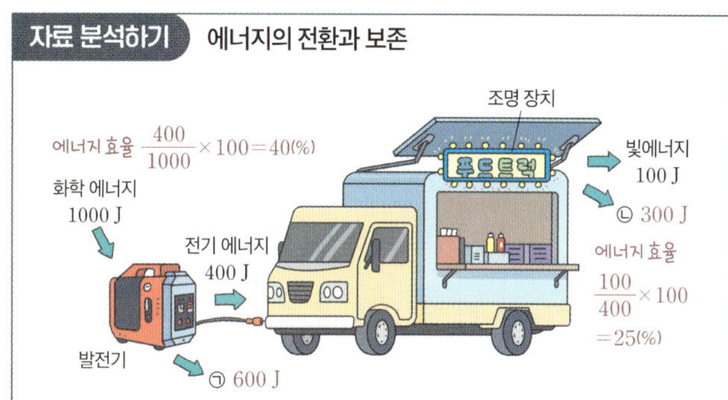

• 발전기는 1000 J의 화학 에너지를 흡수하여 400 J의 전기 에너지를 생산한다. ➡ 에너지 효율은 40 %이다.
• 조명 장치는 400 J의 전기 에너지를 받아 100 J의 빛에너지를 방출한다.
 ➡ 에너지 효율은 25 %이다.
• 전체 에너지는 보존되므로 ⓐ은 600 J이고 ⓒ은 300 J이다.

ㄱ. 발전기와 조명 장치의 에너지 효율은 각각 40 %, 25 %이므로 발전기가 조명 장치보다 에너지 효율이 높다.
ㄴ. ⓐ은 600 J이고 ⓒ은 300 J이므로 ⓐ : ⓒ=2 : 1이다.
ㄷ. 발전기에서 화학 에너지를 전기 에너지로 전환할 때 공급한 에너지의 일부는 열에너지로 전환되어 주위로 흩어진다.

555

답 ②

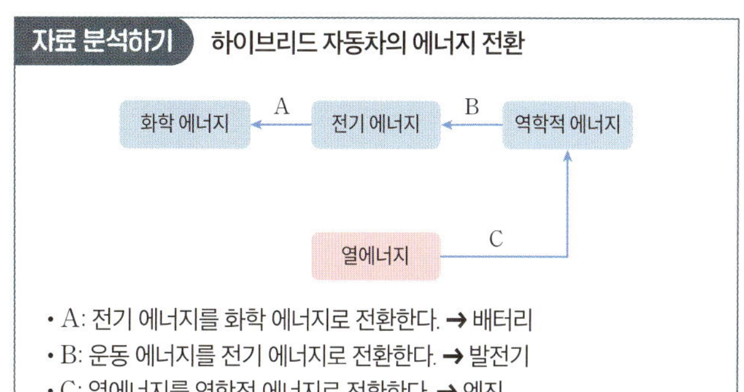

• A: 전기 에너지를 화학 에너지로 전환한다. ➡ 배터리
• B: 운동 에너지를 전기 에너지로 전환한다. ➡ 발전기
• C: 열에너지를 역학적 에너지로 전환한다. ➡ 엔진

ㄴ. B는 역학적 에너지를 전기 에너지로 전환하므로 발전기이다. 풍력 발전기는 발전기를 이용해 전기 에너지를 생산한다.

오답 피하기 ㄱ. A는 전기 에너지를 화학 에너지로 전환하므로 배터리이다.

ㄷ. C는 엔진이다. 엔진의 에너지 효율이 100 %가 될 수 없으므로 C에서 전환된 역학적 에너지는 공급된 열에너지보다 작다.

556 답 ③

ㄱ. A는 석유의 에너지 E를 받아 운동 에너지 $0.2E$를 얻으므로 에너지 효율이 20 %이다.

ㄴ. 화력 발전소의 에너지 효율이 100 %보다 낮으므로 화력 발전소에서 B에 공급하는 전기 에너지는 E보다 작다. B는 A보다 작은 에너지를 공급받아 A보다 많은 운동 에너지를 얻으므로 에너지 효율은 B가 A보다 높다.

오답 피하기 ㄷ. 화력 발전소에서는 B에 전기 에너지를 공급하고, B는 전기 에너지를 화학 에너지로 전환하여 배터리에 저장한다.

557 답 ④

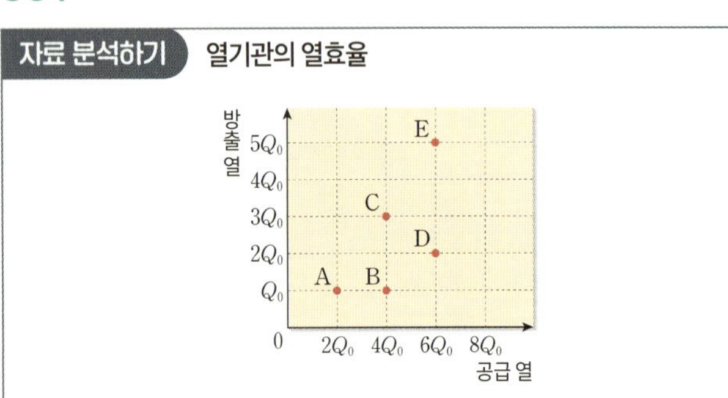

열기관	A	B	C	D	E
공급	$2Q_0$	$4Q_0$	$4Q_0$	$6Q_0$	$6Q_0$
방출	Q_0	Q_0	$3Q_0$	$2Q_0$	$5Q_0$
한 일	Q_0	$3Q_0$	Q_0	$4Q_0$	Q_0
열효율	$\dfrac{1}{2}$	$\dfrac{3}{4}$	$\dfrac{1}{4}$	$\dfrac{2}{3}$	$\dfrac{1}{6}$

- 각 열기관이 공급받은 열에서 방출한 열을 빼 열기관이 한 일을 구한다.
- 공급받은 열과 한 일을 이용해 열효율을 구한다.
- → 열효율은 B가 가장 높고 E가 가장 낮다.

ㄴ. B의 열효율이 D보다 높으므로 같은 열을 공급하면 B가 D보다 더 많은 일을 한다.

ㄷ. C가 E보다 열효율이 높으므로 같은 일을 하려면 E에 더 많은 열을 공급해야 한다.

오답 피하기 ㄱ. A는 열효율이 0.5이고 C는 0.25이다.

558 답 ⑤

ㄴ. A는 태양광 발전, B는 파력 발전, C는 풍력 발전으로 모두 재생 에너지를 사용하는 지속가능한 발전 방식이다.

ㄷ. 파력 발전과 풍력 발전은 발전기에서 전자기 유도를 이용해 전기 에너지를 생산한다.

오답 피하기 ㄱ. ㉠은 화석 연료이다. 핵발전은 핵연료에 저장된 핵에너지를 에너지원으로 한다.

559 답 ①

ㄱ. 태양 전지는 p형 반도체와 n형 반도체를 접합하여 빛에너지를 전기 에너지로 전환한다.

오답 피하기 ㄴ. 태양 전지의 에너지 효율은 핵발전보다 낮아 대량의 전기 에너지를 얻을 때는 태양 전지보다 핵발전이 유리하다.

ㄷ. 일사량이 클수록 태양 전지로 더 많은 전기 에너지를 얻을 수 있으므로 A보다 B가 더 적절하다.

560 답 ④

ㄱ. 에너지 제로 하우스는 지열 에너지를 활용하여 난방을 하고 온수를 얻는다.

ㄴ. 태양 전지는 태양의 빛에너지를 직접 전기 에너지로 전환한다.

오답 피하기 ㄴ. 단열파 이중창, 차양 시스템 등은 집 안과 밖의 열 출입을 막아 집안 온도를 일정하게 유지하는 방법이다.

561

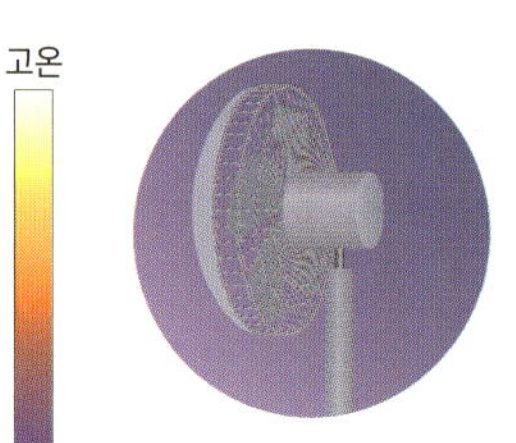
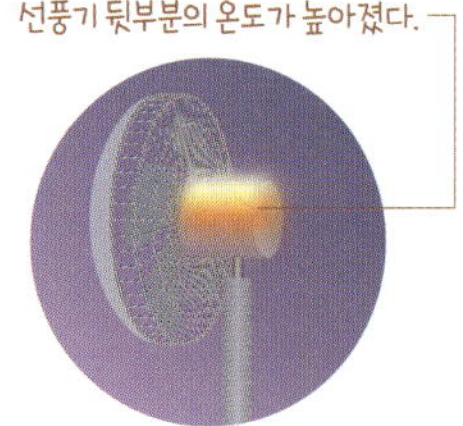

예시 답안 선풍기를 1시간 동안 사용한 후 선풍기 뒷부분의 온도가 높아졌으므로 선풍기에 공급된 전기 에너지 중 일부는 열에너지로 전환되었음을 알 수 있다. 따라서 선풍기의 에너지 효율은 100 %가 될 수 없다.

채점 기준	배점(%)
열화상 사진을 근거로 에너지 효율이 100 %가 될 수 없는 까닭을 설명한 경우	100
열화상 사진을 근거로 하지 않고 에너지 효율이 100 %가 될 수 없는 까닭을 설명한 경우	50

서술형 해결 전략

STEP 1 문제 포인트 파악

열기관의 열효율을 구하고, 이를 이용하여 두 열기관이 한 일의 총량을 파악할 수 있어야 한다.

STEP 2 자료 파악

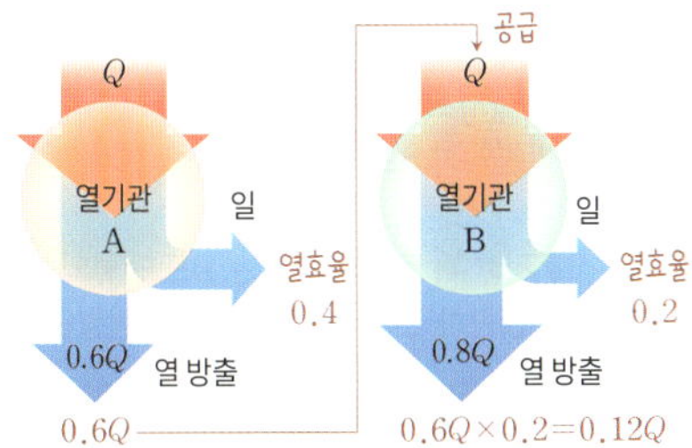

STEP 3 관련 개념 모으기

❶ A, B의 열효율은?
→ A는 Q를 흡수하여 $0.4Q$의 일을 하므로 A의 열효율은 0.4이다.
→ B는 Q를 흡수하여 $0.2Q$의 일을 하므로 B의 열효율은 0.2이다.
❷ A+B의 열효율은?
→ A가 방출한 열 $0.6Q$를 B가 받으므로 B가 한 일은 $0.2 = \dfrac{W}{0.6Q}$에서 $0.12Q$이다.
→ A가 한 일이 $0.4Q$이므로 A, B가 한 일의 총량은 $0.52Q$이다.
→ A+B는 Q를 흡수하여 $0.52Q$의 일을 하므로 열효율은 0.52이다.

예시 답안 A에 열 Q를 공급하면 A는 $0.4Q$의 일을 하고 B로 $0.6Q$를 전달한다. B는 열효율이 0.2이므로 $0.6Q$의 열을 받아 $0.12Q$의 일을 한다. A, B가 한 일의 총량이 $0.52Q$이므로 A+B의 열효율은 0.52이다.

채점 기준	배점(%)
열효율을 풀이 과정과 함께 옳게 구한 경우	100
열효율만 옳게 쓴 경우	30

[563~564]

서술형 해결 전략

STEP 1 문제 포인트 파악

에너지 효율을 이용하여 같은 양의 에너지를 얻기 위해 필요한 에너지를 파악할 수 있어야 한다.

STEP 2 자료 파악

전구	에너지 효율 (%)	같은 에너지를 공급할 때			유용하게 사용하는 에너지가 같을 때		
		공급	사용	방출	공급	사용	방출
A	12	100	12	88	300	36	264
B	36	100	36	64	100	36	64

STEP 3 관련 개념 모으기

❶ 유용하게 사용하는 에너지가 같을 때 공급하는 에너지 양은?
→ 에너지 효율이 낮으면 더 많은 에너지를 공급해야 한다.
❷ A와 B에서 열에너지로 방출하는 양은?
→ A에 더 많은 에너지를 공급하므로 열에너지로 방출되는 양은 A가 B보다 많다.

예시 답안 에너지 효율이 B가 A보다 3배 높으므로 같은 밝기를 얻으려면 A를 사용할 때가 B를 사용할 때보다 더 많은 전기 에너지를 공급해야 한다.

채점 기준	배점(%)
A와 B에 공급하는 전기 에너지의 양을 비교하고, 근거를 옳게 설명한 경우	100
A와 B에 공급하는 전기 에너지의 양만 옳게 비교한 경우	50

예시 답안 A를 사용할 때가 B를 사용할 때보다 실내 온도 변화가 더 크다. 왜냐하면 방출하는 빛에너지의 양이 같을 때 에너지 효율이 낮은 A에 더 많은 전기 에너지를 공급해야 하므로 A에서 방출하는 열에너지가 더 많기 때문이다.

채점 기준	배점(%)
A와 B를 사용할 때 실내 온도 변화를 비교하고, 근거를 옳게 설명한 경우	100
실내 온도 변화만 옳게 비교한 경우	50

서술형 해결 전략

STEP 1 문제 포인트 파악

핵발전, 풍력 발전 과정을 이해하고, 공통점을 파악할 수 있어야 한다.

STEP 2 자료 파악

(가) (나)

구분	(가) 핵발전	(나) 풍력 발전
에너지원	핵연료	바람
태양 에너지 이용	×	○
전자기 유도 이용	○	○

STEP 3 관련 개념 모으기

❶ (가)의 발전 방식은?
→ 핵발전: 핵에너지를 이용해 고온·고압의 증기를 얻어 터빈을 돌리고, 발전기에서 운동 에너지를 전기 에너지로 전환한다.
❷ (나)의 발전 방식은?
→ 풍력 발전: 발전기에서 전자기 유도를 이용해 바람의 운동 에너지를 전기 에너지로 전환한다.
❸ (가)와 (나)의 공통점은?
→ 발전기로 전기 에너지를 생산한다.

예시 답안 발전기에서 전자기 유도를 이용하여 발전한다. 발전 과정에서 운동 에너지가 전기 에너지로 전환된다. 등

채점 기준	배점(%)
(가)와 (나)의 공통점을 옳게 쓴 경우	100
그 외의 경우	0

566 ④	**567** ①	**568** ③	**569** ④	**570** ③
571 ③	**572** ②	**573** ②	**574** ①	**575** ①
576 ③	**577** ②	**578** ③	**579** ④	**580** ②
581 ③	**582** ①	**583** ④	**584** ③	**585** ④
586 ③	**587** ③	**588** ②	**589** ⑤	**590** ⑤

591 ㉠ 핵융합, ㉡ 질량 **592** ㉠ 우라늄, ㉡ 핵분열, ㉢ 질량

593 ㉠ 70, ㉡ 200, ㉢ 0.3 **594** 해설 참조

595 해설 참조 **596** 해설 참조

597 해설 참조 **598** ② **599** ⑤ **600** ④

601 ③

566 답 ④

ㄱ. 원자 번호 1인 수소 원자핵이 원자 번호 2인 헬륨 원자핵으로 바뀌는 핵융합 반응이다.

ㄷ. 핵융합 반응에서 질량 결손이 일어나고, 질량 결손에 해당하는 에너지가 방출된다.

오답 피하기 ㄴ. 수소 원자핵 1개의 질량을 m_0이라고 하면 $4m_0 > m$, $m_0 > \dfrac{m}{4}$이다.

567 답 ①

ㄱ. A는 태양의 중심부(핵)로, 수소 핵융합 반응이 일어난다.

오답 피하기 ㄴ. A는 온도가 약 1500만 K으로, 원자핵과 전자가 분리되어 플라스마 상태로 존재한다.

ㄷ. 수소 핵융합 반응에서 질량 결손이 일어나므로 태양의 전체 질량은 감소한다.

568 답 ③

ㄱ. (가)는 수소 원자핵 4개가 헬륨 원자핵 1개로 바뀌는 핵융합 반응이다.

ㄴ. (나)는 핵분열 반응으로, 반응 과정에서 질량 결손이 일어나 물질의 총질량이 감소한다.

오답 피하기 ㄷ. 핵융합 반응과 핵분열 반응에서 모두 질량 결손에 의한 에너지가 방출된다.

569 답 ④

④ 수소 핵융합 반응에서 질량 결손이 일어나고, 줄어든 질량에 해당하는 에너지가 방출된다.

오답 피하기 ①, ② 수소 핵융합 반응에서 질량 결손이 일어나므로 핵반응 전의 수소 원자핵 4개의 질량 합이 핵반응 후 헬륨 원자핵 1개의 질량보다 크다. 따라서 A가 B보다 크다.

③ 수소 핵융합 반응은 태양 중심부에서 일어난다.

⑤ 태양에서 방출된 에너지는 우주 전체로 퍼지고, 그 중 매우 적은 양이 지구에 도달한다.

570 답 ③

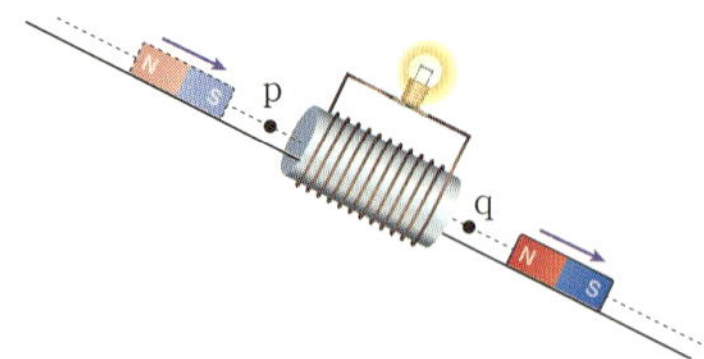

자료 분석하기 전자기 유도

- p에서는 S극이 가까워지고, q에서는 N극이 멀어진다.
  → p에서는 코일의 왼쪽이 S극이 되도록, q에서는 코일의 오른쪽이 S극이 되도록 유도 전류가 흐른다.
  → 자석이 p와 q를 지날 때 코일에 흐르는 유도 전류의 방향은 반대이다.
- p를 지날 때 S극이 접근하므로 S극을 밀어내는 방향인 왼쪽 방향으로 자기력이 작용한다.
- q를 지날 때 N극이 멀어지므로 N극을 끌어당기는 방향인 왼쪽 방향으로 자기력이 작용한다.
  → p와 q에서 자석이 받는 자기력의 방향은 같다.
- 자석이 코일을 통과하면서 자석의 역학적 에너지 일부가 전기 에너지로 전환된다.
  → 역학적 에너지는 p에서가 q에서보다 크다.

③ 자석이 p를 지날 때는 코일의 왼쪽이 S극이 되도록 유도 전류가 흐르고, q를 지날 때는 코일의 오른쪽이 S극이 되도록 유도 전류가 흐른다. 따라서 자석이 p, q를 지날 때 유도 전류의 방향은 서로 반대이다.

오답 피하기 ① p에서는 코일이 자석을 밀어내고, q에서는 자석을 당기므로 p와 q에서 자석이 받는 자기력의 방향은 같다.

② 자석이 운동하는 동안 자석의 역학적 에너지 중 일부가 전기 에너지로 전환되므로 자석의 역학적 에너지는 p에서가 q에서보다 크다.

④, ⑤ 자석이 p를 지날 때가 q를 지날 때보다 전구가 더 밝게 빛났으므로 유도 전류의 세기는 자석이 p를 지날 때가 q를 지날 때보다 크다. 따라서 단위 시간당 코일을 통과하는 자기장의 변화는 자석이 p를 지날 때가 q를 지날 때보다 크다.

571 답 ③

㉠ 전류의 최댓값이 (라)에서가 (나)에서보다 크므로 코일의 감은 수는 (라)에서가 더 많아야 한다.

㉡ 자석이 회전하면 코일을 통과하는 자기장의 세기와 방향이 변하므로 유도 전류의 세기와 방향도 변한다.

㉢ (나)보다 (다)에서 자석의 회전 속력이 빠르므로 유도 전류의 최댓값은 (나)보다 (다)에서 크다.

572 답 ②

ㄷ. 자석이 a를 지날 때는 P에 흐르는 전류에 의한 자기장이 자석의 자기장과 반대 방향이고, b를 지날 때는 P에 흐르는 전류에 의한 자기장이 자석의 자기장과 같은 방향이다. 따라서 자석이 a와 b를 지날 때 P에 흐르는 전류의 방향은 반대이다.

오답 피하기 ㄱ. 자석이 낙하할 때 자석의 역학적 에너지 중 일부가 전기 에너지로 전환되므로 자석의 역학적 에너지는 a에서가 c에서보다 크다.

ㄴ. 자석이 b를 지날 때 코일에 흐르는 유도 전류가 만드는 자기장
은 코일을 통과하는 자석의 자기장 변화를 방해한다. 따라서 P에
흐르는 전류에 의한 자기장은 자석의 자기장과 같은 방향이고, Q
에 흐르는 전류에 의한 자기장은 자석의 자기장과 반대 방향이다.

573　　답 ②

ㄷ. 1초일 때와 5초일 때 A의 속력은 같지만 1초일 때는 B가 정
지해 있고, 5초일 때는 B가 A와 반대 방향으로 멀어지므로 코일
과 자석의 상대적인 운동은 5초일 때가 1초일 때보다 빠르다. 따
라서 유도 전류의 세기는 5초일 때가 1초일 때보다 세다.

오답 피하기 ㄱ. 1초일 때는 A와 B가 가까워지고 5초일 때는 멀어
지므로 유도 전류의 방향은 반대이다.

ㄴ. 3초일 때 자석이 멀어지므로 코일에는 유도 전류가 흐른다.

574　　답 ①

ㄱ. 자석이 a 방향으로 운동할 때 N극이 코일에 가까워지므로 코
일에는 오른쪽이 N극이 되도록 유도 전류가 p → 검류계 → q 방
향으로 흐른다.

오답 피하기 ㄴ. 코일이 자석에 작용하는 자기력은 항상 자석의 운
동을 방해한다. 따라서 자석이 a, b 방향으로 운동할 때 받는 자
기력의 방향은 서로 반대이다.

ㄷ. 자석이 운동하면서 역학적 에너지의 일부가 전기 에너지로 전
환되므로 자석의 역학적 에너지는 감소한다.

575　　답 ①

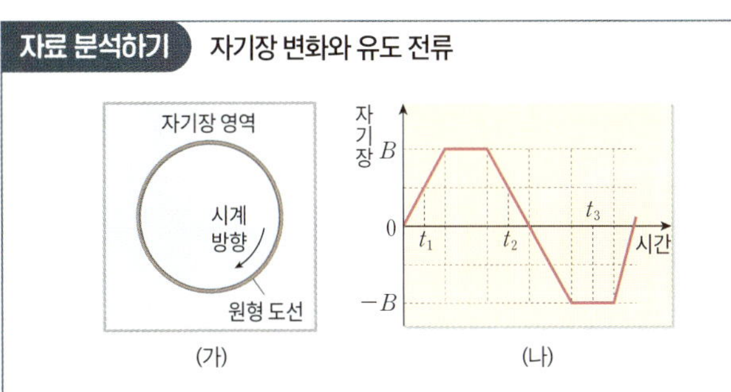

- t_1일 때 유도 전류가 시계 방향으로 흐른다.
  ➡ 유도 전류에 의한 자기장은 종이면에 들어가는 방향이다.
- t_1일 때 외부 자기장의 세기가 증가한다.
  ➡ 유도 전류에 의한 자기장은 외부 자기장과 반대 방향이다.
  ➡ 외부 자기장은 종이면에 수직으로 나오는 방향이다.

ㄱ. t_1일 때와 t_2일 때 그래프 기울기 크기가 같으므로 시간당 자기
장의 변화가 같다. 따라서 유도 전류의 세기도 같다.

오답 피하기 ㄴ. t_1일 때 유도 전류가 시계 방향으로 흐르므로 유도
전류에 의한 자기장은 종이면에 수직으로 들어가는 방향이다. t_1
일 때 외부 자기장의 세기가 증가하므로 유도 전류는 외부 자기장
의 변화를 방해한다. 따라서 t_1일 때 자기장의 방향이 종이면에 수
직으로 나오는 방향이다. 즉, 외부 자기장이 (+)일 때가 종이면에
수직으로 나오는 방향이다.

ㄷ. t_3일 때 자기장 세기가 일정하므로 유도 전류가 흐르지 않는다.

576　　답 ③

③ 코일의 회전 방향이 반대로 바뀌어도 유도 전류가 흐른다.

오답 피하기 ① 코일이 회전함에 따라 자기장에 수직인 코일의 단
면적이 증가와 감소를 반복하므로 코일에 흐르는 유도 전류의 방
향이 주기적으로 변한다.

②, ④ 발전기는 전자기 유도를 이용해 운동 에너지를 전기 에너
지로 전환하는 장치이다.

⑤ 코일의 회전 속력이 빠를수록 시간에 따른 자기장의 변화율이
커지므로 유도 전류의 세기가 증가한다.

577　　답 ②

ㄴ. 발전기는 운동 에너지를 전기 에너지로 전환하는 장치이다.

오답 피하기 ㄱ. 바람이 세게 불면 회전 날개의 회전 속도가 증가하
므로 자기장의 변화가 커져 유도 전류의 세기가 증가한다.

ㄷ. 자석이 회전하면 코일을 통과하는 자기장의 세기와 방향이 변
한다.

578　　답 ③

ㄱ. A는 화석 연료이다. 화석 연료는 태양 에너지가 식물의 광합
성에 의해 화학 에너지로 저장되었다가 땅에 묻혀 오랜 시간 동안
변형되어 생성된 에너지원이다.

ㄴ. B는 발전기이다. 발전기에서는 전자기 유도에 의해 운동 에너
지가 전기 에너지로 전환된다.

오답 피하기 ㄷ. 핵발전과 화력 발전에서는 에너지원에서 얻은 열에
너지로 물을 끓여 고온·고압의 증기를 만들고 터빈을 돌린다. 따
라서 열에너지가 운동 에너지로 전환된다.

579　　답 ④

④ 원자로에서 우라늄이 핵분열 반응을 일으켜 질량 결손이 일어
나고, 감소한 질량이 에너지로 전환되어 방출된다.

오답 피하기 ① 핵발전소는 우라늄 핵분열 반응을 이용한다.

② A는 중성자이므로 전하를 띠지 않는다.

③ 반응 전의 물질의 총 질량이 반응 후 물질의 총 질량보다 크다.

⑤ 핵반응 과정에서는 방사성 물질이 나오므로 안전에 주의해야
한다.

580　　답 ②

ㄷ. 핵발전소는 발전 과정에서 고온·고압의 증기를 냉각시켜야
하므로 대량의 냉각수가 필요하다. 따라서 주로 호숫가나 바닷가
등 물을 얻기 쉬운 곳에 건설한다.

오답 피하기 ㄱ. 핵발전은 발전 과정에서 온실 기체를 거의 방출하
지 않는다. 핵발전소 건설 과정이나 운영 과정에서 온실 기체를
방출할 수 있으나 화력 발전에 비하면 그 양이 아주 적다고 할 수
있다.

ㄴ. 핵발전의 에너지원인 우라늄은 매장량이 한정되어 있어 고갈
의 우려가 있다.

581

답 ③

③ B는 전동기이다. 전동기는 전류의 자기 작용을 이용하여 전기 에너지를 운동 에너지로 전환한다.

오답 피하기 ① 근육 운동은 화학 에너지를 운동 에너지(역학적 에너지)로 바꾼다. 따라서 ㉠은 역학적 에너지로 볼 수 있다.

② 하늘에서 떨어지는 유성은 역학적 에너지가 열에너지와 빛에너지로 전환된다.

④ C는 역학적 에너지를 전기 에너지로 전환하므로 발전기이다. 발전기는 풍력 발전기에 사용되는 장치이다.

⑤ D는 전기 에너지를 빛에너지로 전환하므로 LED 전등은 D에 해당하는 장치이다.

582

답 ①

① 전동기는 전기 에너지를 운동 에너지로 전환한다.

오답 피하기 ② 드론의 날개가 회전하며 드론이 위로 올라갈 때는 전기 에너지가 드론의 역학적 에너지로 전환된다.

③ 배터리를 충전할 때는 전기 에너지가 화학 에너지로 전환된다.

④ 디지털 카메라는 빛을 전기 신호로 바꾸므로 빛에너지가 전기 에너지로 전환된다.

⑤ LED는 전류가 흐를 때 빛을 방출하므로 전기 에너지를 빛에너지로 전환한다.

583

답 ④

ㄴ. 달리던 자동차가 멈출 때 운동 에너지는 공기 저항, 타이어와 지면의 마찰 등으로 열에너지로 전환된다.

ㄷ. 에너지 효율이 25 %이므로 200 kJ의 에너지를 공급하면 운동 에너지로 전환되는 에너지는 50 kJ이다.

오답 피하기 ㄱ. 손실되는 비율을 더하면 모두 75 %이므로 에너지 효율은 25 %이다.

584

답 ③

ㄱ. 선풍기와 다리미의 에너지 효율은 각각 $\dfrac{100}{E}$, $\dfrac{E}{400}$이므로 $\dfrac{E}{400} > \dfrac{100}{E}$에서 $E > 200$이다.

ㄷ. 에너지 효율이 높을수록 같은 에너지를 공급했을 때 손실되는 에너지가 적다. 따라서 같은 에너지를 공급했을 때 손실되는 에너지는 에너지 효율이 낮은 선풍기가 다리미보다 많다.

오답 피하기 ㄴ. 멀티탭에서 손실되는 에너지가 있으므로 멀티탭에 공급된 전기 에너지는 $400+E$보다 크다. $E > 200$ J이므로 멀티탭에 공급되는 전기 에너지는 600 J보다 크다.

585

답 ④

ㄱ. $Q_1 = W + Q_2$이므로 A에서 $20 = 8 + Q_0$이다. 따라서 $Q_0 = 12$ kJ이다.

ㄷ. B에서 $e = \dfrac{6}{18} = \dfrac{1}{3}$이다. A의 열효율은 $\dfrac{8}{20} = 0.4 = 1.2e$이다.

오답 피하기 ㄴ. ㉠은 $6 + Q_0 = 18$ kJ이다.

586

답 ③

자료 분석하기   열기관과 열효율

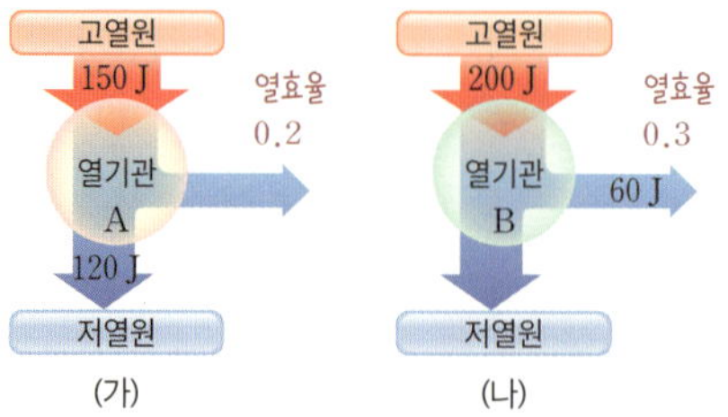

- A의 열효율은 $\dfrac{30}{150} = 0.2$, B의 열효율은 $\dfrac{60}{200} = 0.3$이다.
- A에 200 J의 열을 공급하면 A에서 $200 \times 0.2 = 40$ J의 일을 하고 160 J의 열을 B에 전달한다.
- B에 160 J의 열을 공급하면 B에서 $160 \times 0.3 = 48$ J의 일을 하고 112 J의 열을 저열원으로 내보낸다.
- A, B가 하는 일의 총량은 $40 + 48 = 88$ J이다.

A에 200 J의 열을 공급했을 때 A의 열효율이 0.2이므로 A가 한 일은 40 J이고, B에 전달하는 열은 160 J이다. B에 160 J의 열을 공급했을 때 B의 열효율이 0.3이므로 B가 한 일은 48 J이다. 따라서 A, B가 한 일의 총량은 $40 + 48 = 88$ J이다.

587

답 ③

③ 태양광 발전은 태양 전지를 이용해 빛에너지를 전기 에너지로 전환한다.

오답 피하기 ① 풍력 발전은 바람을 이용하므로 날씨에 따라 발전량이 변한다.

② 조력 발전은 밀물과 썰물의 흐름에 영향을 주므로 해안과 갯벌 생태계에 영향을 미친다.

④ 핵발전은 연료인 우라늄의 매장량이 한정되어 있다.

⑤ 연료 전지는 수소와 산소의 화학 반응을 통해 전기 에너지를 얻고 반응물로 물만 배출하는 친환경적인 발전 방식이다.

588

답 ②

ㄴ. B는 풍력 발전이다. 풍력 발전은 날씨와 바람에 따라 발전량이 변한다.

오답 피하기 ㄱ. A는 태양광 발전이다. 우리나라는 태양광 발전이나 풍력 발전보다 핵발전으로 얻는 전기 에너지가 더 많다.

ㄷ. C는 핵발전이다. 풍력 발전은 바람의 방향이나 세기가 일정하게 유지되는 곳에 건설해야 하고, 핵발전은 냉각수 확보가 쉽고 지반이 안정한 지역에 건설해야 하므로 B와 C는 건설 지역이 제한적이다.

589

답 ⑤

ㄱ. 연료 전지에서 수소와 산소의 반응 결과로 따뜻한 물이 생성된다.

ㄴ. 연료 전지는 화학 에너지를 전기 에너지로 전환한다.

ㄷ. 연료 전지의 장점에는 에너지 효율이 높고, 환경 오염 물질을 배출하지 않으며, 소규모 발전이 가능하다는 점 등이 있다.

590

답 ⑤

ㄱ. A는 화석 연료이다. 화석 연료는 태양 에너지를 근원으로 하는 에너지원이다.

ㄴ. (나)는 해양 에너지를 이용한 조력 발전이다. 조력 발전은 대규모 방파제가 필요하므로 건설 비용이 많이 든다.

ㄷ. (나)가 B에 해당하므로 B는 신재생 에너지이다. 지속가능한 발전과 지구 환경 문제 해결을 위해서는 화석 연료나 핵에너지를 벗어나 신재생 에너지를 개발하고 이용해야 한다.

591

답 ㉠ 핵융합, ㉡ 질량

태양 중심부에서는 수소 핵융합 반응이 일어난다. 이 과정에서 질량이 감소하고, 감소한 질량에 해당하는 에너지가 방출된다.

592

답 ㉠ 우라늄, ㉡ 핵분열, ㉢ 질량

원자로에서는 우라늄의 핵분열 반응을 이용하여 에너지를 얻는다. 핵분열 반응에서 질량 결손이 일어나고, 이에 해당하는 에너지가 방출된다.

593

답 ㉠ 70, ㉡ 200, ㉢ 0.3

열효율 $e = \dfrac{W}{Q_1} = 1 - \dfrac{Q_2}{Q_1}$ 이다. A의 열효율이 0.3이므로 $0.3 = 1 - \dfrac{\text{㉠}}{100}$ 에서 ㉠은 70 J이다. B의 열효율이 0.2이므로 $0.2 = 1 - \dfrac{160}{\text{㉡}}$ 에서 ㉡은 200 J이다. C의 열효율 ㉢은 $1 - \dfrac{140}{200} = 0.3$ 이다.

[594~595]

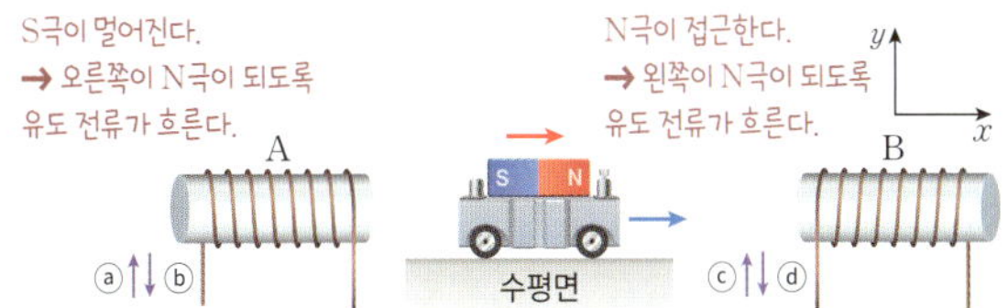

594

예시 답안 자석이 $+x$ 방향으로 운동하면 A에는 $+x$ 방향의 자기장이 감소하므로 ⓐ 방향으로 유도 전류가 흐른다. B에는 $+x$ 방향의 자기장이 증가하므로 ⓒ 방향으로 유도 전류가 흐른다.

채점 기준	배점(%)
유도 전류의 방향을 자기장 변화를 근거로 옳게 설명한 경우	100
유도 전류의 방향을 옳게 썼으나 근거에 대한 설명이 부족한 경우	50

595

예시 답안 자석이 운동하는 동안 A, B로부터 $-x$ 방향으로 힘을 받으므로 속력이 점점 감소한다.

채점 기준	배점(%)
자석이 코일로부터 받는 힘을 언급해 자석의 속력 변화를 옳게 설명한 경우	100
자석의 속력 변화는 옳게 썼으나 힘과 관련지어 설명하지 못한 경우	50

[596~597]

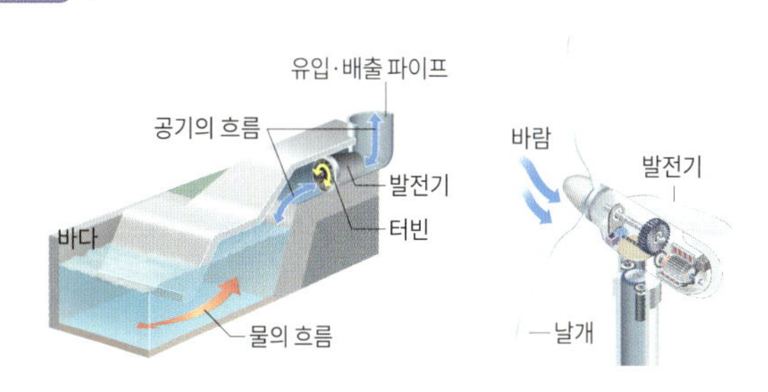

596

예시 답안 (가)와 (나)는 모두 재생 가능한 에너지원을 이용한다. 태양 에너지를 근원으로 하는 에너지원을 이용한다.

채점 기준	배점(%)
에너지원과 관련된 공통점을 옳게 설명한 경우	100
에너지원과 관계 없는 공통점을 쓴 경우	30

597

예시 답안 발전기에서 운동 에너지를 전기 에너지로 전환한다. 전자기 유도를 이용해 운동 에너지를 전기 에너지로 전환한다.

채점 기준	배점(%)
에너지 전환과 관련된 공통점을 옳게 쓴 경우	100
에너지 전환과 관계 없는 공통점을 쓴 경우	30

598

답 ②

ㄴ. 핵융합 반응은 원자 번호가 작은 원자핵이 융합하여 원자 번호가 큰 원자핵이 되는 핵반응이다.

 ㄱ. 핵융합 반응에서 질량 결손이 일어나므로 A 원자핵 4개의 질량은 B 원자핵 1개의 질량보다 크다.

ㄷ. 핵융합 반응과 핵분열 반응에서 모두 질량 결손이 일어나 에너지가 방출된다.

599

답 ⑤

ㄴ. 코일에 흐르는 유도 전류에 의한 자기장은 항상 자석의 운동을 방해하는 방향으로 자기장을 형성하므로 자석의 N극이 접근할 때나 S극이 접근할 때 자석을 밀어내는 방향으로 자기력이 작용한다.

ㄷ. N극이 접근할 때는 코일의 위쪽이 N극이 되도록, S극이 접근할 때는 코일의 위쪽이 S극이 되도록 유도 전류가 흐른다. 따라서 검류계에 흐르는 전류의 방향은 서로 반대이다.

 ㄱ. (다)에서 자석의 속력이 (가)에서보다 빠르므로 유도 전류의 세기는 (나)보다 (다)에서 더 크다.

600

답 ④

ㄱ. 열기관이 Q의 일을 하고 $4Q$의 열을 방출하므로 흡수한 열은 $5Q$이다.

ㄴ. 열기관은 온도가 높은 고열원에서 열을 흡수하여 일을 하고 온도가 낮은 저열원으로 열을 방출한다. 따라서 $T_1 > T_2$이다.

 ㄷ. $5Q$의 열을 흡수하여 Q의 일을 하였으므로 열효율은 0.2이다.

601

답 ③

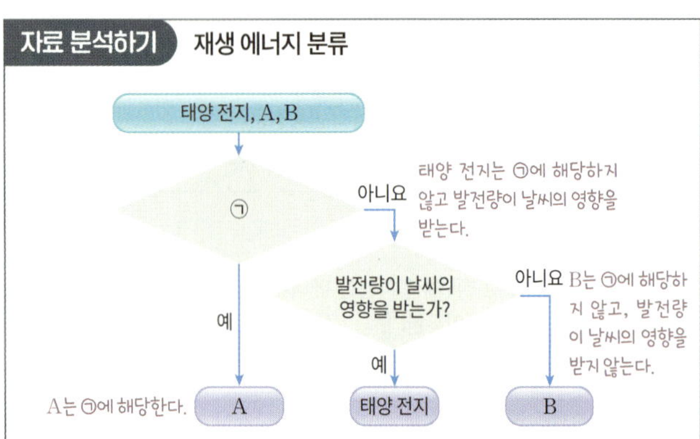

- 태양 전지, 풍력 발전, 연료 전지 중 발전량이 날씨의 영향을 받지 않는 것은 연료 전지이다.
  → B는 연료 전지이다. 따라서 A는 풍력 발전이다.
- 풍력 발전은 발전기에서 전자기 유도를 이용해 바람의 운동 에너지를 전기 에너지로 전환한다.

ㄱ. 풍력 발전과 다른 두 발전의 차이점 중 하나는 전자기 유도 여부이다. 풍력 발전은 바람의 운동 에너지를 이용해 터빈을 돌리고, 발전기에서 전자기 유도를 이용해 운동 에너지를 전기 에너지로 전환한다.

ㄷ. B는 연료 전지이다. 연료 전지는 수소와 산소의 산화 환원 반응을 이용해 발전한다.

 ㄴ. A는 풍력 발전이므로 발전 과정에서 물이 생성되지 않는다. 발전 과정에서 물이 생성되는 것은 연료 전지이다.

Ⅲ 과학과 미래 사회

13 과학의 유용성과 빅데이터의 활용

개념 확인 문제

● 145쪽

602 감염병   **603** ✕   **604** ✕   **605** ○
606 ㉠ 해결, ㉡ 신재생 에너지 개발   **607** ○   **608** ✕
609 ○   **610** ○   **611** ○   **612** ○

602

답 감염병

감염병은 세균, 바이러스 등과 같은 병원체가 체내에 침입하여 증식하면서 발생하는 질병으로, 과학은 감염병을 진단하거나 추적 및 관리하는 데 유용하게 이용된다.

603

답 ✕

신속항원검사는 병원체의 단백질을 검출하여 감염 여부를 확인하는 검사로, 인체의 방어 작용과 관련된 과학 원리가 활용된다.

604

답 ✕

중합효소연쇄반응(PCR) 검사에는 인체의 방어 작용과 관련된 과학 원리가 활용되지 않는다.

605

답 ○

인공지능은 감염병의 특성을 파악하고 확산을 예측하는 데 활용될 수 있다.

606

답 ㉠ 해결, ㉡ 신재생 에너지 개발

과학은 미래 사회에 나타날 수 있는 여러 가지 문제를 해결하기 위해 필요하다. 예를 들어 화석 연료로 인한 에너지 부족 문제는 신재생 에너지 개발로 해결할 수 있다.

607

답 ○

빅데이터는 매우 많은 양의 데이터를 의미하며, 데이터의 양이 많을수록 예측이 정확해진다.

608

답 ✕

빅데이터는 전문 분야와 일상생활에서 다양하게 활용될 수 있다.

609

답 ○

대량의 기상 관련 자료는 일기 예보에 활용될 수 있다.

610

답 ○

다양한 생물의 유전체 연구 자료는 개인에게 발생 가능한 질병을 예측하는 데 활용될 수 있다.

611

답 ○

빅데이터의 장점은 앞으로 일어날 문제를 예측해 이를 해결할 수 있게 도와준다는 것이다.

612

답 ○

빅데이터를 수집·분석·관리할 때 개인 정보가 유출될 수 있다.

기출 분석 문제 ● 145쪽 ~ 146쪽

| 613 ⑤ | 614 ⑤ | 615 ④ | 616 ① | 617 ⑤ |
| 618 ③ | 619 해설 참조 | | | |

613

답 ⑤

단백질의 기본 단위체는 아미노산이며, 핵산의 기본 단위체는 뉴클레오타이드이므로 A는 단백질, B는 핵산이다.

ㄱ. ㉠은 병원체이다.

ㄴ. 병원체의 단백질(A)을 검출하여 감염병을 진단하는 기술에는 인체의 방어 작용과 관련된 과학 원리가 활용된다.

ㄷ. 중합효소연쇄반응(PCR) 검사는 병원체의 핵산(B)을 증폭하여 핵산의 양이 늘어났는지를 확인해 감염병 감염 여부를 진단한다.

개념 더하기 물질의 기본 단위체

기본 단위체는 크고 복잡한 물질을 만들 때 기본 단위가 되는 물질로, 핵산, 단백질 등과 같은 물질은 기본 단위체가 반복적으로 결합하여 형성된다.

물질	기본 단위체
핵산	뉴클레오타이드
단백질	아미노산

614

답 ⑤

ㄱ. 스마트 기기를 활용하면 환자의 정보를 수집할 수 있다.

ㄴ, ㄷ. 과학은 감염병을 추적하고 관리하는 데 유용하게 이용되고 있어 과학기술을 활용하면 감염병의 특성을 파악하고 확산을 예측할 수 있다.

615

답 ④

ㄱ. 인구 감소로 노동력이 부족해지는 문제를 해결하기 위해 공장에 로봇을 활용한 자동화 시스템을 적용할 수 있다.

ㄷ. 초연결 사회에서 개인의 사생활 침해 문제를 해결하기 위해 생체 인증 보안 기술을 적용할 수 있다.

오답 피하기 ㄴ. 자율주행 기술로는 화석 연료 고갈로 인한 에너지 부족 문제를 해결할 수 없다.

616 필수 유형

답 ①

자료 분석하기 단백질을 이용한 감염병 진단 기술

[진단 과정]

(가) 4홈판의 홈 1~3에 각각 포획 항체를 넣은 뒤 다음과 같이 진단 시료를 넣는다.

홈	1	2	3
진단 시료	감염병 음성 시료	㉠ └ 감염병 양성 시료	사람 1의 시료

(나) (가)의 각 홈에 검출 시약, 진단 반응물을 순서대로 넣고 색 변화를 관찰한다.

[진단 결과 및 결론]

홈	1	2	3
색 변화	변화 없음.	붉은색	붉은색

- 사람 1은 감염병 (㉡
└ 양성)(으)로 진단한다. ㉡은 '양성'과 '음성' 중 하나이다.
- ➜ 홈 3의 결과가 감염병 음성 시료를 넣은 홈 1의 결과와 같지 않으므로 사람 1은 감염병 양성이다.

ㄱ. 홈 2의 결과는 감염병 양성인 사람 1의 시료를 넣은 홈 3의 결과와 같으므로 '감염병 양성 시료'는 ㉠에 해당한다.

오답 피하기 ㄴ. ㉡은 '양성'이다.

ㄷ. 홈 2와 3에서 색 변화가 나타난 까닭은 시료에 병원체의 단백질이 존재하기 때문이다.

617

답 ⑤

ㄱ, ㄴ. 빅데이터는 매우 많은 양의 데이터를 의미하며 데이터의 양이 많을수록 예측이 정확해진다.

ㄷ. 빅데이터를 활용하면 복잡한 문제를 빠르게 해결할 수 있다.

618

답 ③

ㄱ. 다양한 생물의 유전체 연구 자료를 활용하여 개인별 맞춤형 의료 서비스가 가능해진다.

ㄷ. 여러 사람의 교통 카드 사용 내역을 통해 수집한 자료를 활용하면 새로운 대중교통 노선을 개발할 수 있다.

오답 피하기 ㄴ. 여러 연구자가 실험한 대량의 연구 자료가 공유되면 개별 연구자가 혼자 수행하기 어려웠던 과학 실험도 수행할 수 있으므로 연구 범위가 확장된다.

619

예시 답안 장점: 빅데이터를 분석하면 복잡한 문제를 빠르게 해결할 수 있다.
단점: 빅데이터는 신뢰성이 낮고 부정확한 정보 수집으로 잘못된 예측 결과를 얻을 수 있다.

채점 기준	배점(%)
빅데이터 활용의 장점과 단점 각각 1가지씩을 옳게 제시한 경우	100
빅데이터 활용의 장점과 단점 중 1가지만 옳게 제시한 경우	50

620 ③　　**621** ③　　**622** ④　　**623** 해설 참조

620
답 ③

ㄱ. 버려진 어망을 효과적으로 회수하고 생분해성 플라스틱 어망을 개발하면 해양 동물이 버려진 어망에 걸려 죽는 사례가 감소한다.

ㄴ. 버려진 어망을 잘 회수하려면 버려진 어망의 위치를 탐색하는 것이 중요하다.

오답 피하기 ㄷ. 생분해성 플라스틱은 자연적으로 분해되므로 어망 폐기물이 감소하게 되어 수거 비용은 감소한다.

621
답 ③

ㄱ, ㄷ. 백신 접종 비율이 낮으면 감염병에 대한 대비가 부족하므로 감염병에 취약하고, 지역별 병상 지원 시 병상당 인구수를 이용할 수 있다.

오답 피하기 ㄴ. 사람들이 많이 모이는 곳에서 감염병은 퍼지기 쉽다.

622
답 ④

ㄱ. 중합효소연쇄반응(PCR)은 핵산을 증폭하는 기술이므로 '핵산'은 ㉠에 해당한다.

ㄷ. 사람 1이 감염병 양성이므로 사람 1의 시료에서는 병원체의 핵산(㉠)의 양이 증폭 횟수에 따라 증가하며, 사람 2는 감염병 음성이므로 시료에 병원체의 핵산(㉠)이 없다. 따라서 $\dfrac{b}{a} > \dfrac{d}{c}$ 이다.

오답 피하기 ㄴ. 중합효소연쇄반응(PCR) 검사에는 DNA 복제와 관련된 과학 원리가 활용된다.

623

서술형 해결 전략

STEP 1 문제 포인트 파악
단백질과 핵산을 이용한 감염병 진단 기술의 원리를 파악하고 있어야 한다.

STEP 2 관련 개념 모으기
❶ 단백질을 이용한 감염병 진단 기술은?
→ 병원체의 단백질을 검출하여 감염 여부를 확인하는 검사로, 인체의 방어 작용과 관련된 과학 원리가 활용된다.
❷ 핵산을 이용한 감염병 진단 기술은?
→ 병원체의 핵산을 여러 차례 증폭(복제)하여 감염 여부를 확인하는 검사로, DNA 복제와 관련된 과학 원리가 활용된다.

예시 답안 (가)는 신속항원검사로 인체의 방어 작용과 관련된 과학 원리가 활용된다. (나)는 중합효소연쇄반응(PCR) 검사로 DNA 복제와 관련된 과학 원리가 활용된다.

채점 기준	배점(%)
단백질을 이용한 감염병 진단 기술과 핵산을 이용한 감염병 진단 기술을 각각 옳게 설명한 경우	100
단백질을 이용한 감염병 진단 기술과 핵산을 이용한 감염병 진단 기술 중 1가지만 옳게 설명한 경우	50

---

14 과학 기술의 발전과 윤리

개념 확인 문제 ● 149쪽

624 인공지능 로봇　　**625** 사물 인터넷　　**626** ✕
627 ○　　**628** ○　　**629** ✕　　**630** 과학 관련 사회적 쟁점
631 과학 윤리　　**632** ✕　　**633** ✕　　**634** ○

624
답 인공지능 로봇

인공지능 로봇은 센서로 데이터를 수집하여 주변 상황을 인식한 후, 인공지능 기술을 활용해 상황을 스스로 판단하며 자율적으로 움직이는 로봇이다.

625
답 사물 인터넷

사물 인터넷은 각종 사물에 센서와 통신 기능을 내장하고 인터넷에 연결하여 실시간으로 얻은 정보를 전송하고, 활용하는 기술이다.

626
답 ✕

인공지능 기술의 발전을 통해 산업 생산성이 높아지면 사라지는 일자리도 발생한다.

627
답 ○

정보 통신 기술의 발전으로 시공간에 제약 없이 소통이 가능하고 필요한 정보를 빠르고 쉽게 활용할 수 있다.

628
답 ○

정보 통신 기술의 발전으로 개인 사생활 침해 및 개인 정보 유출의 문제가 발생할 수 있다.

629
답 ✕

자율 주행 기술이 발전하면 운전 편의성이 높아진다.

630
답 과학 관련 사회적 쟁점

과학 관련 사회적 쟁점(SSI)은 과학기술의 발전 과정에서 발생하는 사회적·윤리적 문제이다.

631
답 과학 윤리

과학 윤리는 과학 연구를 수행하거나 과학기술을 이용하면서 지켜야 할 윤리적 원칙이나 기준이다.

632
답 ✕

사회적 쟁점은 과학적 이해를 바탕으로 다양한 관점을 이해하고 충분히 협의하여 합리적인 의사 결정을 해야 한다.

633
답 ✕

'다른 과학자의 연구 결과를 함부로 사용하지 않는다.'는 것은 과학 윤리 중 '지식 재산권 존중'에 해당한다.

634

답 ○

'연구 절차와 결과를 조작하거나 거짓으로 만들어 내지 않는다.'는 것은 과학 윤리 중 '정직성'에 해당한다.

스마트팜은 온도, 습도, 토양의 질, 작물의 생장 등을 실시간으로 파악하여 자동으로 물과 영양분을 공급할 수 있다. 스마트 홈은 집 안의 조명, 온도, 보안 잠금 등의 정보를 실시간으로 수집하고, 원격으로 조절할 수 있다. 스마트 의료(병원)를 통해 원격으로 환자를 진료하고, 환자의 정보를 실시간으로 수집하여 응급 상황 발생 시 병원에 즉시 연락해 신속하게 조치할 수 있다.

637

답 ①

ㄱ. 인공지능 기술의 발전으로 만들어진 창작물은 지식 재산권과 관련하여 과학 관련 사회적 쟁점이 발생할 수 있다.

오답 피하기 ㄴ. 정보 통신 기술의 발전으로 개인 사생활 침해 및 개인 정보 유출의 문제가 발생하는 한계점이 있다.

ㄷ. 자율 주행 기술의 발전은 해킹의 위험성이 높아지는 한계점이 있다.

기출 분석 문제 ● 149쪽 ~ 150쪽

| 635 ③ | 636 ⑤ | 637 ① | 638 ④ |
| 639 해설 참조 | | 640 ③ | |

635

답 ③

| 자료 분석하기 | 인공지능 로봇 |

- 인공지능 로봇: 센서로 데이터를 수집하여 주변 상황을 인식한 후, 인공지능 기술을 활용해 상황을 스스로 판단하며 자율적으로 움직이는 로봇이다.
- 일상생활에 활용되는 인공지능 로봇 예

로봇	서빙 로봇	청소 로봇
특징	센서로 공간 구조를 감지하여 주문한 곳의 위치를 파악해 자율 주행으로 음식을 나른다.	센서로 공간 구조를 감지한 후 스스로 청소 경로를 설정해 바닥을 청소한다.

ㄱ. 인공지능 로봇은 센서로 주변 환경의 데이터를 수집한다.

ㄴ. 인공지능 로봇은 인간과 상호작용 하여 작업을 보조할 수 있다.

오답 피하기 ㄷ. 인공지능 로봇은 스스로 학습하여 자율적으로 작업을 수행한다.

636 필수 유형

답 ⑤

| 자료 분석하기 | 사물 인터넷 기술의 활용 사례 |

- 스마트 홈: 집 안의 조명, 온도, 보안 잠금 등의 정보를 실시간으로 수집하고, 원격으로 소설할 수 있다.
- 스마트팜: 온도, 습도, 토양의 질, 작물의 생장 등을 실시간으로 파악하여 자동으로 물과 영양분을 공급할 수 있다.
- 스마트 의료(병원): 원격으로 환자를 진료하고, 환자의 정보를 실시간으로 수집하여 응급 상황 발생 시 병원에 즉시 연락해 신속하게 조치할 수 있다.

638

답 ④

| 자료 분석하기 | 과학 관련 사회적 쟁점 사례별 의견 |

쟁점 사례	찬성 의견	반대 의견
유전자 변형 농산물 사용	식량 부족 문제 개선이 가능함.	부작용에 대한 충분한 검증이 부족함.
극지방 개발	국가 간 이동 거리 단축으로 연료 소비 감소가 가능함.	극지방이 훼손될 수 있고, 빙하가 녹으면 해수면이 상승함.

→ 각 쟁점에 대한 과학적 이해를 바탕으로 다양한 관점을 이해하고 충분히 협의한 후 합리적인 의사 결정을 해야 한다.

ㄴ. 극지방 개발을 반대하는 입장에서는 개발로 인해 극지방이 훼손되면 빙하가 녹아 해수면이 상승할 것이라고 주장한다.

ㄷ. 과학 관련 사회적 쟁점을 해결하기 위해서는 상대방의 의견을 경청하는 것이 중요하다.

오답 피하기 ㄱ. 유전자 변형 농산물의 사용을 반대하는 입장에서는 유전자 변형 농산물의 부작용을 충분히 검증하지 못했으므로 사용을 제한해야 한다고 주장한다.

639

과학 윤리 중 지식 재산권을 존중하기 위해 다른 과학자의 연구 결과는 적법한 절차에 따라 인용해야 한다.

예시 답안 연구팀 B에 속한 과학자들은 과학 윤리 중 다른 과학자의 연구 결과를 함부로 사용하지 않는다는 '지식 재산권 존중' 측면에서 윤리 의식이 부족했다.

채점 기준	배점(%)
연구팀 B에 속한 과학자들에게 부족했던 과학자의 연구 윤리를 제시하고 그에 대해 옳게 설명한 경우	100
연구팀 B에 속한 과학자들에게 부족했던 과학자의 연구 윤리를 제시했지만 그에 대한 설명이 미흡한 경우	50
연구 윤리를 제시하지 않고 연구팀 B에 속한 과학자들이 윤리적으로 부족했던 점만 설명한 경우	30

640

답 ③

ㄱ, ㄷ. 폐기된 인공위성을 어떻게 처리할 것인가나, 국가간 인공위성으로 획득되는 정보의 공유 수준은 과학 관련 사회적 쟁점이 있을 수 있다.

오답 피하기 ㄴ. 인공위성의 발사 원리는 과학 관련 사회적 쟁점이 아니다.

1등급 완성 문제 · 151쪽

| 641 ④ | 642 ③ | 643 ⑤ | 644 해설 참조 |

641

답 ④

ㄴ. 인공지능 로봇은 센서로 공간 구조를 감지하고 주문한 곳의 위치를 파악하여 자율 주행으로 음식을 나른다.

ㄷ. 손님과 상호 소통할 수 있도록 사람의 언어, 행동을 학습시켜 더욱 개선시킬 수 있다.

오답 피하기 ㄱ. 서빙 로봇은 센서를 통해 실시간으로 공간에 대한 정보를 얻고 그에 맞춰 자율적으로 경로를 설정하며 이동한다.

642

답 ③

ㄱ, ㄴ. 스마트팜을 이용하면 온도, 습도, 토양의 질, 작물의 생장 등을 실시간으로 파악하여 자동으로 물과 영양분을 공급할 수 있다.

오답 피하기 ㄷ. 사물 인터넷 기술은 시공간의 제약이 크지 않고, 일반 가정이나 사무실과 같은 일상적인 공간에서 활용 가능하다.

643

답 ⑤

ㄱ. 자율 주행은 네트워크에 연결된 시스템이므로 해킹 및 개인의 이동 정보 노출의 위험성이 있어 보안 시스템이 필요하다.

ㄷ. 사고 상황에서 운전자와 보행자 중 누구의 안전을 우선시 해야 하는 가에 대한 윤리적 문제 발생은 자율 주행의 한계점이다.

오답 피하기 ㄴ. 자율 주행이 완전히 상용화될 경우, 운전의 주체가 자율 주행 시스템이 되므로 운전 자체에 대한 면허가 필요 없어져 현재 운전 면허 취득이 어려운 사람들도 개인 차량으로 이동권이 개선될 수 있다.

644

서술형 해결 전략

STEP 1 문제 포인트 파악

과학 윤리를 이해하고 그 중요성을 알고 있어야 한다.

STEP 2 관련 개념 모으기

❶ 과학 윤리란?
➜ 과학 연구를 수행하거나 과학기술을 이용하면서 지켜야 할 윤리적 원칙이나 기준이다.
❷ 과학 윤리의 종류는?
➜ 정직성과 개방성, 지식 재산권 존중, 사회적 책임, 실험 대상에 대한 존중, 상호 존중
❸ 과학 윤리의 중요성은?
➜ 과학기술을 올바르게 활용하기 위해서 과학 연구 윤리를 바탕으로 건전하고 책임감 있는 가치 판단을 통해 과학 기술을 연구하고 활용해야 한다.

예시 답안 과학자 C, 과학자 A는 거짓된 정보와 제한된 정보를 제공함으로써 정직성과 개방성 측면에서 과학 연구 윤리를 소홀히 하였고, 과학자 B는 공공의 정책 책임자로서 사회적 책임에 소홀하였다. 반면, C는 정직성과 사회적 책임 측면에서 과학 연구 윤리를 준수하였다.

채점 기준	배점(%)
과학 연구 윤리에 대한 인식이 옳은 과학자를 쓰고, 그 까닭을 옳게 설명한 경우	100
과학 연구 윤리에 대한 인식이 옳은 과학자를 썼지만, 그 까닭에 대한 설명이 미흡한 경우	50

실전 대비 평가 문제 · 152쪽 ~ 155쪽

| 645 ⑤ | 646 ③ | 647 ④ | 648 ⑤ | 649 ③ |
| 650 ⑤ | 651 ④ | 652 ③ | 653 ② | |

654 중합효소연쇄반응(PCR) 검사   655 해설 참조

656 A, B, C   657 해설 참조

658 해설 참조   659 해설 참조   660 ②

661 ③   662 ④

645

답 ⑤

ㄱ. (가)는 병원체의 단백질을 검출하는 방법이고, (나)는 병원체 내부 핵산을 증폭시켜 핵산을 검출하는 방법이다.

ㄴ. 정확도는 (나)가 (가)보다 높다.

ㄷ. 단백질과 핵산을 이용한 감염병 진단 기술은 모두 생명과학 기술을 활용한 진단 방법이다.

646

답 ③

ㄱ. 스마트 기기와 인터넷을 통한 다양한 경로의 정보 공유를 통해 감염자 관련 정보를 실시간으로 수집할 수 있다.

ㄷ. 감염병의 치료를 위한 신약의 개발 과정에서 인공지능을 활용하여 신약 후보 물질을 이전보다 빠르게 선정할 수 있다.

오답 피하기 ㄴ. 공유된 여러 지역 및 국가의 분석 정보를 통해 병원체 변이와 감염병 유행 상황을 파악할 수 있다.

647

답 ④

ㄱ. 화석 연료의 고갈에 따른 에너지 부족 문제는 태양 에너지와 같은 신재생 에너지를 개발해 해결할 수 있다.

ㄷ. 해류의 흐름을 분석하면 해양 쓰레기가 모이는 지점의 예측이 가능하므로 폐기물 수거의 효율을 높일 수 있다.

오답 피하기 ㄴ. 자율주행 기술을 이용해 교통 혼잡으로 인한 생활 안전 문제를 해결할 수 있지만 지구 온난화로 인한 자연 재해 문제를 해결할 수 없다.

648

답 ⑤

ㄱ. 여러 사람의 교통 카드 사용 내역을 통해 수집한 자료를 활용해 대중 교통 배차 시간을 효율적으로 조정할 수 있다.

ㄴ, ㄷ. 다양한 생물의 유전체 연구 자료를 활용해 유전적 특성 맞춤형 의료 서비스가 가능하고, 다양한 관측소에서 수집한 대량의 기상 관련 자료를 활용하면 일기 예보의 정확도를 높일 수 있다.

649

답 ③

ㄱ, ㄷ. 스마트 공장으로 생산 공정이 자동화되면 인건비가 감소해 생산 효율성이 높아지고 안전 사고로 인한 인명 피해가 감소한다.

오답 피하기 ㄴ. 생산 공정의 자동화로 공장의 생산직 일자리가 감소하는 것은 부정적 영향이다.

650

답 ⑤

ㄱ. 인공지능 기술의 발전으로 인공지능 창작물의 지식 재산권 문제가 발생할 수 있다.

ㄴ. 정보 통신 기술의 발전으로 인해 허위 사실 유포 문제가 발생할 수 있다.

ㄷ. 자율 주행 기술의 발전으로 운전자 부주의에 의한 사고 비율이 감소할 수 있다.

651

답 ④

ㄱ. 스마트팜을 이용해 온도, 습도, 토양의 질, 작물의 생장 등을 실시간으로 파악하여 자동으로 물과 영양분을 공급할 수 있다.

ㄷ. 사물 인터넷은 스마트 홈, 스마트팜, 스마트 의료(병원), 스마트 공장 등 다양한 분야에서 활용되어 우리 삶을 더 편리하게 만들어준다.

오답 피하기 ㄴ. 스마트 병원을 이용해 원격으로 환자를 진료하고 환자의 정보를 실시간으로 수집할 수 있다.

652

답 ③

ㄱ. 자율 주행 자동차가 사고를 내면 자율주행 자동차의 제작자와 자동차에 타고 있던 운전자 중 누구의 책임인지에 대한 쟁점이 발생할 수 있다.

ㄷ. 과학 관련 사회적 쟁점을 대할 때는 과학적 이해가 바탕이 되어야 한다.

오답 피하기 ㄴ. 과학 관련 사회적 쟁점을 대할 때는 서로 다른 입장들과 복잡한 상황을 이해하고 충분히 협의하여 합리적인 의사 결정을 내려야 한다.

653

답 ②

과학기술은 공공의 이익을 위해 노력해야 하므로 과학기술 발전의 결과가 사회에 악영향을 미칠 수 있는 연구라면 피해야 한다.

654

답 중합효소연쇄반응(PCR) 검사

중합효소연쇄반응(PCR) 검사는 병원체의 핵산을 여러 차례 증폭하여 감염 여부를 확인하는 검사로, DNA 복제와 관련된 과학 원리가 활용된다.

655

서술형 해결 전략

STEP 1 문제 포인트 파악

환경 분야에서 해양 폐기물 문제를 파악하고 이를 해결할 수 있는 과학 기술을 알아야 한다.

STEP 2 관련 개념 모으기

❶ 해양 폐기물이란?

→ 쓸모가 없어져 바다에 버려진 물건이다.

❷ 해양 폐기물을 해결할 수 있는 방법은?

→ 해양 폐기물을 수거하여 재활용한다.

예시 답안 해양 쓰레기 자원화 기술을 개발하고, 침적 쓰레기 수거 기술을 개발한다.

채점 기준	배점(%)
해양 폐기물 문제를 과학 기술을 이용하여 해결하는 방법 2가지를 옳게 설명한 경우	100
해양 폐기물 문제를 과학 기술을 이용하여 해결하는 방법 1가지만 설명한 경우	50

656

답 A, B, C

빅데이터의 장점과 단점에 대해 인식하고, 신뢰성이 높고 정확한 정보만 이용해야 한다. 또 데이터를 수집·분석·관리할 때 개인 정보가 유출되지 않게 조심해야 한다.

[657~658]

STEP 1 문제 포인트 파악
인공지능 로봇과 사물 인터넷 기술에 대해 알고 이를 다양한 경우에 적용시킬 수 있어야 한다.

STEP 2 관련 개념 모으기
❶ 인공지능 로봇이란?
→ 센서로 데이터를 수집하여 주변 상황을 인식한 후, 인공지능 기술을 활용해 상황을 스스로 판단하며 자율적으로 움직이는 로봇이다.
❷ 사물 인터넷 기술이란?
→ 각종 사물에 센서와 통신 기능을 내장하고 인터넷에 연결하여 실시간으로 얻은 정보를 전송하고 활용하는 기술이다.

657

예시 답안 수술 로봇에 인공지능 기술이 결합 되면 로봇이 그동안 수술했던 데이터를 바탕으로 환자의 상태를 스스로 판단하고, 자율적으로 가장 최적의 수술 방법을 적용해 수술할 수 있다.

채점 기준	배점(%)
인공지능 기술이 결합된 수술 로봇은 스스로 판단하여 자율적으로 수술할 수 있도록 개선된다는 것을 옳게 설명한 경우	100
인공지능 기술이 결합된 수술 로봇이 개선됨을 설명했지만 스스로 판단하여 자율적으로 수술한다는 설명을 하지 않은 경우	40

658

예시 답안 인공지능 로봇이 거동이 불편한 노인의 상태를 분석해 적합한 방식으로 이동을 도울 수 있다. 사물 인터넷 기술은 노인의 건강 상태를 실시간으로 병원에 전송하고 집에서 원격으로 진료를 받을 수 있게 할 수 있다.

채점 기준	배점(%)
돌봄 로봇을 개발할 때 인공지능 로봇과 사물 인터넷 기술을 활용하는 방법을 각각 옳게 설명한 경우	100
돌봄 로봇을 개발할 때 인공지능 로봇과 사물 인터넷 기술 중 1가지만 활용하는 방법을 설명한 경우	50

659

STEP 1 문제 포인트 파악
다양한 과학 관련 사회적 쟁점에 대한 찬성과 반대 의견을 파악할 수 있어야 한다.

STEP 2 관련 개념 모으기
❶ '신재생 에너지를 주력 에너지원으로 확대해 나가야 한다.'는 쟁점에 대한 찬성 의견은?
→ 오염 물질 배출이 적다.
❷ '신재생 에너지를 주력 에너지원으로 확대해 나가야 한다.'는 쟁점에 대한 반대 의견은?
→ 환경의 영향을 많이 받아 안정적인 에너지 공급이 힘들다.

예시 답안 찬성: 신재생 에너지는 에너지 변환 과정에서 오염 물질 배출이 매우 적으므로 주에너지원으로 확대해야 한다.
반대: 신재생 에너지는 에너지원 자체가 환경의 영향을 많이 받아 안정적인 에너지 공급이 어려우므로 주에너지원으로는 적합하지 않다.

채점 기준	배점(%)
'신재생 에너지를 주에너지원으로 확대해 나가야 한다.'는 쟁점에 대한 찬성과 반대 의견을 각각 옳게 설명한 경우	100
'신재생 에너지를 주력 에너지원으로 확대해 나가야 한다.'는 쟁점에 대한 찬성과 반대 의견 중 1가지만 설명한 경우	50

660

답 ②

A는 감염병 양성이므로 시료에 병원체의 핵산이 들어 있어 증폭 횟수에 따라 병원체의 핵산의 양이 증가하며, B는 감염병 음성이므로 시료에 병원체의 핵산이 들어 있지 않아 핵산의 양에 변화가 없다.

661

답 ③

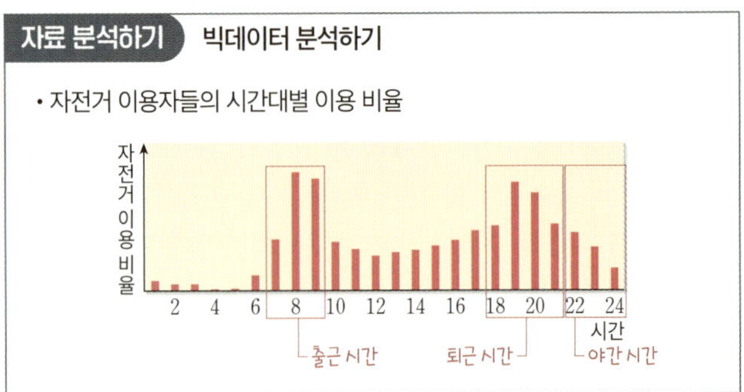

ㄱ. 출근 시간과 퇴근 시간에 자전거를 이용하는 비율이 가장 높다.
ㄷ. 야간 시간에 자전거를 이용하는 비율을 야간 자전거 이용자를 위한 안전 확보 대책 마련에 활용할 수 있다.

오답 피하기 ㄴ. 자전거 이용자 대상의 이용 비율로 제한된 데이터이므로 대중교통 이용자들에 대한 시간대별 이용 비율 빅데이터 분석도 함께 이루어져야 둘의 비교가 가능하다.

662

답 ④

ㄱ. 유전자 가위 기술을 통해 유전체를 변형하여 이를 치료하기 위한 치료제의 개발 속도를 빠르게 할 수 있다.
ㄴ. 정상적인 배아의 일부를 임의로 제거하는 것은 생명 윤리에 위반된다.

오답 피하기 ㄷ. 과학기술의 연구 윤리는 사회적으로도 불법적인 행위로 처벌받을 수 있다.

유전자 가위는 유전자 편집 기술로 DNA의 특정 부위를 잘라서 생물체의 유전적 특징을 바꾸는 기술이다. 이 기술로 원하지 않는 질병 유전자를 제거하거나 원하는 유전자를 인위적으로 추가할 수 있다. 이를 활용하면 질병 치료나 신약 개발에 획기적인 발전을 가져올 것이라 기대되지만 인간의 존엄성을 해친다는 윤리적 논란이 계속되고 있다.

실력 상승 문제집

파사쥬

대표 유형과 실전 문제로 내신과 수능을
동시에 대비하는 실력 상승 실전서

국어	국어, 문학, 독서
영어	기본영어, 유형구문, 유형독해, 20회 듣기모의고사, 25회 듣기 기본 모의고사
수학	수학Ⅰ, 수학Ⅱ, 확률과 통계, 미적분

수능 완성 문제집

수능 주도권

핵심 전략으로 수능의 기선을 제압하는
수능 완성 실전서

국어영역	문학, 독서, 언어와 매체, 화법과 작문
영어영역	독해편, 듣기편
수학영역	수학Ⅰ, 수학Ⅱ, 확률과 통계, 미적분

수능 기출 문제집

N기출

수능N 기출이 답이다!

국어영역	공통과목_문학, 공통과목_독서, 선택과목_화법과 작문, 선택과목_언어와 매체
영어영역	고난도 독해 LEVEL 1, 고난도 독해 LEVEL 2, 고난도 독해 LEVEL 3
수학영역	공통과목_수학Ⅰ+수학Ⅱ 3점 집중, 공통과목_수학Ⅰ+수학Ⅱ 4점 집중, 선택과목_확률과 통계 3점/4점 집중, 선택과목_미적분 3점/4점 집중, 선택과목_기하 3점/4점 집중

N기출 모의고사

수능의 답을 찾는 우수 문항 기출 모의고사

수학영역	공통과목_수학Ⅰ+수학Ⅱ 선택과목_확률과 통계, 선택과목_미적분

미래엔 교과서 연계 도서

미래엔 교과서 자습서

교과서 예습 복습과 학교 시험 대비까지
한 권으로 완성하는 자율학습서

[2022 개정]

국어	공통국어1, 공통국어2
영어	공통영어1, 공통영어2
수학	공통수학1, 공통수학2, 기본수학1, 기본수학2
사회	통합사회1, 통합사회2, 한국사1, 한국사2
과학	통합과학1, 통합과학2
제2외국어	중국어, 일본어
한문	한문

[2015 개정]

국어	문학, 독서, 언어와 매체, 화법과 작문, 실용 국어
수학	수학Ⅰ, 수학Ⅱ, 확률과 통계, 미적분, 기하
한문	한문Ⅰ

미래엔 교과서 평가 문제집

학교 시험에서 자신 있게
1등급의 문을 여는 실전 유형서

[2022 개정]

국어	공통국어1, 공통국어2
사회	통합사회1, 통합사회2, 한국사1, 한국사2
과학	통합과학1, 통합과학2

[2015 개정]

국어	문학, 독서, 언어와 매체